KB160122

한국의
군사사상

* 이 책은 2015년 정부(교육부)의 재원으로 한국연구재단의 지원을 받아 수행된 연구임.
(NRF-2015S1A6A4A01012254)

한국의 군사사상

Korean Military Thoughts

전통의 단절과 근대성의 왜곡

박창희 지음

"전쟁에서 패배한 것보다 오히려 군사사상의 부재를 두려워해야 한다.
군사사상이 없다고 하는 것은 소신과 철학이 없는 것이다."

페르디낭 포슈(Ferdinand Foch)

서문

군사사상이란 일반적으로 "전쟁 및 군사에 대한 사유의 결과로 축적된 고유의 인식 및 신념체계"를 말한다. 군사사상은 우리가 원하는 평화를 지키기 위해 평시에 전쟁을 준비하는, 그리고 전쟁이 발발한다면 전쟁에서 승리하여 역사의 '제물'이 아닌 역사의 '주인공'이 될 수 있는 사상적 기반을 제공한다. 그럼으로써 동서고금의 역사가 증명하듯이 국가의 생존을 보장하는 것은 물론, 국가이익을 확보하고 대외적 영향력을 확대함으로써 강대국으로 부상하는 데 기여할 수 있다.

그렇다면 한국의 군사사상은 무엇인가? 단군檀君의 개국 이후 반만년이라는 유구한 역사, 그리고 고대국가가 성립한 후 약 2천년이라는 오랜 역사 속에서 한민족이 숱한 전쟁을 치르며 가졌던 고유의 군사사상, 그리고 그 연장선상에서 현재 우리가 갖고 있는 군사사상은 무엇인가?

많은 사람들은 우리 역사에서 두드러진 상무정신尚武精神, 화랑정신花郎精神, 광개토대왕, 삼국통일, 북진정책, 의병활동, 독립운동 등을 얘기한다. 일각에서는 우리 민족이 대외전쟁에서 싸움의 방식으로 채택했던 청야입보清野入保, 견벽고수堅壁固守, 이일대로以日待勞, 진관체제鎭管體制, 제승방략制勝方略 등으로 정의하기도 한다. 사실 전쟁의 문제와 관련하여 한민족이 견지했던 웅지雄志와 기상氣像, 투쟁정신, 군사제도, 그리고 고유한 전략·전술은 분명히 한민족의 전통적인 군사적 사고를 구성하는 소중한 유산이었음을 부인할 수 없다.

한국의 군사사상 연구를 시작하면서 필자도 이러한 요소들이 우리 전쟁역사를 대표하는 군사적 사고일 것으로 생각했다. 우리 민족이 우수한 문화적 유적과 유산을 남겼듯이 군사적으로도 내세울 수 있는 뭔가 독특한 양식이 있을 것으로 기대했다. 우리가 어렸을 때부터 배웠던 광개토대왕의 만주정벌, 신라의 삼국통일, 고려의 북진정책, 조선시대 대마도 정벌과 여진정벌 등의 사례를 떠올리면서 한민족의 기상과 위용을 대외에 떨치려는 나름의 고유한 군사적 사고가 반드시 존재한다고 믿었다. 그리고 그러한 인식과 신념이 오늘날 한국의 군사사상으로 이어져 어떤 형태로든 발현發顯되고 있다고 생각했다.

그러나 그러한 기대는 오래가지 않았다. 오히려 연구를 진행하면서 필자는 우리의 군사사상에 대한 보다 본질적인 의문을 갖지 않을 수 없었다. 그것은 바로 한민족이 숱한 전쟁의 역사를 통해 자랑스러운 군사적 사고와 유산들을 갖고 있다면 왜 우리 민족은 역사의 '주인공'이 되지 못했는가에 관한 의문이었다. 이와 관련하여 몇 가지 질문을 제기해보면 다음과 같다.

왜 삼국은 진작에 통일을 이루지 못하고 서로 소모적인 전쟁을 이어가야 했는가? 삼국통일은 왜 우리 민족이 주도하지 못하고 당나라의 백제 및 고구려 침공에 편승하여 이루어졌는가? 고려는 초기에 북진정책을 추구했음에도 왜 만주로 뻗어나가지 못하고 한반도 내에 정체되었는가? 조선시대 대마도 정벌과 여진정벌은 야심 찬 대외원정이었음에도 불구하고 왜 제한된 혹은 미흡한 성과를 거두는 데 그쳐야 했는가? 조선 지배층이 왜란과 호란을 예상하고도 국난을 자초한 이유는 무엇인가? 구한말 이후 한민족은 왜 일본의 제국주의 침탈에 무기력하게 당하고 일제의 식민지로 전락해야 했는가? 대한민국 임시정부는 왜 항일전쟁을 효과적으로 이끌지 못했는가? 해방 후 한국은 왜 북한의 혁명전쟁 가능성을 도외시하여 대비를 갖추지 못한 채 기습공격을 당했는가? 한국전쟁 이후 한국은 왜 북한의 수많은 도발에도 불구하고 한 번도 단호하게 대응하지 못했는가?

이러한 질문들을 생각한다면 우리는 지금 갖고 있는 한민족의 전쟁역사에 대한 자부심을 잠시 접어둘 필요가 있다. 그리고 선조들이 보여준 지극히 안이했던 전쟁인식, 매 전쟁에서 마냥 소극적으로 추구했던 정치적 목적, 그다지 효율적이지 못했던 전쟁수행방식, 그리고 왕(정부)과 군, 백성(국민)이 하나가 되지 못하고 제각기 따로 놀았던 전쟁대비를 가감 없이 비판하고 성찰해보아야 한다. 지난 역사에서 주변국과 똑같이 전쟁에 대비하면서도 왜 항상 침략을 당하고 핍박을 받아야 했는지, 대외적으로 국력을 떨치지 못하고 왜 항상 수난을 겪어야 했는지, 그리고 심지어는 몽골의 침입, 두 차례의 왜란, 두 차례의 호란, 구한말 일본의 침략, 그리고 한국전쟁의 사례에서와 같이 스스로 생존을 지킬 수 없는 지경에 이르렀는지를 처절한 심정으로 돌아보아야 한다.

광개토대왕의 대외정벌은 위대한 업적이지만 왜 그가 먼저 삼국통일을 이루지 못했는지, 나아가 만주를 발판으로 중원을 위협하지 못했는지를 생각해보아야 한다. 고려가 40여 년 동안 몽골의 침공에 항쟁한 끈질긴 저항정신을 기리기에 앞서 왜 그러한 국난을 당하여 고려군은 무기력했고 그토록 긴 시간 동안 백성들에게 고통과 희생을 안겼는지를 고민해보아야 한다. 왜란 시기 이순신의 빛나는 3대 대첩을 칭송하기 전에 왜 조선 조정은 일본군을 저지하지 못하고 평양을 내주었는지, 이순신과 같은 위대한 장군들을 제대로 키우지도, 활용하지도 못했는지를 살펴보아야 한다. 일제 강점기 독립운동가들의 애국정신과 희생정신을 본받아야 하지만 왜 임시정부는 이들을 규합하지 못하여 효율적으로 독립전쟁을 이끌지 못했는지를 알아야 한다. 조선시대와 구한말 의병의 봉기, 독립군의 투쟁, 그리고 한국전쟁 시기 학도의용군의 참전은 그들의 희생을 높이 평가하기에 앞서 왕(정부)과 지배층이 전쟁준비를 소홀히 하여 일반 백성(국민)들을 전장으로 내몬 수치스런 역사였음을 인정해야 한다. 그리고 이를 통해 한민족이 거듭 수난의 역사를 되풀이한 근본적인 원인은 제대로 된 군사적 사고를 갖추지 않은 데 있음을 깨닫고 통렬하게 반성해야 한다.

아마도 우리의 군사사상은 지금 우리가 알고 있는 것과 다를 수 있다. 한민족의 전통에 '상무정신'이 있었다지만 지속적인 요소는 아니었을 수 있다. 신라의 '화랑정신'이 반드시 삼국의 통일을 지향하는 것은 아니었을 수 있다. 고려시대 '북진정책'이 굳이 고구려의 고토를 회복하려는 것은 아니었을 수 있다. 광개토대왕, 을지문덕, 강감찬, 이순신 등 뛰어난 명장들이 있었지만 전반적으로 한민족은 군사적 천재를 양성하지도 발굴하지도 못했으며, 보다 야심 찬 정치적 목적을 달성하는 데 이들을 적극 활용하려는 노력이 부족했을 수 있다. 국난에 처할 때마다 전개된 의병운동이나 독립투쟁은 그 자체로 숭고하지만 사실상 '군사사상'이라기보다는 군사사상의 실패로 결과된 비극적 산물에 불과할 수 있다.

우리 민족의 역사를 알고 자부심을 갖는 것은 중요하다. 그래야만 우리 민족의 혼魂 내지는 정신이 무엇인지를 규명하고 한민족 고유의 정체성을 확립할 수 있으며, 국민들의 애국심을 고양하고 우수한 전통을 계승하여 국가발전의 원동력으로 삼을 수 있다.

그러나 역사를 바로 아는 것은 더 중요하다. 수치스런 역사를 감추고 자랑스러운 부분만 보려는 편향된 시각, 심지어 전쟁역사를 미화하려는 시도는 들뜬 자만심을 부추길 수 있다. 과거 전쟁으로부터 아무런 문제의식도 갖지 못한 채 현실에 안주하는 우를 범할 수 있다. 한민족이 안고 있는 전쟁역사가 대외정벌을 통한 '영광'이 아니라 외침으로 얼룩진 비참하고 슬픈 '수난'의 역사라고 한다면, 우리는 깊은 성찰을 통해 한민족의 전통적인 군사적 사고에 무엇이 잘못되었는지를 돌아보고 바로잡아야 한다.

이 책은 이러한 문제인식을 가지고 한국의 군사사상을 분석하고자 했다. 시기적으로는 전통 시기로 삼국시대, 고려시대, 조선시대를, 근대 시기로 구한말과 대한민국 임시정부의 시기를, 그리고 현대 시기로 한국전쟁과 그 이후의 시기를 다루었다. 그리고 각 시대별로 선조들이 전쟁을 어떻게 인식했는지, 전쟁에서 추구한 정치적 목적은 무엇이었는지, 전쟁을 수행한 방식은 무엇이었는지, 그리고 전쟁을 어떻게 대비했는지를 중심으로 하여 각각의 두드러진 군사적 사고를 찾고자 했다.

필자는 본 연구의 결과로 현재 한국의 군사사상은 전통과 단절된 '사생아'의 모습을, 그리고 근대성을 왜곡한 '기형아'의 모습을 하고 있음을 발견할 수 있었다. 한국의 전통적 군사사상은 존재한다. 그러나 이러한 전통은 구한말 및 대한민국 임시정부 시기에 진중하게 성찰되지 못했기 때문에 발전적으로 계승될 수 없었다. 그리고 이후 한국은 서구의 근대적 군사사상을 받아들이기 시작했다. 그러나 한국은 이를 제대로 이해하지 못했을 뿐 아니라 한국전쟁으로 인한 '전쟁혐오감'이 작용함으로써 근대적인 군사적 사고를 왜곡하게 되었다. 앞으로 한국이 고유의 군사사상을 정립하고 발전시키기 위해서는 전통에 대한 성찰을 통해 이를 발전적으로 계승하고 서구의 근대적 사고를 보다 정확하게 이해함으로써 전통과 근대성을 조화롭게 수용하는 노력이 필요하다고 본다.

혹자는 군사적 사고를 제대로 갖추는 것이 강대국으로 부상하기 위한 선결조건이라는 필자의 주장에 대해 반론을 제기할지도 모른다. 21세기 제4차 산업혁명 시대에 들어서 강대국들 간에 기술경쟁과 경제전쟁이 치열해지고 있는 상황에서 전쟁의 문제를 구태의연하고 시대착오적인 것으로 간주할 수 있다. 이제 강대국 부상은 더 이상 전쟁을 통해서가 아니라 경제력을 확보함으로써 가능하며, 국가들 간의 경쟁 혹은 투쟁은 더 이상 군사적 영역이 아닌 기술과 무역 영역에서 전개될 것이라고 주장할 수 있다.

그러나 과거 역사를 볼 때 기술의 혁신과 무역활동이 전쟁을 대체하지는 않았다. 19세기 산업혁명은 오히려 대량의 군수물자를 찍어내고 공급함으로써 엄청난 인명살상을 야기한 총력전의 시대를 열었다. 같은 시기 국가들 간의 무역이 확대되면서 전쟁은 더 이상 발발하지 않을 것이라는 자유주의 사조가 대두했으나, 그럼에도 불구하고 인류는 두 차례의 세계대전을 치러야 했다. 기술이 아무리 진보하고 자유무역이 국가의 번영을 가져온다 하더라도 전쟁을 대체하기에는 한계가 있다. 국가들 간의 정치적 이익이 충돌하는 한, 국가들 간의 정치적 갈등이 존재하는 한, 그리고 그것이 해소되지 않는 한, 전쟁 혹은 군사분쟁 가능성은 여전히 지속될 수밖에 없다. 결국, 전쟁 혹은 분쟁이 발발할 경우 원하는 정치적 이익을 확보하고 강대국 부상의 기회를 얻기 위해서는 그 시대에 부합한 진중한 군사적 사고, 즉 군사사상을 정립하는 것이 우선되어야 한다.

이 책의 집필 목적상 필자는 우리의 전쟁역사를 비판적인 시각으로 보지 않을 수 없었다. 한민족의 전통적인 군사적 사고에 대한 통렬한 반성 없이는 우리의 군사사상이 갖고 있는 문제를 제대로 파악할 수도, 발전시킬 수도 없다고 보았기 때문이다. 그러다 보니 필자는 삼국시대 통일전쟁에 대한 인식의 부재, 고려시대 영토인식의 부재에 따른 북진정책의 좌절, 조선시대 대외정벌이 갖는 '정벌'로서의 한계, 구한말 조선 및 대한제국 지도자들이 보인 전쟁에 대한 무지함, 독립운동에 나선 대한민국 임시정부 지도자들의 전략적 실패, 한국전쟁 전후 시기 정부 및 군 지도자들의 무능함 등에 대해 부정적인 평가를 서슴지 않았음을 밝힌다.

그렇다고 해서 한민족이 추구했던 삼국통일, 북진정책, 대외정벌의 가치를 폄훼하거나, 의병운동, 일제 강점기 독립전쟁, 그리고 한국전쟁에서 우리 민족과 나라를 위해 목숨을 아끼지 않은 선조들의 숭고한 노력과 희생정신을 깎아내리려는 의도는 조금도 없다. 우리 한민족이 숱한 국난을 극복하며 역사적 명맥을 잇고 한국전쟁 이후 지금까지 번영된 자유민주주의 국가로 발전할 수 있었던 것은 국가적 위기에서 나라를 지키기 위해 몸바쳐 싸운 애국 선열들이 있었기 때문에 가능했다. 다만, 필자는 전쟁과 군사, 그리고 전략이라는 관점에서 우리 민족의 군사적 사고를 분석하고자 했기 때문에 부득불 선조들을 비판적으로 평가할 수밖에 없었음을 밝히며, 이에 대해서는 후손들께 정중히 양해를 구하고자 한다.

2020년 2월

국방대학교 연구실에서

| 차례 |

제3부 근대 시기의 군사사상 • 323

제1부

•

군사사상이란?

제1장
서론

인류의 역사는 곧 전쟁의 역사이다. 태초로부터 인간은 부족 또는 종족 단위로 집단을 이루면서 서로 빼앗거나 빼앗기지 않기 위해, 점령하거나 점령당하지 않기 위해, 혹은 지배하거나 지배당하지 않기 위해 끊임없이 투쟁해왔다. 국가가 형성되고 발전하면서 이러한 투쟁은 더욱 조직적으로 전개되었고 그 규모와 범위도 확대되었다. 근대에 와서 인간의 이성을 중시하는 자유주의적 국제질서가 형성되었음에도 불구하고 두 차례의 세계대전이 연달아 발발한 것은 전쟁이라는 문제가 인간의 의지와 노력으로 제어될 수 있는 것이 아님을 보여주었다.

현대의 역사에서도 전쟁은 그 모습을 바꾸어가며 꾸준히 진화해왔다. 냉전기 핵무기에 대한 공포가 고조되면서 강대국들 간의 대규모 전면전쟁은 억제되었지만, 한국전쟁, 중인中印전쟁, 베트남 전쟁, 중동전쟁, 포클랜드 전쟁 등 국지적 제한전쟁은 막을 수 없었다. 냉전이 종식되자 후쿠야마Francis Fukuyama는 '역사의 종말the end of history'—수천 년 지속된 인류의 이념적 대결의 역사가 자유민주주의의 승리로 끝났다는 의미—을 선언하고 자유민주주의의 확산에 따라 평화로운 세상이 도래할 것으로 예견했지만,[1] 탈냉전

1 Francis Fukuyama, *The End of History and the Last Man* (London: Penguin Books, 1992), pp. xi-xxiii.

기에도 걸프 전쟁, 아프간 전쟁, 이라크 전쟁, 그루지야 침공 등 재래식 전쟁은 물론, 테러리즘과 종교적 극단주의, 그리고 종족분쟁 등 새로운 형태의 전쟁이 부상하고 있다.

왜 인류는 전쟁의 굴레에서 벗어나지 못하는가? 고대 그리스 시대에 아테네의 역사가였던 투키디데스Thucydides는 국가행동의 기본적인 동기로 '두려움fear', '이익interest', 그리고 '명예honor'를 들었다.[2] 모든 국가들은 각자 처한 환경에 따라 그 정도는 다르지만 외부 위협으로부터의 안보, 경제적 번영, 그리고 영향력 확대와 같은 다양한 이익을 둘러싸고 치열한 각축을 벌인다. 서로의 이해관계가 상충할 때 국가들은 외교적 협상에 나서 만족할 만한 타협점을 찾을 수도 있지만, 그렇지 못하면 서로 무력을 동원하여 상대를 강압하거나 실제로 무력을 사용하여 폭력적 해결을 모색하게 된다. 클라우제비츠Carl von Clausewitz가 정의한 것처럼 전쟁은 정치적 목적을 달성하기 위한 수단으로 상대 국가에게 우리의 의지를 강요하기 위한 유용한 기제가 될 수 있기 때문이다.[3]

후쿠야마가 주장한 역사의 종말이 도래하더라도 전쟁의 종말은 오지 않을 것이다. 자유민주주의 이념이 확산되고 인류의 보편적 가치로 자리를 잡는다 하더라도 그것이 국제체제가 갖는 무정부적 성격을 해소해주는 것은 아니기 때문이다. 국가들 간에 갈등을 빚고 있는 영토문제, 자원경쟁, 무역갈등, 동맹형성, 민족감정, 군비경쟁 등의 문제를 해결해주는 것도 아니기 때문이다. 역사상 많은 전쟁이 추상적인 이념보다도 구체적인 이익을 둘러싸고 발발했음을 고려한다면, 자유민주주의 이념의 확산 그 자체로 평화를 기대하는 것은 불가능하다. 국가가 존재하는 한, 국가들 간의 이익이 상충하는 한, 그리고 이러한 국가들을 통치할 수 있는 '세계

---

2 Robert B. Strassler, *The Landmark Thucydides: A Comprehensive Guide to the Peloponnesian War*(New York: The Free Press, 1996), p. 43.

3 Carl von Clausewitz, *On War*, eds. and trans., Michael Howard and Peter Paret(Princeton: Princeton University Press, 1984), p. 87.

정부'가 존재하지 않는 한, 국가들 간의 전쟁은 지속될 수밖에 없다. 비록 '역사의 종말'은 실현될 수 있을지 몰라도 '전쟁역사의 종말'은 결코 이루어질 수 없는 것이다.

그렇다면 우리는 전쟁을 현실로 인정하고 심각하게 받아들여야 한다. 전쟁은 그것이 좋은 것이냐 나쁜 것이냐의 가치를 논하는 도덕적 문제가 아니다. 전쟁으로 인한 살육과 참화를 혐오하여 멀리할 수 있는 선택적 문제도 아니다. 전쟁은 좋든 싫든 그 자체로 우리에게 주어진 냉혹한 현실이다. 인정하고 싶지 않을 수도 있지만 우리가 사는 삶의 일부이다. 따라서 우리는 전쟁의 문제를 외면하지 말고 직시해야 한다. 회피하려 하지 말고 부딪쳐야 한다. 전쟁이 무엇인지를 이해하고, 전쟁이 어떻게 우리의 생존, 이익, 그리고 명예의 문제와 결부될 수 있는지를 고민해야 한다.

물론 인류에게 전쟁은 비극이 아닐 수 없다. 많은 인명의 살상과 재산의 파괴, 그리고 감당할 수 없는 고통과 슬픔을 동반하기 때문이다. 그러나 전쟁은 기회일 수 있다. 적에게 우리의 의지를 강요하여 이익을 쟁취할 수 있고, 적과의 해묵은 갈등을 해소하고 더 나은 평화상태를 만들 수 있기 때문이다. 역사를 놓고 볼 때 어떤 국가들은 전쟁으로 인해 생존을 구걸하거나 식민지로 전락하는 수치를 당해야 했던 반면, 어떤 국가들은 이익과 명예를 확보할 수 있었다. 즉, 전쟁은 일부 국가들에게 주권의 상실과 국가붕괴를 초래했지만, 다른 국가들에게는 번영과 영광을 안겨주었다. 똑같이 전쟁을 대비하고 치르더라도 그로 인해 나타난 결과는 마치 동전의 양면과 같이 국가들의 생사와 흥망을 갈랐다. 패배한 국가에게 전쟁은 재앙이지만, 승리한 국가에게는 국익을 극대화할 수 있는 계기로 작용한 것이다.

전쟁을 비극이 아닌 기회로 만드는 것은 확고한 군사적 사고에 달려 있다. 어떤 국가가 전쟁을 통해 강대국으로 부상했다면 그것은 운이 좋았기 때문이 아니다. 전쟁에 대한 진지한 사고와 대비가 제대로 이루어졌기 때문이다. 마찬가지로 어떤 국가가 전쟁으로 주권을 빼앗기고 식민지로 전락했다면 그것은 운이 나빴기 때문이 아니다. 전쟁에 대한 사고와 대비가 제대로 이루어지지 않았기 때문이다. 어쩌면 전쟁은 손자孫子가 말한 대로 사전에 예측이 가능한 게임일 수 있다. 전쟁을 현실로 받아들여 전쟁의 문제를 진중하게 고민하고 미리 군사적으로 대비한 국가는 전쟁에서 승리하고 원하는 이익을 얻을 수 있지만, 반대로 전쟁을 혐오하여 군사문제를 소홀히 한 국가는 스스로 국난을 자초하거나 쇠퇴의 길로 접어들 수밖에 없다.

그래서 국가들은 나름대로 전쟁을 준비하고 수행하는 과정에서 전쟁에 대한 사유와 인식, 그리고 전략적 사고를 발전시켜왔다. 단순히 '싸움의 기술'을 다루는 교리적 혹은 전술적 수준을 넘어, 전쟁이라는 문제를 정치적·전략적 관점에서 이해하고 무력 사용에 대한 확고한 원칙과 믿음을 갖고자 노력한 것이다. 그 결과 국가들은 저마다 전쟁이라는 중대한 문제와 관련하여 군사적으로 축적되고 특화된 인식과 신념체계를 이루게 되었는데, 이것이 바로 '군사사상'이다.

군사사상은 모든 것이 불확실성으로 가득 찬 전쟁을 대비하고 수행하는데 있어서 우왕좌왕하지 않고 올바른 방향으로 나아가도록 하는 지표를 제공한다. 프랑스의 장군 포슈Ferdinand Foch는 "전쟁에서 패배한 것보다 오히려 군사사상의 부재를 두려워해야 한다. 군사사상이 없다고 하는 것은 소신과 철학이 없는 것"이라고 지적한 바 있다.[4] 군사사상이 없다는 것은 나침반을 갖지 않고 바다에 나가 망망대해를 항해하는 것과 같다. 이 경우 어느 방향으로 나아가야 하는지 모른 채 바다에 운명을 맡기고 표류할 수밖에 없다. 마찬가지로 군사사상이 없다는 것은 국가의 대사大事인 전쟁의 문제를 어떻게 헤쳐나가야 하는지에 대해 아무런 생각이 없는 것과 같다. 이 경우 전쟁이 무엇인지, 전쟁을 왜 해야 하는지, 전쟁을 어떻게 대비하고 수행할 것인지 알지 못한 채 국가의 운명을 다른 국가의 자비에

---

4 육군본부, 『한국군사사상』(서울: 육군본부, 1992), p. 9.

호소해야 할 수밖에 없을 것이다.

그렇다면 한국의 군사사상은 무엇인가? 과연 우리의 군사사상은 존재하는가? 만일 존재한다면 반만년의 유구한 역사를 자랑하는 한민족이 갖고 있는 고유한 군사사상은 무엇으로 규정될 수 있는가? 오늘날 우리의 군사사상은 한민족의 전통적인 군사사상을 계승한 것인가, 그리고 더 나아가 서구의 근대적 군사사상을 우리 현실에 맞게 수용하여 발전시킨 것인가? 혹시 우리는 한민족의 전통적 군사사상에 대해 정확히 알지도 못한 채 서구의 군사적 사고를 어설프게 흉내 내고 있는 것은 아닌가?

한국의 군사사상에 대해서는 누구도 자신 있게 말하기 어렵다. 그것은 '군사사상'이라는 용어의 의미가 모호한 것도 있지만, 그보다도 한국의 군사사상이 무엇인지 그 실체를 딱히 규정하기가 애매하기 때문이다. 흔히 상무정신尙武精神, 화랑정신花郎精神, 광개토대왕, 삼국통일, 북진정책, 의병활동, 독립운동 등을 떠올릴 수 있으나, 이것을 한국의 군사사상이라고 하기에는 뭔가 부족하다. 한민족이 전쟁을 수행했던 방식인 청야입보淸野入保, 견벽고수見辟擧守, 이일대로以佚待勞, 진관체제鎭管體制, 제승방략制勝方略 등으로 정의하기에는 너무 단편적이라는 느낌을 지울 수 없다.

한국의 군사사상에 대해서는 뒤에서 본격적으로 논의를 전개할 것이다. 다만, 한국의 군사사상을 이해하기 위해서는 우선 우리의 군사사상에서 발견되는 두 가지 특징에 주목할 필요가 있다. 하나는 '전통과의 단절'이고, 다른 하나는 '근대성의 왜곡'이다. 이 두 가지 특징은 이 책에서 제기하는 주요한 논점으로서 다음과 같이 우리의 군사사상이 제자리를 잡지 못하고 있는 이유가 된다.

첫째로 '전통과의 단절'이란 과거 한민족이 가졌던 고대 삼국시대, 고려시대, 그리고 조선시대의 군사사상이 구한말 이후 단절되어 현재의 군사사상으로 계승 및 발전하지 못하고 있다는 것이다. 그 원인은 구한말 시기와 대한민국 임시정부 시기에 서구의 근대적 군사문물을 수용하는 과정에서 우리 전통에 대한 '성찰'이 결여된 데 있었다. 이 시기에 지도자들은 서구의 새로운 군사적 사고를 접하고 받아들이기 시작했지만, 우리 민족의 전통적 군사 유산을 비판적으로 고찰하지 않았을뿐더러 이를 발전적으로 계승하려는 노력을 기울이지 않았다. 그 결과 우리는 서구의 근대적 군사사상을 우리의 전통적 군사사상과 접목시켜 한국 고유의 군사사상으로 만드는 데 실패했을 뿐 아니라, 한민족의 군사적 전통과 더욱 멀어지게 되었다.

둘째로 '근대성의 왜곡'은 구한말 이후 현대에 이르기까지 우리의 군사적 사고를 발전시키는 과정에서 근대 서구의 군사사상을 잘못 받아들였다는 것이다. 여기에는 근대 시기 우리 지도자들이 서구의 군사사상을 제대로 접할 기회를 갖지 못했기 때문에 이에 대한 이해가 부족했던 탓도 있지만, 그보다도 한국전쟁이 우리의 군사적 사고에 끼친 폐해가 너무 컸다. 한국전쟁은 국제전 이전에 하나의 '내전'으로서 동족상잔이라는 비극을 초래함으로써 이후 우리 지도자들과 국민들의 전쟁인식을 왜곡시켰으며, 전쟁수행 방식에 있어서도 지극히 정상적이지 못한 방향으로 일탈하는 계기가 되었다. 즉, 우리는 동족과 치른 전쟁의 충격으로 은연중에 '전쟁' 자체를 혐오하게 되었고, 이는 전쟁을 '정치적 수단'으로 간주하는 근대 서구의 전쟁관에 겉으로는 공감하면서 실제로는 외면하는 이중적인 인식을 갖도록 했다. 전쟁에 대비하면서도 어떻게 싸울 것인가의 문제보다는 어떻게 전쟁을 억제할 것인가에 주안을 둠으로써 유사시 전쟁을 수행하는 데 필요한 군사전략 및 작전술의 발전을 저해하게 되었고, 전쟁을 인식하고 대비하는 데 있어서 여태껏 근대적인 군사적 사고를 제대로 갖추지 못하고 있는 것이다.

이로 인해 현재 한국의 군사사상은 한민족의 전통과 단절된 '사생아'의 모습을, 그리고 서구의 근대성을 왜곡한 '기형아'의 모습을 하고 있다. 한국의 군사사상은 비록 역사적으로는 고대로부터 근대를 거쳐 현대에 이르고 있지만 그 군사적 사고의 근원을 찾기 어려울 정도로 뿌리가 약하다. 외형적으로는 그럴듯하게 근대적 형태를 갖추고 있는 것처럼 보이지만 그 내용을 들여다보면 오히려 전근대적 속성이 짙게 배어 있음을 발견할 수 있다. 즉, 한국의 군사사상은 전통과 근대, 그리고 한국적 요소와 서구적 요소가 유기적으로 결합되어 단일한 실체를 이루지 못하고 어지럽게 뒤섞여 있어 그것이 무엇인지 딱히 규정하기가 어렵다.

이처럼 근본을 알 수 없고 실체가 모호한 우리의 군사사상을 확고하게 정립하기 위해서는 적어도 세 가지 작업이 필요하다고 본다. 첫째로 우리의 전통적 군사사상에 대한 비판적이고 냉철한 평가가 선행되어야 한다. 과거 우리 민족이 견지했던 군사적 사고를 미화하지 않고 가감 없이 규명하는 것은 곧 우리 군사사상의 뿌리를 찾고 그것이 변화한 경로를 추적하여 오늘날 우리에게 주는 교훈을 도출한다는 측면에서 매우 긴요한 작업이 아닐 수 없다.

둘째로 우리 군사사상을 정립하기 위해서는 서구의 군사사상이 갖고 있는 '근대성'을 명확하게 이해해야 한다. 비록 서구의 군사적 사고가 정답은 아닐 수 있지만 우리의 군사사상을 평가하는 기준으로 삼고 나아가 우리 군사사상이 발전할 수 있는 방향성을 모색하는 준거準據의 틀로 삼을 수 있기 때문이다.

마지막으로 우리의 전통적인 군사적 사고와 서구의 군사사상을 다 같이 고려하여 현재 우리의 상황에 부합한 군사사상을 정립해나가야 한다. 마치 커다란 통나무를 깎아 하나의 작품을 조각해나가듯이 아직 실체가 모호한 우리의 군사적 사고를 다듬어 한국의 고유한 군사사상으로 만들어야 한다. 이를 위해서는 많은 전문가들이 전쟁과 군사에 관한 다양한 이론을 제시하고 그러한 이론에 대한 신랄한 비판과 함께 폭넓은 담론을 형성함으로써 한국의 군사사상을 발전시킬 수 있는 저변을 확대해야 한다.

이러한 측면에서 이 책은 한국의 군사사상에서 나타나는 '전통과의 단절' 및 '근대성의 왜곡'이라는 주제를 중심으로 하여 다음과 같은 문제들을 다루고자 한다. 첫째, 군사사상 일반에 관한 문제이다. 군사사상이란 무엇인가? 군사사상을 어떻게 연구할 수 있는가? 군사사상을 연구하는 데 고려해야 할 핵심 변수를 어떻게 설정할 수 있는가? 이러한 질문들은 군사사상을 연구하기 위해 가장 먼저 다루어지고 정리되어야 한다. 필자는 우선 군사사상의 정의가 무엇이고 이를 어떻게 연구할 것인지에 대한 방법을 제시할 것이다. 이러한 논의를 통해 군사사상을 유교적 · 현실주의적, 그리고 혁명적 군사사상으로 구분하고, 이를 분석하기 위한 변수로 전쟁의 본질 인식, 전쟁의 정치적 목적, 전쟁수행전략, 그리고 삼위일체의 전쟁대비라고 하는 네 가지 요소를 도출할 것이다.

둘째, 전통 시기 한민족의 군사사상을 규명하는 것이다. 삼국시대, 고려시대, 그리고 조선시대에 우리 민족이 가졌던 군사사상은 무엇인가? 이들이 갖고 있던 전쟁의 본질 인식, 전쟁에서 추구한 정치적 목적, 전쟁을 수행하기 위한 전략, 그리고 전쟁대비에 대한 인식과 특징은 무엇이었는가? 한민족의 역사에서 각 시대와 왕조들이 당면했던 대내외적 상황은 서로 달랐다. 따라서 이들은 서로 다른 군사적 사고를 가졌고 각기 다양한 유형의 군사사상을 발전시켰다. 필자는 네 가지 변수를 통해 각 시대별로 두드러진 군사사상의 특징을 고찰할 것이며, 또한 시대를 관통하는 공통적 요소를 규명할 것이다. 나아가 선조들의 군사적 사고가 확고했을 때 국운이 상승했으나 그렇지 않았을 때에는 국난을 당하거나 왕조의 멸망으로 귀결되었음을 살펴볼 것이다.

셋째, 근대 시기 군사사상을 비판적으로 고찰하는 것이다. 구한말과 임시정부 시기의 군사사상은 무엇인가? 이들이 갖고 있었던 전쟁의 본질 인식, 전쟁에서 추구한 정치적 목적, 전쟁수행전략, 그리고 전쟁대비는 과연 근대적 성격을 가졌는가? 이 시기 한국은 서구적 군사문물을 접하면서 나름의 군사개혁을 모색했지만 근대적인 군사적 사고를 정착시키지는 못했다. 비록 열강들의 침탈에 대응하고 일제 통치로부터 독립을 쟁취하기 위해 투쟁했지만, 전통적인 군사적 사고를 비판적으로 돌아보고 이를 바탕으로 시대적 상황에 부합한 근대적 군사사상을 발전시키기 위한 노력을 기울이지 않았다. 대한제국의 멸망과 임시정부 시기 독립전쟁의 실패는 이처럼 시대 상황과 부합한 근대의 군사적 사고를 확고히 정립하지 못했던 데 기인한다.

넷째, 현대 한국 군사사상의 실체를 규명하는 것이다. 해방 후 한국은 왜 북한의 혁명전쟁에 대비하지 못했는가? 한국전쟁 이후 한국은 북한의 도발 및 전쟁위협에 제대로 대응하고 있는가? 한국인이 가지고 있는 전쟁의 본질 인식, 전쟁의 정치적 목적, 전쟁수행전략, 그리고 전쟁대비는 어떠한가? 한국전쟁 이후 한국은 근대화를 추구하면서 본격적으로 서구의 근대적 군사사상을 배우고 수용할 수 있는 기회를 맞았다. 그러나 한국인들은 과거 동족과의 전쟁에 대한 트라우마로 인해 서구의 군사적 사고를 온전하게 받아들일 수 없었으며, 이는 한국의 군사사상을 정립하고 발전시키는 데 장애요인으로 작용하고 있음을 볼 것이다.

다섯째, 우리 군사사상의 발전에 관한 문제이다. 현재 한국의 군사적 사고에서 나타나는 문제점은 무엇인가? 한국의 군사사상을 어떻게 정립하고 발전시킬 수 있는가? 이와 관련하여 필자는 전통과의 단절과 근대성의 왜곡이라는 관점에서 현재의 군사사상을 평가하고, 이를 바탕으로 우리의 전통적 군사사상과 서구의 근대적 군사사상을 취합하여 우리가 지향해야 할 군사적 사고의 방향을 제시하고자 한다.

이러한 연구의 결과로 삼국시대부터 현대에 이르기까지 각 시기별 우리 민족의 군사사상을 정리하면 34쪽의 〈표 1-1〉과 같다. 이에 대한 상세한 논의는 본문에서 이루어지겠지만 독자들의 이해를 돕기 위해 미리 제시한다.

군사사상은 국가생존을 넘어 강대국 부상을 위한 기본 조건이다. 군사사상은 군사적 사고를 확고하게 함으로써 국가안보를 튼튼히 하는 데 기여할 뿐 아니라, 국가권력을 강화하고 나아가 강대국으로 부상하는 데 반드시 필요한 조건이 된다. 우리는 평화를 지키고 유지하기 위해 노력해야 하겠지만 전쟁은 누구도 장담할 수 없다. 전면전쟁이 아니더라도 제한전쟁이나 국지적 군사분쟁은 언제든 발생할 수 있다. 군사적 사고를 확고히

〈표 1-1〉 한민족의 시기별 군사사상 구분

구분		군사사상 유형	내용
고대	삼국시대	유교적 현실주의	• 현실주의적 요소가 지배 – 삼국 간 전쟁의 일상화 – 중국 및 이민족의 침입 • 그러나 현실주의적 요소가 유요주의에 의해 제약됨
	고려시대	제한적 현실주의	• 현실주의적 요소가 지배 – 북진정책 추진 – 중국 및 이민족 침입 • 그러나 현실주의적 요소가 북진의 의지, 종교, 영토인식, 유교주의 등에 의해 제약됨
	조선시대	교조적 유교주의	• 유교적 요소가 절대적으로 지배
근대	구한말	반근대적 · 퇴행적 전쟁인식	• 근대 전쟁에 대한 인식 부재 • 백성들의 반제국주의 혁명 진압 * 정부의 동학혁명, 의병운동 진압 • 일본의 침략전쟁 호응 * 청일전쟁 및 러일전쟁에서 일본 지원
	임시정부 시기	왜곡된 혁명주의	• 혁명적 요소가 지배 * 반봉건 및 반제국주의적 요소 • 그러나 혁명전쟁으로서의 독립전쟁을 잘못 이해 – 극한투쟁의 독립전쟁을 도덕적으로 접근 – 유교적 전쟁인식 작용
현대	한국전쟁 이후	왜곡된 현실주의	• 현실주의적 요소에 기반 • 그러나 현실주의적 요소가 한국전쟁에 대한 기억으로 편향되어 전근대적 모습으로 투영

하고 대비할 때 전쟁은 우리에게 국익을 확보하고 위상을 높일 수 있는 기회가 되지만, 그렇지 않으면 또 다른 비극이 될 것이다. 군사사상을 정립하는 문제는 앞으로 한국이 국가주권을 수호하고 통일을 달성하며 강대국으로 비약하기 위해 반드시 해결해야 할 민족적 과제가 아닐 수 없다.

제2장

군사사상이란 무엇인가?

1. 군사사상이란?

가. 군사사상 용어의 난해함

최근 군사학이 새로운 학문 영역으로 정착되면서 학계에서는 '군사사상'에 대한 관심이 높아지고 있다. 무릇 '사상'은 모든 학문의 토대를 이룬다. 정치학에서 다루는 대부분의 주제가 고대 그리스 시대부터 근현대에 이르는 정치사상을 기반으로 하듯이 모든 학문은 해당 분야의 사상에서 출발한다. 군사학도 마찬가지로 중국 고대의 손자孫子부터 근대 서구의 마키아벨리Niccolò Machiavelli, 클라우제비츠Carl von Clausewitz, 몰트케Helmuth von Moltke, 그리고 현대의 마오쩌둥毛澤東과 리델 하트B. H. Liddell Hart에 이르기까지 다양한 군사사상을 모태로 한다.

그렇다면 군사사상이란 무엇인가? 군사사상이 갖는 학문적 중요성에도 불구하고 우리 학계에서는 이에 대한 명확한 정의가 나오지 않고 있다.[5] 1992년 육군본부에서 발간한 『한국군사사상』은 외국의 군사사상에 견주어 한민족의 군사사상을 다루고, 이를 통해 한국의 군사사상의 방향을 제

5 백기인, 『한국근대 군사사상사 연구』(서울: 국방부 군사편찬연구소, 2012), p. 2.

시했다는 점에서 의미 있는 연구로 평가할 수 있다. 이 책에서는 군사사상을 "국가목표를 달성하기 위해서 현재 및 장차 전쟁에 대한 올바른 인식을 토대로 어떠한 전쟁의지와 신념으로 어떻게 전쟁을 준비하고 수행할 것인가에 관한 개념적 사고체계"로 정의하고 있다.[6] 그리고 군사사상을 구성하는 주된 요소로 전쟁지도 및 수행신념, 군사력 건설, 군사력 운용이라고 하는 세 가지를 들고 있다. 실제로 우리 학계에서 군사사상을 연구하는 많은 학자들은 이러한 정의를 수용하여 연구를 시도하고 있다.[7]

그러나 여기에서 제기할 수 있는 문제점으로는 이러한 정의가 논리적으로 어떻게 도출되었는지 명확하지 않을뿐더러, 정의하는 바가 너무 개념적이어서 해석하는 사람에 따라 다른 의미로 받아들일 수 있다는 것이다. 가령 '전쟁지도'나 '수행신념'이라는 용어가 무엇을 의미하는지 분명하지 않다. 그래서 일부 연구자는 '전쟁지도와 수행신념'을 또 다른 혼란을 야기할 수 있는 '전쟁수행 이념'으로 이해하여 접근하기도 한다.[8] 전쟁을 준비하는 양병養兵의 영역으로 '군사력 건설'을 언급하고 있으나 이것이 실제 전력건설에 한정된 것인지 아니면 군사력을 편성하고 관리하는 군사제도, 유사시 병력과 자원을 모으는 군사동원, 나아가 군사운영의 효율성과 관계된 민군관계까지도 포함하는 것인지 명확하지 않다. 또한 전쟁을 수행하는 용병用兵의 영역으로 '군사력 운용'을 들고 있으나 이것이 작전술이나 전술을 의미하는 것인지, 여기에 전쟁 및 전장 리더십까지도 포함하는 것인지 모호하다. 그러다 보니 학자들은 군사사상을 연구하면서

---

6 육군본부, 『한국군사사상』, p. 24.

7 이러한 연구로는 김재철, "조선시대 군사사상과 군사전략의 평가 및 시사점", 『서석사회과학논총』, 제2집 2호(2009년); 김재철, "한민족의 군사사상과 흥망성쇠의 교훈", 『동북아연구』, Vol. 22, No. 2(2007년); 김종두, "한국적 군사사상과 리더십", 『군사논단』, 제45호(2006년 봄); 김정식, "군사이론과 국방제도 : 도덕경에 나타난 군사사상", 『군사논단』, 제1호(1994년); 노영구, "한국 군사사상사 연구의 흐름과 근세 군사사상의 일례: 15세기 군사사상가 양성지를 중심으로", 『군사학연구』, 통권 제7호(2009년); 김정기, "인간과 국가관을 통해 본 동서양 군사사상의 흐름", 『군사연구』, 제121집(2005년).

8 김정기, "인간과 국가관을 통해 본 동서양 군사사상의 흐름", 『군사연구』, 제121집, p. 403.

저마다 전쟁관, 군사전략 및 작전술, 무기체계, 성곽 등 방어시설, 장수의 리더십, 군사제도 등을 분석하고 있으며, 그 결과 많은 연구들이 '군사사상'이라는 포괄적인 학술 주제의 틀 내에서 종합적으로 이루어지기보다는 파편적인 연구에 머물고 있다.

이러한 한계를 인식하여 최근 군사학계는 군사사상이라는 용어를 다시 정의하고 우리의 군사사상을 규명하기 위해 많은 노력을 기울이고 있다. 진석용은 군사사상을 "군사력 건설에 대한 이성적 근거와 군사력 운용에 대한 윤리적 정당성 및 군사력 사용 방법에 대한 통일된 판단체계를 가리키는 개념"으로 정의했다.[9] 다만, 이러한 정의는 군사력 건설과 군사력 운용, 즉 양병과 용병을 중심으로 한 것으로, 군사사상의 범위를 지나치게 협소하게 설정한 것으로 볼 수 있다.

이강언 등이 펴낸 『군사용어사전』에 의하면 군사사상은 "군대를 보유하는 이성적 근거와 군사력 사용의 윤리적 정당성 및 군사력의 사용방법에 관한 사고체계, 전쟁이라는 특정 현상에 대해 그 본질과 기본규칙에 대한 철학적 · 규범적 연구와 판단이 포함된다"고 한다.[10] 이러한 정의는 상당히 혼란스러운 것이 사실이다. 다만, 그 의미를 축약할 때 전쟁의 본질과 규칙, 군사력 보유, 그리고 군사력 사용에 대한 철학적 · 규범적 판단으로 볼 수 있는 바, 용병과 양병 외에 '전쟁의 본질과 규칙'이라는 요소를 포함시켰다는 점에 주목할 필요가 있다.

이러한 가운데 2012년 육군군사연구소가 펴낸 『한국군사사 12: 군사사상』은 우리 군사사상 연구에 대한 갈증을 해소해줄 수 있는 본격적인 연구로 기대를 모았다. 이 책은 군사사상을 기본적으로 용병과 양병에 관한 것으로 간주하되, 이를 논의하기 위해서는 "전쟁이나 군사와 관련된 당대 인간들의 사고체계, 군사 관련 사회풍속, 국가관, 군주관 등을 모두

---

9 진석용, "군사사상의 학문적 고찰", 『군사학연구』, 제7호(2006년 12월), p. 5.

10 이강언 외, 『최신군사용어사전』(서울: 양서각, 2012), p. 76.

포괄"해야 한다고 보았다.[11] 이러한 접근은 용병과 양병을 중심으로 한 순수한 군사분야 외에, 그 시대의 풍속, 국가관, 군주관 등을 고려했다는 점에서 의미가 있다. 전쟁과 군사에 관한 문제를 단순히 군사력의 건설과 운용에 그치지 않고 정치사회적 영역으로 확대하여 한국의 군사사상을 포괄적으로 접근한 것이다.

그럼에도 불구하고 육군군사연구소의 연구는 우리의 군사사상을 시대별로 분석하는 데 있어서 공통된 요소를 적용하지 않음으로써 논리의 일관성을 갖추지 못했다는 한계를 갖는다. 예를 들어, 삼국시대에는 군주의 표상, 군사훈련, 화랑도 정신을, 고려시대와 조선시대에는 국토방위전략과 군사이론을, 그리고 근현대에는 군사근대화, 군사정책, 독립운동방략을 중심으로 우리의 군사사상을 분석한 것이다. 그 결과 우리의 군사사상을 어떠한 요소로 들여다보아야 하는지에 대한 문제를 여전히 해소하지 못하고 있을 뿐 아니라, 각 시대별 군사사상을 서로 다른 요소들로 분석했기 때문에 이를 취합하지 못함으로써 결국 한국의 군사사상이 무엇인지 그 실체를 명확하게 제시하지 못하고 있다.

일각에서는 군사사상이라는 용어에 대한 정의를 내리지 않은 채 개괄적으로 접근하기도 한다. 육군사관학교에서 펴낸 『군사사상사』에는 "군사사상은 군사력 건설, 전략수립, 군사교리의 정립, 작전수행에 있어서 지대한 영향을 미쳐왔다"고만 언급하고 있을 뿐, 군사사상이 무엇이고 그 연구 대상과 범위가 어디까지인지 밝히지 않고 있다. 다만, 이러한 언급에서 군사력 건설과 전략, 교리, 그리고 작전수행을 들고 있음을 볼 때 주로 용병과 양병을 염두에 둔 것으로 볼 수 있다. 백기인의 『한국근대 군사사상사 연구』도 마찬가지로 군사사상이라는 용어를 정의하지 않은 가운데 조선, 대한제국, 그리고 대한민국 임시정부의 군사사상을 시대의 흐름에 따

11 육군군사연구소, 『한국군사사 12 : 군사사상』(서울: 경인문화사, 2012), pp. 2-3.

라 논의하고 있다.[12] 다만, 백기인은 이 연구에서 해안방어론, 군제개혁론, 의병전쟁론, 독립전쟁론 등의 개념을 중심으로 하여 시대별로 두드러진 군사이념과 전략·전술, 그리고 제도를 분석하고 있다.[13] 역시 용병과 양병을 주요 분석 대상으로 한 것이다.

군사사상을 정의하기 어려운 것은 서구 학계에서도 마찬가지이다. 가령 개트Azar Gat는 『A History of Military Thought(군사사상사)』에서 '군사사상'에 대한 정의를 제시하지 않은 채 르네상스 시대부터 냉전기까지 역사적으로 두드러지게 나타난 서구의 군사사상을 각 시대를 대표하는 주요 인물들을 중심으로 풀어나갔다.[14] 라이더Julian Lider도 그의 저서인 『Military Theory(군사이론)』에서 군사학에 관한 광범위한 주제를 다루었지만 '군사사상'이라는 용어에 대해서만큼은 언급하지 않았다. 그는 전략, 군사학, 군사교리 등의 개념을 고찰하면서도 군사사상은 다루지 않았는데, 아마도 이 용어가 군사학계에서 보편적으로 사용될 만큼 정제되지 않았다고 본 것 같다.[15] 부스Ken Booth는 근현대 전략의 변천 과정을 다룬 "The Evolution of Strategic Thinking(전략적 사고의 진화)"이라는 논문에서 손자, 클라우제비츠, 몰트케 등의 군사사상을 다루고 있음에도 불구하고 '사상thought' 대신 '사고thinking'라는 용어를 선택했는데,[16] 이는 '사상'이라는 용어 사용의 부담을 반영한 것으로 볼 수 있다.

이처럼 군사사상이라는 용어는 국내에서는 물론, 해외 학계에서도 아직

---

12 백기인, 『한국근대 군사사상사 연구』, pp. 37-305.

13 그는 또 다른 연구인 "조선 말기의 군사 근대화와 근대 군사사상"에서도 군제개혁과 전략·전술을 중심으로 조선 말기의 군사사상을 분석함으로써 이와 유사한 접근을 시도하고 있다. 백기인, "조선 말기의 군사 근대화와 근대 군사사상", 『군사논단』, 제66호(2011년 여름), pp. 168-180.

14 Azar Gat, *A History of Military Thought: From the Enlightenment to the Cold War*(Oxford: Oxford University Press, 2001).

15 Julian Lider, *Military Theory: Concept, Structure, Problems*(Hants: Gower, 1983).

16 Ken Booth, "The Evolution of Strategic Thinking," John Baylis et al., *Contemporary Strategy I: Theoris and Concepts*(New York: Holmes & Meier, 1987).

명확히 정리되지 않은 상태로 남아 있다. 그러다 보니 학자들이 비록 '군사사상'이라는 용어를 사용하여 연구를 진행하고 있지만, 각자 사용하는 그 용어의 의미가 서로 다른 경우를 발견할 수 있다. 어떤 학자들은 전쟁과 전략에 주안을 두기도 하고, 어떤 학자들은 군사제도를 중점적으로 연구함으로써 일관성 있는 군사사상 연구가 이루어지지 못하고 있는 것이다. 그 결과 모두가 군사사상을 연구하고 있지만 마치 '장님 코끼리 만지기'와 같이 서로 다른 관점에서 서로 다른 얘기를 하고 있는지도 모른다.

나. 군사사상 용어의 정의

군사사상을 어떻게 정의할 수 있는가? 이 용어는 '군사軍事, military'와 '사상思想, thought'이라는 단어가 결합된 것으로, 이 두 단어의 개념을 살펴봄으로써 정확히 이해될 수 있다. 이 두 개념은 각각 포괄하는 범주를 어떻게 설정하느냐에 따라 그 정의가 달라질 수 있는 만큼, 다음과 같이 '군사'와 '사상'이라는 용어의 범위와 수준을 논리적으로 따져봄으로써 그 정의를 보다 명확히 할 수 있다.

우선 '군사'란 좁은 의미에서 볼 때 국가의 정치적 목적을 달성하거나 정책을 수행하기 위해 '무력을 준비하고 사용하는 영역'이다.[17] 즉, 무력을 준비하는 '양병'과 무력을 사용하는 '용병'의 영역을 일컫는 것이다. 그런데 이는 단순히 군사력을 '관리'하고 '사용'한다는 측면에서 군사의 '기능적 측면'에 한정된 정의이다. 평소에 군사력을 유지하는 '군정軍政' 기능과 전시에 군사력을 운용하는 '군령軍令' 기능으로 나눈 것이다. 통상적인 '군사'의 의미는 이처럼 용병과 양병을 지칭하는 것으로 군사사상을 연구하는 대부분의 학자들은 이 두 가지 요소를 기본적으로 다루고 있다.

그러나 우리가 시야를 더 넓혀 군사를 '가치적 측면'에서 본다면 군사라

---

17 이석호 외, "군사학 학문체계 정립과 군사학 교육 발전방향", 2005년 국방대학교 교수부 교육학술연구과제, pp. 33-45. 군사를 좁은 의미로 정의하면 용병과 양병으로 한정할 수 있다.

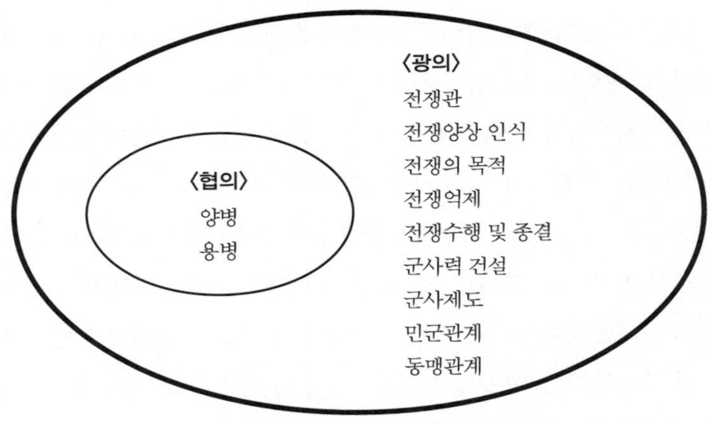

〈그림 2-1〉 군사사상의 범주

는 용어의 외연外延은 크게 확장될 수 있다. 여기에서 '가치적 측면'으로 본다는 것은 군사를 국가정책 목표를 달성하기 위한 정치적 수단 또는 도구로 간주하여 그 의미를 규정하는 것을 말한다. 이 경우 군사의 범위는 단순히 군사력을 준비하고 운용하는 양병과 용병의 영역에서 벗어나 정치와 전쟁의 문제로까지 확대될 수 있다. 즉, 군사는 보다 넓은 의미에서 다음 그림에서 보는 바와 같이 전쟁의 본질에 대한 인식, 미래에 예상되는 전쟁양상, 전쟁에서 추구하는 정치적 목적, 전쟁의 억제·수행·종결 방식, 전쟁을 대비한 군사력 건설, 병력을 모집하고 군을 조직하는 군사제도, 전시 병력과 물자를 충당하는 군사동원, 정치지도자와 군 지휘관 간의 민군관계, 그리고 동맹의 문제 등을 포함하게 된다. 종합하면, '군사'란 '기능적 측면'에서는 군사력을 준비하고 사용하는 영역에 관한 것이지만, '가치적 측면'에서 본다면 정치 및 전쟁과 관련한 제 요소를 포괄하는 것으로 그 범주를 확대해볼 수 있다.[18]

사실 '군사'의 범위와 수준은 보는 사람의 관점에 따라 얼마든지 달라질 수 있다. 연구자의 판단에 따라 기능적 관점에서 협의狹義로, 혹은 가치

---

18 육군본부, 『한국군사사상』, pp. 15-17.

적 관점에서 광의廣義로 정의할 수 있다. 그러나 우리가 군사사상을 연구한다면 '군사'의 범위를 협의보다는 광의로 정의하는 것이 타당할 것이다. 그것은 군사사상이 '군사문제 전반'에 관한 것이므로 단순히 용병과 양병으로 한정할 수 없으며, 특히 사람들의 인식 및 신념과 관계된 '사상'을 논할 경우 기능적 측면보다 가치적 측면에서 군사문제를 고려하는 것이 바람직하기 때문이다. 실제로 학자들은 군사사상을 논하면서 비단 용병과 양병의 문제뿐만 아니라 전쟁관, 군사제도, 민군관계, 그리고 동맹관계 등 다양한 주제를 연구하고 있는 만큼, '군사'의 범주를 보다 넓게 정의하는 것이 바람직하다. 더욱이 우리는 일반적으로 '군사사상'과 별도로 '전쟁사상'이나 '국방사상'이라는 용어를 보편적으로 사용하지 않고 있는 바, 이는 전쟁이나 국방에 관한 사고가 '군사사상'의 범주에 포함된다는 묵시적 합의가 이루어진 것으로 볼 수 있다. 즉, 군사사상은 전쟁과 국방에 관한 사상까지 포함하는 것으로 그 범주를 넓게 보는 것이 맞다.

다음으로 군사사상이라는 용어에서 '사상'의 의미를 살펴보자. '사상'이란 특정 현상에 대한 사유를 통해 일정한 틀과 형식을 갖춘 기초적 인식체계 혹은 신념체계를 말한다. 어떤 대상에 대한 '생각'이 논리적 정합성에 따라 배열되고 통일된 판단체계를 이루어 그에 대한 관점 또는 시각을 확고하게 하는 것이다. 일단 이러한 신념체계가 갖춰지면 복잡한 문제에 직면하여 대처하는 데 필요한 가치판단의 준거準據나 실천적 기준을 제공할 수 있다. 이러한 측면에서 사상은 철학보다 훨씬 더 현실문제와 결부된 것으로 이념적 성향을 띤다. 철학이 인간과 세계의 본질에 대한 형이상학적 논리체계를 구성한다면, 사상은 삶의 가치에 대한 주장이나 신념을 반영하여 당면한 현실에 대처하기 위한 실천적 규범을 제공할 수 있기 때문이다.[19] 흔히 민주주의나 공산주의, 그리고 자본주의와 같은 이념을 철학이라 하지 않고 사상으로 보는 것은 바로 이 때문이다. 즉, 사상은 현

---

19 진석용, "군사사상의 학문적 고찰", 『군사학연구』, 제7호(2006년 12월), p. 5.

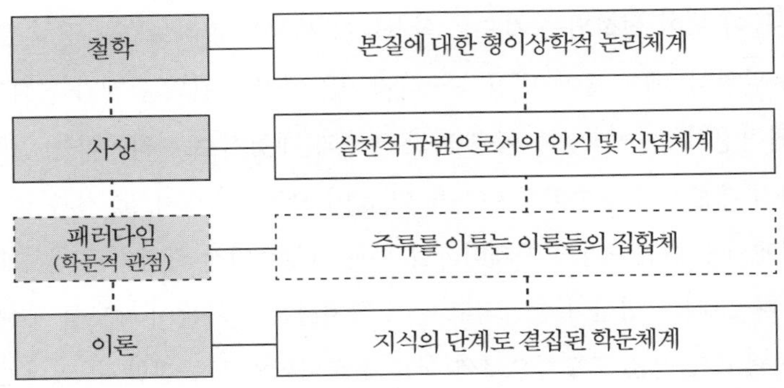

〈그림 2-2〉 사상과 철학, 그리고 이론

실세계에서의 특정 현상에 대한 개인과 집단의 실천적 규범으로 굳어진 인식체계 또는 신념체계로서, 이는 개인이나 집단이 현재 또는 장차 당면하게 될 대내외적 문제에 대해 올바른 인식을 가지고 효과적으로 대처하여 기대하는 목적을 달성하도록 하는 통일된 견해나 관념, 또는 신념이라고 할 수 있다.[20]

이렇게 본다면 '군사사상'이란 군사에 관한 사고를 통해 형성된 인식과 신념체계이다.[21] 주요한 관심의 대상은 전쟁에 관한 것이며, 비단 용병과 양병뿐만이 아니라 넓은 의미에서의 '군사'가 포괄하는 모든 영역이 포함될 수 있다. 따라서 군사사상이란 **전쟁과 관련한 군사문제 전반에 대한 논리적 사유의 결과로 축적된 실천적 규범으로서의 인식 및 신념체계**로 정의할 수 있으며, 여기에는 전쟁관, 전쟁양상, 전쟁의 정치적 목적, 군사전략, 전쟁수행, 군사력 건설, 군사제도, 군사동원, 민군관계, 그리고 동맹관계 등이 포함된다.

이에 부가하여 학문의 위계적 배열에서 사상과 이론 사이에 위치한 패러다임paradigm에 대해 이해할 필요가 있다. 패러다임이란 주류를 이루는

---

20 육군본부, 『한국군사사상』, p. 18.

21 앞의 책, pp. 17-18.

이론들이 모여 형성되는 것으로 학자들이 세상을 바라보는 가정 혹은 관점을 말한다. 예를 들어, 냉전기에 학자들은 국가들 간의 관계가 협력보다는 권력정치power politics, 즉 힘에 의한 경쟁과 대립이 보편적이라는 인식을 가졌기 때문에 현실주의적 이론을 더 많이 만들어냈으며, 그 결과 국제정치학에서는 현실주의realism 패러다임 혹은 현실주의적 관점이 우세하게 나타났다. 그러나 냉전이 종식되고 나서 학자들은 국가들이 제도를 통해 신뢰를 쌓고 협력을 도모함으로써 서로의 국가이익을 증진할 수 있다는 이론들을 내놓았고, 현실주의보다 신자유주의적 제도주의neo-liberal institutionalism를 지배적인 패러다임으로 간주하게 되었다. 학자들의 이론이 현실을 학문적으로 정립한 것이라면, 그러한 이론들이 다수가 모여 지배적인 학문적 관점, 즉 패러다임을 형성하게 되고, 그러한 패러다임이 하나의 신념체계로 고착되면 사상으로 발전될 수 있다. 물론, 하나의 사상이 형성되면 역으로 사람들의 인식과 시각에 영향을 줌으로써 패러다임과 이론의 형성에 영향을 미칠 수 있다.

다. 관련 용어와의 비교

군사사상을 보다 잘 이해하기 위해서는 이와 관련된 유사 용어들과의 차이를 살펴볼 필요가 있다. 먼저 군사사상을 군사이론 및 군사교리와 비교하면 〈표 2-1〉과 같다. 군사사상은 앞에서 보았듯이 전쟁과 관련한 군사문제 전반에 대한 논리적 사유의 결과로 구축된 실천적 규범으로서의 인식 및 신념체계이다.

〈표 2-1〉 군사사상, 군사이론, 군사교리의 비교

군사사상	군사이론	군사교리 (군사전략, 작전술, 전술)
군사문제 전반에 관한 인식 및 신념체계	용병과 양병에 관한 인과관계 중심의 지식 및 학문체계	용병에 국한된 것으로 군사행동의 방침으로 구체화된 행동체계

그리고 군사이론은 특정한 군사문제에 대한 원인과 결과를 과학적으로 규명하여 인과관계를 설명하는 지식 및 학문체계로서 주로 용병과 양병을 대상으로 한다. 여기에서 '군사이론'의 범주를 군사에 관한 전반을 포괄하지 않고 '용병과 양병'으로 한정하는 이유는 이론에 관한 한 '군사이론' 외에 국방이론, 전쟁이론, 동맹이론, 민군관계이론 등 세부 분야별로 각각의 이론을 구분 지을 수 있기 때문이다. 즉, '군사이론'은 군사사상에서 다루는 주제들 가운데 '용병과 양병'의 문제를 논리적으로 규명하고 학문적으로 체계화하여 지식의 단계로까지 구체화시킨 것이다.

마지막으로 군사교리는 군사사상과 군사이론을 실제 군사행동의 방침으로 공식화한 전장에서의 행동체계로서 용병을 주요 대상으로 한다. 군사교리는 한 국가의 군사력 운용에 대한 지침이자 기준으로서, 이를 바탕으로 군사전략, 작전술, 그리고 전술을 구체적으로 구상하고 발전시킬 수 있다. 가령 19세기 후반 '공격의 신화cult of offense'와 같은 서구의 공세적 군사교리는 제1차 세계대전에 영향을 주었는데, 이는 독일의 경우 슐리펜 계획Schlieffen-Plan과 같은 전략적 포위 개념을 담은 군사전략으로, 그리고 작전술 및 전술에서는 적의 약한 측면 돌파 및 포위의 개념으로 발전했다.[22]

이렇게 볼 때 군사사상, 군사이론, 그리고 군사교리는 다 같이 '군사'라는 용어를 달고 있지만 서로 다루는 대상이 다름을 알 수 있다. 군사사상은 군사문제 전반을, 군사이론은 용병과 양병을, 그리고 군사교리는 단지 용병만을 다루게 된다.

다음으로 군사사상과 전략사상을 구별해볼 수 있다. 이 둘은 매우 혼돈

---

22 '공격의 신화(cult of offensives)'는 19세기 중엽부터 20세기 초에 걸쳐 유럽에서 유행했던 공격을 신봉하는 사조를 말한다. 이 시기 유럽의 전략가들과 군지도자들은 공격이 방어보다 강하다는 신념을 가지고 공격 일변도의 전략을 선호했다. 이들은 방어가 본질적으로 강하다는 클라우제비츠의 주장을 '의도적으로' 외면했으며, 나폴레옹 전쟁과 보불전쟁의 사례를 들어 "공격이 최선의 방어"라는 믿음으로 공세적 원칙과 공세적 행동에 입각한 대규모 섬멸전을 추구했다. Stephen van Evera, *Causes of War: Power and the Roots of Conflict*(Ithaca: Cornell University Press, 1999), pp. 194-198. Bernard Brodie, *Strategy in the Missile Age*(Princeton: Princeton University Press, 1959), pp. 42-52.

될 수 있는 용어이지만 그 핵심은 '군사'와 '전략'의 용어가 갖는 의미에 있다. 군사는 앞에서 살펴본 대로 용병과 양병뿐 아니라 정치 및 전쟁과 관련하여 군사문제 전반을 포괄하는 것으로 광범위하게 정의될 수 있다. 반면 전략은—여기에서의 전략은 사실상 군사전략을 의미— 주로 군사력 운용, 즉 용병의 문제와 결부된 용어이다. 비록 혹자는 전략을 용병과 양병을 포괄하는 것으로 이해하기도 하지만, 어디까지나 그 핵심은 용병에 있다.[23] 통상 전략사상으로 거론되는 간접접근전략, 전격전 전략, 기동전 전략, 섬멸전략, 지구전 전략 등의 많은 개념을 살펴보면 하나같이 양병이 아닌 용병에 관한 것임을 알 수 있다. 따라서 군사사상이 군사문제 전반을 포괄하는 반면, 전략사상은 전쟁을 어떻게 수행할 것인가의 방법에 관한 것으로 용병에 주안을 둔다고 할 수 있다.

그러나 이와 같은 용어들은 때에 따라 엄격하게 구분되지 않고 혼용하여 사용될 수도 있다. 그것은 사상과 이론의 차이, 군사와 전략의 차이, 그리고 이론과 교리의 차이가 명확하지 않을 수 있기 때문이다. 가령 두에 Giulio Douhet의 제공권 주장을 항공사상이라고 할 수도 있고 항공전략 또는 항공이론이라고 할 수도 있다. 손자나 클라우제비츠의 사상을 군사사상이라고 할 수도 있고 전략사상이라고 할 수도 있다. 이들이 얘기한 어느 부분을 어떻게 보느냐에 따라 이들을 군사사상가로, 전략사상가로, 혹은 군사이론가로 볼 수 있다. 이처럼 우리가 군사사상과 유사한 용어들을 논리적으로 구분했다 하더라도 이러한 용어들은 때로 상당부분 중첩이 되어 실제로는 엄격한 구분이 어려울 수 있다.

그럼에도 불구하고, 군사학의 학문적 발전을 위해서는 이러한 용어들이 근본적으로 어떻게 다른지를 이해할 필요가 있다. 비록 학자들이 비교적 자유롭게 용어를 정의하고 사용하기 때문에 어느 정도의 중첩은 불가피하겠지만, 이들이 논하는 용어의 정확한 의미를 파악하고 혼돈을 방지하기

---

23 박창희, 『군사전략론: 국가대전략과 작전술의 원천』(서울: 플래닛미디어, 2013), pp. 601-605.

위해서라도 각각의 용어가 어떻게 다른지를 이해하는 것은 매우 중요하다.

2. 군사사상 접근방법

가. 사회과학적 연구의 필요성

지금까지 군사사상 연구는 '전쟁사'나 혹은 '군사사' 등 역사학 연구의 연장선상에서 이루어졌다. 한국의 군사사상에 관련된 연구들이 '군사사상'보다는 '군사사상사' 혹은 '군사사'라는 제목을 달고 있는 것이 이를 방증한다. 기본적으로 한민족의 역사에서 나타난 전쟁, 군사제도, 전략·전술, 방어체계, 무기 및 통신수단 등이 어떻게 등장했고, 시대가 바뀌면서 어떻게 변화되어왔는지를 규명하는 가운데 그 중심이 되는 군사적 사고를 찾고자 한 것이다.

그러나 역사학 연구로는 시대의 흐름 속에서 군사사상의 일부 단면을 볼 수는 있어도 '군사사상' 전반全般을 통틀어 규명하고 이해하는 데에는 한계가 있어 보인다. 물론, 한국의 군사사상을 이해하기 위해 우선적으로 역사적 사실을 규명하는 작업은 중요하다. 이는 누구도 부인할 수 없는 사실이다. 정확한 역사적 사실이 뒷받침되지 않는다면 그에 대한 해석이 올바르게 이루어질 수 없기 때문이다. 그러나 역사학적 접근으로는 각 시대별로 나타난 군사문제의 주요한 특징을 발견할 수는 있으나, 군사사상 연구에서 요구되는 군사적 사고의 전반에 대한 일반화된 개념을 도출하고 그 변화 과정을 추적하기 어려울 수 있다.[24] 역사학 연구는 사회과학과 달리 모든 시대를 아우르고 모든 사례에 적용되는 보편적 인과관계보다는 '특정 시점'에서의 '특정한 사례'에 국한된 '특수한 인과관계'를 찾는

---

24 여기에서 필자는 역사학과 사회과학의 방법론을 논하거나 학문적 우열을 가리자는 것이 아니라, 각 학문 분야가 갖는 특징을 열거할 뿐임을 밝힌다. E. H. 카, 김택현 역, 『역사란 무엇인가』(서울: 까치, 1977), pp. 27-38, 133-164.

데 초점을 맞추기 때문이다.

카E. H. Carr는 역사학에서도 사회과학과 마찬가지로 엄격한 변수관계의 검증이 가능하다고 주장한다. 그에 의하면 역사학은 '사유thought'를 통해 가치가 없는 비역사적 사실을 제외시키고 의미가 있는 역사적 사실을 선별하여 해석하고 정리하는 학문이며, 이러한 과정에서 역사가는 과학자와 마찬가지로 '왜'라는 질문을 끊임없이 던짐으로써 과거 사건의 원인과 결과를 질서정연한 전후관계 속에 배열한다. 그러나 여기에서 인과관계에 대한 카의 주장은 역사학도 사회과학과 마찬가지로 '일반화generalization'를 추구할 수 있음을 의미하는 것이 아니다. 카는 비록 역사학에서의 변수관계 검증을 이야기하고 있으나, 이는 사회과학에서처럼 동일한 주제에 대해 서로 공통된 변수를 가지고 '일반화'를 만들어가기 위해 인과관계를 추적하는 것이 아니다. 역사학에서는 연구자들이 각자 상이한 분석요소를 가지고 접근하여 각각의 연구를 특화하는 데 있어서의 인과관계를 추적하기 때문이다.[25]

예를 들어, 조선시대의 군사사상을 'X'로 구한말 군사사상을 'Y'로 규정할 수 있다고 가정하자. 사회과학에서는 군사사상의 유형으로 X와 Y를 정의하고 이러한 군사사상을 형성하는 데 영향을 주는 변수들로 a, b, c를 설정할 것이다. 그리고 조선시대의 사례를 분석함으로써 실제로 a, b, c라는 변수가 어떻게 작용하여 X라는 군사사상을 형성했는지를 입증할 것이다. 그리고 이를 바탕으로 구한말에 와서 변수 a, b, c가 어떻게 변화했고, 그래서 조선시대의 군사사상 X가 왜 구한말에 Y로 변화했는지를 설명할 수 있다. 비록 다른 연구자들이 a, b, c 대신에 a′, b′, c′라는 변수로 접근하거나 혹은 c 대신 d를 사용하더라도, 이는 궁극적으로 a, b, c라는 변수로 귀결되는 논의의 과정으로서 모든 연구는 하나의 연구 주제에 대해 하나의 연구 결과를 도출하려는 '일반화'의 노력으로 볼 수 있다.

25 E. H. 카, 김택현 역, 『역사란 무엇인가』, p. 38.

그러나 역사학에서는 다르다. 역사학자들은 일반적으로 분석의 틀을 엄격하게 구성하지 않은 채 특정한 변수에 얽매이지 않고 군사사상을 연구한다. 따라서 이들은 군사사상을 규정할 수 있는 a, b, c라는 변수에 구애를 받지 않고 주관에 따라 a, b, 혹은 d, e, f 등의 변수를 설정한다. 물론, 거기에서 나온 연구 결과는 사회과학자들의 연구와 마찬가지로 X가 될 수도 있다. 그러나 이러한 연구는 독립변수 a, b, c와 종속변수 X 간의 변수관계를 엄격하게 적용한 것이 아니기 때문에 사실상 X라기보다는 X의 일부, 즉 X를 부분적으로 설명하는 것으로 보아야 한다. 또한 역사학적 접근으로는 조선시대 군사사상이 구한말에 와서 왜 Y로 변화했는지를 설명하기가 제한될 수 있는데, 그것은 구한말 군사사상을 연구할 경우 조선시대 군사사상을 분석하면서 사용한 변수를 동일하게 적용하지 않거나 전혀 다른 변수를 가지고 접근할 수 있기 때문이다.[26]

이렇게 볼 때 군사사상 연구는 사회과학적 연구를 통해 보다 체계적으로 접근할 필요가 있다. 역사학적 접근은 새롭게 사실을 규명하고 오류를 바로잡는 미시적 연구로 군사연구의 토대를 제공한다. 그럼에도 불구하고 이러한 연구는 다분히 주관적 입장에서 특정 주제에 집중하여 심도있는 분석을 시도하는 만큼 군사사상 연구에서 요구되는 군사문제 전반을 다루기 어려울 수 있다. 이는 앞에서도 지적한 바와 같이 지금까지 우리 학계에서의 군사사상 연구가 부분적 · 파편적이었던 이유이기도 하다. 이에 비해 사회과학적 연구는 군사사상을 어떠한 요소 또는 변수로 볼 것인지를 결정하고 엄격하게 변수를 통제하여 그 변화를 분석함으로써 군사사상의 실체를 보다 논리적이고 과학적으로 규명할 수 있다. 또한 우리 군사사의 각 단면과 부분을 보기보다는 기존의 역사 연구를 취합하는 가운데 거시적 입

---

26 이러한 측면에서 역사학은 주관적인 성격이 강하다. 카에 의하면 "모든 역사는 사유의 역사이며, 역사란 사유의 역사를 연구하는 역사가가 그 사유를 자신의 정신 속에 재현하는 것"이다. 이때 역사는 역사가의 경험이 반영되는 것으로 역사가에 따라 다르게 서술될 수 있다고 한다. E. H. 카, 김택현 역, 『역사란 무엇인가』, p. 38.

장에서 우리의 군사사상의 모습을 보다 명확하게 그려낼 수 있다.

나. 군사사상 분석을 위한 변수 도출

그렇다면 우리의 군사사상을 분석하는 데 어떠한 요소를 변수로 선정할 수 있는가? 먼저 변수를 선정하기 위해서는 두 가지를 고려해야 한다. 하나는 이러한 변수들이 앞에서 정의한 군사사상의 정의를 모두 포괄해야 한다는 것이다. 군사사상의 범주에 포함되는 전쟁관, 전쟁양상 인식, 전쟁의 정치적 목적, 전쟁전략 구상, 전쟁수행, 군사력 건설, 군사제도, 민군관계, 그리고 동맹관계 등을 모두 변수로 설정할 수는 없다. 그렇게 하면 너무 많은 변수들이 작용함으로써 그렇지 않아도 복잡한 연구를 얽히고설키게 할 것이며, 특정한 시대의 고유한 군사사상을 도출하기도 전에 개념적 미로에 갇혀 빠져나오지 못할 수 있다. 따라서 군사사상을 연구하기 위해서는 가급적 이러한 범주를 아우를 수 있는 핵심적인 변수를 도출하고 이를 중심으로 사상적 흐름과 변화를 추적하는 것이 바람직하다.

다른 하나는 변수들이 각 시대별로 동일하게 적용될 수 있는 보편적 관점에서 설정되어야 한다는 것이다. 고려의 '북진정책'이나 조선시대의 '의병활동'과 같이 지엽적인 요소보다는 '정치적 목적'이나 '전쟁수행'과 같은 본질적 요소를 중심으로 고찰하는 것이 바람직하다. 왜냐하면 고려시대의 '북진정책'은 조선시대나 구한말에 적용할 수 없으며, 조선시대 '의병활동'의 경우에도 삼국시대와 비교할 수 없기 때문이다. 반면, '정치적 목적'을 변수로 할 경우 각 시대별로 추구했던 정치적 목적, 즉 고려시대에는 북진정책을, 조선시대에는 대외정벌을, 구한말에는 위정척사衛正斥邪를 중심으로 살펴보고 서로 비교해볼 수 있다. 이렇게 함으로써 특정 시대의 군사사상을 분석하면서 다른 시대와의 연계성을 찾을 수 있고, 나아가 통시적 관점에서 우리 군사사상의 변화와 연속성을 발견할 수 있을 것이다.

이러한 측면에서 우리가 군사사상을—지엽적으로 보는 것이 아니라—군사문제 전반에 대해 특정 공동체가 갖는 포괄적인 인식체계 혹은 신념체계로 이해한다면, 이러한 변수들은 적어도 철학적·정치적·군사적·사회적 차원을 두루 아우르는 것이어야 한다. 이를 염두에 두고 앞에서 정의한 군사사상의 정의에 입각하여 군사사상을 분석하는 데 적합한 핵심 변수를 도출하면 다음과 같다.

• 첫째, 철학적 차원에서의 변수는 '전쟁의 본질에 대한 인식'이다. 여기에서 철학적이란 전쟁 그 자체의 본질이 무엇인지에 대해 사람들이 갖는 형이상학적 인식을 말한다. 즉, 전쟁 자체를 어떻게 인식하는지를 보는 것이다. 기본적으로 전쟁을 나쁘게 보는지 좋게 보는지, 전쟁을 혐오하는지 수용하는지, 전쟁을 배척하는지 아니면 활용할 수 있다고 생각하는지를 보는 것이다. 이러한 전쟁인식은 다음의 다른 변수들, 즉 전쟁의 목적, 전쟁수행, 그리고 전쟁대비에 영향을 주게 된다.

• 둘째, 정치적 차원에서의 변수는 전쟁에서 추구하고자 하는 '정치적 목적'이다. 전쟁을 혐오하느냐 혹은 수용하느냐의 인식을 토대로 정치적 목적은 적의 침입을 수동적으로 방어하는 소극적인 것이 될 수도 있고, 반대로 영토확장과 같이 적극적인 것이 될 수도 있다. 이는 전쟁에 대한 인식이 현실정치에 투영된 것으로 다음의 다른 변수들, 즉 전쟁수행전략과 전쟁대비에 영향을 미친다.

• 셋째, 군사적 차원에서의 변수는 '전쟁수행전략'이다. 전쟁에서 추구하는 정치적 목적에 따라 전쟁은 다양한 형태로 수행될 수 있다. 소극적 목적을 추구할 경우 수세적 전략을, 적극적인 정치적 목적을 추구할 경우 공세적 전략을 선택하게 된다. 그리고 그 전략은 전쟁양상, 군사력의 우열, 지리적 여건, 전략문화 등에 따라 방식을 달리할 수 있다. 이러한 전쟁수행전략은 다음의 전쟁대비에 영향을 준다.

• 넷째, 사회적 차원에서의 변수는 '삼위일체의 전쟁대비'이다. 전쟁은 정부와 군, 그리고 국민이라는 세 주체로 구성된다. 따라서 '정부-군-국민'이 삼위일체가 되어 각각의 역할을 다하고 능력을 발휘할 때 전쟁을 효과적으로 대비하고 수행할 수 있다. 정치적 목적이 소극적이고 전략이

방어적일 경우 전쟁대비는 최소한으로 이루어질 것이며, 반대로 적극적이고 공세적일 경우 최대한의 수준에서 전쟁대비가 이루어질 것이다.

이 네 가지 변수들의 구체적인 내용이 무엇이고 그것을 어떻게 측정할 것인가에 대해서는 다음 절에서 자세히 다룰 것이다. 다만, 이러한 변수들은 〈표 2-2〉에서 보는 바와 같이 첫째로 군사사상의 정의를 아우르고 있으며, 둘째로 각 시대별로 동일하게 적용될 수 있도록 보편적 관점에서 설정했다는 측면에서 앞에서 언급한 핵심 변수의 요건을 나름 충족한 것으로 볼 수 있다.

〈표 2-2〉 군사사상 분석을 위한 핵심 변수

구분	핵심 변수	군사사상 정의와 연계
철학적 차원	전쟁의 본질 인식	전쟁관
정치적 차원	전쟁의 정치적 목적	정치적 목적
군사적 차원	전쟁수행전략	전쟁양상, 군사전략, 전쟁수행, 동맹관계
사회적 차원	삼위일체의 전쟁대비	군사제도, 군사동원, 군사력 건설, 민군관계

3. 군사사상의 핵심 변수

가. 전쟁의 본질 인식

전쟁의 본질이란 전쟁이 인간, 사회, 국가, 국제관계, 윤리 등의 문제와 어떻게 결부되어 개인의 삶과 국가이익, 그리고 국제질서에 어떠한 영향을 주는가에 대한 근본적인 속성을 말한다. 그리고 전쟁의 본질에 대한 인식은 이러한 전쟁의 속성이 기본적으로 좋은 것인지 나쁜 것인지, 혐오의 대상인지 포용의 대상인지, 혹은 배척해야 하는지 활용해야 하는지에 대한 대다수 사람들의 견해를 반영한 것이다.

전쟁의 본질에 대한 인식은 〈그림 2-3〉에서와 같이 일련의 스펙트럼상에서 크게 세 가지로 나뉠 수 있다. 우선 맨 좌측에는 도의적인 견지에서 전쟁을 선善보다는 악惡으로 간주하여 혐오의 대상으로 보는 유교주의적 관점이 자리 잡고 있다. 고대 중국에서 공자孔子와 맹자孟子로 대표되는 전통적 유교사상이 그 기원이 된다. 이와 달리 우측으로 눈을 돌리면 전쟁을 정치행위로 간주하는 서구의 현실주의적 관점을 발견하게 된다. 전쟁을 도덕적으로 보지 않고 정치적 목적 달성을 위한 수단으로 간주함으로써 이를 정상적인 정치행위로 수용하는 견해이다. 근대적 관점에서 전쟁을 정의한 클라우제비츠가 그 시초이다. 그리고 맨 우측으로 가면 거기에는 전쟁을 지극히 정당하고도 필연적인, 그리고 전쟁을 근절하기 위한 유일한 수단으로 보는 극단적 형태의 혁명적 관점이 존재한다. 공산국가에서 이념적으로 추종하는 마르크스-레닌주의가 그 기원이 된다.

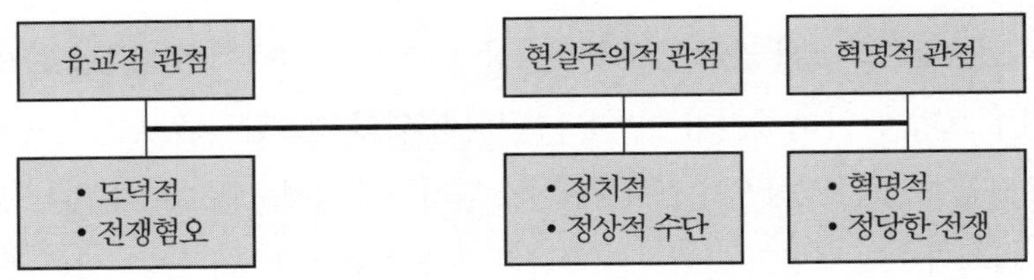

〈그림 2-3〉 군사사상 스펙트럼상의 세 관점

우선 유교에서는 전쟁을 백성의 삶을 파괴하고 오로지 군주의 이익만을 가져오는 해악으로 간주한다.[27] 공자의 정치사상은 '인仁'의 사상을 바탕으로 한 통치술로서, '덕德'과 '예禮'를 근본으로 하고 '정政'과 '형形'을 보조로 한다. 여기에서 덕은 백성들을 돌보아주는 것이고, 예는 백성들을 가르쳐 교화시키는 것이다. 이 둘은 도덕적 통치의 수단이 된다. 반면 정은 제도를 통해 백성들을 제약하는 것이고 형은 법을 집행하여 백성들을 강제하는 것이다. 이 둘은 강압적 통치의 수단이 된다. 공자는 덕과 예에 의한 도덕적 통치를 근본으로 하면서 정과 형은 교화되지 않는 백성들을 바로

27 蕭公權, 최명 · 손문호 역, 『中國政治思想史』(서울: 서울대학교출판부, 2004), pp. 148-157.

잡기 위해 사용할 수 있다고 했다. 그러나 그는 정과 형이 일시적 교정의 수단일 뿐 근본적인 교화의 수단이 될 수 없다고 하여 강압적 방식의 통치를 폄훼했다.[28] 이렇게 본다면 유교에서는 기본적으로 폭력의 사용을 혐오하는 입장에서 무력은 불가피한 경우에 한해 제한적으로 인정하고 있음을 알 수 있다.[29]

이에 반해 클라우제비츠의 현실주의적 전쟁관은 전쟁에 대한 도덕적 인식을 탈피한 것으로 근대적 성격을 갖는다. 그는 "전쟁은 다른 수단에 의한 정치의 연속"이라고 주장했다.[30] 여기에서 전쟁을 '정치의 연속'으로 본 것은 이를 혐오의 대상이 아니라 정상적인 정치행위로 간주한 것이다. 또한 전쟁을 '정치적 수단'으로 본 것은 국가이익을 달성하기 위해 필요할 경우에는 언제든 전쟁을 할 수 있다는 것을 의미한다. 즉, 클라우제비츠의 근대적 전쟁관은 유교와 달리 전쟁을 비정상적이거나 배척해야 할 대상으로 보지 않으며, 오히려 국가가 이익을 추구하기 위해 필요할 경우에는 언제든 동원할 수 있는 정상적인 정치행위이자 합리적인 정책수단으로 간주한다.

마지막으로 혁명적 전쟁관은 극단적 형태의 전쟁관이라 할 수 있다. 공산주의 이념에 의하면 전쟁은 계급적 모순에 의해 야기되는 것으로 역사발전 과정에서 나타나는 필연적인 현상이다. 원시공산사회로부터 출발하여 고대노예사회, 봉건사회, 자본주의사회를 거쳐 최종 단계인 공산주의사회로 역사가 발전하는 과정에서 불가피하게 발생하는 착취계급과 피착취계급 간의 사회적 모순, 그리고 착취국가와 피착취국가 간의 국제적 모순으로 인해 이들 간의 투쟁은 회피할 수 없기 때문이다. 이러한 전쟁관은 전쟁을 정당한 것으로 간주한다. 착취당하는 계급이나 식민통치를 받는 국가들이 지배계급 혹은 제국주의 국가들의 압제로부터 자신들의 재

---

28 蕭公權, 최명 · 손문호 역, 『中國政治思想史』, p. 108.

29 박창희, 『중국의 전략문화: 전통과 근대성의 모순』(파주: 한울, 2015), pp. 64-72.

30 Carl von Clausewitz, *On War*, p. 87.

산과 주권을 방어하기 위한 것이기 때문이다.[31]

나. 전쟁의 정치적 목적

전쟁에서 추구하는 정치적 목적은 전쟁을 통해 실제로 달성하고자 하는 궁극적인 최종상태가 현상에 도전하는 것인지, 아니면 현상을 유지하는 것인지로 구분해볼 수 있다. 이는 각 국가가 전쟁에서 원하는 목적이 적극적인 것인지 아니면 소극적인 것인지, 상대의 영토나 주권, 그리고 이익을 빼앗는 것인지 아니면 지키는 것인지, 혹은 국가팽창을 위한 공세적인 것인지 아니면 적의 침략을 막기 위한 방어적인 것인지를 의미한다. 이러한 정치적 목적은 기본적으로 앞에서 살펴본 전쟁관이 어떠한 것이냐에 따라 영향을 받게 된다.

먼저, 유교에서는 중국 중심의 질서를 중시하는 만큼 현상유지를 선호한다.[32] 유교에서의 전쟁은 주변국들에 대한 우월한 지위를 확인하고 주종관계를 정립함으로써 안정된 질서를 유지하는 데 목적을 둔다. 상대를 강압적으로 굴복시키고 착취하는 것이 아니라 도덕적 교화를 통해—심지어 오랑캐까지도— 중화질서를 받아들이도록 유도하기 위해 폭력을 사용하는 것이다.[33] 실제로 중국의 역사에서는 로마제국이나 오스만-튀르크제국이 행한 것과 같은 정복이나 팽창, 그리고 제국적 통치의 사례를 찾기 어렵다. 주변 이민족에 대한 정벌은 주변 지역을 안정시키고 잘못된 행동을 징벌하기 위해 이루어졌을 뿐, 서구와 다르게 점령이나 약탈, 그리고 식민지 건설 등을 통한 경제적 착취를 동반하지 않았다. 심지어 명대明代에 이루어진 정화鄭和 함대의 경우에도 동남아를 거쳐 아프리카 동부 해안까

---

31 P. H. Vigor, *The Soviet View of War, Peace and Neutrality*(London: Routledge & Kegan Paul, 1975), pp. 71-73; V. I. Lenin, "War and Revolution", *Collected Works*, Vol. 24, pp. 398-341, tran. Bernard Issacs, from Internet "marxists.org 1999".

32 체스타 탄, 민두기 역, 『中國現代政治思想史』(서울: 지식산업사, 1977), pp. 9-11.

33 蕭公權, 최명 · 손문호 역, 『中國政治思想史』, pp. 136-137.

지 진출했지만 조공관계를 요구했을 뿐 팽창주의적 행태는 보이지 않았다.

이에 반해 근대 서구의 현실주의적 전쟁은 철저하게 국가이익을 확보할 목적으로 이루어졌다. 물론, 고대 로마와 같이 세계제국을 건설한 경우 지역질서를 유지하기 위한 방어적 전쟁을 수행하기도 했지만, 스페인, 영국, 프랑스, 독일 등 근대의 제국들은 국가의 팽창을 위해 이민족을 정복하고 합병하는 전쟁을 빈번하게 치렀다. 비록 주변국가를 합병하는 것이 아니더라도 자국의 경제적 이익을 도모하거나 전략적 요충지를 탈취하기 위한 목적에서 전쟁에 나선 많은 사례를 발견할 수 있다. 근대 서구의 역사에 기록된 영토 쟁탈전과 국가들 간의 정복전쟁, 제국주의 열강들의 포함외교gunboat diplomacy, 식민지 개척 및 경제적 수탈 등이 그러한 형태의 전쟁이다. 그리고 이러한 전쟁이 추구하는 것은 기존 질서의 유지 또는 현상유지가 아닌 새로운 질서의 구축 또는 현상 변경을 추구할 수 있다는 점에서 유교적 전쟁과 큰 차이가 있다.

마지막으로 혁명전쟁은 기존 정권을 타도하는 것을 목표로 한다. 혁명전쟁의 목적은 봉건질서 혹은 제국주의 지배를 타파하는 데 있으며, 적대계급이나 적대세력을 완전히 뿌리 뽑기 전까지는 종결될 수 없다. 즉, 이러한 전쟁의 정치적 목적은 절대적 성격을 갖는 것으로 상대로부터 무조건 항복을 받아내는 데 있다.[34] 중국공산당은 1946년 6월부터 1949년 9월까지 내전을 수행하여 국민당을 중심으로 한 봉건세력을 쫓아내고 정권을 장악한 것이 그러한 사례이다. 혁명전쟁은 반드시 적을 근절 혹은 절멸시킨다는 점에서 서구의 현실주의적 전쟁과 달리 극단적 형태의 목적을 추구하는 것으로 볼 수 있다.

다. 전쟁수행전략

전쟁수행전략은 전쟁에서 승리하기 위해 군사력을 운용하는 방법, 즉 용

---

34 박창희, 『중국의 전략문화』, p. 183.

병의 개념을 말한다. 여기에는 수많은 전략개념들이 있을 수 있다. 싸워야 할 전쟁이 전면전쟁인지 제한전쟁인지, 싸워야 할 적이 강대국인지 약소국인지, 싸움의 방식이 공세적인 것인지 방어적인 것인지, 심지어 싸워야 할 지형 조건이 험준한 산악지형인지 평지인지에 따라 전략이 달라질 수 있기 때문이다. 다만, 우리가 군사사상을 분석하기 위해 전쟁수행전략을 들여다보고자 한다면, 우선 군사전략학에서 보편적으로 사용되는 용어로 그 유형을 구분하고 정리해볼 필요가 있다. 그래야만 시대별로 두드러진 전쟁수행전략을 일관성 있게 들여다볼 수 있을 것이다. 일반적인 전쟁수행전략의 유형은 〈그림 2-4〉에서와 같이 구분할 수 있다.

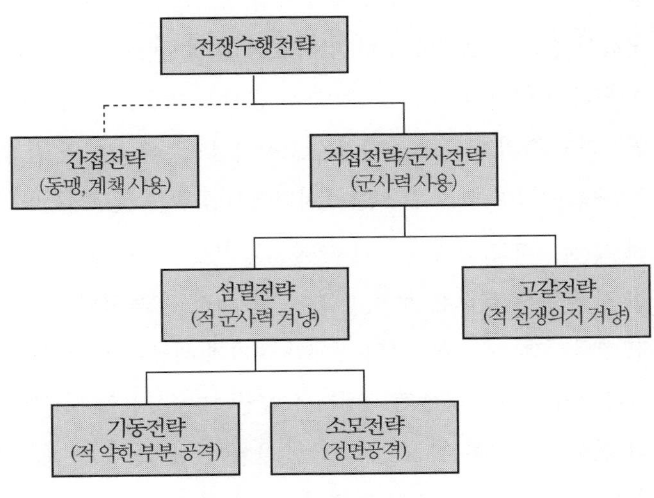

〈그림 2-4〉 전쟁수행전략의 유형 구분

먼저, 전쟁수행전략은 군사력 사용 이전에 동맹이나 계략을 사용하는 간접전략indirect strategy과 군사력을 직접 사용하는 직접전략direct strategy—또는 군사전략—으로 크게 구분할 수 있다. 먼저, 간접전략은 직접전략보다 상위의 전략으로 정치력, 외교력, 경제력 등 비군사적 수단을 사용하여 적을 굴복시키는 국가 차원의 전략이다. 다만, 여기에서는 전쟁을 수행하는 전략을 논의하는 만큼 간접전략 중에서도 전쟁과 관련한 일부만을 다루고자 한다. 간접전략은 손자가 강조한 바와 같이 적의 외교관계나 계획을 무력화하는 데 주안을 둠으로써 직접전략을 보조하는 성격을 갖는다. 즉, 간접전략은 군사력을 운용하기 이전에 적의 동맹을 약화시키거나 자국의 동맹을 강화하는 조치, 그리고 적이 의도한 계획 또는 계략을 역으로 공략하여 무산시킴으로써 이후 군사력 사용의 효과를 높이는 전략이다.

이에 비해 직접전략은 실제로 군사력을 운용하여 승리를 거두기 위한 전략으로 우리가 흔히 말하는 군사전략과 같은 의미이다. 직접전략은 적 군사력을 격멸destruction 또는 와해disruption시키는 섬멸전략annihilation strategy과 전쟁을 지연시켜 적의 의지를 붕괴시키는 고갈전략exhaustion strategy으로 구분할 수 있다.[35] 국력이 월등하게 우세한 국가의 경우 약자를 상대로 신속한 군사적 승리를 쟁취하려 할 것이므로 '섬멸전략'을 추구한다. 반면, 국력이 열세한 약자의 경우에는 이러한 군사적 대결을 회피하면서 전쟁을 지연시키고 적의 군사력과 자원을 소진시킴으로써 상대의 전쟁의지를 약화시키는 '고갈전략'을 추구한다. 여기에서 섬멸은 결정적 전역 또는 전투에서 적 군사력을 완전하게 파괴하는 것이다. 나폴레옹 전쟁, 제1차 세계대전 시 독일의 슐리펜 계획, 제2차 세계대전 시 독일의 전격전 전략, 그리고 한국전쟁 초기 중국군의 공세가 여기에 해당한다. 반면, 고갈전략은 약자가 추구하는 전략으로 적에게 섬멸당하지 않기 위해 전투를 피하고, 적의 전투력을 약화시키기 위해 전쟁을 지연시키는 가운데 점진적으로 승리를 추구한다. 대부분의 혁명전쟁이나 반제국주의 전쟁에서 주로 사용되며, 마오쩌둥의 지구전 전략이 대표적인 사례이다.

이때 섬멸전략은 다시 기동전략maneuver strategy과 소모전략attrition strategy으로 구분할 수 있다. 기동전략과 소모전략은 다 같이 적 부대의 격멸 또는 와해를 추구하는 섬멸전략이지만 그 방식을 달리한다. 우선, 기동전략은 적

---

35 'exhaustion strategy'를 '소모전략' 또는 '지연소모전략'으로 번역할 수도 있다. 이 경우 다음의 'attrition strategy'도 '소모전략'으로 해석되므로 혼동을 야기할 수 있다. 따라서 여기에서는 '고갈전략'이라는 용어를 사용하도록 한다.

이 강력하게 방어하고 있는 정면을 공격하는 것이 아니라 적의 약한 부분을 치고 들어가 측후방을 공략한다. 그래서 적이 물리적으로나 심리적으로 교란상태에 빠지게 되면 일거에 적 부대를 와해시키는 전략이다. 위험성이 큰 반면 적은 노력으로 큰 성과를 거둘 수 있다. 독일의 전격전 전략이나 중국군의 한국전쟁 초기 전역이 그러한 사례이다. 반면, 소모전략은 적의 방어정면을 공격하여 서로의 전력을 하나씩 들어내는 방식을 취한다. 물량공세와 같은 소모적인 전투를 반복하여 지속적으로 적을 약화시키고 승리하는 전략이다. 산업동원력과 전쟁지속력이 적보다 우세할 때 가능한 전략으로, 피해가 크지만 확실하게 승리할 수 있다는 장점이 있다. 제1차 및 2차 세계대전 시 연합국의 전략과 한국전쟁 후반기 미국의 전략이 그러한 사례이다.[36]

그러면 유교적 전쟁, 근대 서구의 전쟁, 그리고 혁명전쟁에서 보편적으로 추구하는 전략은 어떠한 성격을 갖는가? 먼저, 유교에서는 군사력을 사용하는 직접전략보다 비군사적 수단을 동원하는 간접전략을 선호하는 것으로 볼 수 있다. 그것은 유교에서 군사력을 국가정책 목표를 달성하는 주요한 수단으로 인정하지 않기 때문이다. 물론, 공자도 법과 형벌, 그리고 군사력의 필요성을 언급함으로써 현실적으로 무력 사용이 불가피하다는 점을 인정했다. 그러나 이는 어디까지나 덕德의 정치를 구현하는 과정에서 단지 보완적 역할을 수행할 수 있음을 강조한 것이지, 무력 사용 그 자체로 덕의 정치를 대신할 수 있다고 본 것은 아니었다.[37] 따라서 일단 전쟁을 시작한 이상 군사력을 사용하지 않을 수 없겠지만, 가급적 무력 사용을 자제하면서 비폭력적 방안을 모색하는 것이 우선일 수 있다. 손자가 『손자병법孫子兵法』에서 '벌모伐謀'와 '벌교伐交'를 상책上策으로 간주한 것은

---

36 박창희, 『군사전략론』, p. 118.

37 公子, 김형찬 역, 『論語』(서울: 홍익출판사, 1999), pp. 36, 135; 체스타 탄, 민두기 역, 『中國現代政治思想史』, p. 13.

이러한 맥락에서 이해할 수 있다. 그는 '부전승不戰勝'을 가장 이상적인 형태의 전쟁으로 간주하여, 적 군대를 공격하여 이기는 것보다 적의 계책을 공략하고 적의 동맹을 차단하여 굴복시키는 것이 바람직하다고 보았다. 물론, 간접전략이 통하지 않을 경우에는 군사력을 사용하는 직접전략으로 '벌병伐兵'과 '공성攻城'이 가능하다.

다음으로 서구에서의 전쟁은 직접전략으로 기동에 의한 섬멸전략을 보편적으로 추구한다. 클라우제비츠는 일단 전쟁이 발발하면 적 군사력을 격멸하는 것이 가장 중요하다고 강조했다. 그는 적 부대를 격멸하는 것이 곧 '전쟁의 장자first-born son of war'라고 하면서 적 군사력의 격멸은 비록 지연될 수는 있어도 다른 어떤 것과도 대체될 수 없다고 주장했다.[38] 이러한 주장은 신속한 기동과 포위섬멸을 통해 결정적 효과를 거두었던 나폴레옹 전쟁의 영향을 받은 것으로, 이후 서구의 군사적 사고를 지배하게 되었다. 19세기 후반 민족주의가 확산되고 산업혁명이 기술적 진보를 가져오면서 대규모 군대를 보유하게 된 서구 국가들은 군사적 자신감을 가지고 전격적인 기동을 통해 결정적 승리를 달성하고자 했다.[39] 클라우제비츠의 섬멸전 주장은 프로이센 총참모장 몰트케의 전략적 포위 개념으로 계승되었고, 이후 슐리펜Alfred Graf von Schlieffen의 포위기동, 구데리안Heinz Wilhelm Guderian의 전격전 개념으로 발전되었다.

마지막으로 혁명전쟁에서는 간접전략과 고갈전략을 병행한다. 혁명세력은 통상 정규군이나 무기 등 군사력에서 정부군보다 약할 수밖에 없다. 따라서 혁명세력은 적과 싸우는 직접적인 전략보다 비군사적 영역에서 투쟁하는 간접전략에 주안을 둔다. 정치사회적 차원에서 정부의 부당성을 부각시키고 선전선동을 전개하여 대중의 민심을 획득하는 것이 그것이다. 동시에 혁명세력은 적의 군사력과 전쟁수행 의지를 약화시키기 위

---

38 Carl von Clausewitz, *On War*, p. 99.

39 마이클 핸델, 박창희 역, 『클라우제비츠, 손자 & 조미니』(서울: 평단문화사, 2000), pp. 202-203.

해 고갈전략을 추구한다. 유격전을 전개하여 고립된 적이나 취약한 병참선을 치고 빠지는 방식의 투쟁을 끊임없이 반복함으로써 누진적 효과를 노리는 것이다. 역사적으로 중국혁명전쟁과 베트남 전쟁이 이러한 사례에 해당한다.

라. 삼위일체의 전쟁대비

전쟁대비란 너무 광범위한 용어이다. 그렇다면 군사사상을 분석하기 위한 변수로서 전쟁대비를 어떻게 들여다볼 것인가? 여러 가지 접근방법이 있을 수 있겠지만, 여기에서는 클라우제비츠가 제기한 '삼위일체trinity,' 즉 전쟁을 구성하는 세 가지 주체인 '정부, 군, 그리고 국민'이라는 요소를 중심으로 접근할 수 있다고 본다. 전쟁은 정부만의 문제도 아니고 군이 독자적으로 대비하는 것도 아니다. 국민의 지지를 받지 못하면 성공적으로 수행될 수도 없다. 따라서 전쟁은 정부와 군, 그리고 국민이 서로 다른 영역에서 상호작용하는 가운데 이들의 노력이 통합되어야 효율적으로 준비되고 수행될 수 있다.

따라서 삼위일체의 전쟁대비를 본다는 것은 정부, 군, 그리고 국민이라는 주체가 각자의 역할을 제대로 수행하는지를 고찰하는 것이다.[40] 즉, 정부는 전쟁에 대한 의지를 갖고 합리적인 정치적 목적을 제시하는지, 군은 전쟁수행의 주체로서 그러한 목적 달성을 위한 역량을 구비하는지, 그리고 국민은 전쟁에 대한 열정을 가지고 정부와 군의 전쟁을 지지하고 참여하는지를 보는 것이다. 이 세 주체는 전쟁대비를 지탱하는 삼발이와 같은 것으로 한 주체만 빠지더라도 전쟁대비는 무너지고 만다. 즉, 삼위일체 가운데 어느 하나가 잘못된다면, 가령 정부가 무능하든지, 군이 역량을 발휘하지 못하든지, 혹은 국민이 열의가 없다든지 하면, 비록 다른 주체들이 뛰어나다 하더라도 전쟁 승리를 기대할 수 없을 것이다.

---

40 Carl von Clausewitz, *On War*, p.89.

삼위일체의 전쟁대비를 유교적 전쟁, 근대 서구의 전쟁, 그리고 혁명전쟁의 관점에서 살펴보면 다음과 같다. 먼저 유교적 관점에서 전쟁대비는 철저하게 군주가 중심이 되어 이루어진다. 근대 이전의 전쟁은 군주가 주도하여 결정하고 이끌어가는 것으로 군과 백성은 군주의 명령에 따라 전쟁을 수행하는 피동적인 존재에 불과하다. 그렇다고 군주가 군과 백성의 역할을 무시해도 된다는 것은 아니다. 군주는 군의 전문적 영역을 인정하고 전쟁을 효율적으로 수행할 수 있는 능력을 키워주어야 하며, 선정을 베풀어 백성들로 하여금 자발적으로 전쟁에 동참하도록 해야 한다. 이때 군주 중심의 전쟁대비는 왕권이 강력해야만 제대로 작동할 수 있다. 왕권이 약화되고 조정 내 지배층이 분열되면 군은 파벌로 갈려 사병화되고 도탄에 빠진 백성들은 민심을 돌림으로써 삼위일체의 전쟁대비가 이루어질 수 없기 때문이다.

다음으로 근대 서구적 관점에서 전쟁대비는 정부와 군, 그리고 국민 간의 균형을 유지하는 가운데 이루어진다. 우선 정부는 전쟁을 결정하고 전쟁에서 추구할 정치적 목적을 설정한다. 그리고 그러한 목적을 달성하기 위해 군을 통제하고 국민들의 열정을 제어할 수 있는 지도력을 발휘한다. 다음으로 군은 전쟁을 수행하는 주체이다. 군사적 전문성을 발휘하여 전장에서 마주할 우연, 마찰, 불확실성을 극복하고 승리를 달성해야 한다. 마지막으로 국민은 '열정passion'을 제공한다. 전쟁에 대한 국민들의 열정이 있어야 정부는 끔찍한 전쟁을 결정할 수 있고 군은 피비린내 나는 전쟁을 수행할 수 있다. 이러한 전쟁대비는 정부, 군, 그리고 국민이 각각의 역할을 담당하는 가운데 상호 균형을 이룬다는 점에서 왕이 모든 것을 주도하는 유교적 전쟁과 차이가 있다.

마지막으로 혁명전쟁에서의 전쟁대비는 정부나 군보다는 대중이 중심이 된다. 혁명은 그 세력을 이끄는 지도자 또는 당이 주도하지만, 기본적으로 인민 대중이 호응하지 않으면 성공할 수 없다. 따라서 혁명세력의 전쟁대비는 '민심'을 확보하여 대중의 지원과 참여를 이끌어내고 이들을 혁명역량으로 조직화해야 한다는 점에서 철저하게 인민대중의 역할에 의존하는 삼위일체를 이룬다. 실제로 러시아 볼셰비키 혁명에서는 노동자가, 중국의 공산혁명에서는 노동자와 농민이 중심 세력이 되어 혁명을 성공으로 이끌었다.

마. 한국의 군사사상 분석을 위한 틀

이상의 논의에서 보편적으로 상정할 수 있는 군사사상의 유형으로 유교적, 근대 서구의 현실주의적, 그리고 혁명적 군사사상을 들고 각각의 군사사상을 네 가지 변수를 중심으로 살펴보았다. 이를 종합하여 한국의 군사사상을 분석하기 위한 핵심 변수를 정리해보면 〈표 2-3〉과 같다.

〈표 2-3〉 군사사상의 세 유형과 분석을 위한 핵심 변수

구분	유교적 군사사상 (전근대적 성격)	현실주의적 군사사상 (서구 근대적 성격)	혁명적 군사사상 (극단적 현실주의)
전쟁의 본질 인식	비정상, 혐오의 대상	정상, 일상적 요소	정당, 정의 실현
전쟁의 정치적 목적	질서유지	이익확보	정권타도
전쟁수행전략	간접전략 중시 (동맹과 계략 활용)	섬멸전략 중시 (기동에 의한 적 군사력 격멸)	간접·고갈전략 중시 (정치사회적 차원의 전략)
삼위일체의 전쟁대비	군주 중심	정부-군-국민 균형	대중 중심

우선 유교적 군사사상은 전근대적 성격을 반영한 것으로 전쟁을 비정상적인 것으로 간주하여 혐오하며, 전쟁은 최후의 수단으로 고려한다. 전쟁에서 추구하는 정치적 목적은 천하의 질서를 유지하는 데 있다. 식민지를 건설하여 자원을 착취하는 등의 국가이익을 추구하기보다는 잘못된 행동을 하는 상대국가를 응징하고 교화하는 데 주력한다. 전쟁수행전략은 적의 동맹체제를 무력화하거나 계략을 사용하는 등 비군사적 방책을 중시하며, 군사력을 사용할 경우 가급적 그 범위를 제한한다. 이러한 전쟁을 대비하는 데 있어서는 군주가 중심이 되어 군과 백성을 이끌어가는 특

징을 갖는다.

다음으로 현실주의적 군사사상은 서구의 근대적 사고를 반영한 것으로 전쟁을 정상적인 정치행위로 간주한다. 따라서 전쟁에서 추구하는 정치적 목적은 주로 국가이익을 확보하는 데 있다. 전쟁수행전략은 결정적인 승리를 달성하기 위해 적 군사력을 섬멸하는 데 주안을 둔다. 이러한 전쟁을 대비하는 데 있어서는 정부와 군, 그리고 국민이 균형을 이루는 가운데 제각기 나름의 역할을 수행한다는 특징을 갖는다.

마지막으로 혁명적 군사사상은 극단적인 현실주의의 성격을 갖는 것으로 전쟁을 정당하고도 정의로운 것으로 인식한다. 혁명전쟁에서 추구하는 정치적 목적은 기존의 부정한 정권을 타도하고 새로운 혁명정부를 수립하는 데 있다. 이러한 전쟁에서의 전략은 정치사회적으로 민심을 얻기 위한 간접전략과 적의 능력과 의지를 끊임없이 약화시키는 고갈전략을 병행한다. 그리고 혁명전쟁을 준비하는 데 있어서는 인민대중을 혁명세력으로 끌어들이는 것이 핵심이라는 점에서 대중을 중심으로 한 삼위일체를 이루게 된다.

이러한 분석 틀에 입각하여 한민족의 역사에서 나타난 군사사상을 들여다볼 수 있다. 즉, 전쟁의 본질 인식, 전쟁에서 추구하는 정치적 목적, 전쟁수행전략, 그리고 삼위일체의 전쟁대비라는 4개의 변수를 가지고 각 시대별로 한민족이 가졌던 군사적 사고를 분석해볼 수 있다. 그럼으로써 시대별로 우리 민족이 가졌던 군사적 사고가 유교적, 현실주의적, 그리고 혁명적 군사사상 가운데 어떠한 유형에 더 가까운지를 파악하고 그 변화를 추적할 수 있으며, 이를 종합적으로 취합하여 우리 군사사상의 실체와 특징을 규명할 수 있을 것이다.

제3장

고전적 군사사상 비교: 손자, 클라우제비츠, 마오쩌둥

이 장에서는 동서고금의 전쟁역사에서 전략에 심오한 통찰력을 가졌던 손자, 클라우제비츠, 그리고 마오쩌둥의 군사사상을 비교한다. 이들은 앞 장에서 다룬 세 가지의 군사사상, 즉 유교적, 현실주의적, 그리고 혁명적 군사사상을 대표한다. 손자는 유교적 군사사상에 가까운 인물로, 클라우제비츠는 근대 서구의 현실주의적 군사사상의 효시로, 그리고 마오쩌둥은 이론과 실제에서 뛰어났던 혁명적 군사사상의 대부大父로 간주된다. 여기에서는 세 명의 군사사상가들이 가졌던 전쟁의 본질에 대한 인식, 전쟁의 정치적 목적, 전쟁수행전략, 그리고 삼위일체의 전쟁대비에 대한 주장을 고찰하고 비교함으로써 세 가지 유형의 군사사상에 대한 이해를 높이고자 한다. 이를 통해 각 군사사상의 유형을 구분할 수 있는 척도 내지는 기준을 좀 더 명확히 할 수 있을 것이며, 다음에서 본격적으로 다룰 한민족의 시대별 군사사상을 분석하는 데 참고할 수 있을 것이다.

1. 손자: 유교적 군사사상 반영

손자는 춘추시대 말기 제齊나라 사람으로 『손자병법孫子兵法』을 저술하고 오왕闔閭王 합려闔閭를 도와 초楚나라와 월越나라를 정벌하는 등 뛰어난 병법가로 활동했다. 전쟁과 전략을 논하고 실제 오吳나라의 원정을 지휘했던 손자로서는 아마도 전쟁을 혐오하는 유교사상을 있는 그대로 받아들일 수 없었을 것이다. 그럼에도 불구하고, 그는 춘추시대 말기—시대적으로 공자가 살았던 춘추시대와 맹자가 살았던 전국시대의 사이 기간—의 인물로 병법에 정통하고 사리에 밝은 지식인이었음을 고려할 때 당시 중국에서 정치사회적으로 큰 반향을 일으켰던 유교사상의 영향을 받았을 것으로 보인다. 실제로 『손자병법』에 나타난 그의 군사사상 곳곳에서 유교적 속성이 배어 있음을 발견할 수 있다.

가. 전쟁의 본질 인식 : 필요악으로서의 전쟁

유교에서는 전쟁을 비정상적인 것으로 간주하여 무력 사용 행위 자체를 혐오한다. 공자는 군주가 스스로 모범을 보이고 덕德과 예禮로써 백성을 다스리면 제도를 통해 제재를 가하는 정政과 법으로 처벌하는 형刑이 없더라도 백성들이 스스로 따를 것이라고 했다. 백성들을 강제할 필요가 없다는 것은 이들에게 군이 폭력을 사용할 필요가 없다는 것을 의미한다. 이러한 맥락에서 맹자도 마찬가지로 군주가 왕도王道를 행한다면 심지어 무도한 오랑캐라도 서로 먼저 자기 지역을 정벌해달라고 애원할 것이므로 기본적으로 전쟁이 불필요하다고 했다. 특히 맹자는 민본사상에 입각하여 전쟁의 폐해를 지적하고 전쟁을 배척한 반전론자였다. 그는 군주의 사욕을 채우기 위해 벌이는 전쟁에 적극 반대하고 군주의 전쟁에 앞장서는 자들을 극형에 처해야 한다고 주장했다.[41] 이처럼 유교에서는 전쟁을 지극히 비정상적이며 예외적인 현상으로 간주한다.

손자는 병법가였다. 따라서 유교에서 말한 대로 전쟁을 혐오하거나 배

---

41 맹자(孟子), 박경환 역, 『맹자』(서울: 홍익출판사, 2008), p. 127; 蕭公權 저, 최명 · 손문호 역, 『中國政治思想史』, pp. 148-157.

척의 대상으로 볼 수는 없었다. 그러나 그는 전쟁이 이익보다 해악을 가져온다고 보고 신중한 입장을 보였다. 『손자병법』의 〈시계始計〉 편에서 그는 전쟁을 "국가의 중대한 문제國之大事"로 "국가의 생사가 걸리고 존망이 결정되는 길死生之地, 存亡之道"이라고 했다.[42] 전쟁을 국가의 '생사'와 '존망'에 관계된 것으로 보았을 뿐, 그것이 국가에 '부'를 안겨주고 국가의 '번영'을 가져오는 것으로 보지 않았던 것이다. 『손자병법』 전체를 놓고 보더라도 전쟁을 통해 경제적 이익을 취하고 영토를 넓히며 국력의 신장을 이루어야 한다는 주장을 발견할 수 없다. 즉, 손자의 전쟁인식은 전쟁에 따른 이익보다는 오히려 국가붕괴의 위험을 경계하는 것으로 근대 서구의 제국주의나 팽창주의와 거리가 있다.

전쟁이 국가의 생사와 존망을 위협할 수 있다는 견해는 『손자병법』의 〈작전作戰〉 편에서 보다 상세하게 논의되고 있다. 그는 전쟁준비에 소요되는 막대한 전비와 함께 전쟁이 지연될 경우 따르는 군수보급의 부담은 결국 국가경제를 붕괴시키고 백성들의 원성을 사 민심의 이반을 야기할 것이라고 주장했다.[43] 그리고 이로 인해 국가에 정치사회적 혼란이 조성되면 주변국의 침략을 초래하여 감당할 수 없는 결과를 맞게 될 것이라고 경고했다. 그래서 그는 어떠한 경우에도 전쟁을 오래 끌어서는 안 된다고 주장했다. 전쟁은 신속하게 종결되어야 하며, 만일 그것이 불가능하다면 '졸속拙速', 즉 애초에 설정했던 목적을 달성하지 못하더라도 전쟁을 신속히 마무리 지어야 한다고 했다.[44] 이러한 주장은 전쟁이 기본적으로 국력을 소진하고 백성들의 삶을 피폐하게 한다는 것으로, 전쟁에 대해 그가 갖고 있는 부정적 인식을 반영한 것으로 볼 수 있다.

또한 손자는 비록 맹자와 같은 반전론反戰論은 아니더라도 무력 사용을

---

42 손자, 박창희 해설, 『손자병법: 군사전략 관점에서 본 손자의 군사사상』(서울: 플래닛미디어, 2017), p. 22.

43 앞의 책, pp. 78, 86.

44 앞의 책, p. 86.

'최후의 수단'으로 고려했다. 그는 〈화공火攻〉 편에서 '비리부동非利不動, 비득불용非得不用, 비위부전非危不戰'을 주장했다.[45] 맨 마지막의 '비위부동'은 국가가 위태롭지 않으면 전쟁을 하지 말아야 한다는 뜻으로, 손자의 전쟁이 적을 위협하거나 공격하기보다는 적의 위협에 대응하거나 적의 공격을 방어하는 것임을 말해준다. 다만 앞의 두 가지 '비리부동'과 '비득부동'에 대해서는 정확한 해석이 필요하다. 만일 '이利'와 '득得'을 각각 '이익'과 '이득'으로 해석하면 국가이익을 취하기 위해 공세적으로 전쟁을 할 수 있다는 의미가 된다. 그러나 〈화공〉 편에서 이 문장의 앞뒤 문맥을 보면 '이'는 '이익'이 아니라 피아 역량의 계산을 통해 나온 '유리함'을 의미한다. '득'도 마찬가지로 '이득'이 아니라 '계산하여 값을 얻다'는 뜻으로 '승산이 있다'는 의미로 해석해야 한다. 즉, 피아 역량을 계산한 결과가 '유리하거나[利] 승산이 있을[得]' 경우에만 전쟁을 할 수 있다는 의미이다. 즉, 손자는 전쟁을 이익이나 이득 때문이 아니라 주변국의 위협에 부득이하게 대처해야 할 경우에 한해서, 그것도 유리하거나 승산이 있을 때만 수행해야 한다고 본 것이다.

이렇게 볼 때 손자의 전쟁관은 다분히 소극적이고 어떤 측면에서는 부정적이기까지 하다. 국가가 전쟁을 할 경우 그로 인해 얻을 수 있는 영토 확장이나 자원탈취, 영향력 확대 등의 국가이익을 기대하는 것이 아니라, 전쟁에 따른 국가경제적 폐해와 그로 인한 국가의 붕괴를 우려하는 것이다. 그래서 전쟁을 결심할 때에는 신중에 신중을 기한다. 이러한 손자의 전쟁인식은 평화와 질서를 지향하는 유교주의에 정확히 부합하지는 않더라도 그러한 가르침을 상당부분 반영한 것으로 볼 수 있다. 유교에서의 전쟁이—특히 맹자의 경우—일종의 '해악害惡'이라면 손자의 전쟁은 '필요악必要惡'인 셈이다.

---

45 손자, 박창희 해설, 『손자병법: 군사전략 관점에서 본 손자의 군사사상』, p. 536.

나. 전쟁의 정치적 목적: 방어와 도의(道義)의 이행

비록 유교에서는 전쟁을 혐오하지만, 그것이 전쟁 가능성을 완전히 배제하는 것은 아니다. 공자도 덕德과 예禮로써 다스리는데 따라오지 않는 사람에 대해서는 정政과 형刑을 통해 강제할 수 있다고 했다. 이를 '수신제가치국修身齊家治國' 다음의 '평천하平天下'라는 개념으로 본다면 국내 정치를 국제 정치로 연장하여 국가 간에 무력 사용 또는 전쟁이 가능하다는 의미로 해석할 수 있다. 그러면 유교에서 인정하는 전쟁의 목적은 무엇인가? 이에 대해 맹자는 대략 세 가지를 언급하고 있다. 그것은 적의 침략을 방어하는 것,[46] 도탄에 빠진 이웃 국가 백성들을 구제하기 위해 군사적으로 개입하는 것,[47] 그리고 주변국을 침략하는 국가를 응징하는 것이다.[48] 유교에서 중시하는 바와 같이 주변국의 불의不義를 응징하여 천하의 질서를 바로잡는다는 도덕적 개념과 맥을 같이한다.

이러한 측면에서 손자의 병서에 나타난 전쟁의 목적을 살펴보면 대체적으로 맹자의 견해와 부합한 것으로 볼 수 있다. 첫째로 손자의 전쟁에서 추구하는 정치적 목적은 원정을 통해 적국을 합병하는 것이다. 이러한 원정은 적국을 공격하는 군사행동으로 유교적 이상과는 다른 것으로 보인다. 실제로 『손자병법』은 초楚나라와 월越나라 이 두 나라를 공격하여 굴복시키려는 전면적인 전쟁을 염두에 두고 쓴 책이다. 이 책에는 오나라가 10만의 대군을 동원하여 장거리 원정작전을 수행하는 데 필요한 국가적 수준의 준비와 구상, 그리고 장수가 숙지해야 할 원정 기간 동안의 군

---

46 맹자가 태왕의 사례를 언급한 것은 전쟁을 혐오하면서도 방어적 전쟁은 합당함을 인정한 것이다. 태왕이 빈(邠) 지역에 거할 때 북쪽 오랑캐가 침입했다. 백성들은 짐승 가죽을 바쳐 그들을 섬겨도 우환에서 벗어날 수 없었고, 개나 말을 바쳐 그들을 섬겨도 우환에서 벗어날 수 없었다. 이에 태왕은 한낱 땅 때문에 백성을 다치게 할 수 없다며 빈을 떠나 기산(岐山) 아래 성읍을 세우고 거기에 살았다. 이에 대해 맹자는 태왕의 결정을 높이 평가하면서도 "대대로 지켜오던 땅이니… 죽는 한이 있더라도 떠나지 말고 이 땅을 지켜야겠다"고 할 수도 있었다고 언급했다. 방어적 목적의 전쟁을 인정한 것이다. 孟子, 박경환 역, 『孟子』, pp. 82-83.

47 앞의 책, pp. 75-76.

48 앞의 책, p. 62.

사전략과 작전술이 담겨 있다. 당시 오왕 합려는 초-월 동맹과 대립하는 상황에서 강력한 군사력을 건설하여 초나라와 월나라를 점령하고 남방의 패자霸者가 되고자 했다. 그렇다면 손자의 전쟁은 적국을 정벌하는 것으로 유교에서 인정하는 방어적 목적의 전쟁과는 거리가 먼 것으로 보인다.

그러나 춘추전국시대는 약 550년 동안 지속된 전란의 시대였다. 다수의 제후국들이 서로 '합종연횡合從連衡'을 맺고 공격과 방어, 침략전쟁과 보복전쟁을 반복하고 있어 누가 먼저 전쟁을 시작했는지 알 수 없는 상황이었다.[49] 따라서 춘추시대 말기 손자의 전쟁이 공격이냐 방어냐, 침략이냐 자위적 행동이냐를 구분하는 것은 사실상 의미가 없다. 손자의 입장에서는 적국인 초나라와 월나라가 연합하여 위세를 강화하고 있었기 때문에 위협을 미연에 제거하기 위해 원정에 나선 것일 수 있다. 당시 북방의 제齊나라와 노魯나라가 오나라보다 초나라를 더욱 증오하고 경계했음은 초의 위협이 그만큼 컸음을 말해준다. 즉, 손자의 원정은 그가 강조한 '비위부전' 주장에 입각하여 초-월 동맹의 위협을 미연에 제거하기 위해 군사행동을 취한 것으로 이해할 수 있다. 더구나 그의 원정은 제국주의 전쟁과 달리 식민지 약탈이나 경제적 착취를 동반하지 않았음을 고려할 때, 서구 현실주의적 입장에서의 침략전쟁이라기보다는 유교에서 인정하는 자위적 전쟁에 가깝다.

둘째로 손자의 전쟁이 추구할 수 있는 정치적 목적에는 맹자가 인정한 대로 인접국의 혁명을 지원하는 것을 포함한다. 맹자는 폭군의 압제에 시달리는 이웃 국가의 백성들이 난을 일으킬 경우 군사적 개입이 가능할 뿐 아니라 심지어 합병도 가능하다고 보았다. 『시경詩經』에는 제나라 탕왕湯王이 정

---

49 합종연횡이란 중국 전국시대에 소진(蘇秦)이 주장한 합종책, 즉 진나라에 대항하기 위해 한(韓), 위(魏), 조(趙), 연(燕), 제(齊), 초(楚)의 여섯 나라가 함께 동맹을 맺어야 한다는 주장, 그리고 진나라의 장의(張儀)가 주장한 연횡책, 즉 진나라는 그들 여섯 나라와 각각 단독으로 동맹을 맺어 이들의 제휴를 와해시켜야 한다는 주장이 결합된 말이다. '합종'이란 강한 자에 대해서 약한 자가 협력하여 대항하는 것을 가리키며, '연횡'이란 반대로 강한 자가 약한 자들의 동맹을 와해시키는 것으로 이해할 수 있다.

벌을 시작할 때 사방의 백성들이 포악한 군주들의 압제로부터 벗어나기 위해 서로 자신들을 먼저 정벌해주기를 희망했다는 기록이 있다. 맹자는 이를 언급하며 주변국 백성들이 원할 경우 군사적으로 개입하여 이들을 돕는 것이 바람직하다고 보았다. 실제로 맹자는 제나라의 선왕宣王이 폭정하에 있던 연燕나라를 공격해 승리한 후 연을 합병해야 하는지에 대해 묻자 연나라 백성들의 뜻에 따르기를 권유했다. 그는 연나라 백성들이 대그릇에 밥을 담고 병에 마실 것을 담아서 왕의 군대를 환영하는 모습을 보고 이들이 폭군의 압제에서 벗어나기를 원하는 것으로 판단하여 합병을 인정한 것이다.[50]

손자는 맹자의 주장과 마찬가지로 혼란에 빠진 이웃 국가에 군사적으로 개입할 수 있음을 언급하고 있다. 그는 〈작전作戰〉 편에서 "무릇 군대가 무뎌지고 병사들의 기세가 꺾이고 군사력이 소진되고 재정이 고갈되면, 주변국 군주가 이러한 폐단을 이용하여 전쟁을 일으킬 것"이라고 지적하고 있다.[51] 즉, 전쟁이 장기화되어 국가경제가 무너지면 백성들이 군주에게 등을 돌릴 것이며, 이로 인해 국가가 내부적으로 혼란에 빠지면 다른 국가의 침략을 받게 된다고 경고한 것이다. 이는 전쟁경비가 과도하게 지출될 경우 국가에 미치는 부정적 폐해를 지적한 것이지만, 민심이 이반된 국가에 대한 군사개입이 가능하다는 견해를 밝힌 것으로 볼 수 있다. 통치가 무너진 국가에 대한 군사개입을 허용한 맹자의 주장과 다르지 않다.

셋째로 손자의 전쟁이 추구하는 또 다른 목적은 동맹국을 지원하는 것이다. 이는 맹자가 주변국을 침략한 국가를 응징하는 전쟁을 인정한 것과 유사하다. 맹자가 제나라의 선왕에게 왕도정치를 권유하자 선왕은 "과인은 인애의 중요성을 인정하나 용맹함을 좋아합니다"라고 했다. 이에 맹자는 진정한 용기에 대해 다음과 같이 말했다.

---

50 孟子, 박경환 역, 『孟子』, pp. 75-76.

51 손자, 박창희 해설, 『손자병법』, p. 86.

위대한 용기는 『시경詩經』에서 "왕이 불끈 성을 내고서 군대를 정비하여 거나라를 침략하는 적을 막고 주나라의 복을 두텁게 해 천하 사람들의 기대에 보답했다"라고 한 것과 같은 것이니, 이것이 문왕의 용기입니다. 문왕은 한 번 성을 내어 천하의 백성을 편안하게 했습니다.[52]

이러한 맹자의 언급은 군사력 사용의 목적이 '용맹'을 과시하는 것이 아니라, 어려움에 처한 인접국가를 도와주고 침략한 국가를 응징함으로써 무너진 왕도를 회복하고 백성의 삶을 편안하게 하는 데 있음을 지적한 것이다.

손자의 전쟁이 맹자가 말한 대로 천하의 질서를 유지하고 백성을 구제하기 위해 어려움에 처한 모든 인접국을 돕는 것은 아닐 것이다. 그러나 손자가 그의 병서에서 동맹의 중요성을 언급한 것은 최소한 우방국에 대해서는 군사력을 사용해서 도와야 함을 의미한다. 그가 〈모공謀攻〉 편에서 '벌교伐交'를 주장한 것은 적의 동맹국을 치면서 아국의 동맹을 두텁게 하는 것이고,[53] 〈구변九變〉과 〈구지九地〉 편에서 적지를 기동할 때 제3국과 외교적으로 교섭해야 한다고 언급한 것은 손자의 원정에 호응하는 국가에 대해 군사적으로 안전을 보장해주어야 한다는 것을 의미한다.[54] 이는 일종의 군사동맹 또는 군사협약을 체결하는 것으로 동맹국 또는 우방국이 침공을 당할 경우 군사원조를 제공하여 침공국가를 응징할 수 있음을 의미한다.

이와 같이 볼 때 손자는 방어적 전쟁과 도의를 이행하는 차원에서의 전쟁을 인정하는 유교의 연장선상에 있는 것으로 이해할 수 있다. 우선 손자의 전쟁은 비록 원정이지만 그러한 전쟁의 목적은 자위적 성격이 강하

---

52 孟子, 박경환 역, 『孟子』, p. 62.

53 손자, 박창희 해설, 『손자병법』, p. 137.

54 앞의 책, pp. 348, 454, 455.

다. 인접국가의 백성들이 폭군의 압제로부터 벗어나고자 한다면 이들을 구제하기 위한 군사적 개입도 가능하다고 본다. 비록 동맹 또는 우방국에 국한되지만 침략국가를 응징하기 위한 군사력 사용도 가능하다고 본다. 이러한 전쟁은 국가이익보다는 국가생존을 위한 방어적 목적과 천하질서를 유지하기 위한 도의적 목적을 지향하는 것으로, 비록 유교에서 추구하는 전쟁의 정치적 목적에 완전하게 부합하지는 않더라도 상당부분 근접한 것으로 볼 수 있다.

다. 전쟁수행전략: 간접전략 및 우직지계의 기동전략

전쟁에서 승리하기 위한 손자의 전략은 군사적 수단에 의한 직접전략보다는 비군사적 수단을 중심으로 한 간접전략을 우선으로 한다. 즉, 전쟁이 불가피할 경우 군사력을 동원하여 적 군사력을 직접 섬멸하기보다는, 그 이전에 국가전략 차원에서 정치, 외교, 경제, 사회, 심리 등 총체적인 국가역량을 동원하여 적의 계획을 무력화하고 동맹을 단절시키는 등 비군사적 전략을 우선적으로 활용한다.

그는 〈모공謀攻〉 편에서 싸우지 않고 적을 굴복시키는 것이 최상이라는 '부전승不戰勝' 사상을 제시했다. 즉, "적의 군대를 굴복시키되 싸우지 않고, 적의 성을 함락하되 이를 직접 공격하지 않으며, 적의 국가를 패하게 하되 오래 끌지 않아야 한다"고 주장했다.[55] 일견 맹자가 '덕'으로 적을 굴복시켜야 한다는 주장과 일맥상통하는 구절이 아닐 수 없다.[56] 손자에 의하

55 손자, 박창희 해설, 『손자병법』, p. 137.

56 맹자가 말했다. "어떤 사람이 '나는 전쟁에서 진을 치는 법에 뛰어나고 작전에 뛰어나다'고 한다면 그것은 큰 죄이다. 군주가 인(仁)을 좋아하면 천하에 그를 대적할 자가 없게 된다. 그가 남쪽 지역을 정벌하면 북쪽 지역의 오랑캐가 불평을 하고, 동쪽 지역을 정벌하면 서쪽 지역의 오랑캐가 원망을 하면서 '어째서 우리들을 나중으로 돌리는가?'라고 할 것이다. 무왕이 은나라를 정벌할 적에 병거(兵車)가 300량이었고 날쌘 전사들이 3,000명이었다. 무왕이 은나라 백성들에게 '두려워하지 말라. 너희들을 편안하게 해주려는 것이지 너희 백성들을 적으로 삼으려는 것이 아니다'라고 하자 은나라 백성들은 머리가 땅에 닿을 정도로 머리를 조아렸다. 정벌[征]의 말뜻은 바로잡는다[正]는 것이다. 모든 사람이 자신들을 바로잡아주기를 바라는데, 어째서 전쟁이 필요하겠는가?" 孟子, 박경환 역, 『孟子』, p. 402.

면 최상의 용병술은 계략을 써서 적을 이기는 것이고, 다음은 외교적으로 적의 동맹국을 쳐서 적을 고립시키는 것이며, 그 다음은 무력을 써서 적의 군대를 치는 것이고, 최악의 방법은 적의 성城을 공격하는 것이다.[57] 이 가운데 적의 군대를 치는 것은 앞에서 언급한 군사전략의 유형 가운데 최소한의 희생으로 승리하는 '기동전략'에 해당한다. 그리고 적의 성城을 공격하는 것은 '소모전략'으로 적의 견고한 방어진지를 정면에서 공격하기 때문에 커다란 희생을 동반하지 않을 수 없다.

비록 부전승이 최상책이라고 하지만 싸우지 않고 적을 굴복시키는 것은 쉽지 않다. 그래서 손자는 이와 유사하지만 다른 개념으로 '전승全勝'을 제시했다. 적의 군대와 성, 도시를 파괴하지 않고 가급적 이들을 온전히 한 채로 굴복시켜야 한다는 것이다.[58] 즉, 비군사적 수단을 동원한 간접전략이 한계에 부딪혀 적 군대와 직접 싸울 수밖에 없다면 피아 모두 피해를 최소화하는 가운데 승부를 겨루어야 한다. 전쟁은 장기전 혹은 소모전으로 흘러서는 안 되고 신속하고 결정적인 승리를 거두는 속승전이 되어야 한다.

이러한 측면에서 손자가 제시한 직접전략은 적 주력을 단번에 와해시킬 수 있는 '우직지계迂直之計'의 기동전략이다.[59] 아국의 군대가 원정을 출발하여 적국의 수도로 진격할 때 적은 아군이 기동할 것으로 예상되는 주요 도로상에 많은 군대를 배치하여 방어진지를 편성할 것이다. 이때 원정군은 잘 발달된 도로를 따라 적군이 배치된 지역으로 기동해서는 안 된다. 그렇게 하면 아군은 강력한 적의 방어에 부딪혀 많은 피해를 입게 될 것이고, 적의 수도에 도착하여 결전을 치르기도 전에 전력이 약화될 것이기 때문이다. 따라서 손자는 적을 우회하여 멀리 돌아가지만 곧바로 가는

57 손자, 박창희 해설, 『손자병법』, p. 137.

58 앞의 책, p. 126.

59 앞의 책, p. 302.

것보다 빠르게 갈 수 있는 계책으로 '우직지계'를 내놓고 있다. 즉, 적이 방어하고 있는 지역을 우회하여 적이 예상치 않은 험한 길을 따라 적의 수도로 진격하는 것이다. 그렇게 하면 방어하는 적의 군사력은 엉뚱한 곳에 배치되어 쓸모없게 될 것이며, 아군은 커다런 저항을 받지 않고 적 수도에 도착하여 단 한 번의 결전으로 적을 굴복시킬 수 있다. 이때 최후의 결전은 주도면밀하게 군형軍形을 편성하고 적의 허실虛實을 노려 '세勢'를 발휘하면 최소한의 희생으로 결정적인 승리를 거둘 수 있다.

이렇게 본다면 손자의 전쟁수행전략은 전체적으로 비군사적 수단을 광범위하게 동원하는 간접전략이지만, 그러한 전략이 여의치 않을 경우 군사력 사용에 의존하는 직접전략을 동시에 고려하고 있다. 이때 손자의 직접전략은 기동에 의한 섬멸전략이다. 먼저 우직지계를 통해 적의 취약한 지역으로 치고 들어가 적의 수도로 진격한다는 점에서 소모전략이 아닌 기동전략이며, 적 수도에 도착한 후에는 압도적인 군사력을 집중하여 적 군대를 격멸 또는 와해시킨다는 점에서 섬멸전략이라 할 수 있다. 이 과정에서 손자는 적의 군대와 도시를 파괴하는 '파승破勝'보다는 적을 온전히 둔 채 승리하는 '전승全勝'을 추구해야 한다고 주장했는데, 이는 맹자가 주장한 '민귀론民貴論'과 같이 백성들의 삶에 대한 고려가 작용한 것으로 볼 수 있다.

라. 전쟁대비: 군주 중심의 삼위일체

손자는 전쟁에 앞서 승리 가능성을 가늠해볼 수 있는 방법을 제시하고 있다. 국가적으로 5사五事인 도道, 천天, 지地, 장將, 법法을 제대로 갖추고 있는지 돌아보아야 하고, 대외적으로 일곱 가지의 요소인 군주, 장수, 천지, 법령, 군대, 훈련, 상벌에 관한 문제를 적국과 비교하여 아국이 유리한지의 여부를 따져보는 것이다. 여기에서 5사란 군주에 대한 백성들의 민심, 자연의 이치와 기후 요인, 지리적 요인, 장수의 자질, 그리고 법령을 말한다. 일곱 가지 비교요소는 군주의 바른 정치, 장수의 유능함, 천시와 지리의 유리함, 법과 명령의 올바른 시행, 군대의 강함, 장병들의 훈련, 그리고 상벌의 공정함을 말한다.[60] 이러한 요소들은 결국 전쟁수행의 주체라 할 수 있는 군주, 군, 그리고 백성의 역할을 기능별로 나누어 언급한 것으로 볼 수 있는 것으로, 삼위일체의 관점에서 전쟁대비에 대한 손자의 견해를 살펴보면 다음과 같다.

우선 손자는 전쟁에서 백성이 차지하는 역할의 중요성에 주목하고 있다. 그는 전쟁을 수행하기 위해 국가가 갖추어야 할 5사, 즉 다섯 가지 요소 가운데 가장 먼저 '도道'를 언급했다. 여기에서 '도'란 "백성들로 하여금 군주와 뜻을 같이하게 하는 것"으로, "백성들이 군주와 생사를 같이할 수 있고 위험을 두려워하지 않는 것"을 말한다.[61] 이는 군주가 바른 정치를 행하여 민심民心, 즉 백성들의 마음을 얻어야 한다는 것으로, 백성이 생사를 같이할 정도로 군주를 믿고 따르지 않는다면 전쟁을 할 수 없다는 의미이다. 전쟁이 시작되면 백성들은 온갖 어려움에 직면하여 희생할 수밖에 없다. 전방에서 죽음의 위험을 무릅쓰고 싸워야 할 병력으로 동원되거나 후방에서 경제적 궁핍을 감내하며 군수물자를 대고 부역을 제공해야 한다. 백성들의 마음이 군주에게서 돌아서 전쟁에 염증을 느끼고 이러한 어려움을 감내할 의지가 없다면 전쟁은 제대로 수행될 수 없다. 손자는 약 2500년 전에 이미 백성이라는 존재가 전쟁을 수행하는 데 반드시 필요한 힘의 원천임을 인식한 것이다.

또한 손자는 장수가 갖는 막중한 역할에 대해 누차 강조하고 있다. 고대 중국에서 10만 명의 병력을 이끌고 2,000여 리, 약 800킬로미터 이상 떨어진 초나라의 수도를 향해 원정작전을 수행하는 것은 쉬운 일이 아니었다.[62] 일단 원정이 시작되면 모든 것은 장수에게 달려 있다. 우직지계 기동간에 수많은 병력을 이끌고 고달픈 행군을 강행해야 한다. 수시로 달려드

60 손자, 박창희 해설, 『손자병법』, pp. 32, 45.

61 앞의 책, p. 32.

62 오나라 수도에서 초나라 수도까지의 직선거리는 약 750킬로미터이나 실제 이동거리는 800킬로미터 이상 될 것으로 추정할 수 있다. 앞의 책, p. 317.

는 적과 교전을 치러야 한다. 산악, 하천, 습지, 계곡 등 험준한 지역을 통과하며 온갖 장애물을 극복해야 한다. 제3국과 인접한 국경 지역을 지날 때에는 해코지를 방지하기 위해 인접 군주와의 외교적 교섭에도 나서야 한다. 적지에서 부족한 식량과 물자를 조달하기 위해 약탈에도 나서야 한다. 처음 접하게 되는 장수와 병사들을 상대로 인仁과 엄嚴의 리더십을 발휘하여 죽기 살기로 싸울 수 있도록 감화시켜야 한다. 이 과정에서 장수는 군주가 간섭하여 작전을 망칠 수 있다고 판단되면 목을 걸고라도 군주의 명령에 따라서는 안 된다. 그리고 최종적으로 적의 수도에 도착해서는 전쟁이 장기화되어 국가경제에 폐해를 가져오고 백성들의 삶이 피폐해지지 않도록 어떻게든 신속한 승리를 만들어내야 한다. 그래서 손자는 "전쟁을 아는 장수야말로 백성의 생명을 보호하고 국가의 안위를 책임질 수 있는 사람知兵之將, 民之司命, 國家安危之主也"이라고 했다.[63] 손자가 생각하는 전쟁은 군주가 아니라 장수가 모든 것을 책임지고 수행한다.

그럼에도 불구하고 손자의 전쟁에서 삼위일체를 구성하는 핵심은 군주이다. 비록 손자가 백성의 역할을 중시했지만 그들의 민심을 확보하고 전쟁에 나서도록 하는 것은 군주에게 달려 있다. 군주가 인의를 행하고 덕을 베푸는 '왕도정치'를 행할 때 백성들이 군주와 한마음 한뜻이 되어 전쟁을 수행할 수 있기 때문이다. 즉, 백성은 군주가 하기에 따라 전쟁에 대한 열정을 가질 수도 있고 그렇지 않을 수도 있다. 마찬가지로 장수의 역할에도 한계가 있다. 비록 장수는 전쟁수행에 관한 모든 것을 책임지고 이끌어나가지만 그것은 엄밀하게 군주로부터 받은 명령을 이행하는 것이고 군주로부터 위임된 권한을 대신 행사하는 것이다. 그가 독자적으로 전쟁을 수행해나가더라도 그것은 군사작전에 국한된 것일 뿐, 국가전략 차원에서의 전쟁 목적을 변경하거나 임의로 적과 화의를 맺을 수 있는 것은 아니다. 비록 손자는 군주와 장수, 그리고 백성의 역할이 다 같이 중요하

---

63 손자, 박창희 해설, 『손자병법』, p. 117.

다고 보았지만, 어디까지나 삼위일체의 구심점은 전쟁을 결정하고 군사를 동원하며 민의를 결집시키는 군주인 것이다.

따라서 손자가 보는 전쟁대비는 군주를 중심으로 한다. 즉, 군주는 전쟁 목적을 설정하고 그러한 목적을 달성하기 위해 필요한 군대를 건설하며 백성들을 전쟁에 끌어들일 수 있는 정치적 역량을 구비해야 한다. 손자는 '5사'와 일곱 가지 비교요소를 제시하여 군주, 군, 그리고 백성의 중요성을 두루 강조하고 있지만, 이 가운데 중심이 되는 것은 군주의 역할이라 할 수 있다.

2. 클라우제비츠: 근대 서구 군사사상의 효시

클라우제비츠는 프로이센의 장교로 나폴레옹 전쟁을 롤 모델로 삼아 『전쟁론On War』을 집필했다. 그는 이 저서에서 전쟁을 정치적 수단이자 정치행위의 연속이라고 함으로써 기존의 도덕적 관점에서 탈피하여 근대적 의미로 전쟁을 정의했다. 또한 그는 이전까지 모호하게 존재했던 전략의 개념을 구체화하여 처음으로 전략과 전술을 구분하고 정의했다.[64] 1883년 독일의 군사가 골츠Colmar von der Goltz는 다음과 같이 클라우제비츠를 평가했다.

> 클라우제비츠 이후 전쟁에 대해 집필하려는 군사가는 괴테 이후 파우스트를 쓰려는 시인이나 셰익스피어William Shakesphere 이후 햄릿을 쓰려는 작가와 같은 운명에 처할 수 있다. 전쟁의 본질에 관한 모든 중요한 이야기는 역사상 가장 유명한 군사사상가에 의해 남겨진 저서의 복제판

---

64 이전까지 전략과 전술에 대한 구분은 지극히 피상적이었다. 당시 나폴레옹 전쟁에 대한 해설로 유명세를 탔던 뷜로브(Heinrich Dietrich von Bülow)는 전략을 적의 포 사정거리 및 가시권 밖의 모든 기동으로, 전술을 그 안에서 이루어지는 기동으로 정의했다. 그러나 클라우제비츠는 이 개념들이 기술의 영향에 좌우되는 한시적인 것이며, 각각의 목적을 포함하지 않고 있다고 지적했다. 그리고 그는 전술은 전투에서 군사력을 사용하는 것이고, 전략은 전쟁의 목적을 달성하기 위해 전투를 사용하는 것에 관한 이론이라고 정의했다. 온창일 외, 『군사사상사』(서울: 황금알, 2008), p. 102.

에 불과할 것이다.[65]

서구의 근대 군사사상을 대변하는 클라우제비츠의 주장은 다음에서 보는 바와 같이 손자의 주장과 대비되는 부분이 많다.

가. 전쟁의 본질 인식: 정치행위로서의 전쟁

클라우제비츠는 『전쟁론』에서 전쟁을 다양하게 정의하고 있으나, 전쟁의 본질과 관련하여 두 가지 정의에 주목할 수 있다. 하나는 "전쟁이란 우리의 의지를 적에게 강요하기 위한 무력 사용 행위"라는 것이고, 다른 하나는 "다른 수단에 의한 정치의 연속"으로 "전쟁은 정치적 목적 달성을 위한 수단"이라는 것이다.[66] 이 두 가지를 종합하면 전쟁이란 "무력을 사용하여 적에게 우리의 의지를 강요함으로써 정치적 목적을 달성하기 위한 수단"이라 할 수 있다.

이러한 정의를 중심으로 클라우제비츠가 가졌던 전쟁인식을 분석해보면 다음과 같다. 첫째, 클라우제비츠는 근대의 현실주의적 관점에서 전쟁을 인식하고 있다. 전쟁이 정치적 수단이라고 한다면 전쟁은 곧 정치행위가 된다. 전쟁이 정치행위라면 전쟁은 국가정책을 이행하기 위한 정상적이고 정당한 행위가 된다. 그리고 전쟁이 정상적이고 정당한 행위라면 그것은 없애야 할 나쁜 것 또는 악이 아니라 마땅히 활용할 수 있는 정책적 수단이 된다. 이러한 주장은 유교에서 전쟁을 일탈행위로 간주하거나 서구의 평화주의자들이 전쟁을 근절해야 할 대상으로 보는 도덕적이고 윤리적인 시각에서 벗어난 것으로 근대성을 갖는다. 또한 국가 간의 관계에서 무력을 사용하여 문제를 해결할 수 있다고 봄으로써 권력power을 중시하는 현실주의적 입장에 서 있다.

---

65 Michael Howard, "The Influence of Clausewitz", in Carl von Clausewitz, *On War*, p. 31.

66 Carl von Clausewitz, *On War,* pp. 87-88.

둘째, 클라우제비츠의 전쟁은 정치적 목적에 의해 제약을 받는 제한전쟁을 의미한다. 전쟁은 적국을 상대로 맹목적인 증오심을 가지고 무제한적으로 폭력을 행사하는 것이 아니다. 전쟁은 적에게 우리의 의지를 강요하기 위한 무력 사용 행위이다. 즉, 자국의 정치적 의지를 상대국가에 강요하여 양보를 받아내는 데 목적이 있다. 따라서 우리가 원하는 것을 상대가 양보할 경우 전쟁은 더 지속될 이유가 없으며, 전쟁은 정치적 협상을 거쳐 평화조약peace treaty을 체결함으로써 종결된다.[67]

셋째, 클라우제비츠가 제기한 '수단적 전쟁론'이 갖는 또 하나의 관점은 '정치에 대한 군의 복종'이다. 전쟁이 정치행위의 연장선상에서 정치적 목적을 달성하기 위한 수단이라면 전쟁을 수행하는 군은 정치의 통제를 받아야 한다. 비록 작전과 같은 하위 수준에서는 군이 전문성을 가지고 독자적으로 전쟁을 이끌어갈 수 있지만, 상위의 정치-전략적 수준에서는 정치지도자의 명령에 복종해야 한다. 그러나 이는 쉽지 않을 수 있다. 보불전쟁 시 비스마르크Otto von Bismarck와 몰트케Helmuth Karl Bernhard Graf von Moltke의 알력, 그리고 한국전쟁 시 트루먼Harry S. Truman과 맥아더Douglas MacArthur의 충돌 사례와 같이 정치지도자와 군 지휘관의 갈등은 언제나 내재되어 있기 때문이다. 따라서 전쟁을 성공적으로 수행하기 위해서는 지도자들이 정치와 군사가 만나는 접점을 인식하고 이해할 수 있어야 한다.

이러한 논의를 통해 클라우제비츠는 전쟁을 '필요악'으로 보는 손자와 달리 정치적 목적 달성을 위한 정상적인 수단으로 보았음을 알 수 있다. 그가 전쟁을 나쁜 것으로 보는 도덕적 관점에서 벗어나 일상적인 정치행위로 규정한 것은 전쟁에 근대적 성격을 부여했다는 의미를 갖는다.

---

67 박창희, 『군사전략론: 국가대전략과 작전술의 원천』, p. 27. 1차 세계대전이나 2차 세계대전과 같이 무조건 항복을 요구했던 전쟁도 평화조약에 의해 종결되었다는 점에서 절대전쟁은 아니다. 절대전쟁은 극단적 폭력을 행사하는 것으로 상상 속에서만 가능한 이상적인 형태의 전쟁이다. 세계대전의 경우 총력전쟁이자 전면전쟁으로서 '절대적 형태의 전쟁' 혹은 '절대전쟁에 가까운 전쟁'으로 볼 수 있다.

나. 전쟁의 정치적 목적: 국가이익 확보

클라우제비츠는 전쟁을 "우리의 의지를 적에게 강요하기 위한 무력 사용 행위"로 정의했다. 즉, 전쟁의 목적은 무력을 사용하여 적으로 하여금 우리가 원하는 정치적 요구를 받아들이도록 하는 데 있다. 그리고 적이 굴복하면 전쟁은 평화조약을 체결함으로써 종결된다. 아이러니하게도 전쟁의 최종 상태는 '파괴'가 아니라 '평화'가 되는 셈이다. 물론, 이때의 평화는 전쟁 이전과 같은 평화가 아니라, 상대방이 우리의 의지를 수용함으로써 얻어진 '더 나은 조건 하의 평화better peace'이다.

그렇다면 클라우제비츠의 전쟁에서 굳이 무력을 사용하면서까지 우리의 의지를 강요하여 달성하고자 하는 정치적 목적은 무엇인가? 이러한 전쟁에서 추구하는 정치적 목적은 국가이익을 확보하는 데 있다. 이러한 이익은 투키디데스Thucydides가 말한 국가생존, 번영, 그리고 명예에 관련된 것으로, 분쟁 중인 영토 확보, 항구와 같은 요충지 확보, 주변 지역 점령을 통한 영토 확장, 상대국에 유리한 교역 조건 강요, 식민지 개척 또는 시장의 확보, 주변국 점령을 통한 식량 및 자원 탈취, 적 동맹체제의 약화 또는 아 동맹체제의 강화 등을 비롯해 무수히 많다. 종종 자유, 인권, 이념, 그리고 종교와 같은 가치 또는 신념을 둘러싸고 대립할 수도 있다. 또한 강대국으로 부상하는 국가들의 경우에는 지역 및 국제적 영향력을 놓고 기존 강대국과 충돌할 수도 있다.

국가가 추구하는 정치적 목적은 그 성격에 따라 두 가지로 구분할 수 있다. 클라우제비츠는 이를 적극적 목적positive aim과 소극적 목적negative aim으로 구분한다. 정치적 목적이 적극적이라는 것은 우리가 원하는 이익을 적으로부터 빼앗으려는 것이고, 소극적이라는 것은 우리의 이익을 빼앗기지 않기 위해 지키는 것을 말한다.[68] 이러한 구분은 영토이든 자원이든 서로 동일한 대상의 이익을 놓고 다투는 상황에서 정치적 목적을 다투는 성격, 즉 그것

---

68 Carl von Clausewitz, *On War*, pp. 91-94.

이 빼앗으려는 것이냐 아니면 지키려는 것이냐에 대한 구분으로 볼 수 있다. 물론, 적극적인 것이든 소극적인 것이든 전쟁에서 추구하는 정치적 목적은 공통적으로 상대국에 아국我國의 의지를 강요하는 것이다. 적극적 목적을 추구하는 국가는 적을 공격하여 적으로 하여금 우리가 원하는 이익을 양보하도록 강요해야 할 것이며, 소극적 목적을 추구하는 국가는 적의 공격을 방어하여 적으로 하여금 그러한 의지를 포기하도록 강요해야 할 것이다.

이러한 국가이익은 유교에서 추구하는 전쟁의 목적과 차별화된다. 유교의 전쟁에서는 중국을 중심으로 한 천하의 질서를 유지하는 데 그 목적이 있지만, 근대 서구의 전쟁은 국가의 이익을 추구하기 때문이다. 전자가 '평천하平天下'의 관점에서 전쟁을 바라본다면, 후자는 '치국治國'의 관점에서 접근하는 것이다. 물론, 서구 국가들도 때로 동맹을 체결하여 세력균형을 도모하거나 강대국들 간의 제휴concert를 이룸으로써 국제질서의 안정을 도모하고 세계평화를 유지하려는 노력을 경주하기도 한다. 그러나 이는 어디까지나 자국의 이해를 우선적으로 고려했기 때문에 가능한 것으로, 국제질서 또는 세계평화를 위한 이들의 협력은 국익 추구를 위한 방편에 불과한 것으로 보아야 한다.

이렇게 볼 때 클라우제비츠의 전쟁에서 추구하는 정치적 목적은 국가들 간에 상충하는 이익을 서로 다투는 것으로 유교적 전쟁에 비해 지극히 세속적이다. 서구의 전쟁에서도 도덕이나 정의를 부르짖을 수 있으나, 이는 어디까지나 자국의 이익을 합리화하기 위해 그럴듯하게 포장한 것에 지나지 않는다.

다. 전쟁수행전략: 섬멸전략

클라우제비츠의 전쟁수행전략은 적의 군사력 섬멸에 주안을 둔 직접전략이다. 그는 전쟁에서 우리의 의지를 강요하기 위해 공략해야 할 세 가지 목표로 적 군사력, 적 영토, 그리고 적 의지를 들고, 이 가운데 적 군사력을 파괴하는 것이 가장 우선이라고 주장했다. 먼저 군사력을 격멸해야

적 영토를 점령할 수 있으며, 이 두 가지 목표를 순차적으로 달성한 다음 적을 평화협상 테이블로 끌어내 적의 의지를 굴복시킬 수 있기 때문이다. 물론, 적 군사력을 파괴하지 않은 채 영토를 먼저 점령할 수도 있다. 그러나 이 경우 적은 건재한 군사력으로 언제든 반격을 가해올 것이므로 점령한 영토는 다시 빼앗길 수 있다. 적의 군사력을 먼저 섬멸해야만 적의 영토를 확보하고 적의 의지를 파괴할 수 있다.[69]

그래서 그는 전쟁을 수행하는 유일한 수단은 전투이고, 전투를 통해 적 병력을 섬멸하는 것이 중요하다고 강조했다.[70]

> 정치적 목적이 작아서 동기도 약하고 긴장도 약할 경우 약삭빠른 장군이라면 대규모 충돌과 결정적 행동을 회피하는 가운데 적의 군사 및 정치 전략에서 나타나는 취약성을 노려 평화적 해결을 모색할 수도 있을 것이다. 만일 그의 가정이 타당하여 성공을 거둔다면 그를 비난할 수 없다. 그러나 그는 자신의 전략이야말로 전쟁의 신이 아무도 모르게 그를 채갈 수도 있는 크게 잘못된 길을 가고 있음을 명심해야 한다. 그는 상대를 항상 주시해야 하며 상대가 날카로운 검을 갖고 있을 때 장식용 칼만 든 채 그에게 다가가서는 안 된다.[71]

> 전투는 전쟁의 목적을 달성하기 위한 유일하고도 효과적인 수단이다. 전투의 목적은 차후의 목적을 달성하기 위한 수단으로서 대치하고 있는 적의 군사력을 격멸하는 데 있다. 비록 전투가 실제로 이루어지지

---

69 여기에서 적 부대 격멸과 적 영토 점령은 육안으로 확인이 가능하지만, 적이 의지를 상실했는지에 대해서는 알 수 없다. 적 정부가 협상에 응하더라도 다른 마음을 먹고 있을 수 있으며, 적 일부 국민들이 굴복하지 않은 채 계속 저항을 할 수 있다. 이에 대해 클라우제비츠는 적의 병력이 와해되고 영토가 점령될 경우 대부분의 정부는 평화협상을 요구하거나 응할 것이며, 이러한 협상을 통해 평화조약이 체결된다면 비록 적이 마음을 바꾸더라도 일단은 의지를 굴복시킨 것으로 간주할 수 있다고 주장했다. Carl von Clausewitz, *On War*, p. 90.

70 앞의 책, p. 99.

71 앞의 책, p. 99.

않는 경우라도 전투력을 유지하는 것은 변함없이 중요하다. 왜냐하면, 전쟁의 결과는 만일 전투가 발생할 경우 적의 군사력이 격멸되어야 한다는 가정을 전제로 하기 때문이다. 적 군사력을 격멸한다는 것은 모든 군사적 행동의 기초가 되는 것이며, 또한 마치 교각의 아치를 지탱하는 초석과 같이 모든 군사적 계획의 근간이 된다. 결국, 모든 행동은 적과의 군사적 충돌이 불가피할 경우 그 결과가 유리할 것이라는 믿음 하에 이루어지는 것이다.[72]

클라우제비츠에 의하면 비폭력적 방책은 적도 그러한 비폭력적 전략을 선택할 때에만 성공할 수 있다고 본다. 따라서 적이 비폭력적 해결을 거부한다면 비록 막대한 인명과 자원의 손실이 예상되더라도 이를 감수하고 전투를 치를 준비가 되어 있는 측이 유리한 고지를 점유하게 될 것이다. 적이 전투를 각오하고 있음에도 불구하고 피를 흘리지 않은 채 승리를 얻겠다고 한다면, 이는 오직 적에게 더 큰 용기를 북돋아주는 결과를 가져올 뿐이다. 따라서 그는 적 군대를 가장 중요한 '중심center of gravity'으로 간주하고 전쟁에서 승리하기 위해서는 적 군대를 반드시 격멸해야 한다고 주장했다.

물론, 클라우제비츠도 손자와 마찬가지로 군사적 수단 이외의 외교적·정치적·경제적 수단을 동원하여 적을 굴복시킬 수 있다면 그러한 방책을 배제하지 않았을 것이다. 실제로 그는 적 군사력을 격멸하지 않고서도 성공을 거둘 수 있다고 보았다. 적의 동맹을 와해시키고 우리의 동맹을 강화하는, 그래서 정치적 환경을 유리하게 조성할 수 있다면 적 부대를 격멸하는 것보다 훨씬 빠른 지름길shortcut로 목표를 달성할 수 있다고 했다.[73] 또한 적 군사력 격멸도 반드시 필요한 것은 아니라고 보았다. 즉, 무자비한 군사행동을 통해 총체적 승리를 거두는 것이 아니라 적을 단지 겁주는

---

72 Carl von Clausewitz, *On War*, p. 97.

73 앞의 책, pp. 92-93.

것만으로 원하는 결과를 얻을 수 있다면 그것으로도 평화에 이르는 지름길이 될 수 있다고 했다.

그러나 그는 이러한 '지름길'을 추구함으로써 오히려 함정에 빠질 수 있음을 다음과 같이 경고하고 있다.

> 친절한 마음을 가진 사람들은 너무 많은 피를 흘리지 않고 적을 무장해제시키거나 굴복시킬 수 있는 어떤 절묘한 방법이 있을 것으로 생각하고, 이것이야말로 전쟁술이 지향하는 진정한 목표라고 생각할는지 모른다. 그러나 이러한 생각은 비록 그럴듯하게 들릴지는 모르지만 반드시 규명되어야만 할 명백한 오류이다. 전쟁은 너무도 위험한 것이어서 친절함에서 비롯된 실수가 가장 최악의 사태를 초래할 수 있다.[74]

이와 같이 클라우제비츠는 전쟁의 모든 것이 유일한 최고의 법칙, 즉 군사력에 의한 결정적 승리에 의해 지배된다고 하며 결정적 전투와 적 군사력 섬멸의 중요성을 강조했다.

이렇게 볼 때 클라우제비츠의 전쟁수행전략은 적 군대를 겨냥한 직접전략으로서 상대적으로 간접전략에 비중을 두었던 손자의 그것과 마치 대비되는 것처럼 보인다. 실제로 대다수의 학자들은 손자와 클라우제비츠의 군사사상을 '부전승'과 '적 군사력 섬멸'이라는 관점에서 대척점에 있는 것으로 보고 있다.

그러나 이들이 관점이 다르게 보이는 이유는 사실상 둘의 분석 수준이 다르기 때문으로 군사전략에 있어서만큼은 두 사람의 견해 차이가 크지 않다.[75] 손자의 경우 전쟁을 정치, 외교, 경제, 군사, 사회 등 국가전략 수준

---

74 Carl von Clausewitz, *On War*, p. 75.

75 Michael I. Handel, *Masters of War: Classical Strategic Thought* (London: Frank Cass, 2001), pp. 53-63.

에서 포괄적으로 접근하고 있기 때문에 부전승을 우선으로 하고 다음으로 전승全勝, 그 다음으로 군사적 파괴에 의한 승리를 논하고 있지만, 클라우제비츠의 경우에는 오직 군사적 수준에서만 전쟁을 논하고 있기 때문에 부전승과 같은 비군사적 승리에 대한 논의를 생략하고 적 군사력 격멸을 강조하고 있는 것이다. 손자도 그의 병서에서 부전승을 최상의 용병으로 들고 있으나 어떻게 이것이 가능한지에 대해서는 언급하지 않고 있으며, 오히려 대부분의 논의가 적 군사력을 결정적으로 섬멸하기 위한 방법에 집중되어 있음을 염두에 둘 필요가 있다.

라. 전쟁대비 : 삼위일체의 균형 유지

클라우제비츠는 그의 저서인 『전쟁론』에서 전쟁대비에 관심을 두지 않았다. 전쟁을 준비하는 영역을 배제한 채 전쟁을 수행하는 영역만을 다루었기 때문이다. 그럼에도 불구하고, 전쟁대비와 관련한 클라우제비츠의 생각은 그가 제시한 '삼위일체trinity'라는 개념을 통해 엿볼 수 있다. 삼위일체란 전쟁을 구성하는 세 가지 주체로 정부, 군, 그리고 국민을 말하며, 모든 전쟁은 이 세 주체가 상호작용하는 가운데 준비되고 수행된다는 것이다. 역사상 모든 전쟁은 이 세 요소들이 서로 다른 배합으로 작용함으로써 마치 카멜레온이 주위 상황에 따라 색깔을 바꾸듯 매 전쟁은 서로 다른 모습을 띠게 된다는 것이 클라우제비츠의 주장이다.

클라우제비츠의 삼위일체 개념은 '국민'을 전쟁의 새로운 주체로 격상시켰다는 데 의미가 있다. 서양에서 나폴레옹 전쟁 이전까지의 전쟁은 군주가 주도하는 전쟁이었다. 이때 군주는 종종 군의 최고사령관이 되어 직접 전쟁을 지휘했으며, 군대는 군주가 고용한 용병들로 채워졌다. 국민들은 전쟁의 문제에서 소외되었고, 비록 전쟁에 참여하더라도 싸울 의지를 갖지 않았다. 손자 시대의 백성들과 마찬가지로 피동적인 객체에 불과했던 것이다. 그러나 프랑스 혁명 이후 공화정이 등장하고 민족주의 의식이 확산되면서 국민들은 주권의식을 가지고 전쟁의 문제에 간여하기 시작했다. 그리고 산업혁명의 영향으로 전쟁이 총력전의 양상으로 전개되면서 국민의 역할은 더욱 중요하게 되었다. 국민들은 대규모 군대를 충원하고 장기간 전쟁을 수행하는 데 필요한 열정을 제공함으로써 전쟁의 새로운 주체로 등장하게 된 것이다.

이러한 측면에서 클라우제비츠의 전쟁대비는 정부, 군, 국민이 대등한 지위를 가지고 균형을 이룬다는 특징을 갖는다. 먼저 정부는 이성적인rational 주체로서 왜 전쟁을 해야 하는가에 대한 논리와 함께 정치적으로 추구해야 할 목적을 제시한다. 전쟁이 발발하면 군의 무제한적 폭력을 통제하고 국민들의 맹목적 열정을 제어하는 가운데 원하는 정치적 목적을 달성할 수 있도록 전쟁을 이끌어나가야 한다. 그리고 군은 창조적creative 정신을 발휘하는 주체로서 모든 것이 불확실한 전쟁을 승리로 이끌어야 한다. 군은 전장에서 부딪히는 우연이나 마찰 요인을 극복하고 전쟁을 주도할 수 있는 전문성을 구비해야 한다. 마지막으로 국민은 비이성적인irrational 주체로 전쟁의 원동력을 제공한다. 피비린내 나는 전쟁이 가능한 이유는 원초적 폭력성, 증오감, 그리고 적대감 등 광기 어린 열정passion 때문이다.[76] 결국, 정부가 합리적이고 이성적 판단을 결여하거나, 군이 창조적 능력을 갖추지 못하거나, 혹은 국민이 전쟁에 대한 열정을 갖지 못하면 삼위일체된 전쟁대비는 이루어질 수 없다.

이렇게 볼 때 근대 서구의 전쟁대비는 유교에서의 그것과 커다란 차이가 있다. 군주국가에서처럼 왕을 중심으로 한 비대칭적인 삼위일체가 아니라, 민족국가라는 틀 내에서 정부, 군, 국민이라는 주체가 상호 균형을 이루는 것이다. 세 주체가 제각기 주어진 역할을 담당하고 이들의 노력이 하나로 결집되어야 효율적인 전쟁대비가 가능하다.

---

76 Carl von Clausewitz, *On War*, p. 89.

3. 마오쩌둥: 혁명적 군사사상의 대부

마오쩌둥은 1949년 10월 1일 중화인민공화국을 세운 중국의 국부國父이다. 그러나 그 이전에 마오쩌둥은 중국혁명에 부합한 전략을 제시하고 중국의 혁명전쟁을 처음부터 지도한, 그리고 국민당과의 내전에서 세간의 예상을 깨고 전격적인 승리를 거두었던 탁월한 군사지도자였다. 그가 대륙을 통일하고 나서 중국의 정치지도자로서 남긴 업적에 대해서는 공적과 과오가 교차하지만, 적어도 중국혁명전쟁 시기에 그가 저술한 군사논문과 중국 특색의 혁명전쟁이론, 그리고 실제로 혁명전쟁을 수행하고 성공을 거두는 과정을 보면 그가 클라우제비츠가 말한 '군사적 천재military genius'였음을 인정하지 않을 수 없다.

가. 전쟁의 본질 인식: 정당한 전쟁으로서의 혁명전쟁

마오쩌둥은 공산주의 혁명가로서 기본적으로 마르크스-레닌주의를 수용하지 않을 수 없었다. 그러나 그의 사상을 군사적 관점에서 들여다보면 마르크스-레닌주의뿐 아니라 손자와 클라우제비츠로부터 많은 영향을 받았음을 알 수 있다. 고전적 공산주의 전쟁관에 손자와 클라우제비츠의 군사사상을 덧씌운 것이다. 마오쩌둥의 전쟁인식은 다음과 같이 전쟁의 불가피성, 정당한 전쟁론, 그리고 수단적 전쟁론을 특징으로 한다.

첫째, 마오쩌둥에 의하면 전쟁은 모순 해결을 위한 기제로서 불가피한 요소이다. 즉, 전쟁이란 역사가 발전하면서 나타난 모든 계급과 계급, 민족과 민족, 국가와 국가, 정치적 집단과 정치적 집단 간에 모순을 해결하고자 하는 최고의 투쟁 형태이다.[77] 인류 역사에서 착취계급과 피착취계급은 고대 노예사회이든 자본주의사회이든 서로 모순된 관계 속에서 공

77 Mao Tse-tung, "Problems of Strategy in China's Revolutionary War", *Selected Works of Mao Tse-tung, Vol. 1* (Peking: Foreign Languages Press, 1967), p. 180.

존하며 투쟁해왔다. 그런데 이 두 계급의 모순은 평화 속에서 발전하다가 임계점에 도달하면 서로 적대적 형태를 취하며 혁명전쟁을 촉발시킨다. 마치 폭탄 내에 다양한 요소들이 공존하다가 특정 조건에 의해 폭발이 일어나는 것과 마찬가지이다.[78] 마오쩌둥의 이러한 인식은 "계급이 있는 한 전쟁은 있을 수밖에 없다"는 공산주의식 전쟁불가피론을 반영한 것이다.

둘째, 마오쩌둥의 전쟁관은 철저하게 정당한 전쟁론의 입장에 서 있다. 그는 전쟁을 정의의 전쟁과 불의의 전쟁으로 구분하고, "모든 반혁명전쟁은 불의의 전쟁이며 모든 혁명전쟁은 정의의 전쟁"이라고 했다.[79] 그가 혁명전쟁을 정의의 전쟁으로 보는 데에는 두 가지 이유가 있다. 하나는 그것이 핍박을 받는 다수에 의한 전쟁이기 때문이다. 인류가 추구하는 정의의 전쟁은 억압받는 인류를 구원하는 것이며, 중국의 전쟁은 핍박받는 중국인민을 구원하는 것이다. 따라서 세계와 중국이 수행하는 혁명전쟁은 의심할 바 없이 정의의 전쟁이 된다. 다른 하나는 전쟁을 없애는 전쟁이기 때문이다. 마오쩌둥은 전쟁의 목적이 바로 전쟁을 근절하는 데 있다고 보고, "전쟁을 이용하여 전쟁을 반대하고, 혁명전쟁을 이용하여 반혁명전쟁을 반대하며, 민족혁명전쟁을 이용하여 민족반혁명전쟁을 반대하고, 계급적 혁명전쟁을 이용하여 계급적 반혁명전쟁을 반대해야 한다"고 했다. 공산주의 혁명을 통해 계급과 국가가 소멸되면 모든 전쟁은 자동적으로 사라지게 될 것이라는 마르크스의 논리를 반영한 것이다.[80]

셋째, 마오쩌둥은 클라우제비츠와 마찬가지로 전쟁을 정치적 수단으로 간주했다. 그는 클라우제비츠의 주장을 인용하여 "전쟁은 다른 수단에 의

---

78 Mao Tse-tung, "On Coalition Government", *Selected Works of Mao Tse-tung, Vol. 3*(Peking: Foreign Languages Press, 1967), p. 343.

79 Mao Tse-tung, "Problems of Strategy in China's Revolutionary War", pp. 182-183; 雷劍彩, 賴曉樺 主偏, 『軍事理論讀本』(北京: 北京大學出版社, 2007), p. 55.

80 Mao Tse-tung, "Problems of Strategy in China's Revolutionary War", p. 182.

한 정치의 연속"이며, "정치적 성격을 띠지 않는 전쟁이란 없다"고 주장했다. 그리고 전쟁의 승리는 결코 정치적 목적과 분리될 수 없으며, 만일 전쟁을 정치로부터 고립시키는 사람이 있다면 그는 전쟁 지상주의자가 될 것이라고 주장했다.[81] 물론, 마오쩌둥이 말하는 '정치적 수단'이란 클라우제비츠가 말한 '국가이익' 달성을 위한 수단이 아니라, 혁명이 지향하는 '반제국주의' 및 '반봉건주의' 질서를 수립하기 위한 수단을 의미한다.

마오쩌둥이 클라우제비츠의 '수단적 전쟁론'을 수용한 것은 중국의 전쟁인식이 역사상 처음으로 근대성을 갖기 시작했다는 의미가 있다. 고대 중국의 유교사상에서 벗어나 전쟁을 정상적인 정치행위로 이해한 것이다. 그러나 그의 혁명적 전쟁관은 적대계급 또는 적대세력과의 전쟁이 불가피하고, 그러한 전쟁은 적과 타협이 가능한 국제전이 아니라 적을 타도하고 정부를 전복하는 혁명전쟁을 추구한다는 점에서 서구의 근대적 전쟁인식을 넘어선 극단적 형태의 전쟁인식이라 할 수 있다.

나. 혁명전쟁의 정치적 목적: 적 근절로 영구적 평화 달성

혁명전쟁은 그 성격상 절대적 형태의 전쟁이 될 수밖에 없다. 계급 간의 전쟁은 타협이 불가능한 전쟁으로 적대계급의 세력을 완전히 근절해야만 비로소 종결될 수 있기 때문이다. 따라서 혁명전쟁에서는 정치적 목적과 군사목표가 동일하게 된다. 적의 세력을 완전히 뿌리 뽑는 것이 정치적 목적이고, 그때까지 싸우는 것이 군사목표가 되기 때문이다.

레닌Vladimir Il'ich Lenin은 혁명세력이 무장봉기를 통해 권력을 장악했다 하더라도, 부르주아 정부가 구축한 정치, 경제, 군사, 그리고 사회 등 제반 제도를 끝까지 일소하지 않으면 성공한 것으로 볼 수 없다고 강조했다. 자본주의적 요소가 잔존할 경우 반혁명세력들이 규합하여 반격해올 가능성을 염두

---

81 Mao Tse-tung, "On Protracted War", *Selected Works of Mao Tse-tung, Vol. 2*(Peking: Foreign Languages Press, 1967), p. 153.

에 둔 것이다.[82] 따라서 혁명세력은 정권을 탈취하더라도 기존 정부와 군대를 근절해야 하고, 프롤레타리아 법체계를 새로 구축해야 하며, 아울러 은행과 산업시설을 국유화하고, 이를 반대하는 세력에 대해서는 무력으로 진압해야 한다. 클라우제비츠가 제기한 국가 간의 전쟁이 협상을 통해 평화조약을 체결함으로써 종결되는 제한전쟁이라면, 계급 간의 혁명전쟁은 오직 착취계급을 뿌리 뽑아야만 종결될 수 있는 절대적인 형태의 전쟁이다.

클라우제비츠의 제한전쟁 주장과 레닌의 절대적 전쟁 주장이 엇갈리는 것은 당연하다. 클라우제비츠가 언급한 정치와 전쟁의 주체는 곧 국가이다. 그러나 레닌은 정치와 전쟁의 주체를 계급으로 보고 있다. 클라우제비츠가 논하는 전쟁은 국가 간의 이익을 놓고 수행되는 전쟁이지만, 레닌의 전쟁은 계급의 이익을 놓고 싸운다. 클라우제비츠의 전쟁이 국가들 간의 '공존'을 전제로 하여 협상을 통해 해결될 수 있는 것이라면, 레닌의 전쟁은 계급 간의 공존이 불가능한 것으로 오직 착취계급을 뿌리 뽑아야만 종결될 수 있는 전쟁이다.[83] 결국 클라우제비츠와 레닌은 모두 전쟁을 정치적 수단으로 간주했지만, 서로 생각하는 전쟁의 성격이 달랐기 때문에 각기 협상에 의한 '평화조약'과 타도에 의한 '적 근절'이라고 하는 서로 다른 최종 상태를 제시한 것으로 볼 수 있다.

중국공산당이 추구했던 전쟁은 계급이익을 실현하기 위한 혁명전쟁이었다. 중국혁명전쟁 시기에 마오쩌둥은 전쟁의 목적을 반제·반봉건으로 설정하고 일본제국주의와 국민당 세력을 근절하기 위해 싸웠다. 이러한 전쟁은 상대가 무조건 항복하거나 완전히 타도되어야 끝나는 전쟁으로 타협이 불가능하다. 그래서 마오쩌둥은 레닌의 가르침대로 중국혁명전쟁은 정치적

---

82 V. D. Sokolovskii, ed., *Soviet Military Strategy*(Englewood Cliffs: Prentice-Hall, Inc., 1963), p. 213; P. H. Vigor, *The Soviet View of War, Peace and Neutrality*, pp. 84-85. 레닌은 한 술 더 떠서 반혁명세력이 저항하기를 원했다. 왜냐하면 그것은 무력을 동원하여 그들을 손쉽게 붕괴시킬 수 있는 명분을 제공하기 때문이다.

83 Carl von Clausewitz, *On War*, pp. 484, 91, 143.

목적이 완전히 달성되어야 종결될 수 있음을 다음과 같이 지적하고 있다.

> 전쟁은 정치의 노정에 가로놓인 장애물을 제거하기 위해 폭발한 것이므로 이러한 장애물이 제거되고 정치적 목적이 달성되어야 종결된다. 만일 장애물이 깨끗이 제거되지 않는다면 중간에 적당한 타협이 이루어졌다 하더라도 전쟁은 계속되지 않을 수 없다. 왜냐하면 장애물이 존재하는 한 그러한 타협에도 불구하고 전쟁은 또 일어날 것이기 때문이다.[84]

실제로 중국의 반제국주의 성격을 띤 항일전쟁은—비록 미국의 참전에 의해 종결되었지만—일본이 '무조건 항복'을 함으로써 종료되었고, 반봉건주의를 목적으로 한 중국내전도 마찬가지로 장제스蔣介石의 국민당 세력이 대만으로 도피함으로써 일단락될 수 있었다.

이와 같이 볼 때, 마오쩌둥은 비록 클라우제비츠의 근대적 전쟁관을 수용했지만 그가 전쟁에서 추구하는 정치적 목적은 확연히 다른 것이었음을 알 수 있다. 클라우제비츠의 국제전이 국가들 간의 관계를 새로운 조건 하에서 다시 설정함으로써 '조건부 평화'를 지향한다면, 마오쩌둥의 혁명전쟁은 적의 완전한 타도를 통해 '영구적 평화'를 추구하는 것이었다.[85]

다. 혁명전쟁 수행전략: 간접전략과 고갈전략 병행

마오쩌둥의 혁명전쟁 수행전략은 간접전략과 고갈전략을 병행한다. 먼저 간접전략으로는 정치사회적 차원에서 추구하는 인민전쟁전략을 들 수 있다. 중국인민들의 '민심hearts and minds'을 국민당 정부로부터 이반시키고 중

---

84 Mao Tse-tung, "On Protracted War", p. 153.

85 물론 국제전에서도 절대적인 목적을 추구할 수 있다. 그러나 현실의 전쟁에서 나타난 절대적 형태의 전쟁에는 나폴레옹 전쟁과 제2차 세계대전의 사례에서 볼 수 있듯이 대개 혁명적 요소가 작용하고 있었다.

국공산당을 지지하는 세력으로 끌어들이는 전략이다. 다음으로 고갈전략은 군사적 차원에서 이행하는 지구전 전략을 말한다. 국민당 군대와의 전투를 회피하는 가운데 유격전을 통해 적의 군사력과 의지를 서서히 약화시키는 것이다. 중국혁명전쟁은 이 두 전략을 병행하는 가운데 단기간에 성공한 러시아의 볼셰비키 혁명과 달리 30년 가까이 장기간에 걸쳐 단계적으로 이루어졌다.

우선 정치사회적 차원에서의 간접전략으로서 인민전쟁은 무기보다 인간요소를 중시하여 인민대중에 의존하는 전략이다. 아마도 마오쩌둥은 클라우제비츠가 『전쟁론』에서 한 개의 장으로 다룬 "무장한 인민들people in arms"의 내용에 주목한 것으로 보인다. 나폴레옹의 스페인 원정 당시 스페인 국민들은 자발적으로 무장하여 프랑스 정규군을 상대로 치고 빠지는 '소규모 전쟁guerrilla'을 전개하여 승리했다. '게릴라'라는 용어는 이때 처음으로 등장했다. 클라우제비츠는 이를 두고 역사상 유례가 없는 새로운 형태의 전쟁이라고 평가하고—따라서 자신도 이에 대해서는 아는 바가 없다고 인정하면서—이러한 투쟁방식이 미래의 전쟁양상을 바꿀 것이라고 예언한 바 있다.[86] 마오쩌둥은 1927년 10월 후난성湖南省에서의 추수봉기를 지켜보면서 농민들이 보여준 혁명 잠재력에 확신을 가졌는데, 이후 클라우제비츠의 논의에 착안하여 인민대중 중심의 전략을 완성했을 수 있다.

인민전쟁이란 대중의 민심을 중국공산당의 편에 서게 함으로써 혁명전쟁의 정당성을 확보하고 미약한 공산당의 세력을 강화해나가는 전략이다. 마오쩌둥은 국가권력을 다투는 내전에서 전쟁의 승패는 민심의 향배에 의해 판가름 날 것으로 믿었다. 대중의 민심을 얻을 경우 이들로부터 무한정으로 병력을 충원할 수 있으며, 장기간 전쟁을 수행하는 데 필요한 식량과 물자를 획득할 수 있다. 또 국민당의 정치 및 군사활동에 대한 정보도 얻을 수 있다. 무엇보다도 중국의 경우에 인민의 중요성은 더 클 수

---

86 Carl von Clausewitz, *On War*, pp. 479-483.

밖에 없는데, 이는 약 10억이라는 인구가 숫자 그대로 매우 두려운 존재일 뿐 아니라, 어떠한 적도 이러한 민심이 갖는 잠재력을 무시할 수 없기 때문이다. 인민대중은 곧 소중한 군사적 자산일 뿐 아니라 중국공산당의 혁명에 정당성을 부여하는 정치적 지지 기반이 되는 셈이다.[87]

대중들을 중국공산당의 편으로 끌어들이기 위해서는 이들을 정치적으로 교화시켜야 했다. 그는 인민들을 포섭할 공산당원들을 먼저 교육시켰다. 당원들에게 인민들을 사랑하는 마음을 가지고 그들의 목소리를 주의깊게 듣도록 가르쳤다. 항상 대중 속에 들어가 인민들을 위해 봉사하되 그들을 존중하고 노예처럼 부리지 않도록 했다. 그리고 당원들을 농촌에 내려보내 낮에는 농사활동을 돕고 밤에는 야학을 열어 글을 깨우쳐주도록 했다. 신문과 잡지를 발행하여 국민당의 부당함과 중국공산당의 정당성을 홍보했으며, 틈나는 대로 농민들 사이에 끼어 공산당이 그들의 이익과 삶을 대변하고 있음을 알려주었다. 중국공산당이 국민당 정권을 상대로 싸우는 혁명전쟁이 인민들을 위한 정당한 전쟁임을 설득해나갔다. 그럼으로써 마오쩌둥은 인민들을 중국공산당의 혁명전쟁에 호응하도록 유도하는 데 성공할 수 있었다.

인민전쟁과 함께 군사적 차원에서 추구한 전략은 지구전이었다. 마오쩌둥은 중국공산당이 군사적으로 열세한 상황에서 국민당 군대를 상대로 조기에 승리를 거둘 수 있을 것으로 기대하지 않았다. 따라서 그는 속승전이 아닌 지구전을 전개하여 시간을 벌고, 그 사이에 공산당 세력을 확대하고 군사력을 건설하고자 했다.

마오쩌둥은 지구전 전략으로 전략적 퇴각, 전략적 대치, 그리고 전략적 반격이라는 세 단계의 전략을 구상했다. 먼저 1단계인 전략적 퇴각은 중국공산당이 군사적으로 열세하기 때문에 적이 공격해오면 일제히 후퇴하

---

87 Rosita Dellios, *Modern Chinese Defense Strategy: Present Developments, Future Directions* (New York: St. Martin's Press, 1990), p. 24.

는 것이다.[88] 이때 별다른 저항 없이 물러서는 것이 아니라 적에게 부단한 기습을 가하며 퇴각한다. 2단계인 전략적 대치는 적의 공격이 한계에 도달했을 때 적을 본격적으로 괴롭히는 것이다. 적은 공격하면서 확보한 도시와 신장된 병참선을 방어해야 하기 때문에 점차 공격을 중지하고 방어로 전환할 수밖에 없다. 이때 중국공산당은 유격전을 전개하여 적의 취약한 병참선이나 부대를 공격하여 적을 괴롭히기 시작한다. 이러한 소규모 공격이 반복될수록 적을 서서히 약화시키는 누진적 효과는 커지게 된다.[89] 3단계인 전략적 반격은 약화된 적에 대해 결정적으로 승리를 거두는 단계이다. 마오쩌둥은 "오직 결전만이 양군 간의 승패 문제를 판가름할 수 있다"고 했다.[90] 적이 유격전에 시달리고 피로에 지쳐 전투의지를 상실하면 그동안 준비해둔 정규군을 동원하여 결정적 승리를 거두는 것이다.[91]

요약하면 마오쩌둥의 혁명전쟁전략은 정치사회적 차원에서의 간접전략에서 출발한다. 그러나 이러한 전략은 군사적으로 유격전을 통해 적을 지치게 하고 의지를 약화시키는 지구전 방식의 고갈전략을 병행한다. 그리고 피아 역량이 중국공산당에 유리하게 전환되는 시점에 도달하면 정규전으로 적 군대를 섬멸하고 최종 승리를 거둔다. 이때 정규군에 의한 섬멸전략은 그 이전에 이루어진 간접전략과 고갈전략의 부산물에 불과한 것으로 혁명전쟁에서 주요한 전략으로 볼 수 없다.

라. 전쟁대비: 인민 중심의 삼위일체

마오쩌둥의 혁명전쟁에서 전쟁대비의 핵심 주체는 인민이다. 마오쩌둥은 혁명에서 결정적인 요소는 무기가 아니라 인간이라고 했는데, 이는 군사

---

88 Mao Tse-tung, "Problems of Strategy in China's Revolutionary War", pp. 207, 221.

89 Mao Tse-tung, "Problems of Strategy in Guerrilla War Against Japan", *Selected Works of Mao Tse-tung, Vol. 2* (Peking: Foreign Languages Press, 1967), p. 106.

90 Mao Tse-tung, "Problems of Strategy in China's Revolutionary War", p. 224.

91 Mao Tse-tung, "On Protracted War", pp. 172-174.

력이 우세한 것보다 인민대중의 지지를 얻는 것이 더 중요함을 강조한 것이다. 즉, 혁명전쟁에서의 전쟁대비는 당과 군의 역할도 있지만, 무엇보다도 대중들의 민심을 확보함으로써 이들이 스스로 혁명의 주체가 되어 전쟁에 참여할 수 있도록 하는 것이 핵심이다.[92]

물론, 혁명의 구심점이 되는 것은 중국공산당이다. 당은 혁명전쟁을 준비하고 수행하는 과정에서 투쟁노선을 결정하고 혁명전략을 구상하며, 당과 군사조직을 편성하고 인민대중을 끌어들이는 역할을 수행한다. 당이 혁명전쟁의 방향을 제대로 잡지 못하면 군과 인민의 투쟁을 망칠 수 있다. 다만, 혁명전쟁의 특성상 당은 군대를 엄격하게 통제할 수 없다. 각지에서 흩어져 활동하는 유격부대에 전략적인 지침을 제공할 수 있지만 이들의 작전에 일일이 간여할 수 없다. 즉, 당은 군에 상당한 자율성을 부여할 수밖에 없으며, 군은 당의 통제에서 벗어나 독자적으로 투쟁하게 된다. 또한 당은 정부와 같이 높은 수준에서 인민들을 통치하는 것도 불가능하다. 인민들을 상대로 기존 정부에 등을 돌리고 공산주의 제도를 수용하도록 회유할 수는 있어도 이들을 강제할 수는 없다. 강압적인 방식을 사용할 경우 민심이 돌아서는 역효과를 낳을 수 있기 때문이다.

이렇게 본다면 당이 군과 인민을 통제하는 것은 제도적 장치에 의한 '구속력'보다는 이념적 유대를 통한 '결속력'이 더 크게 작용한다고 할 수 있다. 이는 공산주의 국가에서 군과 인민을 상대로 정치학습과 이념교육, 사상검열을 중시하는 이유이다. 즉, 혁명전쟁에서 당이 군을 엄격히 통제하고 인민을 법적·제도적으로 통치하는 데에는 엄연한 한계가 존재한다. 비록 당은 혁명의 구심점 역할을 하지만 군주국가의 왕 혹은 일반 국가의 정부에 비해 군과 인민을 장악하는 정도가 약하다.

혁명전쟁에서도 군의 역할은 무시할 수 없다. 혁명전쟁이 곧 인민이 주체

---

92 中國國防大學, 박종원·김종운 역, 『中國戰略論』(서울: 팔복원, 2001), p. 88; Yeh Ch'ing, *Inside Mao Tse-tung Thought: An Analysis Bluprint of His Actions*, trans. and ed. Stephen Pan et al.(New York: Exposition Press, 1975), pp. 123-124.

가 되는 전쟁이라고 해서 인민의 요소가 마지막까지 정규군 혹은 군사력을 대체하는 것은 아니다. 마오쩌둥이 인민의 힘을 강조하고 이들의 지원에 의존한 것은 군사력이 너무 미약했기 때문이지 군의 역할이 미미해서가 아니었다. 즉, 그가 농민들의 민심을 확보하고자 한 것은 중국 인구의 대다수를 차지하는 이들로부터 당의 정치적 기반을 확충하고 군을 건설하기 위해서였다. 그래서 마오쩌둥은 당이 충분한 군사력을 갖추게 된다면 유격전이 아닌 정규전을 통해 결전을 추구해야 한다고 강조했다.[93] 유격전 자체로는 적을 지치게 할 수는 있어도 결정적 성과를 거두기 어렵다는 것을 잘 알고 있었던 것이다. 그럼에도 불구하고 혁명전쟁 기간 내내 군의 역할은 정규군에 의한 전투가 아니라 인민에 의존하는 유격전 중심의 투쟁에 한정될 수밖에 없다는 측면에서 군의 역할은 상대적으로 약한 것으로 평가할 수 있다.

이에 반해 인민은 혁명전쟁을 구성하는 삼위일체 가운데 가장 핵심적인 주체가 된다. 인민들이 혁명전쟁에 대한 열정을 갖지 못할 경우, 혹은 정부의 편에 서서 '반혁명'에 나설 경우 중국공산당의 혁명은 결코 성공할 수 없다. 세력을 확대하기는커녕 그나마 미약한 세력이 와해될 수밖에 없다. 따라서 혁명에 성공하기 위해서는 반드시 이들로 하여금 혁명전쟁을 지지하는 열정을 갖도록 해야 한다. 그래서 마오쩌둥은 "물고기는 물을 떠나 살 수 없다"고 하며 당과 인민과의 불가분의 관계를 강조한 바 있다. 실제로 중국공산당은 인민대중의 마음을 얻는 데 성공함으로써 국민당과의 정당성 대결에서는 물론 결정적 전역에서 군사적 승리를 거둘 수 있었는데, 이는 혁명전쟁에 대한 인민대중의 열정을 불러일으켰기 때문에 가능했던 것으로 볼 수 있다.

이렇게 볼 때 마오쩌둥의 '인민전쟁'은 철저하게 인민대중에 의지하는 것으로 '인민'을 전쟁의 핵심 주체로 올려놓았다. 이전에 중국의 전쟁이 '왕'과 '왕의 군대'가 중심이 되어 준비되고 수행되었다면, 중국의 혁명전

---

93 Samuel B. Griffith, *The Chinese People's Liberation Army*(New York: McGrow-Hill Book Co., 1967), p. 35.

쟁은 당과 군대보다도 혁명적 열정으로 '무장한 인민들'이 있었기 때문에 가능한 전쟁이었다.[94] 즉, 혁명전쟁에서의 전쟁대비는 인민을 중심에 놓고 삼위가 일체되는 방식으로 이루어진다.

4. 소결론

지금까지의 세 군사사상가들의 논의를 살펴본 결과 각기 유교적, 현실주의적, 그리고 혁명적 관점에서 서로 다른 특징을 발견할 수 있었다. 이들의 논의를 종합하면 다음 〈표 3-1〉와 같다.

〈표 3-1〉 동서양 주요 군사사상 비교

구분	손자	클라우제비츠	마오쩌둥
전쟁의 본질 인식	필요악	정상적인 수단	정당한 수단
	• 이익보다 위험 인식 • 국가경제 폐해 경고 • 비위부전 주장	• 전쟁은 정치행위 • 수단적 전쟁관 • 군은 정치에 복종	• 전쟁의 불가피성 • 전쟁의 정당성 • 수단적 전쟁관
전쟁의 정치적 목적	방어 및 도의의 이행	국가이익 확보	적 세력 근절
	• 자위적 원정 • 인접국 혁명 지원 • 인접국 침략 응징	• 의지강요/이익확보 • 평화조약 체결 • 조건적 평화	• 계급이익 구현 • 무조건 항복 추구 • 영구적 평화
전쟁수행전략	간접·섬멸전략 병행	섬멸전략 중시	간접·고갈전략 병행
	• 벌모 및 벌교 우선 • 우직지계 기동 • 적 군사력 섬멸	• 적 군사력 격멸 • 유혈의 전투 • 간접전략도 가능	• 인민전쟁전략 • 지구전 전략 • 최종단계 섬멸전략
삼위일체의 전쟁대비	군주 중심	정부-군-국민 균형	인민 중심
	• 군주의 전쟁 결정 • 군의 독자성 보장 • 군주의 백성 회유	• 정부의 목적 제시 • 군의 독창성 발휘 • 국민의 전쟁열정	• 당은 구심점 역할 • 군의 역할은 한계 • 민심/인민의 참여

94 Mao Tse-tung, "On Coalition Government", pp. 213-217.

우선 손자의 군사사상은 전통적 유교주의의 영향을 받았다. 그의 전쟁 인식은 비록 유교에서와 같이 전쟁을 완전히 배척하는 것은 아니지만 그렇다고 전쟁을 국익 추구를 위한 정상적인 수단으로 보는 것도 아니다. 전쟁은 경제사회적으로 폐해를 가져오고 국가를 붕괴시킬 수 있다는 점에서 매우 신중한 입장을 견지하고 있다. 이러한 전쟁은 방어 또는 도의를 이행하는 데 목적이 있다. 구체적으로 맹자가 주장한 대로 방어적 전쟁, 인접국 백성들의 혁명 지원, 그리고 침략국가를 응징하기 위해 전쟁을 수행하는 것이다. 손자의 전쟁수행전략은 간접전략과 섬멸전략을 병행한다. 우선 벌모와 벌교 등 비군사적 방책에 의한 부전승을 추구하나, 이것이 여의치 않을 경우 우직지계의 기동에 의한 섬멸전략을 추구한다. 마지막으로 전쟁대비는 군주를 중심으로 이루어진다. 전쟁을 판단하고 결정하는 것은 군주이며, 백성들을 회유하여 전쟁에 참여하도록 유도하는 것도 군주의 몫이다.

다음으로 클라우제비츠는 근대 서구의 현실주의적 군사사상을 대변한다. 그는 전쟁을 정치의 연속이자 정치적 수단으로 정의함으로써 전쟁을 혐오하거나 배척하지 않고 정상적인 정치행위로 인식했다. 따라서 전쟁은 손자와 달리 도의적이지 않고 세속적인 목적을 추구한다. 우리의 의지를 적에게 강요하여 원하는 이익을 확보하는 것이다. 전쟁을 수행하는 전략으로는 군사력을 사용하는 직접전략을 우선으로 하며, 유혈의 전투를 통해 적 군사력을 격멸하는 데 주안을 둔다. 마지막으로 전쟁대비는 정부, 군, 그리고 국민이 균형을 이루는 가운데 각 주체가 최대한의 역할을 발휘하고 이들의 노력을 통합하는 형태로 이루어진다. 클라우제비츠의 현실주의적 군사사상은 손자의 유교적 군사사상과 대비된다.

마지막으로 마오쩌둥은 혁명적 군사사상을 대표한다. 그는 전쟁을 정당한 수단으로 인식했다. 마르크스-레닌주의의 연장선상에 서서 계급 간의 모순을 해결하고 전쟁을 없앨 수 있다는 측면에서 전쟁을 정당한 투쟁으로 본 것이다. 이러한 전쟁에서 추구하는 정치적 목적은 군사목표와 동일한 것으로 적 세력을 뿌리 뽑는 데 있다. 적이 무조건 항복하고 혁명세력이 정권을 장악할 때까지 군사행동은 계속되어야 한다. 혁명전쟁은 간접전략과 고갈전략을 병행한다. 간접전략으로는 정치사회적 차원에서의 민심을 얻기 위한 인민전쟁을, 고갈전략으로는 군사적 차원에서 적을 지치게 하는 지구전 전략을 추구한다. 마지막으로 혁명전쟁에서의 전쟁대비는 인민을 중심으로 한다. 당이 구심점 역할을 하지만 인민대중의 민심을 확보하고 이들을 혁명에 끌어들여 투쟁에 참여시키는 것이 전쟁대비의 핵심이 된다.

제2부

●

전통 시기의 군사사상

제4장
삼국시대의 군사사상

이 장에서는 한민족의 전통적 군사사상을 고구려, 백제, 그리고 신라가 가졌던 전쟁의 본질 인식, 전쟁의 정치적 목적, 전쟁수행전략, 그리고 전쟁대비를 중심으로 분석한다. 물론 고조선으로까지 거슬러 올라가 이 시기의 군사사상을 살펴볼 수도 있겠으나 이 시기에 대한 사료가 아주 제한적이라는 점과 고조선이 고대국가의 모습을 갖추지 못한 점을 고려하여 제외하기로 한다. 한 국가의 군사적 사고 또는 군사사상은 부족국가 및 군장국가를 넘어서 왕을 중심으로 한 중앙집권적인 체제를 구비하는 국가로 발전될 때 어느 정도 실체를 갖출 수 있다고 본다. 따라서 여기에서는 우리 역사에서 고대국가의 모습을 갖추기 시작한 고구려, 백제, 그리고 신라를 대상으로 이들이 가졌던 군사사상에 대해 논의하도록 한다.

1. 전쟁의 본질 인식

가. 사상적 배경: 유교와 불교의 영향

삼국은 중국으로부터 전래된 유교, 불교, 그리고 도교로부터 사상적 영향을 받았다. 그리고 이 가운데 보다 지배적인 사상과 이념으로 자리를 잡은 것은 도교보다는 유교와 불교였다. 『삼국사기三國史記』에는 최치원의 말을 인용하여 "유儒 · 불佛 · 선仙의 세 종교가 삼국에 이미 도입"되었음을 언급하고 있다.[95] 여기에서 말한 '선교仙教'가 한민족 고유의 무속신앙인지 아니면 중국의 도교를 일컫는 것인지는 분명하지 않다. 만일 선교가 우리 민족 고유의 사상이라면 한반도에서 도교는 아직 미미한 수준임을 말하는 것이고, 도교를 뜻하는 것이라면 도교가 민간신앙에 흡수되어 선교로 토착화되었을 것이다.

이와 관련하여 연개소문은 643년 보장왕에게 다음과 같이 고하고 있는데, 이는 그때까지도 도교가 고구려에 뿌리내리지 못하고 있었음을 보여준다.

> 유불도儒佛道의 3교를 비유하여 보면… 모두 쓸모가 있음과 같이 하나라도 없으면 안 되옵니다. 지금 유교, 불교는 같이 흥하지만 도교는 아직 성하지 못하오니 이른바 갖추어진 천하의 도술이라 할 수 있겠습니까… 당나라에 사신을 보내 도교를 구하여 나라 사람들을 일깨워주시옵소서.[96]

이를 계기로 고구려는 당에 사신을 보내 도교에 대한 가르침을 요청했고, 당태종은 노자老子의 『도덕경道德經』과 함께 도사 숙달熟達 등 9명을 고구려에 보내 도교를 전파하게 했다. 이 시기가 7세기 중반이었음을 고려한다면 삼국시대의 정치사회를 지배한 것은 도교라기보다 유교와 불교로 볼 수 있다.

먼저 유교는 삼국이 고대국가를 형성하는 시점에 도입되어 국가통치의 원리를 제공하고 사회적 규범으로 수용되기 시작했다. 『삼국사기』에 의하

---

95 『삼국사기』, 권4, 신라본기4, 진흥왕 37년(576년) 봄.

96 『삼국사기』, 권21, 고구려본기9, 보장왕 2년(643년) 3월.

면 고구려는 소수림왕 2년인 372년에 국립교육기관인 태학太學을 설립하여 귀족의 자제들을 가르쳤다.[97] 한민족 역사에서 교육의 효시가 된 태학의 설립은 중국 한漢나라에서 설치한 태학의 영향을 받은 것으로, 중국의 사서오경四書五經에 관한 학문을 가르치고 연구함으로써 유학의 발전에 기여했다. 고구려에서는 귀족의 자제뿐만 아니라 평민의 자제에게도 교육을 시키는 경당扃堂을 두어 태학과 마찬가지로 유교경전을 중심으로 역사와 문학 등을 가르쳤다.

백제에서도 일찍부터 유교가 수용되어 유교경전을 폭넓게 교육하고 그 이념을 국가조직과 정치사상에 반영했다. 백제는 『주례周禮』에 나오는 육전六典 조직을 수용하여 육좌평六左平 제도를 두었으며, 오경박사五經博士 제도를 두어 오경에 능한 사람을 박사라 부르며 유학사상 연구를 활성화했다.[98] 신라는 경주 석장사石丈寺에서 발견된 임신서기석壬申誓記石에 신라의 젊은이들이 『시경詩經』, 『상서尙書』, 『예기禮記』, 『춘추春秋』 등 유교경전을 읽었던 사실이 기록되어 있음을 미루어볼 때 마찬가지로 유학이 교육되고 있었음을 알 수 있다.[99] 삼국 모두에서 유교사상은 국가질서를 유지하고 통치하기 위한 보편적 원리로 수용되었던 것이다.

불교는 삼국이 고대국가로 발전하는 과정에서 왕권을 강화하고 중앙집권적 통치체제를 확립하는 데 기여했다. 삼국에서 불교를 국교로 수용한 것은 두 가지 의미를 갖는다. 하나는 종교를 일원화하여 사회적 통합의 구심점으로 삼았다는 것이다. 이전까지 백성들은 샤머니즘, 토테미즘, 자연숭배 등 제각기 내세 혹은 구복을 위한 원시적 토속신앙을 갖고 있었다. 이러한 상황에서 불교의 도입은 수많은 잡신들에 대한 백성들의 믿음

---

97 『삼국사기』, 권18, 고구려본기6, 소수림왕 2년(372년) 6월.

98 교무부, "한국의 유교," 『대순회보』, 제78호(2007년 12월), http://webzine.daesoon.org/board/?webzine=46&menu_no=709 (검색일 : 2019. 2. 15).

99 변태섭, 『한국사통론』(서울: 삼영사, 1996), pp. 110-111.

을 부처라는 하나의 대상으로 모아 사회적 통합을 이룰 수 있게 했다.[100]

다른 하나는 종교를 정치화하여 왕권을 강화했다는 것이다. 삼국은 의도적으로 국가가 주도하여 불교를 도입하고 후원했다. 그럼으로써 기존에 제사장들이 가졌던 '신권神權'을 약화시키고 세속적 '왕권王權'을 부각시키고자 했다. 특히 백성들로 하여금 불교에서 말하는 현세의 복과 내세에 대한 희망을 심어주고, 이들의 마음을 얻어 통치의 정당성을 확보하고자 했다. 삼국은 고대국가로 발전하는 과정에서 왕권을 획기적으로 강화할 수 있는 이념적 기제가 필요했는데 불교가 그러한 역할을 담당한 것이다.

삼국시대에 유교와 불교는 서로 다른 속성에도 불구하고 절묘하게 융합했다. 유교가 국가를 통치하는 윤리적·사상적 기초를 마련했다면, 불교는 왕권을 강화하는 정신적·이념적 토대를 제공한 것이다. 그러나 유교와 불교는 전쟁에 대한 인식과 관련하여 서로 다른 경로를 가게 되었다. 유교는 전쟁을 혐오하는 인식을 심어준 반면, 불교는 현실주의적 관점에서 전쟁을 수용하는 인식을 갖도록 한 것이다. 그 결과 고대 한민족은 다음에서 살펴보는 바와 같이 유교적 전쟁관과 현실주의적 전쟁관이 혼합된 이중적인 전쟁인식을 갖게 되었다.

나. 유교적 전쟁인식: 무력 사용 혐오

유교사상의 영향으로 인해 삼국의 전쟁인식에는 유교적 속성이 깊이 배어 있었다. 우선 삼국은 전쟁을 군주가 행하는 '덕德'의 문제로 보았다. 유교에 의하면 군주가 스스로 모범을 보이고 왕도를 행하여 편안하게 하면 백성들은 굳이 강제하지 않아도 따르게 된다. 그리하여 군주의 덕이 대외적으로 알려지면 주변국들이 스스로 굴복해온다. 반대로 군주가 왕도를 행하지 않으면 백성들의 민심이 떠나고 주변국으로부터 공격의 대상이

---

100 불교는 왕권강화를 위한 이데올로기였을 뿐만 아니라 일반 백성을 위한 종교적 역할도 했다는 주장에 대해서는 조병활, "삼국의 불교전래 의의", 《불교신문》, 2004년 1월 16일 참조.

될 수 있다. 이러한 유교의 가르침에 따라 삼국은 군주가 덕을 베풀면 백성들이 편안해지고, 그렇게 되면 외부의 적대적인 세력이 넘보지 못할 것으로 보았다. 그리고 외부의 적이 침략한다면 그것은 곧 군주의 부덕不德에서 비롯된 것으로 보았다.

이와 관련하여 『삼국사기』에 나타난 여러 사례들은 삼국시대에 이러한 유교적 전쟁인식이 보편적으로 자리 잡고 있었음을 보여준다. 먼저 초기 국력이 미약했던 신라의 사례를 들어보자. 『삼국사기』는 서기 87년 신라왕 파사이사금婆娑尼師今이 백제와 가야가 신라를 빈번하게 침략해오는 데 대한 인식과 대비를 다음과 같이 기록하고 있다.

> 부덕한 짐이 이 나라를 다스리게 되어 서쪽으론 백제와 접하고 남쪽으론 가야와 인접했지만 능히 덕으로 백성을 편안하게 못하는 위력이라 충분히 그들을 두렵게 하지 못했다. 이에 마땅히 성루를 구축하여 그들의 침범에 대비하라 하고 그 달에 가소성과 마두성을 축조했다.[101]

이는 파사이사금이 당시 주변국의 침략 원인을 이들과의 권력다툼이나 이익갈등이 아닌 군주가 가진 '덕'의 문제로 보고 있음을 알 수 있다. 왕이 덕을 행하면 인접국과 싸울 일도 없을 것이나 스스로 부덕하기 때문에 백성들이 편안하지도 않고, 그래서 대외적으로 권위가 떨어져 주변국의 침입을 자초했다고 자책한 것이다. 비로소 성을 쌓지 않을 수 없게 된 것도 애초에는 불필요한 것이었으나 군주의 부덕에 의한 소산인 셈이다.

북방 이민족과 빈번하게 투쟁해야 했던 고구려에서도 이와 유사한 모습이 발견된다. 280년 여진족의 조상이라 할 수 있는 숙신肅愼이 고구려를 침입하여 백성을 살해하는 일이 발생하자 고구려 서천왕西川王은 다음과 같이 말했다.

---

101 『삼국사기』, 권1, 신라본기1, 파사이사금 8년(87년) 7월.

과인이 변변치 못한 몸으로 왕위를 잘못 물려받아서 나의 덕이 백성들을 편하게 할 수 없고, 위엄은 멀리 떨치지 못하였다. 그래서 이웃의 적들이 우리 강토를 어지럽게 하는 지경에까지 이르게 하였다. 이제 꾀가 많은 신하와 용감한 장수를 얻어 적을 멀리 꺾어버리려 하니, 그대들은 각각 기이한 계략을 지녀 장수가 될 만한 자를 천거하라.[102]

서천왕도 마찬가지로 주변국 침입의 원인을 군주의 부덕함으로 돌리고 있음을 알 수 있다. 특히 그가 백성들을 편안케 하지 못하여 위엄을 사해에 떨치지 못하고 이웃 적들의 침범을 당하게 되었다는 그의 언급은 왕도 정치를 통해 주변국을 굴복시킬 수 있다고 한 맹자의 가르침을 따르지 못했다는 고백으로 간주할 수 있다. 그리고 이제 와서 장수를 임명하는 등 군사적 방책을 모색하는 것은 유교의 전쟁관에서와 같이 무력 사용을 최후의 수단으로 고려하고 있음을 보여준다.

한편, 백제에서는 민본주의적 입장에서 전쟁의 필요성을 제기하는 사례를 발견할 수 있다. 고구려 장수왕의 남진정책으로 궁지에 몰린 백제의 개로왕蓋鹵王은 472년 위魏나라에 사신을 보내 고구려를 공격해줄 것을 요청하면서 다음과 같은 명분을 제시했다.

지금 연璉(고구려 장수왕)은 죄를 지어 나라가 스스로 어육이 되고, 대신과 호족들의 살육 행위가 끊임이 없습니다. 죄악은 넘쳐나고 백성들은 뿔뿔이 흩어지고 있으니, 지금이야말로 그들이 멸망할 시기로서 폐하의 힘을 빌릴 때입니다. … 천자의 위엄이 한번 움직여 토벌을 행한다면 싸움이 벌어질 필요도 없을 것입니다. 제가 비록 어리석고 둔하지만 힘을 다하여 우리 병사를 거느리고 위풍을 받들어 호응할 것입니다.

---

102 『삼국사기』, 권17, 고구려본기5, 서천왕 11년(280년) 10월.

또한 고구려는 의롭지 못하여 반역과 간계를 꾸미는 일이 하나가 아니니, 겉으로는 외효隗囂가 스스로 자신을 변방의 나라라고 낮추어 쓰던 말버릇을 본받으면서도, 속으로는 흉악하고 무모한 행동을 품고… 폐하의 정책에 배반을 꾀하고 있습니다. … 한 방울의 흐르는 물도 일찍 막아야 하는 것이니, 지금 만약 고구려를 빼앗지 아니한다면 앞으로 후회하게 될 것입니다.[103]

이러한 언급은 고구려왕이 패도霸道를 행하여 백성을 억압하고 있음을 들어 위왕에 군사개입을 요청한 것으로, 이웃 국가의 백성을 구제하기 위해 패악을 행하는 군주를 처단할 수 있다고 한 맹자의 주장과 일맥상통한 것이다.[104]

이렇게 볼 때 삼국은 모두가 전쟁을 군주가 행하는 덕치德治의 문제로 보았음을 알 수 있다. 군주의 덕이 잘 행해지면 굳이 무력을 사용할 필요가 없다는 인식은 곧 전쟁을 예외적인 요소로 보는 것이다. 또한 삼국은 앞의 파사이사금이나 서천왕의 사례에서 보듯이 적의 침략이 지나치다고 판단될 때 비로소 군사행동에 나섰는데, 이는 가급적 무력 사용을 자제하는 가운데 최후의 수단으로 폭력을 사용하는 유교적 전쟁인식을 반영한 것으로 볼 수 있다.

다. 현실주의적 전쟁인식: 불교의 영향

삼국시대는 전란의 시대였다. 북쪽으로부터 반복되었던 중국왕조의 침공, 남쪽으로부터 지속된 왜구의 침략, 그리고 한반도 내에서 같은 민족이었던 삼국 간의 투쟁 등 전쟁은 끊이지 않았다. 삼국통일이 이루어지기 전까지 약 600년의 기간 동안 『삼국사기』에 기록된 삼국의 무력 사용 횟

---

103 『삼국사기』, 권25, 백제본기3, 개로왕 18년(472년).

104 孟子, 박경환 역, 『孟子』, p. 80.

수를 보면, 고구려가 83회, 백제가 199회, 그리고 신라는 102회에 달한다.[105] 대략 고구려는 7년, 백제는 3년, 그리고 신라는 6년에 한 번꼴로 전쟁을 치렀던 것이다. 그러나 『삼국사기』에는 많은 전쟁 사례들이 누락된 것으로 보인다. 가장 영토가 방대하고 중국 및 이민족들과의 충돌이 빈번했던 고구려의 경우 무력 사용 횟수가 백제나 신라에 비해 훨씬 적은데, 이는 고구려가 대내외적으로 수행한 모든 전쟁이 다 기록되지 못하고 상당수가 생략되었기 때문일 것이다. 따라서 실제 삼국이 군사력을 동원했던 횟수는 이보다 훨씬 많았을 것으로 추정할 수 있다.

따라서 삼국은 비록 유교적 관점에서 전쟁을 바라보았음에도 불구하고 전쟁을 현실적 문제로 받아들이지 않을 수 없었다. 크고 작은 무력충돌이 끊이지 않고 지속되는 상황에서 주변국과의 전쟁 가능성을 항상 염두에 두지 않을 수 없었던 것이다. 이념적으로는 유교적 전쟁관을 견지하여 전쟁을 비정상적인 것으로 간주하고 혐오했지만, 전쟁이 일상화된 현실에서는 주변국의 침략을 방어하기 위해, 전략적 요충지를 확보하기 위해, 비옥한 영토를 차지하기 위해, 그리고 상대국의 공격을 방어하기 위해 무력을 빈번하게 사용하지 않을 수 없었다. 즉, 삼국은 유교적 전쟁인식과는 별도로 국가이성raison d'Etat의 관점에서 전쟁을 국가생존 및 발전이라는 현실적인 문제로 심각하게 고려하지 않을 수 없었다.[106]

이러한 가운데 불교는 호국護國을 기치로 하는 현실주의적 전쟁관을 형성하는 기반이 되었다. 아이러니하게도 살생殺生을 금하는 불교에서 국가폭력을 정당화하는 이념적 토대를 제공한 것이다. 이는 애초에 왕권을 강화하기 위해 도입된 불교가 정치와 긴밀한 관계를 맺으며 국가발전을 모

---

105 이는 필자가 『삼국사기』에 기록된 비교적 큰 규모의 무력 사용 사례를 취합한 것으로 연구자의 기준에 따라 그 횟수는 다를 수 있음을 밝힌다.

106 국가이성이란 국가를 유지하고 강화하기 위해 취하는 어떠한 정책이나 행동도 정당하다는 것으로 기존의 도덕적·종교적·합리적 기준에 구애받지 않는다는 측면에서 근대성을 갖는 개념이다. 마키아벨리(Niccolò Machiavelli)는 이 개념을 처음으로 현실정치에 도입했다.

색하는 과정에서 자연스럽게 그러한 역할을 담당하게 된 것으로 보인다. 신라에서는 '진호국가鎭護國家', 즉 불교의 교법教法으로 난리와 외세를 진압하고 나라를 지킨다는 불교사상이 나타났다. 이는 다른 불교 국가에서는 거의 찾아볼 수 없는 한민족 특유의 호국불교사상護國佛教思想으로 고려를 거쳐 조선시대까지 계승되었다. 고구려와 백제의 경우 불교가 호국을 위한 이념적 성향을 보였다는 기록은 보이지 않는다. 그러나 이 국가들에서도 불교는 왕권강화의 수단으로 기능했던 만큼 국가방위에 필요한 무력 사용의 당위성과 관련하여 나름의 사상적 기반을 제공했을 것으로 추정해볼 수 있다.

삼국 가운데 신라의 불교는 여러 가지 측면에서 호국적 성격이 두드러졌다. 우선 신라의 불교는 국가종교로서 때로 종교적 신앙보다도 국가의 명령을 중시하는 모습을 보였다. 원광법사圓光法師의 '걸사표乞師表'—병력 지원을 요청하는 문서—가 그 사례이다. 553년 진흥왕이 백제와의 동맹관계를 무시하고 백제의 영토였던 한강 유역을 공격하여 차지하자 백제는 나제동맹을 파기하고 고구려와 함께 신라를 공격했다. 고구려와 백제로부터 양면에서 공격을 받아 위기에 몰린 신라의 진평왕은 수隋나라 양제煬帝에게 도움을 청하기로 하고 608년에 원광법사로 하여금 원군을 요청하는 내용의 '걸사표'를 짓도록 했다. 이때 원광은 "자기가 살려고 하여 남을 멸망시키는 것은 승려의 도리가 아니다. 그러나 자신이 대왕의 땅에 살고 왕의 수초를 먹고 사는데 어찌 감히 왕명을 거역하겠는가"라며 걸사표를 지었다.[107] 원광은 승려로서의 종교적 신념보다는 신라국의 구성원으로서 왕명에 따라야 한다는 세속적 도리를 우선으로 한 것이다.

신라의 불교행사는 종교적 의식이면서도 호국의 성격을 가졌다. 이전까지 부족국가들은 제사장이 주관하여 하늘에 제사를 지내는 무속의식으로 다양한 제천祭天 행사를 실시했지만, 신라에서는 백성들을 단합케 하고 국가

---

107 『삼국사기』, 권4, 신라본기4, 진평왕 30년(608년).

를 수호하기 위한 의미에서 불교행사를 치렀다. 이 가운데 551년 혜량惠亮에 의해 시작된 인왕백고좌법회仁王百高座法會와 팔관회八關會가 대표적이었다.[108] 인왕백고좌법회는 『인왕호국반야경仁王護國般若經』의 내용에 따라 국가의 안녕과 태평을 기원하고 내란內亂과 외환外患이 없도록 비는 법회였다. 팔관회는 원래 중국에서 살생금지不殺生를 포함한 불교의 계율을 지켜 행하려는 종교적인 의식이었으나, 신라에서는 종교적 의미를 넘어서 전몰자의 위령제로 변형되어 실시되었다. 당시 영토를 확장하기 위해 벌인 고구려 및 백제와의 전쟁에서 사망한 많은 장병들을 추모하는 호국적·군사적 성격의 행사로 바뀐 것이다.

이러한 분위기를 반영하여 신라의 불교 건축물들은 국가의 안위를 기원하기 위해 축조되었다. 황룡사는 553년 진흥왕 시기 창건된 대규모 사찰로서 왕이 친히 입전하여 예불하고, 국가적인 행사나 우환이 있을 때마다 황룡사의 고승을 불러 자문을 받았다. 643년 자장慈藏은 당에서 귀국하여 선덕여왕에게 황룡사에 9층탑을 세우기를 간청했는데, 이 탑의 각 층은 9개의 주변국을 상징하는 것으로 외적의 침입을 막기 위한 기원을 담은 것으로 알려지고 있다.[109] 이외에 574년 황룡사 장륙존상丈六尊像을 비롯한 많은 불상 및 건축물들도 국가의 안녕과 번영을 기원하기 위해 조성된 것으로 보인다.

무엇보다도 신라의 불교가 호국정신을 바탕으로 무력 사용을 용인하고 있음은 원광법사의 세속오계世俗五戒에서 엿볼 수 있다. 원광이 중국에서 수행을 마치고 돌아오자 귀산貴山과 추항箒項이 찾아가서 평생 좌우명으로 삼고 실천할 가르침을 달라고 요청했다. 이에 원광은 다음과 같이 말했다.

---

108 『삼국사기』 권45, 열전5 거칠부. 혜량은 고구려의 법사(法師)였으나 551년 신라의 거칠부가 백제군과 함께 고구려를 공격하여 죽령 이북을 장악했을 때 신라로 귀화했다.

109 문화재청, "경주 황룡사지", 『국가문화유산포털』, http://www.heritage.go.kr/heri/cul/culSelectDetail.do?VdkVgwKey=13,00060000,37 (검색일 : 2019. 2. 15).

> 불가의 계율에 보살계菩薩戒가 있어 그것이 열 가지로 구별되어 있으나, 그대들이 남의 신하로서는 아마 감당할 수 없을 것이다. 지금 세속오계世俗五戒가 있으니, 첫째 임금을 섬기는 데는 충성으로 하고事君以忠, 둘째 부모를 모시는 데는 효성으로써 하고事親以孝, 셋째 벗과 사귀는 데 신의로써 하고交友以信, 넷째 전쟁에 임하여서는 물러서지 않으며臨戰無退, 다섯째 살아 있는 것을 죽일 때는 가림이 있어야 한다殺生有擇는 것이니, 그대들은 이를 실행함에 소홀함이 없게 하라![110]

원광이 언급한 세속오계는 유교에서 강조하는 충忠, 효孝, 신信, 인仁의 덕목을 포함하고 있다. 승려인 그가 이러한 유교적 덕목을 수용한 것은 당시 이것이 신라 사회에서 보편적 가치로 자리 잡고 있었기 때문으로 이해할 수 있다. 그런데 원광이 불자임에도 불구하고 전쟁에서 물러나지 말라는 '임전무퇴'와 살생을 가려서 하라는 '살생유택'을 언급한 것은 의외가 아닐 수 없다. 불교의 교의에 어긋나는 전쟁행위와 살생행위를 인정했기 때문이다. 당시 국가공인 종교로서 왕권을 강화하고 지배층에 영향을 미쳤던 불교가 국가의 생존과 이익에 관련된 무력 사용의 문제에 대해 유교와 달리 현실주의적으로 접근하고 있었음을 알 수 있다.

종합하면 고대 한민족이 가졌던 전쟁인식은 무력 사용을 혐오하는 유교적 전쟁관과 무력 사용을 인정하는 현실주의적 전쟁관이 공존했던 것으로 요약할 수 있다. 삼국은 유교적 관점에서 무력 사용에 대한 거부감을 기저에 깔고 있었지만, 크고 작은 전쟁이 지속되는 시대적 상황에서 상무정신을 고양하고 전쟁에 대비하지 않을 수 없었다. 그리고 여기에는 삼국의 정치와 사회를 지배했던 유교와 불교가 조화를 이루며 공존하는 가운데 각기 다른 관점에서 이들의 전쟁관에 영향을 주었던 것으로 이해할 수 있다. 이와 같이 유교주의와 현실주의가 혼합된 이중적 전쟁인식은

---

110 『삼국사기』 권45, 열전5 귀산.

마치 '정正'과 '반反'의 관계와 같은 것으로 다음에서 다룰 삼국의 정치적 목적에 투영되어 '유교적 현실주의'라는 '합合'을 이루게 된다.

2. 전쟁의 정치적 목적

고대 삼국이 전쟁에서 추구했던 정치적 목적은 이들의 이중적인 전쟁인식과 긴밀하게 연계되었다. 『삼국사기』를 통해 삼국이 주변국에 대해 전쟁을 벌인 이유를 살펴보면 대개 전략적으로 요충지를 확보하고 영토를 확장하기 위해서였다. 이 과정에서 마한, 부여, 가야, 그리고 북방 이민족을 정벌하는 모습도 발견된다. 이것으로만 본다면 삼국의 전쟁은 무력을 사용하여 대외적으로 국가의 권력을 확대한다는 측면에서 현실주의적 성향을 갖는다. 그러나 좀 더 자세히 들여다보면 이들의 군사행동은 대부분 상대국의 공격에 대한 방어 또는 상대의 잘못된 행동을 교정 또는 응징하려는 의도를 가졌다. 이는 삼국이 현실주의적으로 군사력을 사용하더라도 유교에서 말하는 방어적이고 도의적인 전쟁, 그리고 군사력 사용을 제한하는 모습이 투영된 것으로 볼 수 있다. 무엇보다도 삼국이—'부족'이 아닌 '국가'를 상대로—합병 혹은 통일을 추구하는 전쟁을 하지 않았다는 사실은 서구의 현실주의적 전쟁과 달리 이들의 전쟁목적이 크게 제한적인 것이었음을 말해준다.

가. 유교주의적 성격: 방어적·응징적 목적

삼국이 약 600여 년 동안 치렀던 크고 작은 무력충돌은 기본적으로 상대의 침략을 방어하거나, 이에 대해 보복 또는 응징을 가하기 위해 이루어졌다. 국력이 강성해져 영토를 확장하거나 주변국을 합병하기 위해 대외정벌에 나설 때에도 마찬가지로 그 배경에는 상당 부분 방어적 목적이나 응징을 위한 의도가 작용했다. 이와 같은 방어적·응징적 군사력 사용은 유교적 전쟁관의 연속선상에 서 있다. 방어란 적의 침략에 대응하기 위한 수세적인 군사행동으로 유교에서도 정당성을 인정하고 있다. 응징이란 적의 도발에 대해 보복에 나서는 공세적 군사행동이지만, 상대의 잘못된 행동을 교정하려는 의도를 갖는다는 점에서 역시 유교적 성향을 갖는다.[111]

(1) 방어적 목적

먼저 삼국의 전쟁은 기본적으로 방어적 성격을 갖고 있다. 삼국은 공통적으로 국력이 팽창하는 시기에 대외정벌 또는 주변국 공격에 나서 영토를 확장하고 세력을 강화했다. 그러나 이러한 시기를 제외하면 대부분의 경우 외부의 침략으로부터 생존을 확보하거나 영토를 보전할 목적으로 방어적인 전쟁을 수행해야 했다.

고구려는 개국 이후부터 줄곧 요동 지역 및 한반도 남부로 영토확장을 추구했다. 그러나 이것이 역으로 고구려를 견제하려는 중국과 북방 이민족, 그리고 주변국과의 갈등을 야기하여 고구려는 이들로부터 숱한 공격을 받게 되었다. 그러한 사례로는 244년 요동 일대의 공손씨公孫氏를 정복하고 세력을 확장하던 위魏나라의 침공, 339년부터 343년까지 선비족鮮卑族 모용씨慕容氏가 세운 전연前燕 모용황慕容皝의 침공, 371년 백제 근초고왕近肖古王의 평양성 공격, 551년 백제와 신라 연합군에 의한 한강 유역 공격, 598년·612년·613년·614년 네 차례에 걸친 수隋나라의 침공, 661년 당唐나라의 침공, 그리고 마지막으로 666년 신라와 당나라 연합군에 의한 전면적 침공을 들 수 있다.

---

111 여기에서 '응징'이라는 개념은 얼핏 서구의 전략에서 말하는 '팃-포-탯' 또는 '보복'이라는 개념과 유사한 것으로 보인다. 응징이든 보복이든 상대에게 받은 만큼 갚아준다는 측면에서는 차이가 없기 때문이다. 그러나 유교에서의 '응징'과 서구 현실주의에서의 '보복'은 엄연히 다르다. 응징이 적에게 교훈을 주는 데 목적이 있다면, 보복은 적에게 타격을 주는 것 자체가 목적이라는 데에서 근본적 차이가 있기 때문이다. 따라서 유교에서의 응징은 상대의 잘못을 바로잡기 위한 것이므로 상대가 잘못을 인정할 경우 무력 사용은 조건 없이 바로 종료될 수 있다. 반면 서구의 보복은 상대를 교정하는 것과는 관계가 없는 것으로 소기의 앙갚음이 이루어진 후에야 끝날 수 있다.

백제는 4세기 중엽 전라도 일대의 부족국가들을 통일하고 영역을 확대하면서 본격적으로 주변국과 대립하기 시작했다. 다만 백제는 중국과 국경을 접하지 않았고 왜倭와는 전통적으로 친선관계를 유지했기 때문에 대부분의 전쟁은 고구려와 신라를 상대로 한 것이었다. 백제의 방어적 전쟁은 주로 고구려의 남하정책과 신라의 영토확장에 대응하기 위해 치러졌다. 그러한 사례로는 392년 고구려 광개토왕의 한강 유역 공격, 396년 고구려 광개토왕의 전면적 침공, 455년·475년 장수왕의 남하정책에 따른 고구려의 공격, 495년 고구려의 치양성雉壤城(황해도 배천) 공격, 553년 신라의 한강 유역 공격, 그리고 660년 신라와 당나라 연합군에 의한 전면적 침공이 그것이다.

신라는 진한辰韓에 소속된 소국 중 하나인 사로국斯盧國에서 시작하여 4세기 말 내물이사금奈勿尼師今 대에 중앙집권화된 국가로 발전하면서 주변국과 대립이 불가피했다. 신라는 백제, 고구려, 왜의 침입에 대응해야 했는데, 그러한 사례로는 399년 백제, 가야, 그리고 왜 연합군의 침공, 495년 고구려의 우산성牛山城(충남 청양) 공격, 554년 백제의 관산성管山城(충북 옥천) 공격, 590년 온달이 주도한 고구려의 공격, 603년 고구려의 북한산성 공격, 611년·616년·623년·633년·636년 백제 무왕의 공격, 그리고 642년·648년·649년·651년 백제 의자왕의 공격을 들 수 있다.

삼국이 외부의 공격 및 침공에 맞서 싸웠던 전쟁이 방어적임은 두말할 나위가 없다. 이러한 전쟁은 주로 전략적 요충지에 위치한 성을 방어하여 국가방위에 유리한 여건을 조성하기 위해 비교적 소규모로 이루어졌으나, 수와 당의 고구려 침공, 광개토왕의 백제 한성 공격, 그리고 백제-가야-왜의 신라 침공 사례는 각각 국가 주권 및 생존을 지키기 위한 대규모의 방어적 전쟁이었다.

(2) 응징적 목적

삼국의 전쟁은 응징의 성격도 보이고 있다. 적의 군사도발이나 약탈과 같은 잘못된 행동을 교정할 목적으로 무력을 사용한 것이다. 심지어 일부 사례에서는 정벌과 같은 공세적 목적을 가진 전쟁에서도 상대를 굴복시켜 교화시킨다는 측면에서 응징이라는 요소를 포함하고 있었다.『삼국사기』에 기록된 몇 개의 사례를 보면 다음과 같다.

280년 고구려 서천왕은 북방의 숙신肅愼족이 변경 지역을 약탈하자 앞에서 언급한 바와 같이 자신의 부덕함을 자책한 후 동생 달가達賈를 보내 군사적 보복에 나섰다. 달가는 숙신의 도읍지인 단로성檀盧城을 공격하여 함락하고 추장을 처형했으며, 이들이 거느리고 있던 600여 호를 부여 남쪽의 오천烏川으로 이주시켜 이들의 세력을 약화시켰다.[112] 그리고 6~7개 숙신족 부락의 항복을 받아 속국으로 삼았다. 서천왕은 달가를 안국군安國君에 봉하여 중앙과 지방의 군사 업무를 직접 관장하면서 숙신의 여러 부락을 통괄하게 했다.[113] 이는 숙신족의 약탈이 도를 넘자 숙신족 일부를 상대로 잘못된 행동을 응징하고 교훈을 주기 위해 군사력을 사용한 사례로 볼 수 있다.

395년 광개토대왕이 북방의 거란족을 토벌한 것도 그 발단을 보면 이 지역에서의 약탈행위를 응징하기 위한 것이었음을 알 수 있다. 광개토대왕 비문에는 오늘날 서요하 서쪽 지류인 시라뮤렌강西拉沐倫河 유역에 거주하던 거란의 일족이 고구려 변경 지역에서 노략질을 계속하자, 직접 군사를 거느리고 정벌에 나서 3개 부락 700여 영營을 격파하고 가축 등 많은 전리품을 노획했음이 기록되어 있다.[114] 당시 거란족이 북위北魏의 침공을

---

112 단로성(檀盧城)은 하이라얼(海拉爾)이다. 하이라얼은 넌장(嫩江) 유역 일대로 현재 내몽골자치구 후룬베이얼(呼倫貝爾) 시의 하이라얼(海拉爾) 구이다.

113 『삼국사기』, 권17, 고구려본기5, 서천왕 11년(280년) 10월.

114 서인한, 『한국고대 군사전략』(서울: 군사편찬연구소, 2006), pp. 108-109. 영은 유목민 마을의 단위라고 한다. 보통 100개의 게르가 모여 1영을 이룬다고 하는데, 이에 따르면 거란족의 인구는 700영 × 100게르 ×5인으로 자그마치 35만에 달한다. 하지만 유목민의 특성상 마을 인구가 고정되지 않을 수 있고, 또한 위서에 따르면 당시 거란은 대다수가 북위의 침공을 피해 달아나 흩어진 상태였으므로 이 계산은 정확하지 않다.

피해 달아나 흩어진 상태였음을 고려할 때 이 원정은 거란족 전체를 상대로 한 것이 아니라 일부 부족을 노린 것으로 볼 수 있다. 즉, 광개토대왕은 일부 거란족의 약탈행위를 응징함으로써 다른 거란족에게 이를 경고하고 추가 약탈을 방지할 목적에서 군사행동에 나선 것으로 이해할 수 있다.

371년 백제의 근초고왕이 3만의 병력을 이끌고 평양성을 공격한 것도 마찬가지로 응징의 사례로 볼 수 있다. 백제의 공격을 초래한 것은 고구려의 국경 지역 약탈행위였다. 근초고왕이 전남 지역의 세력을 규합하기 위해 남방 지역을 평정하던 369년 9월 고구려 고국원왕은 2만의 군대를 동원하여 황해도 치양雉壤(황해도 배천)을 근거지로 국경 지역을 침략하기 시작했다. 근초고왕은 즉각 태자 근구수로 하여금 군사를 이끌고 치양의 고구려군을 치도록 했고, 태자 근구수가 반격에 나서 수곡성水谷城(황해도 신계)에 이르렀을 때 추격을 중지시켰다. 371년에 고구려가 백제에 빼앗긴 지역을 회복하고자 공격해오자 근초고왕은 태자 근구수와 함께 정예 군사 3만을 이끌고 패수浿水(예성강)에서 고구려군을 물리치고 여세를 몰아 평양성으로 쳐들어갔다. 이 전투에서 근초고왕은 고구려 고국원왕이 백제군의 화살에 맞아 전사하고 고구려군이 퇴각했음에도 불구하고 평양성을 점령하지 않은 채 기수를 돌려 개선했다. 근초고왕이 전과를 확대하지 않은 것은 아마도 고국원왕의 죽음으로 충분한 응징이 이루어졌다고 판단했기 때문일 것이다.[115]

167년 7월에 있었던 백제의 도발에 대한 신라의 군사행동도 이러한 사례였다. 백제가 군사를 일으켜 신라 영토 서쪽의 두 성을 습격하고 백성 1,000여 명을 잡아가는 사건이 발생했다. 신라왕 아달라이사금은 일길찬一吉湌 흥선에 명하여 군사 2만 명을 이끌고 가 백제를 치도록 하고 자신은 손수 기병 8,000여 기騎를 이끌고 한수에 이르렀다. 백제나 신라 모두 왕권이 강화되지 않은 시기였음을 감안하면 2만 8,000명은 최대 규모의 병력을

115 『삼국사기』, 권24, 백제본기2, 근초고왕 24년(371년); 서인한, 『한국고대 군사전략』, pp. 209-215.

동원하여 무력을 시위한 것이었다. 이에 백제는 위협을 느껴 포로로 잡아갔던 백성을 돌려보내고 화친을 요청했다.[116] 이후 전쟁 상황에 대해 추가적으로 기록된 바가 없음을 볼 때 아마도 신라는 백제의 화친 요청을 수락하고 더 이상 백제의 영토를 점령하거나 약탈하지 않았던 것으로 보인다. 백제의 도발행위에 대해 대규모 군사행동에 나서 무력을 사용하지 않고 위세만으로 잘못된 행동을 바로잡은 사례로 볼 수 있다.

이처럼 삼국은 서로 방어 및 응징을 통해 상대의 침략과 약탈행위에 보복을 가하고 그러한 침략이 재발되는 것을 방지하고자 했다. 물론, 삼국 간에 전쟁이 지속되고 점차 그 규모가 커졌음을 고려할 때 이러한 응징을 통한 교화가 어느 정도의 효과를 거두었는지에 대해 의문을 갖게 한다. 응징이라고 하지만 단순히 분풀이 성격의 보복에 그치거나 상대방의 또 다른 보복을 불러 사태를 악화시켰을 수 있다. 그럼에도 불구하고 삼국의 군사력 사용은 그것이 가져온 실제 효과를 떠나 상대의 잘못된 행동을 교정하는 데 상당한 의도가 있었다는 측면에서 유교적 성격을 갖는다고 할 수 있다.

나. 현실주의적 성격: 공세적 영토확장

삼국은 기본적으로 방어 및 응징을 위한 전쟁을 치렀지만 국력이 강화된 전성기에는 보다 적극적인 정치적 목적을 가지고 전쟁을 주도적으로 이끌었다. 적의 공격을 방어하고 응징하는 소극적 전쟁이 아니라, 전략적 요충지를 확보하고 영토를 확장하는 공세적 전쟁을 추구했던 것이다. 이들은 주로 전략적 이점을 가진 한강 유역, 전투에 유리한 국경 지역의 주요 성, 그리고 고구려의 경우 북방민족과 완충지대의 역할을 할 수 있는 요동 지역을 확보하기 위해 대규모 공격 또는 정벌에 나섰다. 앞에서 살펴본 유교적 전쟁목적과 다르게 현실주의적 입장에서 전쟁의 목적을 추구

---

116 『삼국사기』, 권2, 신라본기2, 아달라이사금 14년(167년) 8월.

한 것이다.

고구려의 대외정벌은 주로 광개토대왕 대에 이루어졌다. 광개토대왕은 391년에 즉위하면서 '영락永樂'을 연호로 사용하여 중국 대륙의 여러 국가들과 대등한 위상을 확보했으며, 신라와 백제에는 인질을 보내도록 요구하는 등 상대적으로 우월한 입장에서 대외관계를 전개했다. 그는 정복사업을 적극적으로 전개하여 395년 북서쪽으로 서요하 지역의 거란족을 정벌하고 복속시켰으며, 396년에는 서쪽으로 선비족 모용씨慕容氏의 후연後燕을 격파하고 고구려 영토를 요동 지역으로 확장했다. 398년에는 동쪽으로 숙신肅愼을 복속시켜 조공관계를 맺고 만주를 세력권으로 두었다. 396년 남쪽으로 백제를 정벌하여 아신왕으로부터 항복을 받고 임진강 및 한강 상류 지역에까지 진출하고, 399년에는 백제·가야·왜 연합군의 침략을 받은 신라를 도와 이들 연합군을 물리치고 신라를 사실상 속국화했다. 410년에는 북쪽에 위치한 동부여가 고구려의 영향력에서 벗어날 움직임을 보이자 직접 토벌에 나서 동부여를 합병했다. 이처럼 광개토대왕은 한민족의 역사를 통틀어 왕성한 대외정벌을 통해 제국을 건설하고 국력을 신장시킨 유일한 정복군주였다.

광개토대왕의 위업을 계승한 장수왕은 한반도 남쪽으로 영토를 확장했다. 그는 427년 수도를 국내성國內城에서 평양성平壤城으로 옮기고, 대동강 유역의 풍부한 경제적 부를 바탕으로 백제와 신라를 겨냥하여 남하정책을 추진했다. 그는 475년 3만의 군대로 백제를 공격하여 수도인 한성을 함락시키고 개로왕을 사로잡아 살해하는 큰 승리를 거두었다. 489년에는 신라를 공격하여 호명성狐鳴城(경북 청송) 등 7개 성을 함락시키고 미질부彌秩夫(경북 흥해)까지 진격했다. 이러한 정복전쟁을 통해 고구려는 백제와 신라의 세력을 위축시키고 한반도 중부 일대를 확고하게 장악했다. 장수왕을 이은 문자왕은 494년 북쪽 부여를 정복하여 한반도 대부분과 요동지방, 그리고 만주 지역을 아우르는 최대 판도의 영토를 확보했다.

백제의 영토확장은 근초고왕 때 활발하게 이루어졌다. 4세기 중엽 정

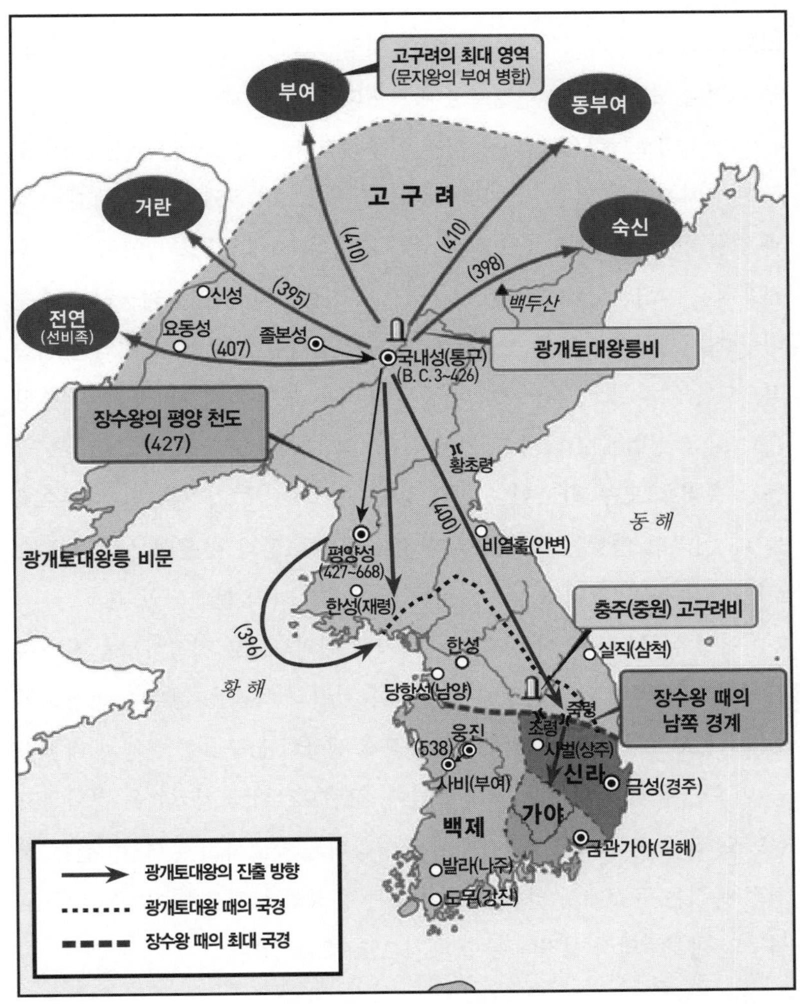

〈그림 4-1〉 고구려 전성기의 영토확장

복사업에 나선 근초고왕은 남으로 마한馬韓의 세력을 모두 통합하여 영토를 전라도 남해안 지역으로 확장했고, 북으로는 한강을 넘어 황해도 지역을 놓고 고구려와 대립했다. 371년 고구려가 침공하자 백제는 이를 물리치고 북진하여 고구려의 고국원왕을 전사시키고 황해도 남부 지역에 대한 지배권을 공고히 했다. 백제는 전성기였던 4세기 후반에 오늘날의 경기도, 충청도, 전라도와 낙동강 중류 지역, 그리고 강원도와 황해도의 일부 지역을 포함하는 넓은 영토를 확보했다.

신라의 영토확장은 진흥왕 대에 이루어졌다. 그는 소백산맥을 넘어 고구려가 차지하고 있던 단양의 적성을 점령했으며, 551년에는 백제 성왕과 연합하여 고구려를 치고 한강 상류 지역의 10개 군郡을 장악했다. 이후 진흥왕은 함경남도와 함경북도 지역으로 진출하여 영토를 확장하고 순수비巡狩碑를 세웠다. 553년 진흥왕은 백제가 점령한 한강 하류 지역을 기습적으로 공격하여 한강을 포함한 중부 지역을 모두 차지했다. 이후 진흥왕은 가야국 정벌에도 나서 562년에 고령의 대가야大伽倻를 굴복시키고 낙동강 유역을 모두 확보했다. 진흥왕순수비眞興王巡狩碑가 세워진 지역으로 볼 때 신라의 영토는 북쪽으로 함경도의 황초령과 마운령까지, 서쪽으로는 한강 유역, 그리고 남쪽으로는 가야 영토까지 확대되었다.

이처럼 삼국은 국력이 상승하는 시기에 대외적으로 정복사업을 활발히 전개했다. 삼국이 정복전쟁에서 추구한 정치적 목적은 영토를 확장하여 전략적으로 요충지를 차지하고 국가경제 생산력에 중요한 한강과 낙동강 등 비옥한 유역을 확보하는 데 있었다. 그럼으로써 국가권력을 강화하고 한반도 및 주변국과의 대외관계에서 영향력을 제고하려 했다. 이 같은 정치적 목적은 유교에서 말하는 방어 또는 응징의 성격을 벗어나는 것으로 서구의 현실주의적 성격에 부합한 것으로 볼 수 있다.

다. 유교적 현실주의: 통일전쟁의 부재

이상의 논의에서 삼국의 전쟁은 유교주의와 현실주의적 성격을 모두 갖고 있음을 보았다. 유교적이란 삼국의 전쟁이 추구했던 정치적 목적이 방어적이고 응징적인 성격을 갖는다는 것이고, 현실주의적이란 전략적 요충지 확보 및 영토확장 등 공세적으로 국가이익을 추구한 것을 말한다. 역사적으로 모든 국가는 동서양을 막론하고 시대적 상황과 여건에 따라 때로는 방어적이고 도덕적인 전쟁을, 때로는 국익 추구를 위한 전쟁을, 그리고 때로는 대외적으로 팽창하기 위한 전쟁을 수행해왔다. 이렇게 본다면 삼국의 전쟁은 여느 국가의 전쟁과 별반 다를 바가 없는 것처럼 보인다. 유교주의와 현실주의라는 범주 안에 모든 종류의 전쟁을 담고 포장할 수 있기 때문이다.

그렇다면 삼국의 전쟁이 갖는 특징적인 요소는 무엇인가? 삼국이 전쟁을 통해 추구했던 정치적 목적은 무엇이 다른가? 그것은 삼국이 현실주의적 입장에서 대외정벌을 추진했음에도 불구하고 적국—이 경우 '부족'이 아닌 '국가'—을 합병하거나 통일을 추구하지 않았다는 데 있다. 즉, 적을 물리치고 일부 영토를 차지하거나 적을 복속시키고 자치적 통치를 허용했지만, 적 왕조를 무너뜨리고 합병하여 적국의 백성들을 직접 통치한 사례는 보이지 않는다. 이른바 '정복전쟁' 혹은 '통일전쟁'이 없었던 것이다. 600년이 넘는 삼국의 전쟁에서 각국은 상대국가를 멸망시키고 자국에 흡수시키는 전쟁을 심각하게 고려하지 않았고, 심지어 그러한 기회가 있었음에도 이를 살리지 않았다. 이는 삼국의 전쟁이 아무리 현실주의적이라 하더라도 적국의 소멸이 아닌 응징 또는 교화에 그쳤다는 점에서 유교적인 성격을 벗어나지 않고 있음을 의미한다.

이와 관련한 몇 개의 사례를 보면 다음과 같다. 우선 고구려의 경우 광개토대왕은 396년에 백제를 공격하여 아신왕의 항복을 접수했으나 백제를 합병하지 않았다. 그는 아신왕으로부터 스스로 고구려의 노객奴客이 되겠다는 맹세를 받아내고 아신왕의 동생과 대신 10여 명을 인질로 잡았으며, 주민 1,000명과 세포 1,000필을 예물로 받고 황해도 일대의 58개 성과 700여 촌락을 확보하는 데 그쳤다.[117] 백제를 완전히 굴복시켜 고구려의 영토로 합병할 수 있었음에도 아신왕이 제의한 화친을 수용하여 군사적 행동을 중단한 것이다. 물론, 이는 광개토대왕이 추구한 전쟁의 목적이 백제를 멸망시키는 것이 아니라 북방정벌을 위해 남쪽으로부터의 위협을

117 서인한, 『한국고대 군사전략』, p. 228.

제거하는 데 있었기 때문으로 이해할 수 있다. 그럼에도 불구하고 그 이후에도 고구려가 백제와 신라를 합병하거나 통일을 추구하지 않았음은 고구려의 대외전쟁이 제한적인 것이었음을 보여준다.

광개토대왕은 대외정벌에 나서 주변 부족을 복속시키고 광활한 영토를 확장했으나 마찬가지로 이들을 절멸시키거나 합병하지는 않았다. 395년 서요하 시라뮤렌강 유역에 대한 정벌은 거란의 일족에 대한 군사행동으로 거란족 전체를 겨냥한 것은 아니었다. 정벌의 목적도 이들을 복속시켜 변경 지역의 안정을 꾀하는 데 있었다. 396년 후연의 요양성을 차지하고 요동 지역을 고구려 영역으로 삼은 것도 후연 세력을 서쪽으로 밀어내고 일부 영토를 확보한 것이지 후연을 완전히 멸망시킨 것은 아니었다. 398년 동쪽으로 진로를 바꿔 만주 지역의 숙신족을 굴복시키고 조공케 한 성과도 이들을 합병하여 직접 지배한 것과는 거리가 멀었다.[118] 즉, 광개토대왕은 요동 및 만주정벌을 통해 이민족을 몰아내거나 굴복시켜 영토를 확보하고 조공을 받아냈지만, 국가 대 국가로서 이들을 합병하여 고구려에 편입시킨 것은 아니었다.

장수왕도 남쪽으로 영토를 확장하는 데 주력했을 뿐 한민족을 통일하지는 않았다. 475년 9월 장수왕은 직접 3만의 군사를 이끌고 백제를 침공하여 한성을 포위하고 탈출하던 개로왕을 죽이는 전격적인 성과를 거두었다. 그럼에도 불구하고 그는 더 이상 전과를 확대하지 않고 백제의 관리 8,000명을 포로로 잡아 철수하며 전쟁을 마무리했다. 이후 장수왕은 480년부터 신라의 북쪽 변경을 공격하여 호명성과 미질부에까지 진출하여 신라의 존망을 위협했지만 이들을 무너뜨리고 통일을 추구하지는 않

118 410년 동부여가 고구려의 영향력에서 벗어날 움직임을 보이자 토벌에 나서 정복하고 고구려에 편입시킨 것은 유일하게 합병을 추구한 사례로 볼 수 있다. 다만, 부여는 고대국가라기보다는 부족국가 또는 군장국가에 머물러 있었음을 감안할 때 백제의 마한 합병과 신라의 가야 합병과 마찬가지로 국가 대 국가의 합병으로 보기는 어렵다. 여기에서는 고대국가로 성장한 삼국의 전쟁에서 나타나는 국가 대 국가의 합병이라는 관점에서 전쟁을 논하고 있음을 밝힌다.

았다.[119] 백제와 신라를 상대로 추구했던 전쟁의 목적이 삼국을 통일하는 것이 아니라 영토를 확장하는 데 있었던 것이다.

백제의 경우 근초고왕은 평양성에서 고구려군을 상대로 전격적인 승리를 거두었음에도 불구하고 전과를 확대하지 않은 채 철수했다. 371년 고국원왕이 직접 군대를 이끌고 공격해오자 근초고왕은 태자 근구수와 함께 3만의 군사를 이끌고 반격에 나서 개성, 평산, 서흥, 황주를 거쳐 평양성으로 진격했다. 평양성에서 공방전이 전개되는 가운데 고국원왕이 백제군의 화살에 맞아 전사하자 고구려군은 성을 버리고 퇴각했다. 백제군이 전격적인 승리를 거둔 것이다. 그런데 근초고왕은 퇴각하는 고구려군을 추격하지 않고 평양성에서 기수를 돌려 개선했다. 고구려의 남방 거점인 평양성을 장악하여 향후 이를 발판으로 고구려의 수도인 국내성으로 진격할 의지를 갖지 않았던 것이다.

신라의 경우 삼국을 통일하기 전까지 고구려나 백제의 수도를 위협할 정도로 결정적인 전과를 거두지는 못했다. 다만, 554년에 있었던 백제와의 전쟁은 신라가 보다 적극적인 목적을 추구할 기회였음에도 불구하고 이를 살리지 않은 것으로 보인다. 한강 유역을 빼앗긴 백제 성왕이 분개하여 가야군과 함께 신라의 관산성을 침공하자 신라는 전세의 불리함을 극복하고 반격에 나서 백제 성왕을 죽이고 좌평佐平 4명과 병사 2만 9,600명을 참살함으로써 대승을 거두었다.[120] 백제가 동원할 수 있는 최대 규모의 병력을 몰살시킨 것이다. 만일 신라군이 백제의 수도로 진격했다면 백제는 무방비 상태에서 항복하지 않을 수 없었을 것이다. 그럼에도 불구하고 신라는 백제를 점령하거나 땅을 빼앗지 않고 단지 공격해온 적을 참살하는 데 그쳤다.

---

119 안주섭 외, 『영토한국사』(서울: 소나무, 2006), pp. 56, 134. 호명성은 경북 청송, 미질부는 경북 흥해이다.

120 『삼국사기』, 권4, 신라본기4, 진흥왕 15년(554년) 7월.

이렇게 볼 때 삼국의 전쟁은 대외정벌이라는 현실주의적 목적을 가졌지만, 그러한 정벌은 서구와 달리 합병이나 통일이 아닌 상대 영토의 일부를 점령하는 것으로 한정되었다. 상대를 절멸시켜 통합하기보다는 상대의 침략행위를 응징하거나 상대로부터 굴복을 받아내고 우열을 가리는 선에서 전쟁을 마무리한 것이다. 이는 삼국이 추구했던 대외정벌이 무력사용의 범위를 제약하는 유교적 전쟁의 굴레를 벗어나지 못하고 있음을 보여준다. 즉, 삼국이 전쟁에서 추구했던 전쟁의 목적은 비록 많은 부분 현실주의적 성격을 갖지만, 유교주의에 의해 제약을 받았다는 점에서 '유교적 현실주의'라는 절충적 성격을 갖는 것으로 볼 수 있다.

라. 신라의 삼국통일: 의도하지 않은 결과

신라는 진정으로 통일전쟁을 추구했는가? 삼국통일은 신라가 의도한 전쟁의 결과였는가? 이 질문은 우리 민족의 역사적 평가에 관련된 것으로 매우 민감하지 않을 수 없다. 그럼에도 불구하고 이 문제를 다루지 않을 수 없는 것은 삼국시대에 통일이라는 전쟁의 목적이 어느 정도의 비중을 차지했는지를 파악해야만 우리 민족이 치렀던 전쟁의 성격을 보다 정확하게 규명할 수 있기 때문이다.

신라는 삼국통일의 위업을 이루었지만 처음부터 삼국을 통일하려는 의지를 갖지는 않았던 것으로 보인다. 나당연합군에 의한 백제와 고구려의 멸망은 한반도를 장악하려는 당나라의 야심에서 비롯된 것으로, 삼국통일은 신라의 의도가 아닌 당나라의 한반도 정벌 결과에 따른 부산물로 볼 수 있기 때문이다. 그 이유를 들어보면 다음과 같다.

첫째, 김춘추가 주도하여 결성된 나당연합은 백제의 공격을 방어하기 위한 것으로 애초에 삼국통일을 목표로 하지 않았다. 물론, 『삼국사기』에 의하면 김춘추는 642년 7월 백제가 신라의 40여 개 성을 탈취하고 8월 대야성을 함락하는 과정에서 자신의 사위와 딸이 죽자 이에 원한을 품고 백제를 멸망시켜—정확한 표현은 "백제를 손에 넣지 못하겠는가"—복수하고자 했다.[121] 또한 669년 김춘추의 아들인 문무왕은 삼국통일에 대해 회고하면서 "고구려와 백제를 평정하여 영원히 전쟁을 없이 함과 동시에 역대에 쌓은 원한을 갚고 남은 백성들을 보전하려 함이었다"고 평가한 바 있다.[122]

그러나 이러한 기록에도 불구하고 당시 상황을 보면 김춘추가 백제 및 고구려 공격을 통해 삼국통일에 나섰다고 보기에는 무리가 있다. 우선 김춘추는 백제의 군사적 압력이 강화되고 있던 642년 당나라가 아닌 고구려에 가서 원군을 요청했다. 그가 고구려에 손을 벌렸다는 것은 일단 삼국통일보다 자국의 안보가 급박했음을 의미한다. 백제와의 전투에서 연이은 패전으로 위기에 직면하자 어떻게든 고구려의 도움으로 백제의 침략을 막아보려 한 것이다. 그러나 고구려는 신라의 적성국이었다. 김춘추의 원군 요청을 들은 보장왕寶藏王은 "원래 고구려 땅이었던 죽령竹嶺—충북 단양과 경북 영주 경계의 고개—서북의 땅을 돌려준다면 군사를 보내겠다"며 수용하기 어려운 조건을 내걸며 거절했다.[123] 설사 고구려가 군사적 지원을 제공했다 하더라도 그것이 백제의 멸망을 용인하는 것은 아니었음을 고려한다면, 김춘추의 지원 요청은 백제를 멸망시키는 것이 아니라 신라의 방어를 위해 이루어졌던 것으로 이해할 수 있다. 그렇다면 이러한 연장선상에서 그 이듬해 당나라에 사신을 파견한 것이나 648년 3월 김춘추가 당나라에 가서 당태종에게 도움을 요청한 것도 마찬가지로 백제의 멸망 또는 삼국통일을 추구한 것이 아니라 신라의 방어를 위한 것으로 추정할 수 있다.[124]

둘째, 백제와 고구려의 멸망은 신라보다는 당나라의 의도가 작용한 결

121 『삼국사기』, 권5, 신라본기5, 선덕왕 11년(642년) 8월.

122 『삼국사기』, 권6, 신라본기6, 문무왕 9년(669년) 2월.

123 『삼국사기』, 권5, 신라본기5, 선덕왕 11년(642년) 8월.

124 『삼국사기』, 권5, 신라본기5, 진덕왕 2년(648년) 3월.

과였다. 당태종은 648년 김춘추를 만나기 전부터 한반도 전체를 장악하려는 야심을 갖고 있었다. 643년 9월 신라가 사신을 보내 당나라에 원군을 요청했을 때 당태종은 신라 사신에게 다음과 같이 언급했다.

> 내가 변방의 군대를 조금 일으켜 거란과 말갈을 거느리고 요동으로 곧장 쳐들어가면 너희 나라의 위급함은 해결이 될 것이니, 1년 정도는 포위가 느슨해질 것이다.…

> 백제는 바다의 험난함을 믿고 병기를 수리하지 않고 남녀가 난잡하게 섞여 서로 즐기기만 하고 있으니, 나는 수십 수백 척의 배에 병사를 싣고 소리없이 바다를 건너 곧바로 그 땅을 기습하겠다. 그런데 그대의 나라는 여인을 임금으로 삼았기에 이웃나라에게 업신여김을 당하고, 주인이 없어지면 도둑이 들끓는 것처럼 해마다 편안할 때가 없다. 내가 왕족 중의 한 사람을 보내어 그대 나라의 임금으로 삼되, 그가 혼자서는 왕노릇을 할 수 없을 것이므로 마땅히 병사들을 보내 보호하면서, 너희 나라가 안정되기를 기다려 그대들 스스로 지키도록 할 것이다.[125]

여기에서 당태종은 '단독으로' 고구려를 정벌한 다음 백제를 치고, 심지어 신라왕이 여성이라는 이유로 왕과 군대를 파견하여 직접 통치하려 했음을 알 수 있다. 비록 이러한 언급은 신라 사신의 의향을 묻고자 던진 것이지만—이때 신라 사신은 아무런 대꾸도 하지 않았다—한반도 전체를 장악하려는 당태종의 야심이 묻어 있는 대목이 아닐 수 없다.

이러한 의도에 따라 당나라는 집요하게 고구려를 먼저 공략하고자 했다. 당태종은 645년과 648년 고구려를 공격했으나 실패했으며, 당태종의 왕위를 물려받은 당고종도 655년과 658년 재차 고구려를 공격했으나

---

125 『삼국사기』, 권5, 신라본기5, 선덕왕 12년(643) 9월.

성공하지 못했다. 당나라가 648년 김춘추에게 약속한 원군을 신라에 보내지 않고 고구려를 먼저 공략한 것은 당태종이 신라 사신에게 언급한 대로 고구려를 침으로써 신라에 대한 압력을 완화하고자 한 것이었다. 그러나 이후 당고종은 659년 고구려 대신 백제를 먼저 치기로 생각을 바꾸었다.[126] 그것은 고구려 공략이 쉽지 않았고 그 배후에서 백제가 당나라의 고구려 공격에 호응하지 않고 오히려 신라를 공격하여 고구려 공략을 방해한다고 믿었기 때문이다. 결국 원정을 통해 백제와 고구려를 멸망시키려 한 결정은 신라가 아닌 당나라에 의해 이루어진 것이었다.

셋째, 백제와 고구려를 멸망시킨 과정에서 주도적 역할을 수행한 것은 마찬가지로 신라가 아닌 당나라였다. 당고종은 소정방蘇定方으로 하여금 13만의 병력을 이끌고 백제를 치도록 하면서 신라왕 김춘추로 하여금 '우이도 행군총관嵎夷道 行軍摠管'에 임명하여 신라군을 거느리고 소정방과 합류하도록 했다. 이에 김유신은 정예병사 5만을 이끌고 백제로 진격했다. 당나라가 주도하고 신라가 지원하여 이루어진 것이다. 나당연합군의 고구려 공격도 마찬가지였다. 당나라는 요서遼西로부터 고구려 공격을 주도했으며, 신라는 한반도에 들어온 당나라 군대에 식량보급 등 전략물자를 지원하는 역할을 맡았다.[127] 이 과정에서 나당연합군은 국가 대 국가의 협의가 아니라, 상국上國인 당나라와 신라 간에 수립된 조공관계에서 신라에게 군사를 일으켜 호응하라는 당태종의 지시에 의해 편성되었다. 따라서 신라는 전쟁을 주도하지 못했다. 백제에 대한 공격이 시작되기 전 신라는 당나라군의 공격 시기에 대한 정보를 받지 못해 초조해했으며, 고구려를 공격할 때에는 백제 유민들의 반란을 진압하는 데 전군을 동원한 어려운 상황에서 당나라의 강압적 요구에 의해 어쩔 수 없이 지원에 나서야 했다. 결국 백제와 고구려의 멸망은 당나라가 주도하고 신라가 호응하여 이

---

126 장학근, 『삼국통일의 군사전략』(서울: 군사편찬연구소, 2002), pp. 114-115.

127 육군군사연구소, 『한국군사사 2: 고대 Ⅱ』, p. 94.

루어진 것이었다.

넷째, 648년 당태종이 김춘추를 면담하면서 언급한 '평양이남 영토의 할양' 약속은 신라의 통일 의지를 의심하게 한다. 문무왕은 671년 7월 당나라 총관 설인귀에게 보낸 서신에서 당태종의 영토 할양 약속을 언급한 바 있다.

> 선왕께서 정관貞觀 22년(서기 648)에 입조하여, 태종 문황제의 은혜로운 조칙을 직접 받았다. 그 조칙에서 "내가 지금 고구려를 치려는 것은 다른 이유가 아니라, 신라가 두 나라 사이에 끼어 늘 침범을 당하여 평안한 날이 없는 것을 딱하게 여겼기 때문이다. 산천과 토지는 내가 탐하는 바가 아니며, 재물과 사람은 내가 이미 가지고 있는 것들이니, 내가 두 나라를 평정하면, 평양平壤 이남의 백제 토지는 모두 너희 신라에게 주어 영원토록 평안하게 하리라"고 하시고는 계획을 지시하고, 군사를 낼 기일을 정하여주셨다.[128]

여기에서 당태종은 김춘추에게 백제와 고구려를 평정한 후 평양 이남의 백제 영토를 신라에게 주겠다고 문서로 약속했음을 알 수 있다.

당태종의 '평양 이남의 영토 제공' 약속은 신라의 삼국통일 의지를 확인시켜주기보다는 신라의 통일 의지에 대한 의구심을 자아낸다. 우선 이 기록에서 백제와 고구려를 정벌하는 주체는 그가 스스로 "내가 두 나라를 평정하면"이라고 밝히고 있듯이 '당태종'이다. 그리고 '평양 이남의 영토'는 당나라의 한반도 정벌에 '호응'함으로써 신라가 받게 되는 '전공의 대가'가 된다. 즉, 당태종이 한반도를 통일하면 신라는 이에 동조한 대가로 일부 영토를 할양받게 되는 것이다.

여기에서 신라가 삼국통일의 의지를 가지고 당나라의 원군을 받아 백

---

128 『삼국사기』, 권7, 신라본기7, 문무왕 11년(671년) 7월.

제와 고구려를 주도적으로 멸망시키고 당나라의 지원에 대한 '대가'로 한반도 북부 지역을 할양해주는 것과, 반대로 당나라가 한반도를 주도적으로 장악하고 그 '대가'로 평양 이남을 받게 되는 것은 엄청난 차이가 있다. 신라가 통일의 주체가 되기보다 당나라의 한반도 정복전쟁에 참여하여 그 전과를 나누어 받는 것이기 때문이다. 신라는 백제 및 고구려의 저항세력과 연계하여 당나라군을 상대로 항쟁에 나서 677년에 대동강 이남에 대한 지배권을 확립할 수 있었다.[129] 그러나 신라의 삼국통일은 처음부터 의도한 것이 아니라 당나라의 한반도 침공 과정에서 얻어진 부산물이며, 신라의 참전 목적은 통일이 아니라 당나라의 침공에 호응함으로써 '백제의 토지'를 얻는 데 있었던 것으로 볼 수 있다.

신라의 삼국통일이 의도된 것이 아니었다면 다시 앞의 논지로 돌아가 삼국이 전쟁에서 추구한 정치적 목적 가운데 국가합병이나 통일은 아예 없었다는 결론을 도출할 수 있다. 삼국은 정복사업을 전개하여 영토를 점령하고 세력을 확장하는 현실주의적 성격의 전쟁을 치렀으나 상대를 절멸시키고 국가를 통합하는 전쟁을 수행하지 않았다. 무력 사용의 범위를 제약한 유교가 전쟁의 목적을 제한한 것이다. 이로써 삼국이 전쟁에서 추구한 정치적 목적은 다시 한 번 '유교적 현실주의'라는 관점에서 이해할 수 있다.

3. 전쟁수행전략

가. 간접전략

전쟁수행전략은 앞에서 그 유형을 분류한 대로 비군사적 방책을 중심으로 한 간접전략과 군사력 사용에 주안을 둔 직접전략—또는 군사전략—으로 구분할 수 있다. 이때 간접전략은 적의 계책이나 외교관계를 무력화

129 육군사관학교, 『한민족의 역사』(서울: 일조각, 1983), p. 55.

하는 데 주안을 두는 것으로, 여기에서 살펴볼 삼국의 동맹결성이나 계책의 사용은 결국 군사력 사용을 유리하게 한다는 측면에서 직접전략과 완전히 분리될 수 있는 것은 아니다. 손자가 비군사적 방책으로 벌모伐謀와 벌교伐交를 상책으로 언급했더라도 이것이 군사력 사용 가능성을 배제한 것은 아님을 염두에 둘 필요가 있다. 즉, 간접전략이란 적을 비군사적 방법으로 공략하는 방책이지만 이것이 여의치 않을 경우에는 궁극적으로 직접전략의 성공에 기여하는 것으로 이해해야 한다.

(1) 동맹결성

삼국의 전쟁에서 중국 및 주변국을 상대로 동맹을 결성하거나 전략적으로 제휴하는 것은 매우 중요했다. 삼국 모두는 한반도 문제에 간여했던 중국의 외교적·군사적 영향력을 무시할 수 없었을 뿐 아니라, 자력만으로 다른 두 국가의 연합을 당해낼 수 없었다. 이들은 때로 유리한 전략적 여건을 조성하기 위해, 때로는 적의 위협에 대비하기 위해 대외적으로 군사력을 지원받을 수 있는 협력적 장치를 마련하고자 했다. 손자가 말한 '벌교'의 차원에서 적국의 동맹을 끊고 아국의 동맹을 공고히 하는 노력을 경주했던 것이다.

삼국 간의 동맹 형성은 한반도 및 주변 세력의 판도 변화를 반영하여 초기부터 활발하게 이루어졌다. 125년 말갈의 대군이 신라의 북변을 공격하자 지마이사금祇摩尼師今은 백제에 병력을 요청하여 백제의 원군과 함께 적의 공격을 물리쳤다.[130] 이후 상황이 변화하여 신라 변경에 대한 백제의 침략이 빈번해지자 신라의 첨해이사금沾解尼師今은 248년에 고구려에 사신을 보내 화친을 맺고 백제를 견제하기 시작했다. 392년 내물이사금奈勿尼師今은 광개토왕의 요구에 따라 이찬 대서지大西知의 아들 실성實聖을 인질로 보내 제휴를 맺은 뒤, 399년 백제가 왜국 및 가야와 함께 연합으로

130 『삼국사기』, 권1, 신라본기1, 지마이사금 14년(125년) 1월.

침략해오자 광개토대왕으로부터 5만의 대군을 지원받아 물리칠 수 있었다.[131]

삼국의 역사에서 가장 두드러진 동맹체제는 고구려의 공격에 대비하여 성립된 나제동맹이었다. 433년 백제 비유왕毗有王과 신라 눌지마립간訥祇麻立干은 고구려 장수왕의 남하정책에 공동으로 대응하기 위해 동맹을 체결했다. 나제동맹은 553년 신라가 백제의 한강 유역을 공격할 때까지 120년 동안이나 지속될 정도로 강하게 작동했다. 455년 10월 고구려가 백제를 침범하자 눌지마립간은 군사를 파견하여 백제를 구원했다.[132] 475년 장수왕이 3만을 이끌고 백제를 공격하여 개로왕을 살해했을 때 신라는 구원병 1만 명을 파병하여 한성을 함락한 고구려군으로 하여금 더 이상 남쪽으로 진격하지 못하도록 견제했다. 481년 고구려가 말갈 군사와 연합하여 공격해오자 신라는 백제 및 가야의 구원 병력과 함께 연합군을 결성하여 격퇴할 수 있었다. 이후 나제동맹은 493년 백제의 동성왕이 신라 귀족의 딸이 결혼하여 이른바 '혼인동맹'으로 발전했다. 그리고 양국은 494년, 495년, 548년 고구려의 공격을 물리쳤고, 551년에는 고구려가 점령했던 한강 유역 일대를 탈환하는 성과를 거두었다. 이때 백제가 차지한 한강 하류 지역을 신라가 553년에 공격하여 양국관계가 적대적으로 돌아서기 전까지 나제동맹은 한반도에서 매우 성공적인 연합방위체제로 기능했다.[133]

고구려와 백제 간의 제휴도 성사되었던 것으로 보인다. 나제동맹이 깨지고 나서 약 90년이 지난 후 고구려와 백제는 신라를 상대로 빼앗긴 영토를 되찾기 위해 거의 동시에 군사행동에 나섰다. 642년 백제 의자왕은 신라의 전략적 요새인 대야성大耶城(합천)을 포함해 40여 개의 성을 빼앗고, 신라에서 당나라로 가는 길목인 당항성黨項城(경기 화성)을 쳐서 대당

---

131 『삼국사기』, 권2, 신라본기2, 첨해이사금 2년(248년) 1월.

132 『삼국사기』, 권3, 신라본기3, 내물이사금 37년(392년) 1월.

133 서인한, 『한국고대 군사전략』, p. 244.

교통로를 봉쇄했다.[134] 655년 정월에 고구려는 백제 및 말갈과 함께 죽령 서북의 옛 땅을 회복하기 위해 신라의 북쪽 33개 성을 공격하여 점령했다.[135] 이 과정에서 군사적으로 위험에 처한 신라는 642년 김춘추를 고구려에 보내 관계를 개선하고 도움을 받으려 했으나 거절당하자 648년에는 당나라에 지원을 요청하지 않을 수 없는 상황에까지 처했다. 이 시기에 고구려와 백제 간의 '여제동맹'이 실제로 존재했는지에 대해서는 역사적 논란이 있어 단정할 수 없다. 다만 고구려와 백제가 동시에 신라를 공격한 것으로 보아 양국 간에 적어도 암묵적 제휴가 이루어졌을 것으로 추정할 수 있다. 특히 앞에서 살펴본 것처럼 당태종은 643년 9월 신라 사신에게 당나라가 요동으로 쳐들어가면 "1년 정도는 포위가 느슨해질 것"이라고 언급했는데, 이는 백제와 고구려가 신라를 동시에 압박하고 있었음을 의미한다.

무엇보다도 삼국통일의 전기를 마련한 신라의 대당동맹은 상대적으로 백제의 대당외교 실패와 대비된다. 신라는 백제 의자왕의 공격이 거세지자 당나라에 조공을 바치며 끈질기게 군사원조를 요청했다. 645년 당나라가 고구려를 공격하면서 백제와 신라에 호응을 요구했을 때 신라는 3만의 군사를 동원하여 고구려 남쪽 변경을 공격하는 등 성의를 보이며 당나라와의 전략적 관계를 개선할 수 있었다. 반면, 백제는 당나라의 고구려 공격에 동참하지 않았을 뿐 아니라 오히려 고구려 공격에 호응한 신라의 군사적 공백을 이용하여 변경의 7개 성을 빼앗는 등 신라에 대한 공세를 강화했다. 이러한 행동은 당나라로 하여금 백제가 고구려의 편을 들고 있다고 의심하여 백제를 멀리하는 요인으로 작용했다.

이러한 가운데 648년 김춘추가 당나라로 건너가 당태종에게 원군 요청의 이유로 백제의 신라 침공과 신라의 대당 조공로 봉쇄를 제기한 것은

---

134 『삼국사기』, 권28, 백제본기6, 의자왕 2년(642년) 8월.

135 『삼국사기』, 권28, 백제본기6, 의자왕 15년(655년) 8월.

설득력이 있었다. 그는 다음과 같이 당태종에게 말했다.

> 신臣의 나라는 멀리 바다 모퉁이에 치우쳐 있으면서도 천자의 조정을 섬긴 지 이미 여러 해 되었습니다. 그런데 백제는 강하고 교활하여 여러 차례 침략을 마음대로 하고 있으며, 더욱이 지난해에는 병사를 크게 일으켜 깊숙이 쳐들어와 수십 개의 성을 함락시켜 대국에 조회할 길을 막았습니다. 만약 폐하께서 대국의 병사를 빌려주어 흉악한 적들을 없애지 않는다면, 우리나라 백성은 모두 포로가 될 것이며 산과 바다를 거쳐서 조공을 드리는 일도 다시는 바랄 수 없을 것입니다.[136]

당태종은 이에 수긍했고 비록 당장 신라에 원군을 보내지는 않았지만 외교적으로 백제를 압박하기 시작했다.

649년 7월 당태종이 죽고 당고종이 즉위하자 의자왕은 651년에 사신을 보내 당나라와의 관계를 개선하고자 했다. 그러나 당고종은 귀국하는 사신에게 보낸 조서에서 그동안 신라에게서 빼앗은 영토를 모두 돌려주고 더 이상 신라를 침공하지 않도록 요구했으며, 이를 따르지 않는다면 김춘추의 요청대로 백제를 칠 것임을 경고했다.[137] 이를 수용할 수 없었던 백제는 이듬해인 652년 사신을 파견한 것을 마지막으로 당나라와의 관계를 단절하고 독자노선을 걷게 되었다. 이전까지 고구려 공략을 우선으로 했던 당나라는 백제가 고구려 공격을 방해하는 것으로 인식하여 먼저 백제를 친 다음에 고구려를 공격하는 것으로 전략을 바꾸었다. 그리고 백제와 고구려를 공략하기 위해 그동안 미온적이었던 신라와의 동맹관계를 본격화하게 되었다.

이처럼 삼국의 전쟁에서 동맹결성은 강한 적으로부터 국가 생존을 담

---

136 『삼국사기』, 권5, 신라본기5, 진덕왕 2년(648년) 3월.

137 『삼국사기』, 권28, 백제본기6, 의자왕 11년(651년).

보하기 위한 효과적인 기제로 작동했다. 삼국이 모두 상대국가를 붕괴시키고 통일하려는 의지와 능력을 갖추지 못한 상황에서 두 국가의 연합은 다른 한 국가의 위협을 감당하기에 충분했다. 그러나 삼국시대 말기에 백제와 고구려는 나당동맹 결성에 따른 한반도 역학관계의 변화를 제대로 파악하지 못하고 독자적으로 대응하려 했으며, 결국 나당연합군의 공격에 각개로 격파되어 멸망하게 되었다.

(2) 계책의 활용

손자에 의하면 적을 굴복시키기 위한 상책은 '벌모伐謀', 즉 아국의 뛰어난 계책으로 적의 계책을 무력화하는 것이다. 손자가 말하는 부전승不戰勝 또는 전승全勝을 달성하기 위한 방편으로 군사력을 사용하지 않거나 군사력 사용을 최소화한다는 측면에서 간접전략으로 볼 수 있다. 삼국의 전쟁에서도 계책을 통해 적을 굴복시키는 모습이 일부 발견되고 있다.

28년 고구려 대무신왕大武神王이 한나라의 공격을 맞아 기지를 발휘한 사례가 이에 해당한다. 한나라 요동태수遼東太守가 군사를 이끌고 침공하자 대무신왕은 좌보左輔 을두지乙豆智의 제안을 수용하여 정면전이 아닌 농성전으로 맞섰다. 기세가 등등한 한나라 군대와 싸워 이기기 힘들다고 판단하여 성문을 굳게 닫고 성을 지켜서 적이 피로하기를 기다린 다음 적이 퇴각할 때 나가서 치기로 한 것이다. 그러나 한나라군은 오히려 고구려군이 성안에 갇혀 물과 식량이 떨어지기를 기다리며 포위를 풀지 않았다. 그러자 을두지는 연못 속의 잉어를 잡아 술과 함께 한나라 군사에게 보내도록 했고, 이를 받은 요동태수는 성안에 물이 있어 쉽게 성을 빼앗지 못할 것으로 판단하여 스스로 물러갔다.[138]

고구려의 장수왕은 백제를 공격하기 전에 백제 왕실에 첩자를 침투시키는 계책을 활용했다. 사전에 백제의 국력을 약화시키고 내분을 조장하려

---

138 『삼국사기』, 권14, 고구려본기2, 대무신왕 11년(28년) 7월.

한 것이다. 그는 백제 개로왕이 바둑을 좋아한다는 사실을 알고 승려이자 바둑 명인인 도림道琳을 첩자로 선발했다. 그리고 도림이 마치 고구려에서 죄를 짓고 탈출한 것처럼 소문을 낸 다음 백제로 침투시켜 개로왕에게 접근하도록 했다. 도림은 개로왕과 바둑을 두면서 친분을 쌓았다. 그리고 백제 개로왕으로 하여금 궁궐과 누각을 축조하는 등 불필요한 국책사업을 벌이도록 하여 국고를 탕진하고 민생을 피폐하게 했다. 조정 내에 대규모 사업에 대한 논쟁과 대립을 증폭시켜 분란을 야기하고 군사적 대비를 약화시켰다.[139] 이후 백제를 탈출한 도림이 고구려에 돌아와 백제의 혼란한 실정에 대해 보고하자 장수왕은 475년 3만의 군사를 이끌고 백제를 공격하여 한성을 함락하고 개로왕을 사로잡아 죽였다.

612년 수나라의 제2차 침공 당시 고구려군이 사용한 거짓 항복은 위계를 활용한 사례로 볼 수 있다. 요하를 건너는 데 고구려군의 저지로 두 달을 지체한 수나라군은 우기가 오기 전에 항복을 받아내기 위해 고구려의 전략적 요충지인 요동성遼東城(랴오양 인근) 공격을 서둘렀다. 그런데 요동성을 방어하고 있던 고구려군은 적의 공격이 거세면 항복의사를 표시했다가 적의 공격이 중단되면 전열을 정비하고 성곽을 복구하며 맞섰다. 당시 수나라군의 진영에는 적의 항복 여부와 전투 상황을 직접 수나라 양제煬帝에게 보고하는 '수항사자受降使者'를 두고 있었다. 수나라군의 장수들은 고구려가 항복의사를 전해올 때마다 수항사자에게 알려야 했고, 수항사자는 이를 황제에게 보고한 다음 황제로부터 받은 명을 장수들에게 전달해야 했다. 이 과정에서 수나라군은 상당한 시간을 소요하며 번번이 고구려군에게 회복할 시간을 주었다.

요동성 함락이 여의치 않다고 판단한 수나라군은 신속하게 고구려를 굴복시키기 위해 30만의 별동부대를 편성하여 수도인 평양성을 향해 직접 공격에 나섰다. 수나라의 별동부대가 압록강 인근에 도착하자 을지문

---

139 『삼국사기』, 권25, 백제본기3, 개로왕 21년(475년) 9월.

덕乙支文德은 수나라 장수 우중문于仲文에게 항복의사를 전달한 다음, 항복 절차를 논의한다는 명분으로 수나라군 진영에 들어가 내부 사정을 탐색하고 나왔다. 항복이 술책임을 눈치 챈 우중문은 을지문덕을 잡기 위해 10만의 정예병사를 이끌고 추격에 나섰고, 을지문덕은 적의 군사가 굶주린 것을 알고 거짓으로 패하는 척 달아나며 적을 지치게 했다. 우중문의 군대가 쉬지 않고 청천강을 건너 진격하여 평양성 북쪽에 도착했을 때에는 이미 지쳐서 싸울 수 없을 지경이었다. 이때 을지문덕은 오언시五言詩를 지어 보내며 다시 항복할 의사를 밝혔다. 그리고 철군의 명분을 얻었다고 판단한 우중문이 군대를 철수시키자 을지문덕은 수나라군을 추격하여 살수薩水(청천강)에서 섬멸했다.[140] 수나라 황제와 장수가 원하는 항복의사를 거짓으로 전달함으로써 수나라 군대의 작전을 교란시키고 전격적인 승리를 거둔 사례였다.

신라 진흥왕이 나제동맹을 무시하고 백제를 공격하여 한강 유역을 빼앗은 것도 적의 방심을 이용한 계책으로 볼 수 있다. 신라의 진흥왕은 백제군와 함께 고구려를 공격하여 한강 유역을 탈취하고 한강 중상류 10개 군을 점령하는 성과를 거두었으나 만족할 수 없었다. 한강 중상류 지역은 전략적으로 가치가 크지 않았으며, 이 공격으로 고구려를 적으로 만들어 중국과 교류할 수 있는 교통로를 상실한 것도 커다란 손실이었다. 그런데 당시 고구려는 돌궐突厥과의 전쟁으로 인해 백제와 신라의 영토확장에 대응할 수 없었다. 이러한 틈을 타 백제는 신라에게 연합으로 고구려 평양성을 공격하자고 제의했다. 그러나 이를 알아챈 고구려는 신라가 평양성으로 진군하지 않는다면 진흥왕이 개척한 고구려 영토를 인정해주겠다고 제안했다. 이에 진흥왕은 동맹국인 백제의 요청을 뿌리치고 고구려의 제안을 받아들여 553년 7월 백제가 차지한 한강 하류 지역을 기습적으로 공격하여 점령했다.[141]

---

140 『삼국사기』, 권44, 열전4, 을지문덕.

141 『삼국사기』, 권4, 신라본기4, 진흥왕 14년(553년) 7월.

이는 백제와의 동맹조약을 깬 것으로 오늘날 국제법적으로 비난받아야 할 행동임에 분명하지만, 동맹관계를 이용하여 백제를 기만하고 기습적으로 영토를 탈취했다는 점에서 적의 허점을 노린 계책으로 볼 수 있다.

삼국의 전쟁에서는 정보·심리전 차원의 계책도 발견할 수 있다. 649년 8월 백제 장군 은상殷相이 신라의 석토성石吐城(충북 단양) 등 7개의 성을 공격하자 진덕왕은 김유신으로 하여금 이를 막게 했다. 열흘이 지나도록 싸움이 지속되는 가운데 김유신은 백제의 첩자가 잠입하리라는 것을 예상했다. 그는 "내일 원군이 올 것이니 그때 결전에 나설 것"이라는 거짓 정보를 흘렸다. 이에 백제군은 신라가 당일에는 공격해오지 않을 것으로 판단하여 대비를 늦추었고, 김유신은 즉각 공격에 나서 준비되지 않은 적을 격파할 수 있었다.[142] 또한 김유신은 나당연합군이 백제를 공격하기 전에 백제에 포로가 되어 잡혀 있던 부산현령 조미압租未押으로 하여금 백제의 최고 권력자 중의 한 사람인 좌평 임자任子를 회유하도록 하여 백제의 동향은 물론 전투에 필요한 정보를 획득할 수 있었다. 백제 수도인 사비성을 공략할 때에는 "귀신이 궁 안에 들어와 '백제는 망한다'라고 소리치고 사라졌다"고 하는 등의 괴이한 소문을 퍼뜨려 민심을 크게 혼란시켰다.[143]

삼국시대의 전쟁 기록이 온전하게 남아 있지 않기 때문에 계책을 활용한 사례를 일일이 확인하는 것은 불가능하다. 다만 『삼국사기』를 보면 삼국의 지배층은 중국의 병법을 꿰고 있었으며, 따라서 전쟁을 준비하고 수행하는 과정에서 크고 작은 계책을 두루 활용했을 것으로 짐작할 수 있다.

나. 직접전략 ①: 섬멸전략

(1) 기동전략: 포위섬멸 vs. 유인격멸

삼국의 전쟁에서 보편적이지는 않으나 일부 적 군사력을 섬멸하기 위해

---

142 『삼국사기』, 권42, 열전2, 김유신 중.

143 육군군사연구소, 『한국군사사 2: 고대 Ⅱ』, p. 81.

기동전략을 추구한 사례를 발견할 수 있다. 기동전략은 공격과 방어 모두에 적용될 수 있다. 공격 시에는 적의 측후방으로 기동하여 퇴로를 차단하고 포위섬멸하거나 적의 약한 지점을 치고 들어가 적을 양분한 다음 각개격파하는 방식을, 그리고 방어 시에는 이일대로以逸待勞 전법과 같이 험준한 산세를 이용하여 적이 진격하는 길목에서 매복한 다음 기습적으로 공격하여 승리를 거두는 유인격멸 방식을 사용할 수 있다.

우선 삼국이 공격에 나서 포위섬멸 방식의 섬멸전략을 추구한 사례를 보면 다음과 같다. 먼저 121년 후한後漢의 공격에 대한 고구려의 대응이다. 후한이 유주자사幽州刺史 풍환馮煥, 현도태수玄菟太守 요광姚光, 요동태수遼東太守 채풍蔡風 등의 군사를 보내 고구려 변경 지역을 침공하여 예맥濊貊의 족장을 죽이고 병마와 재물을 빼앗아갔다. 고구려 태조왕은 그의 동생인 수성遂成에게 병사를 주어 후한 군대에 역습을 가하게 했다. 수성은 먼저 후한 진영에 사신을 보내 거짓으로 항복하겠다는 의사를 전달했다. 그리고 적이 방심하는 사이에 정예병력 3,000명을 은밀하게 적 후방으로 침투시킨 다음, 적의 거점 지역을 공격하여 후한군 2,000여 명을 죽이거나 사로잡았다.[144] 적이 배치된 정면에서 공격하지 않고 배후에서 기습적으로 공격을 가했다는 점에서 기동전략으로 볼 수 있다.

백제 근초고왕이 태자 근구수로 하여금 치양에 주둔하고 있던 고국원왕의 군대를 친 사례도 기동전략으로 볼 수 있다. 당시 고구려군은 고국원왕 지휘 아래 2만여 명이 치양에 주둔하며 백제의 국경 지역을 약탈하고 있었다. 공격에 나선 백제군의 병력 규모나 싸움 방식에 대해서는 자세히 알 수 없다. 다만 『삼국사기』에는 "지름길로 치양에 도착한 후 불시에 공격하여 그들을 격파하고 5,000여 명을 사로잡았다"고 기록되어 있을 뿐이다. 짧은 순간에 기습적으로 공격을 가해 고구려군의 4분의 1 규모인 5,000여 명을 살상하는 전과를 거둔 것이다. 아마도 근구수는 고구

---

144 『삼국사기』, 권15, 고구려본기3, 태조대왕 69년(121년) 봄; 서인한, 『한국고대 군사전략』, p. 81.

려군이 예상하지 않은 지역에 소수의 정예부대를 투입하여 신속하게 적의 전열을 무너뜨리는 기동전략을 취했을 것으로 추정할 수 있다.[145]

광개토대왕 시기 신장된 국력을 바탕으로 대외적으로 팽창하는 과정에서 고구려가 사용한 군사전략도 기동에 의한 섬멸전략이었을 것이다. 광개토대왕이 평정한 거란족과 선비족, 그리고 숙신족 등 북방의 이민족들은 모두 유목민들이었기 때문에 이들과의 전쟁은 성을 중심으로 하기보다 야지에서의 전투를 중심으로 이루어졌을 것이다. 역사적 기록에 의하면 광개토왕은 선비족에 대해 허위정보를 제공하여 적을 기만하고 적의 방비를 소홀히 하게 한 다음, 적 진영의 약한 곳에 주력을 투입하여 적의 전열을 무너뜨리거나 적을 아군에 유리한 지역으로 유인하여 격멸하는 방식으로 공략했다.[146] 전형적인 기동에 의한 섬멸을 추구한 것이다. 마찬가지로 광개토왕이 거란족과 숙신족을 정벌하여 굴복시키고 광활한 만주 지역을 확보한 것도 기병을 중심으로 한 전격적인 기동전략이 아니면 불가능했을 것이다.[147]

광개토대왕은 396년 백제를 공격하면서 의외의 기동전략을 구사했다. 백제의 아신왕이 391년에 빼앗긴 한강 유역을 회복하기 위해 반복적으로 공격을 가해오자 광개토대왕은 백제를 평정하기 위해 대대적인 반격에 나섰다. 이때 그는 상륙을 통한 우회기동을 실시했다. 고구려군 주력을 육로가 아닌 서해를 통해 기습적으로 상륙시킨 다음, 미처 싸울 준비가 되지 않은 성을 점령하면서 백제의 수도 한성을 압박해가는 전략으로 백제 아신왕의 항복을 받은 것이다. 이에 대한 구체적인 작전 모습은 기록으로 남아 있지 않아 알 수 없다. 다만 고구려군이 백제의 예상을 깨고 통상적인 육상 기동로가 아닌 서해를 통해 상륙한 것은 국경을 방어하는 변경의

---

145 서인한, 『한국고대 군사전략』, p. 210.

146 앞의 책, pp. 117-118.

147 앞의 책, p. 117.

백제군을 우회하여 적의 허를 찔렀다는 점에서 손자의 '우직지계' 기동을 적용한 것으로 볼 수 있다.

481년 3월 신라가 백제를 공격한 고구려군을 몰아낸 사례도 마찬가지이다. 고구려가 말갈 군사와 함께 신라의 북쪽 변경 지역에 위치한 호명성 등 7개 성을 공격하고 그 여세를 몰아 동해안의 미질부로 진출하자, 신라는 백제 및 가야가 보낸 지원병력과 함께 대응에 나섰다. 이때 신라는 적의 전위부대를 공략하지 않고 적 후방에 군사를 투입하여 적의 퇴로를 차단했고, 이에 위협을 느낀 고구려군과 말갈군은 포위망을 벗어나기 위해 후퇴하지 않을 수 없게 되었다. 적이 서둘러 퇴각하자 3국 연합군은 추격에 나서 1,000여 명의 손실을 가하고 고구려군 및 말갈군을 격퇴할 수 있었다.[148]

다음으로 삼국이 방어전쟁에서 적을 유인하여 격멸한 사례를 보면 다음과 같다. 서기 13년 부여가 군사를 일으켜 침략하자 유리왕琉璃王은 왕자 무휼無恤에게 군사를 주어 방어하게 했다. 무휼은 자신의 병력이 열세한 상황에서 적과 야지에서 싸우는 것이 불리하다고 판단하여 유리한 지형을 활용하는 이일대로 전법으로 맞섰다. 그는 군사를 이끌고 학반령鶴盤嶺(압록강 유역 만주 지역) 계곡에 매복하면서 적을 기다렸다가 부여군이 협곡에 이르자 숨어 있던 병력을 투입하여 불의의 기습을 가했다. 예상치 못한 공격에 부여군은 크게 패하여 말을 버리고 산으로 도망쳤고, 무휼은 이들을 추격하여 섬멸할 수 있었다.[149]

고구려의 공격에 대한 백제의 방어에서도 이러한 모습이 발견된다. 371년 10월 백제 근초고왕의 3만 군사가 평양성을 공격하여 고국원왕이 사망한 이후로 고구려는 보복의 기회를 노리고 있었다. 386년 봄 백제의 진사왕辰斯王은 고구려군의 공격을 예상하고 주요 침공로상에 방어시설을

148 서인한, 『한국고대 군사전략』, pp. 134-135.

149 『삼국사기』, 권13, 고구려본기1, 유리왕 32년(13년) 11월.

대대적으로 보강하여 기습공격에 대비하도록 했다.[150] 이는 1차적으로 성이 아닌 유리한 지형을 이용하여 적을 맞아 싸운다는 점에서 이일대로 전략으로 볼 수 있다. 실제로 백제군은 그 이듬해인 387년에 변경을 침공한 말갈족을 관미령關彌嶺(개성 인근 추정)에서 맞아 싸웠는데, 비록 승리하지는 못했지만 성이 아닌 험준한 지형을 이용했다는 점에서 이러한 전략을 적용한 것으로 평가할 수 있다.

408년 2월 신라의 실성이사금은 왜인들이 대마도를 근거지로 신라를 공격하려는 움직임을 보이자 정예병력을 동원하여 대마도를 원정하고자 했다. 그러나 서불한舒弗邯(신라 최고 관등의 하나) 미사품未斯品은 이에 반대하며 실성이사금에게 다음과 같이 진언했다.

> 저는 "무기는 흉한 도구이고 전쟁은 위험한 일이다"라고 들었습니다. 하물며 큰 바다를 건너서 다른 나라를 정벌하는 것은 어떠하겠습니까? 만에 하나 이기지 못하면 후회해도 돌이킬 수 없을 것이니, 지세가 험한 곳에 관문關門을 만들고 적들이 오면 막아, 그들이 침입하여 어지럽히지 못하게 하다가 유리한 시기가 되면 나가서 그들을 사로잡는 것이 좋을 것입니다. 이것은 이른바 남은 끌어당기고 남에게 끌려 다니지는 않는 것이니, 가장 상책이라 하겠습니다.[151]

대마도를 공격하는 데 따른 막대한 비용과 희생을 고려하여 원정에 나서기보다는 내지의 험준한 지형을 이용하여 진지를 편성하고 적을 유인하여 격멸하는 이일대로 전략을 제시한 것이다. 실성이사금은 미사품의 건의를 받아들여 원정을 포기한 것으로 기록되어 있다.

삼국의 전쟁에서 이처럼 기동에 의한 섬멸전략이 눈에 띄기는 하지만

---

150 『삼국사기』, 권25, 백제본기3, 진사왕 2년(386년).

151 『삼국사기』, 권3, 신라본기3, 실성이사금 7년(408년) 2월.

보편적인 전략의 형태는 아니었다. 오히려 삼국은 다음에서 살펴보는 바와 같이 성을 중심으로 한 소모적 형태의 군사전략을 선호했다. 심지어 기병 위주의 기동전략을 선호했던 고구려도 요동 및 만주 지역을 확보한 이후에는 중국 및 이민족의 침입을 막기 위해 기동전략보다 성곽에 의지한 소모 혹은 고갈 중심의 방어전략으로 전환했다.

(2) 소모전략: 공성전 vs. 수성전

소모전략은 적을 정면으로 공격하거나 정면에서 맞아 싸우는 방식을 취한다. 공격하는 측의 경우는 적의 견고한 성을 공격하거나 야지에서 적의 방어대형을 정면에서 공격하는 것이 이에 해당한다. 방어하는 측의 경우는 성 안에서 적의 공격을 막아내거나 성 밖으로 나가—이일대로 방식이 아니라—야지에서 적과 결전하는 것이 이에 해당한다. 다만, 성안에서 적 공격을 방어할 경우 적과 적극적으로 싸운다면 소모전략이지만, 적과 싸우기보다 적을 지치게 하여 물러나게 하려 한다면 소모전략이 아닌 고갈전략이 된다.

삼국은 성을 중심으로 공방을 벌이는 소모전략을 보편적으로 채택했다. 국경 지역의 전략적 요충지에 위치한 주요 성을 서로 차지하기 위해 치열하게 싸운 것이다. 역사적으로 고구려와 백제 간에 있었던 평양성, 치양성, 도압성, 관미성, 수곡성, 한성, 우곡성, 웅천성 등에서의 공격과 방어, 고구려와 신라 간에 있었던 실직주성, 호산성, 견아성, 우산성, 북한산성, 우명산성, 낭비성 등을 둘러싼 공방전, 그리고 백제와 신라 간의 와산성, 모산성, 구양성, 원산성, 요거성, 사현성, 장산성, 봉산성, 가잠성, 서곡성, 독산성, 하미후성, 대야성, 당항성, 동잠성, 석토성 등에서의 전투는 삼국 간의 전쟁이 주로 성을 중심으로 이루어졌음을 보여준다. 주요 요충지의 성을 확보하는 것은 곧 적의 공격을 방어하는 데 있어서나 적 영토로 진격하는 통로를 확보한다는 측면에서 전략적으로 유리한 상황을 조성하는 의미를 갖는다.

광개토대왕의 북방 이민족 정벌은 기동 위주의 전략이었지만 백제와 신라에 대한 그의 공격은 성을 함락하는 소모적인 전략을 중심으로 했다. 그는 392년 7월 백제를 공격하여 석현성石峴城(경북 문경) 등 10여 성과 한강 이북의 여러 성을 빼앗았으며, 그해 10월에는 한강 하류를 통제하는 데 전략적으로 중요한 관미성關彌城(예성강 하구 추정)을 함락했다. 전방에 포진한 적의 성을 우회하여 신속히 적 후방으로 치고 들어가지 않고 성 자체를 공략했다는 점에서 소모적인 전략이었다. 이후 백제의 아신왕은 자신의 외숙이자 지모를 갖춘 진무眞武를 좌장군左將軍에 임명하여 고구려에 빼앗긴 성을 되찾기 위해 수 차례 공격에 나섰다. 고구려와 마찬가지로 성을 직접 공략하는 소모전략에 나선 것이다. 그러나 백제는 고구려와 동일한 전략을 추구했음에도 빼앗긴 성을 탈환하는 데 실패했는데, 이는 백제의 군사력이 고구려에 비해 크게 약했음을 보여준다.

소모전략은 서로가 하나씩 들어내는 방식으로 피해가 크지만, 군사력이 강한 측이 확실하게 승리할 수 있는 전략이다. 그런데 군사력이 강하여 소모전략을 추구하더라도 상대가 기동전략으로 나오면 소모전략은 위험할 수 있다. 613년 3월 수나라의 제3차 침공 시 고구려군 일부가 신성新城(랴오닝성 푸순撫順 근처) 인근 지역에서 정면으로 맞서다가 패배한 사례가 그것이다. 신성은 요동평원과 요동 동부 산간지대의 접경지에 위치하여 수나라군이 압록강 중류 일대로 진출하기 위해 반드시 통과해야 하는 요충지였다. 수나라군은 신성의 고구려군을 고착시키기 위해 별도의 군대를 편성하여 5월 중순 신성으로 진격시켰다. 수나라의 별군이 도착할 때 고구려군은 신성 내부가 아닌 성 밖의 개활지에 진영을 설치하고 일전을 준비하고 있었다. 비록 고구려군 군사의 규모는 알 수 없으나 아마도 병력이 우세함을 믿고 야지에서 소모적 방식의 일전을 준비한 것으로 보인다. 이를 본 수나라의 별군은 정예기병 1,000기를 투입하여 고구려군의 방어대형을 무너뜨리고 와해된 고구려 병사들을 섬멸했다. 고구려 대군의 소모전략이 겨우 1,000기의 기병을 앞세운 수나라의 기동전략에 의해 무너진 것이다. 공성작전에 취약한 수나라 별군의 기병부대를 상대로 농성전

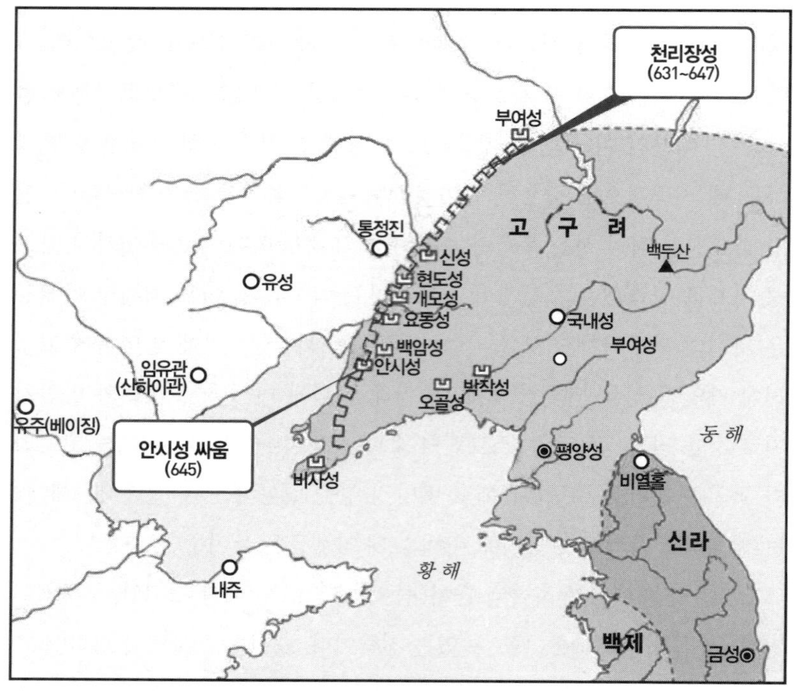

〈그림 4-2〉 요동 지역 요도

으로 대응하지 않고 무모하게 야지에서 맞아 싸운 것은 고구려군의 전략적 실패로 볼 수 있다.[152]

당나라가 침공했을 때에도 고구려군은 성이 아닌 야지에서 싸우는 소모전략으로 맞서다 크게 패했다. 645년 4월 이세적李世勣의 군대 10만의 병력이 통정진通定鎭에서 요하를 도하한 후 개모성蓋牟城과 요동성遼東城, 백암성白巖城을 함락하고 5월 요동만의 요새인 안시성安市城(랴오닝성 하이청시海城市) 인근에 도착했다. 고구려 북부 지역을 책임지는 북부욕살 고연수高延壽와 남부욕살 고혜진高惠眞은 고구려군과 말갈군 15만의 대군을 이끌고 안시성을 지원하러 갔다. 이때 고연수의 장수였던 고정의高正義는 고갈전략

152 서인한, 『한국고대 군사전략』, p. 163.

을 건의했다. 즉, 당나라군의 정예 군사력과 결전을 벌이기보다는 싸우지 않고 지구전으로 나가 적의 피로를 누적시키고 보급로를 차단하여 식량 부족을 초래하여 스스로 퇴각하지 않을 수 없도록 하자는 것이었다. 이때 당태종은 다음과 같이 고연수가 나와서 싸울 것으로 예상했다.

> 지금 고연수의 계책에 셋이 있다. 바로 군사를 이끌고 전진하여 안시성을 연連하여 보루堡壘를 만들고 높은 산의 험한 곳에 웅거하여 성 중의 식량을 먹으면서 말갈의 군사를 놓아 우리의 우마牛馬를 약탈하면, 우리가 그들을 공격하여도 빨리 함락하지 못하고 돌아가고자 하면 진흙 수렁에 막히게 되매 가만히 앉아서 우리 군사를 곤궁에 빠뜨리게 되리니 이것이 상책上策이요, 성 중의 무리를 빼내어 그들과 함께 밤에 도망하는 것이 중책中策이요, 지능을 헤아리지 않고 와서 우리와 싸우는 것이 하책下策이다. 경卿들은 두고 보라. 반드시 하책으로 나올 것이니, 사로잡히는 것이 내 눈 안에 있을 것이다.[153]

실제로 고연수는 고정의의 건의를 듣지 않은 채 수적 우세만 믿고 안시성 밖 40리까지 나아가 당나라군과 정면대결을 벌였다. 고연수가 공격해 올 것으로 예상한 당태종은 기병부대로 하여금 고구려군의 후방과 측면을 공격케 하여 혼란에 빠뜨린 다음 주력부대를 투입하여 2만여 명을 살상하고 고구려 대군을 와해시켰다. 고연수는 3만 6,000명의 병력을 수습하여 당나라군에 투항했다.[154]

나당연합군의 공격에 맞선 백제의 전략도 무모한 소모전략으로 나섰다가 패한 사례이다. 660년 7월 초 신라의 김유신이 내륙으로, 당나라군이

---

153 안정복, 『동사강목』, 동사강목 제3하, 을사년 신라 선덕여주 14년, 고구려 왕장 4년, 백제 왕 의자 5년(당태종 정관 19, 645).

154 서인한, 『한국고대 군사전략』, p. 186; 『삼국사기』, 권21, 고구려본기9, 보장왕 4년(645년) 5월.

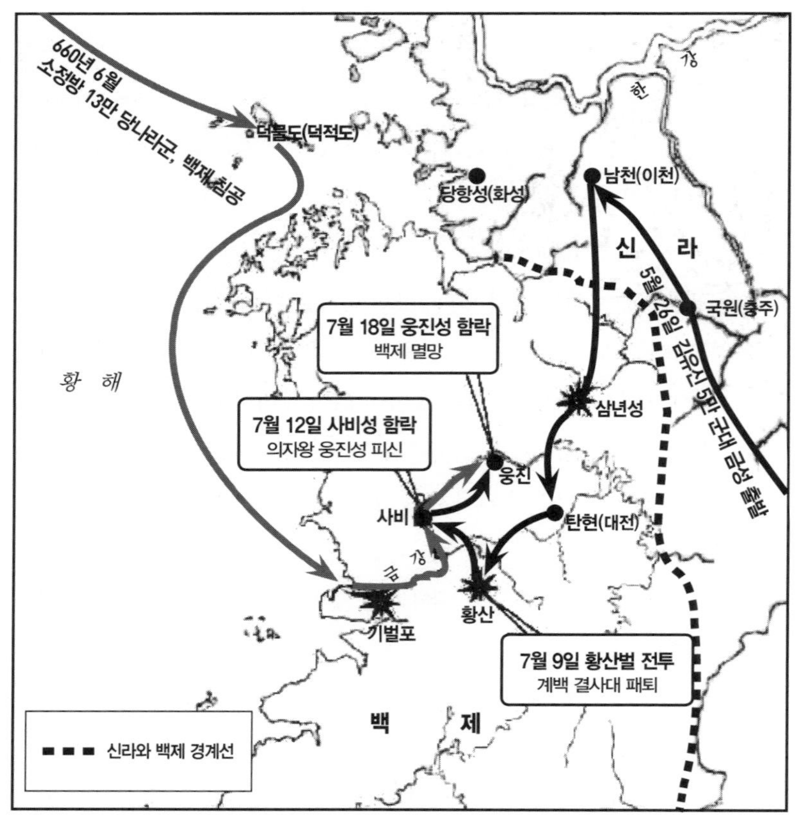

〈그림 4-3〉 나당연합군의 백제 공격

서해에서 백강 입구로 진격하자 절체절명의 위기에 몰린 백제 의자왕은 귀양 가 있던 홍수興首에게 방책을 물었다. 홍수는 다음과 같이 진언했다.

> 당나라 병사는 숫자가 많고 군율이 엄하고 분명합니다. 더구나 신라와 더불어 우리의 앞뒤에서 작전을 함께 하고 있으니, 만약 평탄한 벌판과 넓은 들에서 싸운다면 승패를 장담할 수 없습니다. 백강白江과 탄현은 우리나라의 요충지로서 한 명이 한 자루의 창을 가지고도 만 명을 당해낼 수 있는 곳이니, 마땅히 용감한 병사를 뽑아서 그곳에 가서 지키게 하여, 당나라 병사가 백강으로 들어오지 못하게 하고, 신라 병사가 탄현을

통과하지 못하게 해야 합니다. 대왕께서는 성문을 굳게 닫고 지키면서 그들의 물자와 군량이 떨어지고 장수와 병졸들이 지칠 때를 기다린 후에 힘을 떨쳐 공격한다면 반드시 저들을 쳐부술 수 있을 것입니다.[155]

이일대로에 의한 기동전략과 장기 항전의 고갈전략을 병행하도록 권고한 것이다. 그러나 조정대신들의 반대로 결정이 지연되는 사이에 당나라군은 백강으로 진입하여 상륙을 시도하고 있었고, 신라군은 아무런 저항 없이 흥수가 지적한 탄현炭峴(충남 금산 추정)을 넘어 황산黃山(논산)으로 진입하고 있었다. 결국 백제의 계백은 5,000의 결사대를 이끌고 전략적으로 유리한 탄현이 아니라 지형의 이점을 누릴 수 없는 황산벌에서 신라군을 맞아 소모적으로 싸워야 했다. 만일 백제가 흥수의 건의를 받아들여 요충지에서 적의 진출을 저지하고 충격력을 약화시킨 다음 주요 성을 중심으로 한 고갈전략을 이어갔다면, 나당연합군의 공격에 대한 백제의 저항은 그렇게 쉽게 무너지지 않았을 것이다.

다. 직접전략 ②: 고갈전략

고갈전략은 적과 군사적으로 싸우지 않고 버티면서 적의 식량과 물자가 바닥나기를 기다려 적을 지치게 하고 적의 의지를 약화시키는 전략이다. 공격하는 측에서는 적의 성을 포위하여 먹을 것이 떨어져 항복할 때까지 기다리는 전략을, 방어하는 측에서는 모든 식량과 물자를 가지고 산성 또는 성으로 들어가 적이 굶주림과 피로에 지쳐 물러갈 때까지 기다리는 전략을 취할 수 있다. 이때 방어하는 측에서 적이 취할 수 있는 식량이나 물자를 모두 가지고 성에 들어가야 하는데, 이를 '청야입보淸野入保'라 한다.

삼국은 다양한 형태의 성곽을 축조하고 병력을 주둔시켜 적의 공격을 방어했다. 고구려는 산성과 평지성이 서로 지원할 수 있도록 하나의 세트

---

155 『삼국사기』, 권28, 백제본기6, 의자왕 20년(660년) 6월.

로 구성하여 운용했으며, 성문의 방어력을 높이기 위해 별도의 옹성甕城—성곽을 돌출시켜 성문을 부수는 적을 측면과 후방에서 공격할 수 있는 시설—을 설치하거나 이중 성벽을 쌓기도 했다. 5세기에 요동 지역을 확보하고 평양으로 천도한 후에는 요동에서 압록강을 거쳐 평양으로 이어지는 교통로에 다수의 산성을 축조하여 축차적인 방어망을 구축했다.[156] 백제는 도성을 효과적으로 방어할 수 있도록 주요 교통로 및 요충지에 자연장애물을 이용한 성을 준비하여 유사시 전략거점으로 활용하고자 했다. 다만 백제는 압도적으로 우세한 고구려의 공격을 방어하기 위해 평지성보다 산성을 활용했다. 신라도 마찬가지로 고구려의 남진에 대비하여 고구려와의 접경지역을 중심으로 산성을 축조했다. 삼국 모두에게 산성 및 평지성은 행정거점으로서의 역할도 있었으나 외부의 침입에 대비한 군사적 목적을 우선으로 했다.

그러나 성안에서 농성하며 장기간 버텨야 하는 청야입보의 고갈전략은 너무 소극적인 탓에 성 밖으로 나가 유리한 지형을 이용하여 적을 섬멸하는 이일대로의 기동전략과 그 적절성을 놓고 시비가 불가피했다. 172년 한나라 대군이 고구려를 공격해왔을 때 고구려 조정에서 벌어진 전략논쟁이 이를 보여준다. 조정 대신들은 이일대로 전략을 선호하여 다음과 같이 건의했다.

> 한나라 병사들은 수가 많은 것을 믿고 우리를 가볍게 볼 것이니, 만약 싸우지 않으면 우리가 겁이 나서 그런 것이라 여겨 자주 쳐들어올 것입니다. 우리나라는 산이 험하고 길이 좁아, 이른바 한 명이 문을 지키면 만 명이 와도 당해낼 수 없는 곳입니다. 한나라 병사의 수가 비록 많을지라도 우리를 어찌할 수 없을 것이니, 군사를 출동시켜 막기를

156 육군군사연구소, 『한국군사사 12: 군사사상』, pp. 69-71.

바랍니다.[157]

그러나 이러한 건의는 명림답부明臨答夫의 청야입보 주장으로 인해 이루어질 수 없었다. 그는 고구려의 재상이자 군사를 총괄했던 인물로 먼저 적을 약화시킨 후 반격을 가하는 청야입보 전략을 제안했다.

> 한나라는 나라가 크고 백성이 많으며, 지금 강병을 이끌고 먼 곳에서 와서 싸우려 하니 그 날카로운 기세를 당할 수 없습니다. 더군다나 병사가 많은 나라는 싸워야 하고, 병사가 적은 나라는 지켜야 하는 것이 병법가의 원칙입니다. 이제 한나라는 군량미를 천 리 길이나 옮겨야 하기 때문에 오래 버티지 못할 것입니다. 만약 우리가 도랑을 깊게 파고 보루를 높이 쌓으며, 그들이 이용할 수 없도록 농작물을 모두 없애고 기다리면 그들은 반드시 열흘 혹은 한 달을 넘기지 못하고 굶주리고 피곤하여 돌아갈 것입니다. 그때 우리의 강한 병졸들이 따라붙어 치면 뜻대로 될 수 있을 것입니다.[158]

신대왕新大王은 명림답부의 제안을 받아들여 성을 굳게 지키도록 했고, 한나라 군사는 성을 쳤으나 함락하지 못하고 식량이 떨어지자 물러갔다. 그리고 이들이 퇴각하자 명림답부는 수천의 기병을 이끌고 이들을 추격하여 좌원坐原(국내성 인근)에서 한나라군을 크게 격파했다. 이일대로에 의한 방어적 기동전략 대신 청야입보에 의한 고갈전략을 택한 사례이다.

이러한 청야입보 전략은 이후 수와 당나라의 침입에서도 적용되었다. 수나라가 612년에 두 번째로 고구려를 침공했을 때 고구려는 요하에서 적을 1차로 저지했으나 곧 적의 우세한 병력에 밀려 요동성으로 퇴각하

---

157 『삼국사기』, 권16, 고구려본기4, 신대왕 8년(172년) 11월.

158 앞의 문헌.

여 지연전에 돌입했다. 요동성은 사통팔달의 육로 및 수로 교통의 중심지로서 전국시대 이래로 중국 대륙을 장악한 세력이 반드시 확보하고자 했던 전략적 요충지였다. 고구려는 요동성에 50만 석의 군량을 비축하여 장기간 항전태세를 갖추고 수나라 군대의 진출에 발목을 잡고자 했다. 수나라 군사가 포위를 강화하자 고구려군은 병력의 열세를 고려하여 장기 농성을 계속하는 가운데, 적의 경계태세가 해이해진 야음을 이용하여 기습공격을 가하는 전술로 적을 괴롭혔다. 수나라 군대는 4월 초부터 요동성을 포위했으나 고구려군의 청야입보 항전으로 8월 중순 철수할 때까지 성을 점령할 수 없었다.[159]

고구려는 당나라가 침공했을 때에도 성을 중심으로 한 고갈전략으로 맞섰다. 이세적의 군대가 안시성을 지원하러 온 고연수의 군대 15만을 안시성 인근에서 와해시키자 고구려는 어쩔 수 없이 안시성 안에서 결사적으로 항전할 수밖에 없었다. 고연수가 거부했던 고정의의 고갈전략을 채택한 것이다. 645년 8월 10일 당태종은 전 병력을 동원하여 안시성을 함락하기 위해 공격했지만 여의치 않았다. 안시성의 고구려군과 백성들은 혼연일체가 되어 당나라군의 집요한 공격을 막아냈다. 안시성은 평지의 요동성과 달리 산에 의지한 산성으로 평지에서 위력을 발휘했던 공성무기의 효과가 떨어졌기 때문이다. 당태종은 최후의 방책으로 총병력 50만을 동원하여 60일에 걸쳐 토산을 쌓아 안시성을 공략하려 했으나 마침 폭우로 인해 토산이 붕괴되고 설상가상으로 고구려군이 토산을 점령하여 실패로 돌아갔다. 결국 당태종은 군량이 떨어지고 겨울이 다가오는 것을 우려하여 철군을 결심하지 않을 수 없었다.[160] 이 사례는 당나라군과의 접

---

159 서인한, 『한국고대 군사전략』, pp. 153-154. 이와 같은 농성전은 수나라가 613년 세 번째로 고구려를 침공했을 때에서 마찬가지로 전개되었다. 다만 수나라는 '어량대도(魚梁大道)'와 '팔륜누거(八輪樓車)' 등의 공성장비를 동원하여 요동성을 공략하려 했으나 국내 반란이 발생하여 공격도 하기 전에 철군해야 했다. '어량대도'란 흙을 채운 포대를 쌓아 적의 성과 같은 높이에서 공격할 수 있도록 만든 임시 성루이며, '팔륜누거'는 이동식 고가 사다리로 적 성벽을 기어오르는 장비이다.

160 『삼국사기』, 권21, 고구려본기9, 보장왕 4년(645년) 5월.

전에서 서로가 많은 사상자를 냈다는 측면에서 소모전략으로 볼 수도 있으나, 당군이 철수한 이유가 사상자 때문이 아니라 식량과 기후요인이 작용했다는 점에서 고갈전략에 가깝다고 할 수 있다.

이러한 장기 항전은 신라의 전쟁에서도 발견할 수 있다. 346년 왜군이 풍도에 이르러 신라 변방의 마을에 침입하여 약탈한 후 신라의 수도인 금성金城을 포위하여 공격했다. 흘해이사금訖解尼師今이 출병하여 싸우려 할 때 이찬伊湌 강세康世는 이를 말리면서, "적은 먼 곳에서 와서 싸움으로써 그 예봉을 당하기 어려우니 그대로 두어서 적이 피로한 후 치는 것이 좋겠습니다"라고 진언했다. 왕은 강세의 계략을 받아들여 성문을 굳게 닫고 나가 싸우지 않았다. 강세의 예상대로 군량이 떨어지고 피로에 지친 적이 퇴각하자, 신라군은 이들을 추격하여 격멸할 수 있었다.[161] 이러한 전략은 393년 내물이사금 재위 기간 왜인이 금성을 에워싸고 5일 동안 포위를 풀지 않을 때에도 마찬가지로 적용되었다. 장병들이 나가 싸우려 하자 왕은 성문을 굳게 닫고 지키도록 했고, 적이 물러날 때 날쌘 기병 200명으로 적의 퇴로를 차단하고 1,000명의 보병으로 추격케 하여 적을 섬멸했다. 적의 살상과 포로는 헤아릴 수 없었다고 기록되어 있다.[162]

성을 중심으로 장기 항전에 나서는 고갈전략은 적과 정면으로 맞서 싸우는 소모전략과 혼동될 수 있다. 성을 공격하는 적을 맞아 싸운다는 점에서 동일하기 때문이다. 어차피 적이 성을 공격해오면 싸움을 피할 수는 없다. 그러나 고갈전략과 소모전략은 분명히 다르다. 소모전략의 핵심은 성곽의 유리함을 이용하여 적을 섬멸하는 데 있다. 성을 지키면서 수시로 나가 적을 기습할 수 있으며, 다른 성에서 지원하는 병력과 함께 적에게 협공을 가할 수도 있다. 적을 살상하는 데 주력하는 것이다. 이에 비해 고갈전략은 적을 섬멸하기보다는 장기적으로 적의 군수보급에 어려움을 가

161 『삼국사기』, 권2, 신라본기2, 흘해이사금 37년(346년).

162 『삼국사기』, 권3, 신라본기3, 내물이사금 38년(393년) 5월.

중시키는 데 주안을 둔다. 고갈전략을 취할 경우 청야입보, 즉 성으로 입보할 때 적이 쓸 수 있는 식량이나 물자를 모두 태우거나 황폐화시키는 청야작전을 실시하여 적으로 하여금 현지조달을 원천적으로 봉쇄해야 한다. 즉, 소모전략이 맞서 싸워 적을 섬멸하는 데 주안을 둔다면, 고갈전략은 가급적 싸움을 피하며 적이 스스로 물러나도록 한다는 차이가 있다.

이상에서 삼국의 전쟁수행전략을 간접전략과 직접전략으로 구분하여 살펴보았다. 삼국은 모두 동맹과 계략을 활용하는 간접전략과 함께 기동과 소모에 의한 섬멸전략, 그리고 적을 지치게 하는 고갈전략을 두루 활용했다. 우선 상대적으로 군사력이 우세한 한나라, 수나라, 당나라가 침공했을 때 고구려는 직접전략의 한 형태인 고갈전략을 추구할 수밖에 없었다. 강대국을 상대로 맞서서 싸울 수 없었던 것이다. 그러나 군사력의 차이가 크지 않았던 삼국 간의 전쟁에서는—비록 전격적인 승리를 달성하고자 하는 경우 기동전략을 사용했으나—대부분의 경우 성을 둘러싼 공성전과 수성전 위주의 소모전략을 주로 사용했다. 삼국이 공성전과 같은 소모전략을 보편적으로 사용했던 이유는 이들이 추구하는 정치적 목적이 적 수도를 공략하는 정벌이 아니라 대부분 전략적 요충지를 확보하는 것으로 한정되었기 때문으로 볼 수 있다. 전쟁에서 추구하는 정치적 목적이 소극적이고 제한적이었던 만큼 대규모 섬멸을 추구하는 전격적인 군사전략이 굳이 필요하지 않았던 것이다.

4. 삼위일체의 전쟁대비

가. 왕의 역할: 군 장악과 백성의 전쟁열정 확보 문제

삼국시대의 전쟁은 왕의 전쟁이었다. 삼국이 주변의 부족을 통합하여 고대국가를 형성해나가는 과정에서 왕은 전쟁에 대비하여 군을 장악하고 백성들의 전쟁열정을 확보해야 했다. 삼국은 왕을 중심으로 한 삼위일체의 전쟁대비가 성공적으로 이루어졌을 때 보다 야심 찬 정치적 목적을 가지고 대외정벌이나 영토확장에 나설 수 있었다. 반대로 왕이 전쟁대비의 중심에 서지 못했을 때에는 군사력의 약화와 백성들의 민심 이반을 초래하여 국력의 쇠퇴를 가져왔다.

우선 고대국가로 발전하는 과정에서 삼국의 왕들은 모두 군에 대한 장악력을 높이고자 했다. 막스 베버Max Weber의 주장대로 "국가는 합법적으로 폭력을 독점하는 독립된 주체"인 만큼, 군을 통제하지 못하는 왕은 항상 반역과 국가분열의 위험에 처할 수밖에 없었다. 삼국은 왕권을 강화하기 위해 부족단위의 지방분권적 행정체계를 통합하여 지역단위로 새롭게 개편함으로써 중앙집권적 체계로 전환했으며, 각 지방의 군사력을 해당 지방의 행정계통에 편입시켜 군을 통제하고자 했다. 즉, 중앙집권화된 행정체계를 갖추고 행정과 군사를 일원화함으로써 자연스럽게 군을 장악하려 한 것이다.

고구려는 고국천왕 대에 종래의 부족 중심의 조직을 재편하여 내부, 북부, 동부, 남부, 그리고 서부의 5부部 체제로 편성했다. 그리고 각 부에 욕살褥薩이라는 지방관을 두어 해당 지역의 백성을 다스리면서 그곳에 편성된 군사를 지휘하도록 했다.[163] 백제도 전국을 동, 서, 남, 북, 중방의 5방方으로 나누고 각 방을 다스리는 방령方領으로 하여금 그 지역에 편성된 병력을 통솔하도록 했다.[164] 신라는 진흥왕 대에 영토를 확장하면서 지방을 5개의 주州로 나누고 각 주에 정停이라는 군단을 두었는데, 주를 다스리는 지방관인 군주軍主로 하여금 정을 지휘하도록 했다.[165] 이처럼 삼국은 행정

---

163 육군군사연구소, 『한국군사사 1: 고대 Ⅰ』(서울: 경인문화사, 2012), pp. 258-259; 민진, 『한국의 군사조직』(서울: 대영문화사, 2017), p. 50.

164 육군군사연구소, 『한국군사사 1: 고대 Ⅰ』, p. 326.

165 주를 통치하는 장관을 군주(軍主)라 칭한 것은 신라의 주가 행정구획이라기보다 군사적 성격을 띠고 있음을 말해준다.

체제를 중앙집권화하면서 임명된 지방관을 통해 각 지역의 군사력을 장악하고 통제할 수 있었다.

다음으로 삼국은 왕도정치를 통해 백성들로 하여금 전쟁에 대한 열정을 갖도록 유도해야 했다. 손자가 '도道'의 중요성을 언급한 것처럼 백성들이 군주와 생사를 같이하겠다는 의지를 갖지 않으면 전쟁에서 승리할 수 없기 때문이다. 그러나 삼국의 왕들이 실제로 이러한 노력을 기울였는지에 대해서는 기록이 남아 있지 않아 알 수 없다. 특히 삼국이 전성기를 누렸던 광개토대왕, 장수왕, 근초고왕, 그리고 진흥왕 대에 이들이 어떻게 왕도를 행하고 백성들의 전쟁열정을 자극하여 전쟁에서 승리했는지 확인할 길이 없다. 다만, 유교의 영향을 받았던 삼국의 왕들은 대체로 백성들에게 선정을 베풀고 이들의 삶을 보살펴줌으로써 민심을 얻고자 노력했을 것으로 추정해볼 수 있다.

이와 관련하여 『삼국사기』에는 고구려 대무신왕의 사례가 언급되어 있다. 22년 대무신왕은 직접 병사들을 이끌고 부여국을 공격했으나 오히려 부여군 1만여 명으로부터 포위를 당해 굶주리다가 가까스로 탈출했다. 그럼에도 불구하고 그는 다음 기록에서 보는 바와 같이 백성들의 민심을 얻는 데 성공했다.

> 임금이 본국으로 돌아와서 여러 신하들을 모아 종묘에 아뢰고 잔치를 베푸는 음지飮至의 예식을 거행하면서 말하였다. "내가 부덕하여 경솔하게 부여를 공격하였다. 비록 그 왕을 죽였지만 그 나라를 멸망시키지는 못하였다. 게다가 우리 군사와 물자를 많이 잃었으니, 이는 나의 잘못이다." 곧이어 전사자를 직접 조문하고 부상당한 자를 문병하여 백성들을 위로하였다. 이 때문에 나라 사람들이 임금의 덕행과 의리에 감동하여 모두 나라 일에 생명을 바치기로 약속하였다.[166]

---

166 『삼국사기』 권14, 고구려본기2, 대무신왕 5년(22년) 2월.

비록 전쟁에서 패했으나 왕 스스로 부덕함을 인정하고 전사자들을 돌봄으로써 백성들을 감동·감화시킨 것이다.

이와 반대로 실패한 사례도 있다. 백제 아신왕의 경우 광개토대왕에게 빼앗긴 지역을 탈환하고자 393년 관미성, 394년 수곡성水谷城(황해 신계), 395년 패수를 잇달아 공격했으나 실패했다. 398년에는 고구려 공격에 나섰다가 백제 진영에 유성이 떨어지자 이를 불길한 징조로 여겨 공격을 중단하고 복귀했다. 그는 399년 8월에 또다시 고구려를 공격하기 위해 병사와 말을 대대적으로 징발했는데, 이때 『삼국사기』는 전쟁에 염증을 느낀 백성들이 신라로 도망가서 백제의 인구가 줄었음을 기록하고 있다.[167] 전쟁으로 인한 백성들의 고충을 무시하고 무모하게 전쟁을 벌인 탓에 민심이 이반한 사례로 볼 수 있다. 그가 수차례 반복된 공격에도 불구하고 한 번도 성공하지 못한 것은 고구려 광개토대왕의 위세가 컸던 탓도 있지만 전쟁을 시작하기에 앞서 민심을 제대로 수습하지 못했기 때문으로도 볼 수 있다.

왕이 군을 장악하고 민심을 획득하기 위해서는 왕권을 뒷받침할 수 있는 제도적 장치가 마련되어야 한다. 실제로 삼국에서는 대대적인 국가제도의 정비가 이루어진 후에 전성기를 맞이했음을 알 수 있다. 고구려의 경우 소수림왕 대에 불교를 수용하고 율령을 반포하여 통치기반을 강화했기 때문에 광개토대왕 및 장수왕 대에 이르러 정복사업을 활발히 할 수 있었다. 백제의 경우 고이왕 대에 관제를 정하고 법령을 제정하여 전제왕권의 기반을 확립했기 때문에 근초고왕 대에 남방경략 및 북방경략을 통해 영토를 확장할 수 있었다. 신라도 법흥왕 대에 불교를 도입하고 법령을 반포하여 국가체제를 정비함으로써 진흥왕 대에 활발한 정복활동이 가능했다.

이처럼 삼국이 국력을 신장시킬 수 있었던 것은 왕이 제도적으로 왕권

---

167 『삼국사기』 권25, 백제본기3, 아신왕 8년(399년) 8월.

을 강화함으로써 군을 장악하고 통치기반을 확고히 한 데 기인한다. 왕을 중심으로 삼위가 일체된 전쟁대비가 이루어질 경우 군사적 역량을 갖추고 백성들의 전쟁열정을 자극하여 대외적으로 정복사업을 활발하게 전개하고 전성기를 구가할 수 있었던 것이다.

나. 군의 역할: 상무정신 불구 군사적 천재성 부재

군의 역할은 전장에서의 불확실성을 극복하고 전쟁에서 승리하는 것이다. 그러기 위해서는 병법에 탁월한 식견을 가진 군사적 천재—혹은 손자가 말하는 '선전자善戰者'—로 하여금 군을 지휘하도록 해야 한다. 손자가 그의 병서에서 반복하여 강조한 것처럼 전쟁을 이끌어가는 장수의 역할에 따라 국가의 운명과 백성의 안위가 결정되기 때문이다. 따라서 삼국은 모두 전쟁에 대비하여 평시 상무적인 기풍을 진작하고 뛰어난 장수를 양성하고자 노력했다. 다만, 삼국이 전쟁에 천재적 감각을 지닌 뛰어난 장수를 배출했는지에 대해서는 의문의 여지가 있다.

우선 삼국은 전쟁이 일상화된 현실에서 상무정신을 함양하고 군사적 식견을 갖춘 인재를 양성하기 위해 다양한 노력을 기울였다. 고구려는 경당扃堂을 두었다. 경당은 마을마다 건물을 지어 젊은이들로 하여금 오경을 비롯한 경전과 병서를 읽게 하고 무예를 가르친 일종의 교육기관이었다. 신라의 화랑도와 유사하지만 귀족이 아닌 평민을 대상으로 했다는 점에서 군사적 실력을 갖춘 인적기반을 더욱 확대하고자 했던 것으로 보인다.[168] 실제로 경당은 평민출신이지만 천재성을 지닌 을지문덕과 같은 명장을 배출할 수 있었다. 신라에서는 화랑도 제도를 두었다. 화랑도는 한 명의 화랑과 그를 따르는 낭도로 이루어진 집단으로 대체로 10대 후반의 진골귀족 출신 자제를 대상으로 했다. 화랑이 귀족 자제로 구성된 것은 "삼국 간의 전쟁이 치열해지면서 국가의 존립이 곧 가문과 개인의 존립기

---

168 육군군사연구소, 『한국군사사 12: 군사사상』, p. 18.

반이라는 위기의식"이 반영되었기 때문으로 볼 수 있다.[169] 화랑들은 국가에 충성한다는 소명의식을 가지고 심신을 수련하며 무술을 연마했다. 이들 가운데 전쟁에서 활약한 인물로는 사다함斯多含, 설원랑薛原郎, 김유신, 김흠춘金欽春, 근랑近郎, 죽지랑竹旨郎, 관창官昌 등이 있다. 아울러 사료상으로는 전해지지 않으나 백제에서도 고구려의 경당이나 신라의 화랑도와 같은 청년 군사교육기관이 존재했을 것으로 짐작해볼 수 있다.

그럼에도 불구하고 삼국의 전쟁을 보면 장수의 천재성이 발휘된 사례는 많지 않다. 물론, 광개토대왕이나 을지문덕과 같이 출중한 용병술로 전격적인 승리를 거둔 훌륭한 장군들이 있었다. 그러나 대부분의 전쟁은 장수의 창의적 기질이 발휘되는 기동전략보다는 공성전과 같은 소모적 방식으로 치러졌다. 유명한 장수였던 김유신과 계백이 싸운 황산벌 전투도 마찬가지로 아군의 피해를 최소화하면서 적을 일거에 무너뜨리는 기동전략이 아닌 죽음을 각오하고 적과 정면승부를 벌이는 소모적 전투로 일관했다. 장수의 뛰어난 전략적 혜안과 지략이 아닌 장병들의 용맹성과 희생정신에 의존하여 싸웠던 것이다. 600년이 넘는 기간 동안 반복된 삼국의 전쟁이 매번 결정적인 성과를 거두지 못한 채 상호 피해를 가중시키는 소모적인 양상으로 흐르고, 오랜 기간 동안 원한이 쌓이면서도 상대를 합병하거나 통일을 달성하지 못했던 것은 탁월한 군사적 역량을 갖춘 인물이 많지 않았기 때문으로 볼 수 있다.

삼국은 왜 상무정신을 함양했음에도 불구하고 군사적 천재를 배출하지 못했는가? 여기에는 유교의 영향이 컸다. 삼국은 '유교적 현실주의'라는 관점에서 전쟁의 목적을 합병이나 통일이 아닌 영토방어 혹은 일부 영토 확장으로 한정함으로써 스스로 군의 역할과 역량을 의도적으로 제한하게 되었다. 공성전 수준의 국지적 전쟁에서는 굳이 군사적 천재가 필요하지 않았던 것이다. 그 결과 삼국은 군을 고도의 전문성이 요구되는 독자적

---

169 화랑도에 대해서는 육군군사연구소, 『한국군사사 12: 군사사상』, pp. 21-33 참조.

영역으로 인정하지 않았다. 삼국 모두에게 군은 왕의 권력을 강화하고 치적을 쌓는 데 필요한 무력을 제공하는 존재로서, 왕이 야심 찬 정치적 목적을 갖고 적극적으로 군을 건설하지 않는 이상 왕의 사적인 무력기반에 불과했다.

군사적 전문성의 부재는 전장에서의 무모한 죽음을 미화하는 잘못된 군사문화를 낳았다. 『구당서舊唐書』에 의하면 고구려에서는 싸움에서 적에게 항복하거나 패한 자를 참수형에 처했다고 한다. 백제에서도 전쟁에서 퇴각한 자는 참수한 것으로 전해지고 있다. 신라에서는 화랑의 계율인 세속오계 중의 하나로 '임전무퇴', 즉 싸움에 임하면 물러서지 않는다는 항목이 포함되었다. 당시 삼국이 처한 시대적 상황에서 이러한 엄격한 규율 및 계율은 상무적 기풍을 진작하고 전사적 기질을 극대화하기 위해 반드시 필요했을 것이다. 그럼에도 불구하고 이러한 군사문화는 무모한 전투행동으로 이어지고 이를 찬미하는 풍토를 조성했다. 화랑 귀산, 추항, 김흠운 등의 예가 보여주듯이 전쟁터에서의 죽음을 지고의 덕목으로 인식하여 스스로 목숨을 함부로 버리게 한 것이다. 군인이라면 전쟁터에서 명예롭게 죽는 것을 이상적 가치로 여길 수 있으나, 자살에 가까운 선택을 명예로운 죽음으로 볼 수는 없다. 오히려 이들이 살아남았다면 군사적 천재로 거듭나 당나라의 개입 없이 진정한 통일을 이루고 만주를 평정하는 새로운 역사의 주인공이 될 수 있었을 것이다.

다. 백성의 역할: 전쟁열정의 한계

삼국의 백성들은 전쟁에 어떻게 임했는가? 백성들은 전쟁에 나가 왕을 위해 죽을 각오를 하고 싸울 수 있었는가? 즉, 클라우제비츠가 말한 근대적 용어로 삼국의 백성들은 전쟁에 대한 '열정'을 가지고 있었는가? 아마도 대다수의 경우 백성들은 그렇지 않았던 것 같다.

삼국시대의 전쟁은 왕의 전쟁이지 백성의 전쟁은 아니었다. 근대와 같은 민족주의 의식이 형성되지 않았던 당시 상황에서 일반 백성들이 높은 애국심을 가지고 전쟁에 적극적으로 참여하지는 않았을 것이다. 삼국시대에는 엄격한 신분제도가 유지되어 귀족, 평민, 천민의 구별이 뚜렷했다. 이 가운데 가장 많은 계층은 평민에 해당하는 농민으로 이들은 자기 소유의 토지를 경작하면서 군역과 부역을 담당해야 했다. 즉, 군역에 전념하지 못하고 생업과 기타 부역에도 종사해야 했던 만큼, 평소 전쟁의 문제에 관심을 갖기 어려웠을 것이다. 비록 이들이 전쟁에 동원되더라도 국가 또는 왕에 대한 충성심보다는 자신 및 가족의 생명과 재산을 보호하기 위해 싸웠을 것이다. 즉, 백성들이 가졌던 전쟁열정은 국가의 전쟁 혹은 군주의 전쟁에 대한 참여라기보다는 자연인으로서 자연권을 지키기 위한 생존본능에 더 가까웠을 것이다.

삼국시대에는 전쟁을 통해 영토를 확장할 경우 복속하는 백성을 받아들여 살게 해주는 것을 맹자의 왕도정치를 이행하는 것으로 인식했다.[170] 실제로 삼국은 사민정책을 실시하여 전쟁으로 확장된 영토에 투항한 적국민을 일정한 곳에 모여 살도록 배려해주었다. 따라서 전쟁에 동원된 병사들은 전쟁에서 패할 경우 끝까지 저항하기보다는 승리한 국가에 귀화하여 살고자 했을 수 있다. 551년 신라의 장군 거칠부居柒夫가 백제군과 함께 고구려 공격에 나서 죽령 이북의 땅을 점령했을 때 과거 인연이 있던 고구려의 혜량惠亮 법사가 "지금 우리나라는 정사가 어지러워 멸망할 날이 머지 않았으니 귀국으로 데려가 주기를 바라오"라고 요청한 바 있다.[171] 고구려의 정신적 지주 역할을 했던 고승도 충성의 대상을 신라로 바꿀 수 있었던 것이다. 마찬가지로 일반 병사들과 백성들도 왕의 폭정으로 나라가 어지럽고 삶이 피폐할 경우 전쟁에서 끝까지 싸우기보다는 투항하려 했을 수 있다. 아신왕 대의 백제가 그러했듯이 매년 반복되는 전쟁에 신물이 나서 전쟁에 끌려가기 전에 도망할 수도 있었다. 비록 귀족이나 호

---

170 성종호, 『군사적으로 본 한국역사』(서울: 육군대학, 1980), p. 14.

171 『삼국사기』 권45, 열전5 거칠부.

족의 경우 그들의 기득권을 유지하기 위해 어떻게든 전쟁을 승리로 이끌려 했겠지만, 백성들의 경우에는 그러한 의지가 약했을 수 있다.

실제로 삼국의 전쟁에서 동원된 병사들의 전의는 그리 높지 않았던 것으로 보인다. 이는 장군들이 전장에서 병사들의 사기를 북돋우기 위해 종종 자신의 용맹함을 과시하거나 자신의 어린 아들을 희생시킨 사례에서 드러난다. 몇 가지 예를 들어 보자. 629년에 김유신이 고구려의 낭비성을 공격할 때 신라군은 고구려 군사의 기세가 등등하여 전의를 상실했다. 이에 김유신은 "내 듣기에는 옷깃을 떨쳐야 옷이 반듯하고 벼리를 들어야 그물이 펴진다 하니 내가 그 벼리와 옷깃이 되어야겠다"고 말하고서 곧 말에 올라 칼을 뽑아들고 적진으로 돌진했다. 그가 적진을 오가며 적 장수의 목을 베어 오자 신라군은 기세를 올려 진격하여 고구려군 5,000명을 참살할 수 있었다.[172]

647년 백제가 무산, 감물, 동잠의 세 성을 포위하자 김유신은 보병과 기병 1만 명을 이끌고 나갔으나 적의 위세가 막강하여 악전고투를 면치 못했다. 이때 김유신의 휘하에 있던 비녕자丕寧子와 그의 아들 거진擧眞이 적진으로 돌진하여 장렬하게 전사하자 신라군 장병들은 이에 힘입어 돌진하여 백제군을 격파할 수 있었다.[173] 660년 신라가 백제의 계백군과 황산벌에서 싸웠을 때에도 마찬가지였다. 백제군의 결사항전에 부딪혀 어려운 상황에서 반굴과 관창 등 장군의 아들들을 희생시킴으로써 신라군의 전의를 북돋우고 백제군을 격파할 수 있었다.[174] 전장에서 장군들의 분발 없이 병사들의 전투의지를 불러일으키지 못했다는 사실은 일반 백성들이 전쟁에 높은 열정을 갖고 있지 않았음을 보여준다.

이러한 상황에서 왕은 백성들의 전쟁열정을 불러일으키기 위해 왕도를

---

172 『삼국사기』 권41, 열전1, 김유신 상.

173 앞의 문헌.

174 『삼국사기』 권5, 신라본기5, 태종왕 7년(660년) 7월.

행해야 했다. 고구려, 백제, 그리고 신라의 전성기에 각국의 왕들은 아마도 선정을 베풀어 백성들로 하여금 전쟁에 호응하고 참여하도록 유도했을 것이다. 그럼으로써 어느 정도는 전쟁에 대한 '열정'을 가지고 왕이 수행하는 전쟁을 지지하고 참여하도록 했을 것이다. 다만, 백성들의 민심은 왕이 행하는 '도'에 따라 얼마든지 변화할 수 있었던 만큼, 삼국시대 백성들이 가졌던 전쟁열정은 지속적인 요소가 아니었을 것이다.

5. 소결론

600년이 넘는 기간 동안 삼국은 자의에 의한 통일을 이루지 못했다. 광개토대왕이 재위한 21년을 제외하고는 북쪽의 만주나 남쪽의 일본으로 대외적인 팽창을 추구하지도 않았다. 대부분의 세월 동안 한민족은 만주를 지배하고 중원을 넘보는 강대국으로 성장하지 못하고 지리적으로 한반도에 정체되어 삼국 간의 지루한 싸움을 이어갔을 뿐이다.

그렇다면 삼국시대에 한민족은 왜 강대국으로 발돋움하지 못했는가? 그 원인은 근본적으로 유교의 영향으로 볼 수 있다. 삼국은 유교의 가르침대로 전쟁을 나쁜 것으로 인식하여 대외적 팽창에 부정적이었다. 비록 삼국은 전쟁이 일상화된 현실 속에서 국가방위를 위해 무력 사용의 당위성을 인식하고 실제로 빈번하게 전쟁을 치렀으나, 그 기저에는 무력 사용에 대한 혐오감이 작용하고 있었던 것이다. 이는 앞에서 살펴본 대로 '유교적 현실주의'라는 개념으로 이해할 수 있다. 그리고 이 같은 전쟁인식은 삼국이 전쟁에서 추구하고자 하는 정치적 목적을 제한했다. 주로 방어적이고 도의적 전쟁을 수행했을 뿐 정복을 통해 주변국을 약탈하고 국가이익을 극대화하는 전쟁을 하지 못했으며, 나아가 주변국을 합병함으로써 국가의 팽창을 도모하는 전쟁을 추구하지 않았다. 그 결과 삼국의 전쟁은 통일전쟁이 아닌 일부 영토를 놓고 치열하게 대립하는 제한적인 전쟁으로 점철되었다.

이로 인해 전쟁을 수행하는 전략은 광개토대왕의 사례를 제외하면 대부분 전격적이지 못하고 소모적이었다. 삼국이 추구한 정치적 목적이 적을 무너뜨리는 정벌이 아니라 국경 주변의 전략적 요충지를 확보하는 것으로 제한되었기 때문에 이들의 전략은 기동에 의한 섬멸보다는 성을 중심으로 공격과 방어를 거듭하는 소모적인 전략으로 일관했다. 그리고 이와 같이 소모적이고 수세적인 전략으로 인해 삼국은 전쟁에 대비하여 군의 능력을 강화하고 백성들의 전쟁열정을 고취시키는 데 한계를 보였다. 물론, 국력이 신장되는 시기에 고구려의 광개토대왕, 백제의 근초고왕, 그리고 신라의 진흥왕과 같이 강력한 왕이 등장하여 군사력을 강화하고 국가발전을 도모할 수 있었다. 그러나 전반적으로 삼국은 공성전을 중심으로 단순한 전쟁을 수행했기 때문에 중국의 손자나 오자와 같은 '선전자' 혹은 프리드리히 2세Friedrich II나 나폴레옹Napoléon Bonaparte과 같은 '군사적 천재'를 필요로 하지도 않았고 키울 수도 없었다. 대규모의 전면전을 상정하지 않았기 때문에 백성들로 하여금 애국심을 가지고 전쟁에 적극 호응하도록 이들의 '열정'을 자극할 필요도 없었다.

결론적으로, 삼국은 '유교적 현실주의'를 바탕으로 전쟁을 수행했기 때문에 통일을 이루지 못했다. 통일을 이루지 못한 상황에서 삼국은 서로 다투었을 뿐 대외적 팽창을 추구할 동기나 여력을 갖지 못했다. 만일 광개토대왕이나 장수왕이 일찍이 삼국통일을 이루고 대외팽창을 추구했다면 한민족의 역사는 크게 달라졌을 수 있다. 광개토대왕의 대외정벌도 통일된 한반도의 안정적인 정세를 기반으로 더욱 힘을 받았을 것이며, 만주의 이민족들을 굴복시키는 정도가 아니라 이들을 흡수하고 합병할 수 있었을 것이다. 결국 한민족의 통일과 대외적 팽창에 발목을 잡은 것은 삼국이 가졌던 유교적 전쟁인식으로 볼 수 있다.

제5장

고려시대의 군사사상

고려는 왕건이 후삼국을 통일하여 건국한 918년부터 이성계가 조선을 개국한 1392년까지 474년간 존속했다. 초기에 고려는 북진정책을 추진하며 영토를 확장하는 등 통일국가로서 진취적인 대외정책을 펼쳐 압록강 하류 지역을 확보할 수 있었다. 그러나 이후 중국의 정세불안을 틈타 북방 이민족들이 세력을 강화하면서 고려는 여진정벌로 이룬 9성을 반환하고 금金나라와 원元나라의 지배를 받는 등 수난을 겪게 되었다. 전반적으로 고려는 스스로 고구려의 후예라는 자아인식을 가지고 북진정책을 통해 영토를 확장하려 했다는 점에서 상대적으로 강한 현실주의적 전쟁인식을 갖고 있었다. 다만, 그러한 전쟁인식은 유교적 전쟁관, 운명론적 전쟁관, 종교적 전쟁관 등의 영향으로 제약을 받았으며, 이에 부가하여 북진을 추진하는 과정에서 영토에 대한 인식이 명확하지 않았기 때문에 요동과 만주로 세력을 확장하지 못하고 한반도 이내에 정체되었다.

1. 전쟁의 본질 인식

가. 유교적 전쟁관의 왜곡: 문화적 편견

고려시대에 유교는 국가통치를 위한 이념으로 발전했다. 비록 태조는 '훈요십조訓要十條'의 1조에서 "우리 국가의 대업은 필연코 제불諸佛의 호위에 의지한 것"이라며 불교국가를 표방했지만,[175] 고려시대 전반에 걸쳐 정치사상을 지배한 것은 유교였다.

성종은 최승로의 '시무책時務策'에 따라 유교를 정치이념으로 삼고, 고등교육기관인 국자감國子監을 설치하여 고위급 자제를 대상으로 유학을 교육하고 관리로 선발했다. 문종 대에는 최충의 9제학당九齊學堂을 비롯한 사립학교가 성행하여 경사經史—경서經書와 사기史記—를 연구하는 학풍이 일어났다. 예종 대에 국가 차원의 유학 연구기관인 청연각淸讌閣과 보문각寶文閣이 설치되었고, 인종 대에는 경사6학京師六學 제도와 향학鄕學이 설치되었다. 유학은 무인정권기에 한동안 침체되었지만 고려 후기 신흥사대부들이 권문세족의 횡포와 불교의 폐해를 타개하기 위해 성리학을 수용하면서 다시 새로운 지도이념으로 등장했다.[176]

이와 같이 고려의 정치와 사상이 유교주의를 근간으로 했음을 고려한다면 고려의 전쟁인식은 다분히 유교적 관점에서 형성되었을 것으로 이해할 수 있다. 즉, 고려시대 선조들은 전쟁을 국가와 민생에 폐를 끼치는 것으로 간주하여 혐오했으며, 부득이하게 필요할 경우에는 방어적이고 응징적인 목적에서 제한적으로 무력을 사용하고자 했을 것이다. 그리고 전쟁을 수행하는 과정에서 무자비하게 폭력을 사용하기보다는 상대의 잘못된 행동을 바로잡고 교화하려 했을 것이다. 이러한 전쟁인식은 유교를 통치원리이자 사회규범으로 삼았던 삼국시대와 비교할 때 더욱 심화되었

175 『고려사절요』 권1, 태조 신성대왕, 계묘 26년(943년).

176 변태섭, 『한국사 통론』, p. 198.

을지언정 약화되지는 않았을 것이다. 이와 관련한 몇 가지 예를 들어보면 다음과 같다.

숙종 대인 1104년 1월 정주성定州城(함남 정평)까지 내려온 여진족을 상대로 군사행동 여부를 논의하는 자리에서 내시 임언林彦이 출병을 주장하자 직사관直史館 이영李永은 다음과 같이 말했다.

> 무기는 흉기요, 싸움은 위험한 일이니 망동함이 옳지 않습니다. 임언이 아무 일도 없는데 군사를 일으켜 외국과 틈을 내려 함은 심히 불가합니다.[177]

여기에서 "망동함이 옳지 않다"고 한 것은 전쟁을 신중하게 접근하고 있는 것으로 볼 수 있다. 그러나 그에 앞서 "무기를 흉기"라 한 것이나 "싸움은 위험하다"고 한 것은 무력 사용에 대한 혐오감을 드러낸 것으로 볼 수 있다. 또한 여진족이 남하하여 천리장성을 위협하는 상황에서 "별일이 없는데 군사력을 일으켜선 안 된다"고 한 것은 전쟁을 가급적 최후의 수단으로 활용해야 한다는 것으로 유교적 전쟁관을 반영한 것으로 볼 수 있다.

예종은 여진의 아고타阿骨打가 세력을 확장하여 1115년 금나라를 건국하고 고려를 위협하는 상황에서 군사적 대비보다 문덕文德을 쌓는 데 주안을 두었다. 1116년에 그는 조정 대신들에게 다음과 같이 언급했다.

> 문과 무의 도는 어느 하나도 폐지할 수 없는 것이다. 근래 여진蕃賊이 점점 성하기 때문에 계획을 세우는 신하와 무장이 모두들 병기를 수선하고, 군사를 훈련하는 것으로 급무를 삼고 있으나, 무력만을 전용할 수는 없다. 옛날 순임금께서는 문덕文德을 크게 펴서 양쪽 섬돌에서 간우干羽의 춤을 추니 70일 만에 유묘有苗가 와서 항복하였는데, 짐은 이를 매우 사모한다. 더구나 지금 송나라 황제가 특별히 대성악의 문무무文武舞

177 『고려사절요』 권7, 숙종 명효대왕, 갑신 9년(1104년).

를 하사하였으니 마땅히 먼저 종묘에 쓰게 하고 다음 연회에 써야 하겠다.[178]

그러고는 궁궐 안에 청연각淸讌閣을 짓고 학사를 임명하여 아침저녁으로 경서를 강론하게 했다. 한때 윤관의 정벌을 통해 무력으로 복속시켰던 여진족이 1114년 요에 전쟁을 선포하고 고려의 안위를 위협하는 상황에서 군사적 대비를 서두르기보다 덕으로 적을 굴복시킬 수 있다고 말한 것은 앞에서 살펴본 맹자의 유교적 가르침을 따른 것으로 볼 수 있다.

한편으로 유교는 전쟁에 대한 인식을 왜곡시켰다. 유교에 심취하면서 주변 이민족에 대해 문화적 편견을 갖게 한 것이다. 유학이 발달하면서 고려는 자연스럽게 중국 중심의 세계관인 '화이관華夷觀'을 받아들였다. 문화적으로 우수한 중국이 미개한 주변을 다스린다는 위계적이고 차별적인 중화적 사고를 수용한 것이다. 이에 따라 고려는 스스로 문화적으로 우월하다는 의식을 가지고 유학에 어두웠던 북방 이민족을 미개하고 우매한 오랑캐로 비하했다. 이들과 우호적인 관계를 맺고 협력하기보다는 아예 상종할 가치도 없다고 생각하여 교류 자체를 배척하고자 했다. 그 결과 고려는 전쟁을 국가의 생존과 직결된 냉혹한 현실의 문제로 보기보다는 문화적 우월주의라는 관점에서 도덕적이고 규범적으로 바라보는 우를 범하게 되었다.

고려의 거란에 대한 정책이 그러한 사례이다. 943년 태조는 죽음을 앞두고 왕업의 번창을 위하는 마음에서 '훈요십조'를 남겼는데, 여기에는 고려가 거란을 비하하고 있었음이 잘 드러나고 있다.

우리 동방은 옛날부터 중국(당)의 풍속을 본받아 문물과 예악 제도를

---

178 『고려사절요』 권8, 예종 문효대왕, 병신 11년(1116년). '간우(干羽)'는 문무(文舞)와 무무(武舞)를 통틀어 말하는 춤이며, 무무는 손에 방패를 들고, 문무는 손에 새의 깃을 들고 추는 춤이다.

> 다 그대로 준수하여왔다. 그러나 지역이 다르고 사람의 성품도 각각 같지 않으니 반드시 억지로 같게 하려 하지 말라. 거란은 우매한 나라로서 풍속과 언어가 다르니 그들의 의관제도를 아예 본받지 말라.[179]

아마도 태조는 삼국통일의 위업을 달성하고 청천강 이남의 영토를 회복한 만큼 민족적 자부심이 컸을 것이다. 중국의 풍속을 그대로 따를 필요 없다고 한 것은 그만큼 자신감에 따른 자주성의 발로라고 할 수 있다. 그러나 거란을 금수禽獸의 나라로 규정하고 배척할 것을 당부한 것은 후대의 전쟁인식에 문화적 편견을 심어주는 결과를 가져왔다.

실제로 거란의 침공은 고려가 거란에 대해 가졌던 비하인식에서 비롯되었다. 942년 거란은 고려와 관계를 개선하기 위해 낙타 50필과 함께 사절단을 보내 화친을 요구했으나, 태조는 사신들을 섬에 유배하고 낙타들을 개경의 만부교萬夫橋 다리에 매어 굶겨 죽임으로써 화친을 거부했다. 이는 고려가 전쟁을 할지언정 오랑캐 나라와 수교하지 않겠다는 결연한 의지를 보인 것이었다.[180] 그로부터 약 50년 후 거란은 다시 고려에 송宋나라와 단교하고 거란과 수교할 것을 요구했다. 강력한 세력으로 부상하고 있던 거란으로서는 송나라를 공략하기 위해 송나라와 고려 간의 외교관계를 단절시키고자 했기 때문이다. 그러나 고려는 거란의 요구를 거부했다. 화이관에 입각한 유교적 신념과 거란에 대한 문화적 편견이 이들과 전쟁을 불사할 정도로 강했기 때문이었다. 결국 거란은 강압적으로 고려와 송나라의 관계를 단절시키기 위해 993년부터 세 차례에 걸쳐 고려를 침공했다.

물론, 어느 국가에게나 민족적 자부심과 문화적 우월감은 존재한다. 그러나 그것을 가지고 상대를 도덕적으로 비하하거나 차별해서는 곤란하

---

179 『고려사절요』 권1, 태조 신성대왕, 계묘 26년(943년).

180 정해은, 『고려시대 군사전략』(서울: 군사편찬연구소, 2006), p. 48.

다. 국가의 생존에 직결된 전쟁의 문제에 있어서는 두말할 나위가 없다. 유교를 창시한 공자도 중국 주변의 미개한 민족을 업신여기지 않았다. 공자는 "말이 성실하면 신용이 있고, 행동이 진지하고 조심스러우면 오랑캐의 나라에서도 행해질 수 있다"고 하여 주변의 뒤떨어진 무리에 대해서도 덕과 예가 통할 수 있다고 주장했다. 나아가 공자는 "미개한 족속들이 군장을 받드는 것이 중국에서 임금을 무시하는 것보다 낫다"고 하며 오랑캐의 행실이 때로 중국보다 나을 수 있음을 지적했다.[181] 그러나 고려는 유교사상에 경도된 나머지 주변국에 대한 문화적 우월주의에 빠져 스스로 유교주의를 왜곡하는 편향된 전쟁관을 갖게 되었다. 이처럼 이민족을 경시하는 문화적 편견은 앞으로 살펴볼 여진정벌이나 몽골과의 전쟁에서도 발견할 수 있다.

나. 현실주의적 전쟁관의 제약: 요동 및 만주 정벌의 한계

고려가 크고 작은 많은 대외전쟁을 치렀던 만큼 선조들은 전쟁을 도의적 관점으로만 보지는 않았다. 태조의 북진정책과 묘청妙淸의 북벌론, 고려 말 요동정벌 주장에서와 같이 고려는 한반도를 벗어난 지역으로의 진출을 염두에 두었고, 실제로 공민왕 대에는 한반도 북부로 영토를 확장하고 요동 지역을 공략하기도 했다. 이는 고려가 전쟁을 배척하기만 한 것이 아니라 국익을 추구하는 중요한 수단으로 간주함으로써 현실주의적 입장에서 있었음을 보여준다. 그럼에도 불구하고 이러한 사례들이 고토회복—요동 및 만주 지역 정벌—을 상정한 공세적인 전쟁인식을 반영한 것으로 보기에는 한계가 있다.

먼저 고려를 건국한 태조는 북진정책을 대외정책의 기조로 삼았다. 그가 국호를 '고려'라 칭한 것은 건국 직후부터 고구려의 정통 계승자로서

---

181 公子, 김형찬 역, 『論語』, pp. 108-109, 170, 47; 蕭公權 저, 최명·손문호 역, 『中國政治思想史』, p. 137.

고구려의 영토와 중흥을 재현하겠다는 의지를 드러낸 것이었다. 그렇다고 태조의 북진정책을 고구려 광개토대왕의 요동 및 만주정벌과 같은 정복 전쟁으로 간주하기에는 무리가 있어 보인다. 북진정책은 후삼국을 통일한 고려가 군사적 자신감을 가지고 대내외에 기상을 떨치려 한 야심 찬 민족 의식의 발로였지만, 다음과 같은 이유에서 제약을 안고 있었기 때문이다.

첫째, 태조가 추진한 북진정책의 배경에는 거란의 남진에 대비하려는 방어적인 의도가 작용했다. 후삼국을 통일한 태조는 건국 3개월 후인 918년 9월 평양 개척을 선언하여 백성을 평양에 이주시킨 후 이를 서경으로 승격시키고 성을 구축했다. 그리고 평안도 일대에 흩어져 거주하고 있던 여진족을 구축驅逐하고 고려의 영토를 청천강 이남 지역으로까지 확장했다. 그러나 이러한 영토확장은 북쪽으로 팽창하기보다는 거란의 침략에 대비하는 의미가 더 컸다.[182] 919년부터 940년까지 고려가 여진족을 몰아내면서 축조한 29개의 성 가운데 운남성雲南城(평북 영변)을 제외한 28개 성이 모두 청천강 이남에 축조된 것이 이를 말해준다.[183] 즉, 청천강 이북에 북진을 위한 교두보를 마련한 것이 아니라 청천강 이남에 강력한 방어지대를 구축한 것이다. 물론, 고려는 이를 차후 북진을 위한 후방기지로 활용하고자 했을 수 있다. 그러나 이후 고려가 추가적인 영토확장이나 정벌에 별다른 관심과 노력을 경주하지 않았음을 고려한다면, 태조의 북진정책은 요동과 만주 지역을 차지하기보다는 청천강 이남 지역을 확보하고 방비를 강화하여 거란의 남하에 우선적으로 대비하려 한 것으로 볼 수 있다.

둘째, 태조의 북진정책은 발해 유민을 회유하고 포섭하기 위한 정치적 구호의 성격을 가졌다. 고려가 여진족을 몰아내고 개척한 청천강 이남 지역을 확고히 통제하기 위해서는 많은 인구와 병력을 정착시켜야 했다.

---

182 정해은, 『고려시대 군사전략』, pp. 53-54.

183 앞의 책, p. 64.

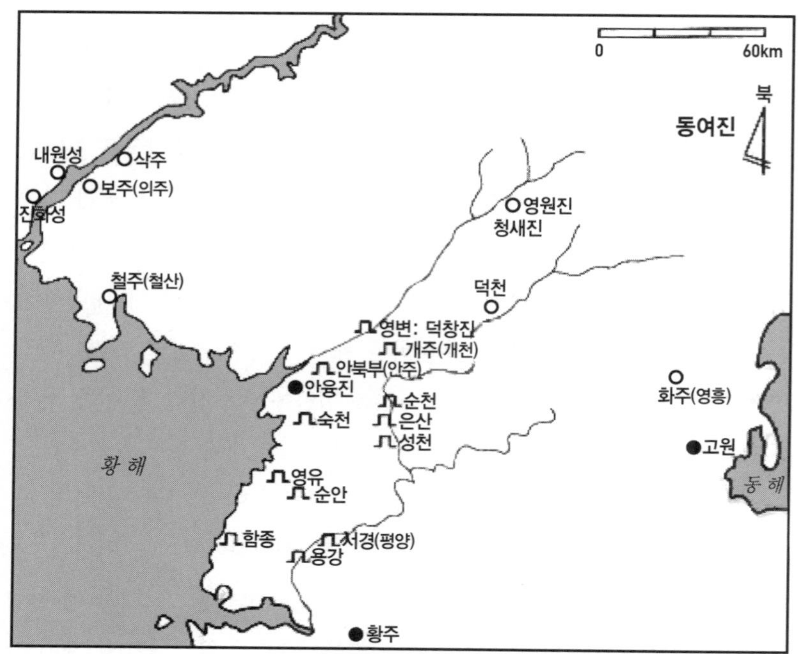

〈그림 5-1〉 태조 대의 영토확장

그러나 이 지역에 고려 백성들을 이주시키는 데에는 한계가 있었다. 마침 왕건이 고려를 건국할 당시 한반도 북부에는 고구려계 유민들이 많았는데, 이들 대다수는 거란에 의해 국가를 잃고 거란에 적개심을 품고 있던 발해 유민들이었다. 이들은 발해가 멸망하기 직전부터 유입되기 시작하여 921년부터 938년까지 들어온 유민들의 수는 최소한 10만이 넘었다.[184] 태조는 발해 유민들을 수용하여 새로 개척한 지역에 정착시키려 했으며, 거란을 비하하고 거란을 겨냥한 북방정책을 표방하여 반反거란 정서를 가진 이들의 호응을 얻고 투항시킬 수 있었다.[185]

셋째, 태조는 후대 왕들에게 유훈으로 남긴 '훈요 10조'에서 북진정책

---

184 육군군사연구소, 『한국군사사 3: 고려 Ⅰ』(서울: 경인문화사, 2012), pp. 298-299.

185 정해은, 『고려시대 군사전략』, p. 54.

에 대해 언급하지 않았다. 그는 다섯 번째 항목에서 "짐은 삼한 산천의 드러나지 않은 도움에 힘입어 대업을 성취했다. 서경西京은 수덕水德이 순조로워 우리나라 지맥地脈의 근본이 되니, 마땅히 사계절의 중월仲月에는 행차하여 백날이 넘도록 머물러 나라의 안녕安寧을 이루도록 하라"고 했다.[186] 여기에서 그가 서경을 중시한 것은 도참설圖讖說—어떤 징조를 가지고 미래를 예측하는 것—을 따른 것으로 북진정책과 연계하여 해석하기에는 무리가 있다. 네 번째 조항에서 "거란은 우매한 나라로서 풍속과 언어가 다르니 그들의 의관제도를 아예 본받지 말라"고 한 것도 거란을 치라는 의미는 아니다. '훈요 10조'에서 북진정책을 언급하지 않은 것은 태조가 실제로 옛 고구려 영토를 회복하겠다는 의지가 확고했는지에 대해 의문을 갖게 한다.

다음으로 묘청의 금국金國정벌론도 고려가 가졌던 현실주의적 전쟁관으로 볼 수 있다. 여진이 세운 금나라가 1126년 요遼나라를 멸망시키고 고려에 사대의 예를 요구하자 인종은 신진관료세력인 이자겸 등의 반대를 물리치고 전통적인 문벌귀족들의 의견을 수용하여 금나라와 군신관계를 체결하기로 했다. 이에 신진세력이었던 묘청은 고려가 미개한 여진족에 굴복하는 것은 민족적 치욕이라고 주장하며 여진족의 오만함을 응징하기 위해 금나라를 정벌할 것을 주장했다. 그리고 국운의 상승을 꾀할 수 있도록 수도를 개경에서 서경으로 천도해야 한다며 이자겸의 난으로 파괴된 서경에 새로운 궁궐로 대화궁大華宮을 건축했다. 일각에서는 그의 금국정벌과 칭제건원稱帝建元 주장을 한민족의 자주성을 부각시킨 사례로 평가하기도 한다.

그러나 묘청의 금국정벌 주장은 '정벌'이라는 관점에서 매력적으로 보일 수 있으나 태조가 제시한 북진의 정신을 계승한 것으로 보기 어렵다. 그것은 묘청의 주장이 풍수지리사상이나 도참설에 의존함으로써 합리적

---

186 『고려사절요』, 권1, 태조 신성대왕, 계묘 26년(943년).

판단과 객관적 근거 없이 전쟁의 문제를 다루고 있기 때문이다. 1128년 인종이 서경에 행차했을 때 묘청은 다음과 같이 진언했다.

> 신등이 서경의 임원역林原驛 지세를 관찰하니 이것이 곧 풍수가들이 말하는 큰 꽃 모양의 터입니다. 만약 궁궐을 지어서 거처하면 천하를 병합할 수 있으며, 금나라가 공물을 바치고 스스로 항복할 것이며, 36국이 모두 신하가 될 것입니다.[187]

여기에서 묘청은 금국정벌이 실력에 의한 군사행동이 아니라 서경 천도를 통해 얻을 수 있는 풍수지리의 작용으로 보고 있음을 알 수 있다. 국가의 안위와 흥망을 운수에 맡기고 있는 것이다. 결국, 묘청의 주장은 김부식을 비롯한 문벌귀족들의 반대로 받아들여지지 않았다. 그것은 도참설과 같은 미신적 요소에 대한 공박이었으며, 고려가 금나라와 전쟁할 수 있는 군사적 실력을 갖추지 못한 현실을 감안한 것이었다. 즉, 묘청의 금국정벌론은 풍수지리설에 근거한 몽상적 주장으로 반대파와의 정쟁을 위해 제기한 궤변적 논리에 불과한 것이었다.

마지막으로 고려 후기에 요동정벌을 추진한 것도 고려의 전쟁에서 나타난 현실주의적 요소로 볼 수 있다. 명明나라가 철령위鐵嶺衛(강원 안변)를 설치하여 철령 이북의 땅을 차지하려 하자, 고려는 1388년 5월 명나라를 상대로 요동 공격에 나섰다. 그러나 요동정벌은 이성계가 위화도에서 전군을 회군시킴으로써 수포로 돌아간 사례이다. 회군에 앞서 이성계는 요동정벌에 반대하는 네 가지 이유를 상소했는데, 이 가운데 첫 번째는 "작은 나라가 큰 나라를 칠 수 없다以小逆大"는 것이었다.[188] 이는 이성계가 명나라에 사대주의를 표명했다기보다는 고려가 명나라를 상대로 싸워 승리

187 『고려사절요』, 권9, 인종 공효대왕, 무신 6년(1128년).

188 『고려사절요』 권33, 신우 4, 무진 14년(1388년).

하기가 어렵다는 의미로 이해할 수 있다. 이성계의 판단으로 당시 고려군의 전력이나 사기, 백성들의 민심으로는 강대국으로 부상하던 명나라와 싸워 승산이 없었던 것이다. 즉, 고려의 요동정벌 추진은 비록 외형적으로 현실주의적 전쟁의 성격을 갖지만, 사실은 승리 가능성을 고려하지 않은 채 무도한 명나라를 응징해야 한다는 도의적 관점에서 이루어졌다는 점에서 유교적 전쟁인식이 작용한 것으로 볼 수 있다.

이렇게 볼 때 고려는 북진을 통해 청천강 이남 지역을 확보하고, 이후 금국정벌과 요동정벌을 기획했다는 점에서 현실주의적 전쟁인식을 드러낸 것으로 보인다. 그러나 그 이면에는 고토회복에 대한 의지가 확고했는지, 금국정벌이 실제로 의도된 것인지, 그리고 요동정벌이 과연 실현 가능성을 고려하여 추진되었는지에 대한 의문을 제기하지 않을 수 없다. 즉, 고려의 대외정벌은 겉으로 고토회복을 추구하는 것처럼 보일지라도 실제로는 그에 미치지 못했던 것이다.

다. 전쟁의 종교화: 신적 요소의 투영

고려의 전쟁관에서 나타나는 한 가지 특이한 현상은 바로 전쟁을 종교적 시각에서 보고 있다는 것이다. 고려시대에 제조된 대장경은 부처의 위력을 빌려 대국과의 전쟁에서 승리할 수 있다는 믿음을 반영한 사례이다. 1010년 거란이 강조康兆의 난을 구실로 고려를 침공하자 현종은 거란의 공격을 피해 남쪽으로 피난했다. 거란군이 개경을 점령한 후 물러가지 않자 고려 조정의 군신들은 대장경판을 조판하게 되었는데, 이것이 문종 때 완성된 초조대장경初雕大藏經이다. 이규보가 쓴 『동국이상국집東國李相國集』의 '대장각판군신기고문大藏刻板君臣祈告文'에는 대장경판을 새기자 거란족이 물러갔다는 기록이 남아 있다.[189] 물론, 거란군이 퇴각한 것은 대장경의 효험 때문이 아니라 현종이 요遼나라 황제에게 친조親朝한다는 조건으로 화의를

189 李奎報, "大藏刻板君臣祈告文", 『東國李相國集』, 丁酉年行.

맺었기 때문이었다.

고려는 몽골과의 전쟁 기간에도 대장경을 조성했다. 이전에 조각된 초조대장경은 대구 부인사符仁寺에 보관되었으나 1232년 몽골이 두 번째로 침공했을 때 불에 타 이미 소실된 상태였다. 강화로 피난하여 몽골과의 장기전에 돌입한 가운데 실권자인 최우를 중심으로 한 고려 조정은 1236년 강화에 장경도감藏經都監을 설치하여 대장경 조성사업을 시작했다. 이것이 1251년에 완성된 재조대장경再雕大藏經이다. 그러나 이번에는 대장경을 조성했음에도 불구하고 효험을 보지 못했다. 거란군과 달리 몽골군은 퇴각하지 않았으며, 결국 고려는 원에 굴복하여 일부 영토를 내주고 100년이 넘도록 내정간섭을 받아야 했다.

이처럼 고려가 대장경판을 조성한 것은 대규모 외침을 당하여 종교를 매개로 국민정신을 통합하려 한 것으로 볼 수 있다. 즉, 국가가 위태로운 상황에서 내부적 단합을 도모하기 위한 방편으로 종교에 의지한 것이다. 그러나 고려의 대장경은 불교를 국력 결집의 수단으로 활용한 선을 넘어서 부처의 위력을 빌려 외적을 퇴치할 수 있다는 종교적 신념을 반영한 것이었다. 이규보는 대장경을 판각하면서 기도하며 올리는 글, 즉 '대장각판군신기고문'에서 다음과 같이 적고 있다.

> … 목욕재계 분향하며 온누리에 무량하신 부처님과 보살님들, 제석천과 삼십삼천 일체호법영관들게 고하나이다. 심하옵니다. 달단(몽고)의 환난이 심한 것이, 그 잔인하고 흉포한 성격은 이미 말로써는 형언할 수가 없나이다. 이보다 더한 어둠이 어디 있겠으며 이보다 더한 금수가 어디 있겠습니까. 그러하오니 어찌 천하가 다 존경하는 불법이 있는 줄 알겠나이까.

> … 살피건대 옛날 현종 2년의 일이옵나이다. 거란의 병력이 대거 침입하여 현종이 난을 피해 남행하였사오나 거란병은 송악에 머물러 물러

가기 않으므로 군신들이 위없는 대원을 발하여 대장경 판본을 서각한 뒤에 비로소 거란병이 스스로 물러갔나이다. … 어찌 유독 저때에만 거란병이 물러가고 지금의 달단은 그렇지 않겠습니까.

이제 지성으로 발원하는 바가 전 임금님 때에 부끄러움이 없사오니 엎드려 바라옵건대 부처님들과 성현들과 삼십삼천은 이 간절한 기원을 들으사 신통한 힘을 빌리시어 완악하고 추악한 무리들의 자취를 거두어 멀리 달아나 다시는 이 강토를 짓밟지 못하게 하시어 나라 안팎이 편안하고 모후 태자가 만수무강하고 삼한의 국조가 영원무궁하도록 하소서.[190]

여기에서 고려가 갖고 있는 전쟁인식을 엿볼 수 있다. 우선 고려는 몽골을 도덕적으로 악하고 윤리적으로 인륜을 저버린 흉악한 존재로 비하하고 있다. 천하가 떠받드는 불법을 어지럽히는 금수와 같은 존재이다. 따라서 고려는 지난 거란의 침입 때에 그러했듯이 이번에도 "부처님과 보살님들"이 선하고 도리를 지키는 고려를 도와 몽골군을 물리칠 것으로 기대했다. 전쟁의 결과가 군사적 대결에 의해서가 아닌 부처의 신통한 능력에 의해 좌우된다고 믿었던 것이다. 흥미로운 것은 몽골군을 응징하지 않고 쫓아주기를 바란다는 것이다. 국토를 유린하고 백성들을 잔인하게 살해하며 마을을 초토화하는 무자비한 몽골군을 상대로 처절한 보복을 가하기보다 스스로 물러가도록 함으로써 부처의 자비를 베푸는 모습을 보이고 있다. 이는 고려가 전쟁을 전쟁으로 보지 않고 종교적 교의에서 접근한 사례로 볼 수 있다.

이러한 고려의 전쟁인식은 다분히 현실도피적인 것으로 고대 그리스 시대 펠레폰네소스 전쟁에서 멸망한 멜로스Melos를 떠올리게 한다. 고려는 전쟁이라는 참혹한 현실 속에서 부처에 대한 절대적인 믿음을 가지고 적

---

190 李奎報, "大藏刻板君臣祈告文", 『東國李相國集』, 丁酉年行.

의 퇴각을 염원했는데, 이는 기원전 416년 멜로스가 아테네의 공격에 직면하여 전쟁의 결과를 막연한 희망과 행운, 정의, 그리고 신의 도움에 맡겼다가 전쟁에서 패하고 멸망했던 사례와 유사하다.

요약하면 고려의 전쟁인식은 삼국시대와 마찬가지로 유교주의와 현실주의가 공존했다. 다만, 고려가 처음부터 야심차게 추진한 북진정책, 거란과의 전쟁, 윤관의 여진정벌, 몽골과의 전쟁, 그리고 공민왕 대의 쌍성총관부 회복과 두만강 유역 확보 등을 고려한다면 상대적으로 유교주의보다 현실주의적 전쟁인식이 두드러졌던 것으로 평가할 수 있다. 전쟁을 통해—비록 고구려의 고토를 회복하는 것은 아니더라도—영토를 확대해야 한다는 현실주의적 인식이 더욱 우세하게 작용한 것이다. 그럼에도 불구하고 고려의 현실주의적 전쟁인식은 앞에서 살펴본 대로 유교적 전쟁관, 그것이 왜곡되어 나타난 문화적 편견, 풍수지리와 같은 미신적 요소, 그리고 심지어 종교적 전쟁관이 투영됨으로써 많은 부분 희석되지 않을 수 없었다. 결과적으로 고려의 전쟁인식은 현실주의적이지만 유교를 비롯한 제반 요소에 의해 제약을 받았다는 측면에서 '제한적 현실주의'라는 개념으로 규정할 수 있다.

2. 전쟁의 정치적 목적

가. 유교적 성격: 방어적·도의적 전쟁

고려 초기 태조는 북진정책을 야심 차게 추진했지만, 고려의 전쟁은 대부분 북방 이민족의 침략을 수세적으로 방어하는 데 목적이 있었다. 고려시대 전반에 걸쳐 거란, 몽골, 홍건적, 그리고 왜구가 잇달아 침입하면서 국가생존을 확보하고 영토를 수호해야 하는 절박한 현실에 직면했기 때문이다. 또한 고려는 여진 등 주변 이민족을 대상으로 정벌에 나섰는데, 이는 국경 지역 침범과 약탈을 응징하고 잘못된 행동을 교정한다는 측면에서 도의적 성격을 갖는 것으로 볼 수 있다.

우선 고려-거란 전쟁은 거란의 침공에 대한 방어적 전쟁이었지만, 고려가 송과의 외교관계를 고집했다는 점에서 도의적 성격을 가진 전쟁이기도 했다. 고려는 993년 거란의 1차 침공에서 송과 단교할 것을, 그리고 1010년 2차 침공에서는 요나라 황제에 대한 국왕의 친조親朝를 약속했다. 그러나 고려는 이후에도 송과 비밀리에 통교하면서 국왕의 친조를 거부했고, 이는 1018년 거란의 3차 침공의 원인이 되었다. 고려가 전쟁을 불사하면서까지 거란과의 합의를 지키지 않은 것은 송나라와 거란에 대해 갖고 있던 문화적 편견이 작용한 것으로 볼 수 있다. 즉, 고려는 무도한 이민족인 거란이 요구하는 대로 중국 문화의 정통성을 가진 송나라와의 교류를 단절할 수 없었다. 한때 금수의 나라로 하대했던 오랑캐의 우두머리를 황제로 칭하며 친조를 할 수도 없었다. 거란과의 전쟁은 이민족의 침략을 방어하고 격퇴한 전쟁이지만, 그 이면에는 '화이관'에 입각하여 중화적 질서를 지켜야 한다는 유교적 도의 내지는 신념이 작용했던 것이다.

고려의 여진정벌은 영토를 확장하기 위한 공격전쟁이었음에도 불구하고, 그 이면에는 유교에서의 도의적 성격을 발견할 수 있다. 1104년 1월 초 완안부 여진의 추장 우야소烏雅束가 보낸 부대가 북부에 설치한 고려의 자치주를 파괴하고 정주성 관문까지 진출하여 주둔하자 고려 숙종은 여진의 준동을 차단할 목적으로 여진정벌을 단행했다. 여진족의 잘못된 행동을 응징하고 교훈을 주기 위한 무력 사용의 사례로 볼 수 있는 대목이다. 이후 고려는 윤관의 여진정벌을 통해 두만강 근처로 진출하여 9성을 축조했으나 방어에 어려움을 겪자 고심 끝에 9성을 여진족에 돌려주었다. 이 과정에서 고려는 여진족으로부터 "자손에 이르기까지 진심으로 삼가고 힘써 조공"할 것과 "고려를 침공하지 않고 부모나라로 섬기겠다"는 약속을 받았다.[191] 영

---

191 정해은, 『고려시대 군사전략』, pp. 199-201; 이정신, "강동 6주와 윤관의 9성을 통해 본 고려의 대외정책", 『군사』, 제48호(2003년 4월), p. 303.

토확장을 목적으로 시작한 전쟁이 결과적으로 적을 교화시키는 전쟁으로 귀결된 것이다.

이와 달리 몽골의 침략에 대한 무신정권의 항쟁은 유교주의에 반하는 예외적 사례로 볼 수 있다. 40년 동안 지속된 몽골과의 항쟁 기간 동안 백성들은 하루에도 수천 명씩 죽어나가고 수십만이 노예로 끌려가는 등 처참한 고통을 겪었다. 기록에 의하면 1254년 한 해 동안 몽골군에게 포로가 된 자가 20만이 넘었고 살육된 자는 셀 수가 없었으며, 몽골군이 지나는 곳마다 잿더미가 될 정도로 전대미문의 전화戰禍를 당했다.[192] 그럼에도 불구하고 무신정권은 아홉 차례에 걸친 몽골의 침략을 받는 동안 왕 또는 태자의 입조를 약속했다가 파기하여 재침을 초래하는 상황을 반복했다. 왜 고려의 무신정권은 끝까지 저항했는가? 아마도 유학에 심취한 문벌귀족을 타도하고 정권을 잡은 무신들은 유교의 영향을 적게 받았기 때문에 전쟁으로 인한 백성들의 고초에 상대적으로 둔감했던 것으로 보인다. 즉, 도의적 사고에서 상대적으로 자유로웠기 때문에 수많은 백성들의 희생을 감수하며 그야말로 '전쟁을 위한 전쟁'을 장기간 수행할 수 있었던 것이다.

이처럼 고려의 전쟁은 방어적이고 도의적인 성격을 가졌다. 유교의 영향을 덜 받은 무신정권의 대몽항쟁의 경우 예외적 사례이지만, 역으로 본다면 무신정권 이외의 시기에는 유교의 영향으로 인해 대부분의 전쟁에 도의적 성격이 작용했을 것으로 유추할 수 있다.

나. 현실주의적 성격: 제한된 영토확장

(1) 영토 개념의 혼란

고구려를 계승했다고 자부한 고려가 생각했던 영토는 어디까지였는가? 고려는 과거 고구려가 지배했던 요동 지역과 만주 지역을 영토로 생각하고 있었는가? 이와 관련하여 원에 10여 년 동안 인질로 잡혀 있었던 충선

192 『고려사절요』, 권17, 고종 안효대왕, 갑인 41년(1254년).

왕忠宣王은 다음과 같이 언급했다.

우리 태조는 왕위에 오른 뒤에 아직 신라 왕이 항복하지 않고 견훤도 사로잡기 전이었지만 누차 평양에 거둥하고 친히 북방 변경을 순찰했으니 그 뜻은 동명왕의 옛 땅을 우리의 귀중한 유산으로 여겨 반드시 석권하려고 한 것이었다. 그러니 어찌 다만 계림을 취하고 압록강을 칠 뿐이었으리오?[193]

여기에서 충선왕은 태조가 고구려 동명왕東明王의 영토를 유산으로 여겨 한반도 이북의 요동과 만주를 회복하려 했음을 밝히고 있으며, 따라서 그가 고구려의 고토를 고려의 영토로 분명하게 인식하고 있었음을 알 수 있다.

또한 993년 거란의 1차 침공 때 서희는 거란의 소손녕蕭遜寧과 담판을 하면서 서로의 영토에 대한 논쟁을 벌였는데, 여기에서 서희는 고려의 영토에 대해 다음과 같이 명확한 입장을 밝혔다.

(소손녕이) 서희에게 말하기를, "너희 나라는 신라 땅에서 일어났고, 고구려 땅은 우리의 소유인데 너희 나라가 이를 침식侵蝕하고 있다. … 그러니 지금 땅을 떼어 바치고 조빙朝聘을 한다면 아무 일이 없을 것이다" 하였다. 서희가 말하기를, "그런 것이 아니다. 우리나라는 바로 옛 고구려를 계승한 나라이다. 그런 까닭으로 나라 이름을 고려라 하고 평양에 도읍을 정한 것이다. 만약 땅의 경계를 논한다면 상국上國(거란)의 동경도 모두 우리의 지경地境에 있는데, 어찌 우리가 침식했다고 이르느냐.[194]

---

193 『고려사』 권2, 세가2, 태조 26년(943년) 5월.

194 『고려사절요』, 권2, 성종 문의대왕, 계사 12년(993년).

소손녕이 고구려 땅을 거란의 소유라고 하자, 서희는 고려가 고구려를 계승했으므로 굳이 국경을 논한다면 거란의 수도인 요양遼陽도 고려의 땅이라고 반박했다. 따라서 고려가 북진정책으로 당시 적유령 산맥 이남까지 진출했다고 해서 그것이 거란의 영토를 침범한 것은 아니라고 주장했다. 여기에서 서희는 고구려의 고토가 고려의 영토라는 인식을 가지고 있었으며, 소손녕도 이에 반박하지 않고 이에 수긍했음을 알 수 있다.

그러나 고려시대 선조들이 모두가 이러한 영토 인식을 확고하게 갖고 있었던 것은 아니었다. 거란의 1차 침공에 대한 고려 조정의 대응이 그러한 사례이다. 소손녕은 고려를 침공한 이유로 거란은 고구려의 영토를 계승했고 고려는 신라를 계승했는데 고려가 청천강 이남을 차지하여 거란의 국경을 침탈했다는 점, 그리고 자신들과 수교하지 않고 송나라와 사대한다는 점을 들고 왕이 직접 나와 항복할 것을 요구했다.[195] 이에 고려 조정은 두 의견으로 갈라졌다. 하나는 왕이 직접 항복할 수 없으니 중신이 군사를 거느리고 가서 항복하자는 것이었다. 다른 하나는 서경 이북의 땅을 떼어주고 황주에서 절령, 즉 황해도 서흥군 자비령을 거란과의 국경으로 삼자는 의견이었다.[196] 두 번째 방안은 태조 이후 북방개척의 전진기지로 삼았던 평양은 물론, 이제까지 확보했던 북부 영토를 포기하자는 것이었다. 비록 이러한 주장은 서희의 설득으로 인해 철회되고 서희가 소손녕과 담판에 나서게 되었지만, 일부 중신들이 평양마저 포기해야 한다고 주장한 것은 당시 영토에 대한 인식이 확고하지 않았음을 보여준다.

성종 원년인 982년 최승로가 올린 상서는 다음과 같이 고려가 생각하는 영토의 범위가 한반도 이내로 제한되고 있음을 보여준다.

---

195 『고려사』, 권94, 열전7, 서희. 이때 소손녕의 스스로 밝힌 침공 이유는 ① 자신들은 고구려의 영토를 계승했고 고려는 신라를 계승했는데, 고려가 자신들의 국경을 침탈했다. ② 자신들이 사방을 통일했는데, 고려가 귀부하지 않았다. ③ 고려가 백성을 돌보지 않아 천벌을 행하기 위해 왔다 ④ 자신들과 수교하지 않고 송나라와 사대한다는 것이었다.

196 『고려사절요』, 권2, 성종 문의대왕, 계사 12년(993년).

우리나라가 삼국을 통일한 지 47년이 되었는데 사졸이 아직까지 편안한 잠을 자지 못하고 군량을 많이 소비하는 것은 서북 지방이 미개 종족들과 접경되어 경비할 곳이 많기 때문입니다. 성상께서는 이 점을 염두에 두시기 바랍니다. 대체로 마헐탄馬歇灘을 국경으로 삼은 것은 태조의 뜻이요, 압록강가의 석성石城을 국경을 삼자는 것은 대조께서 정한 바입니다. 앞으로 두 곳을 전하께서 판단하시어 요해처를 선택하여 국토의 경계로 결정하시기를 바랍니다.[197]

최승로는 고려의 북쪽 경계로 두 곳을 언급했다. 마헐탄은 태조가 정한 것으로 청천강변이며, 석성은 선왕인 경종이 정한 것으로 의주 부근이다.[198] 그리고 그는 아직도 국경이 설정되지 않았으니 압록강 또는 청천강 두 곳 가운데 하나를 결정해야 한다고 주장하고 있다. 이는 고려 영토의 한계가 어디까지인지 인식이 분명하지 않았으며, 그나마도 그 경계가 한반도 내로 국한되어 있었음을 보여준다.

고려의 여진정벌 과정에서도 조정의 영토인식에 혼란이 있었음을 드러내고 있다. 고려는 현종으로부터 문종 대까지 여진족이 살고 있던 한반도 동북 지역을 개척했다. 이 과정에서 고려는 경제적 혜택을 주거나 관직을 부여하는 방식으로 여진족을 귀순시켜 이들에게 자치를 허용하는 귀순주歸順州—또는 기미주羈縻州—정책을 시행했다.[199] 귀순주 지역은 고려에 예속되어 고려식 촌락 이름을 가졌으며, 고려 조정에서 임명된 여진족 추장이 도령都領이 되어 다스리는 만큼 고려의 영토나 다름이 없었다. 그런데 1103년 말부터 만주 북부에서 세력을 확대한 완안부 여진이 남하하여 고려에 복속된 귀순주를 장악하고 천리장성 동단인 정주에까지 내려오자

---

197 『고려사』 권93, 열전6 최승로전.

198 전경숙, "고려 성종대 거란의 침략과 군사제도 개편", 『군사』, 제91호(2014년 6월), pp. 235-236.

199 육군군사연구소, 『한국군사사 3: 고려 Ⅰ』, pp. 387-388.

고려 조정에서는 군사력을 사용하여 이들을 물리칠 것인가에 대한 논의가 이루어졌다.

이때 임언 등 강경파는 여진의 행위가 고려의 영토를 침략한 것이므로 즉각 완안부 여진을 정벌하자고 주장했지만, 이영李永 등 온건파들은 "여진이 침략하지 않은 상태에서 전쟁을 일으키는 것은 바람직하지 않다"는 주장을 내세웠다.[200] 고려가 천리장성千里長城 밖의 여진족 귀순주 지역을 고려의 영토로 간주하고 있었는지에 대해 의문을 제기할 수 있는 대목이다. 이후 윤관이 여진정벌에 나서 갈라전曷懶甸—길주 이북으로부터 두만강 유역에 이르는 한반도 북동부 지역—일대에 9성을 축조했으나 고려 조정은 여진족의 반격으로 방어에 어려움을 겪자 9성을 돌려주기로 결정했다. 이로 인해 고려는 천리장성 이북의 북동 지역에 대한 영향력을 완전히 상실하고 태조 이후 추진해온 북진정책을 사실상 포기하지 않을 수 없게 되었다. 고려가 9성을 반환한 것도 마찬가지로 선조들의 영토인식에 근본적인 의문을 제기하지 않을 수 없는 결정이었다.

이렇게 볼 때 고려는 영토에 대한 인식을 명확하게 갖고 있지 않았다. 고려가 초기에 고구려를 계승하고 북진을 추구했다는 점에서 요동 및 만주 지역을 고려의 영토로 인식했던 것은 사실이다. 그러나 고구려의 고토가 '반드시' 회복되어야 할 고려의 영토라는 인식은 확고하지 않았다. 심지어 한반도 내의 영역에 대해서도 영토인식은 약했다. 거란의 1차 침공 당시 평양 이북을 내주자는 주장이나 여진정벌을 통해 어렵게 축조한 9성을 반환한 사례가 그것이다. 이는 다음에서 보는 바와 같이 고려가 북진정책을 추진하는 데 일관성을 저해하고 영토확장을 제약하는 결과를 가져오게 되었다.

200 정해은, 『고려시대 군사전략』, pp. 171-172.

(2) 영토확장 추진의 한계

고려는 초기부터 북진정책을 추진하여 지속적으로 한반도 북부 지역을 개척해나갔다. 고려는 태조 대에 청천강 이남 지역, 즉 평양, 용문, 함종, 성주(평남 성천), 안수진(평남 개천), 숙천 등의 요지를 확보하고 오늘날 평안북도 일원까지 진출했다. 정종 대에는 서북 지방을 개척하여 덕창진(평북 영변), 맹산, 박천을 확보하고 30만의 군사를 주둔시켜 거란의 침입에 대비했다. 광종 대에는 태천, 운산, 영변, 정주, 가주(평북 희산)까지 진출했다. 그리고 경종 대에는 희천에 성을 구축하고 적유령 산맥 아래의 주요 거점을 점령하여 압록강 동안을 제외한 북서 지역 일대를 장악했다.[201] 984년 거란이 처음 고려를 침입했을 때에는 서희가 소손녕과 담판을 통해 강동 6주를 설치하여 압록강 하류 지역까지 확보했다. 그리고 공민왕 대에는 천리장성을 넘어 초산, 강계, 강진, 갑주, 길주까지 영토를 확장했다.

그런데 고려의 북진정책은 점차 만주로 뻗어나가지 못하고 한반도에 고착되기 시작했다. 여기에는 거란과의 전쟁 이후 효과적인 방어체제를 구축하기 위해 축조한 천리장성이 고려의 영토인식에 부정적 영향을 끼쳤기 때문이었다. 천리장성은 덕종 때인 1033년부터 정종 때인 1044년까지 11년 동안 압록강 하구의 의주로부터 동쪽으로 운주(평북 운산), 안수(평남 개천), 청새(평북 희천), 평려(평남 평원), 영원, 맹주(평북 맹산), 삭주 등 13개 성을 거쳐 함경남도 영흥 지역인 요덕, 정변, 화주(강원 영흥)로 이어져 축조되었다. 장성의 높이와 폭은 각각 25척—약 8m—이었던 것으로 기록되고 있다.[202] 천리장성을 완성한 정종은 동쪽 끝자락에 위치한 장주와 정주, 그리고 원흥진에도 성곽을 축조하여 여진과 접하는 경계 거점을 화주에서 정주로 북상시켰다. 천리장성 축조는 예종 대에 이를 전략거점으로 하여 여진족 정벌에 나섰다는 점에서 긍정적인 기여를 한 것으로

---

201 이정신, "강동 6주와 윤관의 9성을 통해 본 고려의 대외정책", pp. 281-282.

202 정해은, 『고려시대 군사전략』, p. 165.

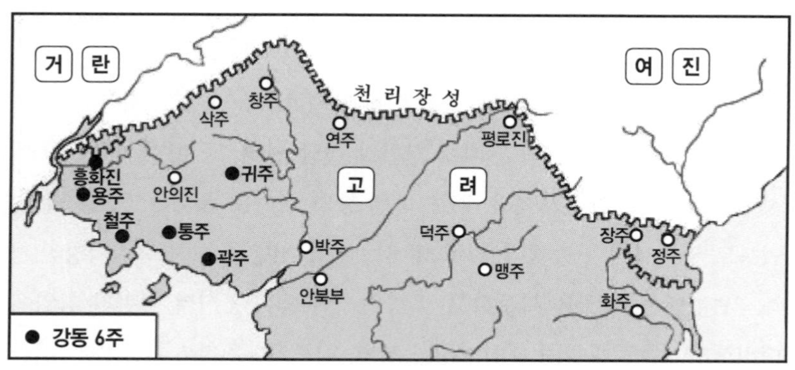

〈그림 5-2〉 강동 6주와 천리장성

평가할 수 있다. 그러나 북쪽으로 거란 및 여진과의 국경선을 분명하게 그어버림으로써 스스로 국경에 대한 인식을 장성에 고착시키고 그 너머로의 영토확장에 발목을 잡는 요인으로 작용했다.[203]

윤관의 여진정벌은 한민족의 역사에서 야심차게 영토확장을 꾀한 사례였다. 윤관은 1차 정벌의 실패를 교훈 삼아 별무반을 편성하여 군사력을 정비했다. 그리고 1108년 2차 정벌에 나서 완안부 여진을 소탕하고 9성을 쌓았다. 고려는 점령한 지역을 영토로 만들기 위해 여진인들을 모두 축출하고 7만 5,000호의 고려인을 9성에 이주시켰다. 그러나 9성을 쌓은 지역은 지리적으로 한반도 끝단의 동북쪽에 고립되어 있을 뿐 아니라 험준한 산세로 인해 여진족의 공격에 취약했다. 결국 고려는 여진족의 파상적 공세가 지속되어 피해가 커지자 성을 축조한 지 1년 7개월 만인 1109년 7월 9성을 돌려주기로 결정했다.[204] 이 결정으로 고려는 이전에 복속했던 천리장성 이북의 귀순주 지역을 상실했을 뿐 아니라, 건국 이래 추진해온 북진정책을 사실상 포기하지 않을 수 없게 되었다.[205] 만일 9성을 지

---

203 이정신, "강동 6주와 윤관의 9성을 통해 본 고려의 대외정책", p. 297.

204 『고려사절요』 권7, 예종 문효대왕, 무자 4년(1109년).

205 이정신, "강동 6주와 윤관의 9성을 통해 본 고려의 대외정책", pp. 299-303.

킬 수만 있었다면 고려는 두만강 유역을 발판으로 만주로 진출할 수 있는 계기를 마련할 수 있었을 것이다.

고려는 여진정벌에 실패한 후 약 250년 만에 공민왕 대에 이르러 다시 북부로 영토를 확장할 수 있었다. 당시 철령鐵嶺(강원 안변) 이북의 땅은 몽골과의 전쟁 기간인 1258년 토착민들이 지방관을 죽이고 몽골에 항복하자 몽골이 화주에 쌍성총관부雙城摠管府를 설치하여 직접 다스리고 있었다. 공민왕은 고려 말 원元나라의 세력이 약화되어 영향력이 미치지 못하는 틈을 타 1356년 추밀원부사였던 유인우柳仁雨를 동북병마사로 하여 쌍성총관부를 탈환하도록 했다. 그리고 이를 탈환한 고려군은 천리장성 이남에 머물지 않고 마천령을 넘어 길주까지 진격하여 고려의 영토로 만들었다. 한민족의 역사에서 보기 드물게 영토를 확장한 업적을 이룬 것이다.

이후 공민왕은 요동 지역 공략에도 나섰다. 공민왕은 1370년 이인임李仁任을 도통사로, 이성계를 동북면원수로, 지용수池龍壽를 서북면원수로 삼고 군사 1만 5,000명을 주어 원나라의 동녕부東寧府를 치게 했다.[206] 이때 이성계는 1370년 1월에 압록강과 파저강婆猪江을 건너 동녕부의 우라산성于羅山城을 포위 공격하여 항복을 받았으며, 같은 해 11월에는 지용수와 합세하여 요동의 중심지인 요양을 공격하여 성을 빼앗았다. 다만 고려는 이 공격을 통해 확보한 지역을 항구적인 영토로 편입하거나 점령군으로서의 역할을 하기보다는 무력을 시위하는 데 치중했다. 그것은 고려의 요동 공략이 이 지역을 영토화하려는 것이 아니라, 요동 일대의 북원北元 잔여세력이 압록강을 넘어 침략하지 않도록 경고하는 데 목적이 있었기 때문이다.[207]

고려의 북진정책을 어떻게 볼 것인가? 태조 이래 고려의 북진정책은 한민족이 북방 지역 영토를 점령하기 위해 취한 공세적이고 팽창적인 정책

---

206 동녕부는 1270년 자비령을 경계로 그 이북의 지역을 원나라 영토로 만들기 위해 서경에 설치했으나 1290년 고려의 요구를 받아들여 이 지역을 고려에 돌려주고 요동으로 옮겼다. 육군군사연구소, 『한국군사사 4: 고려 Ⅱ』(서울: 경인문화사, 2012), pp. 236-237.

207 육군군사연구소, 『한국군사사 4: 고려 Ⅱ』, p. 233.

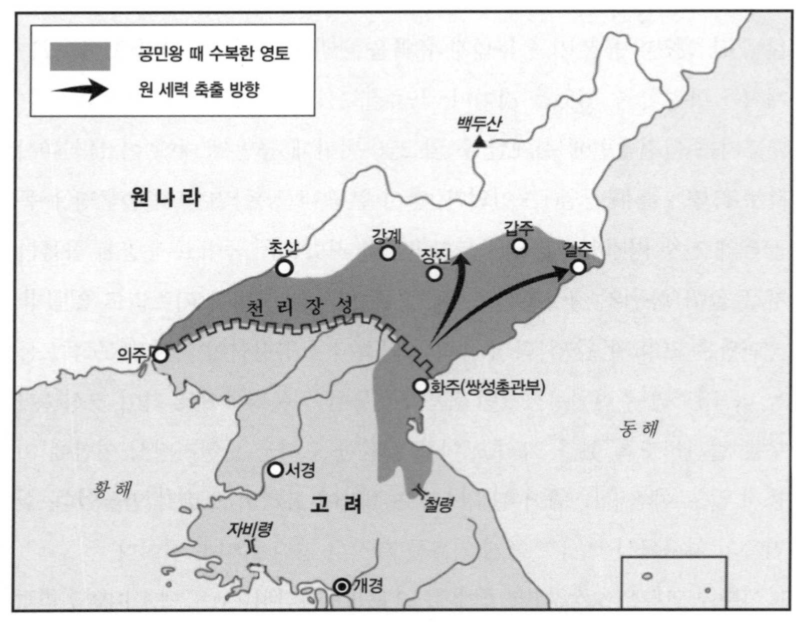

〈그림 5-3〉 공민왕 대의 영토수복

임에는 분명하다. 그러나 여기에는 여러 제약요인이 작용하여 그 범위를 한반도 내로 한정하게 되었다. 즉, 고려의 북진정책은 고구려의 옛 영토 회복이라는 야심 찬 구상이었음에도 불구하고 거란의 위세에 막혀 중단되었고, 여진정벌 이후에는 몽골과 홍건적 등 북방민족들의 침략이 반복되는 가운데 국가생존을 위한 수세적 전쟁으로 전환할 수밖에 없었다. 그러나 고려의 북진을 제약한 보다 근본적인 요인은 고려의 모호한 영토의식에 있었다. 고려 조정은 옛 고구려 땅이 '반드시' 회복되어야 할 고려의 영토라고 생각하지 않았으며, 이로 인해 고려의 영토가 어디까지인지에 대한 확고한 인식을 갖지 못했다. 심지어는 북방 이민족과의 전쟁에서 영토를 타협이 불가능한 이익으로 간주하기보다는 적정한 선에서 양보 또는 포기가 가능한 타협의 대상으로 간주하고 있었다.

다. 정치적 목적의 와해: 군신의 이익 도모

전쟁은 국가의 생사와 존망이 걸린 대사이다. 그럼에도 불구하고 고려의 전쟁은 때로 국가보다는 왕과 집권층의 이익을 위해 치러지기도 했다. 먼저 고려의 여진정벌은 숙종이 자신의 정치적 입지를 강화하기 위한 동기에서 추진되었을 가능성을 무시할 수 없다. 1104년 1월 8일 숙종이 주전파의 입장을 받아들여 완안부 여진을 정벌하기로 결심하고 임간을 총책임자인 동북면행영병마도통東北面行營兵馬都統으로 임명하여 여진정벌에 나서게 한 데에는 정치적으로 영향력을 행사하고 있던 외척과 문벌귀족을 견제하려는 의도가 작용했을 수 있다. 이자의의 난을 진압한 후 자신의 어린 조카 헌종의 선위를 받아 즉위한 숙종은 정치권력이 취약했기 때문에 임간이나 윤관 등 새로운 정치세력을 등장시켜 자신의 정적을 억제하려 했던 것이다.[208]

이자겸의 난이나 묘청의 난도 자신들의 권력을 위해 무력을 사용한 예로 볼 수 있다. 인종이 즉위한 후 외조부인 이자겸은 왕과의 외척 관계를 이용하여 정치권력을 장악했다. 그는 두 딸을 인종의 왕비로 들이고 여진정벌에 참여했다가 공을 세워 재상에 오른 척준경과 사돈관계를 맺으며 권력을 더욱 강화했다. 위기감을 느낀 인종이 이자겸을 제거하려 하자 1126년 2월 이자겸은 척준경과 함께 군사를 소집하여 난을 일으키고, 국왕 측근들을 살해한 후 인종을 자기 집으로 옮겨 독살하려 했다. 이 난은 인종이 척준경을 설득하여 오히려 이자겸과 그 일파들이 체포됨으로써 막을 내렸으나, 곧이어 묘청의 난이 발생했다. 묘청은 정지상 등 서경파와 함께 금국정벌 및 서경천도를 주장하다가 개경파의 반대로 무산되자 1135년 1월 유감, 조광 등과 함께 군대를 동원하여 서경을 장악하고 반란에 나섰다. 반란군은 국호를 '대위大爲', 연호를 '천개天開'로 하여 새로

---

208 정해은, 『고려시대 군사전략』, pp. 171-172; 이정신, "강동 6주와 윤관의 9성을 통해 본 고려의 대외정책", pp. 300-301.

운 국가를 선포하고 개경으로 진격하고자 했으나, 김부식이 지휘하여 진압에 나선 토벌군에 약 1년 동안 저항하다가 항복했다. 연이어 발생한 이 두 반란은 지배층이 권력을 장악하기 위해 군사력을 사적으로 동원한 사례였다.

무신정변과 그에 이은 무신정권의 대몽항쟁도 지배층의 이익을 도모했던 사례였다. 고려가 유교 사회로 자리를 잡게 됨에 따라 무신들은 문신들로부터 차별을 받게 되었고, 1170년 8월 이에 불만을 가진 정중부, 이고, 이의방 등이 무신의 난을 일으켰다. 그러나 이들은 국가를 경영하고 전쟁에 대비할 능력이 부족했으며, 정치권력과 사적 군사력을 이용하여 그들 집단의 이익만을 추구했다.[209] 『고려사』는 1216년 몽골에 쫓긴 거란족이 고려 북변을 휩쓸었을 때 최충헌이 현지에서 올라온 병력지원 요청에 대해 보인 반응을 다음과 같이 기록하고 있다.

> 최충헌이 일찍이 스스로 나라가 부유하고 군사가 강하다 하여 매번 변방의 보고가 있으면 문득 꾸짖기를, "어찌 작은 일로써 역마를 번거롭게 하고 조정을 놀라게 하느냐" 하고 문득 보고한 자를 귀양 보내니 변방의 장수들이 해이해져서 말하기를, "반드시 적병이 두세 성을 함락시키기를 기다린 다음에야 가히 급히 보고할 것이다"고 하였다.[210]

이는 최충헌이 외적이 침입했음에도 자신의 권력기반이었던 군대를 투입하기를 꺼려했음을 보여준다. 변방의 난리는 안중에 없었던 것이다. 이후 거란군의 본대가 남하하여 황주, 평산, 배천을 함락하고, 심지어 개경 인근 혜종의 묘까지 도굴했음에도 그는 중앙의 정예부대를 개경에 둔 채 나가 싸우도록 하지 않았다. 이를 알게 된 거란족은 기세를 올려 원주와

---

209 육군군사연구소, 『한국군사사 4: 고려 Ⅱ』, pp. 45-46.

210 『고려사』 권129, 최충헌전.

충주로 진출하여 약탈을 지속했고, 1218년 9월 서흥과 성천에서 거란군 주력을 격파할 때까지 국토는 유린되었다. 최충헌은 북방민족의 침략을 방어하기보다 중앙에서의 정치권력을 유지할 목적으로 군사력을 운용하고 있었던 것이다.

몽골의 침공에 맞서 최씨 무인정권이 강화도로 도읍을 옮긴 것은 비록 몽골과의 전쟁을 장기전으로 끌고 나가려는 항쟁의 의지로 볼 수도 있지만, 그보다는 무신정권을 보호하기 위한 의도가 더 컸다.[211] 1253년 몽골의 사자 몽고대蒙古大는 항복을 위해 잠시 강화도에서 나온 고종에게 다음과 같이 말했다.

> 우리 대군이 국경에 들어온 이후 하루에 죽은 자가 몇 천 몇 만입니까? 왕은 어째서 한 몸만 아끼고 만민의 생명을 돌아보지 않습니까? 왕이 만일 일찍 나와서 맞이했더라면 어찌 죄없는 백성들이 참살되었겠습니까?[212]

몽골의 사자가 보더라도 백성들의 살육을 방관한 채 무의미한 저항을 이어가는 고종의 모습이 한심했을 것이다. 고려 조정의 강화도 천도 결정과 지속된 항쟁은 국가와 백성의 안위보다는 왕과 지배층의 권력을 유지하려는 의도가 작용한 것이었다.

요약하면, 고려는 전쟁을 통해 외침의 방어, 도의의 이행, 영토확장, 그리고 군신의 이익 도모 등 다양한 정치적 목적을 추구했다. 그리고 이 가운데 가장 두드러진 것은 태조로부터 공민왕 대에 이르기까지 지속적으로 이루어진 것처럼 대외적으로 영토를 확장하는 것이었다. 다만, 고려의

---

211 정해은, 『고려시대 군사전략』, p. 262.

212 『고려사』 권24, 세가 고종 40년(1253년) 11월 신묘.

영토확장은 공민왕 대에 압록강 하구로부터 초산, 강계, 강진, 갑주, 길주를 잇는 선까지 영토를 확장했지만, 한반도를 넘어 요동정벌이나 만주정벌은 끝내 이루어지지 못했다.[213] 고구려를 계승한 고려가 옛 고구려의 영토를 회복한다는 역사적 소명의식을 갖고 있었음에도 이를 달성하지 못한 것이다. 이러한 측면에서 고려가 전쟁에서 추구했던 정치적 목적은 앞에서 살펴본 전쟁인식과 마찬가지로 '제한적 현실주의'라는 개념으로 이해할 수 있다. 북진정책이라는 현실주의적 전쟁목적이 유교적 전쟁관, 종교적 전쟁관, 미약한 영토인식 등으로 인해 제약을 받아 만주로 진출하지 못하고 한반도에 정체된 것이다.

3. 전쟁수행전략

가. 간접전략

(1) 동맹전략: 균형보다 편승 추구

고려는 동맹을 활용하여 새로운 적을 견제하고 균형을 이루려는 외교적 노력이 약했다. 주변국가가 강대국으로 부상하여 위협이 될 경우 다른 국가와 동맹을 체결하여 세력균형을 이루는 것이 국제관계에서 나타나는 보편적 현상이다. 그러나 고려는 이전의 삼국과 달리 주변국과 동맹 또는 제휴를 통해 새롭게 강대국으로 부상하는 세력을 견제하기보다는 부상하는 세력의 편에 섰다. 즉, 균형balancing이 아닌 편승bandwagoning을 선택한 것이다.

---

213 물론, 고려 말기에는 두 차례 요동을 정벌하려는 시도가 있었다. 1370년 공민왕 대에 원나라의 동녕부를 공격한 사례와 1388년 우왕 대에 이성계가 출정한 요동정벌이 그것이다. 이는 한반도를 넘어선 지역에 대한 군사행동을 상정한 것으로 고토회복의 발로로 볼 수도 있다. 만일 고려가 이러한 정벌을 국가 차원에서 대규모로 준비하고 이행했더라면 고려가 요동 및 만주지역을 영토로 간주하여 고토회복에 나선 것으로 볼 수 있다. 그러나 이러한 정벌은 옛 고구려의 영토를 회복하기 위한 것이 아니라, 각각 북원을 견제하고 명의 부당한 요구를 거부하기 위해 취한 일종의 단호한 무력시위로 보아야 한다. 결국 고토회복을 위한 북진은 이루어지지 않은 것이다. 육군군사연구소, 『한국군사사 5: 조선전기 Ⅰ』(서울: 경인문화사, 2012), p. 18.

고려가 거란의 위협이 커가고 있었음에도 불구하고 발해 및 송나라와 연합전선을 펴지 않은 것이 그러한 사례이다. 926년 거란이 발해를 멸망시켰을 때 고려는 발해를 돕지 않았다. 발해의 멸망이 워낙 갑작스럽게 이루어졌음을 감안할 때 아마도 고려는 막 후삼국의 통일을 이룬 상황에서 미처 손쓸 겨를이 없었을 수 있다. 그럼에도 불구하고 고려가 동족으로 인식하고 혼인동맹을 맺고 있던 발해의 붕괴를 보고만 있었다는 것은 납득하기 어렵다.

982년 성종이 즉위한 이후 거란이 중원을 넘보기 시작했을 때에도 고려는 거란을 적극적으로 견제하지 않았다. 985년 5월 송나라가 감찰어사監察御史 한국화韓國華를 고려에 보내 거란에 대한 연합공격을 제의했을 때 성종은 이에 대해 미온적이었다. 한국화가 성종에게 거란이 중원을 침공하면 이후 반드시 고려를 침공할 것이므로 고려가 출병하는 것이 이익이라고 하자, 성종은 거란이 요해처要害處 밖에 있고 고려와의 사이에 두 강이 막혀 있어 당장 위협이 아니라고 했다.[214] 그해 말 거란이 한반도 북부와 만주 일대에 발해 유민이 세운 정안국定安國을 쳐서 이듬해 초에 멸망시켰음을 고려할 때 안이한 인식이 아닐 수 없다. 한국화의 끈질긴 설득으로 성종은 출병을 약속했으나 그가 돌아간 후 결국 군사를 출동시키지 않았다. 송나라와 제휴하여 거란을 제압하는 균형전략을 포기한 것이다.

대신 고려는 거란의 강대국 부상을 돕고 이에 편승했다. 993년부터 거란의 1차 침입으로 서희는 소손녕과 담판을 하면서 "거란과 통교를 방해하는 여진"을 함께 공격하는 데 합의함으로써—비록 강동 6주를 확보했지만—거란이 요동 지역을 차지하고 세력을 확장하도록 돕는 결과를 가져왔다. 그리고 이 담판으로 고려는 송나라와—비록 비공식 교류를 지속했지만—국교를 단절하고 거란의 연호를 사용하면서 거란이 멸망하는 1125년까지 거란에 조공 및 책봉 관계를 유지했다. 거란이 송나라를 공

---

214 『고려사』 권3, 세가3, 성종 4년(985년).

격하여 '전연의 맹'을 맺자 고려는 거란어 습득을 위해 유학생을 파견했고 요나라 황실에 요청하여 혼인동맹을 맺는 등 거란과의 관계를 강화했다.[215] 이는 고려가 당시 동아시아 국제질서 재편 과정에서 신흥 강대국을 저지하지 않고 편승한 사례로 볼 수 있다.

12세기 초 여진의 세력이 강화되는 시기에 고려는 요나라의 파병 요청을 거부하며 새롭게 부상하는 완안부 여진, 즉 금(金)나라의 편에 섰다. 1114년 완안부 여진의 아골타가 요나라에 선전포고를 하자, 요나라는 고려에 사신을 파견해 연합으로 여진을 공격할 것을 요구했다. 상당수의 대신들은 군신관계에 있는 요나라의 편에 서서 파병을 지지했으나, 여진정벌에서 공을 세웠던 척준경과 김부식 등은 반대했다. 이들은 여진과 싸운 경험으로 여진의 군사력이 막강함을 알고 있었기 때문에 파병에 부정적이었다. 요나라와 전쟁을 시작한 여진이 1115년 대금(大金) 건국을 선포하자 고려는 상황을 냉정하게 판단하여 요나라의 원병을 공식적으로 거부하고 요나라에서 받은 연호를 쓰지 않기로 했다. 고려는 1117년 3월 금나라가 형제관계를 요구했을 때에는 응하지 않았으나,[216] 1125년 요나라가 완전히 멸망하자 현실적으로 힘의 차이를 인정하여 금나라와 군신관계를 체결했다. 고려로서는 쇠약해진 요나라와 함께 신흥 강대국으로 부상하는 금나라를 견제하기보다는 금나라의 위협에 스스로 굴복하여 편승을 선택한 것이다.

14세기 후반 원나라가 약화되고 명나라가 새로운 세력으로 부상하면서 고려에서는 외교노선을 놓고 갈등을 벌였다. 공민왕은 자주성을 회복하기 위해 원나라에 반하는 정책을 추진했으나 친원세력의 강력한 반발에 부딪혀 이행할 수 없었다. 1374년 공민왕이 암살당하고 최영 등 친원세

---

215 『고려사』 권3, 세가3, 성종 14년(995년). 성종은 조지린(趙之遴)을 거란에 파견하여 혼인을 통한 유대강화를 제안했고, 거란은 이를 받아들여 당시 거란의 부마이며 동경유수로 있던 소항덕(蕭恒德)의 딸을 고려에 출가시켰다.

216 정해은, 『고려시대 군사전략』, pp. 217-219.

력이 득세하자, 고려는 명나라에 대립각을 세웠다. 마침 명나라의 철령위 설치 문제가 터지자, 고려는 명나라가 장악하고 있던 요동 지역을 정벌하기 위해 군사행동에 나섰다.[217] 고려의 요동정벌은 북원과 함께 명나라를 협공한다는 점에서 동맹을 통해 세력균형을 도모하려는 노력으로 볼 수 있으나, 결국 이성계의 위화도 회군으로 무산되었다. 이는 고려가 신흥 강대국을 상대로 균형을 추구하지 않고 또다시 편승으로 돌아선 결과를 가져왔다.

왜 고려는 균형보다 편승을 보편적으로 선택했는가? 물론, 고려도 몽골에 끝까지 항쟁한 사례도 있다. 그러나 이는 균형전략이라고 볼 수 없다. 일찍이 몽골에 조공을 바침으로써 애초에 몽골에 편승했다가 관계가 악화되어 침공을 맞게 된 사례이기 때문이다. 이처럼 고려가 새로운 강대국의 위협에 맞서지 않고 쉽게 편승을 택한 것은 북방민족에 대한 문화적 편견이 작용했기 때문으로 볼 수 있다. 즉, 송나라 이후 중원을 차지한 요·금·원나라가 모두 '미개한' 이민족들이다 보니 고려는 이들이 진정한 중화中華가 아니라고 인식하여 권력교체기에 쉽게 조공의 대상을 바꿀 수 있었다. 고려의 입장에서 보자면 북방 이민족에 대한 편승은 힘의 차이에 의해 강요된 굴복이었을 뿐 문화적 차이에 의한 진정한 굴복은 아니었기 때문에 이전의 동맹을 쉽게 포기하고 새로운 동맹으로 갈아탈 수 있었던 것이다. 이는 다음의 제6장에서 살펴볼 조선의 사례와 대비된다. 조선은 청清나라의 대규모 침략을 받아 굴복할 때까지 편승보다 균형을 추구하며 끝까지 명나라에 대한 사대를 지켰다.

---

217 우왕 14년(1388년)에는 명나라의 요동도사(遼東都司)가 보낸 이사경(李思敬)이 압록강을 건너와 "호부(戶部)는 황제의 명을 받들어, 철령 북쪽과 동쪽, 서쪽이 원래 개원(開原)의 관할이므로 이곳에 속해 있던 군민으로 한인, 여진인, 달달인(타타르인), 고려인은 종전대로 요동에 속하게 한다"고 통보했다. 과거 원나라에 속했던 영토는 모두 명나라에 귀속되는 것이 마땅하다는 논리와 함께 철령 이북 지역에 대한 연고권을 주장한 것이다.

(2) 계책의 활용

고려의 전쟁에서도 계책을 활용한 사례를 발견할 수 있다. 거란의 1차 침입 당시 서희의 담판이 그것이다. 고려를 침공한 소손녕은 봉산蓬山(평북 구성)에서 고려군 선발부대를 대파하고 고려 조정에 문서를 보내 왕이 직접 거란군 군영에 와서 항복할 것을 요구했다. 그가 말한 침공의 이유는 앞에서 본 대로 거란이 이어받은 고구려의 땅을 고려가 침탈했다는 것과 거란이 사방을 통일했는데 고려가 귀부歸附—스스로 와서 복종함—하지 않았다는 것, 그리고 자신들과 수교하지 않고 송나라를 사대한다는 것이었다.[218] 군사적으로 대세가 기울었다고 판단한 고려 조정에서는 왕이 친히 항복할 수는 없으니 서경 이북의 땅을 떼어주자는 할지론割地論으로 중지가 모아졌다.[219] 이들은 거란의 침공 이유가 영토문제에 있다고 오판했던 것이다.

그러나 서희는 거란의 의도가 영토를 확보하는 것이 아니라 고려와 수교하는 데 있음을 간파했다. 협상에 나선 그는 소손녕에게 고려는 신라가 아닌 고구려를 계승했기 때문에 고구려의 영토가 곧 고려의 영토라고 주장했다. 소손녕은 순순히 이를 인정했다. 그리고 서희는 고려의 영토를 청천강 이남에서 압록강 하류 지역으로 확대할 수 있는 제안을 했다. 여진이 고려와 거란 사이에 있어 교류를 차단하고 있으므로 양국이 남북에서 여진족을 협공하여 몰아내고 압록강을 고려-거란 국경으로 삼자고 제의한 것이다. 양국이 직접 국경을 맞대면 통교가 가능하다는 논리였다. 소손녕은 이에 합의하고 크게 만족하여 많은 선물을 전달하고 회군했다. 회담 직후 서희는 직접 군사를 이끌고 압록강까지 진격하여 강동 6주를 확보하고 압록강 하류에서 청천강에 이르는 요지에 성을 구축하여 고려의 영토를 확장했다.[220] 물론, 소손녕의 입장에서도 고려와 송나라의 교류를 끊고 여진

218 『고려사』, 권94, 열전7, 서희.

219 『고려사절요』 권2, 성종 문의대왕, 계사 12년(993년).

220 육군군사연구소, 『한국군사사 3: 고려 Ⅰ』, pp. 336-337.

의 세력을 약화시킴으로써 고려 침공의 목적을 달성한 것으로 볼 수 있다.

고려는 거란과 전쟁을 하면서 거짓 항복하는 위계로 적의 군사를 철수시키기도 했다. 이는 고구려가 수나라의 침공을 방어하면서 사용했던 계책과 유사하다. 1010년 8월 거란의 소배압蕭排押은 40만을 동원하여 두 번째 침공에 나섰으나, 압록강 하류의 흥화진 공략이 여의치 않자 이를 우회하여 통주성通州城(평북 동림)을 함락하고 곧바로 개경으로 진출했다. 수도를 함락당할 위기에 빠진 현종은 개경을 포기하고 피난에 나서야 했다. 1011년 12월 현종은 소배압에게 강화를 요청하고 왕의 친조를 약속하여 거란군의 철군을 유도했다. 그리고 거란군이 철수를 시작하자 고려군은 반격에 나서 거란군에게 타격을 가하고 수만 명의 고려인 포로를 구출했다. 이러한 속임수는 비겁하다고도 볼 수 있으나 국가의 생존을 걸고 싸우는 전쟁에서는 어떠한 계책도 정당화될 수 있다.

몽골군이 침공했을 때에도 이와 유사한 전략이 적용되었다. 1236년 몽골이 세 번째로 고려를 침공했을 때 백성들의 피해가 커지자 고려 조정은 1238년 왕의 입조를 조건으로 강화를 제의하여 몽골군을 철수시켰다. 그러나 이후 고려는 왕이 상중이라 입조가 불가능함을 알리고 왕족인 영녕공永寧公 준綧을 왕자로 속여 몽골에 인질로 보냈다. 왕의 친조가 이루어지지 않자, 몽골은 1253년 고려 조정의 강화도 출도와 왕의 입조를 요구하며 다시 고려를 침공했다. 이때에도 고려는 항전하다가 피해가 커지자 왕이 강화도를 나와 승천부昇天府—개성의 외항—에서 몽골 사신을 접견했으며, 왕자 안경공安慶公 창淐을 몽골에 보내 국왕의 친조를 대신했다. 그러나 왕자의 입조만으로 만족할 수 없었던 원 헌종憲宗은 다시 조정의 출도와 왕의 입조를 요구하며 1254년 여섯 번째로 고려를 침공했다. 고려 조정이 이에 응하지 않자 몽골군은 전국 각지를 휩쓸며 잿더미가 될 정도로 약탈을 일삼다가 스스로 철군했다. 1257년 몽골이 여덟 번째로 침공했을 때에는 요구조건을 낮추어 세자 친조를 조건으로 강화가 이루어졌다. 이후 고려에서 세자의 친조를 이행하지 않고 대신 안경공 창을 또다시 파견하자 1258년 몽골군은 아홉 번째로 공격에 나섰다. 이때 최의가 암살되고 무신정권이 붕괴하자 다시 세자 친조를 조건으로 화의가 이루어졌고, 1259년에 세자 전倎이 몽골로 향하면서 전쟁은 종결되었다.[221] 물론, 이는 승리하기 위한 계책이 아니라 위급한 상황을 모면하기 위해 취한 임시방편으로, 왕조의 굴욕을 피하고자 백성들에게 감당할 수 없을 정도의 수난을 안겼다는 점에서 올바른 계책으로 보기 어렵다.

고려의 전쟁에서는 작전적 수준에서의 계책도 활용되었다. 1018년 10월 거란이 3차 침공에 나섰을 때 강감찬이 흥화진 인근에서 거란을 공격한 것이 그러한 사례이다. 앞서 거란은 수차례 산발적인 공격으로 고려의 전략적 방어요충지인 강동 6주 지역을 먼저 탈취하려 했으나 고려군의 강력한 방어에 부딪혀 번번히 실패했다. 그러자 이번에는 강동 6주를 공략하지 않고 우회한 다음 곧바로 남하하여 개경을 함락하고자 했다. 거란군의 의도를 간파한 강감찬은 흥화진 동쪽의 대천大川에서 물을 막은 채 매복하고 있다가 우회하는 거란군에게 수공을 가하여 큰 승리를 거두었다. 『고려사』에는 다음과 같이 기록되어 있다.

> (고려는) 기병 1만 2,000명을 선발하여 산중에 매복시키고 굵은 밧줄로 소가죽을 꿰어 성의 동편에 있는 대천(삼교천으로 추정됨) 물을 막고 대기하고 있다가 적들이 왔을 때 일시에 물을 터놓고 한편으로 복병이 돌격하여 대승리를 거두었다.[222]

강동 6주를 우회하려는 소배압의 계략을 미리 알아채고 적이 반드시 지나야 하는 하천에서 매복과 수공으로 적을 공략한 것이다.

윤관의 여진정벌에서도 기만과 기습의 방책이 활용되었다. 그는 군사

---

221 정해은, 『고려시대 군사전략』, pp. 233-256.

222 『고려사』 권94, 열전7, 강감찬.

행동에 앞서 완안부 여진의 경계심을 풀도록 하기 위해 우야소烏雅束가 새 지도자로 즉위하자 이를 축하하는 사절을 보냈다. 이 자리에서 우야소가 화해의 조건으로 고려에 도망친 반완안부 인사들을 송환하도록 요구하자 사신들은 이를 받아들였다. 이와 동시에 윤관은 고려를 배신하고 완안부에 투항한 동북면 여진족장들을 상대로 고려에서 억류하고 있던 반고려파 여진족의 수장인 허정許貞과 나불羅弗을 석방하겠다고 제안했다. 족장들은 마침 고려와 우야소 간에 화해가 이루어지고 고려로 망명한 반완안부 인사들의 송환 결정이 내려지자 이를 의심없이 받아들였다. 고려는 허정과 나불의 송환식을 천리장성 안쪽인 장주 부근에서 성대히 준비하여 400명이 넘는 여진 족장들을 초대했고, 이들이 연회에 참석하자 급습해서 살해했다. 그리고 족장을 잃고 혼란에 빠진 여진족을 상대로 정벌에 나서 전격적인 승리를 거둘 수 있었다.[223]

손자는 "용병이란 적을 속이는 것兵者, 詭道也"이라고 했다. 중국 병법의 영향을 받은 고려는 중국 왕조 및 주변 이민족들과의 전쟁에서 외교적으로나 작전적으로 다양한 계책을 활용했다. 그리고 이러한 계책은 다음에서 살펴볼 직접전략을 통해 적을 섬멸하거나 격퇴하는 데 기여할 수 있었다.

나. 직접전략

직접전략은 비군사적 방책과 달리 직접 군사력을 사용하는 전략인 만큼, 통상적으로 상대와의 군사력 차이를 고려하여 구상된다. 고려는 비교적 전력이 대등했던 거란과의 전쟁에서 성을 중심으로 한 소모전략을, 전력이 우세했던 여진정벌에서는 기동 중심의 섬멸전략을, 그리고 월등히 열세였던 몽골과의 전쟁에서는 산성 및 해도로의 입보入保를 통한 고갈전략을 추구했다.

---

223 육군군사연구소, 『한국군사사 3: 고려 Ⅰ』, pp. 421-422.

(1) 고려-거란 전쟁: 견벽고수의 소모전략

거란의 침공이 있기 전부터 고려의 방어전략은 적의 주요 공격로 상에 구축한 성을 중심으로 적의 공격을 저지하는 것이었다. 야지에서 적의 대부대와 맞서 싸우는 것이 아니라 산이나 협곡, 강, 하천 등의 천연장애물을 이용한 견고한 성을 거점으로 강력한 방어태세를 갖추는 '견벽고수堅壁固守'의 전략이었다.[224] 이때 견벽고수 전략을 효과적으로 수행하기 위해서는 공세적으로 병력을 운용하는 '인병출격引兵出擊'을 병행해야 한다. 인병출격이란 주진을 근거지로 하여 공격해오는 적의 측후방을 타격하는 것으로, 주로 기동력을 갖춘 기마부대가 그 임무를 수행했다. 이러한 공세행동은 양계兩界, 즉 북계北界와 동계東界에 편성된 각 주진군이 군사력을 단독으로 운용하거나, 혹은 조정에서 파견된 중앙군과 함께 협조하여 이루어질 수 있다. 견벽고수와 인병출격이 효과적으로 수행된다면 적은 성을 공략하는 데 시간을 소비하여 주력부대의 남하가 지연될 수 있고, 성을 공략하지 않고 남하할 경우에는 후방 및 보급로가 위협을 받아 장기간 전쟁을 수행하기 어렵게 된다.[225]

고려는 거란과의 1차 전쟁에서 견벽고수와 인병출격을 효과적으로 사용했다. 서희가 담판에 나서기 이전인 993년 10월 소손녕이 봉산성蓬山城(평북 구성)을 함락하고 청천강을 넘어 안융진安戎鎭(평남 안주)을 공격하자 고려 장수 대도수大道秀는 성안의 군민들을 이끌고 강안으로 나가 공격을 가해 승리했다.[226] 불의의 기습으로 거란군의 전열이 흩어지고 큰 피해를 입자 당황한 소손녕은 거란군을 청천강 이북의 봉산성으로 다시 물렸다. 안융진을 견벽고수의 거점으로 하여 인병출격에 나서 승리를 거둔 것이다. 고려는 안융진 전투의 승리를 통해 청천강 방어선의 견고함을 보여줌

---

224 김홍, 『한국의 군제사』(서울: 학연문화사, 2001), p. 70. 적을 지연시킨다는 점에서 고갈전략과 유사한 것처럼 보이지만 소모전략은 '청야입보'를 하지 않는다는 점에서 고갈전략과 다르다.

225 앞의 책, p. 71.

226 『고려사절요』 권2, 성종 문의대왕, 계사 12년(993년).

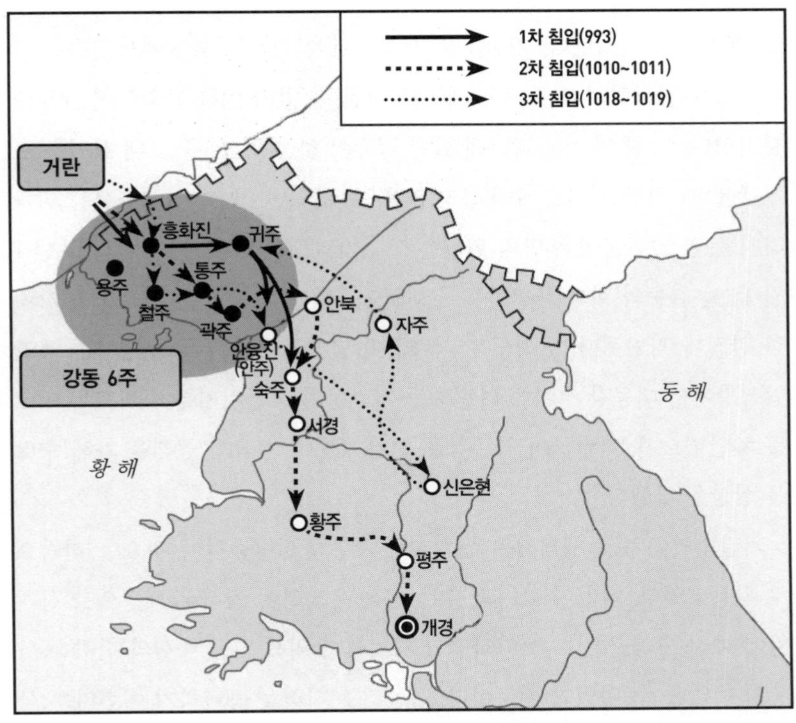

〈그림 5-4〉 고려-거란 전쟁

으로써 소손녕으로 하여금 서희와의 담판 및 화의교섭을 서두르도록 압박할 수 있었다.[227]

고려는 거란과의 2차 전쟁에서도 견벽고수 전략으로 대응했다. 1차 전쟁 이후 서희가 강동 6주를 확보하고 이를 요새화함에 따라 고려의 견벽고수 능력은 더욱 강화되었다. 1010년 11월 16일 거란의 성종이 이끄는 40만의 군대가 압록강을 도하해 16일부터 22일까지 인주(평북 의주)에 위치한 산성인 흥화진을 포위하여 공격했으나 고려군이 농성전에 돌입하자 함락할 수 없었다. 11월 23일 거란 성종은 부대를 나누어 20만을 인주에 남겨 후방으로부터의 위협을 견제하도록 하고 나머지 20만을 직접 이끌

---

227 정해은, 『고려시대 군사전략』, pp. 115-116.

고 개경으로 진격했다. 거란군은 개경으로 진격하는 과정에서 통주성과 서경성을 공략하려 했으나 실패하자 어쩔 수 없이 이를 우회하여 개경에 도착했다. 12월 양주에 피난해 있던 현종이 하공진河拱辰을 보내 화의를 요청했을 때 거란이 이를 수용하지 않을 수 없었던 것은 고려의 성을 함락하지 못한 거란군이 후방의 위협을 느꼈기 때문이었다. 실제로 1011년 1월 11일 현종의 화의를 받아들여 회군을 시작한 거란군은 고려군의 강력한 반격에 직면했다. 고려군은 거란군이 남하하여 전투를 수행하는 동안 압록강에서 대동강 사이에 마련해둔 거란군의 중간기지를 공격하여 퇴로를 차단했으며, 거란군이 압록강을 건널 때까지 집요한 공격을 가해 수많은 살상을 가했다.[228]

거란과의 3차 전쟁에서는 견벽고수보다는 인병출격이 주요한 전략으로 활용되었다. 거란이 고려의 모든 성을 우회하여 곧바로 개경으로 진격함에 따라 고려군은 이를 따라잡고 저지하기 위해 기동 중심의 전략을 사용하지 않을 수 없었기 때문이다. 강동 6주 지역을 공략하기 어렵다는 사실을 인식한 거란은 이를 우회한 다음, 수도인 개경을 직접 공략하여 왕의 항복을 받기로 했다. 1018년 12월 10일 거란의 소배압은 10만의 대군을 이끌고 강동 6주 지역을 우회하여 신속하게 남하했다.[229] 소배압의 군대는 흥화진 동쪽의 하천 일대에서 강감찬이 이끄는 고려군의 기습공격으로 타격을 입었지만 청천강을 건너 개경으로 돌진하여 1019년 1월 3일 개경 북방 40km 지점인 신은현新恩縣(황해 신계)에 도착했다. 고려 현종은 2차 전쟁 때와 달리 개경을 빠져나가지 않고 청야전술과 농성전으로 대응하기로 했다. 견벽고수의 소모전략에 고갈전략을 병행한 것이다. 거란군이 보급기지를 확보하지 않고 신속하게 남하했으므로 군량보급을

---

228 『고려사절요』 권3, 현종 원문대왕, 신해 2년(1011년); 정해은, 『고려시대 군사전략』, pp. 114, 119-129.

229 정해은, 『고려시대 군사전략』, pp. 131-132.

차단하고 전쟁을 지연시킨다면 승산이 있다고 판단한 것이다.

소배압은 고려의 이 같은 전략에 당황하지 않을 수 없었다. 그는 사신을 보내 거짓으로 군사를 돌리겠다고 알리고는 소수의 병력을 은밀하게 보내 기습공격을 가했으나 오히려 이를 알아차린 고려군에 반격을 당했다. 거란군이 아무런 성과를 거두지 못한 채 철수를 시작하자 고구려군은 본격적으로 추격에 나섰다. 강감찬은 연주漣州(평남 개천)와 위주渭州(평북 영변) 지역에서 적 500여 명을 참살하는 전과를 거둔 데 이어, 귀주龜州(평북 구성) 북쪽 30km 지점의 반령盤嶺에서 결정적인 승리를 거두었다.[230] 『고려사절요』에는 "거란 군사 10만 가운데 귀환한 사람은 수천 명에 불과했으니 거란 군사의 패전함이 이때와 같이 심한 적이 없었다"고 기록하고 있다.[231]

비록 거란군은 신속한 기동력을 보유하고 있었지만 고려의 천연요새를 극복하지 못했다. 고려군은 견고한 성을 중심으로 거란의 측후방을 끊임없이 위협하며 타격을 가했고, 거란군은 철수하는 과정에서 퇴로가 막혀 많은 피해를 입었다. 이 전쟁에서 태조 왕건이 구축한 청천강 이남의 성곽들과 서희가 확보한 강동 6주의 요새들은 거란의 침공 시 고려의 영토를 방어하는 데 중요한 자산으로 활용되었다. 협곡과 산지가 많은 한반도의 지리적 특성을 이용하여 쌓은 성들은 적에게 반드시 극복해야 하는, 그러나 극복하기 어려운 장애물이었으며, 고려는 이러한 성들을 효과적으로 이용하여 거란의 침입을 물리칠 수 있었다.

(2) 고려의 여진정벌: 기동 중심의 섬멸전략

고려의 여진정벌은 북방으로 영토를 확장하는 과정에서 이루어졌다. 고려는 현종 및 문종 대에 동북면 개척에 힘을 기울여 여진족들을 적극적으

---

230 정해은, 『고려시대 군사전략』, pp. 133-136.

231 『고려사절요』 권3, 현종 원문대왕, 기미 10년(1019년).

로 회유하기 시작했다. 고려에 귀순한 여진 촌락에는 고려식 촌락 이름을 하사하고 여진 추장을 도령都領으로 임명해 다스리게 하는 귀순주 정책을 시행한 것이다. 귀순주는 고려에 예속된 자치지역으로 고려의 영토나 다름없었던 만큼 영토를 확장하는 정책의 일환이었다.

그러나 1100년을 전후하여 하얼빈哈爾濱 일대에서 거주하던 완안부 여진의 세력이 강성해지면서 상황이 바뀌었다. 우야소가 이끄는 완안부 여진은 고려에 적대적 성향을 가진 부족으로 주변의 여진족들을 정벌하면서 간도間島까지 내려왔고, 이어서 고려가 귀순주로 확보한 두만강 유역의 갈라전 부근까지 진출했다. 이들은 고려에 귀속된 여진 부락을 공격하여 한반도 내로 세력을 확대했으며, 공격을 피해 도망하는 여진을 쫓아 남쪽으로 내려와 1104년 1월 천리장성을 쌓은 정주 관문에까지 도달했다.

완안부 여진이 고려가 확보해놓은 귀순주 지역을 무력화하자, 숙종은 1104년 1월 8일 임간을 동북면행영병마도통으로 임명하여 여진을 정벌하게 했다.[232] 그러나 제1차 여진정벌은 실패로 돌아갔다. 1104년 2월 8일 임간이 이끄는 고려군은 여진족을 얕보고 적 지역으로 깊숙이 들어갔다가 역습을 받아 궤멸적인 피해를 입고 지휘부만이 가까스로 돌아올 수 있었다. 고려 조정은 임간을 파직하고 후임으로 추밀원사 윤관을 임명해 3월 4일 다시 여진 공격에 나섰다. 그러나 윤관의 군사도 적 30여 명을 죽였을 뿐 오히려 절반이 넘는 사상자를 입고 적과 "겸손한 언사로 강화를 청하고" 돌아와야 했다.[233] 결국 1차 정벌은 여진에게 심대한 타격을 가하지 못하고 고려군의 병력 손실만 가져왔으며, 기세가 오른 여진족은 정주 선덕관성宣德關城까지 쳐들어와 약탈하고 불태우는 등 피해가 커졌다.[234]

윤관은 1차 여진정벌이 실패한 이유가 기병 중심의 적을 보병 위주의

---

232 정해은, 『고려시대 군사전략』, pp. 170-172.

233 『고려사』 권96, 열전9, 윤관.

234 『고려사절요』 권7, 숙종 명효대왕, 갑신 9년(1104년); 정해은, 『고려시대 군사전략』, p. 178.

군사로 공격한 데 있다고 판단했다. 당시 고려는 성을 방어하는 수성전에 주력하여 궁수와 노수 등 보병 위주의 병력을 보유하고 있었는데, 이들이 정벌에 나서 야지에서 기동성 있게 움직이는 여진족 기병을 상대하기에 무리였던 것이다. 그는 1104년 12월 여진과의 전쟁에 대비하여 '별무반別武班'을 창설할 것을 숙종에게 건의했다. 『고려사절요』에는 다음과 같이 기록되어 있다.

> 윤관이 아뢰기를, "신이 여진에게 패한 까닭은 저들은 기병인데 우리는 보병이라 대적할 수 없었습니다" 하였다. 이에 건의하여 비로소 별무반別武班을 설립하여, 문文·무武·산관散官·이서吏胥로부터 장사하는 사람, 종 및 주·부·군·현에 이르기까지 모든 말을 가진 자를 신기神騎로 삼고, 말 없는 자를 신보神步·조탕跳蕩·경궁梗弓·정노精弩·발화發火(적진에 불을 지르는 군사) 등의 군으로 삼아, 나이 20 이상의 남자로 과거 응시자가 아니면, 모두 신보에 속하게 하였으며, 문무 양반文武兩班과 여러 진鎭·부府의 군인을 사시四時로 훈련하였다. 또 승도僧徒를 뽑아서 항마군降魔軍을 삼아 다시 거병하기를 도모했다.[235]

즉, 별무반은 기병의 역할을 하는 신기군神騎軍, 보병의 임무를 수행하는 신보군神步軍, 그리고 승려들로 구성된 항마군降魔軍 등으로 편성되었다. 아마도 기병으로 구성된 신기군이 전투력 발휘의 주력이고 신보군과 항마군은 신기군을 지원하는 임무를 수행했을 것으로 보인다. 별무반은 예종이 즉위한 1105년 말 신기군이 동북면에 배치될 만큼 신속하게 전력을 갖추어 갔다.[236]

1107년 12월 2차 여진정벌에 나선 윤관은 1차 정벌의 실패를 교훈 삼

---

235 『고려사절요』, 권7, 숙종 명효대왕, 갑신 7년(1104년).

236 정해은, 『고려시대 군사전략』, pp. 175-180.

아 단기속결의 기습전략을 구상했다. 그는 최후 공격목표를 길주 북쪽의 협곡인 '병목甁項'으로 설정하여 이곳까지 신속하게 북상한 후, 그곳에 군사기지를 건설해 여진의 준동을 조기에 제압하고자 했다.[237] 앞에서 언급한 바와 같이 윤관은 군사작전을 개시하기 전에 계략을 써서 400명이 넘는 여진족 족장들을 살해한 후 혼란에 빠진 여진족을 공략했다. 그는 17만의 군사를 이끌고 정주 일대를 탈환한 후 북쪽으로 기동하면서 여진들의 성을 함락하고 파죽지세로 함흥을 거쳐 길주에까지 북상했다. 이후 윤관은 확보한 지역을 고려의 영토로 만들기 위해 웅주雄州, 길주吉州, 영주英州, 복주福州에 성을 쌓고 방어진지를 구축했다. 1108년 2월에는 함주咸州와 공험진公嶮鎭에 성을 쌓고 3월에 통태진通泰鎭, 진양진眞陽鎭, 숭녕진崇寧鎭에 성을 쌓았다. 이로써 9성을 축조한 윤관은 각 성에 방어사를 파견하고 7만 5,000호의 고려인을 이 지역에 이주시켜 순수한 고려의 영토로 만들고자 했다.[238]

그러나 윤관이 9성을 축조한 이후 여진족의 반격이 시작되었다. 1108년 1월 완안부 여진의 추장 우야소는 고려가 기만전술로 많은 여진족 추장들을 죽이고 갈라전 지역에 침입해 성곽을 구축했다는 소식을 듣고 고려에 전쟁을 선포했다. 고려의 사민정책은 이 지역에 살던 여진인들의 오랜 터전을 강제적으로 박탈하는 것이었기 때문에 한반도에서 쫓겨난 여진족들도 고려에 적대감을 가지고 필사의 항전에 나섰다. 완안부 여진과 한반도에서 쫓겨난 여진은 서로 단합하여 고려군에 조직적으로 반격을 가하기 시작했다. 이들은 신속한 기동성과 친숙한 지형을 이용해 게릴라전에 나서 고려의 후방 병참선을 차단하고 9성을 고립시켰다.[239] 1년여 동안의 일진일퇴를 거듭하는 가운데 1109년 5월 오연총의 부대가 여진족에 포

---

237 육군군사연구소, 『한국군사사 3: 고려 Ⅰ』, p. 422.

238 정해은, 『고려시대 군사전략』, pp. 184-187.

239 육군군사연구소, 『한국군사사 3: 고려 Ⅰ』, pp. 426-434.

위된 길주와 공험진을 구원하러 갔다가 여진의 습격을 받아 대패하자, 고려 조정은 9성의 방어가 더 이상 어렵다고 보고 여진과 강화를 체결하게 되었다. 예종은 7월 3일 여진으로부터 "영원히 배반하지 않고 조공을 바치겠다"는 서약을 받고 9성을 돌려주었다.[240]

요약하면, 처음 여진정벌에 나선 고려군은 소모전략을 취하여 실패했다. 여진족의 전력을 얕본 나머지 보병전력으로 적 기병과 정면 승부를 걸다가 큰 패배를 당한 것이다. 이후 윤관은 여진족의 기병을 제압하기 위해 별무반을 창설하여 기동전략으로 전환했다. 그리고 2차 정벌에 나서 전격적인 기동과 기습을 통해 적을 각개격파하고 승리할 수 있었다. 비록 9성을 축조한 이후 여진족의 반격에 효과적인 대응을 하지 못하고 확보한 영토를 돌려주어야 했지만, 그럼에도 불구하고 한때 고려의 영토를 두만강 유역까지 확대한 것은 기동 중심의 섬멸전략이 성공한 것으로 평가할 수 있다. 다만, 고려는 9성을 반환함으로써 군사작전을 통해 얻은 성과를 물거품으로 만들었다. 만일 고려가 9성을 쌓은 후 완안부 여진의 공격에 대해 수세적 방어로 일관하지 않고 오히려 이들을 상대로 추가 원정에 나서 또 한 번의 섬멸적 성과를 이루어냈다면, 동북 지역은 물론 만주 일부를 고려의 영토로 만들 수 있었을 것이다.

(3) 고려-몽골 전쟁: 해도입보와 산성입보의 고갈전략

고려는 1218년 몽골과 형제의 맹약을 맺고 국교를 수립했으나, 이후 몽골에서 파견된 사신들이 오만불손한 태도를 보이고 과도한 공물을 요구하자 분개하지 않을 수 없었다. 1225년 1월 공물을 징수하기 위해 고려에 파견된 몽골 사신 자꾸예著古與가 귀국하던 도중 압록강 부근에서 피살되는 사건이 발생하자, 몽골은 국교를 단절하고 고려를 정벌하기 위해 원

---

240 정해은, 『고려시대 군사전략』, pp. 188-194.

정에 나섰다.[241] 1231년 8월 살리타이撒禮塔는 수 미상의 몽골군을 이끌고 함신진咸新鎭(평북 의주)을 거쳐 고려 영토로 진격했다.

고려의 최초 전략은 거란과의 전쟁에서와 마찬가지로 견벽고수와 인병출격에 의한 소모전략이었다. 즉, 북방 양계에 주둔한 주진군이 성을 중심으로 적의 공격을 방어하는 사이에 시간적 여유를 갖고 올라온 중앙군과 협력하여 대응하는 것이었다. 북계 주진에서 산성입보를 통해 견벽고수의 수성전을 펼쳐 적의 남진을 지연시키는 동안 조정에서는 대규모의 중앙군을 파견하여 반격을 가하는 방책이었다. 이러한 전략은 이미 거란과의 전쟁에서 진가를 발휘한 바 있었다.[242]

그러나 고려의 전략은 몽골의 침략을 저지하는 데 효과를 발휘하지 못했다. 고려의 군대는 11세기 초 중앙군인 2군 6위와 지방군인 주현군 및 주진군으로 정비되었고, 여진과의 전쟁을 위해 별무반이 창설된 바 있다. 그러나 12세기 초반 고려의 군대는 군인전의 침탈로 2군 6위 제도가 무너졌고, 1170년 무신정변 이후 군이 사병화되면서 관군의 전력은 크게 약화되어 있었다. 세간에는 "그때에 용감한 자는 모두 최충헌 부자의 문객門客이 되었고, 관군은 모두 노약하고 지친 병졸이었다"는 말이 떠돌 정도였다.[243] 그 결과 30년간의 대몽전쟁 기간 동안 고려가 중앙군을 조직해 싸운 것은 1차 전쟁 기간인 1231년 단 한 차례에 불과했다.[244] 9월 2일 북계병마사로 임명된 채송년蔡松年이 삼군을 이끌고 몽골군과 대적했으나, 10월 21일 청천강 하류 남안의 안북부安北府(평남 안주)에서 패하고 와해된 것이다.

몽골군은 8월 함신진에 무혈입성한 후 신속히 남하하여 40일 만에 용

---

241 정해은, 『고려시대 군사전략』, pp. 217-221.

242 육군군사연구소, 『한국군사사 4: 고려 Ⅱ』, pp. 103-105.

243 『고려사』, 권103, 열전 조충.

244 정해은, 『고려시대 군사전략』, p. 230.

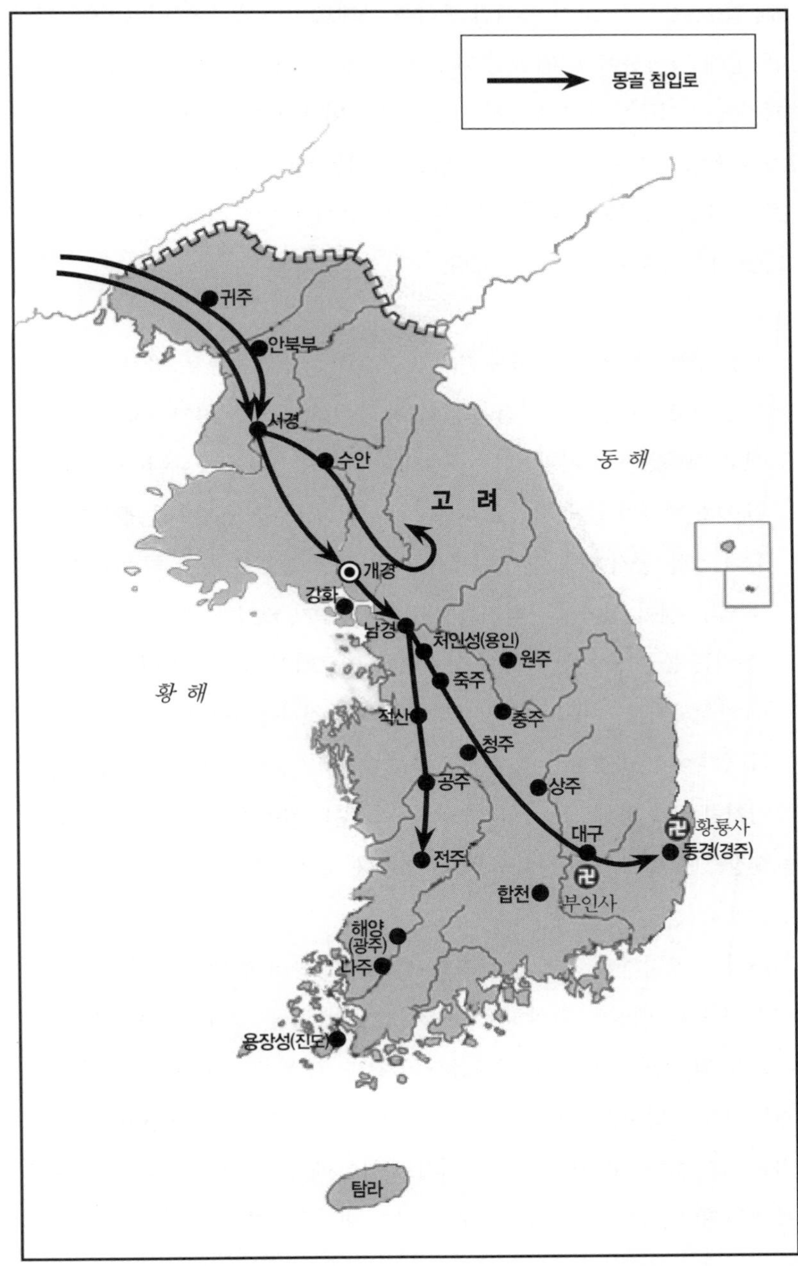
몽골 침입로
귀주
안북부
서경
수안
고 려
동 해
개경
강화
남경
처인성(용인)
원주
죽주
황 해
적산
충주
청주
공주
상주
황룡사
대구
동경(경주)
전주
합천
부인사
해양
(광주)
나주
용장성(진도)
탐라

〈그림 5-5〉 고려–몽골 전쟁

주, 철주, 정주 등 고려 북계의 주진을 차례로 점령했다. 그리고 수도 개경을 향해 진격하여 12월 1일 개경을 포위하고 왕의 항복을 요구했다. 이 과정에서 귀주성만은 효과적으로 방어가 이루어져 1차 전쟁이 끝날 때까지 4개월 동안 몽골군 일부의 발을 묶어놓음으로써 살리타이의 작전에 큰 차질을 빚도록 했다. 『고려사절요』는 당시 귀주성 성주인 박서朴犀의 항전을 다음과 같이 기록하고 있다.

> 몽골 군사가 다시 큰 포차를 가지고 귀주龜州를 공격하므로, 박서朴犀가 또한 포차를 쏘아, 돌을 날려 수없이 쳐 죽이니, 몽골 군사가 물러나 진을 치고, 책柵을 세워 지키었다. … 살례탑이 다시 사람을 보내어 그를 타일렀으나, 박서가 굳게 지키고 항복하지 않았다. 몽골 군사가 운제雲梯를 만들어 성을 공격하려 하므로 박서가 대우포大于浦로써 맞서 치니 부서지지 않는 것이 없어서 사다리를 가까이 댈 수가 없었다. … 나이가 거의 70 되는 몽골 장수 한 사람이 성 아래에 이르러서 성루와 기계를 둘러보고 탄식하기를, "내가 어려서부터 종군하여 천하를 두루 다니면서, 성곽과 해자에서 공격하고 싸우는 모습을 여러 번 보았으나 일찍이 공격을 이처럼 되게 당하고도, 끝끝내 항복하지 않는 자는 처음 보았다. 성중의 제장諸將이 반드시 다 장상將相이 될 것이다" 하였다.[245]

개경을 공격하기 직전에 살리타이는 고려 왕의 항복을 요구하면서 예성강 근처의 백성을 학살하고 노략질했으며, 광주, 충주, 청주 등의 여러 성들을 함락하고 파괴 및 약탈을 일삼았다. 12월 고려는 북계의 여러 주진들이 함락당하고 주력부대마저 전투력을 상실하게 되자 살리타이에 화의를 요청했다. 고려는 화의의 대가로 몽골에 많은 예물과 군마, 인질을 보내야 했고, 전후에도 몽골로부터 심한 내정간섭을 받으며 공물을 바쳐

---

245 『고려사절요』, 권16, 고종 안효대왕, 신묘 18년(1231년).

야 하는 부담을 떠안게 되었다.[246]

1231년 말 고려의 최고 실권자인 최우는 몽골과의 장기항전을 결심하고 그 이듬해 강화도로 천도했다. 최우가 강화도 천도를 단행한 이유는 몽골군의 주력이 기마병으로 수전에 취약할 것이라는 판단과 함께 지형적으로 밀물과 썰물의 차이가 커서 외부로부터 공격이 쉽지 않다는 점을 고려했기 때문이었다. 또한 강화도는 개경과 인접하여 예성강, 임진강, 한강 등 수상교통이 용이했으며, 섬의 면적이 작지 않고 곡식 등 물산이 풍부하여 어느 정도 자급자족이 가능했다. 그리고 위치상으로 전라도 곡창지대에서 나오는 조세 반입이 가능하다는 점도 고려되었다.[247]

최우는 강화도 천도와 함께 각 지방에 전갈을 보내 백성들로 하여금 산성과 해도에 들어가도록 했는데, 이는 1차 전쟁에서 채택한 산성입보만으로는 대응이 어렵다고 판단했기 때문이다. 1차 전쟁에서 몽골군은 압록강을 건넌 지 4개월 만에 다수의 주진을 함락하고 안북부 저지선을 돌파하여 개경을 포위했는데, 이는 북계에서 효과적인 방어선을 구축하기가 어려움을 보여준 것이었다. 과거 거란군의 침략으로 개경이 함락된 이후 고려는 주진을 추가로 설치하여 압록강 방어선을 보강했음에도 불구하고 몽골군의 침입에 의해 무기력하게 무너지자 기존의 방어전략을 수정하지 않을 수 없었던 것이다.[248]

고려의 해도입보와 산성입보는 기존에 사용했던 견벽고수의 소모적 섬멸전략을 포기하고 적을 지치게 하는 고갈전략으로 전환한 것이었다. 이전에 고려는 거란과의 전쟁에서 성을 중심으로 방어하는 견벽고수 및 인병출격 전략을 통해 승리할 수 있었다. 이러한 전략은 비록 소모적인 방식이지만 어떻게든 적과 싸워 적의 군사력을 섬멸하는 데 주안을 두고 있

246 『고려사절요』, 권16, 고종 안효대왕, 신묘 18년(1231년).

247 정해은, 『고려시대 군사전략』, p. 239.

248 윤경진, "고려 대몽항쟁기 남도지역의 해도입보와 계수관", 『군사』, 제89호(2013년 12월), p. 38.

었다. 반면 최우가 구상한 해도입보와 산성입보는—비록 견벽고수와 인병출격을 배제하는 것은 아니지만—적과 싸움을 회피하는 가운데 몽골군을 지치게 하는 데 주안을 둔 것으로 고갈전략에 해당한다.

해도입보는 산성입보에 비해 장기전에 유리했다. 산성의 경우 기존의 생활터전과 가까이 있어 빠른 입보가 가능하고 미리 무기와 식량을 준비할 수 있다는 장점이 있으나, 제한된 공간에서 장기간 버티기에는 어려움이 컸다. 성 밖으로 나가 농작물을 경작하거나 수확하는 데에도 한계가 있어 종종 식량부족을 겪곤 했다. 반면, 해도입보는 비록 대규모 인력이 섬에 들어가기는 어렵지만, 산성에 비해 더 많은 인원이 입보할 수 있고 넓은 섬에서는 경작이 가능했다. 특히 기병을 중심으로 한 몽골군은 지상전에 능한 반면 해전에는 익숙하지 않았으므로 해도입보는 이들의 공격을 막아내기 위한 효과적인 방안으로 간주되었다.

해도입보는 시차를 두고 이루어졌다. 처음에는 전략적 거점 지역부터 우선적으로 시행되다가 점차 전면화되는 과정을 밟았다. 1차적으로 1231년에 의주에서 안북부와 서경으로 이어지는 도로상에 있던 주진들이 먼저 입보하고, 내륙에 있던 주진들은 1248년에 이루어졌다. 고려는 가급적 군사력을 집결시켜 방어력을 높이기 위해 한 섬에 다수의 주진이 입보하도록 했다. 가령 안북부와 자현慈州(평안남도 순천), 그리고 옹진현은 옹진현 서쪽 70리에 위치한 창린도昌麟島에 입보했으며, 선주와 창주는 강화도 남쪽에 위치한 자연도紫燕島(영종도)에 입보했다.[249] 이러한 입보는 고려 조정이 입보한 강화도 주변의 섬에 군사력을 배치하여 상호 지원이 용이하게 하려는 의도에서 이루어졌다.

그러나 고려가 해도입보를 취했다 하더라도 이것이 육상에서의 저항을 포기한 것은 아니었다. 『고려사』의 기록에 의하면 해도입보와 산성입보가 상호 보완적으로 이루어졌음을 보여준다.

---

249 윤경진, "고려 대몽항쟁기 남도지역의 해도입보와 계수관", p. 40.

충주도순문사 한취가 아주牙州의 해도에 있으면서 배 9척으로 몽골군을 치려고 했으나 몽골군이 되받아쳐 모두 죽었다.

대부도大府島 별초別抄가 밤에 인주仁州 지경의 소래산蘇來山 아래에 나와 몽골군 100여 인을 쳐서 쫓아냈다.

차라대車羅大가 충주산성을 공격하는데 운무가 사납게 일어나니 성안의 사람들이 정예를 뽑아 공격하니 적이 포위를 풀고 마침내 남쪽으로 내려갔다.

몽골군이 대원령大院嶺을 넘으니 충주에서 정예를 보내 1,000여 명을 쳐서 죽였다.[250]

이러한 기록에 의하면 몽골군이 충주 방면으로 향하자 아주牙州(충남 아산)와 대부도에 입보한 병력들이 육지로 나와 공격을 가했으며, 산성에 입보한 사람들도 정예군을 동원하여 몽골군을 상대로 기습공격을 가했음을 보여준다.[251]

이상에서 고려는 몽골의 침략에 대해 해도입보라는 독창적인 방어전략을 마련하여 시행했음을 알 수 있다. 그러나 강화도 천도의 대가는 너무 참혹했다. 몽골은 강화도 천도가 이루어지자 고려 조정에 개경으로 환도할 것과 국왕의 친조를 요구하며 전쟁을 재개했다. 그리고 몽골군은 해전에 대한 부담으로 강화도를 공격하는 대신 고려 영토를 철저히 유린함으로써 고려 조정의 항복을 압박했다. 몽골군은 비록 2차 침공 시에 원정군 사령관 살리타이가 처인성 주민들에게 공격을 받아 사살되자 철수했지만, 1235년

250 『고려사』 권24, 고종 43년(1256년) 4월.

251 윤경진, "고려 대몽항쟁기 남도지역의 해도입보와 계수관", p. 48.

7월 3차 침공부터 1257년 5월 9차 침공에 이르기까지 약 30년이 넘는 기간 동안 고려를 처참하고 잔인하게 초토화시켰다. 『고려사』의 기록에 의하면 1254년의 전쟁이 가장 피해가 극심했던 것으로 나타나 있다.

> 이 해에 몽고군의 포로가 된 고려인은 남녀 합해 20만 6,800여 인이며 살육당한 자가 이루 헤아릴 수 없었다. 그들이 지나간 마을은 모두 잿더미가 되었다. 몽골군 난리가 있은 이래로 이때처럼 혹심한 피해는 없었다.[252]

이러한 상황에서 원로대신 최린崔璘은 "강화도 한 곳을 지킨들 어찌 나라라고 할 수 있겠습니까"라며 일찍부터 강화를 주장했으나 무신정권의 항전의지를 꺾을 수 없었다. 마침 1258년 3월 최의가 김준金俊에게 피살되고 60년에 걸친 최씨 무인정권이 막을 내리면서 강화도 천도에 반대했던 고관들이 몽골과 강화할 것을 요구하기 시작했다. 결국 고려-몽골 전쟁은 1259년 세자가 몽골에 입조하면서 막을 내렸다.

고려가 해도입보와 산성입보를 중심으로 한 전략을 추구했지만 몽골군을 상대하기에는 역부족이었다. 이는 몽골군의 강함보다는 고려군의 약함이 원인이었다. 군이 사병화되면서 중앙군은 약화되었고, 이로 인해 중앙에서 북계방어를 적시에 지원하지 못하는 상황에서 북쪽의 성들은 각개격파될 수밖에 없었다. 고려 조정은 해도입보를 통해 장기간의 항쟁을 이어갈 수 있었지만 해도와 산성 간의 유기적 협력이 여의치 않았기 때문에 몽골군에 결정적 타격을 가할 수는 없었다. 그리고 고려 조정은 왜 전쟁을 지속해야 하는지도 모른 채 무모한 저항을 계속했다.

요약하면, 고려의 동맹전략은 강대국을 견제하는 균형보다 강대국의 편

---

252 『고려사』 권24, 세가 고종41년(1254년) 12월.

에 서는 편승을 주로 선택했다. 그럼에도 고려는 강대국들은 물론, 북방 이민족들과 빈번한 전쟁을 치르지 않을 수 없었다. 고려의 군사전략은 거란과의 전쟁에서 소모를 통한 섬멸을, 여진정벌의 경우 기동을 통한 섬멸을, 그리고 몽골과의 전쟁에서는 적을 고갈시키는 전략을 추구했다. 고려는 거란침공과 여진정벌의 경우 효과적으로 전쟁을 수행했지만, 몽골의 침공에서는 무기력하게 당했다. 그 이유에 대해서는 다음의 삼위일체의 전쟁대비에서 살펴보도록 한다.

4. 삼위일체의 전쟁대비

가. 왕의 역할: 군 장악 및 백성의 전쟁열정 자극

고려의 전쟁대비는 삼국시대와 마찬가지로 왕을 중심으로 이루어져야 했다. 왕이 중앙권력을 기반으로 군을 장악하고 선정을 베풀어 백성의 전쟁열정을 자극해야 했다. 적어도 여진정벌 이전까지 고려는 왕을 중심으로 한 중앙집권체제를 구비하여 군을 장악하고 백성들의 민심을 확보함으로써 거란과 여진을 상대로 한 대외적 위기에 능동적으로 대처할 수 있었다. 그러나 여진정벌 이후 왕권이 귀족들의 도전과 무신들의 난으로 약화되면서 고려의 군사력은 와해되고 백성들의 민심은 이반되었다. 금나라의 압력에 군신관계를 체결하고 몽골군의 침공에 무기력하게 당해야 했던 수난의 역사는 바로 왕을 중심으로 한 삼위일체의 전쟁대비에 실패했기 때문에 비롯된 것이었다.

고려는 초기에 왕권을 강화하는 데 주력했다. 후삼국을 통일하는 과정에서 협조했던 지방 호족들과 이들이 중앙으로 진출하여 형성한 문벌귀족들의 세력은 무시할 수 없었다. 초기 고려의 왕들은 이들을 견제하기 위해 왕이 직접 통제할 수 있는 경군京軍을 강화하고 호족이 거느리고 있는 지방의 군대를 중앙의 통제 하에 두고자 했다. 우선 경군을 강화하기 위해 고려는 태조 대에서부터 성종 대에 이르기까지 2군 6위제를 확립해 나갔다. 2군은 왕의 친위대인 응양군鷹揚軍과 용호군龍虎軍을, 그리고 6위로는 개경을 방어하는 좌우위左右衛·신호위神號衛·흥위위興威衛, 경찰임무를 수행하는 금오위金吾衛, 의장을 담당하는 천우위天牛衛, 그리고 궁성수비를 담당하는 감문위監門衛를 두었다. 2군 6위제의 확립은 왕의 신변을 호위하고 왕이 직접 통제할 수 있는 중앙군을 확보함으로써 왕권을 강화하기 위한 조치였다.[253]

이와 함께 고려는 지방의 군을 중앙에서 통제하기 위해 주현군州縣軍과 주진군州鎭軍이라는 제도적 장치를 마련했다. 주현군은 경기 및 5도에서 지방 호족들이 거느린 사병을 국가의 군대로 전환하여 성립되었다. 그 시초는 정종이 거란의 침공에 대비하여 947년에 전국적 군사조직으로 30만의 광군光軍을 편성한 것으로, 호족들이 여전히 각 지방에서 사병을 모집하고 지휘하되 그 위에 광군사光軍司를 설치하여 형식적이나마 지방의 군사를 중앙에서 통제하는 체계를 구비한 것이다.[254] 이후에 성종은 호족의 지위를 '향리鄕吏'로 낮추어 독자적 병권을 박탈하는 한편, 행정구역인 12목牧에 각각 군軍을 두고 중앙에서 파견된 절도사節度使가 각 군을 지휘하도록 하여 주현군 체제를 갖출 수 있었다.[255] 주진군은 북방 국경지대의 양계兩界—북계北界와 동계東界—에 설치한 주州와 진鎭에 소속된 군사를 말한다. 주와 진

---

253 고려시대 군사조직은 중앙에 경군(京軍), 지방에는 주현군(州縣軍) 및 주진군(州鎭軍)을 두었다. 중앙의 경군은 최초 좌우위(左右衛), 신호위(神號衛), 흥위위(興威衛), 금오위(金吳衛), 천우위(天牛衛), 감문위(監門衛)로 구성된 6위를 두었으나 1002년 목종 대에 6위의 상위조직으로 응양군(鷹揚軍)과 용호군(龍虎軍)의 2군을 설치하여 2군 6위제가 확립되었다. 김종수, "고려 태조대 6위 설치와 군제 운영", 『군사』, 제88호(2013년 9월), p. 2.

254 광군은 중앙군이 아닌 지방군이었으며, 상비군이 아닌 농민들로 구성된 예비군으로 보아야 한다. 기본적으로 중앙 정부가 호족층이 거느리는 지역사회의 독자적인 군사조직을 해체하지 않은 채 광군 조직으로 흡수한 것으로 보인다. 광군의 결성은 지방 호족의 제압을 통해서만 성립되는 것이 아니라, 지역사회의 군사적 리더로서의 지방 호족 의 위상을 인정해주면서 이들의 협조를 통해 이루어졌을 것으로 보인다. 육군군사연구소, 『한국군사사 4: 고려 Ⅱ』, pp. 58, 87-89.

255 육군군사연구소, 『한국군사사 3: 고려 Ⅰ』, pp. 116-125; 김홍, 『한국의 군제사』, pp. 62-68; 민진, 『한국의 군사조직』, p. 54.

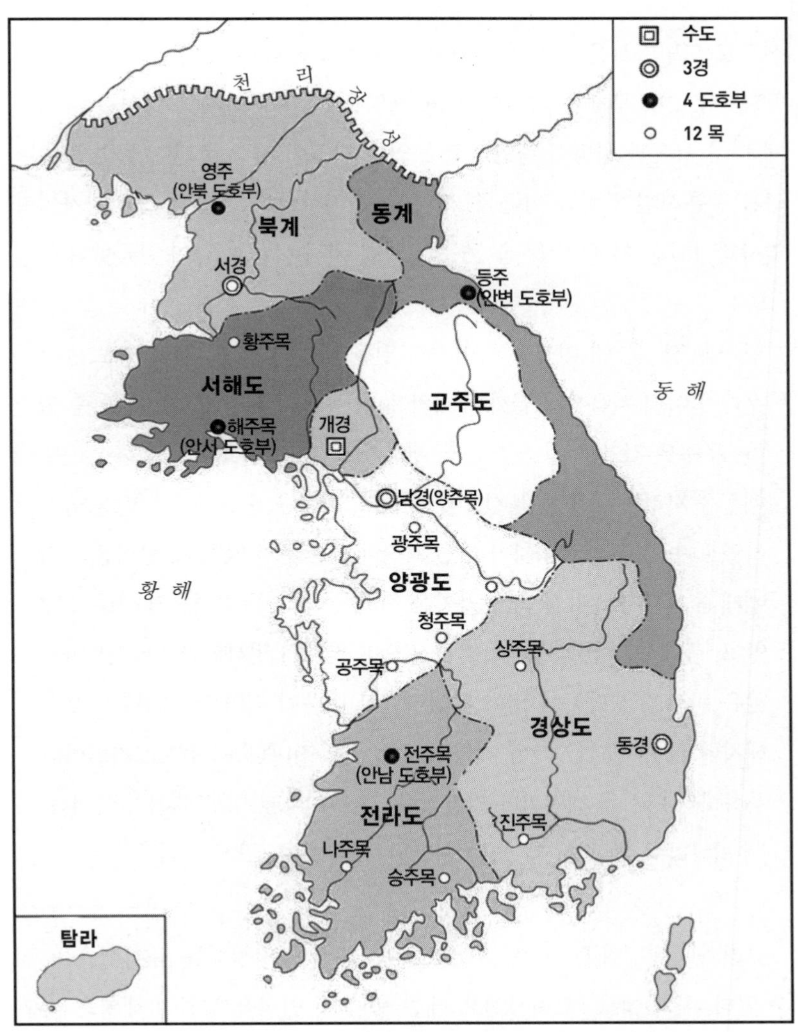

〈그림 5-6〉 고려시대 주진군 및 주현군 편성

은 양계의 행정구역이지만 모두 성곽에 둘러싸인 일종의 무장도시로 군사적 성격이 강했다. 고려는 주에 방어사防禦使, 진에는 진사鎭使와 진장鎭將을 중앙에서 파견하여 주진군을 통제하고자 했다.

고려 초기 왕들은 중앙집권화된 행정계통을 통해 올바른 정사를 펴고 선정을 베풂으로써 백성들의 민심을 획득했던 것으로 보인다. 고려의 문신으로 도병마사를 역임했던 최충崔沖은 현종에 대해 "전쟁을 멈추고 문덕文德을 닦으며, 부세를 가볍게 하고 요역을 가볍게 하며… 정사를 공평하게 하여 서울과 지방이 평안하고 농업과 잠업이 자주 풍년이 들었으니 나라를 중흥시킨 왕이라 이를 수 있다"고 평가했다.[256] 조선의 성리학자이자 역사학자였던 이제현李齊賢은 문종의 덕에 대해 다음과 같이 언급했다.

> 현·덕·정·문 네 임금은 아버지의 일을 아들이 잇고, 형이 죽으면 아우가 받아서 처음부터 끝까지 거의 80년 동안이나 성대하였다 할 수 있다. 문종은 절약과 검소를 몸소 행하였고, 어진 인재를 등용하였으며, 백성을 사랑하여 형벌을 신중히 하였고, 학문을 숭상하고 노인을 공경하였으며, 벼슬은 적임자가 아닌 사람에게는 주지 않았고, 권력은 근시에게 옮겨지지 않아서 비록 가까운 척리戚里라도 공이 없으면 상주지 않았고, 총애하는 근신이라도 죄가 있으면 반드시 벌하였다. … 긴요하지 않은 관직을 생략하여 일이 간편하였고 비용이 절약되어 나라가 부유해지니 국창國倉의 곡식이 해마다 쌓여가고 집마다 넉넉하고 사람마다 풍족하니 당시에 태평이라 일컬었다. … 그러므로 임완林完이 말하기를, "우리나라의 어질고 성스러운 임금이시다" 하였다.[257]

고려가 현종, 덕종, 정종, 그리고 문종 대에 태평성대를 유지했음을 알 수 있다. 이 밖에도 『고려사절요』에는 숙종이 "인덕을 행하여 태평을 이루었으며", 예종은 선정을 베풀었다고 기록되어 있다. 고려가 국가발전을 꾀했던 시기에 왕들이 백성들의 민심을 얻었음을 보여주고 있다.

그러나 고려 중기에 왕의 권력은 약화되고 문벌귀족을 중심으로 한 고려의 정치체제는 무너지기 시작했다. 무신정권 이전부터 고려의 지배층

---

256 『고려사절요』 권3, 현종 원문대왕2, 신미 37년(1031년) 5월.

257 『고려사절요』 권5, 문종 인효대왕2, 계해 37년(1083년) 9월.

은 타락하여 불법으로 토지를 빼앗고 막대한 사전私田을 보유하며 정치권력과 경제력을 강화해나갔다. 내부적으로는 전통적인 문벌귀족과 지방출신의 신진관료세력이 대립하여 지배층 내에 분열을 가속화했다. 이 과정에서 발생한 이자겸의 난과 묘청의 난은 정권투쟁에 눈이 먼 귀족들의 난맥상을 보여주는 사건이었다. 그리고 1170년 발생한 무신의 난은 그나마 조정을 지탱하고 있던 귀족사회의 해체를 가져와 고려를 사실상 무정부 상태로 빠뜨렸다.

무신정권이 100년 동안 지속되면서 왕권은 약화되고 백성들의 민심은 이반했다. 최충헌은 1197년 명종을 폐하고 신종, 희종, 강종, 고종을 세우는 등 초월적인 권한을 행사하며 고려의 국정을 농단했다. 『고려사절요』에는 무신정권 시대에 왕권이 무신들에 의해 휘둘려졌음이 다음과 같이 기록되어 있다.

> 사신이 말하기를, "신종이 최충헌에 의하여 왕위에 오르므로, 죽이고 살리며 폐하고 세우는 권한이 모두 최충헌의 손 안에 있었고, 왕은 한갓 실권 없는 자리만 차지한 채 신민의 위에 앉았기에 나무로 만든 허수아비와 같았을 뿐이니, 애석하다" 하였다.[258]

무신들은 막강한 정치권력을 남용하여 그들의 세력기반인 사병집단을 유지하기 위해 대토지를 겸병하고 남의 전조田租—논밭에 대한 조세—를 탈취하여 막대한 경제력을 축적했다. 이 과정에서 과중한 조세를 견디지 못한 백성들은 유민으로 떠돌아다니거나 도적이 되었다. 민심이 땅에 떨어졌음은 자명한 사실이다.

고려 중기에 정치권력을 이용한 지배층의 경제적 일탈행위는 군의 존립 기반을 약화시켰다. 경종 대에 마련된 전시과田柴科 제도—공직에 있는

---

258 『고려사절요』 권14, 신종 정효대왕, 갑자 7년(1204년) 2월.

사람에게 토지를 나눠주는 제도—는 중앙귀족들과 지방 호족들이 토지를 매매하거나 고리대 등의 방법으로 흡수 및 병합하여 유명무실화되었다. 땅을 빼앗긴 군인들은 경제적 기반을 상실하여 정상적인 군역을 수행할 수 없었으며, 토지를 빼앗긴 많은 백성들이 유민화되면서 군대의 충원도 어려워졌다. 이러한 상황은 무신정권 시기에 더욱 악화되어 고려시대 군제의 근간을 이루었던 군호軍戶—고려시대 병역편성 단위로 군인 1명에 군인을 부양하는 양호養戶 2명으로 구성—가 몰락하고 2군 6위의 상비군 조직이 와해되면서 군인들은 무신들의 사병조직으로 흘러들어갔다.[259]

이러한 상황에서 고려는 몽골의 침공에 제대로 대응할 수 없었다. 비록 초기에 고려는 왕이 군을 장악하고 백성들의 호응을 얻어 거란의 침입을 물리치고 여진족을 정벌하는 성과를 거두었지만, 이후 지속된 왕권의 약화와 군의 와해, 그리고 민심이 이반한 상황에서 몽골의 침공에 무기력할 수밖에 없었다. 이 시기 고려가 왕을 중심으로 한 전쟁대비에서 삼위일체를 이루지 못했음을 1259년 2월 몽골과 강화하기 이전 고종의 행각을 담은 역사 기록에서 확인할 수 있다.

연등절燃燈節에 여러 왕씨와 재신과 추신에게 잔치를 베풀었는데, 왕이 두 번 손을 들어 여러 신하에게 보이며 이르기를, "잔치에 참여한 자는 박수를 쳐서 나의 즐거움을 도우라" 하였다. 술이 다하였는데도 오히려 왕은 매우 즐거워하였고, 여러 신하들은 손뼉을 치며 뛰놀아서 온몸에 땀이 흘렀다. 해가 저물어서야 파하였다.

사신이 말하기를, "…지금 동북쪽은 모두 적의 소굴이 되고, 서남쪽 사람들은 해도海島에 우거하여, 길에서 죽은 시체가 서로 이어지고 창고가 모

259 당시에는 군호제가 시행되고 있었다. 군인을 배출하는 호, 곧 군호(軍戶)가 별도로 지정된 것이다. 군호는 군인이 군역을 담당하고 이를 세습해가는 하나의 단위로, 군인과 그의 자손·친족으로 구성되었다. 육군군사연구소, 『한국군사사 4: 고려 Ⅱ』, p. 77.

두 비게 되었음에랴. 왕은 마땅히 조심하고 경계하여 새벽에 일어나 밥 먹을 겨를도 없이 어진 정사를 베풀고 무비武備를 닦더라도 오히려 보존하지 못할까 두려운데, 생각이 여기에 미치지 못하고 향락만 따르니, 왕은 이미 쇠하고 늙어서 해의 그림자만 보고 세월을 보내기 때문에 책할 것이 없지마는, 당시에 모시고 잔치한 자 중에 어찌 한두 사람의 유식한 사람도 없어서 왕과 함께 손뼉을 치며 즐거움을 돕기를 태평한 때와 같이 하고, 한마디 말로도 간하는 자가 없었던 것인가" 하였다.[260]

국가가 외적의 침입으로 유린되고 있는 위급한 상황에서 왕은 향락만 일삼고 이를 간하는 중신이 없었던 조정의 현실은 고려가 왜 몽골과의 전쟁에서 속수무책으로 당해야 했는지를 단적으로 보여준다.

나. 군의 역할: 국가의 군대에서 개인의 군대로

고려의 군대는 초기 2군 6위의 중앙군과 주현군 및 주진군의 지방군 체제로 정착했으나 중기로 가면서 점차 와해되었다. 문신들로부터의 차별과 군인전의 붕괴, 그리고 군의 사병화로 인해 고려의 군은 국가의 군대에서 개인의 군대로 변질되었다. 이러한 가운데 고려에서는 국력이 상승할 때나 쇠퇴할 때 국가의 안위와 운명을 책임질 수 있는 군사적 천재를 갖지도 못했다. 결국 고려는 군대가 와해되고 뛰어난 자질을 갖춘 장수가 부재한 상황에서 전쟁을 제대로 대비하지도 치를 수도 없었다.

고려는 신분사회로서 양반이 존재했지만 문신을 무신보다 우대했다. 제도적으로 무관은 정3품인 상장군이 올라갈 수 있는 최고의 직위였으며, 같은 품계라 하더라도 문신보다 더 적은 전시田柴를 받았다. 고려 후기에 판각문사判閣門事를 역임한 유자량庾資諒은 1150년 유가 자제들과의 모임에 무인들을 가입시키려 했으나 동료들이 반대하자 "문무관을 고

260 『고려사절요』 권17, 고종 안효대왕4, 기미 46년(1259년) 2월.

르게 교육해야 한다. 저들의 가입을 거절하면 후에 반드시 후회하게 될 것"이라고 언급한 바 있다. 문관과 무관이 단지 관직의 구분이 아니라 사회적 지위로 인식되어 차별이 심했던 것이다.[261] 예종은 군의 인재를 선발하고자 무과武科를 설치하여 잠시 무관을 선발했으나 문신들의 반대로 폐지되었다가 고려 말 공양왕 때에야 정식으로 채택되었다. 고려시대 전반에 걸쳐 무관에 대한 천대와 견제가 심했음을 알 수 있다.

따라서 고려는 군의 독자성을 인정하고 전문성을 키울 수 있는 기반을 마련하지 못했다. 전쟁의 승리를 이끌 군사적 역량을 가진 인재를 양성할 수 없었고, 그러한 인재가 있더라도 제대로 활용할 수 없었다. 거란과의 전쟁에서 활약한 강감찬, 여진정벌에 나서 9성을 쌓았던 윤관, 그리고 묘청의 난을 진압한 김부식 등은 문관 출신이었다.[262] 물론, 고려 사회에서 귀족은 양반 출신으로 문무를 겸비했기 때문에 무관이 아닌 문관이 군대를 지휘하더라도 이상한 것은 아니었다. 또한 무관의 최고 직위가 정3품이었음을 고려할 때 왕명을 받들어 전쟁을 지휘하는 최고지휘관은 문관이 될 수밖에 없었을 것이다. 그러나 중요한 것은 '양반' 사회임에도 불구하고 무관을 차별하고 고위직 진출을 제한함으로써 군사적 전문성과 천재성을 갖춘 인재를 발굴하지 못했다는 것이다.

실제로 고려는 고구려를 계승했다고 하지만 광개토대왕 같은 걸출한 인물이 나오지 않았다. 비록 이성계의 경우 '전쟁의 신'이라 할 정도로 혁혁한 전공을 세웠지만 그는 고려가 아닌 원나라에서 성장하여 귀순한 장수였다. 강감찬의 경우 거란의 2차, 3차 침공 당시 위기에 처한 고려를 구한 영웅이었지만 한반도를 넘어 대외정벌의 역사를 쓰지는 못했다. 고려에서는 유교주의의 영향으로 무력을 비하하는 인식이 작용했다. 그래서 전쟁의 문제를 현실적으로 바라보지 못하고 도덕적·도의적 관점에서 접

261 『고려사』 권99, 열전12, 유자량.

262 육군군사연구소, 『한국군사사 4: 고려 Ⅱ』, p. 39.

근함으로써 전쟁에 대비하는 군의 역할을 제대로 인식하지 못했다. 만일 고려가 이성계와 같은 무관을 배출하고 강감찬과 같은 인재를 제대로 활용했더라면, 초기에 태조가 내걸었던 북진정책을 야심차게 추진하여 고구려의 위업을 재현할 수 있었을 것이다.

고려 중기에 접어들면서 군의 기반은 아래로부터 몰락하기 시작했다. 고려시대 중앙군에 소속된 군인들은 군역을 전업으로 하면서 가계별로 세습했으며, 군역의 대가로 군인전을 지급받았다. 이들은 일반 농민과 구별된 하나의 신분층으로 굳어져 군반씨족 또는 무반으로 성장했다. 그러나 앞에서 지적한 대로 지배층의 토지겸병土地兼并이 성행하면서 군인전을 상실한 군인들은 삶의 터전을 잃고 몰락하게 되었다. 이들은 경제적으로 열악한 상황에서 사회적으로도 차별을 받았을 뿐 아니라, 군인으로서 군사훈련을 받기보다는 토목공사에 동원되어 막대한 노역을 담당해야 했다. 이러한 현상은 인종과 의종 대에 더욱 악화되어 불만을 품은 무신들이 난을 일으키는 원인이 되었다.[263]

왕권이 약화되면서 고려의 군은 점차 사병화되었다. 권력을 장악한 귀족들은 경군의 지휘부나 힘 있는 무사들과 개인적으로 혈연, 지연, 혹은 사적 관계에 따라 연계를 맺고 이들이 가진 무력을 수하에 두었다. 이자겸이 여진정벌의 영웅이자 무신인 척준경을 사위로 맞아 인척관계를 맺고 무소불위의 권력을 행사한 것이 그 예이다.[264] 왕도 귀족들의 무력에 대비해 '사병'을 두었다. 신변의 위협을 느낀 의종은 왕을 호위하는 금군禁軍을 보강하기 위해 정중부, 이의민, 이고, 두경승, 기탁성 등과 같이 무술이 뛰어나고 실력 있는 자원을 뽑아 궁궐을 순찰하도록 했다.[265] 신체나 무술 등에서 우월한 사람들이 금군으로 옮겨가면서, 중앙군은 수적으로나 전투능

---

263 육군군사연구소, 『한국군사사 4: 고려 Ⅱ』, pp. 18, 41.

264 앞의 책, pp. 16-17.

265 앞의 책, p. 41.

력 면에서 이전보다 약화되었다. 금군은 국가의 관병이지만 의종의 명령을 직접 받는다는 점에서 사병적 요소가 없었던 것은 아니었다.[266]

무신정권 시기에 사병화가 본격화되면서 고려의 군은 급속히 해체되었다.[267] 최충헌은 1120년에 '도방都房'이라는 사병집단을 강화하여 자신의 신변을 보호하면서 정권을 유지하는 기반으로 활용했다.[268] 도방은 6번番으로 시작하여 최항 때에 36번으로 확대되었으며, 정확한 규모는 알려지지 않고 있으나 3,000명을 넘었던 것으로 추정되고 있다.[269] 도방과 함께 최씨정권의 무력기반이 된 것은 삼별초三別抄였다. 삼별초란 최우가 처음에 도적을 막기 위해 야별초夜別抄를 둔 데서 비롯되었는데, 그 수가 많아지자 이를 나눈 좌별초左別抄와 우별초右別抄, 그리고 몽골군에 포로가 되었다가 도망쳐온 자들을 모은 신의군神義軍으로 구성되었다. 이들은 순수한 사병집단과 달리 국고에서 지출되는 녹봉을 받으면서 군대와 경찰 등의 공적인 임무를 수행하도록 편성되었으나, 실제로는 도방과 함께 최씨정권을 보호하는 사병집단이나 다름없었다.[270]

『고려사』는 당시 무신이 병권을 장악하고 군대가 사병화됨에 따른 군의 난맥상을 다음과 같이 기록하고 있다.

> 의종毅宗과 명종明宗 이후 권신權臣들이 정권을 장악하고 병권兵權이 신하에게 옮겨지면서 용맹한 장수와 강성한 병졸들은 모두 개인에게 소속되었다. 바야흐로 국가에 사방으로 도적들이 크게 일어나도 나라에 일려一旅의 군사도 없었다. 이 때문에 매우 급박한 사태에 직면했지만 군

---

266 육군군사연구소, 『한국군사사 4: 고려 Ⅱ』, pp. 36-37.

267 김대중, "최충헌정권의 군사적 기반", 『군사』, 제47호(2002년 12월), pp. 214-215.

268 사병집단인 도방은 경대승이 자신을 보호해 줄 100명의 결사대를 사제에 유숙케 하면서 이를 도방으로 칭한 데서 비롯된 것으로, 최씨정권에 그대로 계승 및 확대되었다. 변태섭, 『한국사통론』, p. 216.

269 김대중, "최충헌정권의 군사적 기반", 『군사』, pp. 225-227.

270 육군군사연구소, 『한국군사사 4: 고려 Ⅱ』, pp. 62-74; 변태섭, 『한국사통론』, pp. 216-217.

대는 전혀 제 기능을 발휘하지 못하였다. … 국가의 형편이 이러한 지경에까지 갔으니 아무리 위태롭지 않고자 한들 어떻게 가능했겠는가? 국가의 큰일이 군사軍事에 있으니 그 제도를 자세히 갖추어 기록해야 마땅하나, 애석하게도 앞서의 역사 기록이 소략하다.[271]

여旅는 500명으로 편제된 부대의 단위이다. 조정이 군대를 소집하더라도 1개 여를 채우지 못하여 도적도 진압할 수 없을 정도로 군이 망가져 있었음을 알 수 있다. 군사제도에 대한 기록도 일천하다는 것은 이 시기에 고려가 전쟁과 군대의 문제에 무관심해져 있었음을 보여준다.

이러한 상황에서 고려의 군은 몽골의 침공에 무기력할 수밖에 없었다. 비록 고려는 초기 2군 6위의 중앙군과 지방의 주진군 및 주현군 체제를 갖춤으로써 거란의 침공을 물리치고 여진정벌에 나설 수 있었으나, 중기 이후 이러한 군사대비체제가 무너진 상황에서는 몽골의 공격에 속수무책으로 당할 수밖에 없었다. 결국 고려의 군은 중기 이후 무신에 대한 차별, 군사적 천재의 부재, 군역체제의 붕괴, 군대의 사병화로 인해 전쟁대비에 아무런 역할도 할 수 없었다.

다. 백성의 열정: 국가생존에서 각자도생으로

전쟁에 대한 백성들의 열정은 군주의 몫이다. 왕이 선정을 베풀고 따르도록 하면 백성들은 조정이 추구하는 전쟁에 적극적으로 참여할 수 있다. 찰머스 존슨Chalmers Johnson은 전쟁이 국민들의 민족주의를 일깨우는 요소라고 주장한 바 있다. 전쟁은 국민들로 하여금 적에 대한 증오심을 갖게 함으로써 애국심을 불러일으킨다는 것이다. 그러나 고려 조정은 외침에 따른 거듭된 전쟁에도 불구하고 백성들에게 전쟁에 대한 열정을 갖도록 하는 데 실패했다. 초기에는 백성들이 조정을 믿고 따랐으나, 중기 이후에는

---

271 『고려사』 권81, 지35, 병1, 서문.

지배층의 경제적 수탈에 의해 민심이 이반되었다. 이러한 가운데 백성들이 난리통에 적과 싸웠던 것은 국가의 생존을 위해서가 아니라 각자도생을 위해서였다.

역사 기록을 보면 인종 대에 백성들의 삶이 피폐해지고 민심이 돌아서고 있었음을 알 수 있다. 1128년 인종은 이러한 분위기를 감지하고 다음과 같은 내용의 조서를 내렸다.

> 농업과 길쌈을 권장하여 의식을 풍족하게 하는 일은 성왕이 급선무로 여기는 것이다. 이제 수령들이 취렴을 이익으로 여겨, 근검하여 백성을 보살피는 사람이 적어 창고가 텅텅 비고 백성이 궁핍한 데다가, 노동력을 징발하여 백성이 수족을 둘 곳이 없어 서로 모여 도둑질을 하니, 나라를 풍부하게 하고 백성을 편하게 하려는 본의가 아니다. 주·군에 명령하여 쓸데없는 일을 정지하고, 급하지 않은 정무는 철폐하라.[272]

고을의 수령들이 취렴聚斂, 즉 재물을 탐내어 마구 거두어들이고 백성들을 부역에 동원하고 있어 궁핍해진 백성들이 도둑의 무리가 되어 떠돌고 있음을 알 수 있다. 1133년 5월에도 인종은 "짐은 덕이 박한 사람으로 때마침 액운을 만나 궁실은 불에 타고 창고는 비었으며, 정치하는 방법을 몰라 시행하는 것이 적당함을 잃어 인심은 날로 완악하고 비루하며, 백성의 산업은 날로 쇠퇴해가니, 조석으로 두려워 편안히 지낼 겨를이 없다"고 한탄했다.[273]

인종의 뒤를 이은 의종은 백성들이 굶주리고 비참한 지경에 이르렀음에도 향락에 젖어 살았다. 그는 수창궁壽昌宮—개성에 있던 고려시대 궁궐—정원에 산을 만들고 정자를 지어 밤새도록 잔치를 벌였는데, 궐문 밖의

---

272 『고려사절요』 권9, 인종 공효대왕1, 무신 6년(1128년) 3월.

273 『고려사절요』 권10, 인종 공효대왕2, 계축 11년(1133년) 5월.

사람들이 불이 난 줄 알고 끄려고 모였다가 아닌 것을 알고 물러가기도 했다.[274] 의종이 죽었을 때 사신은 『고려사절요』에 다음과 같이 기록하고 있다.

> 나라를 다스리는 요체는 용도를 절약하고 백성을 사랑하는 데에 있거늘, 의종이 못과 정자를 많이 만들어 재물을 손상하고 백성을 괴롭혔으며, 항상 총애하는 자들과 향락만을 일삼고 국정을 돌아보지 않는데도 재상과 대간으로서 말하는 자가 하나도 없었으니, 마침내 거제巨濟로 쫓겨가게 된 것은 마땅하다.[275]

사신은 향락만을 일삼던 의종이 무신의 난으로 거제도에 유폐된 후 그가 총애하던 장수 이의민에게 죽임을 당한 것을 마땅하다고 보았다.

무신들이 집권한 후 백성들의 삶은 더욱 피폐해졌다. 관리들의 수탈을 견디지 못한 백성들이 도적이 되어 떠돌고 난을 일으키자 명종은 1186년 7월 백성을 괴롭히는 탐관을 엄하게 징벌하도록 명했다. 그러나 이에 대해 사신은 다음과 같이 비판적으로 평가했다.

> 사신 권경중權敬中이 말하기를, "『논어』에, '그 몸이 바르면 명령하지 않아도 시행되고, 그 몸이 바르지 않으면 비록 명령하더라도 따르지 않는다'고 했으니, 명종明宗이 몸소 실행하는 일은, 환제桓帝·영제靈帝이면서 입으로 하는 말은 문제文帝·경제景帝와 같으니, 몹시 슬퍼한들 그 오얼五孼 칠폐七嬖가 권력을 남용하고 관작을 팔아먹는 폐단에는 어찌하랴. 관리가 고치지 않고 백성이 편안하지 못함은 당연한 일이었다" 하였다.[276]

---

274 『고려사절요』 권11, 의종 장효대왕, 임신 6년(1152년) 3월.

275 『고려사절요』 권11, 의종 장효대왕, 정해 21년(1167년) 5월.

276 『고려사절요』 권13, 명종 광효대왕, 병오 16년(1186년) 7월.

여기에서 환제桓帝 · 영제靈帝는 후한後漢의 말기에 벼슬을 팔고 환관을 등용한 어질지 못한 임금이며, 문제文帝 · 경제景帝는 전한前漢 때의 정치를 잘하여 태평을 이룩한 어진 임금이다. 명종이 겉으로만 백성을 위하는 척하지만 실제로는 그러한 의지나 인품, 그리고 능력이 없었음을 꼬집은 것이다.

무신정권 시기에 발생한 민란은 고려 조정의 통치력이 한계에 달했음을 보여준다. 민란은 무신집권 초부터 30년간 집중적으로 발생하여 1176년 망이 · 망소이의 난, 1193년 김사미 · 효심의 난, 1198년 만적의 난, 그리고 1200년 진주노비 반란 등이 일어났다. 고려 조정은 민란의 원인을 해결하기보다는 이들을 진압하고 오히려 과도한 세금을 거두는 등 폐단을 지속함으로써 반감을 더욱 고조시켰다. 1176년 공주 명학소—숯을 생산하는 수송업자들이 살던 구역—에서 망이 · 망소이가 과도한 세금부담과 차별대우, 굶주림에 불만을 품고 난을 일으켜 세력을 키웠다. 조정은 이들을 진압하기 어려워지자 명학소를 충순현忠順縣으로 승격하여 수령을 보내고 곡식을 하사하는 등 이들을 회유했다. 그러나 난이 진압된 후 군사를 보내 주동자를 잡아들이고 다시 과도한 세금을 징수하는 등 부당한 처사를 보였다. 이에 망이 · 망소이는 1177년 2월 11일 다시 봉기에 나서 "우리 고을을 현으로 승격시키고 수령을 두어 위로하다가 다시 군사를 보내 우리 어머니와 처를 붙잡아 가두니 그 뜻이 어디에 있는가. 차라리 창칼 아래 죽을지언정 항복하여 포로는 되지 않을 것이며, 반드시 개경에 쳐들어가고야 말 것이다"라며 조정에 반기를 들었다.[277]

이러한 상황에서 백성들은 국가의 생존을 위한 전쟁에 열정을 갖지 못했다. 이들은 몽골의 침공에 맞서 싸웠지만 이는 국가나 왕을 위한 전쟁이 아니라 자신의 생존을 위한 투쟁이었다. 1232년 11월 몽골의 2차 침공 당시 적장 살리타이를 죽임으로써 몽골군을 물리쳤던 처인성處仁城 전투는 역사적 의미를 갖는 사례이지만, 이 전투는 고려의 정규군이 아닌

---

277 『고려사절요』 권13, 명종 광효대왕, 정유 7년(1177년) 3월.

피난 백성과 천민들, 그리고 김윤후를 비롯한 승려들이 치른 전쟁으로 이들이 왕에 대한 충성심을 가지고 싸웠다고 보기 어렵다. 자신들을 지켜주어야 할 고을 수령과 관군들이 도망을 간 상태에서 이들이 고려 조정의 안위를 위해 목숨을 걸었다고 볼 수는 없다. 자신들의 생명과 가족, 그리고 재산을 지키기 위해 어쩔 수 없이 싸워야 했던 것이다. 아마도 전쟁에 열정을 갖지 못한 백성들은 끝까지 투쟁에 나서기보다 항복하고 투항한 사례가 훨씬 많았을 것이다.

5. 소결론

고려시대는 후삼국을 통일한 고려가 민족의 역량을 결집하여 동아시아의 강력한 국가로 부상할 수 있는 기회의 시기였다. 태조가 고구려의 맥을 이어 국호를 고려로 정하고 북진정책을 제시하여 고토를 회복하고자 한 것은 과거 고구려의 영광을 재현하려는 민족적 자부심의 발로였다. 그러나 고려는 초기 활발한 북진정책을 통한 정복사업을 이어가지 못하고 중도에 포기하고 말았다. 윤관의 여진정벌과 9성의 축조는 고려가 두만강 유역을 넘어 연해주와 만주로 영토를 확장할 수 있는 절호의 기회였지만, 오히려 고려 조정은 여진족의 거센 저항에 직면하여 정주 이북의 땅을 내주고 북진정책을 사실상 중단하게 되었다. 그로부터 약 250년 후 공민왕은 다시 북진에 나서 쌍성총관부를 탈환하고 길주까지 고려 최대의 영토를 확보했지만 여전히 한반도를 벗어나지는 못했다.

왜 고려는 초기의 북진정책을 보다 야심차게 추진하지 못하고 포기해야 했는가? 여기에는 여러 요인이 작용했을 수 있다. 국제정치적으로 중국 왕조가 빈번하게 교체되면서 만주 지역의 거란, 여진, 그리고 몽골 등 북방 이민족들의 세력이 강화되고 고려에 위협을 가함으로써 상대적으로 정복사업이 위축될 수밖에 없었다. 또한 정치적으로 이자겸의 난, 묘청의 난, 그리고 무신의 난 등 조정 내부의 혼란이 가중되면서 대외적으로 영토를 확장할 수 있는 국내 여건이 조성되지 못한 이유도 있다. 그러나 이러한 요인들을 고려의 북진정책을 좌절시킨 근본적 원인으로 단정하기에는 무리가 있어 보인다. 어차피 어느 시대이건 외부로 팽창하기 위해서는 대내외적 요인들이 장애물로 작용하지 않을 수 없다. 따라서 대외정벌의 성공과 실패를 가르는 진정한 요인은 왕과 지배층이 지도력을 발휘하여 이러한 도전 요인들을 여하히 극복하느냐에 있다. 결국, 북진정책의 문제는 주어진 여건의 유리함이나 불리함이 아니라 그러한 여건을 만들고 헤쳐나갈 수 있는 주체의 역량에 관한 문제로 보아야 한다.

만일 그렇다면 고려가 북진정책을 추구하면서 요동 지역과 만주 지역으로 영토를 확대하지 못하고 한반도에 머물게 된 근본적인 원인은 무엇인가? 이는 '제한적 현실주의'라는 개념으로 설명할 수 있다. 고려는 북진정책을 통해 영토를 확대한다는 측면에서 기본적으로 전쟁을 현실주의적 관점에서 인식했지만, 그러한 현실주의적 인식은 유교적 전쟁관, 운명적 전쟁관, 그리고 종교에 대한 믿음 등이 가미되고 뒤섞여 희석될 수밖에 없었다. 거란을 비롯한 이민족에 대해서는 문화적 편견을 가지고 전쟁의 문제를 다루었으며, 예종은 여진족의 세력이 강화되고 있는데도 군사력보다 덕치를 앞세워 이들을 굴복시킬 수 있다고 믿었다. 묘청은 금국을 정벌한다면서 미신적인 풍수지리설에 의존했으며, 몽골과의 전쟁 기간에는 종교의 신통함에 의지했다. 이러한 상황에서 고려는 전쟁을 영토확장을 위한 유용한 수단으로 간주했음에도 불구하고 이를 위해 공세적으로 무력을 사용해야 한다는 확고한 사고를 갖지 못했다. 그리고 이는 북진을 위해 필요한 전격적인 무력 사용을 주저하거나 제한했던 것이다.

이러한 가운데 고려는 '고토회복'을 전쟁의 목적으로 명확하게 설정하지 않았다. 비록 고려는 태조 이후 고구려의 옛 영토를 되찾아야 한다는 인식을 갖고 있었지만, 이러한 인식이 현실 정책으로 반영되고 적극적으로 구현되지는 않았다. 애초에 요동과 만주가 선조들의 땅이고 고려의 영토라고 생각했지만 이를 고려의 영토로 만들려는 의지는 약했다. 예를 들어, 최승로는 선왕들이 고려의 국경을 압록강 또는 청천강으로 생각하고 있었으므로 이 두 지역 가운데 하나를 정하도록 성종에게 건의했는데, 여기에서 고려의 영토인식이 한반도 내로 고착되어 있음을 알 수 있다. 더구나 윤관이 9성을 쌓은 후 사민정책을 추진하는 과정에서 여진족이 반발하자 이를 되돌려주었는데, 이는 당시 영토에 대한 인식이 이미 천리장성에 고착되어 있었음을 보여준다. 이로 인해 고려는 전쟁을 통해 조금씩 영토를 확장해나갔지만 '고토회복'을 반드시 달성해야 할 목표로 생각하지는 않았다. 결국 북진정책이 고려의 전쟁이 갖는 현실주의적 성격을 대변하는 것이라면, 북진의 범위가 한반도를 벗어나지 못하고 정체되었다는 사실은 곧 고려가 전쟁에서 추구한 정치적 목적이 제한적이었음을 보여준다. 그리고 이는 마찬가지로 '제한적 현실주의'라는 관점에서 이해할 수 있다.

고려는 여러 차례 이민족과 치른 전쟁에서 뛰어난 전쟁수행능력을 보여주었다. 거란과의 세 차례 전쟁에서 견벽고수의 소모전략을 중심으로 적의 공격을 성공적으로 방어하고 섬멸적인 타격을 가했다. 윤관의 여진정벌에서는 기만과 기습, 그리고 전격적인 기동전략으로 두만강 유역까지 진출할 수 있었다. 공민왕 대에는 이성계를 비롯한 뛰어난 장수들을 앞세워 쌍성총관부를 탈환하고 요동 지역을 공략할 수 있었다. 그럼에도 불구하고 고려의 전쟁수행은 북진정책과 관련하여 많은 아쉬움을 남겼다. 전쟁에서 승리했는데도 북진에 유리한 여건을 조성하기 위해 전과를 확대하지 않고 중단한 것이다. 우선 거란의 1차 침공 직후 강동 6주를 확보한 다음 소손녕과 맺은 합의를 깨고 여진족과 협력하여 거란을 견제하는 정책을 추진했더라면, 혹은 거란의 3차 침공에서 거란군을 섬멸했을 때 고려가 여세를 몰아 한반도 북부와 요동 지역을 일부 점령했더라면, 혹은 3차 침공에서의 승리를 바탕으로 여진족을 완전히 섬멸하여 이후에 만주로 진출할 수 있는 교두보를 확보했더라면 이후 고려의 북진정책을 본격적으로 추진할 수 있는 발판을 마련할 수 있었을 것이다. 또한 여진정벌에서 9성을 축조한 후 완안부 여진의 공세에 방어적으로 임할 것이 아니라 오히려 전쟁을 확대하여 완안부 여진을 굴복시키고 연해주 지역을 확보했더라면, 역시 만주로 진출할 수 있는 유리한 여건을 조성할 수 있었을 것이다. 물론, 고려의 전쟁이 확대되지 못하고 고토회복으로 연결되지 못했던 것은 앞서 언급한 대로 전쟁인식과 영토인식, 그리고 정치적 목적이 제한적이었기 때문으로 볼 수 있다.

고려의 전쟁대비는 전기에 성공적으로 이루어졌으나 중기 이후 군의 기반이 붕괴되고 민심이 이반함으로써 실패한 것으로 평가할 수 있다. 거란과의 전쟁에서 승리하고 여진족을 정벌한 것은 왕이 강력한 왕권을 행사하는 가운데 군이 역량을 갖추고 백성들이 적극 호응함으로써 삼위일체된 전쟁준비가 가능했기 때문이었다. 반대로 금나라에 무기력하게 굴복하고 몽골과의 전쟁에서 처절하게 유린을 당한 것은 왕권이 약화된 상황에서 군이 사병화되고 백성들이 조정을 불신하여 삼위가 일체된 전쟁준비가 이루어지지 않았기 때문이었다. 결국, 고려가 중기 이후로 수난을 겪은 것은 전쟁대비의 핵심이 되어야 할 정부라는 주체가 왕과 귀족, 귀족과 귀족, 문신과 무신, 무신과 무신, 그리고 권문세족과 신흥세력 간의 갈등과 반목에 휩싸이면서 삼위일체의 다른 두 주체, 즉 군과 백성의 역할을 제대로 살리지 못했던 데 기인한다. 특히 고려 왕조가 외침에 의해서가 아니라 이성계의 위화도 회군으로 붕괴했음은 왕과 군이 하나가 되지 못하고 분리되어 서로 반목하고 있었음을 보여준다.

결국, 고려는 북진을 통해 고구려와 같은 강대국으로 부상하려 했지만 군사적 사고가 뒷받침되지 않았기 때문에 그러한 기회를 놓치게 되었다. 전쟁을 보다 현실주의적 입장에서 이해하여 국가이익 달성을 위한 정당하고도 유용한 기제로 인식했더라면, 요동과 만주 지역을 영토화하겠다는 분명한 정치적 목적을 설정했더라면, 그리고 이러한 민족적 과제를 달성하기 위해 왕을 중심으로 한 삼위일체된 전쟁대비를 갖추고 전쟁을 수행했더라면, 고려는 중국 왕조의 혼란과 북방 이민족의 빈번한 권력교체기를 틈타 한반도 밖으로 영토를 확장할 기회를 얼마든지 포착할 수 있었을 것이다.

제6장
조선시대의 군사사상

이 장에서는 조선의 군사사상을 분석한다. 시기적으로는 1392년 7월 태조가 조선을 건국한 때부터 1863년 흥선대원군興宣大院君이 권력을 장악하기 전까지를 다룬다. 조선은 태조가 내걸었던 '민본, 부국, 강병'을 건국이념으로 출발했으며, 대외적으로 명나라에는 사대정책事大政策을, 주변국에는 교린정책交隣政策을 추구했다. 대마도 정벌과 여진정벌 사례에서 볼 수 있듯이 초기 조선은 문화적으로나 군사적으로 우월한 입장에서 왜구와 여진 등 주변의 침략을 응징하고 영토를 확장하는 등 국가안보를 위해 주도적으로 군사력을 사용하는 모습을 보였다. 그러나 조선은 중기에 이르러 일본의 세력이 강화되고 후금이 등장하면서 왜란과 호란이라는 민족적 수난을 당해야 했다. 여기에는 여러 가지 이유가 있을 수 있으나, 유교적 사고에 함몰된 조선이 국가생존이 걸린 전쟁의 문제를 신중하게 다루지 않고 '대명사대對明事大'라는 명분에 갇혀 주변국의 위협을 제대로 평가하지도 대비하지도 못했기 때문으로 볼 수 있다.

1. 전쟁의 본질 인식

가. 유교적 전쟁관: 무력 사용에 대한 혐오감

조선시대 초기부터 장려된 유교는 대내적으로 국가통치의 근간이자 정치 사회 질서를 유지하는, 그리고 대외적으로는 조선의 세계관과 대외관계를 규정하는 보편적 규범이었다. 유교는 점차 학문의 깊이를 더해가면서 교조화되었고, 조선의 정치사상을 지배하는 이념으로 자리 잡았다. 한민족의 역사를 통틀어 조선은 그 어느 때보다도 유교에 심취하고 유교의 가르침에 충실한 국가였다. 이로 인해 조선은 전쟁을 현실주의적 관점에서 유용한 정책수단으로 간주하기보다는 유교적 관점에서 도덕적이고 도의적인 문제로 인식하게 되었다. 이와 관련한 몇 가지 사례를 보면 다음과 같다.

우선 조선의 개국공신이자 조선의 설계자로 알려진 정도전은 유교적 전쟁관에 충실한 학자이자 관료였다. 그는 정치와 형벌에 대해 다음과 같이 주장했다.

> 성인의 법은 사람에 의해서 한 뒤에 시행되기 때문에 반드시 공경하고 애휼하는 인仁과 밝고 신중한 마음을 다한 뒤에야 시행될 수 있는 것이다. … 성인이 형刑을 만든 것은 형에만 의지하여 정치를 하려는 것이 아니라, 오직 형으로써 정치를 보좌할 뿐인 것이다. 즉, 형벌을 씀으로써 형벌을 쓰지 않게 하고, 형벌로 다스리되 형벌이 없어지기를 기하는 것이다. 만약 우리의 정치가 이미 이루어지게 된다면 형은 방치되어 쓰이지 않게 될 것이다.[278]

정도전에 의하면 정치는 기본적으로 인을 바탕으로 한 도덕정치, 즉 인정과 덕치가 중요한 덕목이지만 도덕만으로는 불가능한 때가 있다. 도덕

---

278 정도전, 『삼봉집』, 제14권, 조선경국전 하, 헌전.

정치의 보조적인 수단으로 형벌이 필요한 것이다. 그러나 형벌은 어디까지나 정치의 보조수단이지 그것이 근본이 되어선 안 된다. 즉, 형과 벌은 가능한 한 예방적 수단이나 교화의 도구로 머물러야 하고, 그것이 남용되는 것은 바람직하지 않다는 것이다. 이는 공자의 가르침을 따른 것으로 전통적 유교에서의 전쟁인식과 다를 바가 없다.[279]

이러한 인식에 따라 정도전은 군대의 존재 목적을 '바로잡는 것'이라고 보았다. 그는 중국 주周나라의 제도를 설명한 『주례周禮』를 모델로 하여 만든 『조선경국전朝鮮經國典』에서 정부를 구성하는 6전체제로 치전治典(이조), 부전賦典(호조), 예전禮典(예조), 정전政典(병조), 헌전憲典(형조), 공전工典(공조)을 두었다. 그는 군을 관리하는 조정의 기구를 '병전兵典'이라 하지 않고 '정전'이라고 한 이유를 다음과 같이 설명하고 있다.

> 육전六典이 모두 정政인데 유독 병전兵典에서만 정이라고 말을 한 것은 사람의 부정을 바로잡는 것이기 때문이다. 그러나 오직 자기 자신을 바룬 사람이라야 남을 바룰 수 있는 것이다. 『주례』를 상고하면, 대사마大司馬의 직책은 첫째도 방국邦國을 바루는 것이요, 둘째도 방국을 바루는 것이었다. 병兵은 성인이 부득이 마련한 것인데 반드시 정正으로써 근본을 삼았으니, 성인이 병을 중히 여긴 뜻을 볼 수가 있다.[280]

『주례』에 의하면 '정전'의 역할은 "백관을 바로하고, 만민을 고르게 한다"고 되어 있다. 마찬가지로 정도전도 군대를 부정한 것을 바로잡기 위해 부득이하게 두는 것으로 보았다. 이는 무력 사용의 목적이 상대의 잘못을 교화하는 데 있는 것으로, 불가피한 경우에 교정의 수단으로 사용한

---

279 한영우, 『왕조의 설계자 정도전』(파주: 지식산업사, 2014), p. 121.

280 정도전, 『삼봉집』, 제14권, 조선경국전 하, 정전.

다는 점에서 유교의 가르침을 따른 것으로 볼 수 있다.[281]

태종은 대마도 정벌을 주도하면서 '정벌'이라는 지극히 현실주의적 전쟁에도 불구하고 그 기저에는 도덕적이고 도의적 인식이 깔려 있음을 보여주었다. 조선의 군대가 대마도 정벌에 나선 1419년 6월 태종은 훈련관 최기崔岐를 보내 이종무에게 선지宣旨를 전달했는데, 그의 서신에는 다음과 같은 내용이 포함되어 있었다.

> 왕자는 하늘의 도를 몸받아 만민을 사랑하여 기르는지라, 그 도적과 간사한 무리로 패상난기敗常亂紀(천도를 어기고 인륜을 어지럽히는 것)하는 자는 베고 토벌을 하는 것은 마지못하여 하는 일이지마는 삼가며 불쌍히 여기는 뜻도 언제나 떠나지 않는도다. 근자에 대마도 왜적이 은혜를 배반하고 의를 저버리고 몰래 우리의 땅 경계로 들어와 군사를 노략한 자이면, 잡는 대로 베어서 큰 법을 바르게 하였고, 전일에 의리를 사모하여 전부터 우리 나라의 경계에 살던 자와 이제 이익을 찾아온 자는 모두 여러 고을에 나누어 배치하고 옷과 식량을 주어서 그들의 생활이 되게 한다. 대마도는 토지가 척박해서 심고 거두는 데 적당하지 않아서, 생계가 실로 어려우니, 내 심히 민망히 여기는 것이다. 혹 그 땅의 사람들이 전부 와서 항복한다면, 거처와 의식을 요구하는 대로 할 것이니, 경은 나의 지극한 뜻을 도도웅와와 대소 왜인들에게 깨우쳐 알려줄 것이니라.[282]

여기에서 태종이 노략질하는 무리를 토벌하는 것을 '마지못하여 하는 일'이라고 언급한 것은 무력 사용을 최후의 수단으로 취하고 있음을 의미한다. 또한 적에 대한 측은지심을 가지고 항복하는 자에게는 은전을 베풀

281 한영우, 『왕조의 설계자 정도전』, pp. 114-115.

282 『조선왕조실록』, 세종실록, 세종 1년, 기해(1419) 6월 29일.

것임을 "깨우쳐 알려줄 것"을 명했는데, 이는 대마도 정벌이 왜구로 하여금 잘못을 뉘우치게 하고 교화시키기 위한 것임을 의미한다.

성리학자였던 이익李瀷은 당대의 뛰어난 유학자로서 무력 사용을 혐오하는 입장에 섰다. 그는 태종이 대마도를 정벌하는 것이 불가피하다는 판단을 내렸음에도 불구하고, 다음과 같이 조정의 무력 사용 결정을 비판적으로 평가했다.

> 진실로 은혜로 어루만져주고 위엄으로 복종하도록 하여 처우하기를 그 도道로 했다면 채찍을 꺾어 없애고도 그들을 제압할 수 있었을 것인데 어찌하여 군사를 수고롭히는 데까지 이르렀는가? 우리나라에는 창과 칼이 날카롭지 못하고 편함만 생각하는 것이 습관으로 되었으니, 갑자기 힘껏 싸우기를 도모한다 해도 왜국을 상대해서 꼭 뜻대로 될 수 없다.[283]

이익은 왜구들이 거주하는 대마도가 척박하므로 조선에 식량을 의존할 수밖에 없는 상황임을 헤아려 진심으로 은혜를 베풀고 위엄을 보였다면 이들을 충분히 굴복시켰을 것이라고 보았다. 무력을 사용할 필요가 없었는데 이들을 감화시키지 못해 정벌에까지 나서게 된 상황을 비판적으로 본 것이다. 여기에서 그는 조선의 군대가 왜구를 칠 만큼 강하지 않기 때문에 왜구를 굴복시킬 못할 수도 있다고 했는데, 이는 현 상황에서 추진하고 있는 정벌이 능사가 아니라는 지적으로 볼 수 있다.

류성룡도 전쟁을 '부덕'의 소치로 보고 올바른 통치를 행함으로써 바로잡을 수 있다고 보았다. 1583년 여진인 니탕개尼湯介가 조선 국경을 침범하는 사건이 발생하자 조정에서는 군대를 투입하여 그들의 소굴을 소탕하자는 주장에 제기되었다. 당시 부제학副提學이었던 류성룡은 5개조의 건의를 올려 다음과 같이 주장했다.

---

283 『성호사설』, 권19, "경사문", 정대마도.

만일 오늘날 변방을 지키는 대소 관원들로 하여금 약속을 지켜 전일의 포악하고 탐욕을 일삼으며 가렴주구하는 등의 나쁜 습성을 일소하여 위엄과 신의를 널리 베풀고 청렴결백을 숭상하며 맑은 기풍을 일으켜 이제까지 쌓인 폐단을 깨끗이 한다면, 백성과 오랑캐가 다 함께 진심으로 기뻐하고 복종하리니, 싸움에서 공을 세우는 것 못지않을 것입니다.[284]

이러한 언급은 여진에 대한 보복이 또 다른 원한을 낳고 조선에 반감을 가진 여진족 세력이 강화될 수 있음을 고려하여 보다 근본적인 처방을 제시한 것으로 볼 수 있다. 즉, 여진족이 침략하는 원인을 지방관의 부덕으로 돌리고 유교사상에서 강조하는 덕과 예에 의한 통치를 내세운 것이다. 이는 당장 무력을 사용하기보다는 우선 올바른 정사를 통해 사태를 해결해야 한다는 주장으로 전쟁에 대한 혐오감과 함께 무력 사용을 배척한 것으로 볼 수 있다.

1443년 서장관書狀官—사신 일행으로 사신단의 활동 내용을 왕에게 보고하는 기록관—으로 일본에 다녀온 신숙주申叔舟는 성종의 명에 의해 1471년 지어 올린 『해동제국기海東諸國記』에서 일본을 상대로 무력을 사용하는 방안에 대해 부정적으로 진언했다.

일본은 우리나라와 바다를 사이에 두고 서로 바라보고 있습니다. 만일 그들을 잘 다독거리면 예절을 갖추어 조빙朝聘하고 그렇지 않으면 함부로 노략질합니다. … 신이 듣건대 이적夷狄을 대하는 방법은 정벌에 있지 않고 내치에 있으며, 변경방어에 있지 않고 조정에 있으며, 전쟁을 하는데 있지 않고 기강을 진작하는 데 있다라는 말이 이제야 입증됩니다. … 성상聖上께서… 먼저 당신의 덕을 닦음으로써 조정과 사방과 외역外域에까지 그 덕화가 미치게 하신다면, 마침내 하늘을 짝할 만한 극

---

284 『서애선생문집』 권14. 류성룡, 김시덕 역해, 『징비록』(파주: 아카넷, 2013), p. 49에서 재인용.

치의 공렬功烈을 이루는 데 어려움이 없을 터인데 자질구레한 절목이 무슨 염려가 되겠습니까.[285]

신숙주는 일본을 다루는 데 군사력을 사용하기보다는 교린과 교화를 통해 화평을 유지해야 한다고 보았다. 무력에 의한 정벌보다는 왕이 덕을 베풀어 내치와 기강을 바로잡으면 왜구의 노략질을 방지할 수 있다는 그의 주장은 류성룡과 마찬가지로 덕치로써 적을 굴복시킬 수 있다고 보는 유교적 전쟁인식을 반영한 것이다.

임진왜란이 끝난 후 일본에 대한 적개심이 높아졌음에도 불구하고 조선은 여전히 일본에 대한 보복 내지는 무력 사용에 대해 부정적이었다. 17세기 중반 영남사림의 학풍을 이어받은 홍여하洪汝河)는 일본 화기의 제조기술과 군사제도가 몹시 정교하고 일본의 군사력이 조선보다 강하다고 평가했다. 그럼에도 불구하고 그는 일본의 재침을 막기 위한 방법으로 군사적 대비보다는 비군사적 해법을 제시했다. 조선이 문치주의 나라이므로 유사시 그들과 군사적으로 대결하지 말고 외교적으로 해결해야 한다고 주장한 것이다.[286] 물론, 임진왜란 때 의병장으로 활약했던 노인魯認은 1605년 일본을 멸망시킬 복수책을 기록한 『소오책沼嗚策』을 선조에게 올리면서 명나라와의 연합작전으로 일본을 정벌하자고 주장했다.[287] 그러나 이러한 정왜론征倭論은 소수에 그쳤으며, 대다수는 임진왜란의 원한을 갚는 길은 변화하는 국제정세 속에서 일본을 정확하게 파악하고 일본과 화평관계를 유지해나가는 노력이 중요하다고 보았다.

이처럼 조선의 전쟁인식에는 무력 사용을 혐오하여 최후의 수단으로, 그것도 적을 교화시키기 위해 제한적으로 사용해야 한다는 유교적 전쟁

---

285 신숙주, 『해동제국기』 서.

286 육군군사연구소, 『한국군사사 12: 군사사상』, p. 143.

287 전호수, 『한국 군사인물연구: 조선편 Ⅱ』(서울: 군사편찬연구소, 2013), pp. 191-193.

관이 투영되어 있었다. 물론, 세종 대에 이루어진 여진정벌은 무력을 사용하여 영토를 확대했다는 점에서 현실주의적 전쟁을 추구한 사례였다. 그러나 이러한 현실주의적 전쟁은 조선시대를 통틀어 여진정벌이 유일했다. 조선이 치른 나머지 전쟁은 모두가 도덕적, 도의적, 그리고 방어적인 동기가 작용하고 있었으며, 이는 조선의 전쟁인식이 전통적인 유교주의에 근거하고 있었음을 보여준다.

나. 유교주의에의 함몰: 생존보다 명분에 집착

조선은 명나라를 사대하는 가운데 유난히 대의명분에 집착했다. 조선은 명나라를 황제국으로 높이고 스스로를 제후국으로 낮추었으며, 정기적으로 조공을 바치고 왕이 즉위할 때에는 책봉을 받았다. 물론, 조선 초기에 명나라는 하나의 대국이었을 뿐이지 절대적 천자국은 아니었을 수 있다. 태조 대에 명나라가 조선의 내정에 간섭하려 하자 정도전이 요동정벌을 추진하며 명나라의 권위에 도전하려 했던 사례가 그것이다. 그러나 건국한 지 100여 년이 지난 16세기에 이르러 조선에서는 명나라를 사대하는 의식이 높아졌고, 16세기 말 명나라가 임진왜란에 출병하여 조선을 구원한 이후 이러한 의식은 더욱 굳어지게 되었다.[288]

명나라에 대한 사대는 당시 중화 중심의 동아시아 국제질서 속에서 조선이 생존과 번영을 모색하기 위한 불가피한 선택이었을 것이다. 그럼에도 불구하고 조선은 유교에 함몰되어 사대주의의 굴레를 벗지 못한 채 국가생존과 관련한 전쟁의 문제를 국가이성의 관점에서 보지 못하고 명분에 집착하는 우를 범했다. 명나라와 청나라의 교체기에 후금이 조선에 외교관계를 요구했을 때 조선이 보였던 태도가 그러한 사례이다. 1619년 3월에 명나라의 연합군과 치른 '사르후薩爾滸, Sarhu 전투'—명나라와 청나라의 결전으로, 명나라가 패하여 청나라의 세력이 강화되기 시작한 전투—

288 육군군사연구소, 『한국군사사 12: 군사사상』, p. 140.

에서 승리한 후금은 4월 2일 조선에 강화를 요구하는 서신을 보내왔다. 임진왜란 당시 선조와 피난을 같이 하며 고초를 겪었던 광해군은 이에 응함으로써 명나라와 후금 사이에서 외교적 융통성을 확보하고자 했다. 명나라에 사대를 취하되, 명나라가 후금에 멸망할 것에 대비하여 후금과의 관계를 원만하게 유지하는 실리적인 외교노선을 취한 것이다.

그러나 대신들은 대명사대 의식에 젖어 후금과의 강화에 반대했다. 대제학 이이첨李爾瞻은 "명나라에 품윤을 하지 않고 대국의 원수와 사사로이 서로 화친을 맺는 것이 신하로서 할 수 있는 일이겠는가"라고 주장했다. 병조판서 유희분柳希奮은 후금에 대한 답신에 "너희들이 만약 지난 일을 깊이 사과하고 명나라로 귀순한다면 양국의 옛 호의를 서로 길이 보존할 수 있을 것이다"라는 내용을 포함하자고 주장했다.[289] 후금이 보낸 서신을 불태우고 화의를 거부하자는 의견도 있었다.

이에 대해 광해군은 신하들의 의견에 탄식하면서 다음과 같이 훗날 청의 침공을 예언하는 발언을 했다.

> 우리에게 믿을 만한 형세가 있다면 당연히 경들의 요청에 따라 혹 그들의 서신을 불태우고 거절하거나 혹은 의리에 의거하여 타이르더라도 안 될 것이 없다. 그러나 돌아보건대, 우리에게 털끝만큼도 믿을 만한 일이 없는데 한갓 고상한 말로 천조를 꾸짖는 그들의 형세를 꺾으려고 한다면 반드시 위망危亡이 이르고야 말 것이다. 이를 지혜 있는 자만이 알 일인가. 강대한 당나라 군병의 위엄으로도 회흘回紇과 화친을 맺었는데 더구나 우리 같은 작은 나라이겠는가. 옛날 임진년에 왜인의 서신에 답할 때도 꼭 오늘날의 의론과 같았기 때문에 다음해에 곧 큰 병난을 초래하였다. 전철이 멀지 않은데 경들은 한갓 대의를 내세워 흉악한 호

289 『조선왕조실록』, 광해군일기, 광해군 11년, 기미(1619년) 4월 9일.

로의 노여움을 촉발하려고 하니 너무나 생각해보지 않은 것이다.[290]

광해군은 털끝만큼도 믿을 구석이 없는데도 고상한 말로 후금을 꾸짖고 굴복시키려 하는 신하들을 한심하게 생각했다. 그는 조선이 임진왜란을 당한 것도 지금처럼 명분만 내세워 일본과 교섭을 배척한 결과였다고 지적하고, 명나라의 세력이 이미 기울었는데도 후금을 자극하는 것은 결국 후금의 침공을 초래할 뿐이라고 경고했다.

그럼에도 대신들은 광해군의 의도대로 답신을 준비하지 않은 채 4개월 가까운 시간을 허비했다. 이에 광해군은 수십 차례의 독촉 끝에 다음과 같이 불만을 토로하며 신하들의 태도를 힐책했다.

> 이번 호서胡書의 사건(청이 조선에 외교관계 수립을 요구하는 서신을 보내온 것)은 실로 국가의 존망이 달려 있는데 본사에서는 하루이틀 보내며 미루면서 틀어막을 계획이나 하고 있으니 그 뜻을 이해할 수 없다. 이 일은 여러 말 할 것 없이 우리나라의 인심과 병력으로 이 도적을 막을 수 있어서 전혀 걱정할 것이 없다면 엄한 말로 배척하여 단절해도 될 것이다. 만일 조금이라도 미진한 것이 있는데 경들이 곧음을 명분 삼는 의론만 내세워서 종묘와 사직이 위험에 빠진다면 어떻게 할 것인가. 적은 수효로 많은 수효를 대적할 수 없고 약한 것은 강한 것을 대적할 수 없는 것이다. … 그러므로 그들이 선한 말을 하거나 악한 말을 했다고 하여 기뻐하거나 노여워할 것도 없고 오직 기회에 따라 선처하면 된다.[291]

광해군은 후금이 곧 명나라를 제압하고 중원을 장악할 것으로 예상하고 훗날의 변고를 막기 위해 청나라와의 관계를 융통성 있게 이끌어가는

---

290 『조선왕조실록』, 광해군일기, 광해군 11년, 기미(1619년) 4월 11일.

291 『조선왕조실록』, 광해군일기, 광해군 11년, 기미(1619년) 7월 22일.

것이 바람직하다고 보았다.

그러나 조정 대신들의 입장은 완고했다. 비변사備邊司—조선의 정사를 다루었던 중추 기관—는 명나라와의 군신관계를 고려하여 청나라와 외교관계를 수립할 수 없다는 입장을 다음과 같이 광해군에게 고했다.

> 우리나라의 일은 이와 달라서 위로는 명나라가 있어서 자유로이 할 수 없는 데다가 이 도적이 명나라와 원한을 만들고는 함께 기회를 타 악행을 저지르자고 우리나라에게 서신을 보내어 동맹을 요구하고 있습니다. 그런데 회답을 한다면 명나라에게 죄를 짓는 것이고 회답을 하지 않는다면 반드시 흉화를 초래할 것이니, 이것이 이른바 강화를 하여도 후회되고 강화를 하지 않아도 후회한다는 것입니다. … 지금 만일 이 서신에 또 회답한다면 아마도 명나라의 힐책이 도리어 오늘날의 '난처한 것 보다' 더 심할까 염려됩니다.[292]

신하들은 후금과 외교관계를 맺는 것이 명나라에 죄를 짓는 것으로, 후금으로부터의 보복보다 명나라의 추궁이 더 큰 문제가 될 것으로 보았다. 명나라를 부모의 나라로 여기고 충성을 다해온 조선이 명나라를 넘보는 후금과 교류하는 것은 도덕적으로나 도의적으로 수용할 수 없었던 것이다.

유교주의에 물든 조선에게 명나라는 황제의 나라이자 부모의 나라였다. 조선은 전쟁의 문제를 주변 강대국의 부상과 쇠퇴에 따른 국제적 역학관계의 변화를 우선적으로 고려하기보다는 명나라에 대한 사대와 부모에 대한 자식의 도리라는 관점에서 바라보았다. 서구에서 동맹관계가 일종의 거래와 같은 '계약관계'였던 반면, 조선에게 대명관계는 끊으려야 끊을 수 없는 '혈연관계'였던 것이다.

이러한 측면에서 광해군은 조선에서 매우 드물게 현실주의적 사고를

---

292 『조선왕조실록』, 광해군일기, 광해군 11년, 기미(1619년) 7월 23일.

가졌던 왕이었다. 사대적 사고가 만연된 조정에서 홀로 국제정세를 균형적으로 바라보고 전쟁의 문제를 심각하게 고민했던 현군이었다. 그가 후일 정사를 그르쳤던 것은 어쩌면 대의명분에 젖어 공허한 논리로 세월을 낭비하는 지극히 무능한 신하들로부터 받은 스트레스 때문이었을 것이다. 결국, 광해군이 폐위된 후 인조 대에 조선은 청나라에 반하는 외교노선을 공식화하여 정묘호란을 자초하게 되었는데, 이는 조선 조정이 국가가 난을 당하더라도 명분만은 지켜야 한다는 이상적이고 도덕적 전쟁인식을 고수했기 때문인 것으로 볼 수 있다.

조선이 청나라의 침공을 정묘호란으로 끝내지 못하고 또다시 병자호란을 자초한 것도 마찬가지로 명나라에 대한 사대를 고집했던 조선의 대외정책 때문이었다. 1636년 2월 잉굴다이龍骨大와 마푸타馬夫大 등의 후금 사신단이 대장 47인, 차장 30인, 그리고 종호從胡 98인을 거느리고 왔다. 이들의 방문 목적은 4월 후금의 한汗 홍타이지皇太极가 황제로 즉위하므로 형제관계에 있는 조선이 이를 인정하고 축하해달라는 것이었다.[293] 후금이 명나라를 '배신하고' 그들에 굴복한 몽골 차하르察哈爾 부의 지도층 인사 77명을 사절단에 포함시킨 것은 그간 확장된 후금의 세력을 과시하려는 의도가 다분했다. 사신단이 조선에 후금 황제 인정을 요구한 것은 운명을 다한 명나라를 압박하고 후금 한의 황제 즉위에 필요한 외교적 명분을 얻고자 한 것이었다.

그러나 조선 조정은 오직 명나라의 황제만을 유일한 황제로 인정하고 있었기 때문에 후금의 요구를 받아들일 수 없었다. 장령掌令 홍익한洪翼漢은 후금을 배척하고 명분을 세울 것을 다음과 같이 상소했다.

> 우리나라는 본디 예의의 나라로 소문이 나서 천하가 소중화小中華라 일컫고 있으며 열성列聖들이 서로 계승하면서 한마음으로 사대하기를 정

293 『조선왕조실록』, 인조실록, 인조 14년, 병자(1636년) 2월 24일.

> 성스럽고 부지런히 하였습니다. … 진실로 천자라 일컫고 대위大位에 오르고 싶으면 스스로 제 나라에서 황제가 되고 제 나라에 호령하면 되는 것입니다. … 신의 어리석은 소견으로는 그가 보낸 사신을 죽이고 그 국서를 취하여 사신의 머리를 함에 담아 명나라 조정에 주문한 다음 형제의 약속을 배신한 것과 참람하게 천자의 호를 일컫는 것을 책하면서 예의의 중대함을 분명히 말하고 이웃 나라의 도리를 상세히 진술한다면, 우리의 설명이 더욱 펴지고 우리의 형세가 더욱 확장될 것으로 여겨집니다.[294]

심지어 홍문관에서는 사신들을 가두어서 후금으로 복귀하지 못하도록 해야 한다고 건의했으며, 대사간 정온鄭蘊도 사신에 분명한 답을 주지 않으면 이를 구실로 황제 즉위를 "조선도 안 된다고는 하지 않았다"고 할 것을 우려하여 단호하게 거부할 것을 요구했다. 태학생 김수홍金壽弘 등 138명과 유학幼學—벼슬을 갖지 않은 유생—이형기李亨基는 "오랑캐 사신을 참하고 그 글을 불살라 대의를 밝히기를" 상소했다. 이러한 분위기를 눈치 챈 후금의 사신들은 자칫 억류되어 참형을 당할까 두려워 도망하다시피 귀국했는데, 이들은 성을 나갈 때 군중들이 던진 기와 조각과 돌을 맞고 욕을 먹는 수모를 당해야 했다.[295] 그해 4월 후금의 한은 결국 조선의 인정을 받지 못한 채 황제로 즉위했다.

이후로 조정에서는 청나라를 배척해야 한다는 목소리가 더욱 높아졌다. 1636년 4월 26일 청나라로 간 사신 나덕헌羅德憲과 이확李廓은 잉굴다이에게 받은 국서에 자국 왕을 '대청 황제'로 조선을 '너희 나라爾國'로 칭한 것을 확인하고 이를 조정에 전달하는 것이 두려워 국서를 주막집에 버리고 귀국했다. 이 사실을 알게 된 조선 조정은 청나라가 군신관계를 요구하는

---

294 『조선왕조실록』, 인조실록, 인조 14년, 병자(1636년) 2월 21일.

295 『조선왕조실록』, 인조실록, 인조 14년, 병자(1636년) 2월 26일.

데 격분하여 청나라를 더 배척하게 되었다.[296] 대신들은 나덕헌이 문구의 수정을 요구하지도 않았고, 서신을 받은 자리에서 자결하지도 않은 데 대해 비판했다. 평안감사 홍명구洪命耉는 다음과 같이 상소했다.

신의 어리석은 계책으로는 의사義士 두어 사람을 모집하여 덕헌 등의 머리를 가지고 적한賊汗의 문에 던져주고는 대의에 의거하여 준열하게 책하는 것보다 더 좋은 방책이 없습니다. 그러면 그들이 아무리 개돼지 같다 하더라도 반드시 무서워 꺼릴 것이며, 설혹 분이 나 침략해 온다고 하더라도 우리나라 장졸이라면 그 누가 팔뚝을 걷어붙이고 칼날을 무릅쓰면서 북쪽으로 달려가 죽음으로써 싸울 마음을 가지지 않겠습니까.[297]

교리校理 조빈趙贇도 국가의 근본이 명조에 있으므로 후금과의 화친은 나라를 그르치게 할 것이라고 주장했다.[298]

이러한 분위기를 반영하여 1636년 6월 17일 조선 조정은 후금의 한이 보낸 글에 대한 답신을 보냈는데, 당시 '격檄'이라고 칭한 이 서신은 적을 설복하거나 힐책하는 격문檄文의 성격을 띠었다. 이 서신의 내용은 다음과 같다.

우리나라가 중국 조정을 신하로서 섬기고 한인을 공경스럽게 대하는 것은 곧 예에 있어서 당연한 것입니다. 무릇 한인이 하는 바를 우리가 어떻게 호령으로 금단할 수 있겠습니까. 화친을 약속한 처음에 우리나라가 중국 조정을 배신하지 않는다는 것을 첫 번째 조건으로 삼았는데, 귀국이 조선이 명나라를 배신하지 않는 것은 좋은 뜻이라고 여겨 마침

---

296 『조선왕조실록』, 인조실록, 인조 14년, 병자(1636년) 4월 26일.

297 앞의 문헌.

298 『조선왕조실록』, 인조실록, 인조 14년, 병자(1636년) 9월 22일.

내 교린의 약속을 정한 것으로, 이는 하늘이 내려다보고 있는 바입니다. 그런데 요즘 명나라를 향하고 한인을 접하는 것을 가지고 우리를 책하고 있으니, 이것이 어찌 화친을 약속한 본래의 뜻이겠습니까. 신하로서 임금에 향하는 것은 천지가 다할 때까지 고금을 통하는 큰 의리인데, 이것을 죄라고 한다면 우리나라가 어찌 기꺼이 듣고서 순순히 따르지 않겠습니까. … 우리나라는 의지할 만한 군사가 없고 충분한 재물이 없으나, 강조하는 것은 대의이고 믿는 것은 하늘뿐입니다. … 지금 귀국이 공갈 협박을 하면서 요구와 책망을 해서 백성의 재산을 모두 긁어가 백성들로 하여금 살아갈 수 없게 만든다면, 민심이 반드시 떠나가고 나라가 따라서 무너질 것입니다….[299]

조선은 청나라의 황제를 황제로 인정하지 못하는 이유를 명나라를 섬겨야 하는 대의명분으로 설명하고 있으며, 나아가 청나라가 계속 부당하게 행동한다면 민심이 떠나 망하게 될 것이라고 준엄하게 꾸짖고 있음을 알 수 있다. 청나라와의 관계가 악화되고 있는데도 조선은 외교적 교섭을 외면한 채 강경론으로 일관하여 상황을 더욱 악화시켰다.

결국 청나라는 그해 12월 13만 대군을 동원하여 조선을 침공했으며, 인조는 삼전도의 굴욕을 당하며 항복해야 했다.[300] 조선에게는 국가생존의 문제보다도 이미 몰락한 명나라에 대한 도리와 사대의 명분을 지키는 것이 더 중요했음을 보여주는 사례가 아닐 수 없다.

병자호란 이후 제기된 청나라에 대한 북벌론도 명분을 중시하는 조선의 전쟁인식을 보여준다. 조선은 호란이 끝난 후 청나라의 연호를 대외문서에서만 사용했을 뿐 국내에서는 명나라의 마지막 황제인 의종毅宗 대에 사용했던 '숭정崇禎'을 그대로 사용했다. 1644년 명나라가 청나라에게 멸

299 『조선왕조실록』, 인조실록, 인조 14년, 병자(1636년) 6월 17일.

300 군사편찬연구소, 『한권으로 읽는 역대병요·동국전란사』(서울: 군사편찬연구소, 2003), pp. 303-304.

망하자 조선은 스스로 명나라의 후계자로서 중화문화를 수호해야 할 의무를 가졌다고 자부했다. 미개한 여진족에 의해 명나라가 무너졌지만 이는 일시적 현상에 불과한 것으로, 조선이라도 중화문화를 보존하는 유일한 나라로 남아야 한다는 일종의 사명감 때문이었다. 조선은 비록 청나라에 신하의 예를 취했지만 내부적으로는 '존명배청尊明排清'을 명분으로 하는 북벌론이 대두하여 효종 대에 비밀리에 추진되었다. 1673년 중국에서 반청복명을 내걸고 명나라의 부흥을 꾀했던 오삼계嗚三桂와 정금鄭錦 등이 반란을 일으키자 조선의 북벌론은 더욱 고조되었다. 비록 1682년 이들의 난이 평정되고 청나라의 정세가 안정되면서 북벌 가능성은 사라졌지만, 조선에서는 18세기 후반까지도 북벌에 대한 논의가 지속되었다.[301] 조선의 북벌론은 비록 그 실현 가능성을 차치하더라도 그 이면에는 현실적인 국가이익보다도 '구시대의' 유교질서 회복에 대한 미련과 함께 명나라에 대한 의리가 작용한 것이었다.

다. 전쟁인식의 경솔함: '숭문억무'의 성향

전쟁에 대한 조선의 인식은 신중하지 못했다. 손자가 언급한 대로 전쟁은 국가의 생존과 흥망이 걸린 국가의 대사이다. 전쟁에 대비하기 위해서는 강력한 군사력을 갖추어야 함에도 불구하고 조선은 문을 숭상하고 무를 억제하는 숭문억무崇文抑武 정책을 취했다. 비록 조선은 양반사회로서 문과 무를 모두 중요하게 생각했지만 현실에서는 문반을 우대하고 무반을 차별한 것이다. 여기에는 조선사회가 유교에 심취하게 되면서 무력 사용에 대한 혐오감이 작용했기 때문으로 볼 수 있다.

조선은 고려와 마찬가지로 무신들이 높은 관직에 진출하지 못하도록 제도적 장치를 마련했다. 무신들은 조선의 19개 관직에서 2품 이상의 직위에 오르지 못했으며, 드물게 오르더라도 문신과 겸직해야 했다. 주요 관직도

---

301 육군군사연구소, 『한국군사사 12: 군사사상』, pp. 144-148.

문신에게 할당되어 의정부, 이조, 병조, 사헌부, 사간원, 홍문관 등 중추 기관의 요직은 모두 문신이 차지했고, 무신은 도총부와 선전관의 직위로 제한되었다. 또한 군을 지휘하는 군권도 무관이 아닌 문관에게 주어졌다. 예를 들어, 조선 전기 최고 군령기관이었던 오위도총부五衛都摠府의 사령관인 도총관都摠管과 오위장五衛將은 문신과 무신이 겸직했다. 후기의 오군영五軍營 가운데 궁궐 및 도성 수비를 담당한 삼군문三軍門으로 훈련도감訓鍊都監, 어영청御營廳, 금위영禁衛營의 경우 종2품인 대장 위에 정1품인 도제조都提調와 정2품 제조提調를 두었는데 도제조와 제조는 주로 병조판서가 당연직으로 겸임하여 문신이 최고의 군권을 갖도록 되어 있었다.[302]

공조판서 구종직丘從直은 문무를 병용하는 것이 고금의 도리로서 이에 대해 경중을 매길 수 없다고 보았다. 그럼에도 불구하고 그는 1466년 7월 세조에게 간한 발언에서 다음과 같이 무신을 차별하는 인식을 가감 없이 드러내고 있다.

> 옛날에는 창을 손에 쥐고 왕궁을 숙위하는 것이 모두 사대부의 직책이었는데, 진秦나라·한漢나라 이래로 이 제도가 이미 폐지되어, 방패를 가지고 섬돌 밑에서 지키고 창을 쥐고 호위하는 일을, 혹은 사람을 때려 죽여서 파묻어버리는 어리석고 사나운 무리로 둘러서게 했으니, 진실로 개탄할 만한 일입니다. 지금은 도총관都摠管과 위장衛將·부장部將이 모두 사대부의 직책을 겸무하고 있으니, 이것은 삼대三代 이전의 훌륭한 법입니다. 신은 원하건대 기문期門·우림羽林의 군사도 『소학小學』의 다섯 곳에 조粗·통通(시험 성적) 이상인 사람에게 시험하여 처음의 관작官爵을 허가한다면, 비록 정미精微한 학문의 연구에는 들어가지 못하더라도 또한 신하가 되어 충성을 위해 죽고, 자식이 되어 효도를 위해 죽는 도리

302 육군군사연구소, 『한국군사사 12: 군사사상』, pp. 130-131.

를 알게 될 것입니다.[303]

그는 군인들을 무도하고 난폭한 무리로 보고 있으며, 왕궁을 지키는 고위직을 무신이 아닌 문신이 차지하는 것이 마땅함을 주장하고 있다. 또한 무인들이 학문적 소양이 없기 때문에 충성이나 효도의 도리를 제대로 알지 못한다고 보고 호위병을 뽑을 때 유학 시험을 거쳐 선발할 것을 주장하고 있다. 문신들이 무신들의 역할을 폄훼하고 성품 및 자질마저 의심하고 있음을 알 수 있다.

조선시대에 문신을 우대하고 무신을 차별했음은 다음과 같이 정조의 언급에서도 엿볼 수 있다.

> 조정에서 뭇 신하들을 하나로 본다는 의미로서 혜택을 내림에 차별을 두지 않고는 있으나, 문文은 귀하게, 무武는 천하게 여기는 것은 곧 우리 왕조의 가법家法이다. 조정에서 이를 몰라서는 안 된다. … 요즘 조정 신하들은 매번 외적에 대한 대비나 경비經費를 가지고 근심하는데, 나는 그런 문제를 우려하지 않는다. 실로 정학正學이 날로 쇠미해지고 선비의 자질이 날로 낮아지는 것만을 근심할 뿐이다.[304]

정조는 노골적으로 문이 귀하고 무는 천하다고 하면서, 외적의 위협에 대처하기 위해서는 군사적 대비보다 선비의 자질을 키우는 것이 더 시급하다고 인식했다. 유교적 사고에 젖었던 당시 시대적 상황을 단적으로 보여주는 언급이 아닐 수 없다.

이러한 상황에서 군사에 관한 관심이 멀어지게 되자 이를 우려한 많은 신료들이 무의 중요성에 대해 언급하게 되었다. 우선 세조가 해동의 제갈

---

303 『조선왕조실록』 세조실록, 세조 12년, 병술(1466) 7월 7일.

304 『홍재전서』, 권167. 일득록 7, 정사 2.

량이라고 극찬한 양성지梁誠之는 세종으로부터 성종에 이르기까지 6대에 걸쳐 왕의 참모로 있으면서 '요동국경론'을 주장하는 등 적극적 군사사상을 제기한 인물이다. 그는 "문무文武의 도道는 천경지위天經地緯—하늘이 정하고 땅이 받드는 길—와 같으니 편벽되게 폐할 수 없다"고 하면서, "우리나라에 문묘文廟는 있으나 무묘武廟가 없으니 마땅히 무묘를 세워 역대의 명장을 제사하자"고 주장했다. 그는 역대의 명장으로 신라의 김유신, 고구려의 을지문덕, 고려의 유금필庾黔弼·강감찬·양규楊規·윤관·조충趙沖·김취려金就礪·김경손金慶孫·박서朴犀·김방경金方慶·안우安祐·김득배金得培·이방실李方實·최영·정지鄭地, 조선의 하경복河敬復·최윤덕을 들었다. 그리고 그는 고구려의 전통을 본받아 봄에는 3월 3일, 가을에는 9월 9일에 교외에서 사격대회를 열어 군의 사기를 진작이고 무풍을 장려하자고 했다. 이는 당시 군사문제에 무관심한 조정에 경종을 울린 주장으로, 이를 역으로 본다면 당시 군사에 대한 관심이 크게 부족했음을 드러낸 것이었다.[305]

숙종 대 북벌론을 주장했던 군사가 윤휴尹鑴도 무를 천시하는 세태를 한탄했다. 그는 "문과 무는 임금의 두 가지 통치술이다. 문은 무엇인가? 교화에 힘쓰고 백성을 편안하게 하는 것이다. 무는 무엇인가? 위엄 있는 정치를 권장하고 화란을 막는 것"이라고 했다. 그리고 문과 무는 날줄과 씨줄 같은 것으로 백성을 편안하게 하는 이치인데도 당시의 글을 읽는 선비들은 문에만 관심을 가질 뿐 무에는 힘쓰지 않고 있으며, 심지어 무공을 폐하려 한다고 비판했다.[306] 정조 대의 홍양호洪良浩도 『해동명장전』에서 삼국과 고려시대에 유명한 장수들의 활약으로 한 치의 강토도 빼앗기지 않았음을 언급하고, 조선에 이르러 강토는 옛날과 똑같고 백성 수도 줄지 않았으나 병력과 전공은 이전에 비해 많이 떨어졌음을 개탄했다.[307] 정조

305 『조선왕조실록』 세조실록, 세조 2년, 병자(1456) 3월 28일; 전호수, 『한국 군사인물연구: 조선편 Ⅱ』, p. 45.

306 육군군사연구소, 『한국군사사 12: 군사사상』, pp. 124-125.

307 홍양호, 『해동명장전』 서.

대의 송규빈宋奎斌은 “우리나라의 풍습은 참 이상하다. 문관과 무관을 완전히 두 가지로 생각하여 글을 읽은 문사들은 무관과 더불어 같은 대오가 되기를 부끄러워한다”고 하며 무인을 비하하는 세간의 분위기를 전하고 있다.[308]

요약하면, 조선은 유교주의에 함몰되어 전쟁을 도덕적이고 도의적인 관점에서 바라보았다. 전쟁을 국가생존을 유지하고 국가이익을 확보하기 위한 유용한 기제로 간주하기보다는, 가급적 멀리하는 가운데 어쩔 수 없는 상황에서 마지막으로 사용할 수 있는 수단 정도로 인식한 것이다. 삼국시대와 고려시대에는 유교적 전쟁관과 현실주의적 전쟁관이 공존하는 가운데 그래도 현실주의가 주류를 이루었다. 그러나 조선시대에는 현실주의보다 유교적 성향이 절대적으로 우세했다. 삼국시대의 전쟁인식은 현실주의가 유교주의에 의해 제약되었다는 측면에서 ‘유교적 현실주의’로, 고려시대에는 유교뿐 아니라 종교적 신념, 모호한 영토인식 등에 의해 제약을 받았다는 측면에서 ‘제한적 현실주의’로 전쟁인식을 규정할 수 있었다. 이에 비해 조선시대의 전쟁인식은 유교적 사고에 함몰되어 전쟁을 절대적으로 도덕적·도의적 관점에서 접근했다는 점에서 ‘교조적 유교주의’로 규정할 수 있다.

2. 전쟁의 정치적 목적

가. 유교적 성격: 응징 및 교화

유교주의적 전쟁관을 견지한 조선은 대외적으로 응징 또는 교화를 목적으로 무력을 사용했다. 우선 대마도 정벌 사례는 왜구의 소굴을 쳐서 굴

---

308 군사편찬위원회, 『풍천유향』(서울: 군사편찬위원회, 1990), p. 13.

복시키는 공세적 군사행동이라는 측면에서 현실주의적 성격의 전쟁에 해당하지만, 그 배경과 동기를 살펴보면 다분히 유교에서 말하는 응징과 교화를 의도한 것이었다.

대마도 정벌은 다음과 같은 태조의 언급을 볼 때 이미 조선 초부터 그 필요성이 제기되고 있었다.

> 내가 즉위한 이래로 대체로 용병의 도리를 한결같이 옛일을 따라서 일찍이 경솔한 거조가 없었던 것은 이들 백성들이 동요될까 염려하였던 것인데, 이제 하찮은 섬 오랑캐가 감히 날뛰어 우리 변방을 침노한 지가 3~4차에 이르러 이미 장수들을 보내어 나가서 방비하게 하고 있으나, 크게 군사를 일으켜서 수륙으로 함께 공격하여 일거에 섬멸하지 않고는 변경이 편안할 때가 없을 것이다.[309]

여기에서 태조가 정벌을 언급한 것은 왜구의 약탈이 극심하여 변방의 방위가 불안하기 때문임을 알 수 있다. 즉, 대마도를 공격하여 적을 섬멸하더라도 섬을 점령하여 영토화하려는 것이 아니라 왜구의 침략행위를 근절하는 데 목적이 있었던 것이다. 아마도 태조는 왜구 정벌을 진지하게 고려했던 것 같다. 태조의 정벌 소식을 들은 왜구들 일부는 크게 두려워하여 60여 척의 배를 끌고 와 항복하고 조선인으로 귀화했다. 그러나 이들은 6개월도 못 되어 조선의 병선을 약탈해 달아나는 등 크고 작은 왜구의 문제는 지속되었다.

태종은 즉위 후 대마도주 소오 사다모리宗貞盛와 소통하며 이 문제를 외교적으로 해결하려 했으나 왜구들은 화해하는 척하다가 다시 약탈에 나서는 등 기만적 행위를 반복했다. 마침 왜구의 주력이 명나라 해안을 약탈하러 간다는 첩보를 입수하자 1419년 5월 14일 상왕 태종과 왕 세종

---

309 『조선왕조실록』, 태조실록, 태조 5년, 병자(1396년) 12월 3일.

은 대신들을 불러 대마도 공격 문제를 논의했다. 이 자리에서 태종은 다음과 같이 말했다.

> 금일의 의논이 전일에 계책한 것과 다르니, 만일 물리치지 못하고 항상 침노만 받는다면, 한漢나라가 흉노에게 욕을 당한 것과 무엇이 다르겠는가. 그러므로 허술한 틈을 타서 쳐부수는 것만 같지 못하였다. 그래서 그들의 처자식을 잡아 오고, 우리 군사는 거제도에 물러 있다가 적이 돌아옴을 기다려서 요격하여, 그 배를 빼앗아 불사르고, 장사하러 온 자와 배에 머물러 있는 자는 모두 구류拘留하고, 만일 명을 어기는 자가 있으면, 베어버리고, 구주九州(규슈)에서 온 왜인만은 구류하여 경동驚動하는 일이 없게 하라. 또 우리가 약한 것을 보이는 것은 불가하니, 후일의 환이 어찌 다함이 있으랴.[310]

대마도에 대한 전격적인 군사행동은 지금까지 당하기만 해온 조선이 더 이상 치욕을 당할 수 없기 때문에 행한 것이지, 적을 침공하여 약탈하거나 점령하려고 한 것이 아니었다. 지금까지 지속된 적의 침략에 대해 보복을 가하고 실력을 과시하여 후일의 환란을 방지하려는 것이었다.

또한 태종은 1419년 5월 25일 삼군도통사三軍都統使로 임명된 유정현柳廷顯에게 부월(鈇鉞)—출정하는 장수에게 왕이 하사하는 도끼—을 하사하며 다음과 같이 명했다.

> 이 조그마한 왜인이 가만히 해도에 있으면서 벌처럼 덤비고, 개미처럼 우글거리며, 화심禍心을 속에 품고 상국上國을 능멸히 여기도다. …우리 태조께서 개국하신 이래로 '너희들이' 겉으로는 신臣인 체하고 정성껏 화친하기를 구하는지라, 나 또한 모르는 중에 끌려서 놈들이 올 때에는

---

310 『조선왕조실록』, 세종실록, 세종 1년, 기해(1419년) 5월 14일.

예를 갖추어서 위로하기도 하였고, 갈 때에는 물건 있는 대로 주어 두터이 대접하였다. 대개 그들이 필요하다고 청하는 것은 일일이 그 뜻대로 응하지 아니한 것이 없었음은 오로지 우리 임금의 죽이지 않으려 하는 어진 마음에 감복하여 줄 것을 바랐던 것이어늘, 이제 도리어 은혜를 잊고 덕을 배반하여, 가만히 변방에 들어와서 배를 불사르고 군사를 죽여 없애니, 토죄討罪의 형벌을 어찌 아니할 수가 있겠는가.[311]

이러한 태종의 언급은 대마도 정벌의 목적이 왜인들의 약탈행위를 응징하는 데 있음을 보여준다. 즉, 태종이 언급한 대로 이 정벌은 '토죄의 형벌', 즉 잘못을 열거하며 책임을 묻는 데 있으며, 이는 잘못된 행동에 대해 징벌을 가하고 올바르게 인도하려는 의도에서 이루어진 것으로 볼 수 있다.

세종 대에 북방을 개척하여 4군과 6진을 설치한 것은 영토확장이라는 측면에서 현실주의적 무력 사용임에 분명하다. 그러나 그 이면에는 마찬가지로 상당부분 응징의 성격을 갖고 있었다. 4군 6진을 설치한 것은 이 지역에서 거주하던 여진의 침략이 빈번해지자 이들과의 국경을 획정하고 국경 지역의 안정을 도모하려는 강압적 방책이었다. 조선의 여진족 정벌은 건주위 추장 이만주李滿住의 거짓 소행이 발단을 제공했다. 1432년 12월 이만주가 평안도 도절제사 보고를 통해 자신이 조선의 백성을 납치하려는 우디캐兀狄哈족의 행동을 저지하고 백성들을 보호하고 있다고 했다.[312] 조선 조정은 그의 말의 진위를 의심했다. 조사관을 파견해 그 실상을 파악한 결과 조선 백성을 납치한 것은 우디캐족이 아닌 이만주의 소행임이 확인되었다. 그러자 세종은 그를 토벌하는 군사를 일으켜 이듬해 4월 평안도 절제사 최윤덕으로 하여금 건주위 여진을 몰아내고 압록강 상류에 4군을 설치하도록 했으며, 1434년에는 김종서를 함길도 도관찰사에 임

---

311 『조선왕조실록』, 세종실록, 세종 1년, 기해(1419년) 5월 25일.

312 『조선왕조실록』, 세종실록, 세종 14년, 임자(1432년) 12월 21일.

명하여 두만강 유역의 영토를 개척하고 6진을 설치했다. 여기에서 조선의 여진정벌의 동기가 이들의 약탈을 응징하고 변경 지역을 안정시키려는 의도에서 비롯되었음을 알 수 있다.

이후 조선은 4군 6진을 설치한 이후 여진족에 관직을 부여하고 귀화를 받아들이는 등 여진을 회유하고 교화하기 위한 정책을 지속했다. 세조는 다음과 같이 언급했다.

> 야인과 왜인들은 모두 우리의 번리이고 신민이니, 작은 폐단 때문에 그들의 내부來附하는 마음을 거절하여 물리칠 수 없으며, 즉위한 이후에 남만북적南蠻北狄으로서 내부하는 자가 심히 많은데, 모두 나의 백성이 되기를 원하니 이것은 하늘이 끌어들이는 것이지 나의 슬기와 힘이 아니다.

세조는 여진을 신민으로 여기고 조선에 편입시키려 했는데, 이는 조선의 북방영토 개척이 이들을 단순히 배척하기보다는 포용하고 교화시키려는 노력을 병행하고 있음을 보여준다. 실제로 조선에 투항한 두만강 유역의 여진들은 부령을 제외한 5진의 성 주위를 빙 둘러싼 이른바 '성저야인城底野人'으로 불리며 조선 국경의 울타리 역할을 했다. 이들은 조공을 바치면서 조선으로부터 필요한 물품을 충당했고, 그 대가로 조선에 위협이 되는 다른 여진족의 동향을 알려주었다.

이처럼 조선은 적을 굴복시키는 공세적 전쟁에 나섰지만 적 영토를 탈취하기보다는 적의 약탈을 응징하고 교화시키는 데 주안을 두었다. 세종의 여진정벌도 마찬가지로 압록강 중류 지역에 4군을 개척하여 영토를 확장하는 과정에서 여진족의 약탈을 응징하고 국경을 안정시키려 한 것이었다.

나. 현실주의적 전쟁 목적: 대외정벌의 좌절

조선시대에는 정도전의 요동정벌 구상으로부터 대마도 정벌, 여진정벌,

그리고 효종 대에 북벌 준비에 이르기까지 대외정벌을 위한 노력이 있었다. 이러한 대외정벌은 국가정책을 위해 군사력을 공세적으로 사용하거나 그러한 시도를 했다는 점에서 현실주의적 성격의 전쟁목적을 추구한 것으로 볼 수 있다. 다만, 이와 같은 정벌은 여진정벌을 제외하고 대부분 좌절되거나 그 범위를 제한함으로써 실제 적극적이고 공세적인 정치적 목적을 추구할 수 없었다.

먼저, 조선이 개국한 직후 정도전이 구상한 요동정벌은 좌절된 사례이다. 조선 왕조의 설계자였던 그는 한반도 북부의 여진족을 몰아내고 함경도 지방을 조선의 영토로 편입시킨 후, 요동의 넓은 땅을 수복하려는 원대한 이상을 가졌다. 1394년 1월 판의흥삼군부사判義興三軍府事로 임명되어 재정 및 병권을 장악한 그는 사병혁파를 단행하여 왕실 측근 및 개국공신들이 사적으로 보유한 사병을 해산시키고 국가의 정규군으로 흡수하고자 했다. 1397년 명나라가 표전문表箋文—왕이 중국 황제에게 올리는 글—의 '불손한' 표현을 빌미로 그 작성 경위를 보고하도록 하는 등 내정에 간섭하자, 정도전은 태조의 후원 하에 요동을 정벌하기 위해 군량미를 확보하고 군사훈련을 강화하는 등 준비에 나섰다. 그러나 그의 요동정벌 구상은 실현될 수 없었다. 1398년 9월 정도전의 사병혁파에 불만을 갖고 있던 이방원 세력이 음모를 꾸미고 있다는 트집을 잡아 정도전을 비롯한 그의 일파를 살해한 것이다. 그리고 1940년 11월 왕위에 오른 이방원이 요동정벌에 반대했던 조준趙浚을 좌의정에 앉히면서 요동정벌은 좌절되었다.[313]

다음으로 태종이 주도한 대마도 정벌은 왜구의 소굴을 직접 공격하여 굴복시키려 했던 야심 찬 군사행동이었다. 다만 대마도 정벌은 '합병'이 아니라 '토죄'가 목적이었다는 점에서 딱히 현실주의적 목적을 가진 것으로 보기 어렵다. 물론, 일각에서는 이 원정의 목적을 조선의 영토회복으로

---

313 한영우, 『왕조의 설계자 정도전』 pp. 212-215.

보는 견해도 있다.[314] 그러한 증거로 태종이 대마도를 조선의 영토라고 언급한 점과, 정벌군으로 227척의 군함과 1만 7,285명의 병력 등 보기 드문 대규모 군사력을 동원한 점을 들고 있다. 그러나 조선이 원정을 통해 왜구를 완전히 소탕하려 했던 것은 사실이나, 대마도를 합병하여 조선의 영토로 만들려는 의도를 가졌던 것은 아니다.[315] 앞에서 살펴본 바와 같이 이 원정을 주도한 태종도 왜구를 '토죄'해야 한다고 했을 뿐, 대마도를 조선의 영토로 복속시켜야 한다고 언급하지는 않았다. 정벌에 나선 이종무가 대마도주에게 '어설픈' 항복을 받고 복귀한 점, 복귀한 후 2차 정벌을 염두에 두었으나 대마도주가 '진심 어린' 항복 의사를 전달해오자 즉각 중단한 것도 이를 입증한다. 즉, 대마도 원정은 왜구를 소탕하고 굴복시켜 이들로 하여금 노략질을 중단시키려는 의도에서 이루어진 것이었다.

한편으로 세종 대의 4군 6진 개척은 조선시대를 통틀어 유일하게 현실주의적 목적을 가진 대외정벌 사례로 볼 수 있다. 공세적으로 무력을 사용하여 영토를 확장했기 때문이다. 일찍이 태조는 조선의 영토를 압록강과 두만강까지 확장해야 한다는 인식을 가지고 개국 초기부터 여진을 회유하며 영토를 개척했다. 그러나 우호적이었던 여진족들이 호전적으로 변하여 조선의 변경을 침범하자, 세종은 압록강 상류 지역과 두만강 하류 지역에서 여진족을 몰아내고 이 지역을 영토화하기로 했다. 세종은 1434년 김종서를 함길도 도관찰사에 임명하여 북방영토를 개척하도록 했고, 김종서는 군사요충지인 경원, 회령, 경흥, 종성, 은성, 부령에 6진을 설치하고 백성들을 이주시켜 이 지역을 영토화했다. 또한 세종은 1433년과 1437년 두 차례에 걸쳐 각각 최윤덕과 이천을 평안도 도절제사로 삼아 파저강 유역의 여진족을 정벌하고 4군을 설치했다. 두만강 유역의 6진과 압록강 중류의 4군을 설치함으로써 한민족의 국경은 통일신라 이후 처음

---

314 장학근, 『조선시대 군사전략』(서울: 군사편찬연구소, 2006), p. 70.

315 이규철, "1419년 대마도 정벌의 의도와 성과", 『역사와 현실』, 제74호(2009년 12월), p. 421.

으로 압록강과 두만강을 잇는 선까지 확대될 수 있었다.

호란 이후 1649년 왕위에 오른 효종은 청나라에 당한 치욕을 씻고자 북벌을 최우선 과제로 삼았다. 그는 북벌을 추진하기 위해 김자점 등 친청 인사들을 축출하고 김상헌, 김집, 송시열, 송준길 등 청나라에 강경한 서인계 인사들을 중용했다. 북벌에 필요한 군사력을 강화하기 위해 중앙군 병력을 확충했으며, 각 지방에 영장營將을 파견하여 군대를 직접 관할하고 지휘하게 하는 등의 군사개혁 조치를 취했다. 또한 표류해온 네덜란드인 얀 얀스 벨테브레Jan Janse Weltevree(박연)의 도움으로 조총을 제작하는 등 무기개량에도 힘을 기울였다. 그러나 효종 대에 국제정세는 북벌에 유리한 방향으로 호전되지 않았을 뿐 아니라, 내부적으로도 북벌을 뒷받침할 재정과 군비가 갖춰지지 않아 어려움을 겪었다. 그리고 1659년 효종이 재위 11년 만에 일찍 죽음으로써 그의 숙원이었던 북벌은 끝내 실행에 옮겨지지 못했다. 효종 사후 송시열이나 윤휴 등이 중국 남부의 오삼계嗚三桂와 대만의 정경鄭經 등 반청복명 세력과 연합하여 북벌에 나서자고 주장했으나, 청나라가 반란세력을 제압하고 오히려 국력을 강화하자 이들의 북벌론은 설득력을 잃게 되었다.

청나라에 대한 보복 차원을 넘어 민족사적 차원에서 당위성을 주장하는 북벌론도 등장했다. 양성지는 우리 역사에 대한 해박한 지식을 가지고 자주적인 역사관을 견지했다. 그는 우리 영토의 지리적 독립성에 대해 강한 자부심을 가지고 중국과 조선을 대등한 존재로 인식했다. 그리고 중국과 구별되는 우리의 독자적 역사를 단군조선까지 거슬러 올라가 소급하고, 이에 따라 우리의 옛 영토인 요동을 수복해야 한다고 주장했다. 다만 그는 당장 요동을 정벌하는 것이 현실적으로 어렵다고 보고, 최소한 명나라가 이 지역으로 세력을 확대하지 못하도록 연산連山(요녕성 본계本溪)을 국경으로 획정할 것을 주장했다.[316] 이는 한반도 북부 지역을 방어하는 데

---

316 전호수, 『한국 군사인물연구: 조선편 Ⅱ』, p. 46.

지형적으로 중요한 요동 지역의 천산산맥天山山脈을 활용하기 위해 천산산맥의 입구인 연산을 중시한 것으로 보인다. 물론, 이러한 양성지의 자주적 군사사상은 당시 성리학 중심의 중화주의에 경도된 일반 관료 및 유학생들에게는 몽상에 불과한 것으로 수용되기 어려운 것이었다.

이렇게 볼 때 조선은 다양한 대외정벌을 구상했으나 대부분 실현되지 못하고 좌절되었다. 그나마 야심 차게 이루어진 대마도 정벌은 응징 및 교화라는 유교적 목적을 추구했으며, 현실주의적 목적을 가진 전쟁은 세종 대의 여진정벌이 유일했다. 이는 조선이 유교에 함몰되어 무력 사용을 혐오했기 때문에 대외정벌이라는 현실주의적 전쟁을 치를 의지와 능력을 갖추지 못했던 것으로 이해할 수 있다.

다. 정치적 목적의 와해: 왕과 붕당이익 추구

조선 중기에 왕권이 약화되고 중앙집권적 통치체제가 이완되면서 붕당정치가 치열하게 전개되었다. 붕당 간의 대립은 왜란 이전에 훈척계열과 사림세력, 사림 내에서 동인과 서인, 동인 내에서 남인과 북인으로 나뉘어 노선 갈등을 빚었고, 왜란 이후에는 북인이 득세한 가운데 대북과 소북, 대북은 다시 골북과 육북, 소북은 유당과 남당으로 나뉘어 반목이 심화되었다. 1623년 인조반정으로 득세한 서인은 남인을 포용하여 현종 대에 이르기까지 약 60년 동안 공존할 수 있었으나, 1680년부터 세 차례의 환국換局—집권세력이 바뀌면서 정국이 변화되는 것—을 거쳐 서인이 다시 남인을 누르고 권력을 장악했다. 이후 서인은 노론과 소론으로 나뉘어 대립했고 소론이 1721년 신임사화辛壬士禍를 일으켜 노론을 탄압했으나, 경종이 병사하고 영조가 즉위함으로써 노론이 재기했다. 비록 영조의 탕평책과 정조의 왕권강화로 정쟁이 줄어들고 정국은 안정을 찾았지만 그렇다고 붕당정치의 폐해가 완전히 사라진 것은 아니었다. 정조의 뒤를 이어 순조가 어린 나이에 즉위하자 왕권은 다시 약화되고 세도정치勢道政治라는 파행적인 정치행태를 낳게 되었다.

이러한 상황에서 조선은 전쟁의 문제를 진중하게 다룰 수 없었다. 조선 조정은 전쟁을 국가생존을 확보하고 국가이익을 도모하는 수단이 아니라 지배층 간에 정적을 견제하고 붕당의 세력을 강화하기 위한 정쟁의 도구로 이용하게 되었다. 그 결과 조선은 일본의 위협과 청나라의 압력에 직면하여 국가의 안위와 국익을 도모하는 방향으로 정책을 결정하지 못하고, 당파 간의 명분싸움에 눈이 멀어 왜란과 호란이라는 민족 최대의 국난을 자초하게 되었다.

임진왜란은 일본의 침공 위협에 대한 조선의 정책결정이 동인과 서인 간의 정쟁에 의해 좌우되었던 사례이다. 1597년 7월 전국시대에 있던 일본 전역을 평정하고 권력을 장악한 도요토미 히데요시豊臣秀吉는 조선을 복속시키고 명나라를 정복하려 했다. 그는 우선 대마도의 번주 소오 요시토시宗義智에게 명하여 조선 국왕의 알현을 요구하고 이를 거부할 경우 조선을 공격할 것임을 통보하게 했다. 이에 1589년 일본 승려 겐소玄蘇가 정사가 되고 소오 요시토시가 부사가 된 일본 사신단이 조선에 건너와 선조를 알현하고—차마 조선 국왕의 일왕 알현 요구는 전달하지 못한 채—통신사 파견을 요청했다. 1590년 3월 서인인 황윤길을 정사로, 동인인 김성일을 부사로 한 통신사 일행은 일본에 건너가 도요토미 히데요시를 알현하고 정명가도征明假道—일본이 명나라를 공격하는 데 조선이 선도한다는 의미—를 요구하는 서한을 받아 오게 되었다.[317]

1591년 3월 귀국한 황윤길과 김성일은 서로 상반된 보고를 하여 조정의 정세 판단에 혼선을 초래했다. 황윤길은 그간의 실정과 형세를 들어 "앞으로 반드시 병화가 있을 것"이라고 일본의 침략을 예상했으나, 김성일은 "그러한 조짐을 발견하지 못했는데 황윤길이 장황하게 아뢰어 민심을 동요하게 하니 사의에 매우 어긋납니다"라며 침공 가능성을 일축했다.

---

317 육군군사연구소, 『한국군사사 7: 조선후기 Ⅰ』(서울: 경인문화사, 2012), pp. 27-28.

동인인 류성룡은 김성일에 동조했다.[318] 선위사宣慰使로 일본 사신을 접대한 오억령吳億齡이 "내년에는 일본이 군사를 일으켜 조선에 길을 빌려 명나라로 쳐들어갈 것"이라고 한 겐소의 말을 조정에 보고하자 동인들은 이를 비난하며 오히려 오억령을 해임시켜야 한다고 주장했다. 이후 오억령은 겐소와 대화를 나눈 '문답일기'를 왕에게 보고하면서 왜군의 침입에 대비하도록 건의했다가 좌천되었다.[319] 겐소가 김성일과 별도로 만나 "옛날 고려가 원나라 군사와 함께 일본을 공격했으므로 일본이 조선에 원수를 갚는 것은 당연한 일"이라며 일본의 조선 공격 가능성을 언급했으나, 김성일은 겐소의 어투가 불손하다는 이유로 더 이상 상대하려 하지 않았다.[320] 이러한 가운데 선조는 권력을 장악하고 있던 동인의 편에 서서 김성일의 의견을 따랐고, 조선 조정은 일본의 침공 가능성에 별다른 관심을 두지 않았다.

이러한 상황에서 조헌趙憲은 상소를 올려 "왜적이 반드시 쳐들어올 것"이므로 대비해야 한다고 주장했지만, 동인은 이를 두고 서인이 세력을 잃었기 때문에 민심을 동요시키려는 것이라고 비난했다. 4월 29일 선조가 겐소와 접견하며 파격적으로 예우하자 옥천에서 상경한 조헌은 궁문 밖에서 "사실을 속히 중국에 알리고 겐소의 사지를 찢어 유구琉球 등 인접국가에 보냄으로써 함께 분노하며 왜적을 방비해야 한다"고 건의했으나 선조는 귀담아 듣지 않았다.[321] 1592년 봄 일본인이 머무는 왜관이 텅 비고 일본의 침공 소문이 파다해지자 그때서야 선조는 비변사備邊司에 변란에 대비할 것을 지시했다. 그러나 그해 4월 13일 일본군이 부산항에 밀려들면서 때는 이미 늦어버렸다.

---

318 『국조보감』 권30, 선조조7, 24년(신묘, 1591) 3월.

319 군사편찬연구소, 『한권으로 읽는 역대병요·동국전란사』(서울: 군사편찬연구소, 2003), p. 175.

320 『국조보감』 권30, 선조조7, 24년(신묘, 1591) 윤 3월.

321 『조선왕조실록』, 선조수정실록, 선조 24년, 신묘(1591년) 3월 1일; 군사편찬연구소, 『한권으로 읽는 역대병요·동국전란사』, pp. 177-178.

적의 침공 가능성을 아무리 낮게 평가하더라도 이에 대비하는 것은 국가안보의 기본이다. 그런데 조선은 그렇게 하지 않았다. 김성일 스스로도 일본의 침공 가능성을 완전히 배제하지는 않고 있었다. 선조에게 보고한 후 류성룡이 김성일에게 "황윤길과 달리 말하는데 만일 병화가 있으면 어떻게 하려고 그러는가"라고 하자 김성일은 "나 역시 왜군이 침입하지 않는다고 어찌 단언하겠는가. 다만 온 나라가 놀라고 의혹될까 두려워 그것을 풀어주려 그런 것"이라고 둘러댔다.[322] 그는 일본군이 침공하지 않을 것이라는 확신이 없는 상태에서 서인의 주장에 흠집을 내기 위해 침공 가능성을 일축했던 것이다. 이들에게는 국가의 안위를 살피는 것보다 왕의 면전에서 이루어지는 논쟁에서 이기는 것이 더 중요했다.

호란의 경우에도 붕당의 이익이 작용한 것은 마찬가지였다. 광해군이 즉위하자 1608년 선조의 후계자 문제에서 그를 지지했던 대북파가 소북파를 누르고 득세하게 되었다. 비록 광해군은 당파싸움의 폐해를 인식하여 남인과 서인, 소북파를 두루 등용하려 했으나 대북파의 반발로 성과를 거두지 못했다. 이러한 가운데 광해군이 명나라와 후금 사이에서 한쪽에 기울지 않고 실리를 취하는 중립적인 외교정책을 추구하자 서인들이 반발하고 나섰다. 서인들은 명나라의 은혜를 저버리고 후금에 사대하는 것은 배은망덕하고 오랑캐만도 못한 천한 놈이 할 짓이라며 반대했는데, 여기에는 서인들이 대북파를 누르고 정권을 장악하려는 의도가 다분했다. 이들은 '친명배금' 외교노선을 붕당정치에서 우위를 차지하기 위한 투쟁 수단으로 삼았고, 1623년 4월 11일 반정을 일으켜 광해군을 폐위시키고 능양군을 왕으로 옹립할 수 있었다.

이후 인조 대에 서인들은 인조반정에 따른 정통성 시비를 차단하기 위해 의도적으로 친명배금 정책을 강화했다. 비록 이귀, 장유, 최명길 등 일부 서인들은 후금 세력이 강성해지는 정세를 고려하여 실리에 입각한 정

---

322 『조선왕조실록』, 선조수정실록, 선조 24년, 신묘(1591년) 3월 1일.

책을 지지했으나 소수에 불과했다. 대다수의 서인들은 북방정세의 흐름을 제대로 간파하지 못한 채 일방적으로 명나라의 편에 섬으로써 후금을 자극했다. 임진왜란 이후 조선의 군사력은 줄곧 약화되어 와해된 상태였음에도 불구하고, "국가는 망해도 명나라의 은혜는 버릴 수 없다"는 비타협적 외교정책을 고집함으로써 청의 침략을 자극했다. 그리고 청이 공격목표로 삼고 있는 명나라의 일개 장수인 모문룡과 그의 무리를 끝까지 보호하여 정묘호란을 초래했다. 이는 반정을 합리화하기 위해서라도 어쩔 수 없이 명분에 집착한 것으로, 그들이 고수했던 '친명배금'이나 '재조지은'과 같은 주장은 당파의 이익과 권력을 유지하기 위한 동기에서 비롯되었다.

이렇게 볼 때 조선이 전쟁에서 추구한 정치적 목적은 다분히 유교적 전쟁에서 추구하는 응징과 교화를 우선으로 했다. 비록 여진정벌의 경우 영토확장을 통한 국익추구라는 관점에서 현실주의적 목적을 추구한 사례이지만, 조선시대에 이러한 사례는 거의 예외에 가까웠다. 그리고 중기 이후 조선은 유교주의에 매몰된 나머지 엄중한 국제정치 현실을 도외시한 채 붕당의 이익을 내세우고 대의명분에 집착하여 왜란과 호란을 당했다. 이처럼 조선이 전쟁의 문제에 소극적이고 무기력했던 것은 앞에서 살펴본 '교조적 유교주의'라는 전쟁인식에서 기인한 것으로 볼 수 있다.

3. 전쟁수행전략

가. 간접전략

(1) 동맹전략: 편승보다 균형

조선의 대외정책은 고려와 마찬가지로 중국에 대한 사대를 중심으로 전개되었다. 다만, 고려가 중국의 왕조 교체기에 요나라, 금나라, 그리고 원나라 등 신흥 강대국에 편승하는 정책을 추구했다면, 조선은 이와 달리 일본 및 청나라라는 새로운 강대국에 편승하지 않고 기존 강대국인 명나라와 제휴하여 균형을 도모했다는 데 차이가 있다. 즉, 고려의 경우 대외적으로 기존의 동맹을 포기하고 새로운 강대국에 '편승'하는 경향이 높았으나, 조선은 집요하게 명나라와 동맹을 고수하면서 '균형'을 통해 새로운 강대국을 견제하려는 성향을 보였다.

조선의 명나라에 대한 동맹전략은 한편으로 성공했으나 다른 한편으로는 좌절과 시련을 불러왔다. 임진왜란 당시 일본군에 밀려 의주로까지 피난한 선조는 명나라에 원군을 요청했고, 명나라가 군사적으로 개입하여 평양성을 탈환하고 일본과 평화교섭에 나설 수 있었다. 사대외교의 효과를 본 것이다. 그러나 이후 후금을 상대로 한 명나라와의 동맹은 실패로 돌아갔다. 명나라의 국력이 이미 기울고 조선의 군사력이 약화된 상황에서 강대국으로 부상하는 후금의 세력을 당해낼 수는 없었다. 그럼에도 불구하고 조선은 청나라에 편승하기보다는 청나라를 견제하는 균형전략을 택했다. 명나라에 대한 의리와 중화문명을 수호해야 한다는 신념으로 전쟁을 불사하면서까지 척화斥和, 즉 청나라와의 강화를 거부한 것이다. 조선에게는 국가의 생존을 확보하는 것보다 중화적 가치를 수호하는 것이 더 중요했다.[323]

물론, 조선이 균형과 편승을 택일하지 않고 중간적 입장에서 실리를 모색한 시기도 있었다. 호란 이전 명나라와 청나라의 세력이 교체되는 시기에 광해군이 양국 사이에서 추구했던 실리외교가 그것이다. 나름 명분에 얽매이지 않고 국가생존과 이익을 모색하려는 현실주의적 전략으로 평가할 수 있다. 그러나 광해군의 실리외교는 대명 사대와 도리를 고집하는 서인 세력들에 의해 반발을 샀고 인조반정으로 광해군이 폐위되면서 좌절되

323 허태구, "병자호란 이해의 새로운 시각과 전망: 호란기 척화론의 성격과 그에 대한 맥락적 이해", 『규장각』, 제47호(2015년 12월), p. 193.

었다. 이전처럼 명나라와의 동맹을 통한 균형전략으로 회귀한 것이다.

효종의 북벌계획은 청나라에 대한 조선의 균형전략을 부활시키는 의미가 있었다. 효종은 조선이 단독으로 요동을 정벌한 다음, 남명과의 제휴를 통해 청나라를 양면에서 공격하여 명나라를 재건하고자 했다. 청나라 조정은 봉금封禁 정책을 통해 청나라의 발상지였던 요동 지역을 거의 무인지대로 두고 있었기 때문에 군대가 진군하기에 용이했다. 호란을 통해 끌려간 수만 명의 포로들이 이 지역에 억류되고 있었으므로 이들의 호응도 기대할 수 있었다. 또한 조선이 청나라에 바쳤던 세폐歲幣가 요동 지역에 보관되어 있었으므로 이를 탈취한다면 현지에서 군수물자 조달이 가능하다는 장점도 있었다. 효종은 10만의 정예 포수를 육성하여 심양을 포함한 요동을 확보하려 했으며, 요동을 확보한 후에는 남방의 남명 세력과 함께 청나라를 공격하고 명나라를 재건하고자 했다.[324] 비록 이 계획은 효종의 사망으로 물거품이 되었지만, 당시 조선이 남명과 동맹을 유지하는 가운데 청나라를 상대로 균형을 되살리려 했던 사례로 볼 수 있다.

이렇게 볼 때 조선이 편승보다 균형을 추구한 데에는 유교적 영향이 컸다. 조선은 명나라에 대한 사대와 중화질서 유지를 국가의 생존이나 이익보다 더 중시했기 때문에, 명나라에 도전하는 후금과 외교관계를 체결할 수 없었다. 이는 고려가 요나라, 금나라, 원나라에 대해 균형을 취하지 않고 편승했던 것과 대비된다. 고려는 이들이 미개한 북방 이민족 출신이었기 때문에 진정한 중화로 인정하지 않았고, 따라서 동맹의 대상을 쉽게 바꾸며 신흥 강대국의 편에 설 수 있었다. 반면 조선은 명나라를 진정한 중화로 인식하고 스스로를 '소중화小中華'로 자부했기 때문에 동맹의 대상을 바꿀 수 없었다. 명나라의 세력이 약화되었다고 명나라와의 관계를 저버리는 것은 스스로 존재의 의미를 부정하는 것이나 다름없었다. 이러한 측면에서 조선의 유교는 국제정치적 역학관계를 초월할 정도로 교조화되

---

324 육군군사연구소, 『한국군사사 7: 조선후기 Ⅰ』, pp. 19-20.

어 있었고, 명나라에 대한 사대를 국가 간의 관계가 아니라—인조가 언급한 표현에 의하면—"천지가 다할 때까지 신하로서 임금에게 바쳐야할 충절"로 인식했다.[325] 조선에게 명나라와의 동맹은 국익에 따라 언제든 바꿀 수 있는 단순한 국가관계가 아니라 끊으려야 끊을 수 없는 운명적인 '혈연관계'였다.

(2) 계책의 활용

역사적으로 조선의 전쟁에서 찾아볼 수 있는 계책은 그리 많지 않다. 아마도 유교의 영향으로 인해 전쟁을 도의적 관점에서 바라본 결과 적을 속이는 계략이나 기만전략을 중시하지 않았을 수 있다. 또한 '숭문억무'의 풍조 속에서 전쟁을 흉한 것으로 간주했기 때문에 병법을 개발하는 노력이 미흡했던 결과일 수도 있다. 그럼에도 불구하고 조선의 전쟁사에서 계책을 활용한 몇 가지 사례를 들면 다음과 같다.

우선 조선은 대마도 원정을 앞두고 두 가지 계책을 마련했다. 하나는 적의 방비가 약한 틈을 노린 것이다. 조선의 원정 결정은 왜구가 명나라를 약탈하러 간다는 정보를 입수한 후 이루어졌는데, 이는 적의 주력이 대마도를 빠져나가 방어력이 약화된 틈을 노려 불의의 공격을 가한다는 측면에서 기습을 활용한 전략으로 볼 수 있다.[326] 또 다른 계략은 조선이 원정에 나선다는 정보가 대마도의 왜구에게 누설되지 않도록 보안조치를 취한 것이다. 조선 조정은 대마도 정벌이 결정되자 6월 1일 최윤덕을 내이포乃而浦(진해)에 파견하여 군의 방어태세를 점검하고 거류 왜인들을 내륙 지역으로 소개시켜 왜구들과의 접촉을 차단했다. 관원이 대궐을 출입하거나 국왕 행차에 동행할 때 왜인 출신의 종을 거느리지 못하도록 하고, 지방에 거주하는 왜인들이 서로 접촉하지 못하도록 자유롭게 왕래하는

---

325 『조선왕조실록』, 인조실록, 인조 14년, 병자(1636년) 6월 17일.

326 육군군사연구소, 『한국군사사 6: 조선전기 Ⅱ』(서울: 경인문화사, 2012), p. 169.

것을 막았다. 관청이나 사가에 소속된 왜인 노비들이 배를 훔쳐 타고 도망갈 것을 우려하여 이들에 대한 통제를 강화하고 포구의 모든 선박의 왕래를 살폈다.[327] 기밀을 유지함으로써 원정의 기습효과를 극대화하기 위한 계략이었다.

이러한 조치들을 통해 조선 원정군은 완벽한 기습을 달성할 수 있었다. 조선 함정이 대마도에 접근했을 때 왜인들은 명나라에 나가 약탈을 마치고 귀환하는 왜구의 선단으로 오인하여 술과 고기를 가지고 맞이했는데, 이는 조선의 정벌 정보를 전혀 입수하지 못했음을 의미한다.[328] 비록 대마도 정벌은 이종무의 군사작전이 허술하여 결정적인 성과를 거두는 데에는 실패했지만, 적어도 왜구의 방비가 허술한 틈을 노렸다는 점에서는 성공한 것으로 평가할 수 있다.

다음으로 여진정벌에서는 사전에 적의 동태를 정탐하고 정보를 획득하는 노력이 선행되었다. 1차 정벌 이전에 세종은 1433년 2월 10일 박호문朴好問과 박원무朴原茂를 여진족 추장 이만주李滿住와 그의 수하인 임합라林哈剌 및 심타납노沈吒納奴에게 보내 적의 규모와 정황, 지형의 험준함 정도, 그리고 도로망 등에 대해 살피게 했다. 이들은 압록강을 건너 여진족 근거지인 파저강 일대를 염탐한 후 3월 21일 돌아와 세종에게 다음과 같이 보고했다.

> 군사 3, 4명을 거느리고 술과 실과를 가지고 이만주의 집에 이르니, 만주가 반갑게 대접하므로, 인하여 술과 실과를 주고, 밤을 지내고 이튿날 또 타납노吒納奴 등이 사는 곳에 이르러 밤을 자고 돌아왔는데, 산천의 험하고 평탄한 것과, 도로의 굽고 곧은 것과 부락의 많고 적음을 살피고 돌아왔습니다.[329]

---

327 육군군사연구소, 『한국군사사 6: 조선전기 Ⅱ』, p. 173.

328 군사편찬연구소, 『한권으로 읽는 역대병요·동국전란사』, p. 165.

329 『조선왕조실록』 세종실록, 세종 15년, 계축(1433년) 3월 21일.

조선군이 원정을 떠나기 전에 적의 수장이 어디에 있는지 위치를 직접 눈으로 확인한 것은 커다란 수확이 아닐 수 없다. 또한 이들에게 유화적인 태도를 취함으로써 이들로 하여금 조선의 여진정벌 계획을 눈치 채지 못하게 하고 방비를 약화시키는 효과도 거둘 수 있었을 것이다. 비록 박호문이 어떠한 정보를 얻었는지 구체적으로 알 수는 없지만 그가 언급한 지형정보는 압록강 너머의 생소한 지역에서 작전하는 데 유용하게 활용되었을 것으로 짐작할 수 있다.

2차 여진정벌에서도 정탐활동이 이루어졌다. 1차 정벌을 당한 여진은 조선의 공격에 대비하여 경보체제를 강화하고 부락의 거주지를 옮겼기 때문에 기습의 효과를 거두기 어려웠다. 따라서 2차 정벌을 맡은 이천李蕆은 수차례에 걸쳐 일부 병력을 여진 지역 깊숙이 침투시켜 이들의 거주지와 동향에 관한 정보를 수집했다. 또한 그는 여진족의 심리도 활용했다. 여진족은 조선이 전쟁을 싫어하고 한번 공격하면 상당기간 휴지기에 돌입한다고 믿고 있었다. 이천은 이를 고려하여 일단 소규모 부대로 기습공격을 가한 후 적이 당분간 공격이 없을 것이라고 방심하는 사이에 본격적인 토벌을 가하는 전략을 구상했다. 이러한 전략은 비록 여진족의 기동이 신속하여 결정적 성과는 거두지 못했지만 상대의 심리와 의중을 꿰뚫은 계책을 마련한 것으로 볼 수 있다.[330]

나. 직접전략

군사력을 사용하는 조선의 직접전략, 즉 군사전략은 그다지 성공적으로 이행되지 못했다. 대마도 정벌은 비록 왜구를 상대로 기습을 달성했음에도 불구하고, 대마도에 도착한 후 축차적으로 병력을 투입하는 등 소모적인 작전으로 오히려 큰 피해를 입고 물러나야 했다. 여진정벌은 두 차례에 걸쳐 각각 최윤덕과 이천이 건주여진을 섬멸하고자 전격적인 기동전

330 육군군사연구소, 『한국군사사 6: 조선전기 Ⅱ』, pp. 207-208.

략을 추구했지만 그 성과는 지극히 미미한 것이었다. 왜란과 호란의 경우 조선은 초기 소모전략으로 적을 저지하려 했으나, 조기에 방어선이 무너져 정상적인 전쟁수행이 불가능한 최악의 상황을 맞게 되었다.

(1) 대마도 정벌: 소모전략에 의한 섬멸 실패

조선의 대마도 정벌은 왜구의 주력이 명나라 해안을 약탈하러 나간 틈을 노린 기습 원정이었다. 조선은 대마도 정벌을 두 단계로 계획했다. 첫 단계는 조선 원정군이 대마도를 공략하여 굴복을 받아내는 것이고, 다음 단계는 원정군이 거제도로 철수하여 기다리고 있다가 명나라를 약탈하고 돌아가는 왜구의 주력함대를 치는 것이었다. 이러한 전략에 따라 태종은 이종무를 삼군도체찰사三軍都體察使로 하여 중군, 좌군, 우군으로 군사를 편성했으며, 군선 227척과 병력 1만 7,285명을 동원하고 65일분의 군량을 준비하여 원정에 나서도록 했다.[331]

1419년 6월 19일 거제도를 출항한 정벌군은 20일 대마도 천모만淺茅灣(아소만) 해상에 도착하여 천모만과 두지포豆知浦 해상을 봉쇄했다. 이종무는 대마도주 소오 사다모리宗貞盛에게 투항을 요구하는 권유문을 전달했으나 아무런 반응이 없자 군대를 상륙시켜 마을을 공격하도록 했다. 상륙한 조선군은 적선 129척을 나포하여 그중 사용 가능한 20척을 남기고 모두 불살랐다. 또한 가옥 1,939채를 불사르고 밭에 있는 벼와 곡식을 모두 베었으며, 저항하는 왜구 114명을 참살하고 21명을 생포했다. 이 과정에서 왜구에게 잡혀 있던 중국인 131명을 구출했다. 이는 왜구의 마을을 초토화하고 조선군의 위력을 과시함으로써 지난 침략행위에 대한 보복을 가하고 대마도주의 항복을 받아내려는 의도에서 이루어진 것으로 볼 수 있다.[332]

이러한 조선군의 전략은 소모전략에 해당한다. 압도적인 군사력으로 적

331 육군군사연구소, 『한국군사사 6: 조선전기 Ⅱ』, p. 175.

332 장학근, 『조선시대 군사전략』, pp. 71-73.

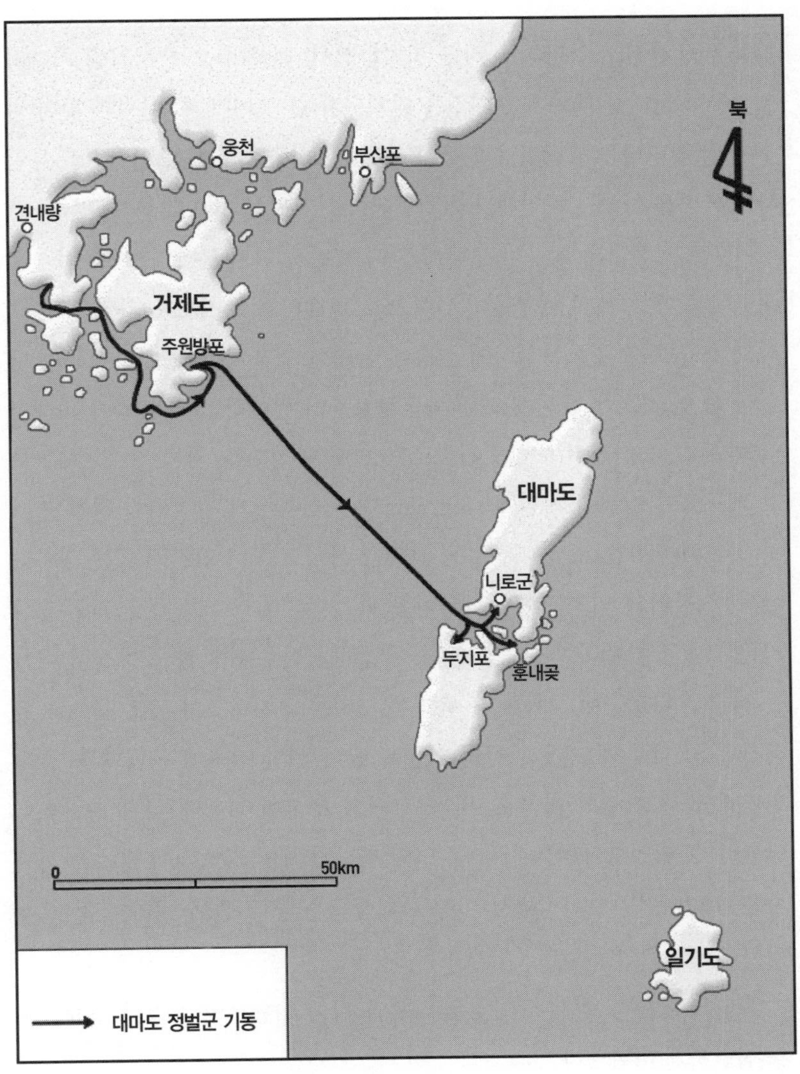

〈그림 6-1〉 조선의 대마도 정벌

마을과 근거지를 직접 공격하여 저항하는 왜구를 섬멸하고 굴복시키려는 것이다. 그러나 이러한 전략은 적이 맞받아 싸우지 않으면 효과를 거두기 어렵다. 왜구들은 조선군의 전력이 압도적으로 우세하다고 판단하여 식량을 가지고 산으로 올라가 숨어들었다. 자신들이 익숙한 지리와 유리한 지형을 이용하여 조선군의 공격을 저지하면서, 태풍이 오는 시기를 기다려 조선군이 물러갈 때까지 장기전을 펼치고자 한 것이다. 이는 적과 맞서 싸우지 않고 버티는 고갈전략과 공격해오는 조선군을 유리한 지역으로 유인하여 타격을 가하는 이일대로의 기동전략을 혼합한 것으로 볼 수 있다.

이후로 조선군은 왜구의 전략에 말려 고전을 면치 못했다. 이종무는 훈내곶에 목책을 세워 왜구들이 남북으로 왕래하지 못하도록 차단했다. 그리고 소규모 부대를 투입하여 산속에 은거한 적을 수색하고 소탕하려 했으나 섬 안 곳곳에 은신해 있던 왜구들로부터 번번히 기습을 받아 피해만 입었다. 그는 산발적 수색작전으로는 별다른 성과를 거둘 수 없다고 보고 왜구들이 집결한 지역에 대규모 군대를 상륙시켜 결정적인 타격을 가하기로 했다. 6월 26일 이종무는 선단을 이끌고 적이 집결해 있는 대마도 상현上縣 지역의 니로군尼老君으로 이동했다. 여기에서 그는 전군을 투입하지 않고 3군 가운데 박실의 좌군만 투입하는 실수를 범했다. 박실이 이끄는 좌군은 니로군에 상륙한 후 유리한 고지를 차지하고자 높은 곳으로 올라가던 중 매복하고 있던 적의 기습을 받아 해안 절벽에 몰리게 되었다. 위기에 몰린 박실의 좌군은 이순몽李順蒙의 우군이 지원에 나서 가까스로 탈출할 수 있었으나, 이미 100여 명의 병사가 해안 절벽에서 밀려 떨어져 죽은 후였다.[333] 이 과정에서 이종무의 중군은 끝내 뭍에 내리지 않고 배에서 지켜보고만 있었다.

대마도 정벌이 끝난 후 이익은 다음과 같이 이종무의 작전이 실패했음을 신랄하게 비판했다.

> 이 싸움에서 좌군(左軍)은 불리하게 되었고 우군(右軍)만이 힘껏 대항한 셈이다. 이종무(李從茂) 등은 끝내 중군만을 고수하여 수레에 앉아 패망을 관망하였으니 죄는 죽여도 용서할 수 없는데 돌아와서는 벼슬

333 『대동야승』, 해동야언 권1, 세종.

과 상이 먼저 그에게 미쳤으니, 이렇게 하고서야 어찌 백성에게 나라를 위해 죽으라고 권장할 수 있겠는가?[334]

이종무는 결정적인 전투에 임하여 본인이 앞장서지도 않았으며, 주력을 한 번에 투입하지 않고 일부만 투입하여 병력만 소모시켰다. 또한 투입부대를 제비뽑기하여 박실의 좌군으로 결정하는 등 지휘관으로서 부대를 과단성 있게 지휘하지 못했고, 박실의 군대가 위기에 몰린 상황을 사실상 방치함으로써 많은 피해를 자초하게 되었다. 니로군 공략에 실패하자 이종무는 선단을 천모만 내의 두지포로 다시 돌려 장기전 태세를 갖추었다.[335]

조선군이 장기전에 돌입하자 도도웅와는 사자를 보내 조선에 순종하겠다는 뜻과 7월은 태풍이 빈번한 시기이므로 조선 함대가 바다에 머물지 않는 것이 좋겠다는 의사를 전달했다. 항복의 진실성 여부에 대한 논란이 벌어지는 가운데 완전한 항복을 받아내야 한다는 의견이 있었으나 이종무는 태풍을 우려하여 조기 철군을 단행했다. 1419년 7월 3일 정벌군은 거제도로 회군했으며, 조정에 정벌군의 귀환 사실과 손실된 병선이 없음을 보고했다.

이렇게 볼 때 대마도 정벌은 사실상 실패로 평가할 수 있다. 자그만치 2개월분의 식량을 준비하여 출정한 원정군이 대마도주의 '모호한' 항복을 받고서 태풍을 이유로 겨우 15일 만에 복귀한 것은 납득하기 어렵다. 장거리 원정에 나서면서 태풍이 닥칠 기간도 고려하지 않은 것이다. 대규모 군사를 동원했음에도 초기에 민가만 파괴했을 뿐 적 주력에 대해서는 별다른 성과를 거두지 못했다. 이종무가 결정적 타격을 가하고자 했던 니로군에서는 오히려 작전의 미숙함으로 적의 기습을 받아 큰 피해만 입게 되

334 『성호사설』, 권19, 경사문, 정대마도.

335 육군군사연구소, 『한국군사사 6: 조선전기 Ⅱ』, pp. 178-180; 장학근, 『조선시대 군사전략』, pp. 76-78.

었다. 조선의 대마도 정벌은 조선군의 무력을 시위하러 갔으나 반대로 무기력한 모습만 보이고 돌아온 꼴이 되었다.

어쨌든 거제도로 회군한 이종무의 원정군은 이제 요동 지역 해안에서 노략질을 마치고 귀환하는 왜구들을 공격할 채비를 갖추었다. 마침 왜구들은 7월 3일 수십 척의 함선을 이끌고 소청도 앞바다에 이르렀고, 4일에는 선발대 2척이 충청도 안흥량安興梁(태안)에서 공물 운반선 9척을 약탈한 뒤 대마도로 향했다. 7월 6일 좌의정 박은은 왜구들이 대마도로 복귀하고 있으므로 이종무가 다시 대마도로 나가 기다렸다가 치면 섬멸할 수 있다고 진언했고, 이에 조정은 대마도를 다시 정벌하기로 결정했다.[336] 이종무가 받아온 대마도주의 항복에 대해 조정에서 의구심을 갖고 있었음을 보여주는 대목이다. 그러나 때마침 명나라 해안을 약탈했던 왜구가 대규모로 섬멸되었다는 보고가 들어왔다. 출동한 2,000여 명의 왜구 가운데 300~400명만이 살아남고 함선 30척 중에서 14척 만이 귀환할 정도로 큰 패배를 당한 것이다.

이에 조선 조정은 부담이 큰 추가 원정 대신 교섭을 통해 대마도를 복속시킬 수 있다고 판단하여 추가 정벌을 중단하기로 했다. 그리고 1419년 7월 17일 다음과 같이 정식으로 대마도주에게 항복을 요구했다.

> 대마도는 본래 경상도 계림鷄林에 속한 조선의 영토인 것이 문적文籍에 분명히 나와 있다. 그럼에도 불구하고 대마도주는 섬사람들의 해적행위를 허용하고 있음이 심히 유감스럽다. 이제 항복하여 군신관계를 회복할 것이며, 섬사람들을 모두 조선으로 이주시키도록 하라. 만일 이 명령에 따르면 도주에게 관직을 주고 섬사람들에게 생활 안정을 약속할 것이다. 명령을 따르지 않으면 다시 정벌할 것이다.[337]

336 『조선왕조실록』, 세종실록, 세종 1년, 기해(1419년) 7월 6일.

337 『조선왕조실록』, 세종실록, 세종 1년, 기해(1419년) 7월 17일.

이에 대해 대마도주는 다음과 같이 대마도를 조선의 속주로 편입할 것과 대마도민을 조선으로 이주시킬 것을 맹세했다.

> 대마도는 토지가 척박하고 생활이 곤란하니 섬사람들을 가라산도加羅山島(거제도) 등의 섬에 보내 거주하게 하여 주시고, 대마도를 조선 영토의 주군州郡)으로 생각하셔서 주국의 명칭과 인신印信을 내려주신다면 저희는 마땅히 신하의 예절로서 명령에 복종하겠습니다.[338]

조선은 대마도주가 언급한 왜인들의 거제도 이주 요청에 대해서는 거론하지 않았으며, 다만 대마도를 행정적으로 경상도 관할에 두고 대마도주를 통해 왜구를 통제하는 선에서 정벌을 종결했다.

사실상 조선의 대마도 정벌은 군사적으로 완전한 승리를 거두는 데 실패함으로써 정치적 목적 달성에 기여하지는 못했다. 비록 대마도주에게 굴복을 받아내기는 했지만 조선군이 결정적 타격을 가하지 못함으로써 오히려 조선군의 유약함만 드러내는 꼴이 되었다. 조선이 대마도를 경상도 관할에 두었음에도 이에 대한 통치력을 발휘하지 못한 것은 어쩌면 이 정벌에서 군사적 무능함을 드러내어 내정에 깊숙이 간여할 수 없었기 때문일 수 있다. 만일 대마도에서 이종무가 섬멸적인 승리를 거두었다면, 아마도 조선은 대마도주를 조선에 우호적인 인물로 교체하여 대마도를 직접 통치하고 조선의 영토로 만들 수 있었을 것이다. 그럼으로써 이후 왜구의 약탈은 물론, 임진년 일본의 조선 공격도 예방할 수 있었을 것이다.

(2) 여진정벌: 기동전략에 의한 섬멸 실패

조선 초기 북방에 거주한 여진족은 건주여진建州女眞, 해서여진海西女眞, 그리고 야인여진野人女眞으로 나뉘어 있었다. 건주여진은 압록강 북쪽에, 해서여

---

338 『조선왕조실록』, 세종실록, 세종 2년, 경자(1420년) 윤 1월 10일.

진은 장춘과 길림 일대에, 그리고 야인여진은 흑룡강 지역에서 남하하여 연해주와 두만강 일대로 내려와 조선의 군사력이 미치지 못한 함경도 및 평안도 내륙에 흩어져 살고 있었다. 특히 야인여진은 조선과 평화로운 교역관계를 유지하다가 태도가 돌변하여 침략과 약탈을 자행함으로써 변경을 소란스럽게 했다. 조선은 1417년 경원부慶源府의 군사거점인 치소治所를 경성鏡城에서 부거富居(함북 부령 또는 석막)로 전진시켜 적극적으로 대응하고자 했으나 여진족들의 약탈은 계속되었다.

조선은 여진족의 변경침략에 대해 대책을 마련하지 않을 수 없었다. 당시 조선은 여진족에 대해 회유와 정벌이라는 양면정책을 실시했다. 우선 회유는 귀화 내지 조선의 정책에 동조하도록 하기 위해 관직을 수여하거나 국경무역의 장려, 그리고 토지를 지급하는 등의 방법을 통해 이루어졌다. 이러한 회유정책은 태조 대에 효과를 보았는데 그것은 이성계가 고려말 동북면병마사東北面兵馬使로 근무하면서 이 지역의 토착세력과 친분을 맺고 있었기 때문이었다. 그러나 태조가 사망한 후 여진족들의 침략은 빈번해졌고, 조선은 보다 근본적인 처방으로 이들에 대한 정벌을 모색하지 않을 수 없게 되었다.

조선의 여진정벌은 세종의 강력한 의지에 의해 추진되었다. 두만강 일대에서 여진족의 침입이 잦아지자 조정에서는 경원부의 치소를 부거에서 용성龍城(강원 원산)으로 옮기자는 주장이 제기되었다. 이에 대해 세종은 경원부의 후퇴는 곧 영토를 포기하는 것이며 그렇게 되면 다른 곳도 포기해야 할 것이라고 하면서, 북방의 변경 지역에 성보를 쌓고 다수의 민호를 모아 방비를 더욱 강화해야 한다고 했다. 그리고 그는 두만강 유역뿐 아니라 압록강 유역의 여진을 정벌하여 조선의 영토를 압록강에서 두만강에 이르는 선으로 확장하기로 결심했다.

세종은 1434년 김종서를 함길도 도관찰사에 임명하여 두만강 유역의 영토를 개척하는 임무를 맡겼다. 이는 대규모 병력을 동원하여 여진족을 토벌하는 것이 아니라 군사적 요충지에 성벽을 쌓고 함경도 각지의 위험

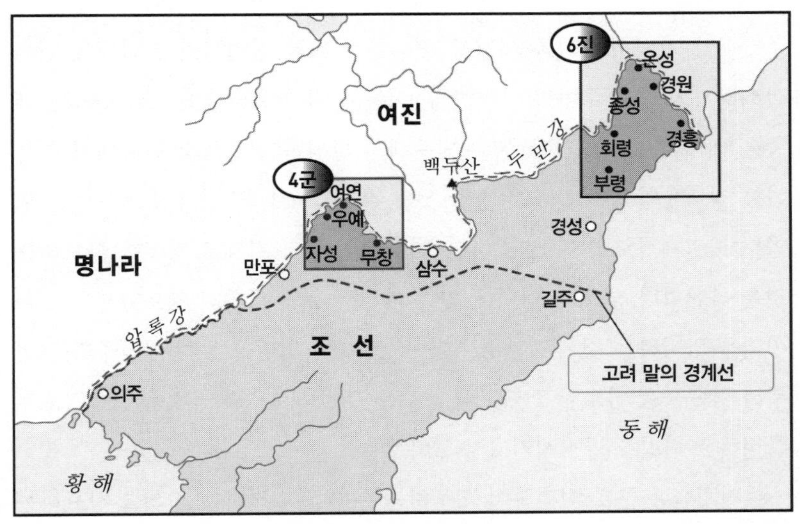

〈그림 6-2〉 4군 6진

지역에 흩어져 살고 있는 백성들을 이주시켜 스스로 변방을 지키도록 하는 것이었다. 즉, 다른 도에서 병력을 동원하여 두만강 지역을 군사적으로 정벌하는 것이 아니라 사민정책을 통해 인구를 늘리고 이들을 방어병력으로 활용하는 방안이었다. 조정으로서는 재정지출을 크게 늘리지 않고 실질적으로 변경 지역에 대한 통제력을 강화할 수 있는 방안이었다. 김종서의 북방개척은 1434년 알목하斡木河(함북 회령)에 군사거점인 영북진寧北鎭—이후 회령진과 종성진으로 분리—을 건설한 것을 시작으로 1449년 석막石幕에 부령부富寧府를 설치하면서 완성되었다. 김종서는 회령會寧·종성鍾城·온성穩城·경원慶源·경흥慶興·부령富寧의 6진을 설치했고, 이 과정에서 기존에 거주하던 여진족과 별다른 충돌 없이 영토를 개척할 수 있었다.[339]

비교적 평화롭게 이루어진 6진의 개척과 달리 4군의 설치는 두 차례의 여진정벌을 통해 완성되었다. 건주여진의 추장 이만주李滿住는 기회가 있을 때마다 조선 국경을 침입하여 살인과 약탈을 자행했다. 1432년 이만

339 장학근, 『조선시대 군사전략』, pp. 98-104.

주李滿住가 기병 400기를 이끌고 중강진 일대를 침입하여 조선의 군민을 살해하고 남녀와 우마를 납치한 뒤 이를 우디캐족의 소행으로 속이자, 세종은 대대적으로 파저강波猪江—만주에서 발원하여 압록강 중류에서 합류하는 강—유역의 여진을 정벌할 것을 결심하고 1433년 1월 최윤덕을 평안도 도절제사로 임명했다. 다만, 여진정벌은 그 자체로 영토를 확보하는 것은 아니었다. 압록강 너머에 있는 파저강 유역은 명의 영토였으므로 이 지역을 차지하는 것은 불가능했다. 조선은 이 정벌을 통해 이만주와 그의 부하 장수들을 사로잡고 휘하의 군사를 토벌함으로써 국경을 압록강으로 확정하고 변방을 안정시키고자 했다.[340]

여진정벌은 주로 여진족이 거주하는 부락을 습격하여 피해를 강요하는 방법으로 이루어졌다. 작전 지역인 파저강 일대는 평야가 적고 산이 많아 여진족들은 대도시를 이루지 않고 마을 단위로 흩어져 살았다. 따라서 정벌군은 분산된 여러 마을을 동시에 공략해야 했다. 순차적으로 하나씩 공략할 경우 다른 마을이 소식을 듣고 도망갈 수 있고, 그렇게 되면 정벌군이 도착하기 전에 이만주와 그의 세력이 도피할 수 있기 때문이다. 이를 고려하여 정벌군은 기존의 중군, 좌군, 우군의 3군 편제를 조정하여 7개의 독립부대로 나누어 편성했다. 최대한 동시다발적인 부락 습격이 가능하도록 한 것이다.[341] 이러한 전략은 기동을 통해 적을 섬멸하는 전략으로, 여진족보다 더 빠른 기동력을 발휘하여 적이 도망가지 못하도록 각 부락의 퇴로를 차단하는 것이 중요했다.

1차 정벌은 1433년 4월 10일부터 19일까지 실시되었다. 조선 정벌군은 총 1만 5,000명으로 최윤덕의 지휘 하에 10일 동안 여진족 부락을 공격했다. 여진족 170여 명을 참살하고 236명을 포획했으며 병기 1,200여 점과 우마 170여 마리를 노획했다. 반면 조선군의 피해는 전사 4명과 부

---

340 장학근, 『조선시대 군사전략』, pp. 106-107.

341 육군군사연구소, 『한국군사사 6: 조선전기 Ⅱ』, pp. 202-203.

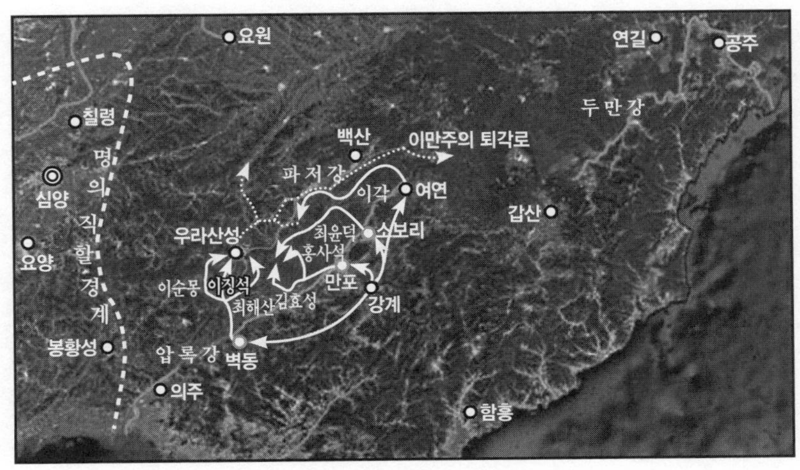

〈그림 6-3〉 조선의 제1차 여진정벌

상 5명으로 경미했다. 조선군의 신속한 공격으로 여진족은 병력을 모아 반격할 기회조차 얻지 못했다. 다만, 원정군은 험준한 지형에서 기동이 어려웠을 뿐 아니라 부대 간의 연락이 쉽지 않았으므로 완전한 포위망을 형성하여 적을 섬멸하는 결정적 성과는 거두지 못했다. 특히 원정군이 최종 목적지인 여진족 지휘부의 근거지에 도착했을 때 이만주와 그 일당은 전세가 불리함을 알고 곧바로 피신하여 이들을 사로잡는 데 실패했다.[342]

1차 정벌 이후 여진족은 한동안 소강상태를 유지했으나 굴복하지는 않았다. 이들은 조선이 전쟁을 싫어하고 1차 정벌과 같이 공세를 취하더라도 공격기간은 길지 않을 것으로 생각했다. 1433년 8월 이만주는 명나라로부터 건주위도독建州衛都督이라는 직함을 받고 파저강 유역에서 세력을 확대하여 다시 조선의 변경지대를 침략하기 시작했다.[343] 1435년 1월 2,700여 기병이 여연성閭延城(평북 자성)을 기습했고, 이듬해 5월에는 다시 500여 기병이 여연 일대를 약탈하여 14명을 포로로 잡아가고 가축을 약탈했다.

342 육군군사연구소, 『한국군사사 6: 조선전기 Ⅱ』, pp. 204-205.

343 앞의 책, p. 206.

이 사건을 계기로 세종은 2차 정벌을 결심하고 중추원부사 이천李蕆을 평안도 도절제사에 임명하여 정벌계획을 마련하도록 지시했다.

이천은 첩자를 여진 지역에 침투시켜 획득한 정보를 토대로 1437년 6월 자신이 구상한 공격계획을 세종에게 보고했다. 그는 여진이 경계를 강화하고 있으므로 먼저 소규모 부대를 투입하여 일부 지역을 공격한 다음, 여진이 당분간 조선의 공격이 없을 것이라고 방심하는 틈을 타 본격적으로 공격을 가하는 방안을 제시했다. 이는 조선이 싸우기를 싫어하고 한번 공격하면 휴지기를 갖는다는 여진족의 판단을 역이용한 것이었다. 무엇보다도 이천은 1차 정벌에도 불구하고 여진이 굴복하지 않는 이유가 조선의 공격력과 전쟁의지를 가볍게 보고 있기 때문이라고 보았다. 그래서 그는 여진이 도발하면 즉각 반격에 나서 지속적으로 파상공격을 가하고, 이를 통해 적을 지치게 하고 생업에 안주할 수 없도록 하고자 했다.[344]

2차 정벌은 1차 때와 마찬가지로 이만주의 세력을 근절하기 위해 1437년 9월 7일부터 9월 16일까지 실시되었다. 이 정벌에서 이천은 총 7,800여 명의 군사를 이끌고 압록강 중하류의 이산理山(평북 초산)과 강계 일대에 집결한 후 압록강을 도하하여 기습공격을 감행했다. 이후 8일간 지속된 작전에서 조선군은 적 46명을 참살하고 14명을 생포한 반면, 조선군은 1명만 전사하는 피해를 입었다. 7,000여 명이 넘는 군사를 동원하고도 전과가 미미했던 것은 1차 정벌과 마찬가지로 작전 지역이 광활하고 험준한데다가 여진족이 적극적으로 싸우지 않고 후방으로 빠졌기 때문이었다. 다만, 이 정벌은 애초에 이천이 구상했던 전략대로 이행되지 않은 것 같다. 작전기간이 1차 정벌과 마찬가지로 10일에 그쳤다는 것은 조선군이 여진족의 생업에 지장을 줄 정도로 지속적인 파상공격을 가한 것으로 볼 수 없기 때문이다.

2차 정벌 이후 조선은 압록강 상류의 군사요충지인 여연閭延, 자성慈城,

344 『조선왕조실록』, 세종실록, 세종 19년, 정사(1437년) 6월 11일.

무창茂昌, 우예虞芮에 4군을 설치하고 백성을 이주시켜 방비를 강화했다. 다만, 압록강 유역의 4군 지역은 변경 지역의 돌출된 지역으로 적지의 내면 깊숙이 위치하여 방어에 불리했다. 배후에 험준한 산악이 겹쳐 있고 인근 지역과 교통도 불편하여 백성들의 생활이 힘들었음은 물론, 군사적으로 적이 침입해올 경우 백성들을 보호하기도 어려웠다. 이에 따라, 1450년 8월 김종서를 비롯한 중신들은 4군 가운데 3군을 폐지할 것을 건의했다. 이러한 건의는 당장 받아들여지지 않았지만 이후 다시 제기되어 1453년 3개 군이, 그리고 1459년에 마지막 1개 군이 폐지되었다. 물론, 4군이 폐지됨에 따라 이 지역에 대한 군사적 통제력이 약화된 것은 사실이지만, 그것이 영토의 포기를 의미하는 것은 아니었다.

요약하면, 조선의 여진정벌은 여진의 세력을 약화시켜 변경 지역을 안정화하려 했으나 군사적 성과는 그에 미치지 못한 것으로 평가할 수 있다. 1차 정벌에서 1만 5,000명을 동원하여 170명을 참살한 것이나 2차 정벌에서 7,800여 명의 병력으로 46명을 참살한 것은 적을 섬멸하기보다는 무력을 시위하고 적을 밀어낸 것에 불과했다. 비록 원정에 실패한 것은 아니지만 그렇다고 결정적 성과를 거둔 것도 아니었다.

(3) 임진왜란: 소모전략에서 고갈전략으로

1582년 일본의 실권자가 된 도요토미 히데요시는 대륙을 침략하려는 야망을 가졌다. 그는 제후들의 강력한 무력을 대외로 투사하여 국내적으로 어수선한 분위기를 수습하고 자신의 정치권력을 강화하고자 했다. 1590년 말 조선 통신사 일행을 접견한 도요토미 히데요시는 조선 국왕에게 보내는 서신을 통해 일본이 명나라를 공격하는 데 조선이 선도할 것을 요구하는 '정명가도'를 통보하면서 본격적으로 전쟁준비에 나섰다. 그는 1591년 1월 전국에 전쟁에 동원할 군량, 병선, 군역의 수를 할당하고 규슈의 촌락이었던 나고야各護屋에 성을 쌓아 침략군 본부를 설치했다. 1592년 1월에는 조선을 침략하기 위한 병력 15만 명과 본토 방어를 위한 병력 12만 명을 확보하여 원정준비를 마쳤다.

조선과의 교섭이 결렬되자 히데요시는 15만 8,000명의 육군과 수군 9,000명을 동원하여 조선을 침공했다. 9개 부대로 편성된 일본군은 상륙하는 즉시 한성을 향해 진격하여 한강 이남의 조선군 주력을 섬멸하고, 이후 다시 북상하여 조선 전역을 확보하고자 했다. 1592년 4월 13일 일본군 제1진으로 고니시 유키나가小西行長가 지휘하는 1만 8,700여 명의 병력이 700여 척의 전함에 분승하여 부산 앞바다에 도착했다. 이들은 상륙할 지점을 물색한 뒤 이튿날 새벽에 상륙하여 공격을 개시했다. 부산진첨사 정발鄭撥과 동래부사 송상현宋象賢이 성을 거점으로 서너 시간 정도 저항했으나 일본군은 큰 손실 없이 부산진성과 동래성을 함락하고 부산 지역 교두보를 확보했다. 밀양부사 박진朴晉이 300여 명의 군사를 이끌고 양산과 밀양 사이의 작원鵲院에서 일본군에 맞섰으나 적을 저지하기에는 역부족이었다. 이후 후속 부대들이 속속 도착하면서 일본군은 한성을 향해 본격적으로 진격하기 시작했다.

일본의 전면적 침공에 대해 조선은 축차적으로 방어하는 전략으로 맞섰다. 즉, 적이 이동하는 주요 기동로 상에 유리한 지형을 이용하여 방어선을 형성함으로써 적에게 타격을 가하고 적의 진출을 단계적으로 저지하려는 것이다. 조선 조정은 이일李鎰을 경상도순변사巡邊使로 보내 대구에 집결한 경상도 군사들을 지휘하여 일본군의 북진을 저지하도록 하고, 신립申砬을 삼도순변사로 하여 충주에 집결한 충청도 군사를 지휘하여 조령鳥嶺—경북 문경과 충북 괴산 사이의 고개—일대에 방어선을 구축하도록 했다. 그럼으로써 이일의 전방 방어선과 함께 신립의 주 방어선으로 종심 깊은 방어지대를 편성하여 적의 예봉을 제압하고 전쟁의 주도권을 장악하고자 했다.[345] 이때 방어선을 형성하는 데 필요한 병력은 각 지역에서 수령들이 동원한 병력을 이끌고 와서 집결하도록 했는데, 이

345 육군군사연구소, 『한국군사사 7: 조선후기 Ⅰ』, p. 38.

것이 당시 조선이 채택하고 있던 제승방략制勝方略이라는 방어체제이다.

◈ 조선시대 방어체제: 진관체제와 제승방략

조선시대의 방어체제는 크게 초기의 진관체제鎭管體制와 중기의 제승방략으로 구분할 수 있다. 진관체제는 도 단위의 주진, 거진, 제진을 중심으로 한 일종의 분권적 지역방어체제를 말한다. 각 지역의 도를 단위로 방어하기 때문에 소규모의 적이 침입했을 때 즉각 대응할 수 있는 체제이다. 반면, 제승방략이란 여러 도의 병력을 한데 모아 적이 침략한 지역에 집중적으로 투입하여 방어하는 것을 말한다. 대규모의 적이 침입했을 때를 대비한 방어체제로 볼 수 있다.

진관체제는 세조 3년인 1457년 10월 도입되었다. 조선이 건국되면서 당면한 대외 위협은 국가 대 국가의 대규모 전쟁이 아니라 여진족이나 왜구의 소규모 약탈과 같은 국지전이 주를 이루었기 때문에 국가 차원의 전쟁보다는 각 도 단위의 전투를 대비하는 데 주안을 두었다. 따라서 조선은 실질적인 국방을 담당하는 역할을 중앙군보다 지방군에 두었다. 진관체제 하에서는 각 도를 단위로 하여 육군은 병마절도사兵馬節度使가, 수군은 수군첨절제사水軍僉節制使가 지휘했다. 각 도의 방어거점으로는 병마절도사가 군사지휘권을 행사하는 주진主鎭을 두었고, 그 아래 첨절제사僉節制使가 지휘하는 거진巨鎭, 그 예하에는 동첨절제사同僉節制使가 지휘하는 제진諸鎭을 두었다. 수군의 경우에도 육군과 같이 수군첨절제사가 주진에 위치하여 그 도의 수군을 지휘하고, 수군첨사水軍僉使가 거진에서 각 만호를 지휘하며, 만호萬戶는 담당 포구에 만호영을 설치하고 예하 군사를 지휘했다.[346]

진관체제 하에서 외적이 침입하면 제진에서 방어하고, 제진이 방어하

---

346 장학근, 『조선시대 군사전략』, p. 137.

지 못할 경우 거진의 첨사가 휘하 제진의 군사를 지휘하여 방어하며, 그것을 진압하지 못할 경우 병마절도사나 수군첨절제사가 한 도의 군사를 지휘하여 방어하도록 되어 있었다. 적이 침공할 때 각 진이 축차적으로 대적하도록 함으로써 적의 진격을 저지하고 시간을 확보하려 한 것이다.

그러나 진관체제는 소규모의 적에게는 신속하게 대응할 수 있지만 해당 진의 방어력을 능가하는 대규모의 적이 침공할 경우에는 속수무책이었다. 1510년 삼포왜란과 1555년 을묘왜변이 그러한 사례이다. 전국토를 방위의 대상으로 하면서 지역별로 방어를 담당하다보니 침공을 받은 지역에 군사력을 집중하기 어려웠고, 설상가상으로 16세기 이후 군역 기피로 병력수가 감소하면서 진관체제에 문제가 발생했다.

이러한 한계를 극복하고자 1555년 을묘왜란 이후 등장한 것이 바로 제승방략이다. 제승방략은 전 국토에 고른 군사배치를 지양하고 유사시 각지에 흩어져 있는 군사들을 적의 침략지역에 집결시켜 집중적으로 대응하는 체제였다. 이는 각 진의 독자성을 인정하고 스스로 방어하는 진관체제와 달리, 유사시 각 수령들에게 소속된 군을 이끌고 본진을 떠나 지정된 방어지역으로 군사를 집결토록 함으로써 병력을 집중하는 전법이다. 이 때 한곳에 집결한 군사는 전시편제로 새롭게 편성해 중앙에서 파견되는 지휘관 휘하에 조직하였으므로 이를 '분군법分軍法'—각 지역의 군사를 통합하여 편성한다는 의미—이라고도 했다. 북쪽지역에서는 이미 김종서가 제승방략을 시행했으며 이 때 지휘관은 현지 병마절도사가 담당한 반면, 남쪽지역에서의 제승방략은 중앙에서 파견한 경장京將이 지휘를 담당했다는 차이가 있다.[347]

그러나 제승방략에도 문제점이 있었다. 군사력을 모아 전방 방어선을 형성하기도 전에 적이 신속하게 진격할 경우 집결한 군사는 오합지졸

---

347 제승방략에 대해서는 전호수,『한국 군사인물연구 : 조선편 II』, pp. 84-85 참조.

이 될 수 있었으며, 군사력을 한 지역에 집중하다보니 그 지역 방어선이 무너지면 후방이 무기력하게 뚫릴 수 있었다. 임진왜란 당시 이일과 신립의 패전이 각각 그러한 사례이다.

그러나 조선 조정의 방어전략은 일본군의 북진이 예상보다 빠르게 진행되면서 제대로 이행될 수 없었다. 우선 중앙의 지휘관 가운데 가장 먼저 출발한 이일은 1592년 4월 23일 상주에 도착했으나, 그때는 대구에 모였던 병력들이 며칠을 기다리다가 북상한 일본군이 다가오자 모두가 도망간 뒤였다. 심지어 상주목사 김해金海를 비롯한 현지 지휘관들도 모두 도주하고 판관 권길權吉만이 남아서 고을을 지키고 있었다. 24일 일본군 선봉부대가 선산善山을 점령하자 이일은 다급히 인근 백성들을 모았으나, 25일 일본군이 접근하는 줄도 모른 채 군사훈련을 하던 중 적의 공격을 받아 패배했다. 이일과 일부 병력은 충주로 후퇴하여 주 방어선을 구축하고 있던 신립의 군영에 합류했다.

그 사이 신립은 빠르게 북상하는 일본군을 저지하기 위해 4월 26일 종사관從事官—주장主將을 보좌하는 관직—인 김여물金汝岉 등 80여 명의 군관과 함께 충주에 도착하여 충청도의 각 군현에서 동원된 8,000여 명의 군사에 대한 지휘권을 인수했다.[348] 그런데 조선의 운명을 가를 마지막 방어선에서의 결전을 앞두고 신립과 김여물은 작전개념을 달리했다. 김여물은 적과 아군의 전력 차이에 우려를 표명하면서 정면전을 회피하고 조령에 매복하여 적을 기습할 것을 주장했다. 이일도 조령의 지형을 활용한 방어에 동의하면서, 만일 조령을 지킬 수 없다면 차라리 한강으로 퇴각하여 도성을 방어하자는 의견을 제시했다. 그러나 신립은 이들의 반대를 물리치고 탄금대彈琴臺(충북 충주)에 배수진을 치고 넓은 벌판에서 싸우기로 결심했다. 그는 탄금대에서 결전을 추구해야 하는 이유로 조령과 같은 험

---

348 장학근, 『조선시대 군사전략』, p. 157.

한 고개에서는 그가 내세우고 있던 장점인 기병전술을 제대로 활용할 수 없다는 점, 잘 훈련된 일본군과 달리 조선군은 정규훈련을 받지 않은 병력이 대다수이므로 배수진을 쳐서라도 전투의지를 고양시켜야 한다는 점, 그리고 일본군이 이미 조령을 넘었다는 보고가 있으므로 이동하는 도중에 적과 조우하게 되면 낭패라는 점을 들었다.[349] 결국 신립은 지형의 이점을 활용한 '이일대로' 방식의 기동전략을 포기하고 야지에서 하천을 등지고 배수진을 침으로써 가장 소모적인 방식의 전략을 선택했다.

조선 조정이 마지막으로 기대를 걸었던 신립의 군대는 4월 28일 충주 탄금대에서 일본군에 섬멸적인 패배를 당했다. 신립은 일본군이 조총으로 무장하여 원거리 사격능력을 갖추고 있다는 사실을 모른 채, 단지 그가 북방 변경 지역에서 근무하면서 얻은 '기병으로 보병을 제압할 수 있다'는 믿음을 가지고 개활지 전투에 임했다. 그러나 조총으로 무장한 일본군은 기병을 상대로 치명적 타격을 입힐 수 있는 능력을 보유하고 있었다. 더구나 조총부대는 험준한 지형보다 평지에서 더 큰 위력을 발휘할 수 있었다. 신립은 이러한 일본군의 특성을 파악하지 못했기 때문에 최악의 방책을 선택했으며, 조선군은 제대로 싸워보지도 못하고 무너지게 되었다. 만일 험한 산세로 이루어진 조령에서 적을 맞아 싸웠다면 조총의 효과를 감소시켰음은 물론, 일본군에 적지 않은 타격을 가하고 축차적인 방어를 전개하여 적의 진출을 지연시킬 수 있었을 것이다. 탄금대에서 신립이 이끈 조선군의 주력이 단 한 차례의 전투로 궤멸되면서 이후 일본군은 거침없이 한성을 향해 진격할 수 있게 되었다.

4월 30일 선조는 평양으로 피신하기 전에 왕자들을 각 도에 보내 근왕병勤王兵—왕명을 받고 소집된 군사—을 모집하여 한성을 탈환하도록 지시했다. 이에 5월 말 전라도관찰사 이광李洸이 도내에서 모집한 관군 4만 명, 전라도방어사 곽영郭嶸이 이끄는 2만의 군사, 경상도관찰사 김수金睟가 거

349 전호수, 『한국 군사인물연구: 조선편 I』(서울: 군사편찬연구소, 2011), pp. 124-125.

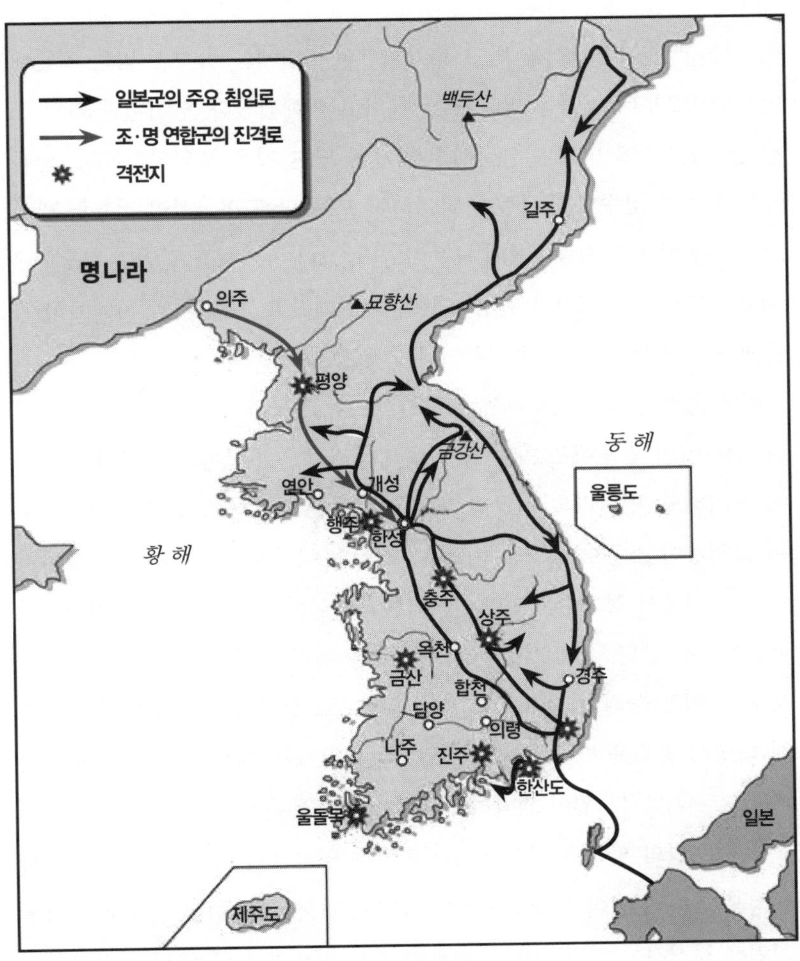

〈그림 6-4〉 임진왜란 요도

느린 수백 명의 군사, 그리고 충청도관찰사 윤선각尹先覺이 모은 8,000명의 군사가 경기도 평택의 진위振威에서 합류하여 한성을 향해 북상했다. 수원에 머물던 일본군은 조선의 관군이 갑자기 밀어닥치자 용인에 주둔한 일본군에 합류하여 용인 부근 북두문산北斗門山과 문소산文小山에서 조선군을 기다렸다. 이때 일본군의 군사는 2,000명이 채 되지 않았다. 6월 3일 이광은 곽영과 권율의 반대에도 불구하고 성급하게 공격에 나섰다가 오히려 일본군의 기습공격을 받고 퇴각했으며, 6일에는 아침을 먹는 시간에 일본군으로부터 공격을 받아 크게 패하고 와해되었다. 당시 5만 명의 조선군이 2,000여 명의 일본군에게 참패를 당한 것은 불의의 기습을 받은 것도 있지만 장수나 병사들이 급조하여 모은 탓에 정상적인 전투력 발휘가 불가능한 오합지졸이었기 때문이었다. 그나마 기대를 걸었던 3도의 근왕병이 맥없이 무너지자 한성 수복은 요원해졌고, 한성 이남 지역에서 관군에 의한 전투는 더 이상 이루어질 수 없었다.

이제 조선은 소모전략에서 고갈전략으로 전환하지 않을 수 없게 되었다. 명나라의 원군이 도착할 때까지 버티면서 일본군이 북상하지 못하도록 저지하고, 명나라의 원군이 도착한 후에는 일본군의 전략이 약화되도록 끊임없이 소규모 타격을 가하는 것이다. 여기에서 고갈전략은 그나마 전국 각지에서 봉기한 의병의 투쟁과 이순신이 이끄는 수군이 건재했기 때문에 가능했다. 실제로 일본군은 평양을 점령한 이후 더 이상 북진하지 못했다. 이는 무리한 진격으로 전선이 종으로 길어진 가운데 도처에서 조선 의병의 공격을 받아 후방이 교란되었으며, 해상에서 조선 수군에게 연패함으로써 보급지원이 원활하게 이루어지지 못했기 때문이었다.

우선 의병의 활약은 지상으로 진격하는 일본군의 발목을 잡았다. 왕이 한성을 떠나 조선이 무정부상태에 빠지고 관군이 더 이상 일본군과 싸울 기력을 상실하자 의병들이 구국의 기치 아래 봉기에 나섰다. 전국 각지에서 전직 관료와 명망 있는 유학자들이 백성들을 모아 무장조직을 갖추고 일본군에 대항하여 싸우기 시작했다. 4월 하순에 유생 곽재우郭再祐가 의령宜寧에서 봉기한 것을 시작으로 영남의 정인홍鄭仁弘, 호남의 고경명高敬命과 김천일金千鎰, 호서의 조헌朝憲 등이 잇달아 의병을 일으켜 경상도 서남부와 동부 지역, 그리고 전라도 일대에서 투쟁에 나섰다. 조정에서는 6월 하순경 의병이 봉기한 사실을 알고 의병장들에게 초토사招討使, 토적사討賊使, 창의사倡義使 등의 직함과 관직을 내려 격려했다. 그러나 현지 수령들은 의병의 독자적 행동에 불만을 품고 적극적으로 지원하지 않았고, 무기와 군량

확보에 많은 어려움을 겪은 의병들은 때로 수령들과 대립하기도 했다. 그럼에도 불구하고 의병은 영남과 호남 지역에서 장거리 병참선을 유지해야 하는 일본군에 커다란 위협을 가했으며, 장기간 전쟁을 수행하는 동안 흩어진 민심을 결집시키고 범국민적 항전의지를 고취시킬 수 있었다.[350]

육상에서 조선군이 고전하는 가운데 수군은 연전연승을 거두며 일본군의 남해 해상교통로 사용을 거부했다. 전라좌수사 이순신은 1592년 5월 4일부터 5일간 옥포 등지에서 치른 1차 해전에서 적선 42척을 격침시켜 일본군에게 최초의 패배를 안겼다. 5월 29일부터 11일간 이루어진 당항포 일대의 해전에서는 적선 72척을 격침시키는 성과를 거두었다. 그리고 7월 6일부터 6일간 실시된 3차 해전인 한산대첩에서는 적선 73척 가운데 59척을 격파한 데 이어, 안골포에 정박한 일본전선 70여 척을 추가로 격파했다. 이러한 전과를 통해 조선 수군은 남해의 제해권을 장악하고 수륙으로 협공하려던 일본군의 작전을 봉쇄했으며, 장기간의 저항에 긴요한 전라도의 곡창지대를 보존할 수 있었다.[351] 무엇보다도 조선 수군의 제해권 장악은 일본군으로 하여금 해로 대신 육로를 통해 보급물자를 운반하도록 강요함으로써 보급지원에 따르는 시간과 노력을 가중시키고 평양 이북으로의 진격을 어렵게 했다.

의병과 수군의 활약으로 조선은 명나라의 지원군이 도착할 때까지 버틸 수 있었다. 선조는 6월 1일 명나라에 지원군을 요청했으나 명나라는 파병에 소극적이었다. 일본군이 대동강을 넘지 않는다면 자국의 안보에 영향을 주지 않는다고 판단한 것이다. 그러나 곧 일본군이 평양을 점령하고 선조가 의주에서 요동으로 망명할 움직임을 보이자 사태의 심각성을 깨닫고 파병을 결심하게 되었다. 명나라는 7월 10일 요동수비대 3,900명을 급파했으나 평양성 전투에서 일본군에 패배하자 그해 12월 이여송

---

350 군사편찬연구소, 『한권으로 읽는 역대병요 · 동국전란사』, pp. 214-215.

351 변태섭, 『한국사 통론』, p. 314.

李如松이 이끄는 4만 3,500명의 원군을 추가로 파병했다. 명나라의 군대는 1593년 1월 6일 일본군 1만 5,000명이 주둔해 있는 평양성을 공격하여 탈환하는 데 성공하고, 줄곧 후퇴만 거듭하던 조선군의 전세를 유리하게 역전시킬 수 있었다.[352]

일본군이 평양성 전투에서 패하고 후퇴할 때 조·명 연합군은 결정적 승리를 거둘 기회를 놓쳤다. 이에 대해 류성룡은 다음과 같이 안타까움을 표시했다.

> 진실로 우리나라에 한 명의 장군이 있어서 수만 명의 병사를 이끌고 때를 보아 앞뒤로 길게 늘어져 있던 적군의 가운데를 공격하여 끊는 기이한 계책을 평양성 전투에서 적군이 패하였을 때 실행에 옮겼으면 적의 대군을 쉽게 물리칠 수 있었을 터이고 한양 이남에서 썼더라면 적의 수레 한 대도 돌려보내지 않을 수 있었을 터이다. 이렇게 할 수 있었다면, 적은 놀라고 겁먹어 수십, 수백 년 동안 감히 우리를 똑바로 쳐다보지 못하였을 것이니 훗날의 걱정거리가 없어졌을 터이다.[353]

평양성 전투의 승리를 기회로 퇴각하는 적의 후방을 차단했다면 적 주력을 섬멸하고 결정적 승리를 달성할 수 있었을 것이다. 그러나 조선에서는 그러한 기회를 살릴 장군이 없었기 때문에 도망하는 적을 쫓아내기만 했다. 류성룡은 이러한 사실에 대해 탄식하지 않을 수 없었던 것이다.

이후 명나라의 원군은 조선군과 함께 일본군을 추격하여 한성에 이르렀으나, 1593년 1월 27일 벽제관 전투에서 크게 패하자 평양으로 철수했고, 그 뒤로 더 이상 군사행동에 나서지 않은 채 일본과 화의를 맺으려 했다. 이때 명나라군과 합세하여 한성을 수복하기 위해 행주산성을 지키고

---

352 육군군사연구소, 『한국군사사 7: 조선후기 Ⅰ』, pp. 54-60.

353 류성룡, "난후잡록 72, 용병(용병)", 『징비록』.

있던 권율權慄은 명나라군이 평양으로 퇴각하자 고립되어 일본군의 공격을 받게 되었다. 1593년 2월 12일 그는 행주산성에서 9,000여 명의 병력으로 3만여 명의 일본군을 맞아 민관군이 합심하여 적을 격파하는 대승을 거두었다. 이 전투에서 패배한 일본군은 한성을 포기하고 경상도 해안 일대로 퇴각하여 명나라와 화의에 나서게 되었다.

1593년 명나라와 일본은 강화회담에 돌입하여 교섭을 시작했고, 양측은 완전한 합의를 보지 못한 채 전쟁을 중단했다. 당시 일본은 명나라가 도요토미 히데요시를 일본 왕에 봉한다는 책봉을 받는 대신 조선 4도를 할양하고 조선 왕자와 대신을 인질로 삼는다는 조건을 내걸었으나, 명나라 조정에서는 히데요시에 대해 책봉만 해주고 나머지 조건은 받아들이지 않았던 것이다. 이에 1597년 2월 도요토미 히데요시는 육군 11만 5,000 명과 수군 7,000여 명, 그리고 조선에 잔류해 있던 군사 2만여 명을 포함해 약 14만 명으로 다시 전쟁을 일으켰다.

그러나 이번에는 조선도 군비를 새로 갖추고 명나라와 협력하여 대응했기 때문에 일본군의 공격은 전과 같이 활발하지 못했다. 일본군은 천안 인근의 직산稷山까지 북상했으나 곧 반격을 받아 퇴각하여 남해안 일대에 머물렀는데, 이때 파직을 당했던 이순신이 복직하여 1597년 8월 명량에서 일본 수군을 크게 격파했다. 일본군의 패색이 짙어질 무렵 도요토미 히데요시가 병사했다는 소식을 듣고 1598년 11월 일본군이 철수하면서 7년에 걸친 전란은 막을 내렸다.[354]

임진왜란은 조선 왕조의 생존을 건 전쟁이었다. 조선은 초기에 신립의 탄금대 전투에서와 같이 소모전략을 추구했으나 실패하자 일본군을 지치게 하는 고갈전략으로 전환하지 않을 수 없었다. 이 과정에서 의병과 수군은 일본군의 병참선을 위협하고 일본군으로 하여금 후방방어에 치중하게 함으로써 평양 이북으로의 진격을 방해하고 전력을 약화시키는 데 기

---

354 변태섭, 『한국사통론』, p. 315.

여했다. 명나라가 군사적으로 개입한 이후 조선은 전세를 뒤집고 일본의 침략을 물리칠 수 있었으나, 이 전쟁에서 조선의 군사전략은 명백하게 실패한 것이었다.

(4) 정묘호란과 병자호란: 방어력 부재 하의 소모전략과 고갈전략

정묘호란이 발발한 시기는 동아시아 정세로 볼 때 명청 교체기였다. 건주 여진의 추장 누르하치奴兒合赤는 분열된 여진족을 규합하여 세력을 강화하고 1616년 국호를 후금後金으로 하여 새로운 국가를 건설했다. 1619년 3월 명·청 결전이었던 사르후 전투에서 승리한 후금은 명나라를 공격하기 위해 후방의 위협이 될 수 있는 조선으로 하여금 명나라와의 관계를 끊고, 조선의 가도椵島에 머물면서 세력을 유지하고 있던 명나라의 장수 모문룡毛文龍과 그 세력을 제거하도록 요구했다. 1623년 인조반정 이후 정권을 장악한 서인들이 후금의 요구를 거부하자 누르하치의 뒤를 이어 즉위한 홍타이지皇太極는 1627년 1월 다음과 같은 조서를 전달하여 전쟁을 선포했다.

> 조선은 대대로 우리 후금에 죄를 지었으므로 마땅히 정토해야 한다. 그러나 이번 출정은 조선 정벌만을 위한 것이 아니다. 명나라의 모문룡이 조선에 인접한 해도에 주둔하여 우리의 반민을 받아들이고 있으므로 이들을 제거해야 한다. 나는 군사를 보내 이 두 가지 일을 달성하려 한다.[355]

이러한 언급에 의하면 홍타이지는 조선의 친명배금 정책을 응징하고 모문룡의 군대를 섬멸하기 위해 전쟁을 일으켰음을 알 수 있다.

홍타이지는 1627년 1월 8일 대패륵大貝勒 아민阿敏을 총사령관으로 3만

---

355 『청태조실록』 천총 원년 1월 병자. 장학근, 『조선시대 군사전략』, p. 214에서 재인용.

5,000명의 기병을 보내 조선을 공격하게 했다. 후금군은 1월 12일 압록강에 도달하여 이튿날인 13일 의주 북방의 창성진昌城鎭에서 첫 전투를 벌여 창성진과 의주를 탈취했다. 17일 곽산의 능한산성을 공격하여 이튿날 함락했으며, 19일에는 정주에서 가산강을 건너고 20일 청천강을 도하하여 조선의 주 방어선이자 평양으로 진격하는 길목인 안주에 도착했다.[356]

후금군이 조선을 침략했다는 사실은 4일 후인 1월 17일 조정에 보고되었다. 이때는 이미 국경 지역의 최전방 방어선이 무너진 상태였기 때문에 조선 조정은 청천강을 제1방어선, 황주 일대를 제2방어선, 그리고 평산 일대를 제3방어선으로 하여 후금군의 진격을 지연시키고, 수도방어는 남한산성을 중심으로 하되 최악의 경우 왕이 강화도로 피신할 경우에도 대비했다. 이러한 방어전략은 유리한 지형지물을 이용하여 축차적으로 적을 맞아 싸운다는 점에서 소모전략에 가깝다. 성 중심의 농성전이 아니라 적을 단계적으로 맞아 싸우면서 진격을 저지하고 피해를 강요하는 것이기 때문이다.

그러나 이러한 방어전략은 후금군의 파죽지세와 같은 공격에 무용지물이 되고 말았다. 20일 안주에 도착한 후금군은 2만여 명으로 제1방어선의 군사거점인 안주성을 포위한 뒤 당일 함락시켰으며, 곧바로 남하하여 평양성을 포위했다. 당시 평양성에는 8,000여 명의 병력이 지키고 있었으나 주로 민가에서 징발된 오합지졸로서 23일 후금군이 공격을 시작하자 도망하여 2,000여 명밖에 남지 않았다. 이에 평양성 방어를 지휘하던 윤훤尹暄은 적의 예봉을 피했다가 적 후방을 공격한다는 핑계를 대고 성에서 병력을 이끌고 나와 성천으로 이동했다. 평양성의 병력이 빠져나갔다는 정보를 입수한 후금군은 평양성을 공략하지 않고 대동강을 넘어 황주로 남하했다. 제2방어선인 황주에는 황해병사 정호서丁好恕가 지휘하는 5,000명의 병력이 배치되어 있었다. 그러나 정호서는 평양성의 소식을 듣고 혼

---

356 육군군사연구소, 『한국군사사 7: 조선후기 Ⅰ』, pp. 266-267.

자서 후금군을 방어할 수 없다고 판단하여 1월 25일 병력을 봉산으로 후퇴시켰다. 이에 후금군의 선두는 아무런 저항을 받지 않으면서 26일 황주의 산산蒜山에까지 진출했고, 주력은 평양 남쪽의 중화에까지 이르렀다.[357]

제1·2방어선이 무너지자 인조는 대신들을 이끌고 강화도로 피신했다. 그리고 더 이상의 방어가 무의미하다고 판단하여 후금이 제의한 화의에 응했다. 1627년 3월 3일 이루어진 화의의 내용은 조선이 후금을 형의 나라로 섬길 것, 양국은 압록강을 경계로 서로 넘지 않는다는 것, 그리고 조선은 후금과 강화 후에도 명나라와 단교하지 않는다는 것 등을 포함했다.[358] 후금은 원래 침략의 원인이 되었던 조선과 명나라 간의 단교와 모문룡 세력의 와해라는 두 가지 목적을 달성하지 못했지만 전쟁에 투입한 3만 5,000명의 병력으로는 장기전이 어렵다고 판단하고 전쟁을 중단했다.[359] 더욱이 명나라 정벌을 앞둔 상황에서 조선을 완전히 굴복시키는 데 힘을 뺄 수는 없었다.

후금의 침공에 직면하여 조선의 군사적 대비는 허술하기 짝이 없었다. 비록 조선은 명나라의 안위를 더 걱정했지만, 정작 후금이 침공해온다면 국경 지역인 압록강 방어는 고사하고 수도 한성의 관문인 황해도에서조차 적을 저지하기 어려웠다. 물론, 정묘호란 이전에 서인정권은 나름 후금의 침입에 대비하고 있었다. 호위청과 어영청을 새로 설치하고 경기 지역의 지방군을 중앙군으로 개편하여 후금이 침공했을 때 조선은 중앙군으로 훈련도감군 2,700명, 호위청군 1,000명, 어영청군 1,000명, 총융청군 2만 명, 총 2만 4,700명을 보유하고 있었다. 다만, 서북 국경 지역의 병력은 최대 3만여 명에 이르렀으나 이들 가운데 2만여 명이 1624년 이괄의 난에 가담하여 와해된 탓에 단지 1만 명 미만의 병력을 유지하고 있었

357 장학근, 『조선시대 군사전략』, pp. 219-221.

358 육군군사연구소, 『한국군사사 7: 조선후기 Ⅰ』, pp. 271-272; 『조선왕조실록』, 인조실록, 인조 14년, 병자(1636년) 2월 21일, 23일.

359 박영규, 『조선왕조실록』(서울: 웅진지식하우스, 2009), p. 346.

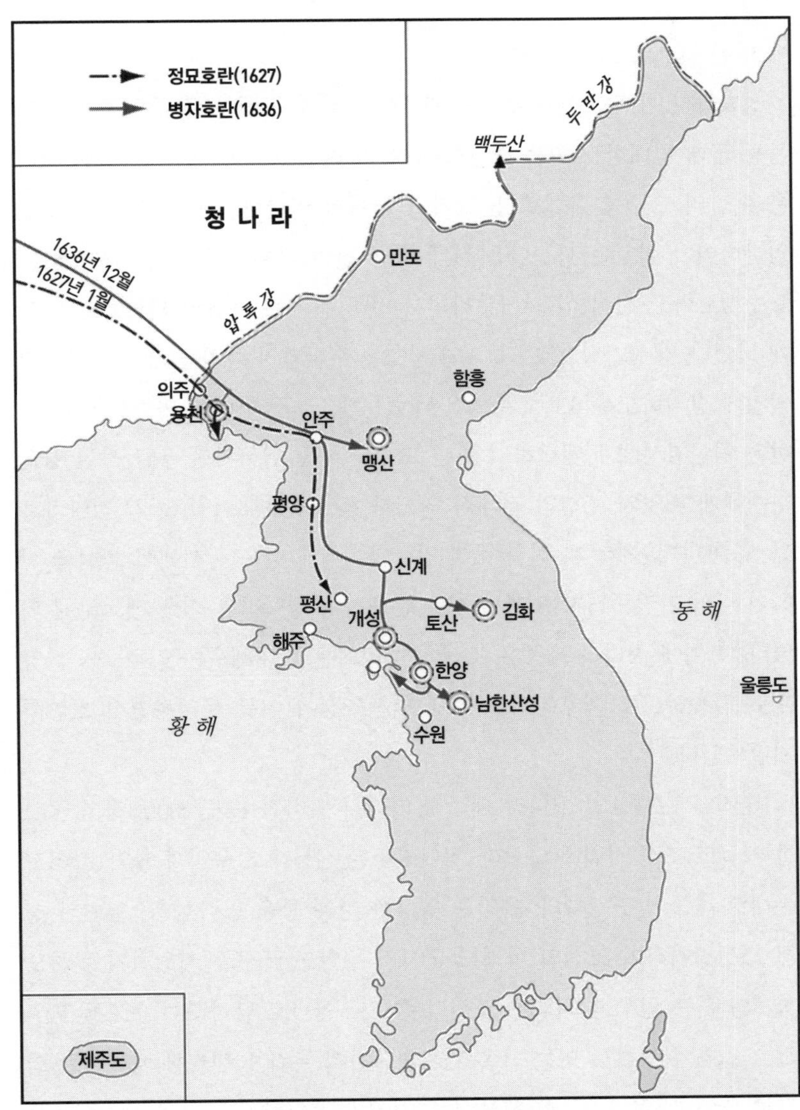

〈그림 6-5〉 정묘호란 및 병자호란 요도

다. 이는 전쟁 초기에 서북 지역 방어가 쉽게 무너진 이유이기도 하다. 그럼에도 불구하고 후금군이 3만 5,000명이었음을 고려한다면 조선의 병력이 적다고만은 할 수 없었다. 따라서 조선군이 무기력하게 무너진 것은 병력 수의 문제가 아니라 이들을 정예화하지 못한 조선 조정과 군의 무능에 따른 것으로 보아야 한다.

정묘화약 이후 조선과 후금의 관계는 순탄치 못했다. 후금은 조선에 모문룡 군대에 대한 지원을 중단할 것을 지속적으로 요구했으나 조선 조정은 후금의 요구를 묵살했다. 그리고 앞에서 언급한 것처럼 1936년 2월 잉굴다이가 이끄는 사신단을 보내 후금 칸의 황제 즉위를 인정해달라고 요구했으나 조선이 이를 거부하면서 양국 관계는 사실상 파국으로 치닫게 되었다. 설상가상으로 3월 1일 인조는 후금과의 화친을 끊고 오랑캐의 침입에 방비하도록 8도에 왕명을 내렸는데, 금군禁軍이 이 명령을 담은 서한을 평안감사에게 전달하러 가던 도중에 마침 귀국하던 후금 사신 잉굴다이에게 빼앗겨 조선의 적대적 의도가 폭로되었다. 4월 26일 청나라로 간 사신 나덕헌羅德憲과 이확李廓이 잉굴다이에게 받은 국서에서 조선을 신하의 나라로 간주하자 조선 조정은 분개하여 청나라를 더욱 배척하게 되었다.[360] 이에 청나라 태종은 조선에서 척화론을 내세우는 인물들을 심양으로 압송하도록 최후통첩을 보냈으나 조선이 이를 무시하면서 호란이 재발되었다.[361]

1636년 12월 1일 청나라 태종 홍타이지는 직접 12만 8,000명의 군사를 이끌고 조선 정벌에 나섰다. 청나라군은 선봉대로 우익과 좌익, 그리고 본대로 나누어 편성했다. 우익은 청성과 강계 등을 공략한 뒤 영변과 성천으로 진격하여 조선의 함경도 군사가 평안도 군사를 지원하지 못하도록 차단하는 임무를, 좌익은 조선의 수도로 곧바로 남하하여 수도를 포위하고 인조가 강화도 또는 남쪽으로 피난하지 못하게 퇴로를 차단하는 임무를 맡았다. 청나라군의 선봉대는 12월 8일 압록강을 도하하여 의주를 지나 그대로 안주 방면으로 남하했으며, 불과 6일 만인 14일에는 한성 근교의 양철리梁鐵里(서울 불광동)까지 진출했다. 청나라 태종이 이끄는 본대

---

360 『조선왕조실록』, 인조실록, 인조 14년, 병자(1636년) 4월 26일.

361 박영규, 『조선왕조실록』, p. 348.

는 12월 10일 압록강을 건너 의주, 용천, 곽산, 정주 등을 점령하고 계속 남하하여 12일 안주에 도착했으며, 26일 임진강을 건너 한성에, 27일에는 한강을 도하하여 남한산성에 도착했다.[362]

정묘호란 이후 조선은 청나라의 침공 가능성을 예상하고 군사적 대비에 나섰다. 왕의 피난 가능성을 염두에 두고 남한산성에 수어청을 신설하여 1만 2,700명을 배치했으며, 어영청과 훈련도감 병력을 보강하여 수도 방어를 위한 상비군으로 4만 5,000명을 확보했다. 그러나 서북 국경 지역 방어체제는 정묘호란 이후 여전히 와해된 상태였기 때문에 조선은 주 방어선을 압록강에서 청천강 이남으로 조정하지 않을 수 없었다. 다만, 여기에 배치된 부대는 겨우 8,000명에 불과하여 사실상 압도적으로 우세한 청나라군의 공격을 방어하기에는 역부족이었다. 청나라군의 선두부대가 아무런 제지를 받지 않고 6일 만에 한성 근처까지 진출한 것은 이처럼 한성 이북에 배치된 조선의 방어전력이 너무 허술했기 때문이었다.

조정은 청나라군의 공격이 시작된 지 5일 후인 12월 13일에야 침공 사실을 인지했다. 이때는 이미 청나라군 선두부대가 한성 근처까지 진출하고 주력부대가 평양을 통과했기 때문에 사실상 방어가 불가능한 상황이었다. 조선 조정은 적의 진출을 최대한 지연시키기 위해 도원수 김자점으로 하여금 황주에서 청나라군의 본대가 남하하는 것을 저지하도록 했다. 그리고 장기항전에 나서기 위해 강화도 입도를 결심하고 종묘의 신주와 비빈, 왕자, 종실 백관의 가족들을 강화도로 이동시켰다. 그러나 왕과 백관들은 곧바로 청나라군 선봉대가 한성과 강화도 간의 통로를 차단했기 때문에 강화도로 이동하지 못하고 15일 남한산성으로 입성하게 되었다. 남한산성에는 군사 1만 명이 약 1개월을 버틸 수 있는 군량이 비축되어 있었다.

---

362 육군군사연구소, 『한국군사사 7: 조선후기 Ⅰ』, p. 318; 장학근, 『조선시대 군사전략』, pp. 226-227.

청나라군 선봉대는 인조가 남한산성에 입성한 사실을 알고 16일부터 남한산성을 포위하고 본대의 도착을 기다렸다. 남한산성에 갇힌 인조는 16일 각 도에 밀서를 보내 근왕병을 소집하여 구원할 것을 명령했다. 이에 따라 각 도에서 집결한 병력들이 남한산성 근처로 진출하여 청나라군과 교전을 벌이게 되었다. 12월 26일 강원도 근왕병이 청나라군과 처음 접전한 데 이어, 이듬해 1월 초에는 전라도, 충청도, 경상도의 근왕병이 잇달아 청나라군과 전투를 벌였다. 이 과정에서 전라도 근왕병은 적장 양굴리楊古利를 살해하고 처음으로 청나라군을 물리치는 승리를 거두었으나 탄약이 떨어져 더 이상 버티지 못하고 철수했다.[363] 나머지 부대들은 서로 협조하지 않은 채 제각기 공격에 나섰다가 도리어 청나라군의 기습을 받아 패배하고 뒤로 물러나게 되었다. 3도의 근왕병들이 더 이상 접근하지 못하게 되면서 인조가 기대했던 남한산성 구원은 실패로 돌아갔다.

이 과정에서 황주에 방어선을 구축한 김자점은 청나라군 본대의 선두부대가 황주를 통과하자 12월 20일 정방산성正方山城(황해 사리원) 방어를 황해감사에게 맡기고 자신은 병사 1만 명을 거느리고 선두부대의 후미를 추격했다. 그러나 김자점 부대는 23일 야간에 토산兔山(황해 금천)에서 오히려 그를 추격해온 청나라군 본대의 기습을 받아 크게 패했다. 이후 김자점은 남은 병사를 모아 양근楊根(경기 양평)에서 함경감사 및 강원감사가 이끄는 병력과 합류하여 1만 7,000명의 군사를 거느리게 되었다. 그러나 그는 도원수로서 많은 군사를 거느리고 있으면서도 청나라군의 급속한 남하를 지켜보기만 했을 뿐 전쟁이 끝날 때까지 나가 싸우려 하지 않았다. 심지어 남한산성을 포위한 청나라군의 배후를 치자는 주장에 대해서도 병력이 적다는 이유로 거부하고 방관했다. 만일 그가 각 도에서 올라온 의왕병을 규합하여 전략적으로 청나라군을 공략했더라면, 각 도의 의왕병들이 그렇게 무의미하게 각개격파되지는 않았을 것이고 전쟁을 새로

363 육군군사연구소, 『한국군사사 7: 조선후기 Ⅰ』, pp. 324-325.

운 국면으로 끌고 나갈 수 있었을 것이다.

남한산성을 포위한 청나라군은 주변의 도로를 완전히 장악하여 외부의 지원을 차단했다. 애초에 버틸 수 있는 군량이 바닥이 나면서 성내에는 병들고 굶어죽는 자가 속출했다. 위기를 벗어날 희망이 보이지 않는 가운데 1월 26일 청나라군이 강화도를 함락하고 왕실 가족을 사로잡았다는 소식을 듣자 인조는 항복하기로 결심했다. 인조는 30일 출성하여 청나라 태종 홍타이지 앞에 삼배구고두三拜九叩頭의 굴욕을 당하며 항복 의식을 치렀다. 청나라의 요구에 따라 조선은 청나라와 군신관계를 체결하고 청나라의 연호를 사용하기로 했으며, 청나라가 명나라를 공격하거나 가도를 공격할 때 원병을 지원하기로 했다.[364] 이 전쟁에서 조선은 애초에 계획했던 소모전략도, 최악의 상황에 대비한 고갈전략도 제대로 발휘하지 못한 채 무기력하게 굴복했다.

요약하면 전반적으로 조선의 전쟁수행은 크게 미숙했다. 대마도 정벌에서 방비가 되지 않은 왜구에 대한 결정적 승리 실패, 여진정벌에서 적을 섬멸하지 못하고 거둔 약탈 수준의 성과, 임진왜란에서 야지에서 소모적으로 맞서다 패한 신립의 배수진 전략, 호란에서 보여준 방어체제의 총체적 부실은 조선이 가졌던 전쟁수행 능력의 한계를 여실히 보여주었다. 조선에서는 이순신을 제외하고 적의 허를 찌르는 기동, 지형의 이점을 이용한 유인전략, 적을 속이는 기만과 기습 등 뛰어난 전략적 혜안을 가진 장수를 발견하기 어렵다. 주변 이민족에 비해 문화적으로는 우월했을지 모르지만 군사전략에 있어서는 비교할 수 없을 만큼 하수였던 것이다. 무엇보다도 두 차례의 호란은 조선이 그토록 내세웠던 우월한 문화의식과 대의명분, 그리고 자부심만으로는 국가의 생존도 백성들의 생명도 지켜줄 수 없음을 몸소 증명한 사례였다.

---

364 장학근, 『조선시대 군사전략』, pp. 228-235.

4. 삼위일체의 전쟁대비

가. 왕의 역할: 왕 중심의 삼위일체 와해

(1) 왕권강화와 왕 주도의 전쟁대비

왕은 삼위일체의 핵심 주체로서 전쟁의 문제를 주도해야 한다. 그것은 전쟁에서 추구할 정치적 목적을 분명히 제시하고, 군으로 하여금 전쟁수행 능력을 구비하도록 하며, 백성들의 전쟁 열정을 자극하는 것이다. 조선은 태조 대로부터 성종 대에 이르기까지 왕권을 강화함으로써 왕이 주도적으로 전쟁의 문제를 이끌고 삼위일체의 전쟁대비를 바탕으로 대외정벌에 나설 수 있었다. 몇 가지 사례를 보면 다음과 같다.

우선 세종 대의 대마도 정벌은 상왕인 태종이 주도하여 이루어졌다. 태종은 대마도 정벌에 나서기 전에 정벌의 목적을 분명히 했는데, 그것은 왜인들을 굴복시켜 더 이상의 약탈을 방지하는 것이었다. 원정을 위한 군사적 준비도 대대적으로 이루어졌다. 군선 227척과 병력 1만 7,285명, 그리고 65일분의 식량을 준비한 것은 이 원정을 위해 사전에 치밀한 계획이 섰음을 보여준다. 또한 이 원정은 그동안 지속되었던 왜구의 약탈을 응징하는 것인 만큼 백성들로부터 큰 호응을 얻었을 것으로 짐작할 수 있다. 비록 원정군이 거둔 군사적 성과는 기대에 미치지 못했으나 대마도 정벌 자체는 왕을 중심으로 한 삼위일체가 이루어진 가운데 추진된 것으로 평가할 수 있다.

세종 대의 여진정벌도 이와 유사한 사례이다. 여진정벌은 세종이 직접 결심하고 주도했다. 세종은 여진족의 침범이 잦았던 경원부의 치소를 후방으로 옮기자는 신료들의 논의를 뿌리치고 이들을 정벌하기로 결심했다. 오히려 이 기회를 통해 여진족을 몰아내고 압록강으로부터 두만강을 잇는 선을 조선의 국경으로 한다는 정치적 목적을 분명히 설정한 것이다. 또한 그는 정벌을 시작하기 전에 작전적 문제에도 간여했다. 여진족에 대한 정보를 획득하기 위해 박호문과 박원무에게 직접 정보수집 임무를 부여하고 확인했다. 여진정벌에 동원할 군사의 규모를 결정하는 과정에서는 최윤덕과 이천의 의견을 듣고 소통하면서 이들의 요구를 들어주었다. 특히 2차 정벌에서는 이천으로 하여금 작전계획을 수립하도록 하면서 필요한 지침을 하달하고 구체적인 방책을 논의했다.[365] 비록 역사기록으로는 확인하기 어렵지만 여진정벌은 여진족들의 고질적인 침략행위를 응징하는 것으로 백성들로부터도 호응을 얻었을 것으로 짐작할 수 있다. 왕을 중심으로 하여 군과 백성이 일체가 된 가운데 정벌이 이루어진 것이다.

물론, 왕이 전쟁을 준비하는 데 정보활동이나 작전계획에 일일이 간여할 필요는 없다. 오히려 그러한 간여가 간섭이 되면 군사대비나 작전수행 자체를 위축시킬 수도 있다. 그러나 중요한 것은 왕이 군사행동의 목적을 분명히 제시하고 장수로 하여금 그에 부합한 전략을 수립하도록 했다는 것이다. 그럼으로써 왕이 그러한 전략을 공유하고 군이 전쟁을 수행하는 데 필요한 병력과 물자를 제대로 갖추도록 지원할 수 있었다. 즉, 조선 초기에 이루어진 원정은 왕이 강력한 왕권을 바탕으로 전쟁의 문제에 관심을 갖고 주도했기 때문에 가능했던 것으로 볼 수 있다.

(2) 왕권약화와 전쟁대비의 실패

조선 중기에 오면서 왕권은 약화되었고, 왕은 더 이상 전쟁의 문제를 주도할 수 없게 되었다. 선조가 그러한 사례이다. 선조는 일본의 침공 전망을 둘러싼 동인과 서인 간의 논쟁에서 상황을 냉정하게 판단하지 못하고 전쟁 가능성을 일축했다. 그 결과 조정이 일본과 외교적으로 교섭할 것인지, 그것이 여의치 않다면 미리 일본을 칠 것인지 아니면 일본의 공격을 방어할 것인지, 방어할 경우 소극적으로 격퇴할 것인지 아니면 적극적으로 적을 섬멸하여 일본 본토로 진격할 것인지에 대한 생각을 할 수 없었다.

이러한 상황에서 군사적 대비는 이루어질 수 없었다. 사실 임진왜란 이

---

365 심헌용, 『국조정토록』(서울 : 군사편찬연구소, 2009), pp. 87-99.

전에 일본의 침공을 예상하고 이에 방비하자는 논의는 이미 제기된 바 있었다. 1583년 2월 병조판서 이이는 일본이 심상치 않은 움직임을 보이자 국방을 강화하기 위한 방안으로 '6조계六條啓'를 건의했다. 6조계는 신분에 관계없이 어질고 유능한 사람을 등용한다는 임현능任賢能, 싸울 수 있는 군인과 백성을 양성한다는 양군민養軍民, 재정을 충분히 한다는 족재용足財用, 변방의 방비를 튼튼히 한다는 고번병固藩屛, 전쟁에 사용할 말을 준비한다는 비전마備戰馬, 그리고 교화를 밝게 한다는 명교화明教化를 주장한 것이다.[366] 그러나 이러한 제안은 관료유생들의 서얼과 노비라도 개인의 능력에 따라 등용한다는 내용에 반대하면서 받아들여지지 않았다.

6조계가 실패하자 이이는 그해 4월 경연석상에서 '십만양병'을 주장했다. 나라의 기운이 부진하여 10년 이내에 화가 있을 것이니 미리 10만의 군사를 길러 방비하자는 주장이었다. 그러나 붕당정치에 휩싸인 조정에서는 1583년 6월 이이가 권력을 남용하고 임금에게 교만을 부렸다는 이유를 들어 3사—사헌부, 사간원, 홍문관을 의미—의 탄핵을 받아 물러나게 했다.[367] 이는 조선 조정이 전쟁의 문제에 대해 얼마나 안이하게 생각하고 있었는지를 보여준다.

병자호란을 앞두고 전쟁에 대비한 인조의 사례도 마찬가지였다. 인조는 서인들의 주장에 따라 친명배금 정책을 추구하고 후금과의 전쟁을 불사했지만, 정작 이에 대비한 군사적 대비는 이루어지지 않았다. 백성들로 하여금 죽음을 각오하고 싸울 수 있도록 선정을 베풀지도 못했다. 만일 인조와 조정 대신들이 방어체제에 관해 조금만 관심을 기울였다면 두 차례의 호란에서 그처럼 무기력하게 무너지지 않았을 수 있었다. 조선을 방문했던 명나라 감군監軍 황손무黃孫茂는 귀국한 후 1636년 10월 인조에게 보낸 서신에서 조선의 국경 방어와 관련하여 다음과 같이 평가했다.

---

366 전호수, 『한국 군사인물연구: 조선편 Ⅱ』, p. 74.

367 앞의 책, pp. 74-75.

연도沿途의 비좁고 험악함은 복병을 매복하고 기계奇計를 베풀 만하며, 더구나 두어 갈래의 긴 강과 천연적인 요새지는 하늘이 현왕賢王에게 보장保障을 주신 것이오. 이런 시기를 틈타 장수를 선발하고 병졸을 훈련시켜 30리마다 정장亭障과 돈대敦臺를 하나씩 세우고 병사를 뽑아서 나누어 지키며 화약과 총포, 투구, 갑옷, 기계를 단단하고 날카롭게 제조하면 노적奴賊이 감히 동쪽을 향하여 동정을 엿보지 못할 것이오. 대체로 경학經學을 연구하는 것은 장차 이용利用을 제공하기 위한 것인데 정사를 맡겨도 통달하지 못하면 시 300편을 외워도 소용이 없는 것이오. 저는 귀국의 학사·대부가 송독誦讀하는 것이 무슨 책이며 경제經濟하는 것이 무슨 일인지 이해할 수가 없었소. 뜻도 모르고 응얼거리고 의관衣冠이나 갖추고 영화를 누리고 있으니 국도國都를 건설하고 군현郡縣을 구획하며 군대를 강하게 만들고 세금을 경리하는 것을 왕의 신하 중 누가 처리할 수 있겠소. 임금은 있으나 신하가 없으니 몹시 탄식스럽소. 왕에게 지우知遇를 받았으므로 변변치 못한 견해를 대략 진달하오니, 왕은 살피소서.[368]

황손무는 청천강 이북 지역이 험하고 강과 도로가 비좁아 군대를 정비하고 기묘한 계책으로 싸우면 후금도 넘볼 수 없을 것이라고 조언했다. 군사적으로 대비만 제대로 갖추었다면 정묘호란이나 병자호란에서와 같은 참패를 면할 수 있었던 것이다. 그러나 조선은 군사력을 건설하고 방비를 강화할 사람이 없었다. 황 감군이 지적한 것처럼 조정의 신하들과 지방 관료들은 의미도 모른 채 형식적으로 경서를 외우고 응얼거릴 뿐, 국가를 경영하고 군현을 다스리며 군대를 강하게 만들려는 실질적인 노력을 기울이지 않고 있었다. 이제 막 운명을 다해가는 명나라의 관리가 조선을 이렇게 한심하게 평가한 것은 당시 조선의 국운이 명나라 못지않

---

368 『조선왕조실록』, 인조실록, 인조 14년, 병자(1636년), 10월 24일(을미).

게 기울고 있었음을 보여준다.

이렇게 볼 때 조선 중기 이후의 전쟁대비 실패는 궁극적으로 '군약신강君弱臣強'으로 표현되는 왕권의 약화에 기인한다. 조선은 왕권이 약화되면서 조정은 당파 간의 정쟁에 휩싸였고, 이는 군사력을 약화시키고 민심의 파탄을 가져와 삼위가 일체가 되는 전쟁대비를 불가능하게 했다.

나. 군의 역할 붕괴

(1) 군사적 기반 와해

조선시대 군역제도는 양반계급과 천민을 제외하고 16세부터 60세까지의 양인들, 즉 주로 농민들을 대상으로 군역의무를 부과한 '양인개병제良人皆兵制'였다. 이는 국가가 병역의무를 지는 농민들에게 토지를 지급하여 이들이 평소에 토지를 경작하다가 일정 기간 동안 징발되어 병역에 복무한다는 측면에서 '병농일치兵農一致'의 특징을 갖고 있었다. 이러한 제도는 반드시 농민들이 토지를 소유하고 자급자족이 가능해야만 제도적 실효성을 기대할 수 있었다.

그러나 현실은 '병농일치'의 원칙을 지킬 수 없었다. 조선 조정은 현직 관료들에게만 토지를 지급했을 뿐, 토지를 경작하고 병역의무를 걸머진 농민에게는 토지를 지급하지 못했다. 토지를 받지 못한 농민들은 개간과 노동, 행상을 통해 생계를 유지했으며, 조정은 농민들의 열악한 생활을 감안하여 현역복무자인 '정병正兵'에게 '보인保人'을 배정하여 정병이 현역복무를 하는 동안 가족들의 생계를 돌보도록 했다. 이러한 제도를 '보법保法'이라 했다. 그런데 정병과 보인을 막론하고 이들은 경제적으로 기반이 허약했기 때문에 군역을 수행하는 정병이나 이를 지원하는 보인 모두에게 군역은 감당하기 어려운 고역이었다.

이로 인해 농민들은 군역을 피해 도망하는 사례가 속출했고, 입역 의무가 없는 가난한 농민이 도망자의 빈자리를 채우기 위해 군역을 떠안게 됨으로써 이들은 더욱 곤궁해졌다. 군역이 고되자 경제적 여유가 있는 정병들은 포를 내는 것으로 병역의무를 면제받으려 했고, 군 지휘관들이 이러한 심리를 이용하여 병역의무자를 방면하고 더 많은 포를 받아 착복하는 '방군수포放軍收布'가 관행이 되었다. 양인이 군역 대신 포를 납부하는 일이 보편화되면서 군역은 군병을 확보하기보다는 중앙 및 지방의 재정을 뒷받침하는 수단으로 변질되었다.[369]

1541년 조정은 방군수포의 폐단을 막기 위해 정병과 보인 모두에게 포를 징수하여 군인을 고용하는 '군적수포제軍籍收布制'를 실시했다.[370] 이는 거둬들인 포를 재원으로 삼아 일종의 직업군인 혹은 '용병'을 고용하겠다는 의도에서 고안된 것이다. 그러나 이 제도는 임진왜란까지 이행되지 못했고 거둬들인 군포는 병력을 고용하는 데 사용되지 않고 일반 경상비로 쓰이거나 관리들이 착복했다. 그 결과 16세기 말에는 병력동원 기능이 사실상 마비되어 왜란이 발발했을 때 조선군은 제대로 집결되지도 않았을 뿐 아니라, 그나마 집결된 관병은 농민에게 무기만 들려준 오합지졸에 불과했다. 영조는 이러한 폐단을 막기 위해 농민들이 1년에 2필씩 내던 군포를 1필로 감해주는 대신 토지소유자에게 결작을 징수하고 토지대장에 올리지 않은 비과세지를 찾아내 세원으로 삼는 은결隱結 등을 시행했으나 별다른 효과를 거두지 못했다.[371]

조선 후기에는 중앙군으로 훈련도감訓練都監을 근간으로 한 5군영, 그리고 지방군으로는 속오군束伍軍이 핵심적인 군사제도로 등장했다. 임진왜란 기간 중인 1593년 7월 조선은 중앙군 제도로 이미 무너져버린 5위제 대신 훈련도감을 창설하여 군사력을 재정비하고자 했다. 이는 군사 1인당 1개월에 쌀 여섯 말을 급료로 지급하여 교대 없이 전업으로 근무하도록 하는 직업군인제였다. 정예군사를 양성하기 위해 모병제를 도입한 것이

369 육군군사연구소, 『한국군사사 12: 군사사상』, p. 216.

370 변태섭, 『한국사통론』, p. 329.

371 앞의 책, p. 330.

다.[372] 훈련도감 창설은 조선의 군제에 큰 변화를 가져온 사건으로 이제까지의 병농일치제 원칙을 버리고 전문직업군인 제도를 채택했다는 의미가 있다.[373] 이후 훈련도감은 조선 후기 군제의 근간이 되었으며, 이후 총융청摠戎廳, 수어청守禦廳, 어영청御營廳, 금위영禁衛營이 설치되어 훈련도감과 함께 5군영체제로 발전되었다.[374]

훈련도감을 창설한 이듬해인 1594년 2월에는 지방군을 양성하기 위해 속오군 제도를 도입했는데, 이는 실패한 제승방략 대신 이전의 진관체제를 재정비하여 전국의 지방군을 재편성한 것이었다. 속오군 제도는 양천혼성군, 즉 양인 뿐 아니라 양반 및 천민에게까지 병역을 부과한 것으로, 각 지방의 주민은 대부분 속오군에 편성되어 병농일치제에 따라 평상시 농사와 무예훈련을 하다가 유사시 동원되도록 했다.[375] 그러나 병역의 주류가 되는 양인들에게 제공되는 물질적 지원은 없었기 때문에 각 지방에서는 민폐를 줄인다는 명목 하에 소집훈련을 전폐하다시피 했고, 중앙의 5군영제가 확립되면서 점차 지방군의 역할은 명목만 유지하게 되었다.

그러나 5군영제도는 모병제를 근간으로 했기 때문에 비용이 많이 소요되었다. 현종 대에 훈련도감의 군액은 호조의 1년 재정 중 3분의 2가 급료지급에 소요될 정도로 많았다.[376] 정부는 부족한 재정을 확보하고자 양인들이 지불하는 군포 값을 올렸고, 여기에 수령들과 아전들이 농간을 부리면서 백골징포, 황구첨정, 인족침징 등의 군역 폐단이 등장하여 군정은 더욱 문란해졌다. 그리고 이는 구한말 조선과 대한제국이 제대로 된 군사력을 갖지 못한 채 일제의 침탈에 무기력하게 당하는 원인이 되었다.

---

372 전호수, 『한국 군사인물연구: 조선편Ⅱ』, pp. 112-113.

373 육군군사연구소, 『한국군사사 7: 조선후기 Ⅰ』, p. 82.

374 변태섭, 『한국사통론』, pp. 319-320.

375 육군군사연구소, 『한국군사사 8: 조선후기 Ⅱ』(서울: 경인문화사, 2012), pp. 28-35.

376 육군군사연구소, 『한국군사사 7: 조선후기 Ⅰ』, p. 411.

(2) 군사적 천재의 빈곤

조선은 초기에 군의 전문성을 향상시키기 위한 노력을 경주했다. 정도전은 군을 정예화하기 위해 『오행진출기도五行陣出奇圖』, 『강무도講武圖』, 그리고 『진법陣法』 등의 병서를 저술하여 이를 군사훈련에 사용했다.[377] 그의 병서는 주로 전술에 관련된 것으로 호족들이 거느린 사병들을 국가의 군대로 편입하는 과정에서 제각기 달랐던 병사들의 훈련 방식을 통일하기 위한 것이었다.

세조는 '삼갑전법三甲戰法'과 같이 직접 새로운 전법을 창안하고 『병장설兵將說』 등의 병서를 집필하는 등 군무에 깊은 조예를 갖춘 군주였다. 그는 "공부하지 않는 장수는 싸워 이길 줄밖에 모른다"고 하며 무인들의 학습을 중요하게 생각했다. 그는 싸우지 않고 적을 이기는 '무승無勝'의 경지에 이른 장수가 최고의 명장이라며, 장수라도 병법을 모르고 학문을 가까이 하지 않으면 '싸워서' 이길 줄밖에 모르는 사람으로 전락하게 된다고 강조했다. 그는 수시로 병조 관원들과 무신들을 소집하여 학문을 연마하도록 타일렀는데, 한 사례를 보면 다음과 같다.

> 너희들이 배우지 않아 학술이 없고 하는 일 없이 한가하게 세월을 보내서, 오늘도 이와 같고 내일도 이와 같고 내년에도 또 이와 같아서 마침내 늙은 데에 이르니, 나라에 무슨 소용이 있느냐. 한 번 용서할 터이니 다시는 이와 같이 하지 말라.[378]

1462년 2월 신숙주, 최항, 서거정, 이승소는 세조가 지은 『병장설』에 주석과 해설을 붙여 『어제병장설御製兵將說』을 간행했다. 이 책은 군을 운용하는 원칙부터 장수에 필요한 자질과 인품, 인재를 평가하는 기준, 그리고

---

377 정해은, 『한국 전통병서의 이해』(서울: 군사편찬연구소, 2004), pp. 67-68.

378 『조선왕조실록』, 세조실록, 세조 11년, 을유(1465년), 11월 14일.

용병의 요령 등을 담고 있다.

무신들도 병서를 저술하여 군 나름대로의 전문 경험을 축적하고자 했다. 세종 대에 여진정벌에 참여했던 하경복河敬復은 1433년 형조판서 정흠지鄭欽之, 예문관 대제학 정초鄭招, 병조 우참판 황보인皇甫仁과 함께 『계축진설癸丑陣說』을 편찬했다. 이 책은 행진, 결진, 군령, 용적 등 전장에서 용병의 방법을 담고 있다. 문신으로서 함경북도 병마절도사로 부임한 이익은 1588년 3월 『제승방략』을 저술했다. 이미 김종서가 북방에서 시행한 제승방략의 방책을 상술해 정리한 것이다. 비록 임진왜란에서 이 방책은 효과를 거두지 못했지만 조선의 방어전략의 근간을 이루는 방책을 체계적으로 제시했다는 점에서 의미가 있다.[379]

그럼에도 불구하고 조선시대에 군사적 천재성을 가진 장수는 드물었다. 조선시대를 통틀어 이순신이 유일했다. 그는 전략적 혜안을 가지고 왜란 내내 남해 제해권을 장악함으로써 일본군의 전쟁계획을 교란했으며, 작전적으로도 기만과 기습, 그리고 기묘한 기동을 전개하여 적을 유인하고 섬멸했다. 다만 전쟁에 무지했던 조선 조정은 이러한 명장을 활용할 줄 몰랐다. 이순신이 조정의 명령을 어기고 출전을 지연했다고 모함하는 원균의 상소를 선조가 받아들여 이순신을 파직한 것이 그러한 예이다. 이순신이 죽고 난 후 『선조실록』의 사관史官은 다음과 같이 논했다.

> 이순신의 단충丹忠은 나라를 위하여 몸을 바쳤고, 의를 위하여 목숨을 끊었네. 비록 옛날의 양장良將이라 한들 이에서 더할 수가 있겠는가. 애석하도다! 조정에서 사람을 쓰는 것이 그 마땅함을 모르고, 이순신으로 하여금 그 재주를 다 펼치지 못하게 하였구나. 병신년·정유년 사이 통제사를 갈지 않았던들 어찌 한산도의 패몰敗沒을 초래하여 양호지방兩湖地方(충청도忠淸道·전라도全羅道)이 적의 소굴이 되었겠는가. 그 애석함을

379 정해은, 『한국 전통병서의 이해』, pp. 47-48.

한탄할 뿐이로다.[380]

조선이 군사적 천재를 배출하지 못했을 뿐 아니라 드물게 숨어 있던 천재를 알아보지도 활용하지도 못했음을 보여주는 언급이 아닐 수 없다.

이순신을 제외하면 조선의 장수들은 손자나 클라우제비츠가 말한 명장의 모습을 보여주지 못했다. 이종무의 경우 압도적인 군사적 우세에도 불구하고 대마도 정벌에서 우유부단한 지휘로 결정적 성과를 거두지 못한 채 무기력하게 회군했다. 최윤덕과 이천은 많은 준비를 하여 여진정벌에 나섰지만 여진족에게 섬멸적 승리를 거두지 못하고 무력을 시위하는 수준에서 원정을 마무리했다. 신립은 왕조의 명운이 걸린 일본군과의 전투에 나서 방어에 유리한 조령을 포기하고 탄금대에서 배수진을 침으로써 조선군 주력이 섬멸당하는 결과를 초래했다. 두 차례의 호란에서도 청천강 이남의 성을 지키던 장수들은 후금군이 다가오자 성을 포기하는 사례가 속출했다. 심지어 도원수 김자점은 최고 군사령관으로서 수하에 2만에 가까운 병력을 거느리고 있었음에도 인조가 갇힌 남한산성을 구원하려 하지 않고 방관했다. 조선의 장수들은 적의 취약한 허점을 찾아 전격적인 기동으로 적을 교란시키고 섬멸적인 승리를 거둘 수 있는 작전적 역량이 부족했을 뿐 아니라, 많은 경우 군인으로서 기본적으로 갖추어야 할 자질인 용맹성도 보여주지 못했다.

(3) 지속적인 무기개발 실패

조선시대에 군의 전쟁대비에 변수로 등장한 것은 바로 무기였다. 임진왜란의 경우 조선의 육군이 일본의 조총에 의해 무너지고 일본의 수군이 조선의 화포에 의해 무력화되었듯이, 전쟁의 승패는 무기체계의 우열에 의해 결정되었다 해도 과언이 아니다.

---

380 『조선왕조실록』, 선조실록, 선조 31년, 무술(1592년) 11월 27일.

조총은 16세기 초반에 스페인에서 개발된 아퀴버스arquebus—초기의 화승을 사용한 전장식 소총—에서 유래된 소총이다. 일본은 1543년 8월 포르투갈 사람들로부터 2정의 화승총을 구입했는데, 이는 기존에 중국에서 도입된 소총보다 명중률이나 사거리, 파괴력에 있어서 성능이 훨씬 앞서는 것이었다. 이후 일본은 이를 자체 생산하여 전투에 사용하기 시작했는데 그 대표적인 사례가 나가시노長篠 전투였다. 1575년 지방 호족이었던 오다 노부나가織田信長는 이 전투에서 3,000여 정의 조총을 3개 열로 배치하여 1개 열이 앞에서 사격하는 동안 2개 열이 장전하여 교대로 사격하는 방식으로 기병이 주축이 된 적에게 치명적인 타격을 가하고 대승을 거두었다. 이 전투를 계기로 일본의 전술은 기병 중심에서 보병 중심의 체제로 전환되었다.[381]

조총의 등장은 기존의 전쟁사를 다시 쓰게 하는 역사적 전환점을 이루었는데, 그 대표적인 사건이 임진왜란이었다. 벽제관 전투에 참가했던 일본군 부대의 경우 조총병 350명, 창병 640명, 궁병 91명으로 30% 이상이 조총병으로 구성되었다. 다른 부대도 대체로 유사하게 편성되었을 것으로 가정한다면, 일본군의 주력은 적에게 물리적 살상을 가하고 심리적 압박을 가하는 조총병임을 알 수 있다. 일본군의 전술은 조총병이 먼저 사격을 하고 뒤로 빠져 장전하는 동안 궁병이 활을 쏘고 이를 반복하여 적의 전열이 흐트러지면 창병이 후위의 기병과 함께 돌격하여 적을 제압하는 방식이었다.[382] 일본군은 조총의 위력 덕분에 신립이 이끄는 부대와의 결전에서 조선군에게 참패를 안겼으며, 이후 명나라의 군대가 개입하기 전까지 승승장구할 수 있었다.

이에 비해 조선은 지상전투용 개인화기인 조총을 알지 못했다. 황윤길은 일본에 사신으로 갔을 때 대마도주 소오 요시토시宗義智에게 조총 몇 자

---

381 육군군사연구소, 『한국군사사 13: 군사통신·무기』(서울: 경인문화사, 2012), pp. 415-418.

382 앞의 책, p. 419.

루를 얻기로 약속했으나, 이 약속이 이행되기 전에 임진왜란이 일어나 얻을 수 없었다. 설사 조총을 얻었더라도 일본의 침공 가능성을 부인하는 상황에서 조선 조정은 신무기인 조총에 대해 별 관심을 갖지도, 개발하지도 않았을 것이다. 그러나 막상 전쟁이 터지고 일본 조총이 위력을 발휘하자 조선 조정은 조총과 같은 신무기의 필요성을 절감하게 되었다. 1593년 11월 비변사는 다음과 같이 선조에게 보고했다.

> 또 기계器械에 관한 일로 말씀드리면, 우리나라의 궁시弓矢는 본디 조총鳥銃에 대적하기 어렵거니와, 야전野戰에서 그러할 뿐만이 아니라 적의 보루를 쳐부술 때에도 궁시로는 하기 어려운 것이 참으로 성교聖敎에서 이르신 바와 같습니다. 오직 화기火器를 많이 갖춘 뒤에야 견고한 보루를 칠 때에 쓸 수 있을 것입니다.[383]

조선군이 가진 활로는 일본군의 조총을 대적할 수 없기 때문에 방어는 물론이고 적이 점령하고 있는 성을 공략하기에 한계가 있음을 실토한 것이다.

조선은 비록 개인화기에서는 뒤졌지만 이전부터 화포기술에서는 강점을 갖고 있었다. 이에 대해서는 1419년 1월 21일 조선에 온 명나라의 사신들이 조선 화포를 보고 보인 반응에서 알 수 있다.

> 사신은 화포火砲를 보여달라 하기로, 하명하여 화붕火棚을 설비케 하고, 어둠녘에 사신과 더불어 관문館門에 나가 구경하는데 불이 터지니, 유천은 흥미있게 보다가 놀라 들어갔다. 다시 나오기를 두 번이나 했고, 황엄(명나라의 사신)은 놀라지 않는 체하나, 낯빛은 약간 흔들렸다.[384]

---

383 『조선왕조실록』, 선조실록, 선조 26년, 계사(1593년), 윤 11월 28일.

384 『조선왕조실록』, 세종실록, 세종 1년, 기해(1419년), 1월 21일.

당시 명나라 사신들에게 시범을 보인 화포가 어떤 것이었는지 알 수 없지만 조선이 중국보다 우수한 화포를 보유했음이 분명하다. 고려 말 최무선은 화약제조 기술을 터득하고 화약무기인 화포를 제작하여 진포대첩鎭浦大捷 등에서 왜구를 물리치는 데 공헌한 바 있다. 그리고 태종 및 세종 대에는 최무선의 아들 최해산이 조정의 지원을 받아 화약제조 및 화약무기 개발을 계속할 수 있었다. 이러한 노력에 의해 초기 조선은 수전용 및 방어용 무기로 사용되었던 화포를 육전용 및 공격용 무기로 발전시켰다. 조선 전기에 제작된 화포로는 일종의 다련장포와 유사한 신기전을 비롯해 천자화포, 지자화포, 현자화포, 황자화포, 가자화포, 총통완구, 장군화통, 일총통 등이 있었다.[385] 1544년 중종 대에 발생한 을묘왜변에서 조선군이 화전을 이용하여 영암성 전투에서 승리한 사례는 이때까지만 해도 조선의 화포기술이 주변국에 비해 앞서 있었음을 보여준다.[386]

따라서 임진왜란에서 조선군은 비록 육상에서는 밀렸지만 해전에서는 우수한 화포를 이용하여 승승장구할 수 있었다. 이순신이 당포해전에서 적선 21척을 격파하고 적병 다수를 사살하며 승리한 데에는 일본 수군에 비해 우세했던 화력이 큰 몫을 했다.[387] 일본 수군은 중소형 함선에 조총병을 태워 적 함선에 현을 붙인 후 조총을 앞세운 백병전 위주의 전술로 싸웠으나, 조선 수군은 대형 함선의 전후좌우에 대형 화포를 장착하여 함포 중심으로 교전했다. 조선 수군의 화포는 조총보다 사거리와 파괴력 면에서 비교가 되지 않았기 때문에 조선군은 적에게 접근하지 않은 상태에서 적을 공격하여 격파할 수 있었다.[388]

정묘호란 후 조선왕조는 호란의 치욕을 되갚기 위해 숭명배금 정책을 추진하고 있었기 때문에 군비증강이 시급했다. 1627년 얀 얀스 벨테브레

---

385 전호수, 『한국 군사인물연구: 조선편 Ⅰ』, pp. 71-82.

386 앞의 책, p. 101.

387 앞의 책, pp. 138-141.

388 육군군사연구소, 『한국군사사 13: 군사통신·무기』, p. 423.

Jan Janse Weltevree라는 네덜란드인이 제주도에 표류하자 조선은 그를 귀화시켜 무기개발에 전념토록 했다. 그가 바로 박연朴淵이다. 1648년 조선은 박연을 훈련도감에 배치하여 신무기 개발에 주력했으며, 조총뿐 아니라 부싯돌을 이용하여 격발하는 수석식燧石式 총을 개발하도록 했다. 1650년대 조선이 개발한 조총은 청나라가 무역을 요청할 정도로 성능이 우수한 것으로 알려졌다. 그러나 신식 수석식 총은 총기 개발에 많은 비용이 소요되었고, 북벌론이 사그라들고 청나라에 대한 인식이 우호적으로 변화하면서 더 이상 개발되지 못했다. 이로 인해 개화기에 조선은 구식 조총을 가지고 신무기를 갖춘 서양세력을 맞이하여 병인양요와 신미양요 등에서 고전하게 되었다.[389]

다. 백성의 역할: 전쟁열정의 한계와 가능성 모색

(1) 전쟁열정의 부재: 민심의 이반과 군역 회피

전쟁은 백성들의 열정을 필요로 한다. 더구나 왜란이나 호란과 같은 전면적인 전쟁에서는 두말할 나위가 없다. 그런데 조선은 중기 이후 백성들의 전쟁의지를 불러일으키는 데 실패했다. 국가에서 부여하는 각종 조세와 요역의 부담이 과중했을 뿐 아니라, 각종 수취제도가 무너지면서 사회 전반이 동요하고 백성들의 민심이 이반하게 되었다. 이에 대해 1636년 8월 대사간 윤황尹煌은 인조에게 다음과 같이 고했다.

> 외방의 요역徭役이 너무 무거워서 10부負에 베 1필을 내고, 1결結에 10필을 낸다 하니, 민간이 내는 것을 기준하여 계산하면 국가의 재용財用이 크게 여유가 있을 터인데, 어찌하여 내외가 탕진하여 수개월의 비축도 없습니까? 대개 우리나라 전부田賦가 조세租稅는 가벼운데 공물貢物이 무겁고, 기타 잡역雜役이 또 공물보다 더 무겁습니다. 그런데 조세만 국용

---

389 전호수, 『한국 군사인물연구: 조선편 Ⅱ』, pp. 259-261.

이 되고 공물과 잡역은 모두 10배나 되는 값을 거두면서도 교활한 아전과 방납자防納者의 주머니 속으로 모두 들어가니, 백성이 어떻게 곤궁하지 않으며 나라가 어떻게 가난하지 않을 수 있겠습니까.[390]

일반 백성들이 부담해야 하는 요역, 공물, 잡역이 과도하여 부담이 되고 있을 뿐 아니라, 이를 대신하여 거둬들이는 재화가 모두 부패한 상인 및 관리들의 주머니 속으로 들어가 국가재정이 고갈되고 있음을 알 수 있다.

또한 백성들은 불공정한 군역제도로 인해 고통을 받아야 했다. 양인들 가운데 양반과 같은 특권층이나 중인 가운데 특수한 신분층, 그리고 천민들이 군역에서 빠짐으로써 그 부담은 고스란히 농민들에게 갈 수밖에 없었다. 윤황은 인조에게 군역기피 현상의 심각성에 대해 다음과 같이 고했다.

군역軍役의 고통이 사민四民들에게는 제일 심하여, 마치 구덩이 속에 파묻혀 죽는 것처럼 생각해 죽기를 한하고 모면하려고 하므로 10호가 살고 있는 촌락에 군으로 정하여진 자는 겨우 1~2명에 지나지 않고 그 나머지는 모두 여러 가지 탈을 대어 빠졌으니, 사족士族·품관品官·유생·충의忠義·공장工匠·상고商賈·내노內奴·사노寺奴요, 그 밖에도 서리書吏·생도生徒·응사鷹師·제원諸員·악생樂生 등 이루 다 기록할 수 없습니다. 더구나 양민良民이 역役을 피해 승려가 되는 자가 10 중 6~7이니, 병사의 수가 어찌 적지 않을 수 있으며 국력이 어찌 약하지 않을 수 있겠습니까.[391]

병역 대상자의 60~70%가 승려가 되어 군역을 회피하려 했음은 백성들이 전쟁에 참여하려는 의지가 크게 결여되었음을 보여준다.

---

390 『조선왕조실록』, 인조실록, 인조 14년, 병자(1636년), 8월 20일.

391 앞의 문헌.

청나라가 병자호란을 일으키기 3개월 전인 1636년 9월 대사간 이식李植은 군역의 불공정성에 대해 다음과 같이 상소했다.

> 신은 삼가 생각하건대, 국가가 병사를 두지 않는다면 모르지만 병사를 둔다면 양성하지 아니할 수 없으며, 백성에게 역役을 안 시킨다면 모르지만 시킨다면 홀로 수고롭게 해서는 아니됩니다. … 우리나라는 이미 모든 백성을 병사로 삼지 않았고 병사는 또 백성에게 양성되지 못하고 있습니다. 양성되고 있지 못할 뿐 아니라 거기에다 박해까지 더하고 있으니, 이처럼 좋지 않은 병제는 고금의 국가에 있지 않았습니다. … 양반으로 1군一軍을 만들고 양정良丁으로 1군을 만들며 천정賤丁으로 1군을 만들면 형세가 몹시 좋을 것입니다.[392]

모든 백성들이 군역을 담당하지 않고 농민층에게만 부담토록 하는 현재의 군제는 전례가 없이 부당한 것임을 지적하고, 이에 따라 양반과 천민에게도 군역을 부과해야 한다고 주장하고 있다.

국가를 지키는 것은 조정의 왕과 귀족으로부터 양반, 농민, 그리고 천민에 이르기까지 지위고하를 따질 수 없다. 그럼에도 불구하고 조선에서는 중기 이후 정치사회적 혼란이 가중되면서 국가안위의 막중한 책임을 농민층에게만 지움으로써 역으로 농민들이 군역에 등을 돌리는 결과를 가져왔다. 이러한 상황에서 백성들은 군역에 대한 열의도 전쟁에 대한 열정도 가질 수 없었다. 정묘호란에서 평양성을 방어하던 8,000여 명의 병력이 후금군의 공격이 시작되자 대부분 도망하여 2,000여 명밖에 남지 않았던 것은 이들이 국가를 위해 목숨을 걸고 싸우려는 전투의지가 결여되었던 것으로밖에 볼 수 없다.

---

392 『조선왕조실록』, 인조실록, 인조 14년, 병자(1636년), 9월 13일.

(2) 조선의 의병: 고려와 다른 양상

조선 중기 이후의 전쟁대비에서 왕과 백성은 하나가 되지 못하고 유리되었지만, 일부 사례에서는 백성들이 나름 열정을 가지고 스스로 저항에 나서는 모습을 보여주었다. 관군이 와해되어 생긴 군사적 공백을 일부 백성들이 메운 것이다. 임진왜란에서 조선의 방어체제가 조기에 무너지자 의병들이 일본군을 상대로 항쟁에 나선 것이 그러한 사례이다. 임진왜란 동안 전라도에서는 김천일, 고경명, 최경회 등이, 경상도에서는 곽재우, 김면, 정인홍, 김해, 유종개, 이대기, 장사진 등이, 그리고 충청도에서는 승려인 영규를 비롯해 조헌, 김홍민, 이산겸, 박춘무, 조덕공, 조웅, 이봉 등이 의병을 일으켜 일본군에 대항했다.

그럼에도 불구하고 대부분의 의병장들은 그들의 희생에 부합한 대우를 받지 못했다. 무책임하게 피난길에 오른 선조와 권세가들, 그리고 속수무책으로 무너진 관군들이 의병의 활약을 달갑게 바라보지 않았기 때문이다. 왜란이 끝난 후 전공을 세운 선무공신宣武功臣을 선정할 때 칠천량 해전에서 수군의 완패를 초래한 원균이 일등공신에 책봉된 반면, 수많은 전투에서 승리를 이끌어낸 곽재우, 고경명, 김천일, 김덕령 등의 의병장들은 제외되었다. 오히려 김덕령 같은 의병장은 선무공신에 선정되기는커녕 역모죄로 몰려 고문을 받다가 죽었으며, 곽재우 역시 관군과 빈번하게 다투었다는 이유로 위험인물로 분류되어 논공행상에서 제외되었다.[393] 조선은 전란의 와중에서 무책임했던 기득권 인사들의 행동을 미화한 반면, 실제로 목숨을 바쳐 싸웠던 의병들의 공을 묵살함으로써 백성들의 애국심과 희생정신을 북돋는 데 찬물을 끼얹었다.

이러한 조선의 의병활동은 고려의 대몽골 항쟁에서 보여준 의병과 유사하게 보이지만 커다란 차이가 있다. 고려의 의병이 성내 백성들을 급조하여 순간적으로 위험한 상황에 대처한 것이라면, 조선의 의병은 지역별

---

393 류성룡, 김시덕 역해, 『징비록』, pp. 330-332.

로 조직을 갖추고 지속적으로 저항했다는 점에서 한층 성숙하고 발전한 것이다. 다만 조선의 의병은 고려와 마찬가지로 국가와 군주를 위한 투쟁이 아니라 자신의 생명과 재산을 지키기 위한 각자도생의 의미를 갖는다. 즉, 왕이 도를 행하고 백성의 전쟁열정을 자극하여 이들로 하여금 국가와 왕조를 위해 싸우도록 한 것이 아니라, 국가와 왕이 보호해주지 못함에 따라—비록 일부 의병장들은 왕과 나라를 위해 봉기했을지라도—백성들이 스스로를 지키기 위해, 부모형제를 지키기 위해, 그리고 고을을 지키기 위해 나서 싸웠던 것이다.

(3) 전쟁 주체로서의 백성 역할 발견

조선 후기에 전쟁대비는 국가의 군보다 백성들의 역할에 주목하는 현상이 나타났다. 18세기에 이르러 안정복, 위백규, 정약용 등 실학자들은 새로운 국방전략으로 향촌 단위의 자치적인 방위책이라 할 수 있는 '향촌자위론'을 제기했다. 먼저 안정복은 유사시 군사력이 출동했을 때 지방의 전력에 공백이 발생하는 것을 문제점으로 지적했다. 즉, 지방의 속오군이 영장의 통솔로 접전지로 이동하고 나면 지방의 관청이나 향촌은 무방비 상태가 된다는 것이다. 따라서 그는 병농일치적인 양병과 향촌자치의 교화조직을 활성화하여 지역별로 방어체계를 구축해야 한다고 주장했다.

위백규魏伯珪는 국민개병제적 군역 의무화를 구상하면서 국가 차원의 방위 이전에 지방 단위로 지역을 수호할 수 있는 민방위적 방위가 중요하다고 보았다. 그는 병농일치제 실현을 원칙으로 하여 서원향교에 무학武學 과정을 설치하고, 사창제社倉制를 통하여 군량을 비축하며, 통統—5가구를 묶은 조직—을 기본으로 군마를 양육 조달하는 등 향촌 단위로 민간방위체제를 조직하고 훈련하여 지방 사회의 군비를 자체적으로 해결해야 한다고 주장했다.[394]

---

394 백기인, 『한국 군사사상 연구』(서울: 군사편찬연구소, 2016), pp. 310-311. 『경국대전』에 의하면 5가구를 1통으로 하여 통주를 두고 통 위에 이(里)·방(坊)을 두도록 하였는데, 조선시대에 이러한 조직을 통하여 일선 행정을 파악했으며, 천주교탄압시대에는 이를 천주교인을 적발하는 방법으로 사용했다.

19세기 초 정약용은 안정복의 주장을 구체화하여 본격적으로 '민보론民堡論'을 제기했다. 그는 1812년 저술한 『민보의民堡議』에서 부족한 관군을 대신해 민보조직을 만들어 향토 자위의 임무를 담당해야 한다고 주장했다. 민보론의 개념은 평시에 부락 단위로 그 부락을 방어하기에 적합한 위치를 선정하여 민보를 설치하고 대비하다가, 유사시에 부락민들이 민보에 입보하여 향토를 방어하고 나아가 상호지원을 통해 국가를 방위한다는 것이다. 이는 한국의 전통적인 전법인 청야입보 전략을 토대로 한 것으로, 민간 주도형 향촌자위체제라 할 수 있다.[395]

이와 같이 백성을 중심으로 한 향촌 단위의 방어전략 구상은 국가방위의 주체로 관군 외에 백성을 고려하기 시작했다는 점에서 매우 의미가 크다. 군사제도의 모순과 지배층의 무능으로 군사력이 약화된 상황에서 향촌의 소규모 성곽이나 보를 거점으로 백성들이 자발적으로 참여하는 방위전략을 새롭게 구상한 것이다. 오늘날의 민병 또는 향토예비군과 유사한 것으로 볼 수 있다.

5. 소결론

왜 조선은 한민족의 역사에서 사상적으로나 문화적으로 가장 융성한 시기였음에도 불구하고 강대국으로 부상하지 못했는가? 조선의 전쟁은 삼국이나 고려에 비해 현실주의적 성향이 유난히 약했다. 조선은 초기 정도전의 요동정벌과 같이 야심 찬 대외정책을 구상했음에도 불구하고 실제로 이행하지 못했다. 비록 세종 대에 4군 6진을 개척하여 압록강으로 영토를 확장했지만, 전략적 사고의 범주를 한반도 내로 한정하여 대외적 팽

395 백기인, 『한국 군사사상 연구』, pp. 312-315; 박균열, "다산 정약용의 실학과 현대적 시사점", 『민족사상』, 제9권 제2호(2015년), p. 121.

창을 위한 전쟁으로 나아가지 못했다. 조선은 초기에 태조부터 세종을 거쳐 성종에 이르기까지 현군賢君들이 있었음에도 강대국으로 부상할 기회를 잡지 못했으며, 중기 이후 왜란과 호란을 당하고 나서는 국력을 회복하지 못하고 쇠퇴일로에 들어서게 되었다.

이는 유교주의에 함몰된 조선이 전쟁을 '교조적 유교주의'라는 관점에서 편향적으로 다루었기 때문으로 볼 수 있다. 조선의 전쟁인식은 철저히 유교이념에 고착되었다. 전쟁을 국가생존이나 국가이익을 추구하는 수단으로 간주하기보다는 유교적 대의명분을 추구하고 문화적 우월성을 과시하는 데 필요한 보조적 기제 정도로 생각했다. 무력 사용에 대한 혐오감을 가지고 가급적 전쟁을 회피하는 가운데 대외적으로 덕을 베풀고 교화시킴으로써 주변국과의 문제를 해결하고자 했다. 무력 사용은 최후의 수단으로, 그것도 적의 잘못된 행동을 바로잡을 목적에서 제한적으로 사용하려 했다. 유교주의에 물든 조선은 문명과 야만, 인간과 짐승을 택하는 가치와 이념의 관점에서 전쟁을 바라보았을 뿐, 그것을 국가의 생존과 멸망, 흥기와 쇠퇴에 관한 현실과 실존의 문제로 보지는 않았던 것이다.

이로 인해 조선은 전쟁에서 국가이익이나 대외정벌을 추구하기보다는 유교적 도의를 이행하고 대의명분을 지키는 데 충실했다. 조선은 비록 대마도 정벌과 여진정벌에서 적의 영토를 공격하고 북방 영토를 개척하는 등 현실주의적 성격의 전쟁을 수행했지만, 그러한 전쟁은 모두가 주변국의 잘못된 행동을 응징하고 교화하려는 도의적 동기를 갖고 있었다. 조선이 임진왜란 전에 일본의 '정명가도' 통보를 받고서 심각하게 고려하지 않았던 것은 일본의 명나라 공격이 '유교적 사고'로서는 도저히 이해할 수도, 상상할 수도, 그리고 이루어질 수도 없는 불경스런 공갈로 간주했기 때문이었을 수 있다. 무엇보다도 조선은 후금의 거듭되는 압력과 위협에 직면하여 명나라에 대한 사대와 의리를 고집하여 전쟁을 불사했는데, 이는 국가의 생존보다도 명나라에 대한 사대라는 대의명분이 더 중요했음을 보여준다.

유교적 사고에 물든 조선은 전쟁을 효과적으로 수행하지 못했다. 대마도 정벌에서는 압도적인 전력으로 완벽한 기습을 달성했음에도 불구하고 작전에 실패하여 별다른 전과를 거두지 못하고 오히려 피해를 입는 등 유약함만 드러냈다. 여진정벌에서는 철저한 사전 준비에도 불구하고 두 차례 원정 모두 적을 섬멸하는 결정적인 성과를 거두지 못하고 단지 무력을 시위하는 수준에서 회군해야 했다. 왜란에서는 초전에 신립이 이끄는 조선군 주력이 일본군에 섬멸을 당함에 따라 조기에 방어체제가 와해되고 평양까지 내주게 되었다. 그나마 조선은 이순신이 이끄는 수군이 연달아 해전에서 승리하고 전국에서 봉기한 의병들의 투쟁에 힘입어 명나라 원군과 함께 적을 물리칠 수 있었다. 호란에서는 전쟁대비가 총체적으로 부실하여 싸움다운 싸움을 해보지도 못한 채 무기력하게 항복해야 했다. 이는 조선이 전쟁을 혐오하고 무인을 천시한 결과 장수를 양성하고 병법을 개발하는 데 소홀했기 때문으로 볼 수 있다.

조선이 전쟁을 도의적 관점에서 바라보고 무력 사용을 혐오함에 따라 전쟁대비는 효과적으로 이루어지지 못했다. 초기 왕권이 강화되었을 때에는 대마도와 여진을 정벌하는 등 왕이 주도하여 군을 장악하고 백성의 호응을 얻어 전쟁을 준비할 수 있었다. 그러나 중기 이후 왕권이 약화되고 당파싸움이 본격화되면서 조선의 전쟁대비는 구심점을 상실한 채 표류하게 되었다. 군은 군역제도의 폐단으로 인해 유사시 병력도 제대로 충원하지 못할 정도로 약화되었으며, 백성들은 전쟁에 대한 열정은 고사하고 가혹한 군역을 회피하기에 급급했다. 다만, 왜란 기간 동안 일부 백성들은 전국 각지에서 봉기한 의병장을 중심으로 일본군과 싸웠는데, 이는 성내 백성들을 급조하여 임기응변으로 싸운 고려의 의병과 달리 지역별로 조직을 갖추고 장기간에 걸쳐 저항했다는 점에서 진보적인 현상으로 평가할 수 있다.

결국 조선은 '교조적 유교주의'라는 관점에서 전쟁을 인식했기 때문에 스스로 도의적인 전쟁에 갇혀 대외적 팽창에 나서지도, 강대국으로 부상할 기회를 갖지도 못했다. 조선은 스스로를 유교에 충실한 나라로 인식했을지 모르지만 실제로는 유교의 가르침을 왜곡하여 적용했는지도 모른다. 손자는 유교적 영향을 받았지만 전쟁의 문제에 대해 신중해야 한다고 강조했다. 그러나 조선은 유교주의에 함몰되어 전쟁을 멀리하거나 무시했다. 국가의 발전을 위해 문과 무가 다 같이 중요하다고 하면서도 철저하게 문을 우선시하고 무를 외면했다. 그래서 조선은 스스로 덕을 갖춘 군자의 나라라고 자부했을지 모르지만, 실제로는 실력도 없이 헛된 이상만 쫓는 몽상의 나라, 외적의 침공에 무방비로 당하고 국권을 지키지도 못하는 무기력한 나라가 되었다.

제3부

•

근대 시기의 군사사상

제7장
구한말의 군사사상

이 장에서는 구한말의 군사사상을 분석한다. 시기적으로는 대원군이 집권한 1863년부터 한일합방이 이루어진 1910년까지를 다룬다. 이전까지 한민족의 군사사상이 유교주의에 물든 전쟁관에서 벗어나지 못했다면, 구한말의 조선과 대한제국은 서구의 선진 문물을 접함으로써 비로소 그러한 전통적 틀에서 벗어나 근대적 전쟁인식을 가질 수 있는 기회를 맞게 되었다. 일본의 메이지 유신과 같이 근대화를 통해 자강 노력을 기울이는 가운데 전쟁의 문제를 진지하게 사유하고 국가발전을 모색할 수 있는 시기였다. 그러나 구한말에 드리워진 유교의 그림자는 너무 길었다. 조선과 대한제국은 제국주의로 물든 냉엄한 국제정치적 현실을 제대로 파악하지도, 그에 부합한 근대적 전쟁인식과 군사적 사고를 갖추지도 못함으로써 일제의 침탈에 맥없이 무너지게 되었다.

1. 전쟁의 본질 인식

가. '평천하(平天下)' 재인식 실패: 유교의 그림자

이전까지 중국은 그 자체로 하나의 천하였고 세상의 중심이었다. 춘추전국시대부터 형성된 중화사상은 문화적으로 우수한 중국이 주변의 열등한 민족을 교화하고 복속시켜 다스린다는 자민족 중심의 세계관이었다. 그리고 이러한 세계관을 논리적으로 뒷받침한 것은 '평천하平天下'라는 개념이었다. 공자가 말한 '수신제가치국평천하修身齊家治國平天下'는 개인부터 가족, 국가, 그리고 천하를 관통하는 사상으로서, 황제의 통치를 국내 정치에 한정하지 않고 국제관계로까지 확대한 개념이었다. 즉, 덕德과 예禮를 중심으로 하여 국가를 다스리는 '치국'의 원리를 '평천하'라는 개념을 통해 주변의 이민족들에게 확대 적용한 것이다.[396]

유교에서 말하는 '평천하'는 국제정치적으로 불평등한 개념이다. 이는 대외적으로 중국과 주변국의 관계를 규정한 것으로 중국을 정점으로 하는 수직적 국제질서를 상정하기 때문이다. 모든 국가가 동등한 주권 혹은 지위를 갖는 것이 아니라, 중국이 천자국이고 주변국은 속국이 되는 주종의 국제관계인 것이다. 서구의 경우 17세기 중반 베스트팔렌 조약Peace of Westphalia을 통해 국가의 주권을 대등하고 침해할 수 없는 것으로 인정했지만, 동아시아에서는 19세기 중반까지 전통적인 '조공 및 책봉체제'를 매개로 하는 중화 중심의 위계적 국제관계가 보편적 질서로 남아 있었다.

동아시아에서 '평천하' 개념이 도전을 받게 된 것은 중국이 아편전쟁에서 패배하고 서구 열강들의 침탈에 무기력한 모습을 보이면서부터였다. 천하의 중심으로서 중국이 가졌던 권위와 위상이 심각하게 훼손된 것이다. 동아시아 국가들은 서구 열강들과 접촉하면서 근대적 주권 개념과 민족주의 의식, 그리고 제국주의 사조에 대해 알게 되었고, 점차 중국에 대한 '조공 및 책봉'이라는 종속적 관계에서 벗어나 독립적이고 자주적인 지위를 확보할 수 있었다. 중국 중심의 위계적 국제질서를 전제한 '평천하' 개념에서 벗어나, 평등한 국가관계를 규정한 '주권' 개념을 수용하기 시작한 것이다.

구한말 조선은 1876년 2월 일본과 병자수호조약丙子修好條約을 체결하면

396 체스타 탄, 민두기 역, 『中國現代政治思想史』, pp. 9-11.

서 적어도 외형적으로는 중국을 중심으로 한 위계적 국제관계에서 벗어날 수 있었다. 중국에 대한 사대외교를 중단하고 독립국가로서의 주권을 확립하는 계기를 맞게 된 것이다. 그럼에도 불구하고 조선에서 '평천하'를 새롭게 인식하고 기존의 중화적 세계관에서 탈피하려는 노력은 다음과 같은 요인으로 인해 제약을 받았다.

첫째, 조선 말기 개항에 반대한 위정척사衛正斥邪운동이다. '위정척사'란 유교적 질서를 수호하기 위해 성리학 이외의 종교와 사상을 사학邪學, 즉 사악한 학문이나 풍조로 간주하여 배격하는 움직임을 말한다. 보수유생들은 천주교를 비롯한 서구의 문물이 조선의 전통적인 미풍양속을 해치고 사회질서를 어지럽힌다고 인식하여 개항 및 개화에 반대했다. 이들은 일본과 서양을 배척하는 '척양척왜斥洋斥倭'를 부르짖으며 유교사상에 입각한 전통적 사회질서를 유지해야 한다고 주장했다. 이러한 위정척사 운동은 중화 중심의 화이론華夷論을 근간으로 했으므로 여전히 청나라에 의존한 대외관계를 지향하고 있었다.

둘째, 구한말 의병의 봉기는 대체로 위정척사운동과 맥을 같이했다. 먼저 명성황후 시해와 단발령을 계기로 봉기한 전기 의병은 대부분 지방의 명망있는 양반 및 유학자들이 주도했기 때문에 구체제를 수호하려는 위정척사 운동의 연장선상에 있었다. 을사조약 체결 직후 본격화된 중기 의병도 양반 및 유학자 외에 평민출신의 의병장이 등장하는 등 신분계층을 가리지 않았지만, 이 가운데 전통 유림들은 끝까지 외세에 반대하는 척사이념을 추종했다. 고종의 강제퇴위와 군대해산으로 봉기한 후기 의병 중에서도 유림의 비중은 크지 않았지만 이들은 여전히 구질서에 대한 미련을 버리지 못했다.

셋째, 1876년 병자수호조약 체결 이후 조선은 독립국가가 되었음에도 불구하고 청나라의 영향력에서 벗어날 수 없었다.[397] 미국은 일본 정부를

---

397 1876년 2월 3일 체결된 병자수호조약은 조선에 대한 청나라의 종주권을 부인하고, 일본의 치외법권을 인정하며, 일본 선박의 항구 정박세와 일본 화물에 대한 세금을 면제한다는 내용을 담았다. 『조선왕조실록』, 고종실록, 고종 13년, 병자(1876년) 2월 3일.

통해 조선에 요청한 수교가 받아들여지지 않자 청나라의 중재를 통해 조선과 통상조약을 체결할 수 있었다. 영국과 독일도 마찬가지로 조선 정부와 직접 접촉하지 않고 청나라의 중재를 받아 조선과 국교를 맺을 수 있었다. 또한 청나라는 1882년 임오군란이 발발하자 군사적으로 개입했으며, 1884년 갑신정변이 발생했을 때에는 군대를 출동시켜 정변을 진압하고 조선에 내정간섭을 강화했다. 1894년 동학혁명이 발생했을 때 조선 정부가 군대파견을 요청한 국가도 일본이 아닌 청나라였다. 이처럼 조선은 청나라가 일본과의 전쟁에서 패배할 때까지 명목상으로는 독립국가였지만 실제로는 청나라의 속박에서 벗어나지 못했다.

이러한 가운데 조선은 개항에 나섰음에도 불구하고 '평천하' 개념을 탈피하지 못했다. 유교적 사고에 물든 위정척사 세력이 정권을 장악하여 서구와의 접촉을 거부하고 근대화로의 이행을 가로막았다. 이로 인해 조선은 근대 제국주의 시대의 전쟁을 이해할 수도, 이러한 전쟁에 대비하여 국가의 생존을 어떻게 모색할 것인지 고민할 수도 없었다. 그나마 고종은 국왕으로서 일본에 수신사를 파견하고 청나라에 영선사를 보내는 등 선진 군사제도와 문물을 도입하여 군비증강을 꾀하고자 했다. 그러나 이들로부터 얻은 것은 근대 전쟁과 군사에 관한 근본적 사유가 아니라 군 편제 조정이나 훈련방법 등 피상적인 것에 불과했다.[398]

이는 개항을 통해 성공적으로 근대화를 이룬 일본의 경우와 대비된다. 메이지 유신 이후 일본은 강력한 국가를 건설하고자 서구로부터 정치·경제·군사 등 모든 영역에서 새로운 사상과 제도를 받아들였다. 황실은 물론, 군에서는 클라우제비츠와 머핸Alfred T. Mahan 등 당대의 저명한 군사가들의 사상을 연구함으로써 전쟁에 대한 근대적 사유와 함께 군사력 운용에 필요한 기본 소양을 갖추어나갔다. 프랑스와 독일, 영국 등에 유학생을 파견하여 군을 이끌어갈 간부를 양성하고 군사전략을 배웠으며, 각 번藩—

398 육군군사연구소, 『한국군사사 9: 근현대 Ⅰ』(서울: 경인문화사, 2012), pp. 159-163.

영주가 다스리는 영지—마다 상이했던 군사제도를 서구식으로 통일했다. 그리고 제국주의적 팽창에 필요한 군사력을 구비하기 위해 징병제를 도입하고 대규모 해군을 건설하기 시작했다.

결국 개화기에 조선은 전통적 유교주의에 젖어 서구의 전쟁관과 군사적 사고를 도입하지 못했다. 전쟁은 정치적 목적을 달성하기 위한 유용한 수단이고, 무력 사용은 국익을 추구하기 위한 정치행위라는 인식을 갖지 못했다. 일본을 포함한 열강들이 그들의 이익을 위해 불평등한 조약을 강요하거나 전쟁을 불사할 수 있고, 심지어 조선 왕조를 무너뜨리고 합병할 수 있다는 생각을 하지 못했다. 여전히 조선은 유교의 긴 그림자를 드리운 마지막 '군자의 나라'로서 근대의 전쟁에 무심했다.

나. 혁명적 전쟁관: 동학혁명과 의병운동

구한말 전쟁에 대한 인식의 전환은 아이러니하게도 지배층이 아닌 민중으로부터 비롯되었다. 그리고 그 시발점을 제공한 것은 조선 후기 등장한 동학東學이었다. 동학은 철종 대인 1860년 경주 지방의 몰락한 양반인 최제우崔濟愚가 창시한 것으로, 당시 서양 제국주의의 침략과 천주교의 포교 등 대외적 위기감이 감도는 가운데 유교사상의 한계를 극복하고 서구의 천주교에 대항하고자 유불선儒佛仙 3교를 통합하여 새롭게 개창한 종교였다. 동학이란 명칭은 서학西學, 즉 천주교에 대항한다는 것으로 민족종교의 성격을 갖는다.[399]

동학은 서양과 일본에 대한 저항의식을 내세우면서 조선 왕조의 전통적인 양반체제를 부정했다. 따라서 조선 정부는 동학을 혹세무민惑世誣民의 사교邪教로 규정하여 1864년 3월 교조 최제우를 처형하는 등 탄압에 나섰다. 그러나 일제와 결탁한 지방 관리들의 수탈이 가혹해지고 백성들의 삶이 피폐해지면서 동학은 농민층과 몰락한 양반층 사이에서 급속히 확산

---

399 변태섭, 『한국사통론』, p. 355.

되었다.[400] 2대 교주인 최시형崔時亨은 전라도를 중심으로 각지의 촌락에 포包, 접接과 같은 자치기구를 두어 조직망을 구축하고, 동학의 원리를 모은 『동경대전東經大典』, 『용담유사龍潭遺詞』 등의 경전을 마련하여 교리를 체계화하는 등 세력을 확장했다.

이러한 상황에서 1894년 1월 전라도 고부古阜 군수 조병갑趙秉甲의 탐학으로 시작된 농민들의 시위가 제1차 동학혁명으로 이어졌다. 3월 하순 전봉준은 친일세력을 몰아내고 나라의 정치를 바로잡을 것과 한성으로 쳐들어가 권세가와 귀족을 제거할 것을 포함한 '4대 강령四大名義'을 발표하고 동학교도들의 동참을 호소하며 봉기에 나섰다.[401] 4월 말 동학혁명군은 진압에 나선 정부군을 상대로 승리를 거두고 전주성에 입성했으나, 정부의 요청을 받고 파견된 청나라와 일본의 군대가 한반도에 진주하자 국권이 훼손될 것을 우려하여 정부와 화약을 맺고 해산했다. 이때 전봉준은 정부와 화약을 체결하면서 '폐정개혁안 12개조'를 제시했는데, 이는 다음에서 보는 바와 같이 내정개혁과 친일세력 척결을 요구하는 것이었다. 즉, 초기 동학혁명은 관리들의 탐학과 부정부패를 청산하고 신분제도를 비롯한 봉건질서를 타파하는 데 거사의 목적을 두고 있었다.

◈ 동학혁명군의 폐정개혁 12개조

1. 동학교도와 정부는 쌓인 원한을 씻고 서정에 협력한다.
2. 탐관오리는 그 죄목을 조사하여 엄정한다.
3. 횡포한 부호를 엄징한다.
4. 불량한 유림과 양반의 무리를 징벌한다.
5. 노비문서는 소각한다.

---

400 변태섭, 『한국사통론』, p. 394.

401 전봉준이 내건 4대 강령(四大名義)은 다음과 같다. 첫째, 사람을 함부로 죽이지 말고 가축을 잡아먹지 말라. 둘째, 충효를 다하여 세상을 구하고 백성을 편안케 하라. 셋째, 일본 오랑캐를 몰아내고 나라의 정치를 바로잡는다. 넷째, 군사를 몰고 한성으로 쳐들어가 권세가와 귀족을 모두 제거한다.

6. 칠반천인七班賤人의 차별을 개선하고 백정의 평량립平凉笠을 없앤다.

7. 청상과부는 개가를 허용한다.

8. 무명의 잡세는 일체 폐지한다.

9. 관리 채용은 지벌地閥을 타파하고 인재를 등용한다.

10. 왜倭와 내통하는 자는 엄징한다.

11. 공사채를 막론하고 기왕의 것을 무효로 한다.

12. 토지는 평균하여 분작한다.

그러나 제2차 동학혁명은 이러한 내정개혁 외에 일제에 저항하는 항일 투쟁의 성격을 동시에 갖게 되었다. 청일전쟁 발발 직전 일본군이 경복궁을 점령하고 강제로 친일내각을 구성하여 국권을 침해하자 일제에 항거하기로 결정한 것이다. 그래서 전봉준은 제2차 동학혁명의 목적을 정부의 관료를 갈아치우고 일본군과 접전하여 한반도에서 몰아내는 것으로 설정했다. 이전 혁명에서 반봉건적 내정개혁에 주안을 두었다면 2차 혁명에서는 '척왜斥倭'가 추가되어 '반봉건 및 반제국주의' 성격의 혁명전쟁으로 전환된 것이다.[402]

동학세력의 혁명적 성격은 의병운동으로 이어져 발전되었다. 의병운동은 크게 세 시기로 구분할 수 있다. 을미사변을 전후로 한 전기 의병, 을사조약을 전후한 중기 의병, 그리고 군대해산 및 고종의 퇴위를 계기로 한 후기 의병이 그것이다.[403] 전기 의병은 1895년 명성황후가 일본의 낭인들에게 시해당한 을미사변과 단발령에 항거하여 충청도 일대에서 확산되었으므로 을미의병이라고도 한다. 중기 의병은 1905년 을사조약에 반발하여 최현, 민종식, 신돌석 등이 주축이 되어 확대된 것으로 을사의병이라고

---

402 변태섭, 『한국사통론』, p. 397.

403 한말의병운동의 시기 구분은 연구자에 따라 큰 차이가 있다. 여기에서는 전기 의병(1894~1896), 중기 의병(1904~1907), 후기 의병(1907년 이후)으로 구분하는 연구를 따른다. 이에 대해서는 육군군사연구소, 『한국군사사 12: 군사사상』, p. 381 참조.

도 한다. 그리고 후기 의병은 1907년 고종의 강제퇴위와 군대해산이 기폭제가 되었기 때문에 정미의병이라고도 한다. 이러한 의병운동은 동학혁명의 연장선상에서 기존의 부패한 사회질서를 타파하는 '반봉건', 그리고 일본의 국권 침탈로부터 주권을 수호하는 '반제국주의'를 지향하고 있었다.

동학혁명과 의병운동은—화이관에 물든 유생들의 참여를 제외한다면—당시 전통적 유교질서에 대한 도전으로서 혁명적 성격을 가졌다. 이들은 비록 왕권을 부정하지는 않았지만 조선 정부의 통치력이 한계에 도달하여 백성들의 삶이 도탄에 빠진 상황에서 무능하고 부패한 지배층을 해체하고 사회개혁을 요구하는 반봉건적 성격을 가졌다. 또한 이러한 운동은 조선의 주권을 침해하고 경제적 수탈을 일삼는 일본에 대항하는 반제국주의적 성격을 띠었다. 즉, 동학 및 의병세력은 그 투쟁의 동기를 위정척사론자들과 달리 유교적 질서의 수호에 두지 않고 기존 지배구조 및 구질서의 해체와 국가주권 회복에 두었다는 점에서 근대성을 갖는 것이었다.[404]

다. 반근대적·퇴행적 전쟁관: 전쟁 방관 및 국내 혁명 진압

구한말 조선 및 대한제국 지도자들의 머릿속에 전쟁은 없었다. 19세기 말부터 청나라와 일본, 그리고 러시아가 한반도에 대한 영향력을 확보하기 위해 군사적으로 대치하고 급기야 청일전쟁과 러일전쟁이라는 두 차례의 강대국 전쟁으로 치달았지만, 정작 당사자인 조선은 별다른 생각 없이 이러한 전쟁을 방관했다. 이 시기에 조선 정부의 통치력이 한계에 도달했고 군대가 사실상 와해되었음을 고려한다면 아마도 전쟁의 문제를 고민하는 것 자체가 사치였을 수 있다.

메이지 유신 이후 제국주의 사고로 무장한 일본은 대외적으로 침략정책을 수립하여 대륙으로 진출하기 전에 먼저 한반도를 지배하고자 했다. 1876년 조선을 강제로 개국시켜 청나라의 속국에서 이탈시키고, 1980년

---

404 이호재, 『한국인의 국제정치관: 개항 후 100년의 외교논쟁과 반성』, pp. 54-55.

임오군란에 개입하고 1984년 갑신정변을 지원하는 등 집요하게 조선에 대한 영향력을 확보하고자 했다. 그러나 이러한 노력들이 번번이 청의 개입으로 좌절되면서 일본은 청나라와의 전쟁이 불가피하다고 보고 기회를 엿보기 시작했다. 1894년 6월 동학혁명 진압을 위해 청나라가 군대를 파견하자 일본은 거류민을 보호한다는 구실로 군대를 파견하여 인천에 상륙시켰다. 그리고 6월 23일 일본은 아산 앞바다에서 청나라 군함을 공격하여 청일전쟁을 야기했고, 이 전쟁에서 승리함으로써 한반도에 대한 청나라의 영향력을 완전히 제거할 수 있었다.

1904년 발발한 러일전쟁은 일본이 한반도에 대한 독점적 영향력을 확보하기 위해 일으킨 전쟁이었다. 청일전쟁 이후 러시아는 1896년 만주의 동청철도 부설권을 확보하고 1898년 요동반도의 뤼순旅順과 다롄大連항을 조차하면서 세력을 확대했다. 그리고 1900년 의화단의 난을 계기로 출동시킨 군대를 만주에 주둔시킴으로써 이 지역에 대한 침략 의도를 노골적으로 드러냈다. 러시아의 만주 진출을 우려한 일본은 러시아에 만주의 군대를 철수시킬 것과 한반도에 대한 일본의 우위를 인정해줄 것을 요구했다. 그러나 러시아는 만주 철군을 거부했으며, 한반도에 대해서는 일본의 정치적·경제적 우위를 인정하는 대신 39도선 이북을 중립 지역으로 할 것을 요구했다. 만주와 한반도 문제를 둘러싸고 수차례의 협상을 거치면서 타협점을 찾지 못하자 일본은 무력을 통해 이를 해결하고자 했다. 일본은 2월 초 마산포와 원산에 일본군을 상륙시켜 공격 준비를 갖추었고, 2월 8일 일본 해군이 뤼순항에 정박한 러시아 군함을 기습적으로 공격하면서 전쟁을 시작했다. 이 전쟁에서 승리한 일본은 한반도에 대한 독자적 지배권을 확보하고 대한제국을 합병하는 길에 나설 수 있게 되었다.

동아시아 국제질서를 바꾼 2개의 전쟁이 한반도에서 벌어지는 동안 조선과 대한제국은 이러한 전쟁이 가져올 운명적 결과를 예상하지 못했다. 주변 강대국들 간의 전쟁이 자국의 주권을 제약하는 것은 물론, 궁극적으로 국가의 멸망을 가져올 전조였음을 인지하지 못했다. 청일전쟁과 러일

전쟁의 원인이 무엇이고 그 결과가 국가생존에 어떠한 영향을 줄 것인지, 이들 간의 전쟁에서 지향해야 할 목표는 무엇인지, 그래서 어떠한 정책을 취해야 하는지에 대한 고민이 없었다. 물론, 당시 조선과 대한제국은 군사적 역량이 미약했기 때문에 상황을 주도적으로 이끌어갈 수 있는 처지가 아니었다. 그럼에도 조선과 대한제국은 군사적 능력의 문제 이전에 그러한 의지를 갖지 않았으며, 의지 이전에 그러한 생각 자체를 하지 않았다. 궁극적으로 근대의 전쟁에 대한 인식이 부족했기 때문에 제국주의적 사고로 무장한 일본의 침략전쟁을 제대로 이해하지 못하고 대처할 수도 없었던 것이다.

한편, 구한말 조선과 대한제국은 내부적으로 근대적 개혁을 요구하는 민란과 의병운동을 진압하는 데 외국 군대에 의존함으로써 반근대적인 전쟁인식을 드러냈다. 한반도를 접수하려는 열강들의 전쟁에는 무관심한 채 국내 민란을 진압하는 데 급급했으며, 일본 군대와 함께 반봉건과 반제국주의를 지향하는 근대적 성격의 민중운동을 탄압함으로써 스스로 퇴행적 전쟁에 나서게 되었다.

1894년 11월 4일 조선 정부는 동학혁명군을 토벌하러 나선 일본군에 적극 협력할 것을 권유하는 취지의 '칙유勅諭'를 중앙과 지방에 다음과 같이 하달했다.

> 지난번에 우리 정부에서 일본 군사의 원조를 요청하여 세 방면으로 진격하였는데, 그 군사들은 분발하여 자신을 돌아보지 않고 적은 수로 많은 적을 친 결과 평정될 날이 그리 멀지 않았다. 일본으로서는 절대로 다른 생각이 없고 순전히 우리를 도와 난리를 평정하고 정치를 개혁하며 백성들을 안정시켜 이웃 국가와의 우호 관계를 돈독하게 하려는 호의라는 것을 명백히 알 수 있다. 너희들 지방 관리들과 높고 낮은 백성들은 이런 뜻을 확실히 알고 무릇 일본 군사가 가는 곳에서 혹시라도 놀라서 소요를 일으키지 말고 군사행동에 필요한 물자를 힘껏 공급함

으로써 전날 의심하던 소견을 없애고 백성을 위하여 한데에서 고생하는 수고에 감사하도록 하라. 너희들 모든 사람들이 아직도 깨닫지 못하는 것을 걱정하여 간절한 마음으로 특별히 포고하니 엄격히 지키고 어기지 말도록 하라.[405]

청일전쟁에서 승기를 잡은 일본은 조선을 식민지화하려는 의도를 가지고 일제의 침탈에 저항하는 동학혁명군을 토벌하러 나섰다. 그럼에도 불구하고 조선 정부는 이러한 일본의 의도를 인지하지 못했다. 오히려 조선 정부는 일본이 순수하게 호의를 가지고 조선에서 발생한 난리를 평정하도록 도와주러 온 것으로 간주하여 일본군과 함께 동학혁명군을 토벌했다.[406]

러일전쟁 이후 의병운동이 전국적으로 확대되자 대한제국 정부는 의병들에 대해서도 일본군과 함께 진압에 나섰다. 1905년 10월 일본 임시대리공사 아키하라萩原守一의 요청에 따라 내부內部는 충북·경북·강원 3도에 훈령을 내려 의병을 진압하도록 했고, 1906년 1월 5일에는 전국 13도에 의병활동 진압명령을 하달했다. 정부의 병력 파견이 여의치 못한 지역에 대해서는 일본 군대가 직접 파견되어 토벌에 나섰다. 또한 정부는 의병토벌에 일본 헌병과 그 예하의 헌병보조원을 활용했는데, 후일 일제하의 경찰로 성장한 일진회와 자위단 등 친일단체 출신들이 전국적으로 일본 헌병의 보조원으로 선두에 서서 의병토벌에 참여했다.[407] 정부와 일제의 탄압이 가혹해지자 의병들은 1908년부터 간도와 연해주 지역으로 망명하여 항일투쟁을 이어가게 되었다.

결국 조선과 대한제국은 적과 우군을 구별하지 못했다. 일본이 적인지

---

405 『조선왕조실록』, 고종실록, 고종 31년, 갑오(1894년) 11월 4일.

406 육군군사연구소, 『한국군사사 9: 근현대 Ⅰ』(서울: 경인문화사, 2012), p. 278.

407 앞의 책, pp. 468-471.

우군인지, 백성이 적인지 우군인지를 식별하지 못했다. 우리나라의 주권을 박탈하려는 일본과는 싸울 생각도 하지 못한 채 일본을 몰아내려는 백성들의 봉기를 무자비하게 진압했다. 향후 일본의 침탈에 대항하는 데 필요한 사회적 잠재역량을 스스로 제거함으로써 일본의 식민지화 정책을 돕는 결과를 초래한 것이다. 이는 조선 정부가 국가의 안위와 직결된 대외 전쟁에 무심한 채 국가 멸망을 재촉하는 혁명세력 진압에 나섬으로써 '반근대적이고 퇴행적인 전쟁인식'을 드러낸 것으로 볼 수 있다.

2. 전쟁의 정치적 목적

가. 유교적 관점: 척사세력의 봉건질서 수호

구한말 조선이 추구했던 전쟁은 이전에 그랬던 것처럼 유교적 관점에서 중화질서를 수호하려는 의도가 강하게 작용했다. 서세동점기 대원군을 비롯한 정부 대신들은 배외사상을 가진 척사론자들로서 이질적인 사상이나 종교가 조선의 사회질서를 혼란시킬 것을 우려하여 서구와의 접촉을 차단하고 새로운 문물이 유입되는 것을 방지하려 했다. 1842년 중국이 문호를 개방하고 1854년 일본이 미국과 통상조약을 체결한 상황에서 조선이 치렀던 병인양요丙寅洋擾, 신미양요辛未洋擾, 그리고 운양호雲揚號 사건은 조선이 구질서를 지키기 위해 서구 열강들과의 군사적 충돌을 불사한 사례였다.

먼저 병인양요는 프랑스가 천주교 탄압에 대한 보복을 구실로 침범하여 조선의 문호를 개방시키려 한 군사도발이었다. 1866년 1월 전국에 천주교 탄압령이 내려지면서 프랑스 선교사 9명과 조선인 천주교도 8,000여 명이 학살되는 병인사옥丙寅邪獄이 발생했다. 프랑스 극동함대 사령관 로즈Pierre-Gustave Roze 제독은 그해 10월 프랑스 신부 살해에 대한 보복으로 7척의 군함과 1,200여 명의 군사를 동원하여 대대적인 도발에 나섰다. 로

즈 제독은 강화도 갑곶진甲串津 부근의 고지를 점령하고 한강 하류를 봉쇄한 뒤, 조선 정부에 대해 프랑스 신부를 살해한 자에 대한 처벌과 통상조약 체결을 요구했다.[408] 그러나 대원군은 "고통을 참지 못하고 화친하는 것은 나라를 팔아먹는 행위"라며 이를 묵살하고 무력으로 대응할 방침을 세웠다.[409] 이에 프랑스군은 무력행동에 나서 강화읍성과 문수산성을 공격하여 점령했다. 다만, 이들은 강화도 남쪽의 정족산성鼎足山城에서 벌어진 전투에서 패하고 나서 동계 한파로 한강이 동결되면 항해가 곤란할 것을 우려하여 10월 5일 철수했다.[410]

다음으로 신미양요는 미국이 제너럴 셔먼General Sherman 호 사건을 계기로 통상조약 체결을 강요하기 위해 무력으로 강화도를 공격한 사건이다. 1871년 1월 베이징 주재 미 공사 프레드릭 로우Frederick Low는 청나라를 통해 제너럴 셔먼 호 사건의 재발 방지를 위해 항해의 안전을 보장할 것과 통상조약 체결을 요구했다. 그리고 조선 정부가 이를 거부하자 무력으로 굴복시키기 위해 그해 4월 미 아시아함대 사령관 로저스John Rodgers 제독이 이끄는 5척의 군함 및 1,200명의 병력과 함께 강화도로 향했다. 미군의 공격을 받은 조선군은 격렬하게 항전했으나 근대 무기로 무장한 미군의 적수가 되지 못하고 광성보廣城堡 전투에서 350명의 사망자를 내는 등 큰 피해를 입게 되었다. 그럼에도 불구하고 대원군은 대화를 거부하고 한성에 척화비를 세우며 항전의지를 굽히지 않았고, 이에 로우 공사는 더 이상 협상이 어렵다고 판단하여 5월 16일 철수했다.[411]

두 차례의 양요에서 프랑스와 미국의 침략을 물리친 대원군은 자신감을 가지고 쇄국정책을 더욱 강화했다. 대원군은 1871년 4월 신미양요 직후 한성뿐 아니라 전국에 척화비를 세웠다. 이 척화비에는 "서양 오랑캐

408 육군군사연구소, 『한국군사사 9: 근현대 Ⅰ』(서울: 경인문화사, 2012), p. 66.

409 『조선왕조실록』, 고종실록, 고종 3년, 병인(1866년) 9월 11일.

410 장학근, 『조선시대 군사전략』, pp. 257-258.

411 앞의 책, pp. 259-260.

가 침입하는데 싸우지 않으면 화친하자는 것이니, 화친을 주장함은 나라를 팔아먹는 것이다洋夷侵犯 非戰則和 主和賣國"라고 하여 전쟁을 하더라도 서구 국가들과 수교해서는 안 된다는 의지를 담았다.[412]

마지막으로 운양호 사건은 일본 군함 운양호가 통상조약을 체결할 목적으로 불법으로 강화도에 들어와 조선 수비대와 전투를 벌인 사건이다. 1875년 8월 운양호는 부산에서 북상하여 한성의 해상관문인 강화해협 초지진草芝鎭 동남쪽 해상에 정박하고 군함에 적재된 단정을 강화해협 초지진 포대로 접근시켰다. 이에 조선 해안수비대는 접근하는 일본 단정을 향해 위협사격을 가했다. 일종의 교전규칙에 의한 정당한 사격이었다. 그러나 일본은 침략의 구실을 마련하기 위해 조선군이 먼저 포격을 가했다고 주장하고 초지진의 조선군 수비대를 향해 함포를 발사하기 시작했다. 초지진을 파괴한 운양호는 이어 영종진永宗鎭에 포격을 가한 다음 이곳을 점령하고 무기와 군수품을 약탈했다.[413] 이 사건을 계기로 일본은 1876년 1월 19일 3척의 군함과 함께 육군중장 겸 개척장관 구로다 기요타카黑田淸隆를 전권대사로 파견하여 조선의 운양호 공격에 대한 책임을 묻고 개항을 요구했다. 일본의 무력시위가 전쟁으로 비화될 것을 우려한 조선 정부는 지난 300년 동안 일본과 화목하게 지낸 친분을 고려하여 수호조약 체결에 응하기로 결정했다.[414]

이처럼 두 차례의 양요와 운양호 사건은 조선이 근대에 서구 열강들과 벌인 군사적 충돌로서 개항의 요구를 거부하고 쇄국을 지키기 위해 무력 사용을 불사했던 사례로 볼 수 있다. 즉, 이는 위정척사의 입장을 반영한 것으로 중화 중심의 구질서를 수호하기 위한 군사행동이었다. 비록 조선은 운양호 사건을 계기로 개항을 했지만, 유생들을 주축으로 하여 개화

---

412 『조선왕조실록』, 고종실록, 고종 8년, 신미(1871년) 4월 25일.

413 장학근, 『조선시대 군사전략』, pp. 265-267.

414 『조선왕조실록』, 고종실록, 고종 13년, 병자(1876년) 1월 25일.

정책에 반대하고 구봉건질서를 수호하기 위한 노력은 대한제국이 멸망할 때까지 지속되었다.

나. 근대적 관점: 개화세력의 봉건질서 타파

한반도에 대한 일본의 영향력이 확대될 것을 우려한 청나라는 양국관계를 전통적 사대관계로 돌리려 했다. 임오군란 직후인 1882년 10월 청나라는 조선에 '조청상민수륙무역장정朝淸商民水陸貿易章程'을 체결하도록 강요하여 유리한 교역조건으로 경제적 이득을 취하고 조선 정부의 내정에 간섭했다. 이에 불만을 품은 고종은 김옥균, 박영효, 홍영식, 서광범 등 친일·반청 성향을 가진 개화파 세력과 이해를 같이하여 이들을 중용하기 시작했다. 이들 개화파는 젊은 관료들로서 명성황후 민씨를 중심으로 한 민영익, 김홍집, 어윤중 등 보수적 집권세력이 청나라에 의존하여 사대정책을 펴는 것에 반대하고, 조선이 완전한 자주국가가 되기 위해서는 일본의 도움을 받아 개화정책을 적극적으로 추진해야 한다고 믿고 있었다.

고종의 지원을 받은 개화파의 활동은 1882년 박영효가 일본에 수신사로 가면서 활발하게 이루어졌다. 박영효는 일본에서 보고 들은 내용을 고종에게 보고하고 개화에 필요한 여러 가지 정책을 건의했는데, 고종은 그의 건의를 받아들여 유학생 50명을 일본에 파견하고 신문 발간을 위한 박문국博文局, 화폐 제조를 위한 전환국典圜局, 병기 제조를 위한 기기국機器局, 우편제도 실시를 위한 우정국郵政局 등의 기구 설치를 추진했다.[415] 그러나 개화파는 이들을 견제하는 수구적 집권세력과 대립하지 않을 수 없었고, 근대화를 위해 추진하고자 했던 많은 사업들이 수구세력의 반대로 좌초되었다. 설상가상으로 이들의 공격을 받은 박영효가 탄핵을 받아 좌천되고 사업 추진을 위해 김옥균이 주도했던 일본으로부터의 차관 도입이 어려워지자 개화파는 정치적으로 궁지에 몰리게 되었다.

---

415 육군군사연구소, 『한국군사사 9: 근현대 Ⅰ』, pp. 159-162.

이러한 상황에서 개화파는 수구 정권을 무너뜨리고 청나라와의 종속 관계를 청산하기 위해 '정변政變'이라는 비상수단을 강구하게 되었다. 일본 정부는 한반도에서 청나라의 세력을 약화시킬 기회를 노리고 있었기 때문에 일본 공사 다케조에 신이치로竹添進一郎를 통해 개화파의 정변을 적극적으로 지원하겠다고 약속했다. 마침 청나라는 베트남 문제를 둘러싸고 프랑스와 갈등이 고조되자 1884년 5월 조선에 주둔한 병력의 절반인 1,500명을 안남安南(베트남) 전선으로 이동시켰고, 8월 청불전쟁이 발발하자 한반도에 관심을 가질 수 있는 상황이 아니었다. 이를 기회로 판단한 개화세력은 일본의 후원 하에 곧바로 정변에 나섰다.[416]

개화파는 1884년 10월 17일 우정국 개국 축하연을 이용하여 거사를 실행했다. 이들은 민씨 척족의 대표적 인물이자 권력의 핵심 실세였던 민영목, 조영하, 민태호 등을 처단하고 정부를 장악했다. 다음날 고종은 각국 외교사절들을 알현하여 신정부가 수립되었음을 알리고 조선이 대대적인 개혁정치를 실시할 것임을 밝혔다. 19일 김옥균과 박영효 등은 신정부의 개혁 구상을 담은 80여 개 조항의 정강을 반포하여 정변의 의도와 목적을 밝히고 다른 정치세력들과 백성들의 호응을 얻고자 했다. 이때 반포된 정강은 다음과 같이 14개 조항만 전해지고 있다.

◈ 갑신정변 세력이 발표한 혁신정강

1. 대원군을 가까운 시일 내에 돌려보낼 것, 조공하는 허례를 폐지할 것.
2. 문벌을 폐지하여 인민 평등의 권을 제정하고, 사람의 능력으로써 관직을 택하게 하지 관직으로써 사람을 택하지 않을 것.
3. 전국의 지조법을 개혁하여 간사한 관리들을 근절하고 백성의 곤란을 해결하며 겸하여 국가재정을 유족하게 할 것.
4. 내시부를 폐지하고 그중에서 재능 있는 자가 있으면 등용할 것.

---

416 육군군사연구소, 『한국군사사 9: 근현대 Ⅰ』, p. 189.

5. 그동안 국가에 해독을 끼친 탐관오리 중에서 심한 자는 처벌할 것.
6. 각 도의 환자제도는 영구히 면제할 것.
7. 규장각을 폐지할 것.
8. 순사제도를 시급히 실시하여 도적을 방지할 것.
9. 혜상공국을 폐지할 것.
10. 그동안 유배, 금고된 사람들을 다시 조사하여 석방할 것.
11. 4영을 합하여 1영으로 만들고, 각 영의 가운데서 장정을 선발하여 근위대를 시급히 설치할 것.
12. 모든 국가 재정은 호조로 하여금 관할하게 하며 그 밖의 일체의 재무관청은 폐지할 것.
13. 대신과 참찬은 합문 안의 의정소에서 매일 회의를 하여 정사를 결정한 뒤에 왕에게 품한 다음 정령을 공포하여 정사를 집행할 것.
14. 정부는 육조 외에 불필요한 관청에 속하는 것은 모두 폐지하고 대신과 참찬으로 하여 토의하여 처리하게 할 것.

그러나 이들의 정변은 곧 실패로 돌아갔다. 19일 오후 3시에 청군이 1,500명의 병력을 궁궐에 투입하여 진압에 나섰기 때문이다. 외곽 경비를 맡았던 좌우군영군은 친청 성향이었기 때문에 진압에 나선 청나라군에 합류하여 일본군과 개화파 대원들을 공격했고, 일본군은 청나라와의 전쟁을 우려한 일본 외무대신의 훈령을 받아 청나라군과 교전하지 않고 철수했다. 친일 성향의 전후군영군으로 청나라의 군사력을 막기에는 역부족이었다. 결국 갑신정변은 김옥균, 박영효, 서광범, 서재필 등 정변 주도자들이 일본 공사를 따라 일본으로 망명하면서 '3일 천하'로 막을 내리게 되었다.[417]

갑신정변은 위정척사파의 구질서 수호에 반발하여 근대적인 국민국가

417 육군군사연구소, 『한국군사사 9: 근현대 Ⅰ』, pp. 188-198.

건설을 목표로 추구한 정변이었다. 개화세력은 그들이 발표한 정강에서 볼 수 있듯이 "조공하는 허례를 폐지할 것"을 규정하여 청나라로부터 완전한 독립을 추구했으며, 문벌과 양반 등 신분제도 폐지, 그리고 전근대적 양반귀족문화의 제도인 규장각제도를 폐지하고 일반 국민 중심의 신교육을 지향함으로써 봉건적 제도를 청산하고 국민이 주인이 되는 근대국가를 건설하려 했다.[418] 결국 갑신정변이 실패로 돌아간 것은 조선이 개혁을 통해 근대화의 길로 나설 수 있는 내부적 여건이 성숙되지 않았음을 보여준 것이었다.

다. 혁명적 목적: '타협'에서 '타도'로

구한말 동학 및 의병세력이 지향한 반봉건 및 반제국주의 투쟁은 부패한 지배세력에 항거하고 외세의 침탈을 물리치려 했다는 점에서 혁명적 성격을 가졌다. 그러나 동학혁명과 초기 의병의 투쟁은 엄밀한 의미에서 혁명이라기보다는 개혁에 가까웠다. 그것은 이들이 봉건세력과 제국주의 세력을 '타도'하기보다 이들과의 '타협'을 모색하고 있었기 때문이다. 다만, 1907년 군대가 해산된 후 등장한 정미의병은 정부와 일제를 상대로 '타협'이 아닌 '타도'를 추구했다는 점에서 이들의 '운동'은 급속히 혁명적 성격을 강화해나갔던 것으로 이해할 수 있다.

먼저 동학혁명은 일정 부분 혁명적 성격을 갖지만, 정부의 전복을 추구하지 않았다는 점에서는 개혁을 요구하는 민중봉기에 가까웠다. 동학혁명을 주도한 동학의 분파인 남접南接은 온건파와 강경파로 나뉘어 대립하고 있었다.[419] 온건파인 전봉준과 손화중孫華仲은 왕에 충성하는 근왕주의

---

418 신용하, "갑신혁신정강", 『한국민족문화대백과사전』, 한국학중앙연구원.

419 동학세력은 종교적 입장을 달리하는 남접과 북접으로 나뉘어 있었다. 남접은 전봉준, 손화중, 김개나 등이 이끄는 전라도 지역의 분파로 정치적 개혁을 추구한 반면, 북접은 최시형, 손병희, 손천민 등이 주도하는 분파로 종교적 입장에서 최제우의 명예회복과 포교의 자유를 얻는 데 관심을 두었다. 최시형의 북접은 스스로를 정통 직계로 자처하여 남접을 인정하지 않았으며, 1차 동학혁명에 참여하지도 않았다.

勤王主義 입장에 섰으나, 강경파인 김개남金開南은 조선 왕조 자체를 부정하고 정권을 전복하자는 입장이었다. 온건파인 손화중은 전봉준에게 자신의 조직을 통솔하도록 맡겼으나, 김개남은 혁명을 같이 하면서도 때로 독자적으로 움직였다. 따라서 동학혁명의 목적이 무엇이었는지에 대해 하나로 말하기는 어렵다. 다만 동학혁명을 이끈 전봉준의 계획에 정부의 타도는 없었다. 그것은 동학군의 폐정 12개조 가운데 첫째로 제시한 "동학교도와 정부는 쌓인 원한을 씻고 서정에 협력한다"는 조항에서 엿볼 수 있다. 또한 전봉준은 민씨 정권을 몰아내고 대원군을 추대하려 했던 만큼 기존 정부를 부정한 것은 아니었다.

전봉준이 일본군에 체포되어 심문을 받던 중 "한성에 쳐들어온 후 누구를 추대할 생각이었는가"라는 질문에 다음과 같이 언급했음을 참고할 필요가 있다.

> 일본병을 물러나게 하고 악간惡奸 관리들을 축출해서 임금 곁을 깨끗이 한 후에 몇 사람 주석柱石의 선비를 내세워 정치를 하게 하고 우리는 곧장 농촌에 들어가 상직常職인 농업에 종사할 생각이었다. 하지만 국사를 들어 한 사람의 세력가에게 맡기는 것은 크게 폐해가 있는 것을 알기 때문에 몇 사람의 명사에게 협합協合해 합의법에 의해서 정치를 담당하게 할 생각이었다.[420]

여기에서 동학세력은 왕 주변에서 왕을 협박하는 일본군과 악하고 간사한 대신들을 축출하여 정사를 바로잡으려 했다는 점에서 동학세력의 거사 목적이 일제의 타도와 정부의 전복은 아니었음을 알 수 있다. 즉, 동학세력은 기존 질서를 유지하는 가운데 '보국안민輔國安民'을 추구하려 했을 뿐, 정부를 뒤엎고 스스로가 이를 대체하려는 것은 아니었다.

---

420 박은봉, 『한국사 100장면』(서울 : 가람기획, 1993), p. 262.

다음으로 의병운동은 일제의 침탈이 본격화되는 과정에서 촉발되었기 때문에 전기, 중기, 그리고 후기 의병 모두가 공통적으로 '반제국주의'를 지향하고 있었다. 다만, '반봉건주의'라는 관점에서는 시기에 따라 그 성격의 변화가 두드러졌다. 초기에는 봉건적 질서를 수호하려는 성향이 강했으나, 중기 이후에는 점차 반봉건주의로 변화하다가 마지막에는 왕조를 타도하려는 혁명적 시도로 이어졌던 것이다.

먼저 명성황후 시해 사건과 단발령을 전후로 유생이 중심이 되어 일어난 전기 의병은 유교적 질서를 수호하고 서구 사상과 이념을 배격하는 위정척사의 성격을 가졌다. 이들은 개항 이후 일련의 개화정책에 의해 위기가 초래된 봉건적 지배질서를 수호하기 위해 이루어진 반일·반개화 항쟁이었다는 점에서 봉건질서의 타파를 주장한 동학혁명 이념과 배치되는 것이었다. 즉, 초기의 의병은 척사이념을 추종하는 봉건적 성격이 강한 반일민족운동으로 구질서를 옹호했다는 점에서 오히려 반혁명적인 것으로 볼 수도 있다.

그러나 중기 의병 이후부터는 의병운동의 성격이 크게 변화했다. 기본적으로 국가주권을 회복하려는 반제국주의적 구국이념이 여전히 근간을 이루는 가운데, 봉건질서에 대해서는 전통 유림을 중심으로 한 충군적 성향부터 평민 의병이 주장하는 반봉건적 성향에 이르기까지 다양하게 나타났다. 이는 을사조약이 체결된 이후 의병운동이 전국적으로 확산되고 유생뿐 아니라 군인, 관료, 농민, 포수, 상인 등이 합류하면서 다양한 계층의 이념이 반영되었기 때문이다. 그리고 후기로 가면서 의병은 을사조약을 체결한 정부가 국가주권을 더 이상 행사할 수 없거나 이를 포기한 것으로 인식하여 정부를 대체하려는 반봉건 혁명의 색채를 더욱 강화했다.

1908년 1월 연합의병부대인 13도창의군十三道倡義軍의 한성 공격은 후기 의병의 혁명적 성격을 대변하는 사례이다. 1907년 9월 500여 명으로 원주에서 의병을 일으킨 이인영李麟榮은 한성 공격을 목표로 관동 지역 의병들을 통합하여 관동창의군關東倡義軍을 결성했다. 10월 그는 통합 의병부대를 조직하여 한성으로 진격하려는 자신의 계획에 따라 전국 각 지역의 의병장들에게 경기도 양주에 모일 것을 촉구했다. 그리고 12월 양주에 집결한 1만여 명의 의병부대를 통합하여 13도 창의군을 결성했다.[421] 이 과정에서 이인영은 김세영을 한성에 잠입시켜 각국 영사관에 일본이 침략을 성토하는 격문檄文을 전달했는데 그 요지는 다음과 같다.

◈ 이인영이 각국 영사관에 전달한 격문의 요지

- 일본의 학독虐毒함에 대해 만국공법에 비추어 제재를 가해야 한다.
- 의병부대가 순수한 애국단체이니 정의와 인도를 주장하는 여러 나라들은 이를 만국공법에 입각하여 전쟁단체로 인정하고 성원해주어야 한다.[422]

여기에서 이인영이 주도한 13도창의군은 혁명이라는 관점에서 다음과 같은 이유로 근대적인 성격을 갖는다. 첫째, 서구 열강과의 관계를 더 이상 '양이洋夷'가 아닌 '만국공법萬國公法'의 틀에서 접근했다는 것이다. 이인영은 각국 영사관에 보낸 문서에서 일본의 학독虐毒함에 대해 "만국공법에 비추어 제재를 가해야 할 것"이라고 언급했다. 그가 만국공법을 거론한 것은 이전까지 유생들이 견지했던 중국 중심의 세계관에서 벗어나 국제법에 의한 국제질서를 수용한 것으로 근대적 인식을 드러낸 것이었다. 이전까지 화이적 세계관을 가진 척사파 유생들이 주도한 초기의 의병과 달리, 후기 의병은 서구에 뿌리를 둔 '만국공법'의 틀 내에서 일제에 대항하고자 한 것이다.

둘째, 의병을 '전쟁단체' 및 '애국단체'라고 주장했다는 것이다. 이인영

---

421 백기인, 『한국근대 군사사상사 연구』, p. 171-178.

422 駐韓日本公使館記錄, 警秘發 제786호, 大韓每日申報ト暴徒: 第二回 李麟榮問答調書. pp. 734-735. 오영섭, "한밀 13도창의대장 이인영의 생애와 활동", 『한국독립운동사연구』, 제19집(2002년 12월), p. 220에서 재인용.

은 각국 영사관에 의병이 "순수한 애국단체이므로 만국공법상의 전쟁단체로 인정해줄 것"을 요구했다. 그가 스스로 의병을 전쟁단체로 규정한 것은 애초에 정부로부터 승인을 받지 않은 것으로, 정부와 군대를 부정하고 대한제국이라는 국가를 부정하는 것으로 볼 수 있다. 또한 '애국단체'라고 주장한 것은 의병의 한성 진공이 국가를 위한 행동이라는 점에서 정당성을 강변한 것으로 볼 수 있다.

셋째, 의병이 한성에 들어가 일제 통감統監과 담판을 하려 했다는 것이다. 이는 군주가 주권을 더 이상 행사하지 못하는 상황에서 군주 대신에 백성이 주체가 되어 국가를 대표한다는 것으로, 이전까지 대한제국이 황제의 국가였다면 이제는 국민의 국가로 인식이 전환되고 있음을 의미한다.

더욱이 이인영은 13도창의군을 결성하여 수도로 진공하기로 결심하면서 다음과 같이 언급했다.

> 용병의 요체는 부대가 홀로 활동하는 것을 피하고 일치단결하는 데 있으니 각 도의 의병을 통일하여 둑을 무너뜨리는 형세를 타서 근기近畿로 쳐들어가면 천하에 우리 소유가 되지 않을 것이 없을 것이며, 한국의 (문제를) 해결하는 데에도 유리함을 볼 수 있을 것이다.[423]

여기에서 그는 천하를 '우리의 소유'로 하고 '한국의 문제'를 해결한다고 함으로써 정부의 역할을 국민이 대체하는 혁명적 인식을 분명히 드러냈다. 일제가 매국세력과 함께 을사조약과 정미조약을 체결하여 재정권, 행정권 일체를 장악하고 정부 내에 일제의 앞잡이가 가득한 상황에서 현 정부를 '백성들의 정부'로 인정할 수 없었다. 그래서 이인영은 한성진공작전을 통해 현 정부를 타도하고 새로운 정부를 수립하겠다는 혁명적 의지

423 오영섭, "한밀 13도창의대장 이인영의 생애와 활동", p. 220.

를 표명했던 것이다.[424]

이렇게 볼 때 구한말 동학혁명과 의병운동이 내걸었던 '반봉건 및 반제국주의'가 추구한 목적에는 상당한 변화가 있었음을 알 수 있다. 일본을 겨냥한 반제국주의는 비록 일관되게 유지되었으나 시간이 지나면서 그 강도는 더욱 높아졌다. 정부와 지배층을 겨냥한 반봉건주의는 좀 다르다. 유생들을 중심으로 한 초기 의병의 경우 오히려 기존의 봉건질서를 수호하려는 봉건적 목적을 가졌으나 후기로 갈수록 정부를 인정하지 않고 이를 대체하려는 반봉건적 성향이 강화되었다. 이에 따라 의병운동의 목적은 초기에 정부와 '타협'을 모색하던 것에서 후기에는 정부를 '타도'하는 것으로 돌아서게 되었다.

라. 정치적 목적 부재: 일본의 전쟁 호응

구한말 조선과 대한제국 정부는 전쟁의 문제에 대해 별다른 생각이 없었기 때문에 한반도에서 강대국들 간의 전쟁에 뚜렷한 입장을 갖지 못했다. 그래서 침략국인 일본이 청나라 및 러시아와의 전쟁에서 추구하는 정치적 목적을 달성할 수 있도록—비록 일본의 강압에 의해서였지만—돕는 역할을 했다. 이러한 전쟁의 결과에 따라 국가의 운명이 좌우될 수 있음을 알지 못한 채 스스로 무덤을 파는 결과를 초래한 것이다.

동학혁명을 계기로 조선에 군사력을 파견한 일본은 1894년 6월 21일 새벽 군대를 동원하여 경복궁을 점령하고 궁궐을 수비하던 조선군의 무장을 해제시켰다. 이어 기존의 정부 관리들을 축출하고 친일 인사로 구성된 개화정권을 수립했다. 6월 23일 청나라를 상대로 전쟁을 개시한 일본은 평양 전투를 앞둔 7월 26일 조선 정부를 협박하여 강제로 '조일양국맹약朝日兩國盟約'을 체결했다. 이는 일본 특명전권공사 오오토리 게이스케大鳥圭介와 조선 외무대신 김윤식 사이에 체결된 군사동맹조약으로 그 내용은 다음과 같다.

---

424 육군군사연구소, 『한국군사사 12: 군사사상』, p. 391.

◈ '조일양국맹약'의 내용

- 제1조. 청병을 조선국의 국경 밖으로 철퇴시켜 조선국의 자주독립을 공고히 하고 조일 양국의 이익을 증진한다.
- 제2조. 일본국은 청국에 대해 공수의 전쟁을 담당하고 조선국은 일본군의 진퇴와 그 식량준비 등의 사항을 위해 반드시 협조하여 편의를 제공해야 한다.
- 제3조. 청국에 대한 평화조약이 이룩됨을 기다려 폐기한다.

이러한 조약을 강요한 일본의 의도는 첫째로 "청병을 조선국의 국경 밖으로 철퇴시킨다"고 명시함으로써 자국의 선제공격으로 시작된 청일전쟁을 마치 조선 정부로부터 의뢰받은 것처럼 하여 합리화하고, 둘째로 "조선이 전쟁의 편의를 제공"하도록 함으로써 조선 정부로 하여금 전쟁에 필요한 인력과 물자를 지원토록 하려는 것이었다. 즉, 일본군은 전쟁의 승패를 가를 평양 전투를 앞두고 당면한 군수지원 문제와 함께 조선인들의 반일감정과 저항 가능성, 그리고 일본군의 요구에 대한 지방 관리들의 비협조 가능성 등을 우려했는데, 이러한 문제들을 조선 정부가 적극 나서 해소하도록 하기 위해 '맹약'을 체결한 것이다.[425] 실제로 일본은 이 맹약을 근거로 평양 전투에 조선군 일부를 동원할 수 있었고, 방대한 양의 군수품을 운반하는 데 조선인 인부를 활용할 수 있었다. 또한 20만이 넘는 일본군·군속 등의 식량 대부분을 일본에서 수송하지 않고 조선 정부의 책임 하에 현지에서 징발하여 군수지원의 부담을 덜 수 있었다.[426]

대한제국은 러일전쟁에서도 일본의 전쟁을 도울 수밖에 없었다. 일본과 러시아 간의 긴장이 고조되자 대한제국은 어느 편에도 서지 않고 중

---

425 육군군사연구소, 『한국군사사 9: 근현대 Ⅰ』, pp. 261-262.

426 앞의 책, p. 262.

립을 지키고자 했다. 그러나 러시아와 전쟁을 결심한 일본은 대한제국의 중립에 반대했다. 전쟁 기간 동안 한반도에서의 원활한 군수지원을 위해서라도 대한제국을 동맹으로 끌어들여야 했기 때문이다. 러시아에 선전포고를 한 다음날인 1904년 2월 10일 하야시 곤스케林權助 공사는 고종을 알현하고 한일동맹조약을 체결할 것을 요구했다. 11일에는 조선 궁내부 고문 가토 마스오加藤增雄는 대한제국의 '전시중립선언'이 국제적으로 효력을 가질 수 없다며 한일동맹조약을 체결하도록 압박했다. 그리고 하야시 공사는 13일 동맹조약의 초안을 대한제국 정부에 일방적으로 전달한 데 이어, 23일에는 일본군 제12사단장을 비롯한 장교들을 대동하여 위력을 과시하는 가운데 '한일의정서韓日議定書'를 강제로 체결하게 했다.

◈ '한일의정서'의 내용

- 제1조. 한일 양제국은 항구불역恒久不易할 친교를 보지保持하고 동양의 평화를 확립하기 위해 대한제국 정부는 대일본제국 정부를 확신하고 시정施政의 개선에 관하여 그 충고를 들을 것.
- 제2조. 대일본제국 정부는 대한제국의 황실을 확실한 친의親誼로써 안전·강녕康寧하게 할 것.
- 제3조. 대일본제국 정부는 대한제국의 독립과 영토 보전을 확실히 보증할 것.
- 제4조. 제3국의 침해나 혹은 내란으로 인해 대한제국 황실의 안녕과 영토 보전에 위험이 있을 시에는 일본 정부는 곧 임기 필요한 조치를 행하며, 대한제국 정부는 일본 정부의 행동이 용이하도록 십분 편의를 제공할 것. 대일본제국 정부는 전항前項의 목적을 성취하기 위해 군략상 필요한 지점을 수시 사용할 수 있을 것.

• 제5조. 대한제국 정부와 대일본제국 정부는 상호의 승인을 경유하지 않고 훗날 본 협정의 취지에 반하는 협약을 제3국과 체결하지 않을 것.
• 제6조. 본 협약에 관련된 미비한 세조細條는 대한제국 외부대신과 대일본제국 대표자 사이에 임기 협정할 것.

한일의정서는 러일전쟁 기간 동안 대한제국이 일본군의 작전을 돕는 것뿐 아니라, 일본이 대한제국을 보호한다는 내용을 담아 한반도를 식민지화하려는 의도를 드러냈다. 일본은 한일의정서 제4조에서 "대한제국 황실의 안녕과 영토 보전에 위험이 있을 시에는 일본 정부는 곧 임기 필요한 조치를 취할 것"이라고 하여 언제든 황실 보호를 명목으로 군사적으로 개입할 수 있게 되었다. 또한 "대한제국 정부는 일본 정부의 행동이 용이하도록 십분 편의를 제공할 것"과 일본 정부는 "군략상 필요한 지점을 수시 사용할 수 있을 것"을 명시하여 러일전쟁 기간 동안 대한제국의 지원을 받을 수 있게 되었다. 그리고 제5조에서는 한일 양국이 "본 협정의 취지에 반하는 협약을 제3국과 체결하지 않을 것"이라고 하여 대한제국이 러시아와 군사협력을 추진할 가능성을 차단했다.[427]

한일의정서를 체결한 당일 일본은 재정을 담당한 이용익을 비롯해 반일 성향의 관리들을 납치하거나 퇴출시키고 친일적 인물을 배치함으로써 대한제국 정부로 하여금 일본의 전쟁수행을 돕도록 했다. 군수물자 수송과 군량미 징발에 대한 반발을 억제하고 지방 관리들의 원활한 협조를 강제하기 위해 대한제국 정부로 하여금 엄한 칙령을 내려 일본군에 협력하도록 했다. 특히 외무참의 이중하李重夏를 평양관찰사 겸 선유사宣諭使로 파견하면서 그에게 지방 관리들의 임면권을 부여함으로써 서북 지방 관리들을 현장에서 감시하고 통제하도록 했다. 또한 대한제국 내부에서 러시아에 호응하거나 대한제국 군인이 일본군에 창을 겨눌 경우 적으로 간주

427 육군군사연구소, 『한국군사사 9: 근현대 Ⅰ』, pp. 413-414.

하여 단호히 대응하겠다고 협박했다.[428] 이를 통해 일본은 대한제국 정부로 하여금 러시아와 제휴하지 못하도록 견제하면서 대한제국의 지원을 받아 러일전쟁을 수행할 수 있었다.

러일전쟁의 승리가 확실해지면서 일본은 대한제국을 식민지화하기 위해 본격적으로 나섰다. 1905년 7월 29일 일본 수상 가쓰라 다로桂太郎는 미 육군장관 윌리엄 태프트William Howard Taft와 비밀협약인 '가쓰라-태프트' 밀약을 맺고 미국의 필리핀 지배를 인정하는 조건으로 한국의 지배를 약속받았다. 8월 12일에는 제2차 영일동맹을 체결하여 인도에서 영국의 특수이익을 인정하는 조건으로 한국 지배를 보장받았다.[429] 11월 9일 특명전권공사 이토 히로부미伊藤博文는 정부 대신들을 매수 또는 협박하여 17일 '을사조약乙巳條約'을 강제로 체결하게 했다. 이 조약은 최소한의 합의도 비준서도 없이 절차상의 기본 요건을 갖추지 않은 채 강압적으로 체결되었지만, 일본은 이를 통해 대한제국의 외교권을 박탈하고 통감부統監府를 설치하여 내정에 간섭하기 시작했다. 그리고 1907년 7월 19일 헤이그 특사를 파견한 고종황제를 강제로 퇴위시킨 데 이어, 8월 1일 시위보병 1개 대대만을 남기고 대한제국의 군대를 해산시켰다.

러일전쟁에서도 대한제국 정부가 의도했던 목표나 정책은 없었다. 단지 러시아와의 전쟁에서 일본이 의도한 정치적 목적을 달성하는 데 도와주었을 뿐이었다. 그리고 일본이 추구한 궁극적인 목적은 한반도에서 러시아의 영향력을 제거함으로써 대한제국을 일본의 보호국으로 만드는 것이었다. 이를 인식했든 인식하지 못했든 대한제국은 자국을 파멸시키려는 일본의 침략전쟁에 부응했던 것이다.

---

428 육군군사연구소, 『한국군사사 9: 근현대 Ⅰ』, pp. 415-416.

429 앞의 책, pp. 420-421.

3. 전쟁수행전략

가. 간접전략

(1) 동맹전략: 균형전략의 실패

구한말은 외교가 중요한 시기였다. 서구 열강들의 침략이 본격화되는 시기에 국권을 수호하기 위해서는 한반도에서 진행되는 치열한 역학관계의 변화를 고려하여 균형 혹은 편승전략을 적절하게 구사해야 했다. 그러나 조선과 대한제국의 외교적 노력은 어설펐다. 처음에는 서양 세력을 모두 적으로 인식하여 힘이 빠진 청나라와 동맹을 추구하다가, 개항 이후 갑신정변에서는 잠시 새롭게 강대국으로 부상하는 일본에 편승을, 그리고 을미사변 이후에는 일본을 견제하기 위해 러시아와 동맹을 추구하는 등 외교적 일관성을 유지하지 못한 채 우왕좌왕했다. 결과적으로 조선과 대한제국은 이러한 동맹전략에 실패함으로써 한반도 상황을 안정적으로 관리하지 못하고 일본의 식민지로 전락하게 되었다.

구한말 조선은 서구 열강들의 침탈을 견제하기 위해 일방적으로 청나라에 의지했다. 대원군이 집권한 시기에 조선은 두 번의 양요와 운양호 사건을 치르며 쇄국정책으로 일관했는데, 이는 위정척사 이념을 반영한 것으로 청나라를 종주국으로 하는 대외관계를 유지하려는 것이었다. 개항 이후에도 조선은 임오군란, 갑신정변, 그리고 동학혁명이 사례에서 볼 수 있듯이 청나라의 도움을 받아 대내외적 위기에 대응하고자 했다. 그러나 청나라에 의지하여 서구 열강들을 견제하려는 조선의 균형전략은 청나라의 국력이 이미 쇠퇴한 상황에서 별다른 효과를 거둘 수 없었으며, 청나라가 일본과의 전쟁에서 패배하면서 더 이상 작동할 수 없게 되었다. 청나라에 의존한 조선의 균형전략은 사실상 명청 교체기에 부질없이 명나라에 의존했던 과거 실패한 외교의 재탕이었다.

1884년 갑신정변은 조선이 새롭게 부상하는 강대국인 일본에 편승하려 했던 사례였다. 대원군 이후 청나라와의 동맹을 통해 일본을 견제하려던 균형전략에서 벗어나, 역으로 일본과 제휴하여 청나라의 지나친 내정 간섭을 저지하고 자주적 입장을 강화하려 한 것이다. 그러나 이러한 편승 시도는 청나라가 군사적으로 개입한 결정적인 순간에 전쟁을 우려한 일본이 약속을 어기고 군사력을 철수시킴으로써 실패로 돌아갔다. 개화세력은 일본을 동맹으로 믿고 의지하여 정변을 추진했으나, 정작 일본은 청나라와 일전을 불사하면서까지 개화파 정부와 동맹을 이어갈 의지는 없었던 것이다.

1896년 2월 고종의 아관파천俄館播遷은 일본을 견제하기 위해 러시아와 연대를 강화했던 또 하나의 균형전략이었다. 1895년 8월 을미사변으로 백성들의 반일감정이 고조되고 의병운동이 전개되자 러시아는 공사관을 보호한다는 구실로 인천에 정박 중인 군함에서 수병 120명을 한성으로 이동시켜 배치했다. 명성황후의 시해에 분노한 고종은 친러파 이범진李範晉과 전 러시아 공사 베베르Karl Ivanovich Veber의 요청에 따라 러시아 공사관으로 거처를 옮기고, 내각 인사를 단행하여 김홍집을 비롯한 친일파를 면직하고 친러 인사들로 내각을 구성했다. 사실 조선은 을미사변 직전인 1895년 5월 러시아 황제 니콜라이 2세Nikolai II의 대관식에 사신을 보내 비밀협약을 체결했는데, 여기에는 러시아가 조선 국왕의 안전에 대해 책임을 진다는 내용이 포함되어 있었다.[430] 이미 고종은 일본을 견제하기 위해 러시아와의 연대를 모색하고 있었던 것이다. 러시아에 의지한 조선의 대일 균형전략은 1897년 2월 고종이 덕수궁으로 환궁한 이후에도 한동안 유지되었으나, 러시아가 일본과의 전쟁에서 패배하면서 수포로 돌아가게 되었다.

왜 조선과 대한제국은 동맹전략에 실패했는가? 그것은 우선 '적'을 조기에 명확하게 식별하지 못하고 균형 및 편승전략을 어설프게 추구했기 때문이다. 주적이 일본이고 조선을 합병할 것이라는 사실을 너무 늦게 파

---

430 육군군사연구소, 『한국군사사 9: 근현대 Ⅰ』, pp. 309-311.

악함으로써 반일동맹을 강화하거나 반대로 아예 일본에 편승할 기회를 잡지 못한 채 어정쩡하게 대응한 것이다. 사실 이미 국력이 쇠퇴한 청나라와의 연대는 최악의 선택이었으며, 러시아와의 연대는 동맹 수준으로 발전하지 못하고 변죽을 울리는 수준에 머물렀다. 차라리 일본에 편승하는 방안이 나았다고 생각할 수도 있으나, 대한제국의 군사력이 뒷받침되지 못한 상황에서 이마저도 여의치 않았을 것으로 보인다. 결국 대한제국의 멸망은 전쟁에 무심하고 군사적으로 허약한 국가가 받아들일 수밖에 없는 비극적 운명을 단적으로 보여준 사례였다.

(2) 계책의 활용: 고종의 이중 외교 사례

구한말 조선과 대한제국이 계책을 활용한 사례는 드물지만 러일전쟁을 앞두고 고종이 추구했던 '이중 외교'가 이에 해당한다. 고종은 만주와 한반도 문제를 놓고 일본과 러시아 간의 갈등이 고조되는 가운데 '중립화' 방안을 구상했다. 대한제국을 스위스나 벨기에와 같이 열강들의 보장을 통해 영세중립국永世中立國으로 만들어 독립을 보장받으려 한 것이다.[431] 1900년 8월 7일 고종은 조병식을 특명전권대사로 일본에 파견해 한국의 중립화 방안을 제시했다. 그러나 일본은 러시아의 만주 점령에 대응하여 한반도를 그들의 세력 범위로 만들려 했기 때문에 이를 거부했으며, 오히려 한일 간에 군사동맹을 체결할 것을 요구했다.[432] 그러나 고종은 1901년 3월 그동안 미뤄왔던 공사 임명을 단행하여 이범진을 주러 공사, 민영찬을 주불 공사, 민철훈을 주독 공사, 민영돈을 주영 공사로 파견하고, 이들을 통해 열강들을 상대로 중립화 외교를 전개했다.

러시아는 일본이 대한제국을 지배할 경우 만주로까지 영향력을 확대할 것으로 우려했기 때문에 고종의 중립화 방안에 찬성하는 입장이었다.

431 육군군사연구소, 『한국군사사 9: 근현대 Ⅰ』, p. 399.

432 이성환, "고종의 외교정책과 러일전쟁", 『일본문화연구』, 제35집(2010년), p. 332.

1902년 러시아는 미국에 러, 일, 미 3국이 공동으로 보증하여 대한제국을 중립화하는 안을 발의하도록 요청했다. 그러나 일본은 러시아 측의 대한제국 중립화 주장이 외교적으로나 군사적으로 한반도에 대한 일본의 이권을 구속하려는 술책이라고 인식하여 냉담한 반응을 보였다. 미국도 타국의 정치적 문제에 개입한 전례가 없다는 점을 들어 러시아 측의 요구를 일축했다. 대한제국 중립화 문제가 교착상태에 빠진 가운데 러시아는 1903년 초부터 압록강에서 삼림을 벌채하고 용암포龍巖浦에 군사기지를 건설하는 등 한반도에 진출하려는 움직임을 보이며 일본과 대립각을 세우기 시작했다.

러일 간에 전쟁 가능성이 높아지자 고종은 대한제국의 '중립화' 대신 '전쟁 중립'을 선언하고자 했다. 1903년 9월 3일 주일 특명전권공사 고영희는 일본 외무대신 고무라 주타로小村壽太郎에게 대한제국의 영토보전을 위해 대외중립을 선언하겠다고 통보했다. 그리고 그해 11월 정부는 러일 전쟁이 발발할 경우 중립을 지키겠다고 선언했다. 그리고 1904년 1월 21일 정부는 산둥성 즈푸芝罘(옌타이)에 있는 프랑스 공사관을 통해 러일 간의 평화가 결렬될 경우 대한제국 정부는 엄정중립을 지키겠다는 선언문을 외부대신 이지용의 명의로 각국에 타전했다.[433] 비록 대한제국은 2월 23일 일본의 강요에 의해 한일 군사동맹조약인 '한일의정서'에 서명하게 되지만 그 이전까지 일본과 러시아 사이에서 어느 편에도 서지 않으려 했음을 알 수 있다.

그런데 고종은 외교적으로 대한제국의 '중립화'와 '전시중립'을 추진하면서 비밀리에 러시아와의 제휴를 모색하고 있었다. 1903년 8월 15일 고종은 러시아 황제 니콜라이 2세에게 비밀리에 다음과 같은 내용의 서한을 보냈다.

---

433 육군군사연구소, 『한국군사사 9: 근현대 Ⅰ』, p. 405.

> 만일 전쟁이 발발하게 된다면 우리나라는 하나의 전쟁터가 됨을 면할 수 없을 것입니다. … 일본은 이와 같지 않아 오로지 침략하고 피해를 입히는 것만 일삼으니 이것이 분통하고 한스럽습니다. 우리나라는 이미 짐의 통할統轄에 맡겨 있으니 만일 하루아침에 일이 발생한다면 짐은 반드시 귀국과 연대하여 관계를 맺고자 합니다. … 만일 그때 어려움이 있게 되면 분명 폐하가 우리나라의 몇 세대에 걸친 원수世讎를 타파함을 도우리니 짐은 의당 사람을 시켜 일본 군사의 숫자며 거동과 그들의 의향이 어떠한가를 탐지해서 정밀하게 밝혀내어 귀국 군대의 원수에게 보고해 알려 귀국 군대의 세력을 돕겠습니다. 그리고 우리 인민에게 신칙申飭하여 적병이 오는 날 미리 재산과 곡식을 가져다 옮겨 숨기고, 곧바로 산과 계곡 사이로 몸을 피신하는 청야지책淸野之策을 사용하도록 할 것입니다.[434]

여기에서 고종은 일본을 '몇 세대의 원수'이자 '적국敵國'으로 규정하고, 만약 전쟁이 일어나면 대한제국은 반드시 러시아군을 돕고 최대한 편의를 제공하여 일본을 물리칠 것을 약속했다. 겉으로는 중립을 표방하면서 안으로는 친러·반일노선을 취했던 것이다.

1905년 1월 일본군이 뤼순을 함락한 직후 고종은 다시 비밀리에 니콜라이 2세에게 서한을 보내 '빠른 시일 내에' 러시아 군대의 한성 파병을 요청했다. 고종은 뤼순 함락이 분통하고 탄식할 일이지만 러시아가 조만간 회복해 차지하고 승리할 것으로 확신하면서 다음과 같이 언급했다.

> 현재 일본이 우리나라를 무례하게 상대함이 극심하고 병력을 억지로 데려와 내정을 간섭하여 백성을 선동해 혼란스럽게 만들어 나라의 형세가 위태한 지경에 이르니 그 까닭을 모르겠습니다. 장차 시각을 다투

434 육군군사연구소, 『한국군사사 9: 근현대 Ⅰ』, pp. 401-403.

는 재앙이 생길 듯함에 짐이 오직 바라고 믿는 것은 귀국의 대군大軍이 빠른 시일로 한성에 이르러 일본의 악독한 싹을 쓸어 없애버려 짐의 사정의 곤란함을 널리 구원하여 길이 독립獨立의 권리를 공고하게 만들 수 있기를 바랍니다. 귀국의 군대가 우리나라에 도착하는 날이면 내응하여 맞아들일 계책을 몰래 마련해둔 것이 이미 오래되었으며, 이후로 의당 행해야 할 일은 전국의 인민들이 곳곳에서 도와 힘과 정성을 다할 것입니다.[435]

여기에서 고종은 러시아 군사력을 빌려 대한제국을 보호국화하려는 일본의 음모를 저지하려 했음을 알 수 있다. 비록 고종은 1905년 3월 일본 천황 메이지에게 일본군의 랴오양 점령, 뤼순 함락, 봉천奉天(심양) 점령 등을 '동맹의 우의'로 축하하는 친서를 전달하면서 우호적 입장을 표명했지만, 러시아가 승리한다면 조만간에 군사적으로 개입하여 일본을 축출해 줄 것을 요청했던 것이다.

요약하면, 일본과 러시아에 대한 고종의 이중적인 외교는 러시아의 힘을 빌려 일본의 침탈을 저지하려 한 것이었다. 전쟁이 발발하기 전에 고종은 러시아가 승리할 것으로 확신했기 때문에 일본에 대해 중립적 입장을 표명하면서 러시아 황제에게는 군사적으로 협력하겠다고 약속했다. 그리고 전쟁이 발발한 후에는 비록 일본에 동맹국으로서의 입장을 취했지만 러시아가 승리한 후 한반도에 개입하여 일본의 침탈로부터 대한제국을 보호해 줄 것으로 기대했다. 이러한 고종의 노력은 비록 러시아의 전쟁 패배로 인해 허사가 되었지만 일본과 러시아를 상대로 한 이중 외교의 계책으로 볼 수 있다.

---

435 육군군사연구소, 『한국군사사 9: 근현대 Ⅰ』, pp. 406-407.

나. 직접전략

(1) 서구 열강의 침략 대비: '해방론'과 양요

중국이 두 번의 아편전쟁에서 '서양 오랑캐'에게 패배한 사건은 조선과 일본에 큰 충격을 주었고, 동아시아 국가들은 대외적 위기감 속에서 서구 열강의 침략을 막아낼 방안을 마련하고자 했다. 마침 제1차 아편전쟁 이후 중국에서는 전쟁을 통해 얻은 경험을 반영하여 해안을 방어할 방책을 담은 서적들이 간행되었다. 이는 기존에 육로를 통해 침입해오는 북방민족에 대한 방비를 중시하는 전통적인 '육방론陸防論' 대신에 바다로 침략해오는 서구 열강에 맞서 해안방어를 강조하는 '해방론海防論'에 관한 것이었다. 이 가운데 위원魏源의 『해국도지海國圖志』는 중국은 물론, 조선과 일본의 '해방론'에도 영향을 주었다.[436]

조선에서 제기된 해방론은 18세기 후반으로 거슬러 올라간다. 당시 안정복과 이덕무 등 실학자들은 해외정세에 대한 조선의 무지함과 무관심, 그리고 해안지역 방어의 허술함을 지적하면서 해안방어에 관심을 가져야 한다고 주장한 바 있다. 그러나 이는 어디까지나 서구가 아닌 주변의 만주족이나 일본의 침략에 대한 방어책이었다. 19세기 초반 서양 선박의 출몰이 잦아지면서 한치윤, 유득공, 정약용 등도 해방론을 주장했으나, 이들도 여전히 서양세력보다는 일본을 주요 위협으로 간주하고 있었다.[437]

---

436 최희재, "1874-5년 해방·육방논의의 성격", 『동양사학연구』, 제22권(1985), pp. 85-86. 위원은 서양의 실상을 정확하게 파악하고 그들의 장점인 기술을 이해함으로써 서구의 침략을 막아낼 수 있다고 보았다. 그리고 그러한 방안으로 해안을 지키는 의수(議守), 적과 전면적으로 싸우는 의전(議戰), 그리고 적과 화친하는 의관(議款)을 제시했다. 이 가운데 '의수'가 가장 우선이 되어야 하는데, 그것은 일단 지키지 못하면 싸우는 것도 화친하는 것도 불가능해지기 때문이다. 먼저 서구의 침입을 방어하는 의수의 방법으로는 서구의 선박이 큰 힘을 발휘할 수 있는 먼바다나 해구를 피하고 적함을 좁고 얕은 곳으로 유인하여 기동성을 떨어뜨린 뒤, 사방에서 포위하여 수륙 양면으로 포격과 화공 등을 가해야 한다고 주장했다. 다음으로 적과 전면적으로 싸우는 '의전'으로는 적의 원수국과 중국의 속국이 연합으로 해공 또는 육공에 나서야 하며, 서양의 무기와 군대양성, 훈련방법을 익혀서 제압해야 한다고 보았다. 마지막으로 적과 화친하는 '의관'으로는 적의 도발을 물리칠 수 없는 불가피한 상황에서 적의 요구를 들어주어 조약을 체결하되, 조약과 무역관계를 이용하여 적을 물리치는 방향으로 나아가야 한다고 주장했다. 육군군사연구소, 『한국군사사 12: 군사사상』, pp. 348-349.

437 육군군사연구소, 『한국군사사 9: 근현대 Ⅰ』, pp. 20-29.

이러한 해방론이 서양세력을 대상으로 하기 시작한 것은 제1차 아편전쟁 소식이 전해진 이후였다. 조선도 서구 열강들로부터 침략을 받을 수 있다는 위기의식이 높아지면서 이들의 공격에 효과적으로 대비하기 위해 해안방어를 강화해야 한다는 인식이 형성된 것이다. 다만 조선의 해방론은 전통적으로 육전에 무게중심을 둔 '소극적 해방론'과 해안방어력을 강화하여 해안에서 맞아 싸우는 '적극적 해방론'으로 나뉘어져 있었다.

우선 '소극적 해방론'을 주장한 사람으로는 윤섭尹燮과 박주운朴周雲을 들 수 있다. 1861년 훈련천총 윤섭은 '거험청야전술據險淸野戰術', 즉 험준한 지형을 활용한 청야전술을 통해 지구전으로 맞설 것을 주장했다. 서구의 장점인 우수한 대포와 함선의 효과를 무력화시키고 조선의 장점인 험준한 지세를 최대한 이용하기 위해서는 불리한 수전을 피하고 적을 내륙 깊숙이 끌어들여 육전을 유도해야 한다는 것이다. 1866년 전 헌납獻納 박주운도 조선의 지리적 장점을 살린 거험청야전술에 의한 지구전을 방책으로 제시했다. 그는 중국이 서구 열강에 패한 것은 상대가 강해서가 아니라 중국이 방어를 잘못했기 때문으로 보았다. 그는 조선이 천하에 강국으로 알려진 이유는 경제력이나 군사력이 강해서가 아니라 산악이 험준하기 때문이라고 지적하고, 산성과 민보를 이용한 청야전술로 싸운다면 충분히 방어할 수 있다고 주장했다. 그의 구상은 해안으로부터 시작하여 차츰 내지에 이르기까지 민보를 설치하여 축차적으로 대응하자는 것이었다.[438]

다음으로 '적극적 해방론'을 주장한 사람으로는 박규수朴珪壽와 강위姜瑋를 들 수 있다. 박규수는 1866년 2월부터 1869년 4월까지 평안도 관찰사를 지내면서 제너럴 셔먼 호 사건에 직접 대응하고 대동강 하구 방어체계를 강화하는 임무를 수행한 바 있다. 셔먼 호 사건 직후인 1866년 8월 박규수는 장계를 올려 서구의 재침을 막기 위해 대동강 입구에 서양 대포가 뚫을 수 없는 토성을 쌓아 진을 구축할 것과 대형 병선을 건조할 것, 조

438 육군군사연구소, 『한국군사사 12: 군사사상』, pp. 29-34.

총수 50명을 모집해 배치할 것, 그리고 내륙의 4개 진을 없애고 그 병력을 해안에 새로 신설하는 진의 경비에 쓸 것을 건의했다. 내륙방어력보다 해안방어력을 대폭 강화하자는 주장이다. 1866년 8월 하순 개화운동가로 병법에 밝았던 강위는 서구 열강의 침략을 방어하기 위한 상소를 올렸는데, 여기에서 그는 바다로부터 공격해오는 적을 내하 깊숙이 끌어들여 격파하는 '강방江防'을 주장했다. 이는 위원이 제시한 전술의 영향을 받은 것으로 적 군함을 해안 또는 해구에서 방어하지 않고 좁고 얕은 강 상류로 유인하여 공격하는 것이었다.[439]

이러한 해방론이 조선군의 전술로 채택되어 병인양요와 신미양요에서 실제로 사용되었는지는 알 수 없다. 다만 병인양요의 경우에는 '소극적 해방론'의 개념을 통해 프랑스군의 전투의지를 꺾었다는 점에 주목할 필요가 있다. 사실상 화력이 우세한 프랑스군을 해안에서 맞아 싸우는 것은 무리였다. 프랑스군은 강화도 공격에 나서 쉽게 강화읍성과 통진을 점령했고, 협상이 결렬되자 이내 문수산성을 공격하여 점령했다. 그러나 프랑스군은 강화도 남쪽 내륙의 요충지인 정족산성 공략에는 실패했다. 9월 30일 조선군이 정족산성에 잠입했다는 소식을 들은 프랑스군은 10월 3일 150명을 투입하여 공격을 개시했으나, 이 전투에서 지형의 이점을 활용한 조선군의 완강한 방어를 뚫지 못하고 갑곶 야영지로 퇴각했다. 이 전투를 계기로 프랑스군은 조선 정부와 강화도민이 항전의지를 굽히지 않고 있음을 깨달았고, 그들이 의도했던 통상교섭이 어렵다고 판단하여 철수했다.[440]

미 군함 제너럴 셔먼 호 사건은 강위의 '강방' 개념을 적용하여 성공한 사례였다. 제너럴 셔먼 호는 7월 평양에서 부족물자를 공급받았음에도 돌아간다는 약속을 지키지 않고 대동강 상류로 거슬러 올라와 정박했다. 이

---

439 육군군사연구소, 『한국군사사 12: 군사사상』, pp. 34-36.

440 육군군사연구소, 『한국군사사 9: 근현대 Ⅰ』, pp. 65-71.

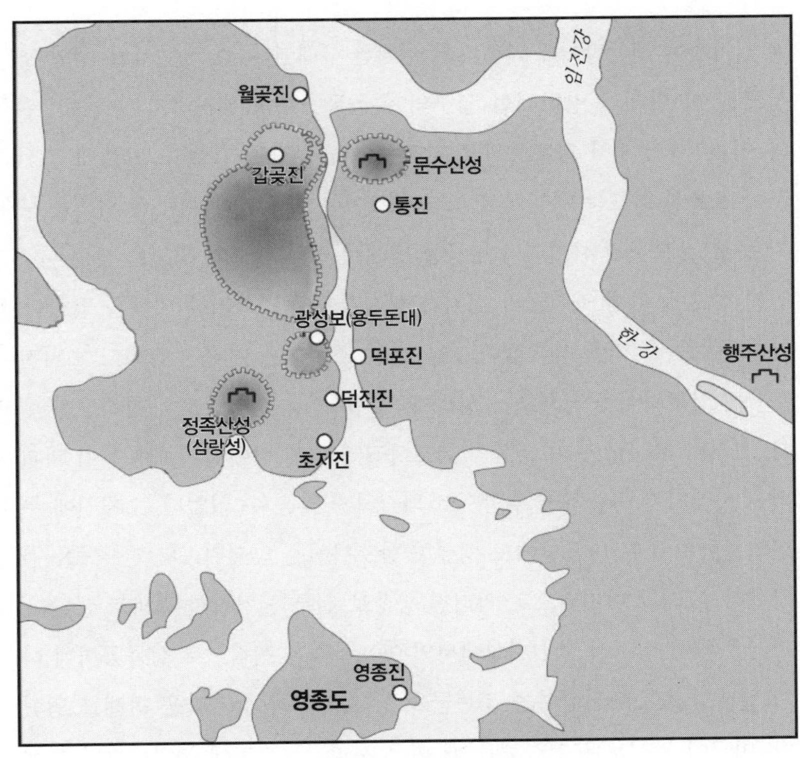

〈그림 7-1〉 강화도 요도

들은 조선인을 억류하고 석방 대가로 쌀 1,000석과 금전을 요구하여 평양 백성들의 공분을 샀다. 셔먼 호가 억류자를 풀어주지 않은 채 지나가는 상선을 약탈하고 대포를 쏴 평양 군민을 살상하자, 평안도 관찰사 박규수는 7월 22일부터 24일까지 상하류의 요충지를 막고 화공을 가해 셔먼 호를 불태우고 모든 선원을 사살했다. 제너럴 셔먼 호 사건은 적 군함 1척에 대한 대응이었지만 강안에서 적극적 해방론을 이행한 사례로 볼 수 있다.[441]

그러나 신미양요는 조선이 미군의 공격에 대해 '적극적 해방론' 개념

441 육군군사연구소, 『한국군사사 9: 근현대 Ⅰ』, pp. 74-77.

에 입각하여 해안방어에 나섰다가 실패한 사례였다. 1871년 4월 14일 조선군은 미 함대가 강화해협 입구의 손돌목孫突項을 통과하자 광성보廣城堡와 덕포진德浦鎭에서 화포사격을 가하여 기습공격을 가했다. 그런데 조선군이 보유한 화포는 재래식 소구경 화포여서 미 함대에 아무런 피해를 주지 못했고, 오히려 사거리나 명중률 면에서 당시 최고의 성능을 갖춘 미 8인치 함포에 의해 조선군의 진지가 삽시간에 무력화되는 피해를 입었다. 그러나 이는 서막에 불과했다. 4월 23일 조선군은 미군이 강화도 초지진草芝鎭에 상륙하여 공격해오자 성곽에 의지하여 농성전으로 대항하고자 했다. 그러나 조선군은 미 군함의 함포사격에 의해 방어진지 대부분이 파괴되고 사상자가 속출하자 후방으로 퇴각하지 않을 수 없었다. 초지진에 무혈입성한 미군은 다음날에도 맹렬한 함포사격을 앞세워 덕진진德津鎭을 함락했다. 그리고 마지막으로 치러진 광성보 전투는 처참한 결과로 끝났다. 미군은 해상 함포사격과 지상에서의 야포사격을 시작으로 상륙공격에 나서 결사항전으로 저항하는 조선군을 상대로 살육에 가까운 피해를 입혔다. 미군이 광성보를 점령했을 때 미군 사망자는 3명에 불과했으나 조선군 사망자는 350명이었다. 근대화된 무기체계에 대항하여 육탄으로 맞서는 것이 얼마나 무모한 것인지 보여준 사례였다.[442]

요약하면, 구한말 조선은 서구 열강의 함포외교에 대응하여 해안방어에 주안을 두었다. 그러나 이러한 방책은 근대화된 무기체계를 도입하려는 노력을 배제한 채 기존의 원시적 무기를 가지고 대응하는 것으로, 막강한 화력으로 무장한 서구세력을 대적하는 데에는 한계가 있었다. 중국의 '중체서용中體西用'이나 일본의 신문물 도입은 우선 서양을 알고 서양의 장점인 기술을 습득하는 것을 전제로 했다. 그러나 조선은 쇄국정책을 취함으로써 근대적 군사력을 도입할 수 있는 기회를 놓쳤으며, 이는 결국 무력을 갖추지 못한 대한제국이 일본의 압도적 군사력에 굴복하여 주권을 빼

442 육군군사연구소, 『한국군사사 9: 근현대 Ⅰ』, pp. 87-96.

앗기는 원인이 되었다.

(2) 동학세력의 혁명전쟁전략: 소모적 섬멸전략의 한계

일반적으로 혁명세력은 적을 지치게 하는 고갈전략 후에 약화된 적을 섬멸하는 전략을 추구한다. 군사적으로 정부군보다 약한 혁명군은 적과 결정적인 전투를 회피하면서 지구전으로 나아가야 한다. 그리고 그렇게 하여 얻은 시간에 선전선동을 전개하여 혁명의 정당성을 확보하고 민심을 획득하며 점차적으로 세력을 강화해나가야 한다. 부득이하게 싸워야 할 경우에는 정면대결을 피하면서 적의 약한 부분을 치고 빠지는 게릴라전을 전개하여 정부군의 의지와 역량을 지속적으로 약화시켜야 한다. 그리고 시간이 지나 혁명세력이 정치적으로나 군사적으로 정부군을 압도할 수 있게 되면 비로소 결전에 나서 최종적인 승리를 달성하게 된다.

그러나 전봉준이 이끄는 동학혁명세력은 처음부터 고갈전략이 아닌 섬멸전략을 추구했다. 정부와 일본군이 연합으로 동학혁명군을 진압하기 위해 나섰음에도 불구하고 이들은 오히려 정부연합군의 공격을 피하지 않고 적극적으로 공격에 나섰다. 그리고 그러한 공격도 적의 약한 측후방을 공략하는 기동전략이 아니라 적을 정면에서 공격하는 무모하고도 소모적인 방식을 취했다. 무엇보다도 동학세력은 혁명에서 가장 중요한 민심을 충분히 확보하지 않은 채 봉기에 나선 것으로 보인다. 비록 농민 계층으로부터는 호응을 얻었지만, 민보군, 즉 양반, 지주, 토호, 아전, 상인 등으로 구성된 지방의 민병대가 정부군의 편에 서서 혁명군을 공격한 것은 동학세력이 광범위한 지지층을 확보하지 못했음을 보여준다.

제1차 농민혁명 이후 집강소執綱所—동학혁명군이 전라도 각 고을邑·州의 관아에 설치한 민정기관—활동에 주력하고 있던 전봉준은 1894년 6월 일본군이 경복궁을 무력으로 점령하고 국권을 훼손한 데 분개하여 제2차 봉기를 준비했다. 그는 9월부터 동학혁명군 무장대를 훈련시키고 전쟁에 필요한 재정적 준비를 갖추었으며, 민심을 수습하여 농민들이 봉기에 참여하도록 유도했다.[443] 제2차 봉기의 목적은 일제에 호응하는 중앙 관료를 갈아 치우고 일본군과 접전하여 일본 군대를 철수시키는 것이었다. 일본군이 8월에 평양 전투에서 승리하고 9월 말 압록강을 건너 청나라 영토로 진입하자, 동학혁명군은 10월 초 논산에서 집결하여 우선 공주를 점령한 다음 한성으로 진격하고자 했다.[444]

일본은 청일전쟁에서 승리가 확실해지자 동학혁명군에 대한 토벌에 나섰다. 일본 대본영은 동학혁명군이 한성으로 올라온다는 정보를 접하고 9월 본토에서 진압군을 파병했으며, 10월 초에는 청일전쟁에 참전하고 있는 병력 일부를 혁명군 토벌로 돌렸다. 9월 18일 일본은 조선 정부에 양국이 협력하여 동학혁명군을 토벌할 것을 다음과 같이 요청했다.

> 지난날 본사本使(일본 공사)가 누차 귀 대신께 선유사를 파견하여 그들을 불러 위유慰諭를 하도록 하고, 그들은 그래도 귀순하지 않으면 병력을 동원하여 토벌을 감행하도록 하여, 그때 우리도 병력을 파견하여 초토剿討를 돕게 하도록 권고하였습니다. … 더욱이 본년 7월 26일 우리 양국은 맹약을 체결하고 청병清兵을 국경 밖으로 물리칠 것을 주지로 합의하였으나, 지금 비도들이 패전한 청병과 결탁하여 우리 병사들과 인민들을 물리치자는 명분을 내세우고 있습니다. … 경성과 부산 두 곳에 우리 병사 약간 명을 파견하여 귀국 병사와 합세한 후… 그 비당匪黨들을 소탕하여 한 나라의 화근을 영원히 제거코자 하오니… 우리 병사들과 마음을 함께하고 또 죽을 힘을 다하여 비도들을 초멸하도록 하여, 이들이 큰 전공을 세운다면 우리 양국은 더없이 다행스러울 것입니다.[445]

---

443 육군군사연구소, 『한국군사사 9: 근현대 Ⅰ』, p. 268.

444 앞의 책, pp. 265-269.

445 앞의 책, pp. 270-271.

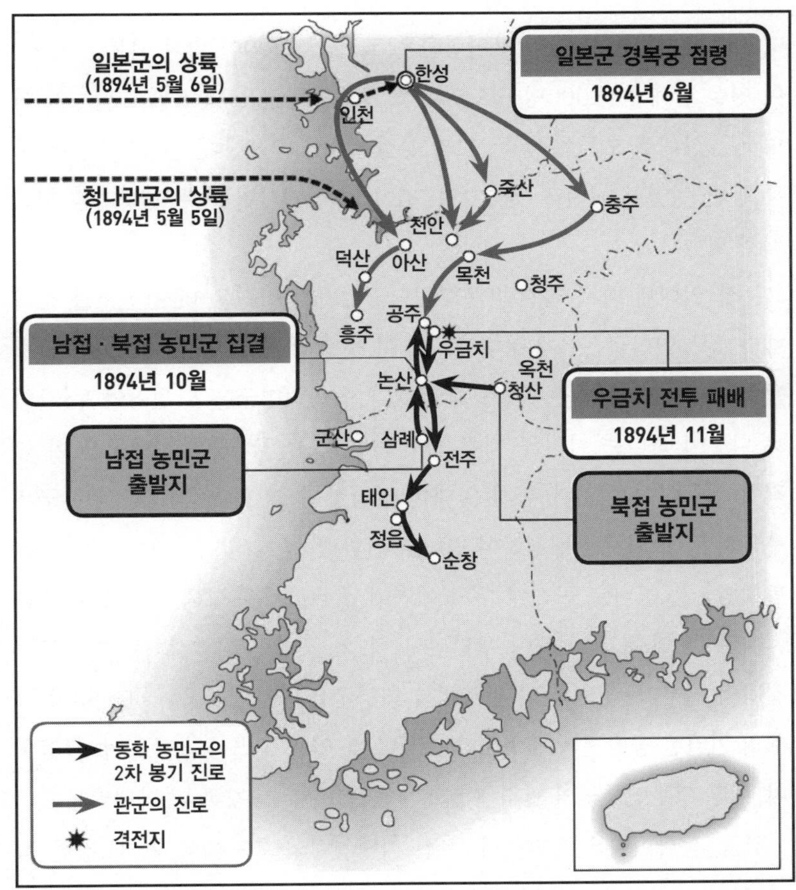

〈그림 7-2〉 동학혁명 전개 요도

21일 조선 정부는 일본이 제시한 동학혁명군에 대한 연합토벌 요청을 수락했다. 이로써 일본은 새로 구성된 갑오개화파 정부와 결탁하여 동학혁명군 토벌에 나설 수 있게 되었다.

제2차 봉기에 나선 동학혁명군은 논산에 대도소大都所—교단의 중앙 사무조직—를 설치한 뒤 10월 20일 논산을 출발하여 공주를 공격하기 위해 나섰다. 10월 25일 전봉준이 이끄는 농민군은 충청도 웅치에서 정부연합군을 상대로 일대 접전을 벌였다. 혁명군의 규모는 알 수 없으나 약 2만여 명으로 추산되는 반면, 정부연합군은 조선군 3,200여 명과 일본군 2,000여 명을 합해 총 5,000명 정도였다.[446] 정부연합군은 세 갈래로 나누어 혁명군을 상대로 오른쪽, 왼쪽, 그리고 정면에서 공격했다. 동학혁명군은 하루 동안 치열한 접전을 벌였으나 70여 명의 전사자를 내고 군기를 뺏긴 채 후퇴했다.

논산 일대에 다시 집결한 동학혁명군 2만여 병력은 다시 전투를 준비했다. 정부연합군은 3개 부대로 나누어 두 부대는 각각 판치와 이인에 주둔하고 나머지 부대는 후방을 담당했다. 동학혁명군은 11월 8일 두 갈래로 나누어 하나는 이인을, 다른 하나는 판치를 공격했다. 혁명군은 이 공격에 성공하여 이인과 판치 일대를 장악할 수 있었고, 밀려난 일본군은 우금치 일대 고지를 점령하여 방어로 전환했다. 11월 9일 기세가 오른 동학혁명군은 곧바로 공격에 나서 이인에서 우금치를 향해 돌진했다. 우금치 전투는 양측 간 주력이 투입되어 제2차 동학혁명의 성패를 가름하는 결정적 전투가 되었다. 이 전투에서 혁명군은 정부연합군과 40~50여 차례의 치열한 공방전을 펼쳤으나 큰 손실을 입고 물러나지 않을 수 없었으며, 이후 정부연합군의 반격에 밀려 15일 전주로 퇴각한 뒤 와해되었다.

결국, 동학혁명은 실패했다. 우선 혁명전략의 측면에서 볼 때 강한 적과 직접 부딪치는 소모적 방식의 섬멸전략을 추구한 데 그 원인이 있었다. 수적 우세를 믿고 정부연합군과 결전을 추구했지만 훈련되지 않은 농민들의 전력으로 정예화된 군대를 당해낼 수는 없었다. 또한 동학혁명군은 혁명에서 중요한 민심을 확보하지 못했기 때문에 세력을 충분히 확보하지 못하고 있었다. 만일 토지개혁과 같은 사회문제를 보다 강력하게 내걸었다면 더 많은 농민들이 참여했을 것이며, 농민 외의 몰락한 양반이나 향리, 토호세력을 끌어들였다면 혁명의 파괴력을 더 끌어올릴 수 있었을 것이다. 즉, 동학세력은 혁명전략에서 중시하는 정치사회적 차원의 전략

---

446 육군군사연구소, 『한국군사사 9: 근현대 Ⅰ』, p. 272.

보다도 군사적 차원의 전략에 집중함으로써, 그것도 무모한 소모전략을 취함으로써 실패한 것으로 볼 수 있다.

(3) 의병의 전쟁수행전략: 또 하나의 소모적 섬멸전

을미사변을 전후한 시기로부터 봉기한 의병운동은 1907년 고종이 강제로 퇴위당하고 일제가 군대를 해산시키면서 새로운 국면으로 접어들었다. 전국 각지에서 유생, 농민, 상인, 광부, 포수 등 각계각층이 참여하는 가운데 의병부대의 규모는 커지고 조직은 더욱 확대되었다. 가장 큰 변화는 해산된 군인들이 근대적 무기를 가지고 지방에 내려가 의병에 가담함으로써 의병의 전력이 이전에 비해 크게 향상되었다는 점이다.[447]

그러나 이 같은 의병운동은—비록 혁명적인 성격을 가졌지만—대부분 '혁명'이 아닌 '운동'에 그쳤다. 대중운동이 혁명으로 발전하기 위해서는 세 가지 조건이 충족되어야 한다. 첫째는 시대적으로 새로운 이념이 제시되어야 하고, 둘째는 혁명을 이끌 주체가 존재해야 하며, 셋째는 혁명을 지지하는 대중을 세력으로 결집시켜야 한다. 구한말 의병활동은 반봉건 및 반제국주의라는 시대적 이념을 제시했으며, 또한 이에 대해 많은 백성들이 호응한 것이 사실이다. 호남 지역 의병활동을 기록한 『전해산진중일기全海山陣中日記』에 의하면 "의병이 군사행동을 하면서도 지나가는 곳마다 털끝만큼도 민폐를 끼치지 않음으로 민심이 기꺼이 향응했고", "의병이 다다랐을 때 부근 마을 사람들이 술을 가지고 앞을 다투어 와서 우리 군사들을 위로했다"고 언급하고 있다.[448] 그러나 의병운동은 혁명을 이끌 주체를 갖지 못했으며, 그러다 보니 의병들의 역량을 세력화할 수 없었다. 즉, 의병운동은 많은 의병장들을 중심으로 파편적으로 거사를 추진했을 뿐, 이를 통합하여 이끄는 '주체'인 지도자가 없었기 때문에 단일대오를

---

447 육군군사연구소, 『한국군사사 9: 근현대 Ⅰ』, pp. 476-479.

448 장석규, "한말 의병운동의 성격연구: 의병과 사회제계층과의 관계를 중심으로", 『군사』, 제8권 (1984년 6월), p. 231.

갖춘 혁명세력으로 발전하지 못했다.

따라서 의병운동에서의 전쟁수행전략은 1907년 12월 이들이 본격적으로 세력을 규합한 13도창의군이 형성되기 전까지 별 의미가 없다. 이전까지 의병은 전국 각지에서 일어났으나 각기 투쟁에 나섰기 때문에 정부군과 일본군, 그리고 일진회와 같은 친일 단체에 의해 각개로 격파되었을 뿐이었다. 따라서 여기에서는 1907년 말부터 이인영이 주도한 13도창의군의 한성진공작전을 중심으로 살펴보도록 한다.

1907년 군대해산 이후 의병운동은 각지의 의병부대를 연계하여 전국적 차원에서의 합동작전을 모색하게 되었다. 이러한 때에 의병의 통합을 모색한 사람이 바로 이인영이었다. 그는 원주에서 관동창의군을 일으킨 후 횡성, 지평, 춘천 등지에서 의병세력을 확대했으며, 10월 각 지방 의병들에게 격문을 보내 경기도 양주로 모일 것을 촉구했다. 1907년 11월 경기도의 허위許蔿, 황해도의 권중희權重熙, 충청도의 이강년, 강원도의 민긍호閔肯鎬, 경상도의 박정빈朴正彬 등이 의병을 이끌고 참여했으며, 평안도와 함경도에는 격문을 보내지 않았는데도 방인관方仁寬이 평안도에서 80여 명, 정봉준鄭鳳俊이 함경도에서 70여 명을 거느리고 합류했다. 양주에 모인 의병 수는 약 1만여 명으로, 그중에 근대식 무기를 가진 진위대鎭衛隊—최초의 근대적 지방군대—출신 병사와 기타 훈련받은 군인이 약 3,000명이었다. 13도 의병장들은 연합전략회의를 통해 이인영을 원수부 13도 총대장에 추대하고, 전 병력을 24진으로 하는 13도창의군을 편성했다.[449]

13도창의군은 한성을 공략하기 위해 진격에 나섰다. 이들의 작전계획은 부대별로 병력을 이끌고 동대문 밖 30리 지점에 집결하여 대오를 정비한 다음, 정월을 기해 한성을 공격하고 입성한다는 것이었다. 이들의 목적은 일제 통감부에 타격을 가해 일본과 새로운 조약을 맺고 종래의 협약을 파기하여 조선의 완전한 자주독립을 이루는 것이었다. 이인영을 중심으

---

449 백기인, 『한국근대 군사사상사 연구』, p. 177.

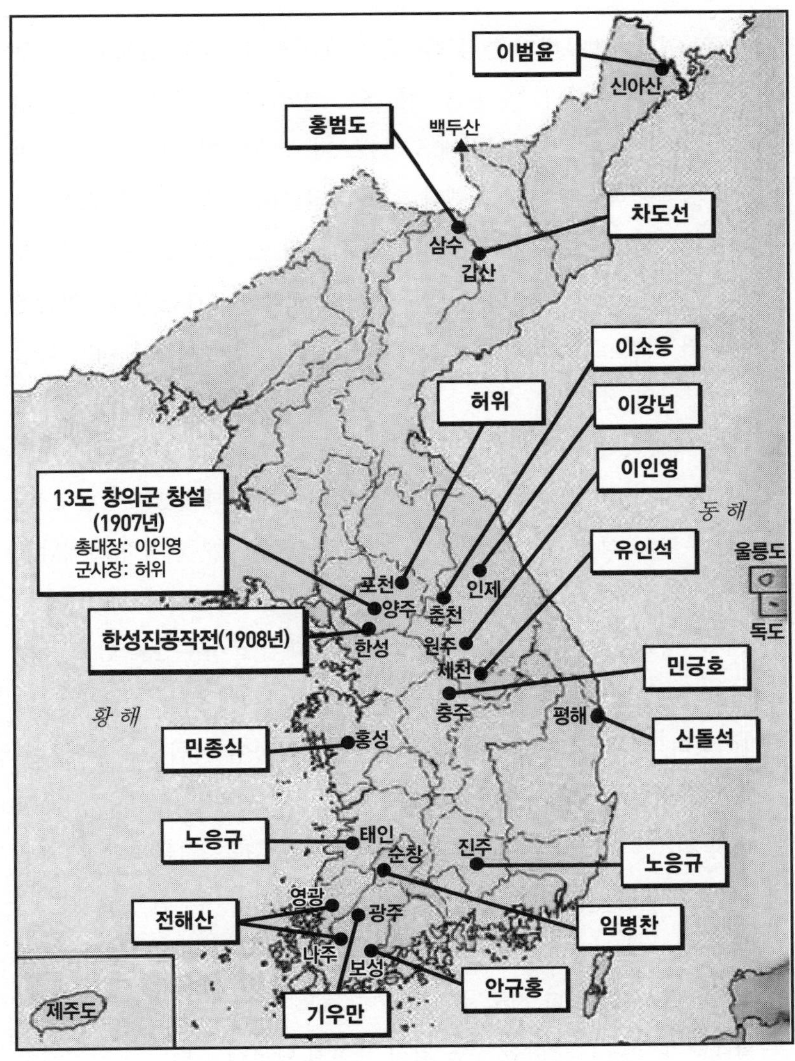

〈그림 7-3〉 구한말 의병과 연합의병부대의 결성

로 통합된 의병부대가 국가주권을 회복하기 위해 일본군을 상대로 반제국주의 투쟁에 나선 것이다.[450]

---

450 백기인, 『한국근대 군사사상사 연구』, pp. 177-178.

그러나 연합의병부대의 한성 진공은 별다른 군사행동을 취해보지도 못한 채 실패로 돌아갔다. 1908년 1월 15일 선발대로 출발한 허위의 부대 300명은 동대문 밖 30리 지점에 도착했으나 우세한 화력으로 무장한 일본군의 선제공격을 받아 후퇴했다. 1월 18일 이인영이 본대 약 2,000명의 병력을 이끌고 도착했지만 합류하기로 되어 있던 부대들이 도착하지 않아 공격에 나설 수 없었다. 동대문 인근에 도착한 부대는 허위·이인영의 부대와 몇몇 소규모 의병에 불과했다. 아마도 민긍호의 부대가 북상 도중 일본군의 저지로 도성까지 이르지 못했음을 고려할 때 다른 부대들도 이와 비슷한 상황에 처했을 것으로 보인다. 결국 이인영이 이끈 연합의병부대는 오히려 일본군의 공격에 밀려 여주까지 패퇴했고, 1월 28일 부친의 부고 소식을 들은 이인영이 지휘권을 허위에게 인계하고 떠남으로써 한성진공작전은 수포로 돌아갔다.[451]

대부분 정규훈련을 받지 않은 의병들이 근대식 군사훈련을 받고 풍부한 전투 경험을 보유한 일본군을 상대로 정면공격에 나선 것은 무모한 전략이었다. 이에 대해 일찍이 국내에서 의병활동이 어렵다고 판단하고 1908년 7월 연해주로 망명하여 독립운동을 전개한 유인석柳麟錫은 이인영의 한성 진공을 매우 위험한 작전으로 평가했다. 그는 "지금 의병은 지구전만이 묘책이다. 지구하면 반드시 기회가 올 것이다. 지구전의 요체는 근거지를 얻는 데 있다"고 하며 창의군의 정면공격 방침을 비판했다.[452] 유인석이 단기속결전보다 지구전 전략을, 그것도 '근거지'를 확보하고 세력을 확대해야 한다고 주장한 것은 당시 세상에 나오지도 않았던 마오쩌둥의 혁명전략을 그대로 옮겨놓은 것으로 매우 흥미롭다. 결국, 연합의병부대의 전략은 동학혁명 세력과 마찬가지로 강력한 적 군대를 상대로 정면에서 공격하는 소모적 방식의 섬멸전략을 취함으로써 그 한계를 드러낸

451 백기인, 『한국근대 군사사상사 연구』, pp. 177-179.

452 앞의 책, pp. 160-161.

것으로 평가할 수 있다.[453]

한성진공작전이 실패한 뒤 창의군은 해산되었고 의병들은 또다시 각기 독자적인 활동을 벌이며 1909년까지 활발한 항일투쟁을 벌였다. 다만 이후부터 의병들의 전략과 전술에는 변화가 나타났다. 대부대를 동원한 일본군과의 결전을 회피하고 소부대로 나누어 익숙한 지형을 활용하여 기습을 가하는 '게릴라 전술' 및 '소부대 분산 및 집중 전술'로 전환한 것이다. 토벌에 나선 일본군을 험준한 산악지형을 이용하여 따돌리고 이들의 허를 찌르는 기습작전을 전개했으며, 적이 고립될 경우 다른 의병들과 합세하여 일본군을 공격했다. 시간이 가면서 의병들의 투쟁은 더욱 교묘하게 발전하여 정보수집, 경계, 기습, 병력의 분산 및 집중 등 전술적 행동이 크게 향상되고 민첩해져 일본군이 토벌의 어려움을 호소할 정도였다. 일본군의 토벌로 의병장이 체포되거나 전사하면 빈자리를 해산군인, 농민, 노동자 등 다양한 계층이 채우며 항쟁을 이어나갔다. 1907년부터 1909년 사이에 활동한 의병장 가운데 양반유생 출신은 25%였던 반면, 농민, 노동자, 해산군인, 포수 등 평민 출신 의병장이 75%를 차지한 것은 의병의 대중적 성격이 더욱 강화되었음을 보여준다.

그러나 일본군은 이러한 의병의 전술 변화에 대응하여 군대, 헌병, 경찰 등의 병력을 확대하고 배치를 더욱 강화함으로써 의병의 활동반경을 축소시켰다. 또한 무자비한 살육을 동반한 초토화작전을 실시하여 지역 민중과 의병을 격리시키려 했고, 이에 따라 일반 백성들의 피해는 커져갔다. 1909년이 되면서 의병활동은 호남 지역에서만 지속되었을 뿐 점차 약화되기 시작했다. 그리고 그해 9월부터 2개월 동안 일제가 호남 지방에 대한 대대적 토벌에 나서 의병장 103명과 의병 4,138명을 체포 또는 학살하면서 의병활동은 급속히 퇴조하게 되었다. 1910년대 이후 많은 의병세

---

453 홍순권, "한말 일본군의 의병 진압과 의병 전술의 변화 과정", 『한국독립운동사연구』, 제45집 (2013년), p. 47.

력이 만주와 연해주 등 해외로 망명함으로써 국내에서의 의병항쟁은 점차 해외 독립군의 항일무장투쟁으로 계승 전환되어갔다.[454]

비록 의병들의 항일투쟁은 실패로 끝났지만 여기에서 한국적 인민전쟁의 기원이라 할 수 있는 역사적 의미를 찾을 수 있다. 이들은 일본제국주의에 맞서 대중들의 지원을 받아 광범위한 유격전을 전개했다는 점에서 마오쩌둥보다도 앞서 비록 초보적 수준이지만 '인민전쟁' 전략을 사용했다. 물론, 이인영 이후로 의병운동을 이끌 주체가 나서지 않아 전국 각지의 무장역량을 결집하지 못한 것은 여전히 한계로 지적할 수 있다. 그럼에도 불구하고 13도창의군이 와해된 이후 구한말 의병의 항일투쟁은 '한국적 인민전쟁의 맹아'로 그 가치를 되새길 필요가 있다.

4. 삼위일체의 전쟁대비

가. 취약한 정부의 전쟁대비 한계

근대화는 강한 정부만이 주도할 수 있다. 그러나 구한말 조선 및 대한제국의 정부는 내부의 저항과 외부의 도전을 물리치고 근대화를 추진하기에 너무 취약했다. 대원군과 명성황후 민씨세력의 권력투쟁, 척사파와 개화파의 반목, 그리고 친청파·친일파·친러파 간의 대립으로 왕을 중심으로 한 단일한 정부를 구성하지도 일관성 있는 정책을 추진하지도 못했다. 대외적으로는 청나라와 일본, 그리고 러시아 등 열강으로부터의 외압에 시달리고 내부적으로는 정변과 정권투쟁으로 내홍을 겪어야 했다.

이러한 가운데 조선 및 대한제국 정부는 전쟁대비와 관련한 역할을 제대로 수행할 수 없었다. 구한말 정세가 급변하는 시대적 상황에서 정부는 전쟁이 무엇인지, 어떠한 전쟁을 준비해야 하는지, 그러한 전쟁에서 추구

454 홍순권, "한말 일본군의 의병 진압과 의병 전술의 변화 과정", pp. 47-48.

해야 할 정치적 목적이 무엇인지, 어떻게 싸울 것인지, 그리고 어떻게 군과 백성으로 하여금 전쟁에 대비하도록 해야 하는지를 알지 못했다. 비록 구한말에는 왜란이나 호란과 같은 대규모 국난을 겪지 않았지만, 사실은 그 이전에 무모한 전쟁이라도 해볼 수 있는 여력이나 의지조차 없었다. 대한제국이 싸워보지도 못한 채 국권을 넘겨주고 멸망했던 이유는 바로 구한말 전쟁대비가 총체적으로 부실했기 때문으로 볼 수 있다.

구한말 조선은 국가방위에 필요한 군사력 건설을 추진하지 못했다. 비록 고종은 근대화에 관심을 갖고 군대를 정예화하고자 했으나 사실상 국가방위보다는 왕의 시위에 필요한 병력을 강화했을 뿐이었다. 임오군란 이후 고종은 위안스카이袁世凱가 개편한 청국식 친군 좌·우영 체제에 더하여 일본식 신식 군대를 모방한 친군 전·후영을 편제하여 친군영 체제를 강화했다. 그러나 각 영의 병력은 창설 당시 500~600명으로 4개 군영을 합해도 2,200명에 불과했으며, 그 이후 병력이 보강되었다 하더라도 국방의 역할을 담당하기에는 한계가 있었다. 실제로 친군 각 영은 왕의 숙위를 주요 목적으로 하여 설치된 것으로 국가방위와는 거리가 멀었다.[455]

갑신정변을 계기로 톈진조약을 체결한 청일 양국이 군사력을 철수시키자 조선은 자주적인 군사개편에 나설 수 있었다. 고종은 1884년 11월 7일 4영에 나뉘어 배속되었던 금위영과 어영청 병사들을 따로 모아 친군별영親軍別營을 창설하고, 이를 중심으로 병권을 장악하고자 했다. 그러나 고종은 임오군란과 갑신정변을 겪은 이후 대외방어보다는 신변의 안전을 우선시했다. 즉위 이후부터 자신의 왕위에 위협을 느꼈던 고종은 갑신정변 이후에도 해안이나 국경 지역 등의 방어보다는 자신을 보호하기 위해 숙위군을 강화하는 데 노력을 집중했다. 결국 구한말 조선의 중앙군은 극도로 약화되어 청일전쟁 직전 일본군의 왕궁 진입을 막지 못했으며, 동학

---

455 육군군사연구소, 『한국군사사 9: 근현대 Ⅰ』, p. 187.

혁명과 같은 민란을 제대로 진압할 수 없을 정도로 허약해져 있었다.[456]

정부의 전쟁대비를 뒷받침하는 또 하나의 축은 백성들의 전쟁열정을 자극하는 것이다. 구한말 백성들은 반제국주의적 성향을 가지고 항일투쟁에 대한 강한 의지를 보였다. 동학혁명이나 민중들의 저항, 그리고 일제의 국권농단에 반발하여 확산된 의병운동이 그러한 사례이다. 만일 정부가 백성들의 반일정서를 적절히 활용했다면 이를 토대로 일본의 내정간섭을 견제하고 일본과의 전쟁에도 대비할 수 있었을 것이다. 그러나 백성들은 일본에 대한 반감도 있었지만 다른 한편으로 부패한 관리와 친일정권에 대한 반발심도 갖고 있었다. 따라서 정부는 백성들의 봉기와 의병활동을 외세에 대응하는 '자산'으로 인식하지 않고 반정부적 '폐해'로 간주하여 오히려 일본군과 함께 토벌에 나섰다. 국권수호를 위해 백성들의 반제국주의 열정을 자극해야 했음에도 불구하고 이와 반대로 일제에 대항하려는 민중들의 자발적인 전쟁열정을 무력으로 진압한 것이다.

결국, 구한말 조선과 대한제국은 취약한 정부가 갖는 전쟁대비의 한계를 여실히 보여주었다. 이들은 정부 내의 분열과 백성들의 저항에 직면하여 대외전쟁에 대비하지 못하고 내부 봉기를 진압하는 데 나서야 했다. 반근대적이고 퇴행적인 전쟁에 빠져든 것이다.

나. 군의 근대화 실패

(1) 군사제도의 혼란과 군의 분열

조선 정부는 주변 강대국의 도움을 받아 근대적 군사제도 개편을 추진했으나 군의 혼란만 가중시켰다. 조선은 일본의 후원을 받아 1881년 통리기무아문統理機務衙門—군사기밀과 외교 등 각종 사무를 관리하는 행정기구—에 편성된 군무사軍務司 아래에 신식 군대인 교련병대敎鍊兵隊—별기군別技軍이라고도 함—를 창설하고 기존의 구식 군대인 5군영을 축소하여 무위영

456 육군군사연구소, 『한국군사사 9: 근현대 Ⅰ』, p. 212.

武衛營과 장어영壯御營의 양영제로 개편했다.[457] 기존의 훈련도감과 수어청을 합하여 무위영으로, 금위영, 어영청, 총융청을 합하여 장어영으로 개칭한 것이다. 그러나 이러한 근대적 제도 개편은 신·구 군의 융합과 재정적 뒷받침이 이루어지지 못한 상황에서 졸속으로 추진되었고, 신식 군대인 교련병대에 비해 차별대우를 받은 구식 군대 양영의 군인들이 불만을 가지고 임오군란壬午軍亂을 촉발하는 원인을 제공했다.

임오군란 이후 청나라의 영향력이 강화된 상황에서 고종은 청나라의 지원을 받아 군대를 건설하고자 했다. 1882년 9월 위안스카이는 신건친군新建親軍이라는 부대명칭 하에 500명씩 2개 영으로 편성하고 이들이 훈련하는 장소를 빗대어 좌영과 우영이라고 이름을 붙였다. 친군 좌·우영을 구성한 것이다. 그러나 임오군란 이후 청나라의 지나친 간섭에 불만을 품은 고종은 개화파로 하여금 일본식 신식 군대를 양성도록 했다. 1883년 광주부 유수였던 박영효는 수어사를 겸직하면서 신병 100명을 모아 일본식 군사훈련을 시켰고, 남병사로 부임한 윤웅렬도 북청에서 병사들을 모아 470여 명 규모의 일본식 군대를 양성했다.[458] 고종은 이렇게 일본식 훈련을 받은 병력을 친군에 포함시켜 전영과 후영으로 편제했다. 이로써 군사조직은 친군영 하에 좌, 우, 전, 후의 4개 영을 두게 되었다.[459]

친군영에서 좌우영은 청나라의 제도를, 친군 전후영은 일본식 색채를 띠게 되었다. 이들은 단순히 군사제도의 차이뿐 아니라 정치적 성향에서도 차이를 보여 친청 성향의 좌·우영과 친일 성향의 전·후영 간에 갈등과 반목이 형성되었다. 결국, 이들 간의 대립은 갑신정변에서 충돌하게 되었다. 1884년 청나라의 내정간섭과 조선의 사대정책에 반발하여 김옥균, 박영효 등이 주도한 개화세력이 일본의 군사적 지원에 의지하여 갑신정

---

457 변태섭, 『한국사통론』, p. 384.

458 박은숙, 『갑신정변 연구』(서울: 역사비평사, 2005), p. 58.

459 변태섭, 『한국사통론』, p. 388.

변甲申政變을 일으켰을 때 친일 성향의 전후영의 병력은 정변을 지원했으나 친청 성향의 좌우영 병력들은 청나라의 군대와 합세하여 정변을 진압했던 것이다.[460] 이는 조선의 군대가 단일한 지휘권 하에 놓여 있지 않고 정치적 성향에 따라 분열되어 있었음을 보여준다.

청일전쟁 이후 조선의 군대는 1894년의 갑오개혁과 1895년의 을미개혁을 통해 와해되기 시작했다. 근대국가로의 발전과 자주권을 확보하기 위해서는 군사력의 강화가 이루어져야 했는데도 일본은 조선을 보호국화하기 위해 군대를 약화시키려 했다. 일본은 갑오개혁 이후 중앙군을 훈련대로 교체하여 훈련대 2개 대대와 시위대 2개 대대만을 남겨두고 일본군 지휘 하에 두었다. 왕의 시위와 치안유지에 필요한 최소한의 군대만 인정한 것이다. 그리고 1895년 7월에는 지방 각 도의 통제영, 병영, 수영, 진영을 폐지하고 지방군을 해체했다.[461] 1895년 을미사변으로 아관파천에 나선 고종은 러시아의 도움을 받아 중앙의 친위대를 강화하고 지방에 지방대를 편성하여 군사력을 회복하고자 했으나 별다른 성과를 거두지 못했다.

이처럼 개화기 조선은 청나라, 일본, 미국, 영국, 러시아 등 열강들의 선진화된 군사제도를 받아들이려 했지만 각국의 상충된 군사제도를 조선의 것으로 만들지 못한 채 실패하고 말았다. 이는 자국의 군대를 건설하면서도 주체적인 군사적 사고를 갖지 못하고 일방적으로 열강들에게 의지한 결과로 볼 수 있다. 즉, 조선과 대한제국은 군대가 왜 필요한지, 이를 어떻게 건설할 것인지, 그리고 이를 어떻게 운용하여 국익과 연결시킬 것인지에 대한 고민이 없었기 때문에 방향성을 상실하여 좌충우돌하다가 끝내 좌초한 것으로 볼 수 있다.

---

460 변태섭, 『한국사통론』, pp. 389-390.

461 육군군사연구소, 『한국군사사 9: 근현대 Ⅰ』, pp. 298-300.

(2) 병역제도의 와해

근대화된 국가의 군대는 국민개병제를 근간으로 한다. 그런데 모든 국민이 일정 기간 병역의 의무를 지는 국민개병제는 국민들의 민족주의 의식을 전제로 한다. 국가가 왕의 것이 아니라 국민의 것이라는 인식을 가져야 스스로 군역을 책임질 수 있기 때문이다. 따라서 조선과 같이 민족주의 의식이 성숙하지 못한 국가에서 국민개병제를 도입하기는 어려웠다. 정부가 각성하여 강한 군대를 건설하겠다는 의지를 가지고 강력하게 추진하지 않는 한 그것을 시행하는 것은 거의 불가능에 가까웠다. 그렇다면 정부는 병농일치제든 모병제든 다른 방식으로 제도를 정비하고 군대를 강화해야 했다. 그러나 취약했던 정부는 기존의 병역제도가 갖는 한계를 극복하지 못하고 군대가 와해되는 상황을 맞아야 했다.

임진왜란 이후 중앙군으로 정착되어 구한말까지 지속된 5군영 체제는 모병제를 근간으로 했다. 구한말 청나라와 일본의 군제를 모방한 신식 군대도 마찬가지로 모병제였다. 이는 소수정예의 상비군체제를 도입하여 병력을 정예화하는 것이 핵심이었다. 그러나 구한말 모병제는 정부의 재정이 부족하여 제대로 운영되지 않았다. 정부는 용병들에게 급료를 제때 지불할 수 없었고, 급료를 받지 못한 용병들은 군율을 어기고 빈번히 군영을 이탈했다. 군비문제를 해결하고자 둔전제—황무지와 진전陳田 등을 개간 및 경작케 하면서 군역에 종사하도록 하는 제도—시행을 검토했으나 이 역시 논의만 있었을 뿐 시행되지 못했다. 결국 정부는 재정부족 현상을 메우기 위해 병력 수를 줄이는 편법을 사용했는데, 이는 그나마 허약한 군사력을 더욱 축소하는 결과를 가져왔다.[462]

대한제국이 성립된 후에도 소수정예를 지향한 모병제는 지속되었다. 고종은 "군사의 위력은 수가 많은데 있는 것이 아니라 어떻게 양성하고 교련하여 이용하는가 하는 데 달려 있다"고 하며 용병제를 군 정예화에 부

---

462 장학근, 『조선시대 군사전략』, pp. 355-356.

합한 제도로 보았다. 당시 일본은 정작 징병제에 기초하여 대대적인 군대를 건설하고 있었음에도 대한제국의 용병제를 두둔했는데, 이는 한국의 군대가 국방의 역할이 아닌 내란 진압에 한정되기를 바랐기 때문이었다.[463] 서구 열강들이 징집제를 도입하여 대규모 군대를 건설하고 총력전 체제를 갖춘 상황에서 소수정예의 용병제로는 왕의 안전을 위해서라면 몰라도 국권을 수호하는 데에는 적합하지 않았다.

대한제국에서 근대화된 국민개병제에 대한 논의가 없지는 않았다. 1900년 의화단 사건을 계기로 러시아가 만주 지역을 점령하고 압록강 지역에 출현하면서 국경방어에 대한 위기감이 고조되자 정부는 징병제 도입을 검토했다. 그리고 1901년 8월 원수부元帥府—황제 직속의 최고 군통수기관—는 외국의 징병제도를 모델로 빈부귀천을 막론하고 18세 이상의 남자를 병적에 편입시켜 3년 동안 복무하도록 하는 내용의 징병제 시행령을 만들었다. 그러나 이 안은 대다수의 반대로 시행될 수 없었다. 우선 양반과 관료들은 동등한 병역의 의무로 신분제 질서가 붕괴할 것을 우려했으며, 농민이나 소상인들은 생업에 지장을 초래한다는 이유로 반발했다.[464] 이후 징병제 논의는 러일전쟁 가능성이 고조되면서 다시 등장하여 1903년 3월 원수부는 기존의 용병제를 폐지하고 17세 이상 40세 이하의 장정을 선비, 후비, 예비, 국민병으로 모집한다는 내용의 '징병조례안'을 작성했다.[465] 그러나 이 징병조례도 마찬가지로 국민들의 반발과 함께 상비군을 양성하는 데 필요한 기본 예산이 뒷받침되지 않았기 때문에 시행될 수 없었다.

이러한 상황에서 대한제국의 군대는 허약해질 수밖에 없었다. 러시아가 일본과의 전쟁에서 패배하자 대한제국 정부는 아무런 외교적 보호막도

---

463 현광호, 『대한제국의 대외정책』(서울: 신서원, 2002), p. 221.

464 《황성신문》, 1901년 8월 26일; 조재곤, "대한제국기 군사정책과 군사기구의 운영", 『역사와 현실』, 제19권(1996), p. 116.

465 『고종실록』, 광무 7년 3월 15일; 《황성신문》, 광무 7년 3월 18일.

갖지 못한 채 군사적으로 무방비상태에 놓이게 되었다. 그리고 1907년 7월 31일 순종은 이토 히로부미의 압력에 의해 군대해산을 명하는 조칙을 내렸고, 8월 1일부터 9월 3일까지 궁성 시위대를 제외한 대한제국의 군대는 해산되었다.

(3) 신무기 도입의 한계

개항 이후 선진 군사기술을 도입해야 할 필요성을 느낀 고종은 1879년 김기수, 1880년 김홍집을 단장으로 하는 수신사를 일본에 파견했으며, 1881년에는 박정양을 비롯한 68명의 신사유람단을 보내 일본의 정부기관과 산업, 세관, 교육, 군사 등의 시설을 돌아보고 기선운항 관련 정보를 수집하도록 했다. 또한 1881년 청나라에 김윤식을 비롯한 38명의 영선사를 파견하여 천진에 있는 기기국機器局에서 화약 및 탄약의 제조법, 전기, 화학, 탄약, 제련, 기계 등의 기술을 학습하도록 했다.[466] 그리고 적극적인 개화정책을 추진하기 위해 1880년 12월 군사기밀과 외교 등 각종 사무를 관리하는 행정기구로 '통리기무아문統理機務衙門'을 설치하여 근대적 개혁 업무를 담당토록 했다.

그러나 이러한 무기개발 노력이 조선의 군사력을 강화하는 데 어느 정도의 결실을 거두었는지에 대해서는 알 수 없다. 분명한 것은 이후 기록에서 신무기를 도입하거나 개발하려는 노력이 거의 보이지 않는다는 점이다. 1883년 고종은 해안을 방어할 병사와 포군 훈련의 시급함을 지적하며 민영목閔泳穆을 총관기연해방사무摠管畿沿海防事務로 임명했는데, 이듬해 4월 민영목이 경기 연안의 방어를 위해 상소한 8가지 조치사항 가운데 무기에 대한 언급은 없었다.[467] 민영목은 '기연해방영'을 창설하면서 육군이 담당하던 수륙방어를 수군이 중심이 되어 방어하도록 편제와 지휘체계를

---

466 변태섭, 『한국사통론』, p. 383.

467 육군군사연구소, 『한국군사사 9 : 근현대 I』, p. 230.

바꾸었을 뿐, 해안방어를 위한 새로운 무기의 도입이나 배치는 이루어지지 않았다.

그 이후에도 서양의 무기체계를 받아들였다는 기록은 보이지 않는다. 구한말에 추진된 거의 모든 군 개혁은 군사제도를 바꾸거나 외국 교관을 초빙하여 군사훈련을 근대화하는 데 집중되어 있었다. 예를 들어, 갑신정변 직후 개혁 방안을 담은 '혁신정강'을 보더라도 군사제도의 개편에 관한 언급만 있을 뿐 군사력 건설에 대한 내용은 보이지 않는다. 임오군란 이후 고종이 마련한 독자적 군사개혁 방안에서도 왕이 직접 군을 통제하기 위해 친군별영을 중심으로 군제를 개편하는 것, 그리고 청나라 및 일본을 견제하기 위해 미국 교관을 초청하는 것이 골자였을 뿐 무기체계 개발이나 도입에 관한 방안은 없었다.

일본이 주도하여 이루어진 갑오개혁이나 아관파천 이후 러시아가 지원한 개혁도 군의 편제에 관한 것이었을 뿐 근대적 무기도입과는 거리가 멀었다. 다만, 1897년 4월 18일 군부대신 심상훈이 러시아 공사 베베르에게 보낸 문서에서 시위대 창설에 간여한 러시아 장교들의 임무를 명시했는데, 여기에는 "병기공장 사업을 확대하고 병기작업장 및 군사병원을 설립한다"는 내용이 포함되었다. 이는 당시 조선이 러시아와 무기제조 관련 협력이 이루어지고 있었음을 보여주는 대목이지만 실제로 신무기 도입과 관련하여 의미 있는 성과를 도출했다고 보기는 어렵다.[468]

다. 백성들의 전쟁열정: 한국적 민족주의의 맹아

구한말 조선 및 대한제국 백성들의 전쟁열정은 높았다. 그런데 백성들의 열정은 정부가 유도한 것이 아니라 정부의 무능에 의해 촉발된 것이었다. 그리고 그것은 정부의 실정에 대한 반발과 정부의 개혁, 나아가 백성들이 정부를 대체하려는 혁명적 열망에 다름 아니었다. 한민족의 역사에서 처

---

468 육군군사연구소, 『한국군사사 9: 근현대 I』, p. 314.

음으로 백성들이 국가가 왕의 것이 아니라 자신들의 것이라는 주인의식을 가지고 더 이상 통치의 객체가 아닌 통치의 주체로서 스스로를 새롭게 인식하기 시작한 것이다.

먼저 백성들의 전쟁열정은 정부의 통치를 부정하는 인식에서 비롯되었다. 동학혁명은 기본적으로 부정부패한 관리들의 탐학과 착취로 인해 백성들의 삶이 도탄에 빠진 상황에서 발발했다. 제1차 동학혁명이 진행되던 1894년 4월 4일 병조판서 정범조鄭範朝는 고종에게 다음과 같이 백성들의 실태를 진언했다.

> 지금 백성들의 형편이 매우 딱한 지경입니다. 4칸짜리 초가를 가진 사람이 1년에 100여 냥의 돈을 바치고, 대여섯 마지기 땅을 가진 사람이 4석石이나 되는 조세를 바치는 형편이니, 입에 풀칠도 할 수 없을 만큼 궁색하기 짝이 없습니다. 백성들이 편히 살며 생업을 즐긴다면 어찌 소란스럽게 하소연하는 일이 있겠습니까. 대대적으로 개혁하고 조치를 취하지 않는다면 결국 별 효과가 없을 것입니다.[469]

이러한 비참한 상황에서 백성들은 국가가 자신들을 보호해줄 수 없다고 보았다. 마침 동학은 '보국안민輔國安民'이라는 사회개혁 사상을 제시하여 이러한 불만을 가진 농민들을 규합할 수 있었다.

여기에서 '보국안민'은 최제우가 제시한 개념으로 처음에는 '서양의 침략으로부터 나라를 구해내고 백성을 편안하게 한다'는 의미였으나, 이후 조선 정부와의 원만한 관계를 고려하여 '나라를 이롭게 돕고 백성을 편하게 한다'는 뜻으로 사용하다가 1894년 동학혁명 당시에는 '나라를 바로잡고 백성을 편하게 한다'는 뜻으로 바뀌었다. 처음에 서양의 침략에 대응하는 것에서 출발하여 정부의 통치에 순응하는 의미로 변화했다가, 나중

---

469 『승정원일기』, 고종, 고종 31년 갑오(1894년) 4월 4일.

에는 정부의 부조리를 '바로잡는 것', 즉 국가에 항거하는 의미로 다시 바뀐 것이다. 이는 백성들 사이에 정부의 통치를 부정하는 의식이 태동하기 시작했음을 의미한다.

국가를 부정하는 인식은 정부가 일제의 국권침탈 행위에 제대로 대응하지 못하면서 더욱 높아졌다. 구한말 의병운동은 백성들이 국가를 대신하여 항일투쟁에 나서야 한다는 각성에서 비롯된 것이었다. 의병운동은 초기 일제의 주권 침해 행위에 맞서 구질서를 회복하려는 위정척사의 성격이 강했으나, 점차 반정부적 성향을 강화하며 국가를 대체하려는 방향으로 나아갔다. 이인영의 한성진공작전이 그러한 예이다. 의병운동이 항일에 그치지 않고 반정부적 성향을 갖게 된 이유로는, 첫째로 정부가 일제의 침탈을 방조 내지는 협력하면서 반국가적 행동을 하고 있었고, 둘째로 의병들의 항일투쟁을 지지하지는 못할망정 이들을 진압하는 반민족적 조치를 취했기 때문으로 볼 수 있다.

구한말 동학혁명과 의병운동은 한민족의 역사에서 근대적 민족주의 의식을 태동케 하는 계기로 작용했다. 이전의 농민운동이나 의병봉기와 달리 자아의식 및 국가의식에 진보적 전환이 이루어진 것이다. 사실 구한말 동학과 의병운동은 왜란과 호란기 의병과 유사한 것처럼 보이지만 근본적인 차이가 있다. 왜란과 호란기의 의병은 정부가 백성을 보호해줄 수 없는 상황에서 각자도생을 위해 어쩔 수 없이 외적과 싸워야 했으나, 구한말 동학혁명과 의병운동은 일제의 침탈로부터 국가의 주권과 이익을 수호하기 위한 투쟁이었다. 즉, 이전까지는 백성들의 봉기가 개인의 생존을 위한 '본능'이었다면, 구한말에는 개인이 아니라 후손, 민족, 국가의 미래를 생각하는 '이념'에서 비롯된 것이었다. 백성들이 비로소 국가가 왕의 것이 아니라 자신들의 것이라는 인식을 갖기 시작한 것이다. 이는 엄밀하게 서구에서 말하는 근대 민족주의의 개념에는 미치지 못하더라고 그러한 의식이 태동한 것으로 곧 '한국적 민족주의의 맹아'로 간주할 수 있다.

5. 소결론

구한말 조선과 대한제국은 왜 근대화에 실패하고 일본의 식민지로 전락해야 했는가? 조선과 대한제국은 일본과 달리 근대화 시기에 부국강병의 길로 나아가지 못하고 일제의 침탈에 무기력하게 당했다. 대외적으로 청일전쟁과 러일전쟁에서 일본의 침략전쟁을 도왔으며, 내부적으로 반제국주의 항일투쟁에 나선 동학 및 의병세력을 진압하여 스스로 운명을 재촉했다. 이처럼 조선과 대한제국이 일제의 침탈에 무기력하게 대응하고 식민지로 전락한 데에는 여러 이유가 있을 수 있으나, 무엇보다도 이들이 근대의 전쟁을 제대로 인식하지 못하고 '반근대적·퇴행적' 전쟁인식을 가졌던 데 있었다.

구한말 전쟁인식에는 유교의 그림자가 너무 길었다. 19세기 중반 이후 중화질서가 붕괴되는 전환기에서 조선은 서구의 선진 군사문물을 수용하고 기존의 유교적 전쟁관을 타파할 수 있는 기회를 가졌지만, 기존의 고착된 인식을 탈피하여 그러한 기회를 잡기에는 역부족이었다. 조선은 일본과 달리 개항을 하고서도 수구적 사고에 젖어 기존의 화이론적 세계관에 고착되어 있었으며, 제국주의로 무장한 서구의 침탈을 맞아 전쟁이라는 문제를 심각하게 고민하지 않았다. 오히려 전쟁에 대한 인식의 변화는 지배층이 아닌 민중으로부터 비롯되었다. 동학혁명과 의병운동은 반봉건·반제국주의를 지향한 투쟁으로서 기존의 '왕의 전쟁'을 '백성의 전쟁'으로 인식을 전환하는 계기가 되었다.

이로 인해 조선과 대한제국 정부는 전쟁에서 추구해야 할 정치적 목적을 갖지 못했다. 지배층은 척양과 척왜를 내걸고 개항 및 개화에 반대하며 구질서 수호에 골몰했다. 동학과 의병세력은 국권을 수호하고 사회를 개혁하기 위해 스스로 무장하여 반봉건 및 반제국주의 혁명에 나섰으나, 정부는 이들의 항일 역량을 활용하지 못하고 일본과 함께 진압에 나섰다. 급기야 정부는 청나라와 러시아를 상대로 한 일본의 전쟁에 호응함으로써 전후 일본에 의한 국권침탈 및 국가합병을 돕는 결과를 가져왔다. 사실상 이들은 근대의 전쟁이 무엇인지, 왜 국가들이 전쟁을 하는지, 전쟁을 통해 무엇을 얻을 수 있는지를 깨닫지 못했기 때문에 스스로 전쟁에서 무엇을 지켜야 하고 얻어야 하는지를 생각조차 할 수 없었다.

조선과 대한제국의 전쟁수행전략은 그들이 추구한 정치적 목적이 분명하지 않았기 때문에 외교적으로나 군사적으로 많은 한계를 드러냈다. 이 시기 정부는 조선시대와 달리 주변국과의 제휴를 통해 균형을 이루려는 동맹전략을 모색했다. 서구 열강의 개항 압력을 견제하기 위해 조선은 스러져가는 청나라와 연합하여 대응하려 했으며, 을미사변 이후에는 러시아와의 협력을 통해 일본을 견제하려 했다. 그러나 이러한 균형 노력은 청나라와 러시아가 일본과의 전쟁에서 패배함으로써 모두 실패로 돌아갔다. 이 과정에서 조선과 대한제국은 군사적으로 미약했기 때문에 이들을 지원하지 못한 채 오히려 강압에 의해 일본과 동맹을 맺고 일제의 전쟁을 도와야 했다. 한편, 한민족의 역사에서 최초의 근대적 혁명전쟁으로 볼 수 있는 동학혁명과 의병운동은 통상적으로 혁명세력이 추구하는 고갈전략이 아닌 소모전략을 추구함으로써 실패했다. 다만, 한성 진공이 실패하고 나서 전개된 의병운동은 백성들의 지원을 받는 게릴라전으로 발전했다는 점에서 '한국적 인민전쟁의 맹아'로 볼 수 있다.

구한말 조선 및 대한제국의 왕은 삼위일체의 구심점으로서 전쟁대비를 주도해야 했으나 그렇지 못했다. 왕은 전쟁에 대비하기보다 자신의 신변보호를 위해 군사력을 정비했으며, 백성들의 전쟁열정을 자극하기는커녕 오히려 항일투쟁에 나선 이들을 억압했다. 군은 청나라, 일본, 미국, 러시아 등 각국의 도움을 받아 근대화된 군사력을 갖추고자 했으나, 신·구 군대 간의 분열로 임오군란이 발생하고 갑신정변에서 친청·친일 성향의 군대가 충돌하는 등 난맥상을 드러냈다. 비록 백성들은 스스로 항일투쟁에 나서는 등 전쟁에 대한 높은 열정을 가졌으나, 이는 정부에 대한 충성심이 아니라 지배층의 부패와 무능을 겨냥한 반정부적 정서가 작용한 것이었다. 이러한 가운데 조선과 대한제국에서 전쟁대비는 없었다. 전쟁에 대한 무지와 무능만이 있었을 뿐이다. 다만, 이 시기 동학혁명과 의병운동은 백성들이 국가의 주인이라는 의식을 희미하게나마 반영하고 있다는 점에서 '한국적 민족주의'가 태동하기 시작했다는 의미를 갖는다.

결국 구한말 조선과 대한제국은 근대화를 이루지 못했다. 일본과 같이 제국주의 이념으로 무장하여 강대국으로 발돋움하기는커녕, 일제의 침탈에 무너져 국권을 상실하고 말았다. 그럼에도 불구하고 구한말은 근대화의 씨앗을 뿌렸다는 데 의미가 있다. 즉, 구한말은 국가인식에 있어서 백성들 스스로 주권의식을 갖기 시작했다는 점에서 '한국적 민족주의의 맹아'로, 그리고 전쟁을 수행하는 데 백성들이 주체가 되어 투쟁을 시작했다는 점에서 '한국적 인민전쟁의 맹아'로 볼 수 있다. 이와 같은 근대성의 맹아에 싹을 틔우고 근대적인 군사적 사고를 발전시키기 위해서는 다음 장에서 살펴볼 대한민국 임시정부의 역할이 중요하게 되었다.

제8장

대한민국 임시정부 시기의 군사사상

이 장에서는 대한민국 임시정부 시기의 군사사상을 분석한다. 이 시기는 임시정부를 비롯한 많은 독립운동단체들이 일제에 항거하여 무장투쟁을 전개하는 가운데 한국 고유의 근대적 군사사상을 형성할 수 있는 절호의 기회였다. 실제로 독립운동을 이끈 지도자들은 국가의 독립은 물론 공화주의 국가 건설에 나섬으로써 항일전쟁을 근대적 혁명전쟁으로 인식했다. 그럼에도 불구하고 이들은 혁명전쟁으로서의 독립전쟁에 대한 군사적 사고, 즉 혁명전쟁이 무엇인지, 그러한 전쟁에서 무엇을 추구해야 하는지, 어떠한 전략으로 싸워야 하는지, 그리고 어떻게 장기간의 투쟁에 대비해야 하는지에 대한 이해가 부족했다. 1940년 9월에 가서야 광복군이 창설되고, 1943년 말까지 광복군 규모가 단지 500여 명에 불과했다는 사실은 임시정부가 전쟁 및 군사 문제에 큰 관심을 기울이지 않았음을 보여준다. 그 결과 임시정부 시기 독립운동은 전쟁이라는 관점에서 효과적으로 수행될 수 없었다.

1. 전쟁의 본질 인식

가. 근대적 전쟁인식: 혁명전쟁으로서의 독립전쟁

3·1운동을 계기로 국내와 간도, 연해주 등지에서 활동하던 독립운동 인사들은 민족의 광복의지를 담아 1911년 4월 10일 상하이上海에서 임시정부 수립을 위한 대한민국 임시의정원臨時議政院을 설립했다. 그리고 이튿날인 4월 11일 대한민국 임시정부를 수립했다. 이날 공포한 임시헌장에서는 대한민국의 정체를 '민주공화제'로 규정하고 모든 국민의 평등과 선거권을 인정함으로써 기존의 왕정과 결별하고 봉건적 계급사회를 타파할 것임을 분명히 했다. 9월 11일 대한민국 임시정부는 경성의 한성정부漢城政府와 블라디보스토크에 있던 대한국민의회大韓國民議會를 통합하여 단일정부를 구성했으며, 개정된 헌법에서 "대한민국의 주권은 대한민국 전체에 있다"고 명시하여 국민주권주의에 입각한 근대국가로서의 면모를 갖추었다.

대한민국 임시정부에 주어진 민족적 과제는 일제의 식민지 압제로부터 독립을 달성하는 것이었다. 이를 위해 임시정부는 통일된 지도부로서 범민족적 독립의지를 결집시키고 각지에서 활동하는 독립운동 세력을 규합하여 조직적으로 항일투쟁을 전개할 수 있도록 지도해야 했다.[470] 대한민국임시헌장의 선서문에는 다음과 같이 두 가지의 민족적 과제를 언급하고 있다.

> … 차此 시時를 당하야 본정부가 전국민의 위임을 受하야 조직되엿나니 본정부가 전국민으로 더부러 전심코 육력戮力하야 림시헌법과 국제도덕의 명命하난 바를 준수하야 국토광복과 방기확국邦基確國의 대사명을 果하기를 玆에 선서하노라. 동포국민이어 분기할지어다. … 우리의 인도가 마참내 일본의 야만을 교화할지오 우리의 정의가 마참내 일본의 폭

470 "국무원포고 제1호(1920. 2월)", 《독립신문》, 1920년 2월 5일.

력을 승勝할지니 동포여 기起하야 최후의 1인까지 투鬪할지어다.[471]

여기에서 임시정부는 독립운동의 구심점으로서 '국토광복'과 '방기확국邦基確國'—나라의 토대를 확실하게 세움—을 민족의 '대사명'으로 제시함으로써 '독립'과 '건국을 기본 임무로 인식했음을 알 수 있다.

이러한 가운데 임시정부는 1919년 12월 15일 국무회의에서 1920년을 '독립전쟁의 원년'으로 선포하는 방안을 심각하게 고려하고 있었다.[472] 3·1운동을 계기로 간도와 연해주 일대에서 독립단체들이 항일무장투쟁을 활발하게 전개하는 상황에서 본격적으로 전쟁에 나서야 한다는 여론을 반영한 것이다. 이전까지의 독립운동이 개별단체에 의한 투쟁이었다면, 이제는 정부 차원에서 정식으로 전쟁을 시작하고자 한 것이다. 1920년 2월 1일 국무원포고 제1호는 다음과 같이 언급했다.

> 새해에는 우리의 최종 목표를 이루기 위해 가일층 노력할 것이다. 독립이라는 우리의 목표를 이루기 위해서는 대규모 전쟁 외에는 다른 방도가 없다. … 살피건대 두 나라(중국과 러시아)에 교거하고 있는 동포들의 책임은 내지의 동포들에 비해 더욱 막중하다 할 수 있다. 200만에 이르는 동포들 모두가 조국광복의 막중한 책임을 지고 있다. 도탄에 빠져 허덕이는 내지의 1,800만 동포에 앞서 러시아와 중국 경내에 교거하는 동포들이 먼저 분발해야 할 것이다. … 지금 우리에게 필요한 것은 조국광복을 위해 뜨거운 피를 흘릴 용맹한 희생정신이다….[473]

---

471 "대한민국임시헌장(1919. 4. 11)", 『대한민국임시정부 자료집 1권: 헌법·공보』, 국사편찬위원회 한국사 데이터베이스.

472 육군군사연구소, 『한국군사사 10: 근·현대Ⅱ』(서울: 경인문화사, 2012), pp. 188-190.

473 "국무원포고 제1호(1920. 2. 1)", 『대한민국임시정부자료집 39: 중국보도기사Ⅰ』 국사편찬위원회 한국사 데이터베이스,

이는 임시정부가 독립을 달성하기 위해 '대규모 전쟁', 즉 일제와의 전면전쟁이 불가피하다는 것을 밝히고, 중국과 러시아에 거주하는 동포들이 적극 동참해줄 것을 요청한 것이다.

이처럼 독립전쟁을 본격화하려는 움직임은 1920년 3월 2일 국무총리 이동휘가 임시의정에서 밝힌 정부의 시정방침에서도 나타났다. 이동휘는 "독립운동의 최후 수단인 전쟁을 대대적으로 개시하여 규율적으로 진행하고 최후의 승리를 얻기까지 지구하기" 위해 중국과 러시아 각지에 10만 이상의 의용병을 편성하고 이들을 훈련시키며 외국과 군수물자 수입을 교섭해야 한다고 주장했다. 비록 임시정부는 '독립전쟁'을 선포하지는 않았지만, 각지에서 가열되고 있던 항일투쟁을 반제국주의 혁명전쟁으로 격상하려는 의지를 가졌던 것이다.[474]

의열단의 전쟁인식도 이러한 맥락에서 이해할 수 있다. 1923년 의열단의 '조선혁명선언'—일명 '의열단선언'—은 김원봉이 부탁하여 신채호가 작성한 것으로 항일투쟁을 '파괴'를 통한 '건설'로 규정하고 있다. 즉, 일본세력을 파괴함으로써 이민족의 통치인 일제 통치를 파괴하고 '고유적' 조선을 건설할 수 있고, 총독과 특권계급을 파괴하여 자유적 조선 민중을 건설할 수 있다는 것이다. 일본제국주의와 함께 일제를 추종하는 세력에 반대한다는 점에서 반제국주의 및 반봉건주의 혁명전쟁을 추구한 것으로 볼 수 있다.[475]

---

474 임시정부는 당시 1920년을 '독립전쟁의 원년'으로 고려했는지 모르지만 이에 대한 선포는 이루어지지 않았던 것으로 보인다. 1933년 2월 1일 비서국에서 발행한 '선포문'에서 임시정부는 전쟁을 6개 기간으로 나누어 분류했는데, 여기에서 '1920년 독립전쟁 선포'에 대한 언급은 없었다. 이에 의하면 제1기는 1905~1907년으로 을사조약부터 대한제국 군대해산까지, 제2기는 1907~1910년으로 한일합방까지, 제3기는 1910~1919년으로 3·1운동까지, 제4기는 1919~1937년으로 중일전쟁 발발까지, 그리고 제5기는 1937년 이후로 설정하고 있다. 임시정부 스스로 독립전쟁을 1905년을 기점으로 하고 있으며 1920년 독립전쟁 선포에 대해서는 언급하지 않고 있다. 대한민국 임시정부 비서국, "선포문", 『대한민국 임시정부 공보』, 제65호, 1933년 2월 1일, 국사편찬위원회 한국사 데이터베이스.

475 "의열단 조선혁명선언", 김삼웅 편, 『사료로 보는 20세기 한국사: 활빈당 선언에서 전노항소 심판결까지』(서울: 가람기획, 1997), p. 102.

1935년 7월 한국독립당, 의열단, 미주대한독립단, 신한독립당, 그리고 조선혁명당은 독립운동의 노력을 통일하기 위해 통일전선적 성격의 정당으로 민주혁명당을 창당했다. 민주혁명당의 '당의·당강'에서도 마찬가지로 독립전쟁의 혁명적 성격을 발견할 수 있다. 민주혁명당은 '당의'에서 다음과 같이 밝히고 있다.

> 본당은 혁명적 수단으로써 원수 일본의 침탈세력을 박멸하여 5천 년 독립 자주해온 국토와 주권을 회복하고 정치·경제·교육의 평등에 기초를 둔 진정한 민주공화국을 건설하여 국민 전체의 생활평등을 확보하고 나아가서 세계인류의 평등과 행복을 촉진한다.[476]

여기에서 민주혁명당은 당의 임무를 일본의 침탈세력을 박멸하여 주권을 회복하는 데 있음을 명확히 하고 있다. 또한 민주혁명당은 '당강'에서도 "일본의 침략세력을 박멸하여 민족의 자주독립을 완성할 것"과 "봉건세력 및 일체의 반혁명세력을 숙청하여 민주집권의 정권을 수립하는 것"을 당의 목표로 내걸었다.[477]

이와 같이 항일독립운동이 혁명적 성격을 분명히 하는 가운데 1941년 11월 28일 대한민국 임시정부는 민족의 독립에 대비하여 건국원칙 방침을 담은 '대한민국 건국강령'을 발표했다. 이 강령에서 임시정부는 3·1운동의 의미를 "우리 민족의 힘으로써 이족전제를 전복하고 5천 년 군주정치의 허울을 파괴하고 새로운 민주제도를 건립하여 사회의 계급을 없애는 제일보의 착수"에 있다고 보았다.[478] 즉, 일제의 타도와 봉건제도의 타파를 내세운 것이다. 특히 김구는 "수백 년 동안 이조 조선에 행하여온 계

---

476 "민주혁명당 당의·당강", 김삼웅 편, 『사료로 보는 20세기 한국사』, p. 139.

477 "민주혁명당 당의·당강", 앞의 책, p. 140.

478 "대한민국 건국강령", 앞의 책, p. 157.

급독재는 유교, 그중에서도 주자학파의 철학을 기초로 한 것이어서 다만 정치에서만 독재가 아니라 사상, 학문, 사회생활, 가정생활, 개인생활까지도 규정하는 독재였다"고 주장했는데,[479] 이는 '계급독재'를 배척하고 민주정치체제를 옹호했다는 측면에서 반봉건주의 혁명을 의도한 것이었다.

이렇게 볼 때 임시정부 시기 한국인의 전쟁인식은 일본제국주의의 타도와 봉건체제의 타파를 기치로 한 혁명전쟁으로 다음과 같은 측면에서 근대성을 갖는다. 첫째로 전쟁을 정당한 무력 사용 행위로 이해했다는 것이다. 일찍이 한성정부는 대한민국 임시정부와 통합되기 전인 1919년 4월에 가진 국민대회에서 다음과 같이 한국 독립의 정당성을 주장했다.

> 일본이 과거 년대의 금석맹약金石盟約을 식食하고 아我의 생존권을 침해함은 세계의 공지共知하는 바라. 오족吾族은 今에 일본 작석昨昔의 죄를 논치 아니하며 과거의 숙원을 사思치 아니하고 오직 생존권리를 확보하며 자유평등을 신장하며 정의인도를 옹호하며 동양평화를 보전하며 세계공안世界公安을 존중키 위하여 아我조선독립의 주장함이니 실로 신의 명령이요 진리의 발동이오 정당한 요구요 적법의 행위라. 차此로써 세계의 공론을 결決할지며 일본의 개오改悟를 촉促하노라.[480]

한국의 독립운동은 생존권을 침해하는 일제에 대항하는 정당한 요구이자 적법한 행위임을 강조한 것이다. 마오쩌둥이 혁명전쟁을 "불의에 대항한 정의의 전쟁"이라고 한 것과 맥을 같이하는 것이다.

둘째로 전쟁이 불가피하다는 인식이다. 한민족의 독립전쟁은 비록 그 결전의 시기에 대해서는 견해의 충돌이 있었지만 언젠가는 일본과의 혈전이 불가피하다는 인식을 갖고 있었다. 즉, 반드시 전쟁을 통해서만 독

---

479 김구, "나의 소원", 『백범일지』(서울: 나남출판, 2007), p. 438.

480 "한성정부의 국민대회취지문 · 선포문 · 약법(1919. 4)", 『대한민국임시정부 법령집』, 국가보훈처, 1999년 4월 13일, p. 411.

립을 쟁취할 수 있다는 논의로 귀결된 것이다. 특히 독립운동 지도자들은 일제가 세력을 확대하면 중일전쟁 내지 러일전쟁, 혹은 미일전쟁이 발발할 것으로 예상하고, 이러한 기회를 이용한다면 조국광복을 쟁취할 수 있다고 보았다.[481] 이는 한국이 독립을 쟁취하기 위해서는 반드시 전쟁을 치러야 하고 일제를 완전히 굴복시켜야 한다는 것으로, 공산주의 혁명이론에서 말하는 전쟁불가피론의 관점을 반영한 것이었다.

이렇게 볼 때 임시정부는 독립전쟁을 반제국주의 및 반봉건주의의 관점에서 혁명전쟁으로 이해했다. 일제의 부당한 침략에 맞선 정당한 전쟁이고, 무력을 사용하지 않고서는 해결될 수 없는 불가피한 전쟁으로 인식한 것이다. 이는 전쟁을 혐오하고 가급적 회피하려는 전통적인 유교적 전쟁관에서 탈피한 것으로 근대적 성격을 갖는 것이었다.

나. 전근대적 요소의 잔존: 도덕적·윤리적 성격

임시정부의 독립전쟁은 혁명전쟁이라는 관점에서 근대적인 성격을 갖는다. 그럼에도 불구하고 임시정부 지도자들은 전쟁 일반에 대해서는 근대 서구에서 가졌던 수단적 전쟁관을 수용하지 않았다. 전쟁을 정상적인 정치행위로 간주하지는 않았던 것이다. 또한 독립전쟁에 대해서도 상당한 부분은 유교적이고 도덕적 관점에서 접근하고 있었다. 여전히 근대적 전쟁인식에는 미치지 못한 것이다. 심지어 한민족의 독립운동은 불의의 적을 상대로 싸우는 정의의 전쟁이므로 반드시 하늘이 도울 것이라는 종교적 신념도 일부 발견되고 있다.

임시정부 지도자들의 전쟁인식에는 다분히 도덕적이고 윤리적인 요소가 배어 있었다. 1931년 10월 김구가 임시정부 국무령으로 있을 때 조직된 한인애국단韓人愛國團은 일본인 요인 암살을 목적으로 한 비밀조직이었다. 1933년 8월 10일 발표된 '한인애국단 선언문'을 보면 당시 일본이 일

---

481 육군군사연구소, 『한국군사사 10: 근·현대Ⅱ』, p. 15.

으킨 제국주의 전쟁에 대한 인식이 어떠했는지 알 수 있다.

> 왜적은 본단을 가리켜 싸움하기를 즐긴다 하나 우리는 인류의 진정한 행복을 위해 싸우기를 희망할 뿐이고, 침략성을 가진 이름 없는 싸움을 바라는 바가 아니다. … 우리 한민족은 신성한 민족의 후예이요, 본단은 순수한 애국단체이다. 비록 죽는 한이 있더라도 왜놈들과 같은 야만적 방법을 흉내내어 국제문제를 일으키려고 하지 않는다.[482]

이 선언문에서 김구는 전쟁의 문제를 민족성에 내재된 도덕적·문화적 우열을 기준으로 바라보고 있음을 알 수 있다. 그에 의하면 일본은 호전적이고 침략적이고 야만적이다. 반면 한국은 신성한 민족으로 인류의 행복을 위해 싸우고 있으며 국제문제를 일으키지 않을 것이다.

이러한 선언문은 비밀공작을 수행하는 애국단체의 입장에서 투쟁의 정당성을 확보하려 했다는 점에서 충분히 공감할 수 있다. 그럼에도 불구하고 당시 제국주의 전쟁이 보편화된 국제정치 상황을 고려할 때 현실과 동떨어진 인식이라 하지 않을 수 없다. 어차피 국제정치가 바뀌지 않고 제국주의적 속성이 변하지 않는다면 우리가 거기에 적응해야 할 수밖에 없다. 나라가 망한 상황에서 한민족의 신성함이나 인류의 행복을 운운하는 것은 현실과 동떨어져 보인다. 차라리 우리가 망한 것은 너무 약하고 무능했기 때문임을 솔직히 인정하고 지금은 힘이 없으니 개개인이 폭탄이 되어 적 심장부를 파괴하자고 했더라면, 나아가 우리도 일본처럼 호전적이고 야만적이 되어 모든 국민이 무기를 들고 이 난국을 극복해나가자고 했더라면 당시의 현실에 좀 더 부합했을 것이다.

또한 김구는 약육강식의 국제정세를 비판적으로 논하면서 이에 대한 우리의 대비가 소홀함을 꾸짖고 반성하기보다는 다분히 유교적 관점에서

---

482 "한인애국단 선언문", 김삼웅 편, 『사료로 보는 20세기 한국사』, p. 135.

덕을 베푸는 선비정신을 가지고 전쟁의 문제를 헤쳐나가야 한다고 강조했다. 그는 "나의 소원"이라는 글에서 다음과 같이 언급했다.

> 우리는 남의 것을 빼앗거나 남의 덕을 입으려는 사람이 아니라 가족에게, 이웃에게, 동포에게 주는 것으로 낙을 삼는 사람이다. 우리 말에 이른바 선비요 점잖은 사람이다. … 우리 조상네가 좋아하던 인후지덕仁厚之德이란 것이다. … 계급투쟁은 끝없는 계급투쟁을 낳아서 국토에 피가 마를 날이 없고 내가 이기심으로 남을 해하면 천하가 이기심으로 나를 해할 것이니 이것은 조금 얻고 많이 빼앗기는 법이다. 일본의 이번 당한 보복은 국제적 민족적으로 그러함을 증명하는 가장 좋은 실례다.[483]

이러한 언급은 민족지도자로서 한민족이 앞으로 지향해야 할 바를 제시한 것으로 도덕적 관점에서는 지극히 타당할 수 있다. 그러나 전쟁이라는 문제와 관련하여 다음과 같은 몇 가지의 오류를 지적하지 않을 수 없다.

먼저 투쟁이 투쟁을 낳기 때문에 남을 해하면 안 된다는 주장은 비록 우리가 싸우려 하지 않더라도 적이 싸움을 걸어올 수 있다는 현실을 도외시한 것이다. 전쟁은 국민과 인류에게 비극인 만큼 바람직하지 않다. 이에 대해서는 충분히 공감할 수 있다. 그러나 문제는 우리가 아닌 적이 전쟁을 야기할 경우 '인후지덕'으로만 싸울 수는 없다는 것이다. 이제 막 일제강점기를 벗어난 상황에서 또다시 주권을 상실하지 않도록 하기 위해서는 무엇보다도 군사적 역량을 제대로 갖추어 대비해야 한다. 그러나 그는 그러한 실력보다도 선비정신을 강조함으로써 유교적 전쟁인식을 드러내고 있다.

또한 김구는 "내가 남을 해하면 천하가 이기심으로 나를 해할 것"이라고 하여 전쟁의 문제를 국제적 공의에 의존하는 성향을 보이고 있다. 만

483 김구, "나의 소원", 『백범일지』, p. 444.

일 다른 국가가 침공해오면 일제에 대해 그랬던 것처럼 세계의 국가들이 나서서 잘못된 행동을 응징하고 한국을 도와줄 것이라는 기대를 갖고 있는 것으로 보인다. 우리가 주체적으로 전쟁에 대응하기보다 외세에 의존하는 인상마저 주고 있다. 이미 한민족은 구한말 조선과 대한제국이 일제의 한반도 침탈의 희생양이 되는 과정에서 국제사회에 공의나 정의가 존재하지 않음을 경험한 바 있다. 그럼에도 불구하고 김구는 국제적 도의에 의존하면서 무력 사용에 대해서는 부정적 인식을 갖고 있었던 것으로 보인다.

이와 같은 전근대적 전쟁인식은 그 이전으로 거슬러 올라가 다른 독립단체들의 인식에서도 찾아볼 수 있다. 1918년 11월 만주 길림에서 간도와 연해주를 중심으로 해외에서 활동하던 독립지사 39인이 한국의 독립을 선언하는 '대한독립선언서大韓獨立宣言書', 일명 '무오戊午독립선언서'를 발표했다. 여기에서 독립지사들은 한일합방의 무효를 선언하고 무력적 대항을 선언했는데, 그 내용을 보면 일제와의 전쟁을 신적 요소와 도덕적 견지에서 바라보고 있음을 발견할 수 있다.

> … 하늘의 뜻과 인간의 도리와 정의의 법리에 비추어 만국이 입증하여 합방의 무효를 선언·전파하여 너희의 죄악을 응징하여 우리의 권리를 회복한다. 하늘의 신이 살피고 세계만방이 간곡히 깨우치는 우리의 독립은 하늘과 사람이 합응合應하는 순수한 동기로서… 우리의 결실은 야비한 궤정을 초월하여 진정한 도의를 실현함에 있다.[484]

> 우리 같은 마음, 같은 덕망의 2천만 형제자매여! 단군대황조는 상제에게 좌우로 하명하고 우리들에게 기운을 내렸다. 세계와 시대는 우리에게 복리를 내리려 한다. 정의는 무적의 칼이니 이에 하늘에 거스르는

---

484 "대한독립선언서(무오독립선언서)", 김삼웅 편, 『사료로 보는 20세기 한국사』, pp. 63-64.

마귀와 도국의 적을 한 손에 도결하라![485]

이러한 내용은 한민족으로 하여금 일제 침략의 부당성을 자각케 하려는 의도에서 작성된 것임에 분명하다. 따라서 문장이 격정적이고 선동적일 수밖에 없다. 그럼에도 불구하고, 전쟁의 문제를 정의와 불의로 구분하고 하늘의 신은 우리 편이라고 주장하며 우리 스스로 운명을 개척하려 하지 않고 하늘에 의지함으로써 마찬가지로 전근대적 인식에 머물러 있는 것으로 평가할 수 있다.

애초에 선각자들 가운데 군사적 준비를 갖추는 '무비武備'의 중요성에 대한 인식이 없었던 것은 아니다. 예를 들어, 구자욱具滋旭은 1907년 3월 '무비론武備論'을 제기하며 다음과 같이 주장했다.

나라에 무비武備가 있는 것은 비유하자면 사람에게 손발이 있고 집에 울타리가 있는 것과 같다. 사람에게 손발이 없으면 남에게 모욕을 당해서 그 장해戕害를 받더라도 막을 수 없고 집에 울타리가 없으면 도둑이 훔쳐봐서 그에게 훔쳐가는 법을 가르치는 것과 같은데도 막을 수 없으니 나라에 전비戰備가 없을 수 있겠는가? … 국가에 내우와 외홍이 있어서 그 동기動機를 예측할 수 없는 경우에 이를 막아낼 수 있는 강력이 없다면, 그 나라가 비록 문명하더라도 패망을 면하기 어려움은 이세理世의 당연한 바다.[486]

아아! 한 번 생각하고 궁구窮究해보라. 우리나라는 어떤 원인에 따라 어떤 결과를 취했는가? 원래 완전한 무비가 없을 뿐만 아니라, 승평昇平한 날이 오래 지속됨에 문예에만 종사해서 국민의 무기무습武氣武習을 천시

485 "대한독립선언서(무오독립선언서)", 김삼웅 편, 『사료로 보는 20세기 한국사』, p. 64.

486 具滋旭, "武備論", 『太極學報』, 제8호(1907년 3월).

하고 억제하여 마침내 허약하기가 무상하고 치욕이 막심한 금일의 상황을 만들어낸 것이니, 비록 후회한들 어찌 미칠 것이며 탄식한들 무엇하겠는가?[487]

구자욱은 국가가 무력을 갖추지 못한다면 비록 문명국가라 하더라도 패망을 면하기 어렵다고 지적하고 있다. 그는 1905년 을사조약에 의해 국권이 제한되는 상황을 맞은 것은 대한제국이 무武를 천시하고 군사적 대비를 갖추지 않았던 데 원인이 있다고 보았다. 지극히 현실주의적 관점에서 당시 시대 상황을 정확히 꿰뚫고 있었음을 알 수 있다.

그러나 구자욱의 '무비론'과 반대로 김구는 무력보다는 '문화제일주의'를 제시하고 있다. 그는 "나의 소원"에서 다음과 같이 언급했다.

우리의 강력은 남의 침략을 막을 만하면 족하다. 오직 한없이 갖고 싶은 것은 높은 문화의 힘이다. 문화의 힘은 우리 자신을 행복되게 하고 나아가서 남의 행복을 주겠기 때문이다. 지금 인류에게 부족한 것은 무력도 아니요 경제력도 아니다. 자연과학의 힘은 아무리 많아도 좋으나 인류 전체로 보면 현재의 자연과학만 가지고도 편안히 살아가기에 넉넉하다. 인류가 현재에 불행한 근본적인 이유는 인의가 부족하고 자비가 부족하고 사랑이 부족한 때문이다.[488]

김구는 비록 인류를 대상으로 했지만 무력이나 경제력, 그리고 과학기술력보다도 인의와 자비, 그리고 사랑을 우선적으로 갖추어야 한다고 주장했다. 일제의 통치에서 막 해방된 시점에서 36년 동안 일본제국주의 군대에 짓밟히는 수난의 역사를 몸소 경험했음에도 불구하고, 막강한 군사

---

487 具滋旭, "武備論", 『太極學報』, 제8호(1907년 3월).

488 김구, "나의 소원", 『백범일지』, p. 442.

력을 건설하여 국권을 빼앗기지 않도록 해야 한다는 주장을 하지 않고 인의와 자비를 쌓아야 한다고 강조한 것은 납득하기 어렵다. 마치 공자의 도의적 가르침을 따라 전쟁을 바라보고 있는 듯하다.

이렇게 볼 때 임시정부 시기 전쟁인식은 비록 일제를 타도하기 위한 반제국주의 전쟁이 정당하고 불가피하다는 혁명적 인식을 가졌음에도 불구하고 여전히 유교적이고 도덕적 관점에서 전쟁을 바라보고 있었음을 알 수 있다. 이러한 가운데 근대 서구의 현실주의적 전쟁관을 수용하기에는 한계가 있었다. 전쟁이 국가의 의지를 강요하고 이익을 쟁취할 수 있는 정상적인 정책도구라는 인식은 아직 요원했다. 일제가 한국에 대해 그랬던 것처럼, 그리고 서구 열강이 식민지 국가에 대해 그랬던 것처럼, 우리도 언젠가 기회가 오면 일본을 쳐서 자원을 탈취하고 국부를 취하여 강대국으로 부상할 수 있다는 생각에는 미치지 못했다. 여전히 전근대적 전쟁인식을 갖고 있었던 것이다.

다. 탈민족주의적 전쟁관: 세계평화론

임시정부의 전쟁관에서 두드러진 특징의 하나는 세계평화론적 관점이다. 19세기 후반 일제의 주도로 부상한 동양평화론東洋平和論은 1905년 을사조약을 계기로 결국 주권 침탈을 위한 논리였음이 드러나자 곧 설득력을 잃고 퇴조하게 되었다. 이후 임시정부 지도자들 사이에는 사해일가四海一家 또는 세계일원世界一元 등을 목적으로 하는 세계평화론이 등장했다. 세계평화론은 그 자체로 예나 오늘이나 모든 인류가 지향해야 할 지고의 가치이고 이상적인 목표임에 분명하다. 그러나 당시 독립운동 지도자들의 세계평화론은—이들이 민족주의 의식 고양에 힘썼음은 분명하지만—'평천하'라는 유교적 세계관의 연장선상에 있는 것으로 탈민족적·탈국가적 성격을 갖는 것이었다.

동양평화론이란 청일전쟁 이후 열강들의 아시아 침탈이 본격화되면서 조선의 자주독립을 동아시아 지역의 관점에서 모색하고자 했던 정치적 사유였다. 백인종의 서구 열강에 공동으로 대응하고 자주독립을 보전하려면 지리적 근접성, 같은 인종, 문화적 유사성을 갖고 있는 동양 삼국이 연대하여 협력하고 일본이 맹주 역할을 해야 한다는 논리이다. 당시《독립신문》의 한 사설에서도 유럽과 아메리카의 국가들이 침략을 받으면 서로 단결하듯이 아시아 국가들도 같은 지역에 있는 국가들끼리 서로 합심하여 유럽의 속국이 되지 않도록 협력해야 한다고 주장한 바 있다.[489] 안중근도 『동양평화론』의 서문에서 러일전쟁 당시 동양평화와 대한의 독립을 명분으로 내세웠던 일본이 후에 약속을 저버린 것을 통렬하게 비난하면서, 백인종의 서세동점西勢東漸에 맞서 황인종의 전국(全局)을 보존하기 위해서는 일제의 반성과 동아시아 차원의 협력이 필요함을 주장한 바 있다.[490]

그러나 일제의 침략이 노골화되자 동양평화론을 주장하는 동양주의에 대한 비판이 일었다. 1909년 신채호는 인종주의에 기초한 동양주의는 일본이 "아시아민족 통일주의의 명분 아래 제국주의 침략을 위장하는 허울에 불과하다"고 비판하면서, 동양주의를 극복하기 위해서는 국가주의와 민족주의의 발흥이 최선임을 강조했다. 그는 다음과 같이 말했다.

> 하물며 국가는 주인이요 동양주의는 손님인데, 오늘날 동양주의 제창자를 살펴보건대 동양이 주인 되고 국가가 손님이 되어 나라의 흥망은 하늘 밖에 놔두고 오직 동양을 지키려 하니, 슬프다. 어찌 그 우미함이 여기에까지 이르렀는가! 그렇다면 한국이 영구히 망하고 한족이 영구히 멸망해도 이 국토가 황인종에게만 귀속된다면 이를 낙관하는 것이 옳을까. 아아! 옳지 않은 것이다.[491]

---

489 장인성 외, 『근대한국 국제정치관 자료집 제1권: 개항 · 대한제국기』(서울: 서울대학교출판문화원, 2012), pp. 366-367.

490 안중근, "동양평화론 서(序)", 장인성 외, 『근대한국 국제정치관 자료집 제1권』, pp. 353-355.

491 신채호, "동양주의에 대한 비평", 장인성 외, 『근대한국 국제정치관 자료집 제1권』, pp. 351-353. 원전은《대한매일신보》, 1909년 8월 10일.

그는 동양주의를 주창하는 자들은 곧 나라를 망친 자들이고 외국인에게 아첨하는 자들이라고 비판하고, 한국인이 제국주의 시대에 국가주의를 주창하지 않고 동양주의를 꿈꾼다면 속박의 굴레에서 벗어날 수 없음을 강조했다. 지역과 인종에 앞서 국가와 민족을 우선시해야 한다는 주장으로 볼 수 있다.

임시정부 시기 지도자들은 독립운동을 전개하면서 신채호의 주장처럼 국가주의와 민족주의 의식을 향상시키기 위해 노력했다. 다만, 이들의 전쟁인식에는 국가주의와 민족주의 외에도 세계평화론이라는 국제주의적 성격을 동시에 갖기 시작했다. 이는 조소앙趙素昂의 '삼균주의三均主義' 정치사상에서 찾아볼 수 있다. 독립운동에 정치사상적 기초를 제공했던 조소앙은 독립운동전선이 분열하게 된 원인이 독립운동계가 공유할 수 있는 정치이념의 부재에 있음을 절감하고 민족통합의 정치 이데올로기로서 삼균주의를 제시했다. 삼균주의는 식민주의, 자본주의, 공산주의가 존재하는 국제사회에서 내부적으로는 한민족의 동질적 발전을 도모하고, 외적으로는 한민족이 인류의 공헌체로 존재할 가치를 이론화한 것이었다. 삼균주의 사상은 좌우 이념적 성향을 가리지 않고 대부분의 독립운동단체에서 수용되었으며, 대한민국 임시정부가 발표한 '대한민국건국강령'에도 공식적으로 채택되었다.

조소앙은 1929년 "한국독립당지근상韓國獨立黨之近像"이라는 글을 통해 다음과 같이 삼균주의에 대해 설명하고 있다.

> 독립당이 표방하는 주의는 무엇인가? 개인과 개인, 민족과 민족, 국가와 국가의 균등생활을 실현하는 것으로 주의를 삼는다. 무엇으로 개인과 개인의 균등을 도모하는가? 정치균등화, 경제균등화, 교육균등화가 바로 이것이다. … 무엇으로 민족과 민족의 균등을 이룰 것인가? 민족자결을 자타민족에게 적용하여 소수민족과 약소민족이 피압박·피통치로 빠지지 않게 하는 것이다. 무엇으로 국가와 국가의 균등을 도모할

> 것인가? 식민정책과 제국주의를 무너뜨리고, 약소국을 겸병하거나 공격하는 전쟁행위를 근절시켜 모든 국가로 하여금 서로 간섭하거나 침탈함이 없도록 함으로써, 국제생활에서 평등한 지위를 갖게 하는 것이다. 나아가 사해일가四海一家·세계일원世界一元을 궁극적 목적으로 한다. … 결국 한국독립당이 우리 민족의 나라를 다시 세우기 위해 노력하는 것은 단순히 건국에만 목적이 있는 것이 아니다. 이는 세계평화 실현이라는 궁극적 목적을 이루기 위한 방략의 일환이라 할 수 있다.[492]

그는 삼균주의를 개인의 균등, 민족의 균등, 그리고 국가의 균등을 실현하는 것으로 정의했다. 이때 개인의 균등은 국내정치에 관한 것이며, 민족 및 국가의 균등은 국제정치의 문제이다. 여기에서 전쟁은 '국가의 균등'과 관련이 있다. 즉, 국가의 균등을 위해서는 식민정책과 제국주의를 무너뜨리고 식민지화하거나 공격하는 전쟁을 근절시켜야 한다. 그렇게 되면 '사해일가' 및 '세계일원'의 평화로운 국제사회를 실현할 수 있다는 주장이다.

그러나 이러한 주장은 현실적이지 못하고 상당히 도덕적이고 윤리적이다. 개인의 평등은 국내정치 차원에서 어떻게 해볼 수 있더라도, 민족과 국가의 균등은 국제정치 영역에 해당하는 것으로 당시 제국주의적 국제질서를 고려한다면 사실상 실현이 불가능한 것이었다. 일제의 침략으로 국권을 상실한 상황에서 당장 전쟁의 문제를 고민하기보다는, '전쟁행위를 근절'해야 한다든가 '세계평화 실현'과 같은 유토피아적 목표를 지향한 것은 서구 열강들도 상상하기 어려운 지극히 이상적인 관점에서 전쟁의 문제를 바라본 것이라 하지 않을 수 없다.

김구도 마찬가지로 우리 민족의 독립을 세계평화와 연결시키고 있다.

---

492 조용대, "소앙 조용은의 삼균주의 정치사상," 이재석 외, 『한국정치사상사』(서울 : 집문당, 2002), p. 485.

민족주의를 내세우면서도 국제주의를 지향한 것이다. 그는 다음과 같이 한국이 독립된 나라를 세운 후 스스로 주도하여 새로운 평화와 복락福樂의 사상을 제시하고 세계의 운명을 바꾸어야 한다고 주장하고 있다.

> 세계 인류가 네오 내오 없이 한 집이 되어 사는 것은 좋은 일이요, 인류의 최고요 최후인 희망希望이요 이상理想이다. 그러나 이것은 멀고 먼 장래에 바랄 것이요, 현실의 일은 아니다. 사해동포四海同胞의 크고 아름다운 목표를 향하여 인류가 향상하고 전진하는 노력을 하는 것은 좋은 일이요 마땅히 할 일이나, 이것도 현실을 떠나서는 안 되는 일이니, 현실의 진리는 민족마다 최선最善의 국가國家를 이루고 최선의 문화文化를 낳아 길러서, 다른 민족과 서로 바꾸고 서로 돕는 일이다. 그러므로 우리 민족으로서 하여야 할 최고의 임무任務는, 첫째로… 완전한 자주독립의 나라를 세우는 일이다. … 둘째로 이 지구상의 인류가 진정한 평화平和와 복락福樂을 누릴 수 있는 사상을 낳아, 그것을 먼저 우리나라에 실현하는 것이다. … 우리 민족의 독립이란 결코 삼천 리 삼천만만의 일이 아니라, 진실로 세계의 전체의 운명에 관한 일이요, 그러므로 우리나라의 독립을 위하여 일하는 것이 곧 인류를 위하여 일하는 것이다. … 내가 원하는 우리 민족의 사업은 결코 세계를 무력武力으로 정복征服하거나 경제력經濟力으로 지배支配하려는 것이 아니다. 오직 사랑의 문화, 평화의 문화로 우리 스스로 잘 살고 인류 전체가 의좋게, 즐겁게 살도록 하는 일을 하자는 것이다.[493]

비록 "먼 장래에 가능한 일"이라는 단서를 달았지만 그는 '사해동포四海同胞', 즉 온 세상 사람이 모두 형제와 같이 되어야 한다는 목표를 향해 인류가 노력해야 한다고 주장했다. 이러한 주장은 한민족이 국가 차원이 아

---

493 김구, "나의 소원", 『백범일지』, pp. 435-442.

닌 인류 차원에서 세계평화를 위해 나아가야 한다는 것으로 '치국'을 넘어 '평천하'의 관점에서 전쟁의 문제를 바라본 것이다. '무력'으로 정복하지 않고 '사랑과 평화의 문화'로 인류 전체의 평안을 도모해야 한다는 주장은 전쟁을 국익추구의 수단으로 간주하는 서구의 사조와 다른 것으로, 덕과 예를 중심으로 '대동大同'—온 세상이 번영하여 화평하게 됨—사회를 이루어야 한다는 유교주의와 흡사한 것으로 보인다.

결국, 대한민국 임시정부는 독립전쟁에 대해 근대적 인식을 가졌음에도 불구하고 전쟁 그 자체에 대해서는 다음과 같이 여전히 전근대적 인식에 머물러 있었다. 첫째로 전쟁은 나쁜 것이고 남을 침략하지 않는 것이 좋은 것이라고 인식했다. 근대의 전쟁이 국가들 간의 이익 갈등 속에서 불가피한 것일 수 있다는 현실을 도외시한 채 지극히 도덕적인 관점에서 접근한 것이다. 둘째로 대외 의존적 성향이 두드러졌다. 침략하는 국가는 만국이 나서 응징해야 하고 그렇게 해야 하는 것이라는 당위성을 내세움으로써, 평상시 무력을 갖춰 국가를 수호해야 한다는 인식보다도 국제사회의 공의에 의존하는 모습을 보였다. 셋째로 전쟁의 문제를 심각하게 고려하기보다는 평화에 대한 막연한 희망에 기대고 있다. 사랑과 평화의 사상으로 우리 민족이 변화하고, 나아가 세계를 변화시킬 수 있다고 믿고 있다.

이와 같이 볼 때 임시정부의 전쟁인식은 '왜곡된 혁명주의'라고 규정할 수 있다. 독립전쟁을 혁명전쟁으로 인식했으나 이러한 전쟁에 도덕적이고 윤리적인, 그리고 평천하라는 관점에서 접근하고 있기 때문이다. 즉, 임시정부는 가장 극단적인 형태의 반제국주의 전쟁을 수행해야 함에도 불구하고, 군사적 극한투쟁보다는 인류의 행복이나 인후지덕, 문화적 우월성을 내세움으로써 혁명전쟁의 본질을 왜곡하여 인식한 것이다.

2. 독립전쟁의 정치적 목적

가. 독립에의 일치, 국체에의 갈등

임시정부 초기 독립운동단체들은 항일전쟁의 정치적 목적이 '독립'을 달성하는 것이라는 점에서 일치했다. 그러나 독립을 달성한 후 '건국'이라는 최종상태에 대해서는 이해를 달리했다. 즉, 이들은 모두가 항일 독립을 추구했으나 각기 추종하는 가치와 이념, 그리고 국가체제에 대해서는 다른 견해를 가졌다. 이로 인해 각 단체들은 임시정부를 중심으로 단일세력으로 규합되지 못하고 각지에서 분열된 채 항일전쟁을 수행하게 되었다.

독립운동단체별로 추구했던 전쟁의 정치적 목적은 대략 세 가지로 분류할 수 있다. 첫째는 구 황실의 복원이었다. 1908년 이후 간도와 연해주로 북상 망명한 척사계열 의병들은 구황실의 복벽復辟—퇴위한 왕을 다시 왕위에 올림—을 이상으로 했다. 이들은 고종황제를 망명시켜 대한제국을 유지 및 계승하려 했다. '충군애국'을 기치로 유교적 이념에 충실한 전제군주제로의 복원을 지향한 것이다. 이러한 세력으로는 북간도에서 조직된 농무계農務契, 보약사保約社, 향약계鄕約契 등이 있었으며, 이들 단체는 3·1운동을 계기로 1919년 4월 15일 다른 세력과 규합하여 대한독립단大韓獨立團을 결성했으나 1920년 2월 연호 사용 문제로 공화주의계와 갈등을 빚자 별도로 기원독립단紀元獨立團과 민국독립단民國獨立團을 조직하여 분리되었다.[494]

둘째는 공화정을 채택하여 새로운 대한민국을 건설하는 것이었다. 국내외의 많은 민족운동 단체들이 내걸었던 공화주의는 1910년 대한제국이 국권을 완전히 상실하면서 점차 독립전쟁이 지향하는 건국이념이 되었다. 신규식과 신채호 등 신민회新民會 회원과 대종교大倧教 교도, 그리고 신규식 등은 상하이로 망명하여 1912년 동제사同濟社를 조직했다. 동제사 회원들은 1917년 '대동단결선언大同團結宣言'을 발표하여 임시정부수립의 방향

---

494 육군본부, 『한국군사사 10: 근·현대 II』, p. 28.

을 제시했는데, 이들은 '국민주권설'의 입장에서 순종의 주권 포기를 국민에게 주권을 양여한 것으로 간주하여 주권재민의 공화주의를 주장했다.[495] 그리고 1919년 4월 10일 대한민국 임시정부 수립을 위해 구성된 임시의정원은 '대한민국 임시헌장'의 제1조에 "대한민국을 민주공화국으로 함"이라고 명시하여 독립 후의 국체에 대한 입장을 분명히 했다.[496] 이들은 복벽주의 및 사회주의자들과 구별하여 민족주의자들로 간주되었으며, 점차 임시정부의 중심 세력을 이루게 되었다.

셋째는 공산주의 국가를 건설하는 것이었다. 고려공산당(1921), 조선공산당(1925), 북만청년총동맹(1926), 재만농민동맹(1928), 조선혁명당(1928. 9), 조선민족혁명당(1935), 조선민족해방동맹(1936), 조선혁명자동맹(1937), 조선민족전선연맹(1937) 등을 비롯한 사회주의 계열의 좌파 단체들은 독립운동을 공산주의 운동으로 전환하려 했다. 이들은 '이당치국以黨治國'—당이 국가정치를 주도한다는 공산국가의 통치 형태—을 내걸고 공산혁명 방식으로 한국의 독립을 완수하고자 했다.[497] 다만, 이들 가운데 조선민족혁명당, 조선민족해방동맹, 조선혁명자동맹과 같은 단체들은 상대적으로 온건한 입장을 견지하여 계급투쟁이나 폭력혁명에 반대했으며, 국내의 절대다수인 무산대중들을 노예상태에서 해방시키는 데 주안을 둔 '민족적' 공산주의 운동을 지향하고 있었다. 이들은 1941년 말 항일 역량을 결집시키기 위해 임시정부에 참여했지만, 그 외의 나머지 좌익단체는 우익진영과 분리되어 민족독립운동의 통일을 이루지 못했다.

이와 관련하여 초기 임시정부 내에서도 이념 대립이 나타나고 있었다. 1919년 8월 상하이에 도착해 대한민국 임시정부 초대 국무총리에 취임한 이동휘는 1918년 5월 하바롭스크Khabarovsk에서 한국 최초의 사회주의

495 육군본부, 『한국군사사 10: 근·현대Ⅱ』, p. 175.

496 앞의 책, p. 176.

497 앞의 책, p. 147.

정당인 '한인사회당'을 조직하여 시베리아 한인을 대상으로 항일세력을 규합해왔다. 1920년 봄에는 러시아 레닌 정권의 도움을 받아 공산주의 방식으로 독립을 달성하고자 상하이에서 '공산주의자 그룹'을 결성했다. 여기에는 김립金立, 박진순朴鎭淳, 이한영李漢榮 등 한인사회당 간부와 함께 여운형呂運亨, 조완구趙琬九, 신채호申采浩, 안병찬安秉瓚, 최창식崔昌植, 김두봉金枓奉 등 임시정부 관계자들도 가담했다. 1920년 12월 김립이 모스크바에서 가져온 자금을 임시정부에 전달하지 않고 '공산주의자 그룹'에 보관한 사건으로 문제가 되자, 이동휘는 총리직을 사임하고 1921년 5월 23일 이 그룹을 중심으로 하여 고려공산당을 창당했다.

김구는 『백범일지』에서 이동휘와의 이념적 갈등에 대해 기록하고 있다. 그에 의하면 1919년 어느 날 이동휘는 김구를 불러 자신을 도와달라며 다음과 같이 언급했다고 한다.

> 대저 혁명은 유혈의 사업이니 어느 민족에게나 대사인 것이요. 그런데 현사 우리 독립운동은 민주주의인즉 이대로 독립을 하고 나면 다시 공산혁명을 하게 되어 두 번 유혈을 보게 되는 것이오. 이는 우리 민족에게 대불행이니 동생도 나와 함께 공산혁명을 하자는 요청이오. 어떻게 생각하시오.[498]

아마도 이동휘는 김구를 '공산주의자 그룹'에 끌어들이려 했거나, 혹은 임시정부가 추진하는 독립운동을 공산주의 혁명 방식으로 이끌자고 제안했던 것 같다. 이에 대해 김구는 다음과 같이 말하며 이동휘의 요청을 단호히 거절했다.

> 우리가 공산혁명을 하는데는 제3국제당의 지휘명령을 받지 않고 우리

---

498 김구, 『백범일지』, p. 312.

> 가 독립적으로 공산혁명을 할 수 있습니까? … 우리 독립운동이 우리 한민족의 독자성을 떠나서 어느 제3자의 지도와 명령의 지배를 받는 것은 자존을 상실하는 의존성 운동입니다. 선생이 우리 임시정부 헌장에 위배되는 말을 하시는 것은 전혀 옳지 않은 일이고 저는 선생의 지도에 응하여 따를 수 없습니다. 선생이 자중하시기 바랍니다.[499]

김구가 "나의 소원"에서 공산주의의 허울성과 위험성에 대해 직설적으로 비판한 것은 스스로 반공주의자임을 드러낸 것으로, 그 이면에는 임시정부 시기에 내부적으로 좌우 진영 간의 이념대립이 적지 않았음을 짐작케 한다.

이처럼 독립운동단체들은 항일투쟁을 통해 독립을 쟁취해야 한다는 데에는 일치했지만, 이후 건설할 국가체제의 성격에 대해서는 이해를 달리하여 대립했다. 시간이 지나면서 복벽주의는 약화되었지만 공화주의와 사회주의 간의 이념적 갈등은 극복되지 못했고, 이는 임시정부가 독립전쟁을 수행하는 과정에서 각지의 항일독립 역량을 하나로 결집하는 데 실패하는 요인으로 작용했다.

나. 혁명전쟁의 목적: 일제의 타도를 추구했는가?

혁명전쟁의 목적은 적을 타도하는 데 있다. 혁명전쟁은 적을 완전히 근절해야만 끝나는 전쟁으로 정치적 목적과 군사적 목표가 동일하다. 정치적으로 적으로부터 무조건 항복을 받아내야 하며, 그러기 위해서는 적이 항복할 때까지 적 군대를 완전히 섬멸 또는 와해시켜야 한다. 즉, 혁명전쟁에서 군사행동은 적이 완전히 패배할 때까지, 그래서 무조건 항복을 받아낼 때까지 지속되어야 한다.

그렇다면 임시정부와 독립단체들은 항일전쟁에서 적 세력을 근절하는 것을 전쟁목적으로 명확히 규정했는가? 이동휘가 1920년 3월 4일 행한

---

499 김구, 『백범일지』, pp. 312-313.

시정방침 연설에서 "독립전쟁을 대대적으로 개시하여 기율적으로 진행하여 최후 승리를 득하기까지 지구해야 한다"는 언급에서 '최후 승리'는 바로 일제에 대한 무조건 항복을 받아내 완전한 승리를 달성하고 한반도에서 일제세력을 근절하는 것으로 볼 수 있다.[500]

그러나 임시정부가 언급한 '최후 승리'가 어떠한 승리를 말하는지 분명하지 않아 보인다. 그것이 협상에 의한 승리인지, 군사작전에 의한 승리인지, 외국의 대일전쟁에 무임승차하여 얻는 승리인지 명확하지 않다. 물론, 이에 대해서는 1920년 3월 30일 임시의정원에서 언급된 바 있다. 이유필李裕弼이 "정부의 독립운동이 추구하는 방책이 독립전쟁인지, 외국에 의뢰하는 것인지, 아니면 적의 회오悔惡를 기다리는 것인지"를 묻자, 재무차장 윤현진尹顯振은 "전쟁과 외교의 두 방면을 모두 힘쓴다"고 대답했다.[501] 즉, 국제사회를 상대로 한 외교적 노력과 일제를 상대로 한 군사적 투쟁을 병행하는 것이다.

그럼에도 불구하고 임시정부가 추구하는 혁명전쟁의 목적인 '최후 승리'가 어떻게 달성될 수 있는지 분명하지 않았다. 외교적 노력으로 미·중·러 등 연합국이 일본과 전쟁에 나서 승리할 때까지 기다리는 것이라면, 이는 '임시정부가 추구하는' 전쟁의 목적이 될 수 없다. 이 경우 임시정부가 할 수 있는 일은 연합국의 전쟁 상황을 주시하는 것 외에는 없을 것이기 때문이다. 물론, 아무것도 하지 않고 국제사회나 외국의 도움을 받아 일제를 타도할 수는 있다. 그러나 이 경우 한국은 국가의 운명을 다시 강대국의 처분에 맡겨야 하는 상황을 맞게 된다는 점에서 그야말로 무능하고 무책임한 방책이라 하지 않을 수 없다. 따라서 혁명전쟁은 적을 타도하는 데 목적을 두어야 했다. 군사적으로 투쟁에 나서 적 군대를 섬멸하고 일본의 식민지배기구를 한반도에서 몰아내는 것이 임시정부가 말하는 '최후 승리'가 되어야 했다.

---

500 "국무총리 시정방침연설(2월에 낭독한 것)", 『독립신문』, 1920년 3월 4일.

501 "임시의정원기사", 『독립신문』, 1920년 3월 30일.

그런데 임시정부는 독립전쟁의 목적인 '최후 승리'가 일제를 '타도'함으로써 가능하다는 점을 분명히 하지 않았다. 우선 내부적으로 1920년을 '독립전쟁의 해'로 정했지만 이를 선포하지는 않음으로써 전쟁의 목적을 흐리게 되었다. 임시정부가 일제를 상대로 전쟁을 선포하지 않은 것은 아마도 전쟁의 시작보다 그에 앞선 준비가 긴요하다고 판단했기 때문으로 보인다. 이는 1920년 1월 국무원포고 제1호에서 "대한민국이 영광 있는 독립전쟁을 선포할 날은 바로 대한국민이 정부의 명령 하에 통일된 날이니라"라고 언급한 데서 드러난다.[502] 임시정부 내부에서 독립전쟁을 시작해야 한다는 논의가 있었지만, 그러한 공감대가 확대되고 여건이 형성될 때를 기다려 이를 선포할 시기를 미룬 것이다. 그 결과 임시정부 지도자들은 독립전쟁이라는 용어를 자주 사용했음에도 불구하고 독립운동을 '전쟁'의 단계로 끌어올릴 수 없었으며 항일투쟁의 궁극적인 목적이 일제를 타도하는 데 있음을 명확히 천명하지 못했다.

또한 임시정부는 적을 타도하는 데 있어서 일본군을 섬멸하기보다는 일본 주요 인사와 관공서를 타격하는 데 관심을 두었다. 독립전쟁이라면 당연히 일본 제국주의의 손과 발이 되는 일본 군대를 격멸해야 했다. 일본 군대를 섬멸하는 것이 당장 불가능하다면 반드시 이를 차후 또는 최후의 목표로 분명하게 설정해야 했다. 그러나 임시정부는 이러한 전쟁이 지향해야 할 '타도'에 대한 인식이 분명하지 않았다. 임시정부 노동국총판勞動局總辦 안창호는 1920년 2월 5일 《독립신문》에서 반드시 죽여야 할 일곱 가지 적을 언급했지만, 일본군을 타격 대상으로 하지는 않았다.[503] 물론,

---

502 "국무원포고 제1호", 《독립신문》, 1920년 2월 5일.

503 반드시 죽여야 할 일곱 가지 적은 총독 총감을 비롯해 일본 정치가, 학자, 신문기자, 종교가 등 적의 우두머리(敵魁), 이완용을 비롯하여 일제에 협조하는 매국의 역적(賣國賊), 독립운동 기밀을 밀고하고 독립지사를 체포하는 창귀(倀鬼), 일제에 붙어 부를 누리고 일신의 안전을 의탁하는 친일(親日)의 부호(富豪), 적의 관직을 받아 독립단체의 해체를 유도하고 백성을 압박하는 자, 독립운동자로 사칭하여 독립기부금을 횡령하고 민심을 현혹하는 불량배(不良輩), 그리고 독립운동에 헌신했으나 중도에 변절할 모반자(謀反者)이다. 안창호, "칠가살", 《독립신문》, 1920년 2월 5일.

안창호의 주장은 당장 일본을 상대로 정규전을 벌일 수 없는 상황에서 당장 시행할 수 있는 '테러 및 암살'을 염두에 둔 것이었다. 그럼에도 불구하고 임시정부는 이후에도 국가 차원에서 정규군을 양성하여 일본군과의 결전을 준비해야 한다는 아무런 계획도 제시하지 못했다.

전쟁의 목적을 설정하기는 쉽다. 그것이 무엇이라고 제시하기도 쉽다. 그리고 듣는 사람은 그러한 목적에 대해 아무런 생각 없이 수긍할 수 있다. 그러나 전쟁의 목적을 의미 있게 제시하기는 어렵다. 임시정부도 독립전쟁에서 승리하여 일제의 세력을 근절해야 한다는 것을 알고 있었지만, 구체적으로 그것이 적 군대 섬멸을 통한 승리인지, 적 요인 암살에 의한 승리인지, 아니면 실제로 임시정부가 많은 공을 들였던 외교적 방책에 의한 승리인지 정확히 인식하지 못하고 있었다.

이러한 가운데 임시정부가 전쟁의 목적을 '타도'로 명확하게 제시한 것은 1941년 12월 7일 일본이 진주만을 기습한 직후 발표한 대일 선전포고에서였다. 1941년 12월 10일 임시정부는 '대일선전성명서對日宣戰聲明書'를 발표하여 "한국 전체 인민은 현재 이미 반침략전선에 참가하였고, 일개 전투 단위가 되어 축심국(일·독·이)에 대하여 선전포고 한다"고 선언하고, "왜구를 한국·중국 및 서태평양에서 완전히 축출하기 위하여 혈전으로 최후의 승리를 이룩한다"고 선포했다. 이전까지의 소극적 저항에서 벗어나 적극적으로 무력행동을 전개하는 '전쟁'을 통해 일제를 근절할 것을 명시한 것이다. 독립전쟁 선언 여부를 검토한 1920년으로부터 21년이 지나서야 전쟁을 선포하여 비로소 적 군대와 혈전을 벌여 승리를 쟁취한다는 보다 온전한 전쟁목적을 제시한 것이다.

이러한 연장선상에서 1943년 11월 조소앙은 "정부성립 24주년 기념일 포고문"에서 다음과 같이 독립전쟁의 목적을 보다 진일보하게 설정하여 제시했다.

련합국의 반공계획과 무긔가 그네들 장춘 북평 상해 마닐라 반곡 랭군

빠타비아 등지에서 가장 맹렬한 항일전이 폭발될 것이다. 뿐만 아니라 일본 내부에서도 백만 한인이 기회를 노리고 잇다. 멀지 안은 장래에 일본으로 하여금 무장을 완전히 해제할 뿐 아니라 북해도와 본주와 사국과 구주를 따라 찌져 四개 국가를 조직케 하야 일본으로 하여금 다시 이러날 여력이 업게 하지 안으면 안될 것이다.[504]

조소앙의 주장대로 일본군의 무장을 해제하는 것뿐 아니라 일본을 4개 국가로 분리시켜 다시는 일어날 여력이 없게 하는 것은 당시 임시정부의 능력에 벗어나는 것이었다. 그럼에도 이는 연합국과의 연합작전을 염두에 둔 것으로 일본을 재기불능의 상태로 만들어야 한다는 보다 원대한 전쟁목적을 제시했다는 데 의미가 있다.

그러나 임시정부의 전쟁목적 설정은 너무 늦은 감이 없지 않았다. 적을 '타도'할 수 있는 군사력 건설이 하루아침에 이루어지는 것이 아니기 때문이다. 1943년 11월 《신한민보》는 "독립운동의 제2계단"—1계단은 대일 선전포고 이전의 정신운동을, 2계단은 이후의 실제운동을 의미—라는 제목의 사설에서 당시 독립운동의 실태를 비판적으로 평가했다.[505] 이 사설은 독립운동이 20여 년 전이나 지금이나 별로 다를 바 없이 열정만 가지고 애국심에서만 날뛰었을 뿐 아무런 성과도 거두지 못하고 있음을 지적했다. 독립운동이 한인의 독특한 정신을 발휘한 것은 사실이나 실제로 독립을 성취하기 위해 별로 한 일이 없다는 것이다. 그 예로 1941년 12월 일본의 진주만 공격 직후 임시정부는 대일전쟁을 선언했지만, 2년이 지난 시점에서 한국은 전쟁에 참여하지도 못하고 있으며 그러한 전쟁에 나설 능력과 세력도 갖추지 못하고 있음을 날카롭게 지적했다. 아울러 광복군이 존재하지만 인도에 10여 명을 파병한 정도로는 이들이 실제로 한국의

---

504 국사편찬위원회, "정부성립 二十四주년 긔념일 포고문(1943. 11. 22)", 『대한민국 임시정부 자료집 16: 외무부』(과천: 국사편찬위원회, 2007), p. 59.

505 "독립운동의 제2계단", 《신한민보》, 1943년 11월 4일.

독립운동을 대표하는 무장세력으로 인정받을 수 없음도 언급하고 있다.

이는 결국 초기에 임시정부가 일본을 상대로 한 반제국주의 혁명전쟁의 목적을 명확히 설정하지 못했기 때문에 독립전쟁에서 가장 긴요한 군사적 준비를 20년 이상 지연시키고 별다른 성과를 거두지 못했던 것으로 이해할 수 있다. 임시정부는 대일 선전포고를 너무 늦추었기 때문에《신한민보》의 지적에서처럼 20년이 넘도록 독립운동을 '실제운동'이 아닌 '정신운동'으로 국한시키는 결과를 가져왔던 것이다. 임시정부는 비록 독립전쟁을 혁명적 성격의 전쟁으로 인식했으나, '왜곡된 혁명주의', 즉 혁명전쟁으로서 독립전쟁이 갖는 극한투쟁의 성격을 간과하고 도덕적·도의적 관점에서 접근했기 때문으로 이해할 수 있다.

3. 독립전쟁수행전략

가. 간접전략: 대일 연합전선 구축

대한민국 임시정부의 대외전략은 국제사회와 함께 항일 연합전선을 구축하는 것이었다. 이는 크게 두 가지 차원에서 이루어졌는데, 하나는 임시정부가 국제적으로 인정을 받는 것이고, 다른 하나는 연합국 군대와 함께 일본군을 상대로 연합군사작전을 전개하는 것이었다. 이 두 가지는 긴밀하게 연계되어 있었다. 임시정부가 한국을 대표해야만 정상적인 국가 대 국가의 연합작전이 성립될 수 있으며, 임시정부가 연합작전을 수행할 수 있는 군사적 능력을 갖추어야 정당한 정부로 인정받을 수 있기 때문이다. 이는 외교와 군사가 상호작용해야 함을 의미한다. 그러나 임시정부는 군사력 건설에 소홀한 채 외교적 노력에만 집중함으로써 국제사회에서 인정을 받지도 못하고 항일연합전선을 구축하는 데에도 실패했다.

(1) 초기 정부승인 외교의 실패

임시정부 초기의 외교는 국제사회로부터 임시정부의 승인을 얻는 데 주력했다. 1919년 제1차 세계대전 종전협상을 위한 파리강화회담The Paris Peace Conference이 예고되자 이승만은 김규식을 외무총장 겸 임시정부 대표로 임명하여 파리강화회의에 참석하도록 했다. 그리고 1919년 5월 24일 클레망소Georges B. Clemenceau 평화회의 의장에게 서한을 발송하여 김규식을 대표로 참석시켜 그의 의견을 청취해줄 것과 대한민국 임시정부를 승인해줄 것을 요청했다. 이 서한에서 임시정부는 과거 일본이 한국의 주권을 보장하기로 한 동맹조약—1894년 조일양국맹약과 1904년 한일의정서를 의미—을 위반했다고 지적하고, 한국 문제를 민족자결주의에 입각하여 처리해줄 것을 요구했다. 김규식이 이끄는 파리위원부에서도 이러한 내용의 서한을 두 차례에 걸쳐 평화회의 본부에 발송했다. 그러나 파리강화회의는 전승국인 열강들의 이권을 도모하기 위한 회의에 불과했으므로 한국 대표단이 참석할 수도, 한국 문제가 논의될 수도 없었다.[506]

1921년 11월 워싱턴 군축회의The Washington Conference에서도 임시정부는 한국의 독립을 호소할 기회를 얻고자 했다. 임시정부의 구미위원회위원장으로 미국에서 독립운동을 전개하고 있던 서재필은 1921년 1월 대통령 당선자인 하딩Warren G. Harding을 만나 한국의 독립을 호소하여 동정적이고 우호적인 답변을 얻어냈다. 그리고 그해 9월 하딩에게 편지를 보내 워싱턴 회의에 한국 대표단을 '청원자'로 참석하게 해줄 것을 요청했다. 10월 1일 이승만, 서재필, 정한경, 그리고 고문 돌프Fred A. Dolph로 구성된 한국 대표단은 미국으로 건너가 임시정부의 승인과 한국의 독립 문제를 호소할 수 있는 기회를 달라는 취지의 청원서를 제출하고자 했다. 그러나 청원서는 공식적으로 접수되지 못하고 미측 간사에게 사적으로 전달되었으며, 결국

---

506 한국정신문화연구원, 『대한민국임시정부 외교사』(성남: 한국정신문화연구원, 1992), pp. 105-106; 국가보훈처, 『대한민국임시정부의 외교활동』(서울: 국가보훈처, 1993), p. 44.

한국 대표단의 회의 참석은 무산되고 말았다. 이 시기 국제사회에서 일본은 영국 및 미국에 준하는 강대국의 반열에 올랐기 때문에 일본이 반대하는 임시정부의 회의 참석은 받아들여질 수 없었다.[507]

초기 임시정부 승인 문제가 외교적으로 해결되지 못하자 임시정부는 내홍을 겪었다. 1923년 1월부터 6월까지 5개월 동안 개최된 국민대표회의國民代表會議—임시정부의 내부 문제를 해결하기 위해 각지의 국민대표들이 모인 협의체—는 임시정부의 개혁을 주장하는 개조파와 임시정부의 해체와 재건을 주장하는 창조파로 분열되었다. 안창호와 여운형을 중심으로 한 개조파는 임시정부의 대표성에 대한 문제는 시기의 절박성 때문에 불가피하게 나타난 현상이므로 국민대표회의를 통해 보완하자는 입장이었다. 반면 박용만, 신숙, 김만겸 등을 중심으로 한 창조파는 임시정부가 일개의 독립운동단체에 지나지 않으며 현재의 임시정부로는 분열된 독립운동계를 통일할 수 없다고 보고 국민대표회의에서 향후 독립운동을 이끌 최고 기관을 새롭게 조직할 것을 주장했다. 결국 국민대표대회는 타협점을 찾지 못한 채 아무런 소득 없이 해산되었고, 독립운동의 구심점 역할을 자처해왔던 임시정부의 위상은 훼손될 수밖에 없었다.

(2) 중국과의 대일 연합전선 형성의 한계

1930년대 초 일제의 대륙침략이 본격화되자 임시정부는 중국 국민당 정부와 군사적으로 협력할 기회를 모색했다. 마침 한국의 독립운동 역량에 냉담했던 장제스蔣介石는 1932년 4월 윤봉길 의사의 의거를 계기로 임시정부에 대한 인식을 바꾸었다. 그는 윤봉길의 거사에 대해 "중국의 100만 대군도 해내지 못한 일을 한국 용사 1명이 단행했다"고 평가하고, 1933년 임시정부에 매월 경상비를 지급하고 중국중앙육군군관학교 뤄양 분교에 한인특별반을 개설하여 간부를 양성하는 등 한국의 독립운동을 지원

507 한국정신문화연구원, 『대한민국임시정부 외교사』, pp. 146-149.

하기 시작했다.

김구는 1933년 11월 만주에서 어려움을 겪고 있던 이청천을 비롯한 39명을 불러 한인특별반을 교육시킬 교관 요원으로 임명했다. 그리고 1934년 2월 김원봉의 조선혁명군사정치간부학교 학생 15명을 포함한 92명을 받아 한인특별반 교육을 시작했다. 그러나 한인특별반 운영을 두고 김구와 이청천 간의 경쟁구도가 형성되면서 그해 8월 김구는 자신을 따르는 25명을 난징南京으로 복귀시켰고, 이청천 등 독립군 출신 간부들도 학교를 떠나면서 한인특별반은 사실상 해체되었다. 국민당 정부는 남은 한인 학생들을 중국인 대대에 분산 수용한 뒤 1935년 4월 62명을 졸업시켰다. 임시정부 입장에서는 정규교육을 받은 군 간부를 양성하여 중국과 군사협력을 모색할 수 있는 모처럼의 기회를 놓치게 되었다.[508]

1937년 7월 7일 일본이 중국 대륙을 침공하면서 중일전쟁이 발발하자 한중 간에 연합전선을 구축하려는 움직임이 본격화되었다. 우선 김원봉은 1938년 10월 2일 조선청년전위동맹과 함께 한커우漢口에서 100여 명 규모의 최초 한인 군사조직인 조선의용대朝鮮義勇隊를 창설했다. 조선의용대는 중국군에 파견되어 중국군사위원회 정치부의 지휘 하에 들어가 정보수집, 반전선전, 투항권고, 포로심문, 일본군 후방교한 등 주로 비전투적인 선전공작을 담당했다. 조선의용대의 규모는 1940년 2월 330여 명으로 확대되었다. 그러나 이들은 중국군의 통제에서 벗어나 조선의용대의 독자성을 확보하고자 1941년 3월 중순부터 5월 말까지 화북 지역으로 이동하여 1942년 7월 결성된 화북조선독립동맹의 무장부대인 조선의용군朝鮮義勇軍으로 편입되었다. 그리고 중국공산당이 이끄는 팔로군과 함께 항일투쟁에 나섰다. 이때 충칭重慶 본부에 남아 있던 김원봉이 이끄는 조선의용대 일부는 이에 합류하지 않고 1942년 7월 한국광복군에 편입되어

---

508 육군본부, 『한국군사사 10 : 근 · 현대Ⅱ』, pp. 268-272.

광복군 1지대가 되었다.[509]

한편, 임시정부는 중일전쟁이 발발하자 전시체제에 대응하고 적극적으로 군사활동을 전개해야 할 필요성을 절감하여 1937년 7월 15일 군무부 관할 아래 '군사위원회'를 설치했다.[510] 그러나 임시정부는 한동안 자체 군대를 보유할 계획을 갖지 못하다가 1940년 5월 9일 한국독립당을 결성하면서 비로소 창군을 추진하게 되었다. 그리고 1940년 9월 15일 임시정부는 '한국광복군선언문'을 공포하여 대내외에 광복군 창설을 알렸다. 만시지탄이지만 임시정부가 처음으로 군대를 보유하게 된 것이다. 다만, 광복군 창설 이후에도 한중 연합전선을 형성하는 데에는 한계가 있었다. 그것은 1937년 7월 국민당의 정예군사력 30만이 상하이 전투에서 와해되어 이후로 적극적인 항일전을 전개할 여력이 없었고, 광복군의 전력이 독자적으로나 한중연합으로 일본군에 맞서 싸우기에 너무 미약했기 때문이었다.

(3) 미국과의 대일 연합전선 구축의 한계

1941년 12월 7일 태평양전쟁이 발발하자 임시정부는 미국과의 연대를 통해 무장투쟁을 본격적으로 전개할 시기가 되었다고 판단했다. 12월 10일 임시정부는 대일 선전포고를 발표하고 루즈벨트Franklin Delano Roosevelt에게 서한을 보내 한국의 대일전 참가를 요청했다. 미국은 임시정부 승인에 대해서는 부정적이었지만 광복군의 대일전 참가 제의에 대해서는 긍정적으로 생각했다. 이후 임시정부는 1944년 영국군의 요청에 따라 인도 및 버마 전선에 광복군 10여 명을 파견하고, 1945년에는 미 전략첩보국OSS과 합작으로 전략정보 요원을 양성하기 위한 훈련을 실시했다. 1945년 8월 16일에는, 비록 실패로 돌아갔지만, 한국 내 연합군 포로의 안전한 철수

---

509 육군본부, 『한국군사사 10: 근 · 현대Ⅱ』, pp. 275-280.

510 국사편찬위원회, "군사위원회 설치에 관한 기사(1937. 7. 16)", 『대한민국임시정부자료집 9권: 군무부』, 한국사 데이터베이스.

를 돕기 위한 국내 진공작전도 이루어졌다.[511]

그러나 이러한 광복군의 활동은 너무 늦었을 뿐 아니라 그 실적도 미약하여 임시정부의 존재감을 드러내고 국제승인을 이끌어내기에는 한계가 있었다. 실제로 임시정부는 미국에 연합작전을 제의했지만 미국은 임시정부의 군사적 능력에 대해서는 물론, 임시정부의 대표성, 심지어는 진실성에 의구심을 갖고 있었다. 1942년 2월 4일 외무부장 조소앙은 미국대사 고스Clarence E. Gauss에게 '한국임시정부'라는 제목의 문서를 전달했다. 여기에서 그는 다음과 같이 임시정부가 가진 군사적 잠재력을 언급하면서 무기 등 미국의 원조를 요청했다.

> 1919년 3·1운동의 결과로 탄생한 한국임시정부는 국내외 독립운동세력들로부터 광범위한 지지를 받고 있다. 특히 국내에서 혁명적 분위기를 조성하기 위하여 천도교, 기독교, 불교, 대종교 등 반일적 성향이 강한 종교지도자들과 은밀히 접촉하고 있다. 현재 임시정부는 약 2만 명의 병력을 보유하고 있다. 외부의 군사지원만 있으면 병력을 10만 명까지 늘릴 수 있다. … 소련 영내에 있는 2개 사단의 한인부대도 유리한 여건만 조성된다면 임시정부의 지휘체계 속에 편입시킬 수 있다. 임시정부의 당면과제는 3개 사단 이상의 정예부대를 훈련시켜 대일전쟁에 적극 참여하는 일이다. … 미국이 무기대여법에 의하여 원조를 제공한다면 임시정부는 한국민의 잠재된 혁명능력에 활기를 불어넣어 태평양전쟁에서 민주진영의 최종 승리를 결정짓는 데 기여할 수 있을 것이다.[512]

이는 임시정부가 대일전쟁에 참여할 의사를 밝히고 미국에 군사적 연대를 공식적으로 제의한 것이다.

---

511 백기인·심헌용, 『독립군과 광복군 그리고 국군』(서울: 군사편찬연구소, 2017), pp. 160-171.

512 국사편찬위원회, "대한민국임시정부", 『대한민국 임시정부 자료집 26: 미국의 인식』(과천: 국사편찬위원회, 2007), pp. 13-25.

그러나 이에 대한 미 국무부의 태도는 부정적이었다. 조소앙은 3·1운동 후 임시정부를 중심으로 한 한국 독립운동의 지속성과 통일성을 부각시키려 했지만 설득력을 갖지 못했다. 특히 한국의 기독교인이라든가 만주, 중국, 시베리아, 미주에 거주하는 한국인들의 숫자를 과장한 것이 임시정부의 신뢰성을 떨어뜨렸다. 오히려 미 국무부는 중국 측의 인사들을 접촉하여 정보를 파악한 결과 임시정부의 조직이 견고하지 않으며, 독립운동에 대해 구체적인 계획을 갖고 있지 않다는 인상을 받게 되었다.[513]

이와 관련하여 1942년 3월 19일 미 대사관의 서비스John S. Service는 중국 외교부 동북아 국장 양원주楊雲竹를 만나 한국 문제에 대한 의견을 청취했다. 이때 양원주는 다음과 같이 언급했다.

> 중국 정부는 한국인들의 독립열망에 대하여 동정하지만 어떤 특정 단체에 대한 승인은 주저하고 있다. 한인망명단체들의 분열로 과연 어느 단체가 한국민을 대표하는지 쉽게 판단을 내릴 수 없기 때문이다.
>
> 중국 관내의 한인들은 2개의 주요 그룹, 즉 조선민족혁명당과 한국독립당으로 나뉜다. 민혁당은 다소간 좌익적인 경향을 띠고 있으며 시베리아의 한인들 약 2만 명으로부터 후원을 받고 있다고 주장한다. 그들은 임시정부와 일정한 거리를 유지하고 있다. 한독당은 뚜렷한 정치핵이 드러나지 않으며 재미한인들의 지원에 힘입어 임시정부를 떠받치고 있다.
>
> 민혁당과 한독당은 각각 조선의용대와 광복군이라는 무장조직을 거느리고 있다. 감약산(김원봉)의 지휘를 받는 조선의용대의 경우, 그 구성원이 얼마나 되는지는 잘 알려지지 않고 있지만 그렇게 대단한 것 같지는

---

513 국사편찬위원회, 『대한민국 임시정부 자료집 26: 미국의 인식』, pp. x-xi.

않다. 임시정부 산하의 광복군은 대대급으로 추정되는 5개의 단위부대를 거느리고 있다고 주장하는데, 서안에 있는 한 부대만이 200명 정도의 병력을 갖고 있을 뿐 나머지 4개 부대는 문서상으로만 존재한다.[514]

이러한 언급은 조소앙의 주장과 달리 심지어 중국도 임시정부의 대표성을 부정하고 있을 뿐 아니라, 광복군의 규모와 활동에 대해 별다른 기대를 갖고 있지 않음을 확인해준 것이었다. 이후에도 미 대사관은 추가 활동을 통해 김원봉과 접촉하여 조선의용대가 300명, 광복군이 200명 정도의 병력을 갖고 있다는 정보를 입수했으며, 임시정부가 만주에서 활동하는 한인 게릴라부대나 국내 조직과 연결되어 있다는 증거를 발견할 수 없었다.[515] 조소앙이 장담한 것과 달리 임정은 2만 명의 병력을 보유하지도 않았고, 2개 사단의 한인부대를 편입시킬 능력도 없다는 것을 확인한 것이다. 결국 미국은 임시정부의 대표성과 군사적 능력을 신뢰할 수 없게 되었고, 임시정부를 승인하지도 원조를 제공하지도 않게 되었다.

(4) 임시정부 승인을 위한 마지막 외교 노력의 실패

1945년 4월 25일부터 6월 25일까지 유엔 헌장에 합의하기 위한 샌프란시스코 회의가 열렸다. 이승만은 이 회의에 참석하여 임시정부의 인정을 요구하고 한국 독립을 주장하고자 여러 차례 서한을 보냈으나 번번이 거절당했다. 6월 5일 미 국무부장관 대리 프랭크 록하트Frank P. Lockhart는 이승만이 5월 15일자로 보낸 서한에 대해 다음과 같이 회신했다.

귀하께서 샌프란시스코 회의San Francisco Conference 참석 요청을 되풀이하고 있기 때문에, 이 문제와 관련하여 국무부가 견지해왔던, 귀하에게 이

514 국사편찬위원회, "한국독립운동과 승인 요구", 『대한민국 임시정부 자료집 26: 미국의 인식』, pp. 26-28.

515 국사편찬위원회, 『대한민국 임시정부 자료집 26: 미국의 인식』, pp. x-xi.

전에 서신이나 구두로 통보한 바 있는 국무부의 확고한 기본적인 고려 사항들을 이번 기회에 검토하는 것이 좋을 듯합니다. 샌프란시스코 회의에 참석하는 연합국United Nations은 모두 적법하게 구성된 통치 당국인데 비해, '대한민국 임시정부Korean Provisional Government' 및 다른 한국 기구들Korean organizations은 통치 당국으로서 미국으로부터 인정받는 데 필요한 자격 요건들을 갖추고 있지 않습니다.

'대한민국 임시정부'는 한국의 어떠한 지역에 대해서도 행정권을 갖고 있지 않으며 오늘날의 한국 민중들을 대표한다고 간주될 수 없습니다. 그 추종자들은 망명한 한국인들 중에서도 일부에 제한되어 있습니다. '대한민국 임시정부'와 같은 그룹에 대한 미국 정부의 방침은, 연합국 승전 시 한국인들이 수립하고자 하는 정부의 궁극적인 형태와 인적 구성을 결정지을 한국인들의 권리를 위태롭게 할 수 있는 조치는 하지 않는다는 것입니다. 이러한 정책은 추축국Axis 하에 있거나 추축국으로부터 해방된 모든 민중에 대한 미국 정부의 태도와 일치합니다. 국무부는 다른 무엇보다 바로 이러한 이유로 '대한민국 임시정부'를 승인하지 않고 있는 것입니다.[516]

여기에서 록하트는 임시정부가 '적법하게 구성된 통치당국'이 아니며, 망명한 한국인들 중에서도 일부만이 지지하고 있어 대한민국 민중들을 대표하지 못한다고 보고 있다. 그리고 대한민국의 정부는 한국인들이 스스로 결정해야 하기 때문에 미국은 임시정부를 승인할 수 없다고 밝히고 있다.[517]

---

516 국사편찬위원회, "국무부 장관 대리(The Acting Secretary of State)가 구미위원부 위원장(the Chairman of the Korean Commission in the United States) 이승만(Rhee)에게", *FRUS 1945*, The British Commonwealth, 『한국사 데이터베이스』.

517 국사편찬위원회, "임정 대표의 샌프란시스코회의 참가 무산(1945. 5. 22)", 『대한민국 임시정부 자료집 16: 외무부』, p. 95.

왜 임시정부의 항일 연합전선 구축은 실패했는가? 왜 임시정부는 국제사회에서 대표성을 가진 정부로 인정을 받지 못하고 대일전쟁에 참전할 수도 없었는가? 임시정부 승인을 위해 각고의 외교적 노력을 기울였음에도 불구하고 임시정부는 대외적으로 한국민을 대표하는 '정부'로서의 입지를 다지지 못했다. 미국의 입장에서 볼 때 임시정부는 독립운동을 전개하는 많은 '한인그룹들' 중 하나에 지나지 않았으며, 국내 동포들로부터 광범위한 지지를 받지 못하고 있었다.[518] 여기에는 독립운동 초기 일본의 방해, 한국의 독립에 대한 중국의 소극적인 태도, 그리고 식민지를 둘러싼 열강들의 이해관계가 작용했기 때문에 국제사회가 임시정부의 승인과 한국의 독립 문제에 관심을 갖기 어려웠던 것으로 볼 수 있다.

그러나 임시정부는 몇 번의 기회가 있었으나 이를 살리지 못했다. 중일전쟁 발발과 태평양전쟁 발발과 같이 일제의 침략이 확대되는 시점에서 군사적 실력을 과시하고 입증했더라면 중국과 연합국의 관심을 환기시키고 임시정부를 인정하도록 요구할 수 있었을 것이다. 이들에게 광복군 1개 사단 정도의 전력만 보여주었더라도 이들과 항일연합전선을 구축할 수 있었을 것이며, 이를 통해 자연스럽게 임시정부를 승인하도록 유도할 수 있었을 것이다. 임시정부가 군사력을 제대로 갖추어 항일 독립전쟁을 이끄는 주체가 되었더라면 만주의 독립운동단체는 물론 국내외 한국 민중들이 인정하는 정부로서 권위를 가질 수 있었을 것이고, 미국이 지적한 대표성의 문제도 극복할 수 있었을 것이다.

전쟁의 핵심 수단은 외교력이 아닌 군사력이다. 전시외교는 군사력이 뒷받침되지 않으면 효과를 볼 수 없다. 임시정부는 독립전쟁을 수행하면서도 무장세력을 제대로 갖추지 못했기 때문에 결정적인 순간에 연합국, 특히 미국과 연합전선을 구축하지 못했으며, 나아가 임시정부 승인을 요구하고 한국의 독립을 자력으로 쟁취할 수 있는 절호의 기회를 놓치게 되었다.

---

518 국사편찬위원회, 『대한민국 임시정부 자료집 26: 미국의 인식』, p. iv.

나. 직접전략

(1) 독립전쟁 노선 통합 실패: 준비론과 주전론의 갈등

대한민국 임시정부가 수립된 직후 독립운동 노선을 놓고 '외교론'과 '독립전쟁론' 간에 논쟁이 일었다. 안창호를 비롯한 외교론자들은 당장 일본과 전쟁을 치를 역량이 부족한 상태에서 수백, 수천의 결사대로 일본군에 대항하는 것은 불필요한 희생만 초래할 뿐 아무런 실익이 없다고 보고 즉각적인 독립운동에 반대했다. 반면, 이동휘를 필두로 하는 독립전쟁론자들은 외교론자들의 대외의존적 태도를 비판하고 즉각 무장투쟁을 전개할 것을 주장했다. 이에 대해 임시정부는 외교와 전쟁을 병행한다는 방침을 정해놓고 있었지만,[519] 초기에는 제1차 세계대전의 종전에 따라 파리에서 개최될 평화회담에 기대를 걸고 임시정부 승인을 위한 외교적 노력에 집중했다. 그러나 기대를 모았던 파리강화회담에서 한국 문제가 상정되지도 못한 채 종료되자 '외교론'에 대한 실망감이 높아졌다. 이러한 상황에서 임시정부의 독립운동은 외교론보다 대일 무장투쟁을 본격화하는 '독립전쟁론'으로 기울어지게 되었다.

임시정부가 '독립전쟁'을 본격화기로 결정하면서 독립운동 세력 간에는 '준비론'과 '주전론'이 대립했다. 먼저 준비론자들은 이전까지 외교론의 입장에 섰던 안창호 계열이 중심이 되었다. 이들은 정부가 당장 선전포고를 할지라도 준비가 없으면 10년, 100년까지라도 할 수 없다고 보았다. 따라서 혈전에 나서기에 앞서 민심의 통일, 국민군의 편성, 인재의 집중, 재력의 중앙정부 집중, 그리고 최후의 승리를 위한 외국의 원조 등을 확보해야 하며, 혈전의 시기는 그러한 준비가 완성되는 날이 되어야 한다고 주장했다. 안창호는 1920년 11월 27일 행한 연설을 통해 "지금까지 개전을 하지 못한 것은 말로만 전쟁을 하고 실제로 전쟁할 준비를 하지 못했기 때문"임을 지적하고, "독립 자격은 조직적 자립에 있으니 먼저 자립한

---

519 "임시의정원기사", 《독립신문》, 1920년 3월 30일.

후에야 외국에 청병도 할 수 있다"고 하며 "누구든지 방황 주저치 말고 배울 자는 배우고 업業할 자는 업하되 그 업에 나아감을 독립운동의 정지로 알지 말고 이렇게 하는 것이 독립운동을 충실히 하는 방침이 되는 줄 알기 바란다"고 했다.[520]

이광수도 안창호의 준비론을 대변하는 입장이었다. 그는 1920년 6월 5일부터 《독립신문》에 네 차례 연재한 글에서 준비도 안 된 상황에서 주전론을 주장하는 것은 "공상적인 허세와 천견淺見적 낙관으로 일시의 만족을 사고 갈채를 박博하는 수완"으로서 "진정으로 국가를 위하는 자의 차마 못할 일"이라고 혹평했다. 그는 독립전쟁을 앞당기기 위한 방안으로 전쟁의 준비와 함께 평화적 전쟁을 제시하고, 그러한 방안으로 일화배척, 일어배척, 납세거절, 관리퇴직, 관청기피 등과 같은 평화적 투쟁을 전개하여 일제에 의한 통치를 거부해야 한다고 주장했다.[521]

이에 반해 주전론자들은 대부분이 만주에서 독립운동을 전개하던 무장단체들로서 즉각 개전을 주장했다. 이들은 그간 준비가 부족하다는 이유로 즉각적인 개전을 반대해온 준비론자들을 비판하면서 군사계획과 방침을 세우기 위해 당장 군사회의를 소집할 것과, 동포들이 다수 거주하는 만주에 군무와 기타 관련 군사기관을 이전하여 보병 10개 내지 20개 연대를 편성하고 즉각 전투를 개시할 것을 요구했다. 북간도 출신 의원 계봉우桂奉瑀는 1920년 5월 《독립신문》에 기고한 글에서 "오히려 혈전의 시작이 곧 준비론에서 주장하는 조직적·구체적·규모적 준비를 완성해가는 계기"라고 강조하고, "비록 부분적 행동이나마 몇 발의 총이 몇 지점에서 나면 마치 박랑철추博浪鐵椎 일성에 천하영웅이 우루루 일어나듯 그 총성을 울리는 그가 곧 선봉대장 또 그날이 곧 선전포고하는 날, 그날이 곧 조직적·구체적·규모적 모든 것이 따라 성립되는 날"이라며 즉각 개전을 주장

---

520 《독립신문》, 1920년 12월 25일.

521 《독립신문》, 1920년 6월 5일.

했다.[522]

김원봉이 주도한 의열단은 1919년 11월 10일 만주 기림에서 김원봉, 윤세주, 이성오, 곽경 등 13인으로 결성된 이후 일제에 대한 무장투쟁 노선을 가장 선명하게 지향했다. 의열단은 당시 외교론에 대해 "국가존망·민족사활의 대문제를 외국인 심지어 적국인의 처분으로 결정하기만 기다리는 것"으로 간주하고 다음과 같이 통렬하게 비판했다.

> 나라가 망한 이후 해외로 나아가는 아무개 지사들의 사상이 무엇보다도 먼저 '외교'가 그 제1장 제1조가 되며, 국내 인민의 독립운동을 선동하는 방법도 '미래의 미일전쟁·러일전쟁 등 기회'가 천편일률의 문장이었고, 최근 3·1운동에 일반 인사의 '평화회의 국제연맹'에 대한 과신의 선전이 도리어 2천만 민중의 용기 있게 분발하여 전진하는 의기를 쳐 없애는 매개가 될 뿐이었도다.[523]

> 일본이 정치적으로나 경제적으로 압박하는 상황에서 먹을 것도 단절되는 때에 무엇으로, 어떻게 실업을 발전시키고 교육을 확장할 수 있겠는가? 더구나 어디서, 얼마나 군인을 양성할 수 있고 양성한들 일본 전투력의 백분에 일이라도 따라갈 수 있겠는가? 재력을 키우고 군대를 양성하고 무기를 준비하고 나서 독립전쟁을 해야 한다는 주장은 실로 잠꼬대에 불과하다.[524]

> 일반민중이 굶주림·추위·피곤·고통, 처의 울부짖음, 어린애의 울음, 납세의 독촉, 사채의 재촉, 행동의 부자유, 모든 압박에 졸리어, 살려

522 《독립신문》, 1920년 5월 27일.

523 "의열단 조선혁명선언", 김삼웅 편, 『사료로 보는 20세기 한국사』, p. 98.

524 앞의 책, p. 99.

니 살 수 없고 죽으려 하여도 죽을 바를 모르는 판에, 만일 그 압박의 주인 되는 강도정치의 시설자인 강도들을 때려누이고, 강도의 일체 시설을 파괴하고, 복음이 사해에 전하여 뭇 민중이 동정의 눈물을 뿌리어, 이에 사람마다 '굶어죽음' 이외에 오히려 혁명이라는 한 길이 남아 있음을 깨달아, 용기 있는 자의 그 의분에 못 이기어 약한 자는 그 고통에 못 견디어, 모두 이 길로 모여들어 계속적으로 진행하며 보편적으로 전염하여 거국일치의 대혁명이 되면 간사·교활·잔혹·포악한 강도 일본이 마침내 구축되는 날이라. 그러므로 우리의 민중을 깨우쳐 강도의 통치를 타도하고 우리 민족의 새로운 생명을 개척하자면 양병 십만이 한 번 던진 폭탄만 못하며 억천 장 신문·잡지가 한 차례 폭동만 못할지니라.[525]

여기에서 의열단은 '외교'나 '준비' 등의 미몽을 버리고 즉각 무장투쟁에 나서야 핍박받는 민중들을 깨우칠 수 있으며, 그래야만 전국 규모의 대혁명으로 확산되어 일제를 타도할 수 있다고 주장했다.

이러한 상황에서 임시정부는 준비론과 주전론을 아우르지 못한 채 독립전쟁의 노선을 명확히 설정하지 못했다. 그러고는 1921년 11월 예정된 워싱턴 군비통제회의에 한국 문제를 다시 상정하기 위해 또다시 외교적 노력을 강화하기 위해 나섰다. 그리고 이러한 외교적 노력이 또다시 실패로 돌아가고 모스크바 자금 문제를 둘러싼 내부의 좌우 진영 대립이 심화되면서 1923년 임시정부를 개혁해야 하는 문제에 직면하게 되었다. 결국 임시정부는 독립전쟁을 수행하기 위한 전략노선을 명확히 하지 못함으로써 독립운동단체 및 내부의 갈등을 증폭시키고 항일 역량을 결집시킬 수 없었다.

---

525 "의열단 조선혁명선언", 김삼웅 편, 『사료로 보는 20세기 한국사』, p. 101.

(2) 독립전쟁 전략의 부재: 소규모 무장투쟁과 테러 공작의 한계

국가 차원에서의 혁명전쟁전략이 부재한 가운데 임시정부와 독립운동단체들의 항일투쟁에 '전쟁'은 없었다. 소규모 전투만 있었을 따름이다. 이들은 비록 제각기 의미 있는 거사라 생각하고 투쟁에 나섰을지 모르지만, 그러한 투쟁은 '전투' 수준에서 머물렀을 뿐 '전쟁' 차원에서 볼 때 전략적 성과를 거두지는 못했다.

임시정부는 초기에 독립전쟁을 어떻게 수행할 것인지에 대한 개괄적 전략을 갖고 있었다. 이동휘는 1920년 3월 시정방침 연설에서 다음과 같이 독립전쟁 방침을 제시했다.

> 군사에는 독립전쟁을 대대적으로 개시하여 기률적으로 진행하여 최후 승리를 득得하기까지 지구키 위하여 그 방침으로 일변으로 군사 지식을 양성하며 일변으로 의용병을 모집하여 可히 실행할 만한 모모某某지점으로 장래 거의擧義의 예비를 뜻하나이다. 차此에 대하여 계획의 여하함은 기밀에 속하므로 명언明言치 못하나이다.[526]

여기에서 임시정부는 독립전쟁 방침으로 마오쩌둥과 마찬가지로 '지구전'을 염두에 두고 있었음을 알 수 있다. 만일 이러한 지구전이 성공했다면 마오쩌둥에 앞서 위대한 혁명전쟁의 승리를 이끌어내는 한민족의 전쟁역사를 쓸 수 있었을 것이다.

그러나 임시정부는 이러한 방침을 어떻게 구체화하고 이행할 것인지에 대한 세부적 전략을 마련하지 못했다. 장기적으로 어떻게 적을 끊임없이 약화시킬 것인지, 어떻게 아군의 군사력을 지속적으로 강화할 것인지, 그리고 어떻게 동포들의 민심을 얻고 이를 바탕으로 세력을 확대할 것인지에 대한 전략을 제시하지 못했다.

---

526 "국무총리 시정방침연설", 《독립신문》, 1920년 3월 4일.

독립전쟁 전략이 부재한 상태에서 임시정부는 독립운동단체들의 투쟁을 하나로 통합하지 못했다. 각 단체들은 서로 연계되지 못한 채 각기 독자적으로 투쟁에 나섰으며, 그 결과 이들의 투쟁은 '전쟁'이라기보다는 '전투' 또는 '저항' 수준에서 전개될 수밖에 없었다. 1920년의 경우 연인원 4,643명의 독립군이 1,651회에 걸쳐 국내로 진격하여 일본 경찰서와 관공서 37곳을 공격했다. 이 과정에서 일본군은 독립군을 토벌하기 위해 두만강을 건너 공격에 나섰고, 독립군은 1920년 6월 홍범도가 이끄는 봉오동전투와 10월 김좌진이 지휘한 청산리대첩에서 일본군을 상대로 큰 승리를 거두었다. 그리고 청산리대첩에서 패한 일본군이 보복에 나서 그 해 10월부터 이듬해 2월까지 무차별적으로 한인들을 학살하는 경신참변庚申慘變을 일으키자, 독립군은 일본에 '선전포고'를 하며 일본군과 경찰을 상대로 격렬한 항전에 나섰다. 1921년 1월 독립군은 경성과 청진항에서 일본군 40명을 사살하고, 추가로 증원된 일본군과 싸워 독립군이 일본군 600여 명을 살상하며 대대적인 성과를 올리기도 했다.

그러나 이 같은 투쟁은 독립전쟁의 승리라는 관점에서 볼 때 전략적 효과로 연결되지는 못했다. 오히려 일본군이 병력을 증원하여 대대적인 반격에 나서자 간도의 독립군은 점차 근거지를 잃고 러시아 연해주 지역으로 밀려나지 않을 수 없었다. 그리고 1921년 6월 28일 독립군 부대가 러시아 적군赤軍의 공격을 받은 '자유시사변自由市事變'을 당하면서 만주 및 연해주의 독립운동 세력은 와해되었다.

이러한 가운데 1920년대 전반기에 독립운동을 선도한 조직은 상하이에 근거지를 둔 의열단이었다. 의열단은 암살파괴운동을 주도했는데 활동기간과 지속도, 거사의 빈도와 실적, 파장의 영향 등에서 다른 단체들을 압도했다. 의열단은 일곱 부류의 암살대상과 다섯 가지의 파괴대상을 선정하여 1920년 이후 지속적으로 투탄, 저격 등의 거사를 기도하고 실행했다. 암살대상은 조선총독 이하 고관, 군부 수뇌, 대한총독, 매국적, 친일파 거두, 적탐敵探, 반민족적 토호열신土豪劣紳이었고, 파괴대상은 조선총독부, 동양척식주식회사, 매일신보사, 각 경찰서, 기타 왜적의 중요기관이었다.[527] 1920년 9월 부산경찰서 폭파와 12월 밀양경찰서 폭탄 투척, 1921년 9월 조선총독부 폭탄 투척, 1922년 3월 상하이에서 일본 육군대장 다나카 기이치田中義一 암살 시도, 1923년 1월 종로경찰서 폭탄 투척, 1924년 1월 도쿄 궁성 정문 앞 폭탄 투척 및 6월 친일파에 대한 보복, 1926년 동양척식주식회사 및 조선식산은행 습격 등이 그러한 사례이다.

그럼에도 불구하고 의열단의 처절한 애국적 투쟁은 비록 전술적으로 성공했을지라도 전략적 수준에서는 별다른 효과를 거둘 수 없었다.[528] 습격과 타격, 암살과 파괴 등 산발적인 저항으로는 일본군에게 큰 피해를 주지 못했고 일제의 한반도 지배 의욕을 약화시킬 수도 없었다. 국내외 국민들의 애국심을 자극하고 범민족적 항일투쟁의 분위기를 고조시키는 데에도 한계가 있었다. 오히려 일본군의 공격을 자초하고 속수무책으로 당함으로써 그나마 미약한 세력을 와해시키는 결과를 초래했다.

이러한 측면에서 1931년 1월 조소앙은 1920년대의 독립운동을 다음과 같이 비판적으로 언급했다.

> 독립당의 활동범위는 지극히 광대하여 무릇 일본제국주의를 타도하고 민족해방을 촉진할 수 있는 일이라면 모두가 당원들의 공작범위에 포함된다. … 이 가운데 지난 13년간 한국독립당이 가장 많은 노력을 기울인 부분은 파괴운동이었다. 이 과정에서 국외에서 활동하고 있는 무장군이 일본 군경과 처절한 전투를 벌였으나 많은 희생에 비해 효과가 그다지 크지 않았다.[529]

---

527 국사편찬위원회, 『한국사 48: 임시정부의 수립과 독립전쟁』(과천: 국사편찬위원회, 2001), p. 333.

528 백기인 · 심헌용 · 군사편찬연구소, 『독립군과 광복군 그리고 국군』, p. 83.

529 국사편찬위원회, "韓國獨立黨之近像(1931. 1)", 『대한민국 임시정부 자료집 26: 미국의 인식』, pp. 33-34.

지난 10년 동안 독립운동 세력이 주전론을 내세워 일본군과 경찰, 그리고 친일분자를 대상으로 습격 및 타격, 그리고 파괴 방식의 투쟁을 전개했으나 그 효과가 그리 크지 않았다고 평가한 것이다.

1925년 의열단 지도부도 암살과 파괴를 중심으로 한 거사가 대중 일반을 각오시켜 항일봉기를 촉발할 계기가 될 가능성이 거의 없다고 판단했다. 그보다는 농민, 노동자, 청년 대중을 조직하고 이들을 체계적으로 의식화하는 것이 비록 시간은 좀 걸리더라도 실질적인 효과를 거둘 수 있다고 보았다. 이에 따라 의열단 지도부는 암살파괴운동 일변도의 노선에서 벗어나 대중투쟁과 군사운동을 결합하는 노선으로 전환했다. 1925년 8월 의열단은 중국 남부의 광저우廣州로 본부를 옮기고 핵심 단원들을 황포군관학교에 입학시켜 간부들의 역량을 강화하려 했으며, 단을 혁명정당 겸 대중운동의 성격을 갖는 조직으로 개편했다.[530]

1920년대 중후반 독립운동이 침체되자 임시정부는 특무공작을 통해 독립운동을 활성화하기로 하고 김구에게 전권을 일임했다. 김구는 1931년 10월 일제의 주요 요인 암살을 목적으로 하는 한인애국단을 창설했다. 그는 『백범일지』에서 다음과 같이 언급하고 있다.

> 1년 전부터 워낙 독립운동계가 침체되어 있어서 우리 임시정부로서는 군사공작을 못한다면 테러 공작이라도 하는 것이 절대 필요했다. … 그 때 임시정부 국무회의에서 특권을 부여받아 '한인애국단'을 조직한 나는 첫 번째로 동경사건을 주관했던 것이다. 암살·파괴 등의 공작을 실행하되 자금과 사람의 사용에 전권을 가지고 운용하여 성공 또는 실패의 결과만 보고하면 되었다.

1932년 1월 8일 일본 도쿄東京에서 있었던 이봉창의 일왕 암살 기도와

530 국사편찬위원회, 『한국사 48: 임시정부의 수립과 독립전쟁』, p. 336.

1932년 4월 29일 상하이 홍커우虹口 공원에서 윤봉길이 폭탄을 투척한 의거는 김구의 특무공작에 의해 이루어졌다. 그리고 이를 통해 임시정부의 존재감을 드러내고 한국독립에 관심을 갖지 않았던 장제스로 하여금 임시정부의 독립운동을 지원하게 하는 계기를 마련할 수 있었다.

그러나 한인애국단의 특무공작은 다음 두 가지 측면에서 한계가 있었다. 첫째는 테러 공작 자체로는 독립전쟁을 수행하는 데 한계가 있다는 것이다. '한인애국단 선언'에서 볼 수 있듯이 "우리가… 끝끝내 폭열한 행동으로 대항하는 것은 우리 손에는 아무런 무기가 없고 사선을 쫓겨난 우리 한국 사람인지라. 이 길을 버리고는 또 다른 길이 없는 까닭이라. 그러므로 한국의 독립이 성공되지 못하는 날까지는 이런 폭렬한 행동은 절대로 없어지지 않을 것"이라고 한 것처럼 테러 행위는 그동안 침체된 독립운동의 명맥을 잇기 위해 부득이하게 취한 조치였다.[531]

둘째는 중앙의 전략이 부재한 상황에서 테러 공작은 독립을 추구하는 상위의 전략과 유리된 채 이루어짐으로써 효과를 거두기 어려웠다는 것이다. 한인애국단의 투쟁은 만주사변과 상하이 침략으로 높아진 중국인들의 반일 분위기를 고조시켜 이후 한중 항일연대를 형성하는 데 기여한 것이 사실이다. 그럼에도 불구하고 이러한 투쟁은 자체적인 군사력을 갖추지 못한 상황에서 정규전 및 게릴라전과 연계되지 못했고, 각지에 흩어진 독립군 활동과도 상관없이 독자적으로 이루어짐으로써 정치적으로나 군사적으로 더 큰 상승효과를 기대할 수 없었다.

요약하면, 임시정부는 독립전쟁을 지휘해야 하는 입장에서 명확한 전략을 갖지 못했다. 전략이 부재한 상황에서 독립운동단체들은 제각기 투쟁에 나서게 되었고, 이는 독립전쟁을 수행하는 데 그나마 부족했던 민족의 역량을 결집시키지 못하는 결과를 가져왔다. 이로 인해 많은 독립투사들이 눈물겨운 역경을 견디고 피나는 투쟁을 전개하며 값진 희생을 치렀음

---

531 "한인애국단 선언문", 김삼웅 편, 『사료로 보는 20세기 한국사』, p. 135.

에도 불구하고 한국의 독립운동은 전략적으로 의미 있는 성과를 거둘 수 없었다.

(3) 한국광복군의 참전과 국내진입작전 실패

1940년 5월 한국독립당, 한국국민당, 조선혁명당이 해체를 선언하고 민족진영의 대표당으로서 김구를 중앙집행위원장으로 하는 한국독립당을 창당했다. 한국독립당은 제1차 전당대표대회를 열고 '전당대표대회 선언'을 발표했다. 이 선언문은 조소앙이 집필한 것으로 향후 독립전쟁을 수행하기 위한 전략을 담았다. 한국독립당은 선언문에서 "적 일본의 모든 침탈세력을 박멸함에 일체 수단을 다하되, 대중적 반항, 무장적 전투, 국제적 선전 등 일련의 독립운동을 확대·강화할 것"이라고 하여, 민중봉기, 광복군 및 무장세력에 의한 군사적 투쟁, 그리고 우방국과의 협력을 중심으로 독립전쟁을 수행하겠다는 의지를 밝혔다. 처음으로 광복군을 창설하여 본격적으로 군사적 투쟁에 나설 것임을 선언한 것이다.

◈ 한국독립당 '전당대표대회 선언'(일부 발췌)

첫째로 혁명방식, 즉 독립운동의 행동책략으로 목전에 실행할 7대 당책을 걸어 복국운동 계단의 활동할 바를 규정하고 삼균제도를 선전하여서 적을 파괴하고 조국을 광복하고 민족을 부활하고 인류를 구제하고 군대를 훈련할 것을 규정했다. 이제 다시 7개 당책을 열거하자.

① 당의·당강을 대중에게 적극 선전하여 민족적 혁명의식을 환기할 것.

② 국내외 우리 민족의 혁명역량을 집중하여 광복운동의 총동원을 실시할 것.

③ 장교 및 무장대오를 통일·훈련하여 상당한 병력의 광복군을 편성할 것.

④ 적 일본의 모든 침탈세력을 박멸함에 일체 수단을 다하되 대중적 반항, 무장적 전투, 국제적 선전 등 일련의 독립운동을 확대·강화할 것.

⑤ 대한민국 임시정부를 옹호·지지할 것.
⑥ 한국독립을 동정 혹은 원조하는 민족과 국가와 연락하여 광복운동의 역량을 확대할 것.
⑦ 적 일본에 향하여 항전 중에 있는 중국과 절실하게 연락하여 항일동맹군의 구체적 행동을 취할 것.[532]

이러한 방침은 1941년 11월 28일 발표한 '대한민국건국강령大韓民國建國綱' 에도 반영되었다. 이 강령에는 "적의 침탈세력을 박멸함에 일체 수단을 다하되 대중적 반항과 무장적 투쟁과 국제적 외교와 선전 등의 독립운동을 확대·강화할 것"을 명시하여 무장투쟁을 통해 적을 섬멸하겠다는 방침을 명확히 했다.[533] 그리고 1941년 12월 9일 제20차 국무회의에서 발표한 '대일선전성명서'에서도 "왜구를 한국과 중국 및 서태평양에서 완전 구축하기 위해 최후 승리까지 혈전한다"고 하여 연합국과 협력하여 일제를 상대로 완전한 승리를 거둘 때까지 싸울 것임을 밝혔다.

그러나 실제로 임시정부가 일제를 상대로 '전쟁'을 수행한 것은 1943년 영국군과 인도 및 버마 전선에서 대일작전을 수행한 것과 1945년 일본의 항복 직후 국내진입작전을 시도한 것에 불과했다. 임시정부가 1940년 광복군을 창설하고 1941년 일본에 선전포고를 했음에 비춰볼 때 4~5년 동안의 성과는 미미했다. 그것은 외국 땅에서 군대를 건설하는 데 따른 어려움으로 인해 광복군 창설이 지연되었고, 또 그 규모도 미약하여 본격적으로 항일전쟁을 수행하는 데 엄연한 한계가 있었기 때문이었다.

광복군의 인도 및 버마 전선 참전은 임시정부가 참여한 유일한 대일전쟁 사례였다. 1942년 일본군은 말레이 반도를 거쳐 버마 전역을 점령했는데, 버마는 중국으로 물자를 수송하는 전략적 통로로 연합국이 반드시

532 "전당대표대회 선언", 김삼웅 편, 『사료로 보는 20세기 한국사』, p. 98, pp. 152-153.

533 "대한민국 건국강령," 앞의 책, p. 158.

탈환해야 하는 전략적 요충지였다. 버마탈환작전을 계획한 영국군은 일본군에 대한 선전 및 첩보수집을 위해 일본어를 구사할 줄 아는 요원을 확보하고자 조선민족혁명당과 접촉하여 1942년 겨울 2명을 지원받았다. 이들의 선전활동에 만족한 영국군은 대적선전대를 설치하여 추가 인원을 요구했다. 1943년 5월 김원봉은 인도 주둔 대표인 콜린 매켄지Colin Mackenzie와 협의하여 한측은 일본군과 싸우는 영국군을 지원하고 영국군은 일본에 대항하는 조선민족혁명당의 투쟁에 협조하기로 합의했다. 그해 7월 김원봉이 이끄는 조선의용대 일부가 임시정부에 합류하면서 임시정부 국무회의는 김원봉으로부터 '조선민족군선전연락대朝鮮民族軍宣傳聯絡隊' 파견 협정을 접수했고, 12월 8일 이를 승인하면서 임시정부 광복군의 이름으로 영국군에 병력을 파견하게 되었다.[534]

광복군총사령부는 영어와 일어에 능숙한 한지성(韓志成) 등 9명으로 구성된 인면전구공작대印緬戰區工作隊를 편성하여 1943년 8월 영국군에 파견했다. 이들은 9월 9일 뉴델리New Delhi에 도착하여 인도군총사령부에서 약 3개월간의 교육을 받고 1944년 초 버마탈환작전의 격전지인 버마 접경 지역의 임팔Imphal 전선에 투입되어 일본군을 상대로 선전공작을 수행했다. 영국군은 인도군을 비롯한 연합군과 함께 총반격에 나서 1945년 5월 버마 수도 랭군Rangoon을 탈환하고 7월에 일본군을 완전히 패퇴시켰다. 이로써 광복군의 활동범위는 인도에서 버마 전선으로 확대되었고 광복군이 연합군의 일부로 세계 전쟁에 참전한 의미를 갖게 되었다.[535]

광복군의 국내진입작전은 미군과 첩보수집을 위한 연합작전의 연장선상에서 이루어졌다. 1944년 10월 광복군 제2지대장 이범석은 중국전구 미 전략첩보국OSS, Office of Strategic Service과 접촉하여 미측이 한인들을 훈련시켜 정보수집 요원으로 활용할 것을 제의했고, 미 OSS에서는 대일전의 승

---

534 "한국광복군파인연락대에 관한 협정 초안(별지 제8호)", 『대한민국임시정부자료집 6: 임시의정원 V』, 국사편찬위원회, 한국사 데이터베이스.

535 《신한민보》, 1943년 8월 19일; 백기인 · 심헌용, 『독립군과 광복군 그리고 국군』, p. 160.

리가 임박해지자 한인들로 구성된 정보부대 창설을 검토했다. 중국전구 미군사령부의 승인을 받은 OSS는 비밀작전인 '냅코작전Napko Project'과 '독수리작전Eagle Project'에 착수했다. 냅코작전은 재미 한인과 전쟁포로들을, 독수리작전은 중국 관내의 광복군과 일본군에서 탈출한 병사들을 선발하여 첩보훈련을 실시하고, 유사시 한반도에 투입하여 적 후방공작을 전개하는 작전이었다. 이에 따라 냅코작전에는 19명이, 독수리작전에는 58명의 한인이 선발되어 1945년 5월부터 시안西安과 리황立煌에서 통신훈련, 독도법, 무전교신 등의 훈련에 들어갔다.[536] 그러나 이들은 전쟁이 끝날 무렵 훈련에 착수했기 때문에 대일전에는 투입되지 못한 채 광복을 맞게 되었다.

다만 일본의 항복 가능성이 높아지는 가운데 임시정부는 독수리작전 훈련을 마친 제2지대 요원을 미군과 공동으로 국내에 전개하는 '국내진입작전'을 구상하게 되었다. 8월 6일 미국이 히로시마廣島에 원자폭탄을 투하하자 미 OSS 책임자인 도노반William B. Donovan 소장은 OSS의 독수리작전팀을 '동북아작전지휘부'로 격상하고 한반도에 억류되어 있는 연합군 포로의 구호와 철수를 돕는 임무를 부여했다. 일본이 항복하면 서울, 인천, 부산 등 연합군 전쟁포로수용소에 진입하여 포로들에게 식량과 의료품을 제공하고 안전한 철수를 지원하고자 한 것이다.[537] 이에 따라 8월 7일 김구와 이청천, 이범석은 서안에서 도노반과 국내 진입을 위한 회의를 갖고 군사협력 방안에 대해 논의했다. 여기에서 미측은 '모든 군사적 지원'을, 임시정부 및 광복군 측은 '필요한 인원'을 제공하기로 합의했다.

8월 10일 일본의 항복 소식을 접한 OSS에서는 광복군 대원들을 한국에 전개하기로 결정하고 선발대인 '국내정진대'를 먼저 보내고자 했다. 이튿날 김구는 정진대 요원으로 제2지대 가운데 7명을 선발하여 미측에 제시했으나, 미측에서는 이범석, 조동기, 김신철, 소준철 4명으로 제한하고

---

536 백기인·심헌용, 『독립군과 광복군 그리고 국군』, pp. 161-162.

537 앞의 책, pp. 167-168.

미측 18명을 포함하여 총 22명을 정진대로 편성했다. 이들은 8월 16일 3시에 서안을 떠나 서울로 출발했으나 이륙 후 일본군이 공격할 수 있다는 무전정보를 입수하여 회항해야 했다. 국내정진대는 8월 18일 다시 서안을 출발하여 이날 12시경 여의도 비행장에 도착했다. 그러나 비행장을 경비하던 일본군이 정부의 명령을 받지 않았다는 이유로 서울 진입을 불허하고 즉시 떠날 것을 요구하자, 19일 오후 2시 30분 여의도 비행장을 이륙하여 복귀하지 않을 수 없었다. 이로써 광복군의 국내진입작전은 무산되었고, 10월 1일 OSS가 해체되면서 국내정진대도 해산되었다.[538]

이렇게 볼 때 광복군 창설 이후 임시정부는 1941년 11월 28일 스스로 발표한 대한민국건국강령이나 12월 9일 대일 선전포고의 취지에 부합하는 항일전쟁을 수행하지 못했다. 만일 임시정부가 1920년대부터 광복군 건설에 나서 1930년대 말 중국 본토에 진입한 일본군을 상대로 병참선을 공격하는 게릴라전을 수행하며 존재감을 과시했더라면, 최소한 1941년 일본이 진주만 기습 직후 중국 및 미국과 연합작전을 수행할 수 있는 병력을 보유했더라면 독립전쟁의 결과는 크게 달라졌을 것이다. 미국을 포함한 연합군은 임시정부의 군대를 대일전에 활용할 수 있었을 것이며, 이는 임시정부를 승인할 수 있는 계기로 작용했을 수 있었다. 전쟁을 수행하기 위해서는 군대가 있어야 한다. 임시정부는 독립전쟁을 지도하고 이끌어나가야 했음에도 불구하고 독립운동세력을 규합하지도 독자적인 군사력을 제대로 갖추지도 못함으로써, 일본군을 상대로 소기에 목표한 '박멸'은커녕, 한 번도 제대로 싸워보지도 못하고 전쟁을 끝내야 했다.

---

538 백기인·심헌용, 『독립군과 광복군 그리고 국군』, pp. 169-171.

4. 삼위일체의 독립전쟁대비

가. 정부의 역할: 전략적 리더십 부재

(1) 독립전쟁 전략방침의 문제

임시정부는 독립전쟁을 수행하는 삼위일체 가운데 구심점이 되는 주체로서 전쟁수행전략을 제시하고, 군사적 조직을 구비하며, 국내외 국민들의 민심을 얻어 전쟁열정을 자극해야 했다. 이 가운데 전쟁수행전략을 구체적으로 제시하고 발전시키는 것이 가장 중요했다. 독립전쟁을 어떻게 이끌 것인가에 대한 전략적 구상 없이는 군대를 올바른 방향으로 이끌 수도 없고 국민들의 전쟁열정을 끌어낼 수도 없기 때문이다. 이와 관련하여 임시정부는 독립전쟁의 목적으로 일제를 박멸 또는 타도한다는 목적을 제시하고, 이러한 목적을 달성하기 위한 전략방침을 꾸준히 제시했다. 앞에서 살펴본 바와 같이 1920년 3월 30일 임시의정원에서는 "외교와 군사의 병행"을,[539] 1931년 1월 '대한독립당지근상'에는 "민중이 주축이 된 반일운동과 무력적 파괴운동"을,[540] 그리고 1941년 11월 28일 '대한민국건국강령大韓民國建國綱'에서는 "무장투쟁과 국제외교 노력"을 강화하는 방안을 제시한 바 있다.[541]

그러나 임시정부의 전략방침은 처음부터 일관성을 갖지 못하고 흔들렸다. 1920년 준비론과 주전론의 갈등을 해소하지 못한 것이 그러한 사례이다. 임시정부 주요 인사들은 준비론의 입장을 견지했으나 만주와 연해주의 독립운동 지도자들은 주전론으로 맞섰다. 이때 임시정부는 준비론과 주전론 가운데 택일할 것이 아니라 이 둘을 아우르는 전략을 마련했어야 했다. 가령 독립전쟁을 이끌어가는 주체로서 전쟁준비를 갖춤으로써

539 "임시의정원기사",《독립신문》, 1920년 3월 30일.

540 국사편찬위원회, "한국독립당지근상(1931. 1)",『대한민국 임시정부 자료집 33: 한국독립당 I』(과천: 국사편찬위원회, 2007), pp. 31-37.

541 "대한민국 건국강령", 김삼웅 편,『사료로 보는 20세기 한국사』, p. 158.

독립운동단체의 투쟁을 지원하고, 독립운동 투쟁을 통해 준비를 앞당길 수 있다는 논리를 제시하고 2개의 상이한 입장을 하나로 정리했어야 했다. 그런데 임시정부는 파리강화회담이나 워싱턴회의 등 외교적 방책에만 관심을 두어 독립운동단체가 주장하는 주전론과 거리를 두었고, 이는 독립운동단체들이 임시정부에 등을 돌리는 결과를 가져왔다.

독립전쟁 전략의 부재는 일관성 있는 군사력 건설을 저해하는 요인으로도 작용했다. 임시정부는 '외교와 군사'를 병행하여 전쟁을 수행한다고 했지만 적어도 1937년 중일전쟁이 발발하기 전까지 군사적 방책은 신중하게 고려하지 않았다. 이는 1931년 1월 조소앙이 발표한 '한국독립당지근상'에서도 드러나고 있다.

> 독립당의 대일투쟁방식은 이상에서 살펴본 외에도 두 가지를 더 들 수 있다. 그 첫째는 민중이 주축이 된 반일운동이며, 다른 하나는 무력적 파괴운동이다. 독립당의 기본적인 방침은 이 두 가지를 병행하여 국권회복운동을 진행하는 것이다.

> 우리는 비폭력 무저항주의를 기치로 내건 인도의 독립운동과 같은 온화한 방식만을 취하지 않을 것이다. 그렇다고 한국 독립운동은 아일랜드 독립운동처럼 국토 전역을 전장으로 삼아 무력전을 전개할 수도 없는 처지에 있다. 이후로도 독립당은 소극적인 문화운동 및 평화적인 시위, 투기적이며 비혁명적인 수단을 지양하고 우리의 실정에 가장 알맞은 방법을 채용하여 국권회복을 위해 노력할 것이다.[542]

여기에서 조소앙은 대일투쟁 방식으로 비폭력 무저항주의를 지양하고

---

542 국사편찬위원회, "한국독립당지근상(1931. 1)", 『대한민국 임시정부 자료집 33: 한국독립당 I』, pp. 31-37.

민중의 반일운동과 무력적 파괴운동을 추구해야 한다고 했다. 그러나 그가 언급한 '무력적 파괴'는 비록 온건한 방식은 아니지만 일종의 게릴라전 방식의 투쟁으로 정규군사력에 의한 결전을 수행하는 것은 아니었다. 1919년 수립된 임시정부가 13년이 지난 시점에도 정식 군대를 가져야 할 필요성을 인식하지 못했으며, 또 그러할 엄두도 내지 못했음을 알 수 있다.

물론, 외국 땅에서 군대를 건설하는 것은 매우 어려운 일임에 분명하다. 그러나 전쟁은 군대 없이는 치를 수 없다. 임시정부는 1920년에 이미 일제를 상대로 무장투쟁을 본격화하는 독립전쟁 방침을 정한 바 있다. 그럼에도 불구하고 1920년대 초 독립운동단체를 임시정부의 군대로 끌어들이지도 못하고 장기간을 공백상태로 두다가 1940년에야 광복군을 창설한 것은 납득하기 어렵다. 미국이 1942년에 조소앙과 김원봉, 그리고 중국 측 인사들과 접촉하여 임시정부의 군사력이 미약하다고 평가했던 것처럼 임시정부의 군사력 건설은 사실상 실패한 것으로 볼 수 있다. 마오쩌둥이 "정치권력은 총구에서 나온다"고 했다. 임시정부의 정통성과 권위를 확보하기 위해서는 가장 먼저 군사력을 확보했어야 했다.

왜 임시정부는 군사력 건설에 실패했는가? 그것은 대내외적인 여건이 불비했던 이유도 있지만 그 이전에 임시정부가 독립전쟁이 '혁명전쟁'임을 인식하지 못했던 탓이 크다. 혁명은 상대적으로 군사력이 약하고 군사력 건설이 어려운 여건에서 수행되기 때문에 어려울 수밖에 없다. 그럼에도 불구하고 혁명을 성공적으로 이끌기 위해서는 지속적으로 군사력을 키워나가야 한다. 1943년 11월《신한민보》의 사설에서 지적한 것처럼 임시정부는 독립의 정당성과 당위성을 강변하는 '정신운동'에 충실했을 뿐, 독립을 달성하는 데 반드시 따라야 할 '실제운동'에는 소홀했던 것으로 평가할 수 있다.[543]

---

543 "독립운동의 제2계단",《신한민보》, 1943년 11월 4일.

(2) 독립운동단체 결집 실패

독립전쟁을 수행하기 위해서는 전쟁지도부 역할을 하는 임시정부, 각지에 흩어져 투쟁에 나선 독립운동단체, 그리고 중국과 러시아에 거주하는 동포들이 하나가 되어야 했다. 1920년 3월 시정방침 연설에서 이동휘는 범국민적 역량을 결집할 수 있는 방안으로 "국내 각지의 단체를 조사하고 규합하여 정부와 행동을 일치하게 하는 것"과 "국내외 민심을 하나로 결집하는 것"을 제시했다.[544] 그러나 임시정부는 독립전쟁의 전략노선을 분명히 제시하지 못했기 때문에 만주와 연해주의 독립운동단체를 포용하고 재외 동포들의 민심을 결집하는 데 한계를 보였다.

1910년 한일합방 이후 간도와 연해주 일대에는 많은 독립운동단체들이 만들어졌다. 일제가 무단통치를 강화하면서 국내에서의 독립운동이 어려워지자 많은 의병과 독립지사들이 이 지역으로 이동하여 독립투쟁을 위한 기지를 건설한 것이다. 서간도 지역에서는 경학사耕學社와 그 부속기관인 신흥강습소新興講習所가 설립되었고, 북간도 지역에서는 중광단重光團, 흥업단興業團, 동창학교東昌學校 등이 설립되었다. 정치적 망명자의 수가 꾸준히 증가하고 일제의 탄압에 의해 농민들의 이주가 증가하면서 만주와 연해주에는 한인사회가 확대되었고, 독립군은 이렇게 확대된 한인사회를 배경으로 조직을 강화하며 독립운동을 추진할 수 있게 되었다. 그리고 1920년을 전후하여 간도 지역에는 국민의회國民議會, 대한독립군大韓獨立軍, 북로군정서北路軍政署, 서로군정서西路軍政署, 대한의용군大韓義勇軍, 광복군총영光復軍總營 등이 독립군 부대로 활동했다.

임시정부는 3·1운동 이후 형성된 기존 독립군 부대를 단일한 독립군단으로 통합하기 위해 노력했다. 임시정부는 각 단체가 사용해온 군정부軍政府의 명칭을 군정서軍政署로 통일하기로 하고 1919년 12월 여운형을 만주로 파견하여 서간도에 있던 한족회韓族會의 군정부를 '서로군정서'로, 북간

---

544 "이총리의 시정방침 연설",《독립신문》, 1920년 3월 6일.

도의 대한군정부를 '대한군정서'—또는 '북로군정서'—로 개칭하는 데 합의했다. 1920년 2월에는 '대한민국육군임시군구제'를 마련하여 임시정부의 군무부 산하에 간도 및 연해주의 독립군단들을 예속시켜 단일한 지휘체계를 구축하고자 했다. 이에 따르면 지역별로 군구를 서간도 군구, 북간도 군구, 그리고 강동 군구로 나누고 임시정부 인원을 파견하여 사무를 관장하기로 했다. 그리고 지방군구사령부는 임시정부의 군무총장에게 보고하도록 함으로써 독립군을 임시정부의 지휘체계 하에 두도록 했다. 그러나 이러한 노력은 독립무장단체들이 1920년 경신참변과 1921년 6월 자유시사변을 겪고 와해되면서 사실상 무산되었다.[545]

이러한 가운데 임시정부 내부의 갈등과 대립은 독립단체들을 규합하는 노력을 더욱 어렵게 했다. 1921년 2월 박은식을 비롯한 14인은 '우리 동포에게 고함'을 발표하여 독립운동의 침체와 분열이 정부수립 당시 민족의 대표성의 결여와 괴리된 정부조직에 있다고 보고 국민대표회의 소집을 요구했다. 4월에는 박용만과 신채호 등이 베이징北京에서 열린 군사통일회의를 개최하여 임시정부의 불신임안을 가결했으며, 5월에는 만주의 독립군 단체들이 회의를 열고 이승만의 퇴임과 임시정부의 개조를 요구하는 5개항의 결의서를 채택했다. 이에 여운형과 안창호 등이 주도하여 국민대표회의가 1923년 1월 3일부터 6월 초까지 개최되었으나 임시정부의 존폐 문제를 둘러싸고 개조파와 창조파가 대립하면서 합의를 보지 못하고 결렬되었다. 독립운동의 최고 기관으로서의 위상에 타격을 입은 임시정부는 1920년대 말까지 사실상 '무정부 상태'에 머물게 되었다.

이러한 상황에서 만주 및 연해주의 독립운동단체들은 스스로 통합운동을 벌였지만 흩어진 세력들을 규합하는 데에는 한계가 있었다. 여기에는 왕정복귀를 주장하는 보수계와 공화정을 이상으로 하는 공화계, 독립운

---

545 백기인·심헌용·군사편찬연구소, 『독립군과 광복군 그리고 국군』, pp. 74-77; "북로군정서", 『한민족문화대백과사전』, 한국학중앙연구원.

동을 계급투쟁과 연계하려는 사회주의계, 하루라도 빨리 국내진입작전을 통해 일제를 몰아내야 한다고 주장하는 주전파, 먼저 군사력을 강화한 후 나중에 기회를 보아 독립전쟁에 나서야 한다는 준비파 등 다양한 단체가 정치이념과 전략노선을 달리하여 통합을 저해했기 때문이었다.

경신참변 이후 만주 지역 독립단체들은 전열을 정비하여 통합된 독립군단을 결성하고자 했다. 1922년 8월 군정서軍政署, 대한독립단大寒獨立黨, 한교민단韓僑民團, 대한광복군영大韓光復軍營, 대한광복군총영大韓光復軍總營 등의 단체가 남만주 마권자馬圈子에 모여 항일독립운동을 보다 효과적으로 전개하기 위해 '대한통의부大韓統義府'를 발족하고 그 다음해 12월 예하 군사력으로 통의부 '의용군'을 편성했다. 그러나 복벽주의를 추종하는 세력이 이탈해 1923년 별도로 의군부義軍府를 설립한 뒤 공화주의 계열과 충돌하여 동족 간의 유혈사태로 이어졌다. 이후 대한통의부 내에도 갈등과 분열이 나타나 1920년대 중반 독립군 단체는 참의부參議府, 정의부正義府, 신민부新民府의 3부로 나뉘었다가 1929년 혁신의회革新議會와 국민부國民府의 2개 부로 재편되었다.[546] 이후 혁신회의는 1930년 한국독립당을 결성한 후 산하 무장조직으로 한국독립군을 편성했으며, 국민부는 1929년 조선혁명당을 창당한 뒤 조선혁명군을 편성했다. 한국독립군은 북만주에서, 조선혁명군은 남만주에서 각기 중국의 무장부대와 연합하여 항일투쟁을 전개했으나 중국군과의 불화와 내부 배신자에 의해 각각 1933년과 1936년에 조직이 와해되었다.[547] 연해주의 독립군 단체들도 비록 통합운동을 추진했지만 끝내 하나의 단일한 군으로 통합되지 못하고 제각기 독자적으로 항일투쟁을 전개해나갔다.[548]

결국, 임시정부가 중국의 국공합작과 같이 이념과 노선을 초월하여 독

---

546 전쟁기념사업회, 『현대사 속의 국군: 군의 정통성』(서울: 대경문화사 1990), pp. 146-158; 육군본부, 『한국군사사 10: 근·현대 Ⅱ』, pp. 106-165.

547 전쟁기념사업회, 『현대사 속의 국군: 군의 정통성』, pp. 158-159.

548 앞의 책, pp. 106-107.

립운동 세력을 결집시키지 못한 것은 임시정부가 가진 전략적 리더십의 한계에 기인한다. 인민전쟁이나 지구전 전략을 통해 어떻게 독립전쟁을 수행하고 최종적인 승리를 달성할 것인지에 대한 명확한 전략방침을 제시할 뛰어난 혁명전략가가 부재했던 것이다. 실제로 임시정부 시기 많은 선각자들이 발표한 글을 보면 독립전쟁이나 군사 문제에 대한 권위 있는 주장이나 진중한 논의를 발견할 수 없다. 한민족은 근대 시기 항일 독립전쟁을 전개하면서 마오쩌둥과 같이 혁명전쟁을 이해하고 전략방침을 명확히 제시하여 세력을 규합할 수 있는 정치군사적 천재를 갖지 못했던 것이다.

나. 군의 역할: 전쟁수행 역량 부재

임시정부가 군사적 사고를 갖지 못하고 전략적 리더십이 부재한 상황에서 제대로 된 군의 역할을 기대하기는 어려웠다. 1920년대 습격과 타격 위주의 독립운동, 1930년대 테러와 암살 등 특무공작, 1940년대 광복군의 미미한 활동을 조직적인 군대의 활동이나 군사작전으로 보기는 어렵다.

1933년 2월 1일 임시정부는 '선포문'에서 다음과 같이 임시정부의 군사력이 증강되었으며 독립전쟁의 호기를 맞고 있음을 선포했다.

> 정축丁丑 중일전쟁이 개시된 후붙어 우리의 독립전쟁은 제5기에 들었다. … 제5기의 독립전이 개시되였음은 일면으로 우리 민족의 전쟁이 장기적 지구적임을 명현하게 표시한 것이며 일면으로 우리의 독립전쟁이 성공할 시기에 도착하였음을 증명하는 것이다 이것을 증명하는 제일조건을 우리의 국내외 각당 각파의 협동노력이 삼십여년의 경험과 훈련을 통하여 확실히 우월한 세력을 가지게 되였는 것과 독립군의 개전이 이미 삼십오년이 되여 가장 위험하고 회심될 만하였든 모든 악렬한 시기를 이미 통과하였기 때문에 제5기의 우리는 오직 용감 활발하게 싸울 만한 견결한 신념과 확적한 전술을 파악한 때문이며 제이조건은 적 일본의 물력과 심력이 벌써 전성시기를 경과하였을 뿐 아니라 중

일전쟁 이래 수년간에 임이 쇠망기로 함입하였다는 것이다

> 과거 어느 시기보다도… 가장 위대하고 거창한 군비와 군력을 증가한 점과… 독립군의 발동을 지휘하는 림시정부는 그 전력을 기우려 지금부터 삼년계획을 실시하기 위하여 신방침을 국내외에 실시하고 통일적 독립전쟁과 조직적 군중운동을 국내외 동포의 합력협심으로서 서사誓死 노력하는… 점이 곧 제5기 한국독립전쟁의 력사적 임무이며 특징이다.[549]

이처럼 임시정부는 국내외 각 세력과 협력함으로써 우월한 세력을 갖게 되었으며, 일본이 만주를 침공한 이후 쇠퇴기로 접어들어 독립전쟁이 성공할 새로운 기회가 다가오고 있다고 평가했다.

그러나 이러한 선포가 이루어지고 나서 10년 후인 1943년 1월 11일 《신한민보》는 사설에서 지난 25년간의 독립전쟁을 비판적으로 분석하고 있다. 우선 이 사설은 과거의 독립운동이 무저항주의에 기초하고 있음을 지적했다. 1919년 3·1운동, 1926년 6·10만세 사건, 1929년 학생운동이 그러한 사례로 인도의 간디를 본받아 오직 민족정신에 호소하고 민족감정을 무기로 삼았다고 보았다. 그리고 3·1운동 이후에 간도와 연해주에서 군인을 양성하고 제2차 세계대전 발발 이후 광복군을 건설하여 한국 독립운동의 세력이라고 주장하고 있으나, 이러한 군사조직은 독립운동에 어떠한 성과도 가져오지 못한 채 중국 항전의 도구로 사용된 것에 불과하다고 주장했다. 그리고 1943년 당시 시점에서 한국의 독립운동 세력은 존재하지 않는다고까지 비판적으로 평가했다.[550]

이 사설은 임시정부가 이상적인 관념에 사로잡혀 현실을 무시했다고 지적했다. 과거 25년 동안 독립을 목적으로 혁명운동을 지도했으나 임시

---

549 대한민국임시정부, "선포문", 『대한민국 임시정부 공보』, 제65호, 1933년 2월 1일.

550 "독립운동의 제2단계", 《신한민보》, 1943년 1월 11일.

정부가 갖고 있는 그러한 이상을 견고하게 하는 구체적인 내용을 제시하지 못함으로써 혁명을 실제로 현실화할 능력 또는 세력을 건설하고 집중하는 데 실패했다고 비판했다.

제1세계전쟁으로부터 민족 자결주의를 선젼하고 민주주의의 옹호를 젼쟁의 목표로 하엿으나 세계의 각국은 력사적 주긔를 다시 돌고 잇을 뿐이다. 한 국가의 령토를 보존하고 그 주권을 존중한다고 하는 반면에 다른 국가의 령토를 침입하며 다른 국가의 주권을 무시하엿다. 세계 각국은 모두 국가주의에 흘러 배타주의를 공공연하게 인정하엿으며 무장을 졔한한다 약속하고 비밀리에서 무장의 확장을 서로 경쟁하엿다. 즉 강한 세력이 일류사회를 지배하는 법이 되엿다. 잔폭한 군사세력 막대한 경졔세력 비상한 해독이 잇난 리상주의와 션젼의 세력들은 인간사회를 지배하엿다. 그중에도 비길 수 업는 무력은 간혹하게도 세계를 지배하엿다.

과거 20여년간 이러한 세계 동정중에서 우리 독립운동의 무져항주의가 셩장하엿으면 얼마나 성장하엿으며 이러한 환경에서 무져항주의를 보젼하엿음으로 엇더한 가치를 발휘하엿는가 오직 그 비참한 말노를 슯허할 따름이다.[551]

세계가 민족자결주의와 주권을 존중한다고 하면서도 다른 국가들의 영토를 침입하고 주권을 무시하는 현실에서 무저항주의로 대응하는 것은 비참한 말로를 가져올 뿐임을 경고한 것이다. 또한 이 사설은 "독립은 이상으로 얻을 수 있는 것이 아니다. 독립이라 함은 정신적 독립을 말하는 것이 아니고 한 조직체를 독립시키려 하는 것으로 이에 필요한 힘이 있어

---

551 "독립운동의 제2단계", 《신한민보》, 1943년 1월 11일.

야 한다"고 지적했다.[552]

물론, 이 사설에서 광복군이 중국의 항일전쟁 도구로 사용되고 있다는 지적은 당시 임시정부의 열악한 상황을 감안하지 않은 과한 비판으로 볼 수 있다. 광복군이 중국 군사위원회의 통제를 받더라도 한인들로 구성된 부대를 조직하고 세력을 키울 수만 있다면 훗날 한중 연합작전으로 전환할 수 있는 기회를 잡을 수도 있었기 때문이다. 그러나 임시정부가 독립전쟁을 수행하는 데 있어서 현실적인 계획을 갖지도, 조직을 준비하지도, 그리고 실력을 갖추지도 못하고 있다는 비판에 대해서는 공감할 수 있다.

다. 국민의 역할: 전쟁열정의 부재

임시정부 시기의 국내외 한국 국민은 독립전쟁에 대한 열정을 가졌는가? 이 시기 국민들은 3·1운동이라는 평화적이고 무저항주의 운동을 넘어 적과 싸워 독립을 쟁취할 의지를 가졌는가? 비록 모든 국민들이 일제의 합병과 침탈에 분노하고 많은 독립운동단체들을 성원했지만, 실제로 국민들이 가졌던 전쟁열정은 그리 높지 않았던 것 같다. 그것은 당시 한국 사회가 근대화를 맞고 있었지만 아직도 봉건적 성향이 짙었으며, 이러한 가운데 민족주의 의식을 깨우치고 국민들의 독립전쟁 열정을 고취시키려는 임시정부의 노력이 큰 성과를 거두지 못했기 때문이다.

임시정부는 중국과 러시아에 거주하는 동포들의 민심을 확보하고자 했다. 해외에서 수립된 임시정부가 독립전쟁을 성공적으로 수행하기 위해서는 미약하나마 동포들의 지원과 참여를 이끌어내야 했다. 임시정부는 1920년 1월 '국무원 포고령 제1호'에서 이러한 문제를 명확히 인식했다.

> 독립전쟁이 우리의 즉정卽定의 행동이라 하면 이에 대하여 가장 중대한 책임을 부負한 자者이 누구뇨. 오직 애아아중愛我俄中 양령兩領의 이백만 동

552 "독립운동의 제2단계", 《신한민보》, 1943년 1월 11일.

포로다 전쟁을 준비하고 진행할 지리地理에 처한 점으로도 그러하고 십년간 서로 고취하고 서로 함양한 애국심과 위국헌신의 의기로도 그러하고 이백만이라는 신뢰할 만한 수로도 그러하도다.

그러나 동포여 적은 강하도다. … 무기업던 대한국민으로써 이러한 강적을 당하려하니 아我등의 유일한 무기는 일심일체로 단결함이로다 통일함이로다. … 그러하거늘 우리에게는 아직 합合함이 부족하도다. 비록 모도다 독립의 대의를 위함이오, 일호사심一毫私心이 업다하더라도 개인과 개인 단체와 단체가 각각 자기의 주견主見을 고집하야 각각 자기의 방향으로 나아가는 현상이 아직도 우리 중에서 절멸되지 아니하도다. 아아 이에 더 통심痛心할 한사恨事가 잇스랴….[553]

임시정부가 민주공화제를 정체로 하여 국가의 주인이 국민이고 주권이 국민에게 있음을 강조한 것은 국내외 국민들이 애국심을 가지고 독립전쟁에 참여하도록 하는 동기를 불어넣었을 것이다. 항일투쟁에 나선 독립운동단체들도 이러한 맥락에서 서간도와 북간도에 많은 교육기관을 세워 동포들을 계몽하고 민족주의 의식을 고취시키고 있었다.[554]

그러나 임시정부는 동포들의 민심을 확보해야 한다는 방향은 옳게 설정했지만 구체적인 방안을 마련하지 못함으로써 한계를 드러냈다. 동포들의 마음을 움직이고 참여하도록 유도하기 위한 구체적인 행동이 따르지 못한 것이다. 이는 인민들 속으로 들어가 이들과 함께 생활하며 대중노선을 취한 마오쩌둥의 사례와 대비된다. 마오쩌둥은 당원과 홍군을 농촌에 보내 이들의 일손을 돕고 민중의 목소리를 들었으며, 야학을 열어 글을 알려주고 신문과 잡지를 발행하여 공산당의 정당성을 홍보했다. 인민들과 대화

---

553 국가보훈처, "국무원포고 제1호(1920. 1)", 『대한민국임시정부 법령집』, 1999년 4월 13일, p. 429.

554 육군본부, 『한국군사사 10: 근·현대Ⅱ』, pp. 10-57.

하며 왜 국민당과 싸우는 공산당이 정당한지를 지속적으로 설득했다. 무엇보다도 마오쩌둥은 당원 및 병사들로 하여금 인민의 삶에 해를 끼치는 행위를 절대 하지 않도록 철저히 단속했다. 그리고 이를 통해 대중들의 마음을 사고 절대다수의 인민들로부터 지지를 얻을 수 있었다.

이와 달리 임시정부는 동포들로부터 독립운동에 대한 지지를 확보하려는 노력을 행동으로 옮기지 않았다. 일제 강점기 《독립신문》 기자였던 김경재金璟載는 다음과 같이 임시정부가 선전 노력에 소홀했음을 지적하고 있다.

> 우리는 겨우 독립신문사 일개一個가 유有할 뿐이외다. 그것도 경비문제로 유지가 곤난입니다. 여러분 불란서佛蘭西(프랑스)의 혁명사나 로서아露西亞(러시아)의 혁명기革命記를 보아주시오. 어찌 그 기관이 일개一個뿐이었고 저 모양으로 박약薄弱하였던가요. 우리 독립운동에 군사행동이 필요하니만치 신문도 필요한 것이외다. 혹자는 말합니다. "그놈들 붓끝으로 왜놈 잡을라노" 그렇지 않소이다. 아무리 독립적 사상이 견고한 자이라도 깊은 산중에 있어 독립이란 소리 한마디 못듣고 있게 되면 자연히 불지중不知中 그 사상이 미약하게 되는 것이외다.[555]

김경재는 과거 프랑스와 러시아 혁명의 경우 많은 신문사를 두고 선전활동을 전개했음을 들어 언론활동이 군사행동에 못지않게 중요하다고 지적했다. 그리고 한국의 경우 독립신문사가 유일한 언론기관임에도 경비문제로 활동이 위축되고 있음을 한탄했다. 또한 그는 임시정부가 홍보에 무관심한 결과 독립운동에 열성을 가졌던 자가 공산혁명을 지지하여 독립운동가를 적대시하는 현상도 나타나고 있음을 언급했다.

설상가상으로 사이비 독립운동단체들이 동포들을 탄압하면서 민심을

---

555 김경재, "독립정책을 근본적으로 개혁하라", 『독립신문』, 1922년 7월 1일.

이반시키기도 했다. 만성적으로 재정의 어려움을 겪었던 독립운동단체들은 교민들의 납세 또는 모금에 의존하지 않을 수 없었는데, 이 과정에서 독립운동을 빙자한 단체들이 교민들을 총기로 위협하여 강제로 재산을 약탈한 사례가 빈번하게 발생했기 때문이다. 1920년 1월 《독립신문》은 다음과 같은 기사를 싣고 있다.

> 그때 우리의 독립운동단체에도 훌륭한 애국자, 또는 유능유위한 지도자 밑에 결성된 단체도 있었지만 반면 확고한 신념 없이 또는 일시적 기분으로 성군작당한 오합지중도 적지 않았다. 그래서 당시 만주엔 ○○○당, ○○군 해서 그 수가 놀랄 만큼 많았었다. 질의 우열이 너무나 현저해서 단체 중에는 간혹 불쌍한 동포들을 괴롭히는 일만 저질러서 민중들이 사갈처럼 여기던 단체도 없지 않았다. … 무뢰지배가… 독립군을 빙자하여 민간에 강제모연도 하며… 민심이 소요할 것은 물론이요….[556]

독립군 부대의 규모가 점차 커감에 따라 이러한 부작용은 더욱 커져갔다. 독립군은 처음에 국민들의 자발적 의연금에 의존하는 것을 원칙으로 했으나 차츰 강제모금의 방법을 병행하지 않으면 안 되었고, 이는 대부분 빈민층을 차지하고 있던 교민들에게 경제적으로 매우 큰 부담으로 작용했을 것이다. 다만, 임시정부의 경우에는 1940년대 초까지 주요 재원을 미주와 하와이, 멕시코 등 해외교포의 지원금에서 충당했는데, 이는 중국과 러시아 동포들에 피해를 주지 않은 측면도 있지만 반대로 이들과의 관계가 긴밀하지 않았던 것으로 볼 수도 있다.[557]

이렇게 볼 때 임시정부는 독립전쟁을 전개하기 위해 중국 및 러시아 동

---

556 《독립신문》, 1920년 1월 13일.

557 전쟁기념사업회, 『현대사 속의 국군: 군의 정통성』, pp. 211-212.

포들의 민심을 얻고자 했으나 성공을 거두지 못했던 것으로 보인다. 임시정부가 20년이 넘는 기간 동안 군사력을 건설하지 못했던 것은 동포들의 민심을 확보하지 못함으로써 병력을 충원하는 데 어려움을 겪었기 때문이었다. 그리고 임시정부는 국민들의 대표성을 확보하지 못하고 정규군을 건설하지 못했기 때문에 국제사회에서 정통성을 가진 정부로 인정을 받을 수 없었다. 임시정부가 가장 역점을 두었던 정부 승인 문제는 임시정부가 그토록 기울였던 외교적 노력 이전에 국내외 동포들과 독립운동단체들로부터 인정을 받아야 해결될 수 있었던 문제였다.

5. 소결론

대한민국 임시정부는 왜 근대적인 군사적 사고를 갖지 못하고 독립전쟁을 성공적으로 이끌지 못했는가? 사실 임시정부 지도자들은 한민족이 수행하는 항일 독립전쟁이 반제국주의 및 반봉건주의를 지향하는 혁명전쟁이라는 인식을 가졌다. 그러나 혁명전쟁으로서의 독립전쟁이 본질적으로 '군사적 투쟁'이고 그것도 적의 군대를 섬멸해야 하는 절대적 형태의 전쟁임을 깨닫지 못했다. 더욱이 그러한 독립전쟁은 정치외교적으로나 군사적으로 훨씬 강한 일본 제국주의를 상대로 한 무한투쟁으로 어느 한 편이 죽지 않으면 끝날 수 없는 가장 극단적 형태의 현실주의적 전쟁이었다. 그럼에도 불구하고 임시정부 지도자들은 오히려 세계평화론과 같은 도덕적이고 이상적인 관념에 젖어 국제적으로 문제를 해결하려 했을 뿐, 스스로 강한 군사력을 갖추고 적과 끊임없이 투쟁해야 한다는 인식을 갖지 못했다. 독립전쟁이 갖는 혁명전쟁으로서의 성격을 왜곡한 것이다.

임시정부는 혁명전쟁의 본질을 제대로 인식하지 못했기 때문에 독립전쟁을 이끌어갈 방향을 제대로 설정하지 못했다. 독립전쟁을 통해 일제를 '박멸'하고 '최후 승리'를 거두어야 한다는 정치적 목적은 타당하게 설정했으나, 궁극적으로 이를 어떻게 달성할 것인지에 대한 방안이 명확하지 않았다. 물론, 임시정부는 일제를 상대로 최후의 승리를 거두기 위해 '외교'와 '군사투쟁'을 병행한다고 했다. 그러나 외교는 전쟁 승리에 기여하는 보조적 기제일 뿐, 이미 무력행위가 벌어지고 있는 '전쟁'에서 주요한 목적이 될 수 없었다. 그보다는 군사적 투쟁을 통해 적을 타도하는 것이 진정한 목적이 되어야 했다. 그럼에도 임시정부는 외교적 노력에만 집중하면서 군사적 방책에는 소홀했다. 결국 전쟁의 목적과 방향을 제대로 설정하지 못함에 따라 주전론의 입장에 섰던 독립운동단체들은 등을 돌리게 되었고, 태평양전쟁 발발 이후 싸울 군대를 갖지 못한 임시정부는 연합국들과 대일 연합전선을 구축하지도 못하고 그동안 외교적으로 공을 들였던 정부 승인도 받을 수 없었다.

임시정부에는 마오쩌둥과 같이 군사적 천재성을 갖춘 전략가가 없었다. 따라서 임시정부의 독립전쟁은 정치-전략적 차원에서의 큰 그림을 갖지 못한 채 그때그때 상황에 따라 땜질하는 형식으로 수행되었다. 장기적 관점에서 일본군을 섬멸하기 위해 시기별로 단계별로 무엇을 어떻게 준비하고, 어떠한 전략으로 싸워 승리할 것인가에 대한 구체적 복안을 갖지 못했던 것이다. 따라서 독립전쟁은 효과적으로 수행될 수 없었다. 많은 독립운동단체들이 일제를 상대로 치열하게 무장투쟁을 전개했으나, 사실상 전술적 수준의 전투와 파괴공작에 그침으로써 전쟁의 과정이나 결과에 영향을 주지 못했다. 중일전쟁과 태평양전쟁을 계기로 중국 및 미국과 연합전선을 구축하고 본격적으로 대일전쟁에 뛰어들어야 할 시점에서 싸울 군대가 준비되지 않아 그러한 기회를 잡지 못했다. 부랴부랴 1940년 9월 광복군을 창설했으나 일본군과 변변한 전투를 한 번도 치러보지 못한 채 해방을 맞아야 했다. 임시정부는 독립전쟁을 지도해야 했지만 독립전쟁 기간 내내 '전쟁다운' 전쟁은 없었다.

임시정부는 혁명전쟁 성공을 위한 핵심요소인 민심을 확보하는 데에도 그다지 성공적이지 못했다. 동포들로 하여금 독립전쟁에 참여하도록 유도하기 위해서는 보다 적극적으로 대중노선을 취해야 했다. 중국혁명전쟁에서 마오쩌둥이 그랬던 것처럼 임시정부 요원들과 당원들, 그리고 추종세력들을 동포들이 사는 지역으로 들여보내 임시정부가 동포들을 위해 존재하고, 그러한 역할을 하고 있음을 알려주어야 했다. 이들로 하여금 동포들에게 폐를 끼치는 행위를 엄단하는 가운데 농번기에 농사활동을 돕고 이들의 고충을 들어주고 해소해주어야 했다. 또한 임시정부가 추구하는 독립운동의 방향, 전략, 그리고 독립투쟁의 필요성을 알려주고, 동포들의 지원과 참여를 진지하게 요청해야 했다. 그러나 임시정부는 중국 관내의 주요 도시에 머물러 있었을 뿐, 만주와 연해주에 거주하는 많은 동포들의 마음을 어루만져줄 수 있는 조치를 취하지 않았다. 결국 임시정부는 이들의 민심을 확보하지 못함으로써 전쟁수행을 위한 정치적 동력을 살릴 수도 없었고, 광복군 건설을 위한 병력 충원도 어렵게 되었다. 나아가 국제사회에서 한국인들의 광범위한 지지를 받는 대표성을 가진 정부로서 인정을 받을 수도 없었다.

요약하면 임시정부의 군사적 사고는 '왜곡된 혁명주의'로 규정할 수 있다. 임시정부는 독립전쟁이 일종의 혁명적 성격의 전쟁으로서 일제를 타도해야 끝나는 극한투쟁임을 인식했다. 그러나 동시에 이러한 전쟁을 도의적이고 윤리적인 관점에서 접근함으로써 그러한 혁명전쟁이 갖는 본질, 즉 적을 군사적으로 섬멸하여 무조건 항복을 받아야 하는 혁명전쟁의 본질을 흐리게 되었다. 그 결과 피흘리는 전쟁보다 피를 흘리지 않는 외교에 치중했으며, 대규모 군사적 투쟁보다 암살 및 파괴공작에 주안을 두었다. 이로 인해 임시정부는 독자적인 군사력 건설을 지연시키고 동포들의 민심 확보에도 소홀하게 되었다. 결국 임시정부는 구한말 태동했던 '한국적 민족주의' 의식과 '한국적 인민전쟁' 가능성을 독립전쟁 전략으로 발전시키지 못한 것으로 평가할 수 있다.

제4부

●

현대의 군사사상

제9장

한국전쟁 전후 시기의 군사사상

이 장에서는 한국전쟁을 전후한 시기의 군사사상을 분석한다. 한민족은 일제의 항복으로 광복을 맞이했지만 통일된 국가건설이라는 또 다른 민족적 과제를 안게 되었다. 미국과 소련의 군정 하에서 이념을 달리한 남한과 북한은 단일국가를 형성하지 못하고 1948년 각각 단독정부를 수립했다. 그리고 북한은 무력으로 민족을 통일하기 위해 전쟁을 준비했으며, 미군의 철수와 중국의 공산화, 그리고 애치슨 선언 등 한반도 및 주변정세 변화를 틈타 동족을 상대로 전면적인 전쟁을 야기했다. 그런데 한국은 북한의 전쟁을 예상치 못했다. 1948년 제주 4·3사건과 여수·순천반란사건 등 국내 소요를 진압하고 1949년 옹진반도 및 38선 일대에서 북한의 군사도발에 대응하는 데 주력했지만, 이것이 북한의 전면전 도발을 예고하는 징후였음을 깨닫지 못했다. 결국 한국이 북한의 전면적인 공격을 당하여 국가생존의 위기를 맞게 된 것은 북한의 혁명전쟁에 대한 이해가 부족했기 때문이었다.

1. 전쟁의 본질 인식

가. 전쟁에 대한 사유의 빈곤

광복 후 한국의 지도자들은 전쟁을 어떻게 인식하고 있었는가? 그것은 전통적 유교주의의 관점에서 무력 사용을 폄훼하는 것이었는가, 아니면 근대 서구의 관점에서 정상적인 정치행위로 간주하는 것이었는가? 혁명전쟁의 관점에서 무력 사용을 정당화하고 민족혁명을 추구하는 것이었는가, 아니면 동족에 대한 무력 사용을 용인하지 않고 배제하는 것이었는가? 이 시기 한국의 전쟁관은 여전히 전근대적 요소를 포함하고 있었는가, 아니면 근대적 성격을 가졌는가?

한국의 지도자들이 가졌던 전쟁인식이 무엇이었는지 알기는 어렵다. 다만 이 시기에 김홍일의 언급은 그가 전쟁의 문제를 비교적 근대적인 관점에서 바라보았음을 알게 해준다. 그는 1949년 11월 출간한 『국방개론國防概論』에서 건군의 정신을 다음과 같이 언급했다.

> 사람은 살아야 한다. 입고 먹고 살 것은 생활의 절대적 조건이다. 절대 조건인 의·식·주를 어떻게 획득할까는 생활을 위한 자위력自衛力이다. 이 자위력을 국가민족에다 확대시킨 것이 '국방'이다. … 그러기에 이해가 상반되는 2개 혹은 그 이상의 집단은 점차로 적대행위를 시작하여 냉전冷戰에서 혈전血戰으로 들어가지 않는가. 그로세웨치Clausewitz는 "인류의 적대감정과 적대의도는 인류투쟁의 2대 요소"라고 하였거니와 이 적대감정과 적대의도야말로 '국방' 건립의 정신적 원인이다.[558]

국가와 국가 간의 국방역량은 장기균형을 유지하지 못하고 인류가 공

---

558 김홍일, 『국방개론』(서울: 고려서적주식회사, 1949), pp. 11-13; 군사편찬연구소, 『건군사』(서울: 군사편찬연구소, 2002), p. 56에서 재인용.

동으로 요구하는 '안전'은 끊이지 아니하고 위협을 받게 된다. 육·해·공군을 완비하지 못한 국가민족은 완비한 국가민족에게, 육·해·공군 역량이 박약한 국가민족은 확후한 국가민족에게, 기술이 낙오된 국가민족은 기술이 진보된 국가민족에게 항상 위협을 받지 않을 수 없다. 이것으로 보아 인류가 자연을 정복하는 방법이 휴지되기 전에는 국방의 건설, 개선, 증강도 결코 휴지되지 않을 것이다. … 그러나 물건에는 다 '자존의 길'이 있다. 소·양의 뿔, 고슴도치의 가시, 족제비의 악취가 다 그것이니, 이 국방이란 국가자존의 길이다. 국가자존의 길에는 목적도 있고 계획도 있고 작용도 있다. 그러나 그 유일한 조건은 국가생존경쟁의 수요에 적응되어야 한다. 국방이란 국가자존의 길이다. 인민의 생명재산과 국가의 영토주권과 사회의 안녕질서를 보장하는 이외 국책의 수행과 국가기능을 발휘하는 원동력이야말로 국방력이다.[559]

여기에서 김홍일은 전쟁의 문제와 국방의 역할에 대해 원론적이면서도 통찰력 있게 자신의 견해를 밝히고 있다. 그가 클라우제비츠를 언급한 것은 클라우제비츠의 전쟁론으로부터 영향을 받았음을 보여주는 것으로, 그의 전쟁인식은 다음과 같은 측면에서 근대성을 갖는다.

첫째로 전쟁이 국가들 간의 '이해'가 상반되어 발생한다는 것이다. 이는 전쟁을 국가들 간의 서로 다른 의지가 충돌하는 것으로 보는 클라우제비츠의 견해를 따른 것이다. 전통적으로 전쟁을 정의나 도의의 문제로 보는 유교적 전쟁관에서 벗어나 국가 간의 이익갈등에서 비롯되는 것으로 본 것이다.

둘째로 전쟁을 국가생존 경쟁의 수단으로 본 것이다. 그는 국방을 '자존의 길'로 간주하고, 군대의 역량이 뒤떨어질 경우 역량이 높은 국가로부터 위협을 받을 수밖에 없다고 보았다. 국가는 약육강식의 국제질서 속에서 국방력 혹은 힘power을 갖추어야 생존할 수 있으며, 이를 바탕으로

559 김홍일, 『국방개론』, pp. 14-15; 국방부 군사편찬연구소, 『건군사』, p. 57에서 재인용.

국가의 기능을 제대로 발휘할 수 있다. 이러한 견해는 국가생존의 조건으로 유교에서와 같이 덕치나 질서를 내세우거나 임시정부 지도자들이 그랬던 것처럼 국제평화에 의존한 것과 다르다. 스스로의 국방력 혹은 국력을 중시했다는 측면에서 서구의 현실주의 입장을 수용한 것으로 볼 수 있다.

셋째로 전쟁을 정치적 목적 달성의 수단으로 본 것이다. 그는 국방을 인민의 생명과 재산, 국가의 영토·주권, 그리고 사회의 안녕과 질서를 보장하는 것 외에 '국책을 수행하는 원동력'이 되는 것으로 보았다. 여기에서 국책이란 국가의 정책을 말하는 것으로, 무력의 사용을 국가의 정치적 목적 달성과 연계시키고 있음을 알 수 있다. 즉, 전쟁을 정치적 목적 달성을 위한 수단이라고 한 클라우제비츠의 정의를 수용하여 전쟁을 근대적 관점에서 이해한 것이다.

이처럼 광복 후 일각에서는 전쟁을 서구의 현실주의적 시각에서 바라보았다. 그러나 당시 지도자들이 보편적으로 이러한 인식을 가졌는지는 알 수 없다. 지금까지 남아 있는 정치 및 군 지도자들의 회고록이나 저작들에서 군사사상이나 전쟁에 대한 인식을 발견하기 어렵기 때문이다. 아마도 이 시기의 지도자들은 전쟁과 군사에 대해 보다 근본적으로 사유할 수 있는 여유가 없었던 것 같다.

사실 대한민국 임시정부 시기 독립군과 광복군은 제국주의 일본군 또는 만주군에 몸담고 있던 사람들이 중심이 되어 창설되었는데, 이들은 대부분 초급장교, 하사관, 병 등으로 복무했기 때문에 전략적 수준에서 전쟁을 기획하거나 군사전략을 입안한 경험을 갖지 못했다. 기초군사훈련, 군의 내무생활, 전투수행 등의 전술적 경험은 축적했어도 일본군이 몰트케부터 멕켈Jakob Meckel 소령에 이르기까지 서구로부터 배웠던 고급 군사지식이나 군사사상을 접해볼 수 있는 기회는 제한되었던 것이다.[560] 따라서 이들은 해방 후 군의 고위직을 차지하면서도 정치와 전쟁의 관계, 전쟁의

---

560 김희상, 『생동하는 군을 위하여』(서울 전광, 1993), pp. 349-350.

본질, 그리고 전략의 문제를 고민하기보다는 당장 시급했던 군구조와 편제, 무기와 장비, 전투, 군사훈련 등 기술적이고 전술적인 영역에 관심을 두었을 수 있다. 그 결과 해방을 맞아 미국의 도움으로 근대적 군사제도를 도입했지만 전쟁 및 군사에 대한 사고는 서구의 현실주의적 군사사상에 미치지 못한 채 여전히 전근대적 수준에 머물렀을 수 있다.

나. 통일전쟁에 대한 인식 부재

한민족이 남한과 북한으로 갈라진 상황에서 통일은 민족의 숙원 과제로 남았다. 그리고 남북의 분단과 통일의 문제는 그 자체로 민족 간의 전쟁 가능성을 내재하고 있었다. 북한의 입장에서 통일은 일제의 항복으로 반제국주의 혁명이 마무리된 상황에서 마지막으로 남한의 봉건주의를 청산해야 하는 혁명과업이었다. 반면 한국의 경우 통일은 북한의 대남혁명을 거부하면서 평화적인 방법으로 북한 주민을 해방시켜야 하는 민족적 과제였다. 그리고 이처럼 남과 북의 서로 다른 통일인식은 전쟁에 대한 비대칭적 인식을 낳게 되었다. 북한은 반봉건 민족혁명을 위해 무력 사용을 불사하는 혁명적 전쟁인식을 가졌던 반면, 한국은 평화적 방식의 통일을 우선적으로 고려함으로써 동족에 대한 무력 사용을 혐오하는 유교적 전쟁인식을 갖고 있었다.

(1) 평화통일에 대한 환상

이 시기 한국 지도자들의 전쟁인식에서 나타나는 문제는 민족분단이 가져올 전쟁 가능성에 대해 무지했다는 것이다. 이들은 국방을 건설하고 군사력 증강을 꾀했지만 정작 이를 통해 통일을 어떻게 달성할 것인지, 그리고 북한이 추구할지도 모르는 무력통일 가능성에 어떻게 대비해야 하는지에 대한 심각한 고민이 없었다. 일본이 항복한 후 마오쩌둥이 반봉건혁명에 나서 국민당 세력을 물리치고 중국을 공산화한 것처럼 김일성도 그와 똑같이 남한을 상대로 군사적 공격을 가하고 무력으로 통일을 달성할 수 있다는 생각을 하지 않았다.

그렇다면 한국 지도자들은 통일의 문제를 어떻게 보고 있었는가? 이승만은 그가 임시정부 수반으로 독립전쟁을 치렀던 것처럼 남북이 통일할 수 있는 방안으로 외교적 해법을 모색하고 있었다. 1948년 5월 11일 주요 일간지들은 남북통일에 대한 이승만의 견해를 다음과 같이 보도했다.

> 국제연합 규정 아래 초대 대통령 후보로 유력시되는 이승만은 기자에게 그의 신정부가 제일 먼저 할 일은 남조선 국방군 조직이며 연후에 그는 공산주의 북조선 인민군에게 소련인들을 물리치고 넘어오라고 명령할 터이라고 말하였다. 이승만은 그들이 넘어올 것을 확신하고 있으나 미국인들은 그다지 확실한 것이라고 보지 않고 있다. 이승만은 그에 반대하고 있는 사람들은 오직 공산주의자들, 좌익들, 그리고 중간파들이며 그들은 그다지 대수롭지 않다고 기자에게 말하였다. … 이승만은 북조선인들이 소련인들 밑에서 사는 것이 무엇을 의미하는지를 알고 있으므로 내란이 일어나지 않을 것이라고 생각하고 있다.[561]

이승만은 북한 주민과 군인들이 소련과 북한 정권의 지배에 불만을 가지고 있기 때문에 국제사회가 한국 정부를 유일한 정부로 승인한다면 이들이 소련의 지배를 거부하고 남으로 넘어올 것이라고 믿고 있었다. 북한 주민들이 소련의 간섭을 싫어하기 때문에 남북 간에 내전 혹은 전쟁이 발발할 가능성은 없다고 생각했다. '희망적 사고wishful thinking'—자기가 믿고 싶은 사실만 인정하고 받아들여 잘못된 판단을 내리는 사고 경향—가 반영된 안이한 통일인식이 아닐 수 없다.

이러한 통일인식을 가졌던 이승만은 해를 거듭하면서 북한 주민들의

---

561 "이승만, 남한 정부의 제1긴급사는 국방군조직이라고 언명", 《경향신문》, 1948년 5월 11일; 《조선일보》, 1948년 5월 11일.

내부 봉기에 의한 통일 가능성에 주목하고 있었다. 그는 1949년 5월 12일 연합통신과의 인터뷰에서 평화적 통일이 불가능할 경우 어떠한 방법으로 통일을 달성할 수 있는지 묻는 질문에 다음과 같이 대답했다.

> "현재까지 평화적 방법이라는 것은 소용이 없었으며 이는 이북 공산주의자의 술중術中에 빠지는 것이다. … 우리의 목적은 침략이 아니고 방위이다. 그리고 자유이라면 일정한 일정日定에 이북 반공산주의자의 봉기를 호소함으로써 근소한 군사적 지지하에 한국을 다시 한번 통일국가로 재건할 수 있다고 보는 바이다."[562]

여기에서 이승만은 자유를 갈망하는 북한 주민들이 봉기에 나설 경우 한국은 최소한의 군사력을 사용하여 북한을 접수하고 무난하게 통일할 수 있음을 밝히고 있다. 비록 군사력을 사용하더라도 이는 북한의 혼란을 진압하고 평정하는 것이지 전쟁을 통해 통일을 이루는 것은 아니었다.

이 시기 다른 지도자들도 남북통일 문제를 이처럼 쉽고 낙관적으로 생각했다. 1948년 8월 16일 총리겸 국방장관에 취임한 이범석은 기자회견에서 남북통일 방안에 대한 질문에 다음과 같이 답변했다.

> 우리 대한민족은 수천 년의 유구한 세월을 두고 상호부조하는 민족적으로 민족지상, 국가지상의 굳은 이념을 가지고 살아왔는데 지금 불행히도 외력의 추세趨勢로 국토가 분단되었으나, 남북을 막론하고 불과 수년 동안에 민족이념이 변혁되었으리라고는 생각되지 않는다. 그러므로 우리 국토에서 외력이 사라지는 날에는 우리는 쉽사리 통일할 수가 있을 것이고, 외래세력이 현 국제정세로 보아 불원한 장래에 그네들의 긴

562 "이승만 대통령, UP와의 회견에서 미국은 회유정책 포기하고 대한군사원조 실시하라고 주장", 《연합신문》, 1949년 5월 12일.

박한 사정으로 인하여 우리 사정을 돌아볼 사이 없이 외래세력은 자연 조선을 이탈할 시기가 올 것만은 단언할 수 있으니 그때는 우리 민족끼리 통일할 수가 있을 것이다.[563]

이범석은 비록 남북이 외세의 압력에 의해 한민족의 의지와 상관없이 분단되었지만 민족과 국가를 우선으로 하는 수천 년 동안의 민족이념은 단 몇 년 만에 변화하지 않았을 것이라고 단언했다. 그리고 멀지 않은 장래에 외래 세력이 한반도에서 철수하면 우리 민족끼리 "쉽사리 통일할 수가 있을 것"이라고 주장했다. 그는 어떻게 통일할 수 있는지에 대해 언급하지 않았지만 '상호부조相互扶助'—공동체를 위해 서로 돕는 것—의 민족이념을 그 원동력으로 들고 있음을 볼 때 적어도 전쟁에 의한 통일은 아니었다.

육군참모총장 채병덕도 남북통일을 전쟁의 문제로 보지 않았다. 그는 1949년 4월 25일 가진 기자간담회에서 "대한민국은 10만의 정규군을 경제적으로 유지하기 곤란할 것"으로 보는 미측의 견해에 대해 다음과 같이 언급했다.

실제로 한국 경제력으로는 남북통일 후라도 6, 7만 이상의 병력보유란 무리한 것이다. 그러나 현재 한국이 38선으로 남북이 양단되어 이북의 상당수의 병력을 3년래年來 훈련하고 있는 정세하의 긴급한 사태에서는 대한민국의 통일을 위한 정치력을 지지하기 위해서 경제적으로 여하한 곤란이 있더라도 38선이 파괴되기 전에는 10만의 정규군과 훈련된 20만의 예비력을 절대로 보유하여야 될 것이다.[564]

여기에서 그는 10만의 정규군을 유지해야 하는 이유로 만일에 있을 북

---

563 "이범석 국방부장관, 국방군 조직문제 등을 기자와 문답", 《국제신문》, 1948년 8월 18일.

564 "채병덕 육군참모총장, 10만 정규군과 20만 예비군 확보를 역설", 《동아일보》, 1949년 4월 25일.

한의 침공 가능성에 대비하는 것이 아니라 "통일을 위한 정치력을 지지하기 위한 것"으로 언급하고 있다. 즉, 남북통일은 한국의 북침이나 북한의 남침에 의한 전쟁이 아니라 한국의 '정치적 역량'을 통해 이루어질 것으로 본 것이다.

이렇게 볼 때 한국의 지도자들은 남북통일의 문제를 분단이라는 현실을 놓고 바라보지 않고 이상이나 희망을 가지고 다루고 있었다. 한민족의 분단 이면에는 전쟁 가능성이 내재되어 있었고, 실제로 북한은 공산주의 혁명의 관점에서 남한을 상대로 전쟁을 준비하고 있었다. 그럼에도 불구하고 한국의 지도자들은 북한의 침공 가능성에 비로소 경각심을 갖기 시작한 1949년 말까지 한국이 가진 이념적·정치적 우월성에 의해 북한 주민들이 이탈하고 북한 정권이 곧 붕괴할 것이라는 믿음을 가지고 '평화적' 통일을 자신하고 있었다.

(2) 북한의 혁명전쟁에 대한 이해 부족

북한은 공산주의 혁명이념에 입각한 통일전략을 추구하고 있었다. 그것은 남한 내 남로당을 중심으로 공산주의 조직을 갖춘 다음, 이에 동조하는 세력과 무장투쟁에 나서 사회혼란을 조성하고 한국 정부의 통치력을 약화시키는 것이었다. 그리고 남한 내에서 혁명에 호응할 수 있는 역량이 강화되었다고 판단되면 본격적으로 전쟁을 시작하여 남한을 적화시키는 것이었다.

북한이 이러한 전략을 추구했던 몇 가지 사례를 들면 다음과 같다. 우선 1946년 2월부터 1947년까지 남로당 세력이 부산 지방을 중심으로 공산화를 기도한 '인민해방군사건'을 들 수 있다. 1947년 12월 말 조병옥 경무부장이 인민해방군사건 전모에 대해 발표한 내용을 보면 다음과 같다.

> … 남로당 극렬분자들은 작년 2월경부터 북조선 노동당 소위 정치국 김일성·김두봉·허가이 등과 긴밀한 연락과 지령을 얻어 남로당(대회

파) 강진姜進·문갑송文甲松·경남 출신 한인식 등을 수반으로 소위 인민해방군을 비밀리에 조직하고 군사자금 조달 무기 획득 등의 명목으로 강도·살인·강간 등을 감행하고 관공서 습격을 도모하다가, 드디어 제7관구경찰청(부산)에 탐지되어 일당 400여 명을 검거 취조 중 157명을 29일, 일건 서류와 함께 송치하고 인민해방군 관계 국방경비대원 45명은 군법회의에 회부된 바 사건 내용은 다음과 같다.

즉 수반격인 한인식韓麟植은 경상남도를 중심으로 작년 3월 경상남도군사위원회를 조직하여 총참모장으로서 취임하고 사령관 김갑수金甲壽, 병사부장兵事部長 장세무張世武, 정치부장 이영근李英根, 훈령부장 김석종金碩鍾, 정보부장 김태영金台榮, 군자금조달책임 한인식 등으로 조직하고 점차 확대 강화하여 부산·동래·진주·사천·통영·남해와 각 군에 연대를 두고 그 연대 아래 정보대 후보대 자위대특공대 전령대 정찰대 정치공작대 무기제조반 조사반 등의 세부 조직을 하는 한편 각도 군사위원회를 조직 중에 있던 바, 작년 8월 말까지 조직 총동원수 830명, 공작대원 763명, 영도군 중 3만 6,000명을 획득하고 그 교양재료로 1. 중국유격대 소개서, 2. 김일성 투쟁사, 3. 붉은군대 활동 상황 소개 등을 사용하고 선전사업으로 군내 선전, 김일성수반문제, 군정악질 폭로책 등이며 정보사업으로는 미군군정 정찰, 우익 정당책 등 정보로 6,024건, 조사사업으로 미군물자창고 필수품창고 경비 상황 등의 세밀한 조사와 군사 각 기본훈련을 비롯하여 공방전 시가전 편의대 산악전을 훈련하여, 작년 10월 12일에는 경남 동래 범어사梵魚寺 뒷산에서 군사훈련부장 김석종 지도 아래 각 부근 선발대원 50여 명을 훈련하고 군자금과 무기 획득책으로는 부호와 경찰관을 살해하기로 계획하였다….[565]

---

565 "조병옥 경무부장, 인민해방군사건 전모 발표", 《동아일보》, 1948년 1월 4일.

이러한 발표 내용에서 북한은 남로당을 통해 남한 내 공산주의 조직을 갖추고 극심한 사회혼란을 조성하려 했음을 알 수 있다. 인민해방군사건은 경상남도에서만 조직원 830명, 공작대원 763명, 그리고 군중 3만 6,000명을 동원할 정도로 많은 인원을 끌어들였는데, 이는 북한이 의도한 혁명전쟁을 본격화하기 이전 단계에서 남한 내 혁명여건을 조성하기 위해 반정부 무장투쟁에 나선 것이었다. 이들이 김일성투쟁사와 붉은군대에 대한 내용을 학습하고 시가전과 산악전을 훈련하며, 강도·살인·강간·관공서 습격을 도모한 것은 충격적이다. 한국전쟁은 1950년 6월 25일 발발했지만 사실상 북한의 대남 혁명전쟁은 그보다 4년 이상 앞서 개시되었던 것이다.

1948년 10월 여수·순천 지역에서 일어난 국방경비대 제14연대 소속 군인들의 반란과 여기에 호응한 좌익계열 시민들의 봉기도 북한이 추구한 대남 혁명전쟁의 일환이었다. 우익 진영의 대표적 문인인 박종화朴宗化는 당시 공산주의 사상이 한국 사회 깊숙이 침투해 있음을 글로써 남겼다. 그는 여수·순천 반란사건이 일어나자 정부의 초청을 받고 현지의 참담한 모습을 실제 답사하여 그 원인을 파악하고 이러한 불상사가 다시 일어나지 않도록 글을 썼다. 그는 1948년 11월 언론에 기고한 '남행록南行錄'에서 다음과 같이 공산주의 사상에 물든 우리 민족의 처절한 모습을 그리고 있다.

> 일행은 (순천의 한) 여관에 들어가 피곤한 몸을 던졌다. 밤에 작전참모인 이李 대위와 몇몇 장교들이 찾아왔다. 열혈적인 젊은 장교들이다. "처음에 나는 내 손으로 내가 가르치던 제자들을 차마 쏘라고 명령할 수 없었소. 그랬다가 역 앞에 즐비하게 드러누은 누천累千(매우 많은)의 시체를 보았을 때 또는 눈알을 빼고, 총탄을 죽은 시체 위에 800여 방씩이나 난타한 이 잔인무도한 악마 같은 악착스러운 행동을 보았을 때 이놈들은 내 제자가 아니요, 내 민족이 아니라는 것을 직감하고 분연히

일어나서 그대로 포격명령을 내리었소!" 그는 주먹을 쥐어 방바닥을 치며 외친다. "기막힌 죽일 놈의 민족들이 아니요. 일본 놈의 시대에 그렇게 그리워하던 태극기가 아니요? 3천만 민족이 꿈에라도 다시 한 번 보았으면 하던 그 그립던 태극기를 오늘날 이 역천逆天(하늘을 거스르는)의 놈들은 다시 내리려 하는구려! 이런 놈들은 내 민족이 아니올시다. 벌써 다른 나라 민족이요. 왜 내리려하는 거냐, 태극기를!" 작전참모는 또다시 주먹을 들어 쇠투구를 내리친다.

작전참모는 또다시 말을 계속한다. "공산주의 사상이 한 번 머리에 들어가면 어떻게 사람이 지독하게 되는 것을 아십니까? 여수 진주進駐에서 생긴 일인데 여학생들이 카빈총을 치마 속에 감추어 가지고 우리들 국군장교와 병사들을 유도합니다. 오라버니! 하고 재생再生의 환희에서 부르짖는 듯 우리들을 환영합니다. 무심코 앞에 갔을 때는 벌써 치마 속에서 팽! 소리가 나며 군인들은 쓰러져버리고 말았습니다. 이 깜찍한 일을 보십시오. 이것들은 나이 겨우 열여덟, 열아홉살 되는 것들입니다. 이것들이 무슨 판단력과 학식과 사상이 있겠습니까마는 체계와 명령 위에서 움직이는 이 행동은 벌써 조선민족이 아니라 외국민족이 다 된 것이올시다. 명령과 행동을 지키지 않을 때는 너를 죽인다 하는 그 철저한 철의 원칙이 자기의 죽음 대신 자기의 동족을 쏘게되는 것입니다. 이러한 여중학생 몇 명을 잡아다가 고문을 했습니다. 그 꼴을 보느라고 너는 총살이다 위협했더니 처음엔 부인을 하며 엉엉 울다가 하나 둘 셋하고 구령을 불러서 정말 총살하는 듯한 모양을 보였더니 '인민공화국 만세'를 높이 부릅니다. 기막힌 일이 아닙니까? 평시에 학교 교육이 얼마나 민족적인 육성에 등한시했다는 것을 증명하고 남는 노릇이올시다. 학교에 다닙네 하고 공산주의의 이념만을 머리에 집어넣는 공부를 한 셈이올시다.

도대체 민족진영에서는 체계가 서지 않았습니다. 우리 정부가 엄연이 선 이상 국시國是(국가이념이나 국가정책의 기본방침)와 국헌이 뚜렷이 서서 전 민족이 이곳에 움직여야 됩니다. 겉으로 아무리 '민족지상'과 '국가전상國家至上'을 천 번 만 번 부른댔자 추상적임에 그칠 뿐은 군인, 온 학생, 온 민족에게 그 이념이 철저하도록 침투가 되지 못했습니다. 어떻하니, 우리 민족은 이렇게 나가야 하고 이렇게 싸워야 하고 이렇게 살아야 하고 이렇게 죽어야 하는 것을! 확호부동하게 조직적으로 체계있게 머리 속에 깊이 넣어주어야 할 것입니다. 공연한 미국식 민주주의, 미국식 자유주의가 이러한 혼란을 일으켜놓은 것입니다. 이 악랄한 세계제패의 공산주의자의 사상은 학교뿐 아니라 군인과 사회 속 각층 각 방면에 침투가 되었던 것입니다. 이것이 이 불행한 이 반란을 일으킨 원인입니다. 정부에서는 우리 민족이 가져야 할 국시를 하루바삐 명확하게 세워서 3천만 전 민족의 머리 속에 깊이 깊이 뿌리박고 일어나도록 교육하고 선전해야 할 것입니다."[566]

여기에서 북한은 남한 내 공산주의 조직을 통해 어린 학생들은 물론, 군대와 사회 각계각층에 침투하여 이들을 세뇌시키고 반정부 봉기에 나서도록 선동하고 있었음을 알 수 있다. 작전참모가 자신이 가르쳤던 제자들이 눈알을 빼고 총탄을 난사하여 잔인하게 살해한 즐비한 시체들을 보고 분개하여 제자들을 향해 포격명령을 내릴 수밖에 없었던 참담한 현실이 잘 드러나 있다. 또한 공산주의 사상에 세뇌된 여중학생들이 총살을 당하는 순간에도 "인민공화국 만세"를 불렀다는 증언은 학교 교육에까지 반정부 세력이 침투했음을 보여준다.

그러나 한국 정부는 북한이 벌이고 있는 혁명전쟁이 무엇인지 이해하지 못하고 있었다. 남로당이 주도하는 무장봉기가 북한의 대남혁명전략

---

566 박종화, "남행록", 《동아일보》, 1948년 11월 20일.

의 한 부분으로서 추후 무력통일을 기도한 전초전이라는 사실을 깨닫지 못했다. 북한은 이미 민족통일을 위한 혁명전쟁에 나서 남한 사회의 혼란을 조성하고 전면적인 공격을 준비하고 있었으나, 한국은 내부의 반란과 봉기를 진압하는 데 주력했을 뿐 그것이 한국전쟁의 불길한 징조였음을 인식하지 못하고 있었다. 공산주의 혁명전쟁과 혁명전략에 대해 무지했던 것이다.

한국의 지도자들이 북한의 혁명전쟁에 대한 이해가 부족했음은 중국의 공산화에 대한 안이한 인식에서 드러나고 있다. 마오쩌둥의 내전 승리는 김일성에게 남침의 데자뷔déjà vu와 같았다. 절대적 열세에 있었던 중국공산당이 압도적인 전력을 보유한 국민당 군대를 대륙에서 몰아내고 중국을 공산화한 사건은 국제공산주의 혁명의 특성상 다음은 한반도가 될 것을 예고하고 있었다. 그럼에도 불구하고 한국의 지도자들은 중국의 공산화가 한반도에 미칠 영향을 과소평가했다. 중국공산당이 내전에서 승기를 잡고 국민당 군대를 양쯔강揚子江 남쪽으로 몰아내고 있던 1949년 4월 26일, 신성모 국방장관은 중국 사태가 한국에 미치는 영향을 묻는 기자의 질문에 대해 다음과 같이 대답했다.

> 군사 방면으로 우리에게 미치는 영향은 없을 것이다. 중국 공산군의 행동은 중국에서 그치지, 우리 한국에 대하여는 하등의 관계가 없다. 만일 이북에서 중국의 본을 보고 남으로 내려온다면 넉넉히 막을 힘과 자신이 있다.[567]

중국의 내전과 한반도에서의 민족 분단 상황이 유사함에도 불구하고, 그는 중국공산당의 내전 승리가 한반도에 하등의 영향을 미치지 않을 것

---

567 "신성모 국방부장관, 중국혁명이 한국에 미치는 영향과 반란지구 군사재판 등에 대하여 기자회견", 《서울신문》, 1949년 4월 27일.

이라고 단언했다. 그리고 만일 북한이 중국공산당처럼 남침을 한다면 이를 충분히 물리칠 수 있다고 자신했다.

1950년 1월 1일 이승만은 신년 소감을 발표하면서 중국이 공산화되었지만 한국의 안보에는 문제가 없다며 다음과 같이 언급했다.

> 우리 국군의 수효數爻와 전술과 또 지도자의 자격이 날로 개량 전진되어 1949년 여름 동안에 미국 군인들이 다 철퇴하고 따라서 반란분자들의 연속 침략으로 민국을 전복시키려 하였으되 국방준비가 상당히 발전되어서 질서와 치안을 보전함으로써 민국의 안전에 파동을 받지 않게 되었으며, 우리 우방인 중국이 적국의 화禍에 떨어지게 된 것도 불계不計하고(상관없이) 우리는 우리의 안전을 보장할 만한 형세를 갖추고 있는 것입니다.[568]

여기에서 그는 6개월 전 미군이 철수했지만 국군은 상당한 역량을 갖추었고, 반란분자들을 토벌하여 질서와 치안을 유지하게 되었으므로 안전해졌다고 현 상황을 평가했다. 북한의 남한사회 파괴행위가 혁명전쟁의 전초전이었음에도 불구하고 이를 심각하게 생각하지 않고, 단지 남조선 적화의 마지막 발악에 불과한 것으로 인식한 것이다. 또한 그는 우방인 중화민국이 내전에서 패했지만 그것과 상관없이 우리의 안전을 지킬 수 있다고 자신했다. 이는 사실상 북한의 혁명전쟁 가능성을 배제한 것으로, 너무나 안이한 상황인식이라 하지 않을 수 없다.

이렇게 볼 때 한국의 지도자들은 공산주의 혁명전쟁, 나아가 북한의 혁명전쟁에 대한 이해가 부족했다. 북한이 남한을 상대로 어떻게 혁명을 준비하고 이행할 것인지, 그리고 한국 사회 내에 전개되고 있는 반정부 폭동이 향후 전개될 북한의 혁명전쟁과 관련하여 무엇을 의미하는지 깨닫지 못했다.

---

568 "이승만 대통령, 1950년 신년소감을 방송", 《서울신문》, 1950년 1월 4일.

(3) 전쟁에 대한 근거 없는 자신감

1948년 말 남로당이 주도한 무장봉기가 진압되어가면서 한국의 지도자들은 정국이 안정되어가는 것으로 인식하고 북한의 군사적 공격 가능성을 일축했다. 만일 북한이 전쟁을 일으킨다면 비록 한국의 군사력이 충분히 증강된 것은 아니지만 북한의 공격을 능히 막아낼 수 있다고 자신했다. 그러나 여기에서 문제는 이들이 북한의 침공 의도와 전력증강 상황, 그리고 국군의 능력을 정확히 파악하지 않은 채 근거 없는 자신감으로 일관한 데 있었다.

1949년 4월 18일 이승만은 미군철수에 대한 국민들의 우려가 고조되자 특별성명을 발표하여 "우리 국군 조직이 날로 진취되어감으로 외국이 침략하는 경우가 있기 전에는 우리가 안전을 보장하리만큼 한 지위에 도달케 된 것"이라고 현 상황을 평가했다.[569] 여기에서 '외국'은 소련이나 중국 등 강대국을 지칭하는 것으로, 이들의 공격이라면 모르지만 북한의 공격에 대해서는 얼마든지 방어할 수 있다는 자신감을 피력한 것이다.

1949년 4월 25일 채병덕 육군참모총장은 기자들과의 간담회에서 북한군 전력에 대한 질문을 받자 다음과 같이 답변했다.

> 믿을 만한 정보에 의하면 인민군·보안대·내무서원 등 이북 병력은 도합 13만 정도이며 소위 인민군의 점수點數는 3개 사단과 1개 여단이다. 그리고 보안대는 군과 경찰의 중간적 존재인데 군으로 간주되는 것이 타당할 것이다. 그러나 남한에서는 종래 이북의 병력을 과대시過大視하여왔으며 그 장비훈련 등은 질적으로 보아 우려할 것이 없다.[570]

당시 국군은 정규군 5만 명을 보유한 상황에서 추가로 5만 명을 확보해

---

569 "이승만 대통령, 미군철퇴에 관한 특별성명을 발표", 《동아일보》, 1949년 4월 19일.

570 "채병덕 육군참모총장, 10만 정규군과 20만 예비군 확보를 역설", 《동아일보》, 1949년 4월 25일.

나가고 있었다. 북한군 병력이 두 배 이상이라는 객관적 현실에도 불구하고 채병덕은 적 병력이 과대평가되어 있으며 장비와 훈련이 질적으로 떨어진다는 점을 들어 군사력의 열세에 대한 우려를 일축했다.

심지어 일부 지도자들은 북한군에 대한 압도적 승리를 자신했다. 1949년 5월 23일 《연합신문》은 국군총참모장 채병덕 소장, 해군총참모장 손원일 소장, 육군총참모부장 정일권 준장, 제1사단장 김석원 대령, 작전국장 강문봉 대령, 호부대장 김종오 대령을 초청하여 국방 전반에 걸친 좌담회를 개최했다. 이 자리에서 군 지도자들은 안찬수 편집부국장의 질문에 다음과 같은 반응을 보였다.

안찬수 : 최근 북한 방송 혹은 월남해온 사람의 말에 의하면은 그들 '북한괴뢰군'은 2개월 내에 부산까지 자신있게 밀고 내려오리라는 소위 남벌설南伐說을 유포시키고 있는데 이에 대하여 국군은 어떠한 태세로 임하고 있는가 채소장 말해주시기 바랍니다.

채병덕 : 소위 남벌설은 작년 10월을 위시하여 금년에는 2월에 온다는 등, 4월에는 틀림없으리라는 것과 같이 일방적으로 알려지고 있는데 이에 대한 국군의 태세는 완벽하나 군기상 더 언급할 수는 없고… 그들이 만약 본격적 공세를 취하여올 때 피동에서 주동으로 과연 전세를 달리하여 대할 것인즉… 그들이 공세를 취하는 그 시기를 포착하여 한숨에 국군은 실지 북한을 접수할 자신이 있는 것이다….

손원일 : 그 점에 대해서 나도 언급하고자 하는 것은 지금의 국군·해군 실력으로라도 북한측의 해군을 물리치기에는 부족이 없다는 것이다. 명령이 내리면 우리 해군은 유동적 작전선을 따라 언제든지 38이북을 맹공할 준비를 갖추고 있는 것입니다.

채병덕 : 미군 철퇴를 계기로 남벌南伐이 있을 것이라고 믿고 있는 대한 국민이 있다면 그들의 머리는 180도 회전시켜야 할 것이다.

손원일 : 남벌설을 조금도 우려할 것 없습니다. 우리 실력으로 북한군쯤의 방어에는 문제 없으니 안심하기 바랍니다.[571]

좌담에서 채병덕은 북한이 공격하더라도 즉각 반격에 나서 북한 지역을 수복할 수 있다고 자신했으며, 해군참모총장 손원일은 해군 전력으로 북한 지역을 맹공하겠다고 밝혔다. 흥미로운 것은 채병덕이 북한의 남침을 믿는 사람은 머리를 180도 회전시켜야 한다고 하며 남침 가능성을 완강하게 부인했다는 것이다.

이러한 연장선상에 1949년 5월 31일 신성모 국방장관은 기자회견에서 "세계전쟁이라면 모르지만 38이북의 공비에 대하는 정도라면 현재로도 우리 장비는 충분하다. 즉, 러시아군이나 중공군이 내려와 밀린다면 별문제지만 북한공비만은 3일도 걸리지 않아서 정복할 수 있다"고 밝혔다.[572] 또한 그는 1949년 7월 17일 대한청년단 인천부단 훈련시범대회에 참석하여 "우리 국군은 대통령의 명령만 기다리고 있으며 어느 때라도 명령만 있으면 이북의 평양, 원산까지라도 1일 내에 완전 점령할 자신과 실력이 있다"고 장담했다.[573]

이 시기 한국의 지도자들은 하나같이 북한의 군사력을 폄하하고 있었다. 국가와 군을 책임지는 지도자로서 안보에 대한 자신감을 표출한 것일 수 있다. 그러나 이들이 북한의 전면적 공격 가능성을 무시한 것은 물론,

---

571 "국군의 방위태세는 완벽: 국방부 수뇌부와 본사 좌담회", 《연합신문》, 1949년 5월 26일.

572 "신성모 국방부장관, 3일이면 북한공산군을 소탕할 수 있다고 기자회견에서 발언", 《연합신문》, 1949년 6월 1일.

573 "신성모 국방부장관, 북진하면 하루 안에 북한을 점령할 자신이 있다고 피력," 『조선중앙일보』, 1949년 7월 19일.

북한이 공격하더라도 쉽게 이길 수 있다는 자신감은 객관적 정보를 토대로 피아 역량을 비교하여 얻은 결론이 아니라 사실상 근거 없는 추측에서 나온 희망에 불과한 것이었다. 한국전쟁이 발발한 직후 드러난 국군의 부실한 전쟁준비와 방어력의 부재가 이를 입증한다.

이렇게 볼 때 한국전쟁을 전후한 시기 한국의 전쟁인식은 무책임할 정도로 안이했다. 전쟁이 무엇인가에 대한 본질적 사유가 부재한 가운데, 한민족이 당면하고 있는 분단 상황에서 불가피하게 발생할 수 있는 혁명전쟁 또는 통일전쟁에 대한 인식도 빈곤했다. 비록 도의적 측면에서 한국이 동족인 북한을 상대로 무력을 사용할 가능성을 염두에 두지 않은 것은 당연하지만, 공산혁명이라는 관점에서 북한이 한국을 상대로 전면전을 도발할 수 있다는 가능성을 심각하게 고려하지 않은 것은 이해할 수 없다. 심지어 중국이 공산화됨으로써 그것이 한반도 분단 상황에 미칠 부정적 파급 영향이 명백함에도 불구하고 한국의 지도자들은 이를 부인했으며, 북한의 군사적 공격 가능성에 대비하기보다는 그러한 가능성을 일축한 채 공허한 자신감으로 일관했다. 결국, 북한은 '반봉건주의'를 지향하는 혁명적 전쟁관을 견지한 반면, 한국의 지도자들은 북한의 혁명전쟁, 곧 자신들이 직면하고 있는 전쟁에 대해 별다른 생각이 없었던 것으로 볼 수 있다.

2. 전쟁의 정치적 목적

가. 이승만의 북진통일론: 현실주의적 전쟁관?

이승만은 대통령 취임식에서 남북통일의 기조로 '평화적 통일'을 제시했다. 남한 단독으로 정부가 수립된 시점에서 그는 통일의 문제를 진중하게 생각하지 않을 수 없었으며, 그 방식은 평화적으로 남북을 통일하는 것이었다. 그는 1948년 7월 24일 초대 대통령 취임식에서 다음과 같이 말했다.

이북동포 중 공산주의자들에게 권고하노니 우리 조국을 남의 나라에 부속하자는 불충한 이상을 가지고 공산당을 빙자하여 국권을 파괴하려는 자들은 우리 전 민족이 원수로 대우하지 않을 수 없나니 남의 선동을 받아 제 나라를 결단내고 남의 도움을 받으려는 반역의 행동을 버리고 남북의 정신통일로 우리 강토를 회복해서 조상의 유업을 완전히 보호하여 가지고 우리끼리 합하여 공산이나 무엇이나 민의를 따라 행하는 것이 좋을 것입니다. 기왕에도 누누이 말한 바와 같이 우리는 공산당을 반대하는 것이 아니라 공산당의 매국주의를 반대하는 것이므로 이북의 공산주의자들은 이것을 공실히 깨닫고 일제히 회심해서 우리와 같이 같은 보조를 취하여 하루바삐 평화적으로 남북을 통일해서 정치와 경제상 모든 권리를 다 같이 누리게 하기를 바라며 부탁합니다.[574]

그는 북한 지역의 공산주의자들을 소련에 매수되어 국권을 파괴하는 반역의 무리로 인식하고 있었지만, 통일은 곧 무력통일이 아닌 평화통일을 지향하고 있었음을 알 수 있다. 아마도 그는 무력 사용에 대한 국민들의 부정적 정서와 함께 평화통일을 지지하는 유엔의 중재 노력을 존중하지 않을 수 없었을 것이다.[575]

그런데 1949년 초부터 이승만은 북진통일의 의지를 보이기 시작했다. 그해 2월 7일 국회연설에서 다음과 같이 언급했다.

공산분자라는 사람들이 있어서 바깥으로는 소련이 이북에 소위 인민정부라는 것을 인정해서 승인을 했고, 그러고 군사를 양병해 가지고 다치려 내려온다고 그러며, 인민정부라는 것이 서울에 와서 점령해 가지고 여기에 와서 행세를 하겠다는 등 선전해 가지고 나가는 것이고, 소

574 이승만, "제1대 대통령 취임사", 역대 대통령 연설문, 청와대 홈페이지, http://15cwd.pa.go.kr/korean/data/expresident/1st/speech.html (검색일 : 2017. 8. 5)

575 양영조, "이승만 북진통일론의 오해와 진실", 《미래한국》, 2012년 1월 4일.

위 38선이라는 데를 매일 군사들이 무장한 군사들이 얼마씩 넘어와서 살인 방화하고 있으며, 또 그 지하공작분자들이 이남의 각처에 해져서 살인 방화를 하고 돌아다니며 난장판을 맨들어놓고… 지금은 유엔과 협의해서 평화적으로 이 38선을 철폐하고 남북통일을 만들어서 화평적으로 나가자 그런 것입니다. … 그러나 이것을 유엔이 해보아도 아니 되고 미국 사람들이 해보아도 아니 되고 그런다면 그 다음에 할 일은 우리가 이북에 넘어갈 것입니다.[576]

여기에서 그는 유엔이나 미국과 함께 평화적으로 통일을 이루지 못한다면 우리가 이북에 넘어갈 것이라고 하여 무력으로 통일할 수 있다는 의지를 피력했다. 그리고 이러한 발언이 가져올 파장을 고려한 듯, 아직 이런 얘기는 공표하려는 것이 아니며 앞으로 단계적으로 추진할 사항이라고 강조하고 국회의원들에게 분별 있는 처신을 당부했다.

이승만은 미측 인사들에게도 북진통일 의사를 피력했다. 그는 2월 8일 방한한 로얄Kenneth Royall 미 육군부장관 및 무초John J. Muccio 대사와의 대화에서 육군을 무장시켜 빠른 시일 내에 북진하고 싶다는 의사를 표명했다. 이승만은 북한인 대다수가 공산주의에 반감을 갖고 있으므로 "만약 남한이 북한을 침략한다면 북한군의 대부분이 남한군으로 도망칠 것"이라며 북침이 성공할 수 있다고 밝혔다. 로얄은 당시 대화를 다음과 같이 기록하고 있다.

그(이승만)는 만약 장비와 무기와 제공되면 군대를 증가시켜, 단기간에 북한으로 북진하길 원한다고 말했다. 그는 유엔이 남한을 인정함은 남한이 전 한국을 포괄함을 합법화시켰으며, 기다려서는 아무것도 얻을

---

576 국회사무처, "제2회 국회정기의사속기록", 제24호, 1949년 2월 7일.

수 없다고 발언했다.[577]

이 자리에서 무초 대사는 "북한과 평화적으로 문제를 해결할 기회가 존재할 때까지는 분명 그러한 조치를 취하면 안 된다"며, 미국은 아직 "평화적 문제해결 기회에 대해 일정한 희망을 갖고 있다"고 말했다. 이승만의 북진통일 주장에 대해 미국 정부는 우려하고 있었음을 알 수 있다.

1949년 11월 9일에도 이승만은 남북 분단상태를 더 이상 방치하지 않겠다는 입장을 피력하며 보다 적극적으로 북진의 의지를 밝혔다.

> 한국은 한 몸둥이가 양단兩斷된 셈이다. 한국은 앞으로 장기간 남북분열을 용인하지는 않을 것이다. 우리가 전쟁으로서 이 사태를 해결해야 할 때에는 필요한 모든 전투는 우리가 행할 것이다. 우리는 우리의 우인友人에게 우리를 위하여 싸움을 싸워달라고 요청하지는 않는다. 이 대사상大思想 냉정전쟁冷靜戰爭에 있어서 우리는 공산주의를 조지阻止하기 위하여 가능한 모든 일을 할 것이다.[578]

여기에서 이승만은 남북분단의 문제를 전쟁으로 해결하겠다는 의지를 강력하게 피력했다. 그는 우방국의 동참을 요청하지는 않겠다고 하여 한국 단독으로 군사행동을 취할 수 있음을 밝혔지만, 이러한 전쟁을 공산주의를 저지하기 위한 싸움이라고 규정함으로써 미국과의 연대감을 드러내고 모종의 지원을 기대했던 것으로 보인다.

그렇다면 이승만은 왜 이처럼 북진통일을 주장했는가? 그의 북벌이 '반제국주의'나 '반봉건주의' 혁명이 아니라면 '통일'을 목표로 한 현실주의

---

577 "Memorandum of Conversation, by the Secreatary of the Army (Royal)", *FRUS, 1949, The Far East and Australia, Vol. VII, Part 2*, pp. 956–958.

578 이승만, "장기의 분열 불용인, 타국 적화해도 우리는 독립유지", 『대통령 이승만 박사 담화집』 (서울: 공보처, 1953).

적 성격의 정치적 목적을 추구하는 것이었는가? 그렇지 않다. 이승만의 '북진통일론'을 한국 정부가 추구한 정치적 목적으로 간주하기에는 엄연한 한계가 있다. 당시 한국은 건국 초기의 혼란한 상황에서 반정부세력에 의한 폭동과 파괴, 그리고 군 내에 침투한 불순분자들로 인해 매우 불안했기 때문에 전열을 정비하여 북한을 선제적으로 공격하기 어려웠다. 실제로 한국 정부는 1948년은 물론, 1949년에도 군으로 하여금 북진을 준비하기보다는 사회를 안정시키는 데 우선순위를 부여하고 있었다. 앞에서 살펴본 것처럼 이승만을 비롯한 지도자들은 무력을 사용한 '북진통일'보다는 '북한의 붕괴'에 의한 평화적 통일을 기대하고 있었다.

따라서 이승만이 북진통일론을 들고 나온 의도는 정작 '북벌'을 기도한 것이 아니라 다른 데에서 찾을 수 있다. 우선 대외적으로는 미국에 대해 한국이 공산주의 진영과 부딪치는 최일선에 있다는 사실을 상기시켜 상응하는 군사적·재정적 지원을 얻고자 했다. 주한미군의 철수를 전후하여 군사적 공백이 불가피한 상황에서 한국이 공산주의와의 대결에서 밀리지 않도록 미국의 지원을 촉구하는 의미가 있었다. 다만, 이는 오히려 북벌을 우려한 미국이 한국에 대한 군사지원을 꺼려함으로써 역효과를 가져오게 되었다. 대내적으로는 한국이 북한과 대치상태에 있음을 부각시켜 정치적 결속력을 강화하고 사회적 안정을 도모하고자 했다. 그리고 북한이 군사력을 강화하고 38선 일대에서 도발을 일삼는 데 대해 전쟁불사의 의지와 자신감을 과시함으로써 북한을 견제하려는 의도도 있었다. 즉, 북진통일론은 그 자체로 전쟁을 의도한 것이 아니라 외교적·정치적 상황을 유리하게 이끌어가기 위한 일종의 '수사rhetoric'로 제기된 것이었다.

나. 한국전쟁 초기 정치적 목적: 38선 회복에서 북진통일로

북한이 한국전쟁을 도발했을 때 한국 정부가 추구한 정치적 목적은 무엇이었는가? 전쟁 초기에 북한의 압도적인 군사력에 일방적으로 밀리는 상황에서 이승만은 이 전쟁의 목적을 통일로 상정하기 어려웠을 것이다. 그럼에도 불구하고 이승만은 1950년 7월 14일 기자회견에서 다음과 같이 38도선을 넘어 북진하여 통일을 달성하겠다는 의지를 피력했다.

> 이번 전쟁은 한국 민족으로 하여금 비상한 전쟁인데 이 기회를 이용하여 한국의 통일을 실현코자 한다. 북한이 한국을 침략함으로써 이미 38도선의 분할선을 파괴하고 말았다. 그럼으로 우리들은 남한의 회복만으로서는 만족하지 않을 것이며 全 한국을 회복할 것이다. 이 전쟁은 단순한 한국의 내전이 아니라 국제공산주의와 국가주의자 간의 전쟁인 것이며 소련은 한국이 일취월진日就月進하여 성장하고 있는 것을 보고 이 기회를 일실逸失하면 기其 야망을 위한 기회가 없다는 의도 하에 침략전쟁을 개시한 것이다.[579]

이승만은 38선의 회복만으로 만족할 수 없었으며 북한 지역을 점령하여 통일을 실현하고자 했다. 비록 전황은 불리했지만 유엔군이 개입한 상황에서 전세가 역전될 것으로 예상했기 때문에 가능한 발언이었다.

그러나 북진통일의 문제는 국제사회와 미국 정부의 결정에 달린 것으로 한국 정부가 의도한다고 되는 것이 아니었다. 이와 관련하여 유엔 안보리는 6월 25일 오후 2시에 회의를 소집하여 소련이 불참한 가운데 미국이 제안한 결의안 제82호를 채택했다. 이 결의안은 "북한으로부터 군대에 의한 남한에의 무력침공에 중대한 우려를 갖고 유의하며 이 행위가 평화의 파괴를 가져온다고 단정"했다. 그리고 북한에 "적대행위의 즉각적인 중지를 촉구"하고 "북한 당국이 그 군대를 38선 이북으로 철수할 것"을 촉구하는 한편, 유엔 회원국에 이 결의안을 이행하기 위한 모든 지원을 요청했다.[580] 북한이 공격행위를 중단하지 않자 유엔 안보리는 6월 27일 다

---

579 "이승만 대통령, 38도선 북진하여 한국을 통일할 것이라고 기자회견",《경제신문》, 1950년 7월 15일.

580 "한국동란발발에 따른 유엔결의(1950. 6. 25)", 이기택 편저, 『현대국제정치: 자료선집』(서울 일신사, 1986), p. 378.

시 회의를 열어 결의안 제83호를 채택했다. 이 결의안에는 북한군이 군대를 철수시키지 않고 있음을 지적하고 한국에 대한 "무력공격의 격퇴repel the armed attack와 그 지역에서의 국제평화 및 안전의 회복을 위해 한국에 대해 필요한 원조를 제공할 것을 회원국에 권고"했다.[581] 이에 따르면 유엔 안보리는 군사작전의 목적을 북한의 공격을 격퇴하여 38선을 회복하는 데 두고 있음을 알 수 있다.

결의안을 주도한 미국 정부의 입장도 유엔과 다를 수 없었다. 이후 전쟁의 목적을 둘러싸고 미국은 내부적으로 치열한 논의를 이어가게 되지만, 적어도 초기의 입장은 '전쟁 이전의 현상status quo anti bellum'을 회복하는 데 있었다. 맥아더는 한국전쟁 발발 직후 전선을 시찰하고 미국 정부에 현 상황을 보고하면서 다음과 같이 언급했다.

> 현 전선을 유지하고 나아가 차후에 실지를 회복할 수 있는 확실하고도 유일한 방안은 한국 전선에 미 지상군 전투부대를 투입하는 길뿐이다. 효과적인 지상전투 없이 우리의 해·공군만을 활용함은 결정적인 방책이 되지 못한다. 만일 허용된다면 주요 방면에 대한 증원을 위하여 즉각 미군 1개 연대 전투단을 이동시키고 조기반격을 위하여 일본주둔군 중에서 2개 사단 병력을 편성할 수 있도록 조치하는 것이 나의 의도다.

> 짓밟혀진 이 지역에서 육·해·공군을 묶은 합동체를 최고도로 이용하는 태세를 취하지 않는 한 우리의 임무가 잘 수행되지 않을 것이다. 또한 이와 같은 조치를 신속히 취하지 않으면 인명과 비용, 그리고 미국의 국가위신 면에서 불필요하고도 값비싼 희생을 치르게 될 것이며 최악의 경우 우리의 사명은 완전히 실패로 끝날지도 모른다.[582]

---

581 "대한민국에 대한 군사원조에 관한 안보리 결의(1950. 6. 27)", 앞의 책, pp. 378-379.

582 "The Commander in Chief, Far East (MacArthur) to the Secretary of State", *FRUS, 1950, Korea, Vol. Ⅶ*, pp. 248-250.

맥아더는 이 보고에서 '실지 회복'을 언급했는데, 이는 한국전쟁 초기 미국의 정치적 목적이 '통일'이 아니라 '38선 회복'에 있었음을 보여준다. 그는 당시의 전황을 매우 위급하게 평가했기 때문에 당장 그 이상의 전쟁 목적을 상정할 수 없었을 것이다.

7월부터 9월까지 미국 정부 내에서는 전쟁의 목적을 둘러싸고 한반도 통일을 추구해야 한다는 주장과 조기정전 및 38선 회복을 추구해야 한다는 주장이 대립했다. 국무부 동북아국장 앨리슨John M. Alison을 비롯한 러스크David Dean Rusk, 그리고 덜레스John Foster Dulles는 소련의 세력을 견제하고 축소해야 한다는 논리로 전자의 입장에, 조지 케넌George Frost Kennan과 니츠Paul Nitze 등은 소련에 대한 과도한 자극을 피해야 한다는 논리로 후자의 입장에 섰다.[583]

9월 9일 미 국가안전보장회의NSC, National Security Committee의 NSC-81/1 정책문서는 한국에 대한 유엔의 정치적 목적은 한국의 완전한 독립과 통일을 달성하는 것임을 지적했다. 그러나 유엔 안보리 결의안 제83호에서 부여된 유엔군의 임무는 "북한군을 38선 너머로 철수시키는 것"과 "무력공격의 격퇴repel"이므로 "남한 주도의 한반도 통일"을 추구하기 위한 북진은 인정할 수 없으며, 이를 위해서는 유엔에서 새로운 결의가 이루어져야 한다는 점을 명확히 했다. 다만 유엔군이 부여받은 임무를 수행하기 위해 필요한 경우, 즉 "북한군의 38선 이북 철수를 강요하기 위해 또는 북한군을 패배시키기 위해서라면" 38도선 이북으로 작전을 확대하는 것은 가능하다고 판단했다. 물론, 여기에는 38선 이북에서의 작전이 소련이나 중국과의 전면적인 전쟁 위험을 증가시키지 않아야 한다는 전제가 따랐다.[584] NSC-81/1 문서는 이외에도 북한 지역에 대한 폭격 허용, 유엔군의 북진 시 대통령의 승인 필요, 그리고 유엔군 작전이 만주국경 및 소련 국경을 넘어서는 안 된다는 내용을 담았다.

---

583 와다 하루끼, 서동만 역, 『한국전쟁』(서울: 창작과비평사, 1999), p. 167.

584 National Security Council Report, NSC 81/1, "United States Courses of Action with Respect to Korea", September 9, 1950.

NSC-81/1 문서는 미국이 한국전쟁의 목적을 38선 회복에 한정하지 않고 북한 지역으로 확대한 것이었다. 즉, 미국은 인천상륙작전이 이루어지기 전에 이미 북진 가능성을 염두에 두고 있었다. 미국은 유엔 안보리 결의안에 제시된 "북한군을 패배시키는 것"을 적극적으로 해석하여, 적을 완전히 패배시키기 위해서는 북한군을 '격멸destruction'해야 하고 이를 위해 38선을 넘을 수 있다는 결정을 내린 것이다. 여기에서 유엔군이 38선을 넘어 북진이 가능하다는 결정은 한국의 정치적 통일을 위한 것이 아니라 '북한군 격멸'이라는 군사적 고려에서 이루어졌음을 알 수 있다. 그럼에도 이러한 결정은 사실상 한반도 통일을 상정한 것으로 볼 수 있다.

9월 16일 인천상륙작전이 성공적으로 이루어지자 미 합참은 북진 여부의 문제를 본격적으로 검토하기 시작했다. 그리고 9월 27일 맥아더에게 다음과 같은 훈령을 내려 북진을 허용했다.

> NSC 81/1에 기초한 이 지침은 한국에서 귀하에 의해 취해질 장차의 군사작전에 관한 자세한 지시를 제공하기 위하여 발송한다. …
> 귀하의 군사적 목표는 북한군의 격멸에 있다. 이 목표를 달성함에 있어 당신은 38선 북쪽에서 상륙 및 공중작전 또는 지상작전을 포함한 군사작전을 실시하도록 인가되었다. 단 그러한 작전은 소련이나 중공군이 북한 지역으로 들어오거나 북한 지역에서 우리 작전에 맞설 위협을 하지 않는 때에 가능하다. 그러나 귀하의 군대가 만주나 한국에 접한 소련의 국경을 넘지 않는 상황이라면… 유엔군은 소련 국경이나 만주 국경을 따라 이어지는 북부 지역에서 작전을 할 수 있다. 다만, 38선 북쪽이나 남쪽에서의 귀하의 작전에 대한 지원은 만주나 소련 영역에 대한 공군이나 해군의 작전을 포함하지는 않는다.[585]

---

585 "The Acting Secreatary to the United States Mission at the United Nations", *FRUS, 1950, Korea, Vol. VII*, pp. 781-782.

이는 이전에 미국 정부에서 작성한 NSC-81/1에 따라 전쟁의 목적을 북한군 격멸에 두고 북진을 허용한 것으로, 전쟁의 목적을 사실상 한반도 통일에 둔 것이었다. 또한 9월 30일 미 국방장관 마셜George C. Marshall은 전문을 보내 "전술적이든 전략적이든 38선 이북으로 진격하는 데 있어 아무런 제지도 귀하에게 가해진 바 없다"며 북진의 문제를 맥아더에게 위임했다.[586] 이에 따라 10월 2일 맥아더는 유엔군에 '작전명령 2호'를 하달하여 북한 지역으로 진격할 것을 명령했다. 다만 유엔군의 북진은 보급의 문제로 인해 10월 9일에야 시작될 수 있었다.

한편, 10월 7일 유엔총회는 한국의 독립문제에 관한 결의안 제376호를 통과시켰다. 유엔총회는 이 결의안의 목적이 "통일 독립된 민주주의 한국을 수립하는 데 있다"는 점을 지적하고 "주권국인 한국에 통일 독립 민주정부를 수립하기 위해 유엔 주관하의 선거 실시를 포함한 모든 헌법적 조치를 취한다"고 밝혔다.[587] 아울러 한국의 재건을 위해 유엔한국위원회UNCOK—유엔의 한국 문제 담당 기구—대신에 한국통일부흥위원회UNCURK를 설치하기로 했다. 유엔이 '통일정부' 수립을 언급한 것은 사실상 유엔군의 북한 지역 진격과 연계하여 유엔군의 전쟁목적 달성을 지원하려 한 것으로 볼 수 있다. 즉, 미국과 유엔은 인천상륙작전 성공 이후 전쟁의 목적을 사실상 한반도 통일로 설정한 것이다.

다. 중국군 개입 후 정치적 목적: 북진통일에서 현상 회복으로

중국의 군사개입 가능성은 이미 예고되고 있었다. 9월 22일 저우언라이는 "이웃 나라에 대한 제국주의 침략을 절대 묵과하지 않을 것"이라고 언급한 데 이어, 10월 2일에는 인도대사 파니카P. M. Panikar를 불러 미군이 38

---

586 "The Secretarary of Defense (Marshall) to the Commander in Chief, Far East (MacArthur)", *FRUS, 1950, Korea, Vol. VII*, p. 826.

587 "한국통일조치를 권고하고 유엔한국통일부흥위원단을 설치한 유엔 총회의결(1950년 10월 7일)", 이기택 편저, 『현대국제정치: 자료선집』, p. 381.

선 이북으로 진격할 경우 중국군은 한국전에 개입하겠다는 입장을 공식적으로 밝혔다. 이에 대해 미국은 중국이 군사적으로 개입할 기회는 이미 지났다고 판단하고, 중국의 군사개입 위협을 정치적 공갈로 간주했다. 오히려 미 합참은 10월 9일 맥아더에게 훈령을 하달하여 "중국군이 사전 예고 없이 한반도에 공공연히 또는 비밀리에 개입할 경우 귀관의 판단에 따라 성공적인 임무수행의 기회가 합당하다고 판단되는 한 작전을 지속하라"고 지시했다. 이는 중국이 개입할 경우 북진해서는 안 된다는 9월 27일자 훈령을 무효화한 것으로, 중국군이 개입하더라도 북한 지역에서 군사작전을 계속하도록 허락한 것이었다.[588]

1950년 10월 19일 중국군은 압록강을 건너 한국전쟁에 개입했다. 그리고 압록강 인근에 도달한 유엔군을 상대로 치른 두 번의 전역을 통해 12월 15일 유엔군을 38선 부근까지 밀어냈다. 중국군의 두 번째 공세에 밀리고 있던 11월 28일 맥아더는 미 합참에 중국군의 개입으로 인해 유엔군은 전혀 새로운 전쟁을 맞게 되었다고 보고했다. 1951년 1월 1일 중국군은 세 번째 공격에 나서 서울을 점령하고 유엔군을 수원 일대로 밀어내며 한반도 전쟁 상황을 완전히 뒤바꾸어놓았다.[589]

전황이 급박하게 돌아가자 미 합참은 한국전쟁의 목적을 다시 검토하여 한반도를 포기하는 방안을 고려하기 시작했다. 12월 22일 미 합참은 중국의 개입 의도가 유엔군을 한국에서 몰아내려는 것이라면 미 정부는 가능한 한 빨리 유엔군의 철수를 결정해야 한다고 보았다. 중국의 침략에 대처하는 가장 바람직한 방안은 유엔이 추가 전력을 투입하여 중국군을 응징하는 것이지만, 당시 국제정세와 유엔의 분위기로 볼 때 추가 증원은 불가능했다. 한반도는 미국의 주요 전장이 아니었으며 더 이상의 지상군 투입은 범세계적 수준에서 전력의 불균형을 가져올 수 있었다. 이에 따라

---

588 육군사관학교, 『한국전쟁사』(서울: 일신사, 1984), p. 299.

589 "The Commander in Chief, Far East (MacArthur) to the Joint Chiefs of Staff", *FRUS, 1950, Korea, Vol. VII*, pp. 1237-1238.

미 합참은 12월 29일 맥아더에게 전문을 보내 축차적인 방어를 시행하여 적에게 최대한의 손실을 가하되, 중국군이 유엔군을 밀어내려는 의도하에 더 많은 부대를 투입한다면 일본으로 철수해야 할 것이라고 통보했다.[590] 1951년 1월 9일 트루먼의 재가를 얻어 하달한 훈령에서도 미 합참은 "철수가 필요하다고 판단될 때까지 축차적 방어작전을 수행"하도록 하여 한반도 포기가 가능하다는 입장을 재확인했다.[591]

그러나 맥아더는 한국 방어를 포기하려는 미 합참의 입장에 반대했다. 그는 합참에 중국과의 전쟁을 확대하여 적을 완전히 격멸할 것인지, 아니면 아예 전쟁을 포기하고 당장 철수할 것인지를 결정하라고 요구했다. 그러면서 그는 유엔군이 한반도에서 전면철수를 단행한다면 중국의 침공 위협은 전략적으로 중요한 다른 지역에서도 가중될 것이며, 그 결과 미국은 더 많은 전력을 투입하지 않으면 안 될 것이라고 하며 합참을 압박했다. 그리고 그는 중국군의 압력에 직면하여 당장 한반도에서 철수할 것이 아니라면 오히려 전력을 증강하여 중국군에 심대한 타격을 가해야 한다고 주장했다.

미 합참은 1월 12일 다시 훈령을 하달하여 군사적으로 불가피한 상황이 아니라면 자진하여 철수하지는 않을 것이라고 밝혔다. 한반도 철수 안에서 한 발 물러선 것이다. 그러나 그러한 결정이 곧 한반도에 군사력을 증강하여 중국과 전면전으로의 확전을 불사하겠다는 것은 아니었다. 미 합참이 새로 설정한 전쟁의 목적은 한반도를 포기하기보다는 현 상태에서 전쟁을 중단하는 것이었다. 즉, 유엔군이 현 전력으로 일정한 선에서 중국군의 진출을 저지하는 가운데 '전쟁 이전의 현상을 회복'하는 수준에

---

590 Korea Institute of Military History, *The Korean War, Vol. 2*(Seoul: KIMH, 1998), pp. 417-425; The Ministry of National Defense, *The History of the United Nations Forces in the Korean War*(Seoul: The War History Compilation Committee, 1975), p. 446.

591 앞의 책, pp. 417-425; The Ministry of National Defense, *The History of the United Nations Forces in the Korean War*, p. 446.

서 협상을 모색하는 것이었다. 물론, 전황이 악화되어 중국군의 진출을 저지하지 못한다면 부득이하게 유엔군의 일본 철수가 이루어지겠지만 그것은 '자진 철수'가 아니라 군사작전상 필요에 따라 강요된 철수로서, 철수한 이후에도 미국은 정치적으로나 군사적으로 한반도 문제에 간여할 수 있을 것으로 판단했다.

이러한 논의가 이루어지는 가운데 1951년 초 미 8군 사령관 리지웨이Mathew B. Ridgway는 축차적 선형공격 및 선형방어 전략으로 중국군의 진출을 저지하는 데 성공했다. 그리고 서울을 수복하고 다시 작전의 주도권을 장악할 수 있었다. 이에 따라 미 합참은 한반도를 포기하고 철수하는 안을 버리고 중국군과 정전협상을 모색하기로 결정했다. 현 전선에서 전쟁을 끝내기로 한 것이다.

전황이 유리하게 돌아가고 있음에도 불구하고 미 정부가 중국군과 협상 가능성을 탐색하려 하자 맥아더는 반발했다. 그는 전쟁을 승리로 이끌기 위해 만주 지역 폭격이나 대중국 해안봉쇄, 그리고 다른 강경한 조치들을 통해 중국과 전쟁을 확대해야 한다고 주장했다. 그리고 3월 24일 국방부 승인 없이 단독으로 중국에 대한 성명을 발표했다. 그는 이 성명에서 유엔군이 전쟁을 한국 지역에 한정하고 있으나 이러한 제한이 풀려 중국 연안이나 내륙으로 군사작전을 확대한다면 "중국은 그 순간 군사적 참화를 면치 못할 것"이라고 경고했다. 미국 정부가 결정한 정전협상 방침에 정면으로 도전한 것이다. 이에 트루먼은 4월 10일 맥아더를 해임하고 후임으로 리지웨이를 임명함으로써 미국이 한국전쟁에서 추구하는 정치적 목적이 더 이상 '한반도 통일'이 아니라 '전쟁 이전의 현상 회복'에 있음을 분명히 했다.[592]

1951년 7월 10일 개성에서 유엔군 측과 공산군 측 간에 첫 휴전회담이 개최되었다. 그러나 휴전회담은 양측이 보유하고 있는 포로들의 교환 문

---

592 육군사관학교, 『한국전쟁사』, pp. 378-381.

제로 난항을 겪었으며, 휴전협정은 25개월이라는 장구한 시일 동안 치열한 협상을 거쳐 1953년 7월 27일 조인되었다. 휴전협정은 판문점에서 유엔군을 대표한 해리슨William K. Harrison, Jr. 장군과 공산군 대표 남일南日 대장이 휴전협정문에 서명하여 이루어졌으며, 한국군 대표로 참석했던 최덕신崔德新 장군은 끝내 서명을 하지 않았다.[593]

이렇게 볼 때 한국전쟁에서 미국이 추구했던 정치적 목적은 전황에 따라 큰 변화를 보였음을 알 수 있다. 전쟁 초기 전황이 불리했을 때에는 38선을 회복하는 것이었지만, 인천상륙작전을 전후한 시기에는 북진을 통한 한반도 통일로, 중국군이 개입한 직후 전황이 불리해지자 잠시 한반도를 포기하는 방안이 고려되었으나, 전황이 다시 호전되었을 때에는 전쟁 이전의 현상을 회복하는 것으로 바뀌었다. 이 과정에서 한국은 시종 북진통일을 주장하고 이를 관철할 것을 요구했지만 받아들여지지 않았다. 비록 전쟁은 미국의 의도대로 휴전협정을 통해 일단락되었지만, 한국은 이 협정에 서명하지 않음으로써 북진통일이라는 정치적 목적을 끝내 포기하려 하지 않았다.

3. 전쟁수행전략

가. 간접전략

(1) 동맹전략: 연합국방에서 한미동맹으로

국가관계는 호혜적인 국가이익을 바탕으로 발전할 수 있다. 국가관계가 동맹으로 발전하기 위해서는 공동의 적에 대한 군사적 유대가 서로의 안보이익을 담보할 수 있어야 한다. 한쪽만 혜택을 누리고 한쪽은 주기만

---

593 육군사관학교, 『한국전쟁사』, p. 483.

하는 '일방적 동맹'이란 세상에 존재할 수 없다. 동맹은 쌍방이 서로에 대한 전략적 가치를 인정하고 나눌 수 있기 때문에 체결되는 것으로, 어느 한쪽이 가치가 없다고 판단되면 그 동맹은 성립될 수 없다. 클라우제비츠가 말한 대로 동맹은 일종의 '거래business'이다. 마찬가지로 해방 후 한반도를 포기했던 미국이 한국전쟁을 계기로 한국과 동맹을 체결한 것은 한반도의 가치를 새롭게 인식했기 때문에 가능한 것이었다.

해방 후 한국은 어떻게든 미국과 연대를 구축하고자 했다. 북한이 소련의 지원을 받으며 사회주의 국가건설을 추진하고 군사력을 강화하는 상황에서, 한국은 경제발전과 군사력 건설을 미국의 지원에 의존할 수밖에 없었다. 한국 정부는 미국을 한반도에 묶어두려는 의도에서 '연합국방' 개념을 들고 나왔다. 이승만은 1948년 8월 15일 건국 및 정부수립 선포 기념식에서 "모든 우방들의 호의와 도움 없이는 우리의 문제해결이 어렵기 때문에 한미 간의 친선만이 민족생존의 관건"이라고 언급하며 미국을 포함한 우방들과의 연대가 긴요하다는 입장을 밝혔다. 이범석도 국방부장관 취임사에서 국제공산세력의 팽창에 대응하기 위해 미국을 중심으로 한 서방 진영의 군사역량을 규합해야 하며, 한반도 전쟁에 대비해 미군의 작전지원이 가능하도록 연합국방을 기본 축으로 해야 한다고 언급했다.[594] 한국이 가진 국방력을 미국을 중심으로 하는 자유주의 진영의 국방역량과 연합하여 국제 공산주의 세력의 위협에 공동으로 대응하자는 것이었다.

그러나 해방 후 미국은 한국의 전략적 가치를 낮게 평가하고 있었다. 1949년 6월 27일 미 육군부는 미 합참에서 수행한 '주한미군 철수 후 북한의 공격 가능성'에 대한 연구 결과를 미 국무부에 보냈는데, 여기에는 한국에 대해 다음과 같이 언급하고 있다.

그리스는 2차 대전의 전장이었으며, 이 지역에서 서구 열강은 복구·부

594 남정옥, 『6·25전쟁시 대한민국 정부의 전쟁지도』(서울: 군사편찬연구소, 2015), p. 26.

흥노력의 투자효과를 상실할 뻔했으며 이 지역은 전략적으로 결정적인 곳이다. 한국은 해방된 지역이며, 전쟁 승리에 아무런 기여를 하지 않은 곳이며 합동참모본부의 견해에 따르면 전략적 가치가 희박한(JCS 1483/44) 지역이다. 트루먼 독트린을 한국에 적용시키는 데는 예상이익에 비해 훨씬 더 막대한 노력과 엄청난 자금이 소요될 것이다.

전략적인 관점에서 한국에 대한 합동참모본부의 입장을 간단히 요약하면 미국의 대한對韓 전략적 가치는 거의 없으며 미국이 한국에서 군사력을 행사한다는 어떠한 공약도 무분별하며, 전반적인 세계 상황의 잠재가능성 및 우리의 현유 군사력에 비해 과중한 국제적 의무들을 감안할 때 실행불가능하다는 것이다.[595]

여기에서 미 합참은 한국이 그리스와 달리 전략적으로 가치가 거의 없다고 평가했다. 따라서 공산주의 확대를 저지하기 위해 자유민주주의 국가에 군사적·경제적 원조를 제공하는 트루먼 독트린을 한국에 적용하는 것은 비용 대 효과 면에서 불합리하다고 보았다. 또한 전략적 우선순위에서 크게 떨어지기 때문에 한국에 군사적 공약을 제공하는 것은 사리에 맞지 않다고 판단했다. 이러한 인식에 따라 1950년 1월 12일 미 국무장관 애치슨Dean Acheson은 미국의 '도서방위선defense perimeter'을 발표하면서 한반도와 대만을 제외시키게 되었다.

그러나 한국의 가치에 대한 미국의 인식은 1950년 전반기 국제정치 상황이 변화하면서 급속히 바뀌었다. 결정적인 계기는 1950년 1월 14일 체결된 중소동맹조약이었다. 미국은 중국이 공산화될 때만 해도 중국공산당과 소련공산당이 지향하는 이념이 근본적으로 다르기 때문에 중소 간

---

595 "The Secretary of State to the United States Mission at the United Nations", *FRUS, 1950, Korea, Vol. VII*, pp. 1046-1057.

에 갈등이 내재되어 있다고 보았다. 따라서 미국이 유화적인 정책으로 중국을 회유하면 중소관계에는 금이 갈 것으로 예상했다. 애치슨이 한반도와 대만을 도서방위선에서 제외시킨 것은 틀림없이 중국을 유인하기 위해 '버리는 카드'였을 것이다.[596] 그러나 미국의 기대와 달리 중국은 소련과 동맹조약을 체결하여 아시아에서 강력한 반미 연합전선을 형성했다. 중국이 소련에 붙자 미국은 동아시아 정책을 재고하지 않을 수 없었다. 애치슨은 3월 25일 "미국의 아시아 정책United States Policy toward Asia"이라는 제목의 연설에서 중국공산당은 그들의 나라를 러시아에 팔아먹었다고 비난하고 중소동맹을 "제국주의 지배의 불길한 징조"라고 규정했다.[597] 그리고 비록 도서방위선을 조정하지는 않았지만 한국과 대만에 대한 전략적 가치를 재평가하기 시작했다. 한국전쟁이 발발한 직후인 6월 27일 트루먼이 성명을 통해 한국을 군사적으로 지원하고 대만에 7함대를 파견하여 방위를 제공한다고 한 것은 그 이전부터 이 두 지역이 아시아 방위의 핵심 지역으로 고려되고 있었음을 의미한다.[598]

한국전쟁은 한국과 미국이 국제공산주의의 침략에 공동으로 대응함으로써 혈맹관계를 구축하는 계기가 되었다. 미국은 아시아 지역 안보라는 관점에서 한국의 가치를 인정하게 되었고, 한국은 미국을 한반도 안보의 주요 행위자로 끌어들이고자 했다. 한국전쟁이 통일이 아닌 휴전협정으로 마무리되면서 한미 양국은 한국의 안보를 보장하기 위해 동맹관계를 체결하기로 합의했다. 비록 한미동맹은 이승만의 집요한 요구를 미국이 수용하면서 체결되었지만, 그 이면에는 미국이 한국을 아시아 공산주의 팽창을 저지하는 최전방으로 인식했기 때문에 가능한 것이었다. 한미 양

596 Rosemary Foot, *The Wrong War: American Policy and the Dimensions of the Korean Conflict, 1950-1953* (Ithaca: Cornell University Press, 1985), p. 50.

597 Department of State Bulletin, 27 March, 1950, pp. 467-472. Quoted from Zhang Shuguang and Chen Jian, eds., *Chinese Communist Foreign Policy and the Cold War in Asia* (Chicago: Imprint Publications, 1996), p. 146, fn. 91.

598 The Associate Press, "Statement on Korea", *The New York Times*, June 28, 1950.

국은 8월 8일 서울에서 '한미상호방위조약'에 가조인하고 10월 1일 워싱턴에서 정식으로 체결함으로써 동맹관계를 수립하게 되었다. 다만, 이 조약은 구체적인 실행방안을 담은 '한미합의의사록'을 작성하느라 즉각 발효되지 못하고 약 10개월 동안 지체되다가 1954년 11월 17일 조약 비준서를 교환하면서 발효되었다.

한국은 미국과의 동맹을 통해 전후 군사적으로 취약한 상황에서 북한의 재침공을 억제할 수 있었으며, 미국의 지원을 받아 국군을 증강시킬 수 있는 여건을 마련할 수 있었다. 동맹은 호혜적이어야 성립되고 유지될 수 있다. 한미동맹도 마찬가지이다. 한국이 한반도 안보를 위해 미국의 군사적 지원을 필요로 했다면, 미국도 아시아 공산주의의 팽창을 저지하기 위해 한국의 방위를 보장할 필요가 있었다. 미국은 한국 외에도 1951년 8월 필리핀, 1951년 9월 일본, 그리고 1954년 12월에는 대만과 상호방위조약을 체결했는데, 이는 한미동맹이 미국의 아시아 전략의 일환에서 이루어진 것으로 일방적인 동맹이 아님을 보여준다.[599]

(2) 계책의 활용: 전략적 기만

한국전쟁에서 한국군이 전략적 수준에서 사용한 계책은 발견되지 않는다. 다만, 북한은 남침 이전에 다양한 계책을 사용하여 한국 정부와 군을 기만하고 완벽한 기습을 달성할 수 있었다. 그리고 유엔군의 경우 맥아더는 인천상륙작전을 통해 북한을 기만하고 전략적 기습을 달성할 수 있었다.

우선 북한은 전격적인 기습을 달성하기 위해 몇 가지 방책을 사용했다. 첫째는 한국 사회의 내부교란이다. 대한민국 정부가 수립되기 전부터 남로당을 중심으로 한 좌익세력은 테러, 무장폭동, 게릴라전, 노동자 총파업 등을 주도하며 한국 사회를 혼란에 빠뜨렸다. 국군 내에도 반정부 성향의 불순분자들을 침투시켜 각종 반란을 일으키고 군 지휘체계를 문란하게

---

599 남정옥, 『6·25전쟁시 대한민국 정부의 전쟁지도』(서울: 군사편찬연구소, 2015), p. 280.

했다. 1948년 2·9총선 파업, 제주 4·3사건, 여수·순천반란사건 등이 그러한 사례이다. 이로 인해 한국 정부는 군사력을 투입하여 반란세력을 진압하고 군 내부적으로 대대적인 숙군肅軍 작업을 실시하는 등 북한의 군사적 위협에 대비하기보다 사회 치안을 유지하고 군을 단속하는 데 관심을 둘 수밖에 없었다.

이러한 상황에서 한국 정부는 북한이 전면전을 일으키기보다는 사회혼란을 조성하는 데 주력할 것으로 인식하게 되었다. 1949년 말 육군본부 정보국에서는 정보보고를 통해 북한이 전면적 공세를 취하여 남한을 군사적으로 점령할 가능성이 높다고 판단했다. 그러나 정부는 북한이 전면적 남침을 감행하기보다 게릴라 폭동을 통해 체제를 전복시키고 공산화할 것으로 보았다. 이승만은 1950년 1월 1일 신년사에서 "반란분자들이 테러, 사보타주, 살인, 방화 등 모든 악행과 겸해서 대대적 군사행동으로 연속침범하여 안으로는 게릴라전을 전개하여 무고한 민생을 곤란에 빠지게 했다"고 하여 이러한 위협에 대한 경각심을 촉구했다. 전쟁이 발발하기 한 달 전인 5월 20일 그는 "5월과 6월을 계기로 국제 공산주의 세력은 공산혁명을 일으켜 남한을 적화시키려는 계획을 가지고 있고, 남한의 총선거 기간 침투적 행위를 증가시킬 것"이라고 언급했다. 이는 5월 30일로 예정된 국회의원 선거일에 맞춰 북한이 사회혼란을 조성할 가능성을 우려한 것으로 북한의 전면전 가능성을 염두에 두지 않은 발언으로 볼 수 있다.[600] 북한은 전쟁도발을 앞두고 한국 최고지도자의 관심을 전쟁으로부터 국내안정으로 돌리는 데 성공한 것이다.

둘째는 38선 일대에서 소규모 군사적 충돌을 일상화함으로써 국군으로 하여금 북한의 군사적 공격에 타성을 갖도록 유도했다. 전면적 공격에

---

600 육군본부 정보국, "1949년도 연말 종합정보보고, 1949. 12. 27", 군사편찬위원회, 『한국전쟁사 I : 해방과 건군』(서울: 전사편찬위원회, 1967), p. 749; 공보처, "용기와 신념과 천우로 만난을 극복, 1950년을 희망으로 환영", 『주보』, 1950년 1월 1일; 이규원, 『이승만 정부의 국방체제 형성과 변화에 관한 연구』, 국방대학교 박사학위논문, 2011년 6월, p. 69.

나서더라도 이를 국지적 도발로 오인하게 한 것이다. 실제로 전쟁이 발발하여 대규모 포격과 병력기동이 이루어졌음에도 불구하고 국군은 이전과 같은 상습적 도발로 오판하여 일사불란한 대응에 나서지 못했다. 육군본부에서도 북한군의 공격 개시 시간이 새벽 4시를 전후로 각 지역별로 차이가 있었기 때문에 북한군이 전면적인 공격에 나섰는지에 대해 의구심을 가졌다. 5시 15분경에 동두천과 포천 지구에서 북한군이 보전포 협동공격으로 급속히 남하하고 있다는 긴급 보고를 받고 나서야 북한군의 도발이 전면적 남침이라는 사실을 깨닫게 되었다. 이에 따라 전군에 비상을 발령한 것은 오전 6시였다. 국방장관 신성모가 7시에, 이승만이 10시에야 남침 사실을 보고받은 것은 이처럼 북한군의 도발이 전면적인 남침이었는지를 분간하지 못했기 때문이었다.

셋째는 공격의 타이밍이다. 왜 북한이 전면적 남침의 시점을 6월 25일 일요일 새벽 4시로 결정했는지는 정확히 알 수 없다. 8월 15일 광복절에 남한 전역을 석권하겠다는 목표를 달성하기 위해 공격시점을 선정했다는 주장도 있다. 다만, 북한은 육군본부가 6월 24일 0시를 기해 비상경계령을 해제하고 장병들이 휴가와 외박을 받아 육군 병력의 3분의 1가량이 부대를 떠난 상태에서 공격을 개시했다. 또한 6월 24일 밤에는 육군총참모장을 비롯한 고위급 장교들과 주요 지휘관들이 육군 장교구락부 개관 연회에 참석함으로써 사단장급 이상 일선 지휘관들이 38선을 비워두고 있었다.[601] 아마도 북한 지도부는 전방에 군사력을 전개시켜놓고 대기하다가 이러한 정보를 입수하고 공격명령을 하달한 것으로 보인다. 시간적으로 완벽한 기습의 타이밍을 포착한 것이다.

다음으로 인천상륙작전은 유엔군이 북한에 대해 가한 전략적 기습의 사례였다. 이는 북한의 남침과 같이 상대를 완전히 속이기보다는, 적이 그 가능성을 예상했더라도 미처 대비하지 못하도록 기만방책을 병행한 작전

601 박동찬 편저, 『한권으로 읽는 6·25전쟁』(서울: 군사편찬연구소, 2016), p. 35.

이었다. 사실 맥아더는 제2차 세계대전에서도 상륙작전에 능한 장군이었기 때문에 북한에서도 이러한 가능성에 촉각을 곤두세우지 않을 수 없었다. 심지어 마오쩌둥은 유엔군이 상륙할 장소로 인천을 지목하고 김일성에게 이에 대비하도록 조언하기도 했다. 그럼에도 불구하고 인천상륙작전이 완벽하게 성공할 수 있었던 데에는 다음과 같은 요인이 작용했다.

첫째, 객관적으로 성공할 가능성이 낮은 방책을 현실화했다는 점에서 기습의 효과를 극대화할 수 있었다. 미 합참을 비롯한 미 상륙작전 전문가들은 인천의 자연적 장애요소를 들어 맥아더의 상륙작전에 부정적인 태도를 취했다. 그것은 인천 앞바다의 조수간만의 차가 세계에서 두 번째로 크기 때문에 작전할 수 있는 시간이 3시간 정도에 불과하고, 인천항에 이르는 수로가 단일 수로여서 대규모 함정의 진입이 불가능할 뿐 아니라 북한군의 포격이나 기뢰에 의해 접근이 봉쇄될 수 있기 때문이었다. 또한 부두의 높이가 5~6m에 이르고 간조기에는 6km에 이르는 개펄이 형성되는 등 대규모 병력이 상륙하는 데 불리했다.[602] 맥아더도 이를 부인하지 않았다. 그러나 그는 이러한 지리적 장애가 오히려 기습을 달성하는 최상의 기회를 제공할 것이라고 믿고 인천을 상륙지역으로 선정했다. 적이 예상하기 어려운 지역을 공략함으로써 적의 저항을 최소화하고 작전의 성공 가능성을 높일 수 있다고 판단한 것이다.

둘째, 북한이 낙동강 전선에 노력을 집중하는 상황을 이용하여 후방의 허점을 공략했다. 유엔군이 낙동강 전선으로까지 몰린 것은 북한군의 파상적인 공세를 막아낼 수 없었기 때문이었지만, 역으로 이는 북한군의 주력을 한반도 동남쪽에 잡아둠으로써 후방 지역 방어에 공백이 커지도록 했다. 8월 23일 맥아더는 극동군사령부를 방문한 합참 대표들에게 인천상륙의 필요성에 대해 설명하면서 다음과 같이 언급했다.

---

602 박동찬 편저, 『한권으로 읽는 6·25전쟁』, p. 134.

적이 그들의 후방을 무시하고 있고 병참선이 과도하게 신장되어 있으므로 서울에서 신속히 이를 차단할 수 있으며, 그들의 전투부대는 사실상 모두 낙동강 일대의 제8군 정면에 투입되어 있는데 훈련된 예비병력마저 없어 전세를 회복할 만한 능력이 거의 없다.[603]

마침 8월 초 낙동강 전선을 극복하지 못해 초조한 김일성은 마지막으로 모든 가용한 전력을 투입하여 9월 초 최후 공세에 나서 북한군의 후방지역 방어는 상대적으로 취약한 상태였다.

셋째, 기습의 효과를 극대화하기 위해 사전에 기만방책을 병행했다. 우선 유엔군은 북한군의 이목을 돌리기 위해 9월 13일 미 전함 미주리 호를 동원하여 동해안의 삼척을 포격했으며, 영국 항공모함 드럼프 호와 순양함 헬레나 호로 하여금 평양 근처에 있는 남포 일대와 평안북도 정주 앞바다의 달양도를 공격하도록 했다. 같은 날 미 8군 사령관 워커는 기자회견에서 "유엔군과 한국군은 10월 중순 즈음에 총반격을 감행할 것"이라고 발언하여 기사화하도록 함으로써 이 소식을 들은 북한 지도부로 하여금 전쟁을 빨리 끝내기 위해 후방의 예비부대를 모두 낙동강 전선에 투입하도록 유도할 수 있었다.

유엔군은 북한군이 상륙 지역을 오판하도록 군산과 포항 일대에서 거짓으로 상륙작전을 실시했다. 군산에서는 9월 12일 공군기가 군산 주변 30마일 이내의 도로와 교량, 철도 등을 폭격한 후 소규모 미영 특공대가 상륙을 시도하다가 철수했다. 9월 14일에는 군산 상공에 "민간인은 내륙으로 피신하라"는 전단지를 대대적으로 살포했다. 포항에서는 9월 14일 학도병들이 많은 피해자를 내면서 장사 지역에서 실제로 상륙작전을 실시했다. 이러한 기만작전으로 인해 북한군은 유엔군의 작전 장소와 시기

---

603 박동찬 편저, 『한권으로 읽는 6·25전쟁』, p. 135.

를 파악하지 못하고 인천상륙을 허용할 수밖에 없었다.[604]

나. 직접전략

(1) 전쟁에 대비한 군사전략의 허점

북한의 전면적인 공격에 대비하여 한국군은 어떠한 군사전략을 갖고 있었는가? 이와 관련하여 국군 수뇌부는 1949년 5월 23일《연합신문》과의 좌담회에서 북한이 남침할 경우 군은 어떠한 작전으로 임할 것인지를 묻는 편집부국장 안찬수의 질문에 다음과 같이 답변했다.

> 안찬수: … '북한괴뢰군'은 2개월 이내에 부산까지 자신 있게 밀고 내려오리라는 소위 남벌설을 유포시키고 있는데 이에 대하여 국군은 어떠한 태세로 임하고 있는가 채소장 말해주시기 바랍니다.
>
> 채병덕: … 우리는 그들이 만약 본격적 공세를 취하여올 때 피동에서 주동으로 과연 전세를 달리하여 대할 것인즉 거듭 말하거니와 현하 국내외의 정세에 의하여 군으로서는 아직도 도발행동을 한 일은 없으며 앞으로 그들이 공세를 취하는 그 시기를 포착하여 한숨에 국군은 실지 북한을 접수할 자신이 있는 것이다.
>
> 안찬수: 믿음직한 여러분의 기개를 잘 알았습니다. … 평화적 수단에 의한 남북통일이 전 민족의 염원이겠으나 만약 무력에 의하여서라도 실지를 회복해야 할 시기에 있어 군을 과연 어떠한 작전으로 이에 당할 예정이신지 좀 구체적으로 말해주시기 바랍니다.
>
> 채병덕: (고소苦笑를 하면서) 그곳은 절대적 군기밀이니 언급할 수 없습

604 박동찬 편저, 『한권으로 읽는 6·25전쟁』, p. 138.

니다. 우리 생각에도 우선 군사행동에 앞서는 것은 정치력입니다. 정치에 관해서는 대통령께서 말할 것이며 그것이 실패했을 때 군을 동원하는 방법론에 관해서는 언급할 수 없으나 백번 승산이 있으니 국민은 안심하기 바란다.

안찬수: 그러나 우리로서는 가장 알고 싶은 것이 그 점인데?

채병덕: 38선이 터지는 그날만 두고 보십시오.[605]

이러한 대담에 의하면 국군은 북한의 전면적인 공격에 대해 완벽한 대비를 갖추고 있으며, 적의 공격을 방어하는 것은 물론 북한을 점령하고 통일을 달성할 계획을 갖고 있었던 것으로 보인다. 국군총참모장 채병덕은 전쟁이 터지는 그날만 두고 보라고 장담했다.

그러나 실제로 국군 지도부가 방어계획을 완성한 것은 이러한 대담이 이루어지고 나서 1년 후였다. 국군은 1949년 12월 27일 육군본부 정보국에서 작성한 '1949년 말 종합정보보고'에 의거하여 1950년 1월 말 방어계획 시안을 만들었고, 그해 3월 국군 작전계획이라 할 수 있는 '육군본부 작전명령 제38호'를 예하부대에 하달하여 각 사단의 작전계획에 반영토록 했다. 이러한 방어계획은 적의 주공이 철원-의정부-서울 축선에 지향될 것으로 판단하여 의정부 지구에 주안을 두고 방어지대를 편성하고, 방어의 목표를 이 지역으로 공격해오는 적의 주공을 진지 전방에서 격파하여 38도선을 확보하는 데 두었다.[606]

국군의 작전계획은 북한군이 공격해올 경우 일차적으로 38도선에 배치된 4개 보병사단과 1개 독립연대가 38선 일대에서 북한군을 저지 및 격

---

605 "국군의 방위태세는 완벽 : 국방부 수뇌부와 본사 좌담회", 《연합신문》, 1949년 5월 26일.

606 남정옥, 『6·25전쟁시 대한민국 정부의 전쟁지도』, p. 59.

멸하되, 적의 공격을 저지하지 못할 경우 임진강 남안으로부터 가평 북방, 춘천 북방, 그리고 주문진을 연하는 주 방어선으로 철수하여 적의 진출을 최대한 저지하는 것이었다. 이때 개성으로부터 서쪽에 배치된 아군 부대는 의명 철수하여 주 방어선을 증원하고 후방사단을 가장 위급한 지역에 조속히 투입하여 38선을 회복한다는 계획이었다. 만일 서울 이북에서 적을 격퇴하지 못할 경우에는 한강 이남으로 전략적 후퇴를 실시하면서 한강선, 대전선, 낙동강선에서 축차적인 지연전을 전개하도록 했다.[607]

이러한 작전계획은 38선, 한강선, 대전선, 낙동강선 등 단계적으로 물러나면서 적을 지연시킨다는 점에서 '기동방어'로 착각할 수 있다. 그러나 기동방어는 뒤로 물러나면서 적을 유인하고 적 주력이 유입될 때 적의 후방을 차단하여 일거에 섬멸하는 전략이다. 단계적으로 물러나 진지를 점령하여 공격해오는 적을 정면으로 맞아 싸우는 선형방어와 다르다. 즉, 국군의 작전계획은 종심을 따라 후방으로 기동하면서 적과 싸우는 것이지만, 뒤로 물러나면서 선형대형으로 싸우는 소모적 방어일 뿐 '유인격멸' 방식의 기동방어 개념은 아니었다.

이러한 소모적 선형방어가 성공하기 위해서는 적보다 우세한 방어력을 갖추어야 한다. 38선 일대의 지역을 확보하려면 이를 방어할 수 있는 충분한 병력이 배치되어야 하고, 적의 공격을 방어할 수 있는 화력, 그리고 취약한 지역에 예비대를 신속히 투입할 수 있는 기동력이 뒷받침되어야 한다. 그렇지 못할 경우 아군 방어선은 주도권을 가진 적의 집중공격에 쉽게 돌파될 수 있으며, 전방에 배치된 아군의 주력은 돌파한 적에 의해 포위되어 섬멸당할 수 있다. 이때 돌파된 방어선을 틀어막지 못할 경우에는 전 부대가 다음 방어선으로 철수하여 축차적 방어에 나서야 한다.

그런데 국군의 방어는 병력이나 화력 면에서 선형방어를 감당할 능력을 갖추지 못했다. 예를 들어, 국군은 8개 사단 중 4개 사단을 38선 상에

---

607 남정옥, 『6·25전쟁시 대한민국 정부의 전쟁지도』, pp. 59-60.

배치했는데, 이들로는 38선 전면에서의 방어는커녕 38선을 관통하는 주요 도로를 통제하는 것만도 버거운 실정이었다.[608] 또한 국군은 전력 면에서 북한에 비해 압도적인 열세에 있었다. 한국전쟁이 발발하기 직전 북한군은 18만 2,680명의 병력에 전차 242대, 장갑차 54대, 자주포 176문, 곡사포 552문, 항공기 210대를 보유하고 있었으나, 국군은 9만 4,974명의 병력에 장갑차 27대, 곡사포 91문, 그리고 항공기는 연락기와 훈련기 22대에 불과했으며 자주포는 1문도, 전차와 전투기는 한 대도 보유하지 않고 있었다.[609]

이러한 상황에서 국군 지도부는 전쟁이 일어나면 무조건 승리할 수 있다는 근거 없는 자신감으로 일관했다. 북한의 공격 가능성을 심각하게 고려하여 어떻게 방어할 것인가를 고민하기보다는 전쟁이 발발하면 1일 이내 평양, 3일 이내 북한 전역을 장악할 수 있다고 무책임하게 말해왔다. 전쟁은 '기개'가 아니라 '전략'으로 싸워야 한다. 전쟁 초기 국군의 방어가 무기력하게 무너진 것은 정보, 경계, 작전, 무기, 훈련, 태세 등 총체적인 부실에 의한 것이었지만, 무엇보다도 전력의 열세에도 불구하고 38선 및 서울 고수에 집착하여 전략적 융통성을 갖지 못한 데 있었다. 이로 인해 국군은 후방에서 동원된 예비사단을 전방방어를 위해 무의미하게 소진했고, 후방으로 철수할 시기를 놓쳐 전투력의 와해를 가져왔다.

무엇보다도 국군의 작전계획은 정치적 목적과 부합하지 않은 것이었다. 즉, 이러한 계획은 북한이 전쟁을 도발할 경우 38선을 회복하는 것으로 당시 지도자들이 주장했던 것처럼 북한이 도발하면 북진하여 통일하겠다는 정치적 의지를 뒷받침하는 것이 아니었다. 그것은 이들의 북진 후 통일 방침이 하나의 허세였을 뿐 실제 정치적 목적이 아니었거나, 만일 실제로 정치적 목적이었다면 이를 달성하기 위한 국군의 군사전략은 아예

---

608 남정옥, 『6·25전쟁시 대한민국 정부의 전쟁지도』, p. 64.

609 육군사관학교, 『한국전쟁사』, p. 48.

잘못된 것이었음을 의미한다.[610]

(2) 초기 전쟁지휘체제의 와해

북한군의 전면적 기습공격으로 한국은 개전 3일 만에 서울을 포기하게 되었지만 전방 사단은 7사단을 제외하고 분전했다. 1사단은 임진강 선에서 서울 함락시까지 전선을 유지했고, 6사단은 북한군 주력인 2사단의 공격을 3일 동안 지연시켰으며, 8사단은 대관령 지세를 이용하여 적의 진격을 저지하고 있었다. 그러나 포천-의정부 축선을 담당한 7사단의 방어가 개전 초 북한군의 압도적인 공격에 무너지면서 서울로 진격하는 통로를 열어주게 되었다. 그리고 북한군이 한강을 넘어 진격할 것을 우려한 정부가 6월 28일 새벽 2시 30분경에 한강교를 폭파하자 후방차단을 우려한 전방사단은 무질서하게 후퇴하지 않을 수 없었다. 부실한 선형방어가 갖는 한계를 드러낸 것이다.

국군의 방어작전이 실패로 돌아간 것은 우선 북한군에 비해 전투력이 현저하게 열세했기 때문이었다. 북한군은 국군에 비해 병력이 두 배였고 곡사포 화력도 여섯 배 강했다. 무엇보다도 북한군은 국군이 보유하지 못한 전차와 폭격기를 보유하고 있었고, 국군이 가진 57mm 무반동총과 2.36인치 로켓포는 위력이 약해 북한군의 전차를 파괴할 수 없었다. 전쟁 이전에 국군 수뇌부는 줄곧 북한의 군사력을 폄하하고 승리를 장담했지만 실제 전투에서 북한군의 공격력은 국군의 방어능력을 훨씬 능가하고 있었음이 드러난 것이다.

그러나 더욱 심각한 것은 전쟁에 대비하고 전쟁을 지휘해야 할 한국 지도자들의 무능이었다. 국가생존이 걸린 전쟁이 발발했음에도 불구하고 대통령과 군 수뇌부가 모여 전쟁을 지휘하고 전략적 방책을 협의하는 모습은 보이지 않았다. 이승만은 대통령으로서 무초 대사, 맥아더 장군, 그리고

610 육군사관학교, 『한국전쟁사』, pp. 53-55.

장면 주미대사와 소통하며 미국의 지원을 이끌어내려 노력했지만, 이 과정에서 전쟁수행의 문제에는 일절 간여하지 않았다. 군 수뇌부와 함께 북한의 도발 동기, 국제사회 동향, 현재의 전쟁 상황 및 향후 전망, 그리고 현재 군사적 방책의 적절성 등을 판단하여 어떻게 전쟁을 이끌어야 하는지에 대한 전략적 소통 없이 혼자서 분주하게 외교적 방책만 강구했다.

이승만은 6월 25일 14시부터 15시 30분까지 비상국무회의를 주관했지만, 그가 내린 조치는 '비상사태하 법령공포의 특례에 관한 건'이나 '비상사태하의 범죄처단에 관한 특별조치령', 그리고 통행금지시간 연장과 등화관제와 같은 것으로 '전쟁수행'과 관련한 내용은 없었다.[611] 오히려 그는 비상국무회의에서 정부를 수원으로 옮기기로 결정하기 전인 6월 27일 새벽 3시에 경무대를 떠나 대전으로 피난함으로써 전쟁을 지휘할 책임을 다하지 않았다.[612] 대통령이 절체절명의 위급한 상황에서 적에게 사로잡히지 않기 위해 피난할 수는 있다. 그러나 문제는 그가 전쟁지휘부와 함께 이동하지 않고 단독으로 대구까지 내려갔다가 대전으로 올라와 체류함으로써 가장 급박했던 순간에 전쟁지휘부와 유리된 데 있었다. 군통수권자로서 전쟁지휘의 책임을 다하지 않은 것이다.

군 수뇌부의 전쟁지휘에도 문제가 있었다. 국무총리 겸 국방장관 신성모는 6월 25일 11시에 정부부처 장관들이 참가한 가운데 국무회의를 주재했으나 특별한 대책을 마련하지 못하고 12시에 산회했다. 그날 14시에 대통령이 주재한 비상국무회의에서 채병덕의 전황보고는 북한 도발에 대한 군 지도부의 안이한 인식을 드러내고 있다.

> 38도선 전역에 걸쳐 4만~5만 명의 북괴군北傀軍이 94대의 전차를 앞세우고 불법남침을 개시하였으나, 각 지구의 국군 부대는 적 전차를 격퇴

611 남정옥, 『6·25전쟁시 대한민국 정부의 전쟁지도』, p. 97.

612 육군사관학교, 『한국전쟁사』, p. 71.

하면서 적절하게 작전을 전개 중에 있다. 이러한 북괴의 침공은 그간에 그들이 벌여온 위장평화공세가 별다른 반응이 없자 조급하게 자행한 그들의 상투적인 수단으로 보며, 후방사단을 출동시켜 반격을 감행하면 능히 격퇴할 수 있을 것으로 본다.[613]

여기에서 채병덕은 북한의 전면적 도발을 "조급하게 자행한 그들의 상투적인 수단"으로 보고 있으며, 후방사단을 투입해 반격을 가하면 격퇴할 수 있다고 보았다. 또한 그는 "적의 남침은 전면남침이 아니라 공비두목 이주하와 김삼룡을 탈취하기 위한 책략"으로 보인다고 보고했다.[614] 북한의 군사도발 의도를 '무력통일'이 아닌 '국지도발'로 오인했을 뿐 아니라, 전쟁 상황을 평가하는 데 객관적 사실에 근거하지 않고 상상의 나래를 펴고 있음을 알 수 있다.

군 수뇌부는 북한군 공격을 저지할 작전방침을 결정하는 데에도 오류를 범했다. 6월 26일 10시에 국방부는 현역 고위급과 재야 원로급을 모아 현재의 상황을 토의하고 대응방책을 마련하고자 했다. 이 자리에서 국방장관 신성모와 육군참모총장 채병덕은 "현재 군은 의정부에서 북괴군을 반격하고 있으며, 전황은 유리하게 진전되고 있다"고 평가하고 현 전선에서 적의 공격을 격퇴해야 한다고 주장했다. 반면 김홍일은 "작전지도방침을 확립하는 것이 급무急務이며, 결전을 기도한다면 어느 선에서 어느 병력을 집중하느냐, 지연작전을 취한다면 어디까지 철수하느냐를 조급히 결정할 필요가 있다"고 지적했다. 그리고 그는 의정부 정면에서 공세로 이전하는 것은 위험하기 때문에 한강 이남으로 철수한 뒤 방어선을 구축하여 싸워야 한다고 주장했다. 이범석 전 총리와 김석원 장군이 이에 동의하여 현 한강선 방어 이외에는 승산이 없음을 강조했다.

613 남정옥, 『6·25전쟁시 대한민국 정부의 전쟁지도』, p. 96.

614 앞의 책, p. 97.

그러나 신성모와 채병덕은 서울을 사수해야 한다며 의정부에서 북한군을 상대로 반격을 가하기로 결정했다. 위급한 전방 상황을 제대로 파악하지 못한 채 잘못된 결정을 내린 것이다. 더구나 국군은 대구의 3사단 22연대, 대전의 2사단, 광주의 5사단 등 후방사단 소속의 병력이 도착하는 대로 소부대 단위로 축차적으로 투입하는 우를 범하여 이들 사단들이 각개로 격파되고 붕괴되는 결과를 가져왔다. 만일 이들 부대들을 모아 전열을 갖추고 적의 공격 상황을 보아가면서 결정적인 시점과 장소에 투입했더라면 그렇게 쉽게 와해되지는 않았을 것이다.

국군의 의정부 반격이 실패하고 6월 28일 서울이 함락되자 채병덕은 한강 방어선에서 북한군을 저지하기로 하고 시흥지구전투사령부를 설치한 후 김홍일 소장을 사령관에 임명했다. 당시 미 군사고문단은 국군이 한강 방어선에서 3일만 버텨주면 된다고 했으나 김홍일은 7월 3일까지 6일간 버텨냄으로써 미 극동군사령관 맥아더가 한강선을 시찰하고 미 지상군 및 유엔군이 참전할 수 있는 시간을 벌어주었다. 애초부터 김홍일의 주장대로 국군 주력을 한강 이남으로 질서 있게 철수시켜 방어선을 구축하고 이 지역에서 결전을 벌였다면 비록 한강 이북은 내주더라도 전황이 그렇게 급속하게 악화되지는 않았을 것이다.

6월 29일 맥아더는 한국 전선을 시찰한 후 미국 정부에 보낸 보고서에서 다음과 같이 한국군을 평가하고 있다.

> 한국군은 혼란상태에 빠져 있고 지휘능력이 결핍되어 있어서 전투다운 전투를 하지 못하고 있다. 그들은 국내 질서를 유지하기 위한 경무장군으로 편성되고 장비되었기 때문에 비행기와 전차의 공격에 대처할 수가 없다. 다시 말하면 그들은 북한과 같은 군대를 능가하여 전쟁의 주도권을 장악할 능력이 없다. 한국군에는 종심방어준비와 보급부대 및 보급체제가 구축되어 있지 않다. 또한 후퇴할 경우 군수물자나 보급품을 파괴할 아무런 계획도 수립되지 않았으며, 설사 그런 계획이 수립되

었다 하더라도 시행되지 않고 있다. 이로 인해 한국군은 그들의 보급품 과 중장비를 방기하고 있다.[615]

맥아더는 일본에서 날아와 하루 동안 한강선을 시찰하면서 한국군의 지휘능력이 결핍되어 있고 통제가 되지 않고 있음을 파악했다. 무장력의 열세는 물론, 군수지원체제의 미비, 그리고 심지어 무기와 장비를 북한군에게 넘겨주며 무질서하게 철수하고 있음도 지적하고 있다.

이러한 상황에서 유엔 안보리는 6월 25일 결의에도 불구하고 북한의 군사행동이 지속되자 27일 다시 북한의 군사공격을 격퇴하고 한반도에 평화와 안전을 회복하는 데 필요한 군사원조를 대한민국에 제공할 것을 결의했다. 이에 따라 트루먼은 27일 미 극동군사령관 맥아더에게 38선 이남에 침입한 북한군에 대해 해·공군력 사용을 허락했으며, 30일에는 지상군을 투입할 권한을 부여했다. 7월 1일 유엔 안보리는 영국과 프랑스가 공동으로 유엔군사령부를 설치하여 미국 정부의 단일지휘하에 두자는 요지의 '유엔군사령부United Nations Command의 창설' 결의안을 상정했고, 이 결의안은 7일 통과되었다.[616] 이날 유엔 사무총장은 유엔 주재 미 대사에게 유엔기를 수여했다. 트루먼은 8일 맥아더를 유엔군사령관으로 임명했으며, 맥아더는 극동군사령부를 통해 유엔군을 작전통제하다가 7월 24일 정식으로 유엔군사령부를 설치했다.

7월 14일 이승만은 작전의 통일성을 기하고자 국군에 대한 '일체의 지휘권all command authority'을 유엔군사령관 맥아더에게 위임했다. 그는 한국 내에서 작전 중인 유엔군은 맥아더의 통솔 하에 있음을 들어 "현 작전상태가 계속되는 동안 일체의 지휘권을 이양"한다고 하였고, 맥아더는 회신에

---

615 "The Commander in Chief, Far East (MacArthur) to the Secretary of State", *FRUS, 1950, Korea, Vol. VII*, pp. 248-250.

616 중앙정보부, "The Creation and Operation of the United Command(84)", 『한국문제에 관한 UN결의문(1947-1976)』, 1977년 4월, p. 237.

서 작전수행에 필요한 '작전지휘권operational command authority'을 "본관의 지휘하under my authority에 둔다"고 함으로써 한국군에 대한 '작전지휘권'을 유엔군사령관인 맥아더가 행사하게 되었다.[617] 이로써 한국군에 대한 한국 정부의 작전지휘 권한은 정치지도자들과 군지휘관들의 전쟁지도 능력의 한계로 인해 유엔군사령관에게 넘어가게 되었다.

이렇게 볼 때 전쟁을 수행하는 군 지휘부는 전쟁을 지휘하고 통제해야 함에도 그러한 능력을 결여했음을 알 수 있다. 육군본부를 비롯한 고위급들은 대부대의 작전을 준비하고 지휘할 만한 경험과 식견이 부족했다. 전쟁이 발발하기 전까지 북한의 공격에 대비하여 실효성 있는 작전계획을 준비해두지 않았으며, 적의 공격이 시작된 이후 이들의 전쟁지휘는 어설프게 이루어졌다. 북한의 전쟁발발 의도와 전방 상황을 제대로 파악하지 못함으로써 작전수행에 필요한 지침을 내리지도 않았으며, 의정부 반격에서는 역습부대를 축차적으로 투입하여 귀중한 군의 전력을 불필요하게 소모시켰다. 결정적인 시간과 장소에서 적의 주력을 저지 또는 격멸할 수 있는 군사전략과 작전계획이 수립되어 있었다면, 국군은 전력의 열세에도 불구하고 아군의 병력을 보존하면서 방어작전을 성공적으로 수행할 수 있었을 것이다.[618] 이승만이 작전통제권을 맥아더에게 이양한 것은, 비록 작전의 효율성을 기하기 위한 조치였지만, 그 이전에 군 지휘부가 예하부대를 지휘하고 통제할 수 있는 능력을 상실했음을 인정한 것이었다.

(3) 방어적 소모전략: 시간을 벌기 위한 축차적 지연전

북한군은 압도적으로 우세한 전력으로 기습 남침을 개시하여 3일 만에 서울을 점령했지만 전략상의 문제점을 노출하며 결정적 성과를 거두는 데에는 실패했다. 애초에 북한군의 전략은 제105전차여단을 앞세운 제1

617 "국제연합 미국대표 오스틴씨가 유엔사무총장에게 전달한 공한(1950. 7. 25)", "주한 미대사를 통하여 이대통령에게 보낸 맥아더원수의 회한", 이기택 편저, 『현대국제정치: 자료선집』, p. 380.

618 육군사관학교, 『한국전쟁사』, p. 82.

군단을 주공으로 하여 2일차에 서울을 점령한 후 경부선을 따라 남진하고, 조공인 제2군단이 춘천에서 국군을 포위섬멸하고 수원 방향으로 우회하여 국군의 퇴로 및 병력증원을 차단하고자 했다. 한강 이북의 국군이 북한군의 공격을 저지하는 사이에 제2군단이 수원을 장악한다면 국군은 모두 포위되어 사실상 한국의 저항능력은 소멸될 수 있었다. 그러나 북한군 제2군단은 춘천 지역을 방어하고 있던 국군 제6사단의 방어선을 조기에 돌파하지 못하고 3일간 지체함으로써 국군의 퇴로를 차단하는 데 실패했다. 이로 인해 국군은 전열을 재정비하여 한강 방어선을 형성할 수 있는 시간을 가졌고, 이후 유엔군과 함께 축차적으로 남하하며 지연전을 전개할 수 있었다.[619]

6월 30일 트루먼이 미 지상군 투입을 승인하자 맥아더는 미 제8군사령관 워커Walton H. Walker 중장에게 제24사단을 한국 전선에 투입하도록 명령하는 한편, 미 제24사단장 딘William F. Dean 소장에게 가능한 북부 전선에서 적을 저지하고 공세로 전환하기 위한 거점을 구축할 것을 지시했다. 딘 소장은 평택-안성-삼척을 연하는 선, 차령산맥 일대, 금강선, 소백산맥 일대, 낙동강선 등을 양호한 방어선으로 판단하고 최초로 투입된 미군 부대인 스미스 부대가 오산의 죽미령에서 적을 견제하는 동안 후속하여 북진 중인 제34연대를 평택-안성 일대에 배치하기로 결정했다.[620]

그러나 7월 초 이제 막 투입되기 시작한 미군의 전력으로 제6사단과 8사단을 제외한 6개 사단이 와해된 한국군과 함께 북한군의 공세를 막기에는 역부족이었다. 아군은 딘 소장이 계획한 평택 및 안성 지구 전투, 전의 및 조치원 지구 전투, 그리고 동부 지역 전투에서 연달아 패배하면서 전선을 금강 및 소백산맥을 연하는 일대로 조정하지 않을 수 없었다. 그리고 이 일대에서 공주 지구 전투, 대평리 지구 전투, 대전 전투, 화령장

---

619 박동찬 편저, 『한권으로 읽는 6·25전쟁』, pp. 43-47.

620 육군사관학교, 『한국전쟁사』, p. 94.

지구 전투를 치르며 적의 진격을 저지했다. 그리고 대전이 함락되자 영동 및 황간 지구 전투, 김천 지구 전투, 상주 지구 전투, 안동 지구 전투, 영덕 지구 전투, 청송 지구 전투, 하동·함양·거창·진주 지구 전투를 치르며 전선을 대구-상주-고촌-함양 일대로 재조정했다.

7월 29일 워커는 대구에 대한 북한군의 압박이 증가하자 "우리는 지금 시간을 얻기 위해 싸우고 있다"고 강조하고, "전선 재조정이나 기타 어떠한 명목상의 후퇴도 더 이상 허용할 수 없다"고 하며 '사수명령'을 하달했다. 전황이 급박하다는 판단에서 현 진지를 고수하도록 한 것이다. 그러나 북한은 해방 5주년 기념일에 맞춰 전승축하 행사를 하고자 8월 15일까지 전쟁을 끝내기 위해 최후의 일격에 나섰다. 북한군은 7월 말 부산과 대구 간의 연결선을 차단한 다음 유엔군을 남과 북으로 분리시키고자 영산에서 밀양 방향으로 공격을 가했다. 이에 위기감을 느낀 워커는 8월 1일 유엔군 전 부대에 현 전선에서 낙동강 동안과 남안으로 철수하여 최후의 저지선을 구축하도록 명령을 하달하지 않을 수 없었다.[621]

이제 낙동강 방어선은 한국 방어를 위한 최후의 보루가 되었다. 다행히 유엔군은 8월부터 낙동강, 동북부의 산악지대, 남강, 남해 등 천연장애물을 이용하여 북한군의 공격을 저지할 수 있었다. 북한군은 8월에 4개 사단을 주공으로 대구 정면에 투입하여 낙동강 연안의 방어선을 뚫고 진출했으나, 유엔군의 역습을 받아 다시 낙동강 북부로 후퇴했다. 북한군은 9월 초 다시 공세에 나서 한때 낙동강 방어선을 돌파하고 왜관-다부동-영천-안강-포항을 잇는 선까지 진출하여 대구를 위협하는 등 최대의 위기 상황을 조성하기도 했다. 그러나 북한군은 본토로부터 증원된 유엔군의 화력에 의해 막대한 출혈을 강요당한 채 더 이상 진출하지 못했으며, 유엔군은 점차 포항을 제외한 모든 지역에서 원래의 방어선을 회복하고 주도권을 확보할 수 있었다. 그리고 9월 15일 인천상륙작전이 성공적으로

---

621 육군사관학교, 『한국전쟁사』, pp. 156-157.

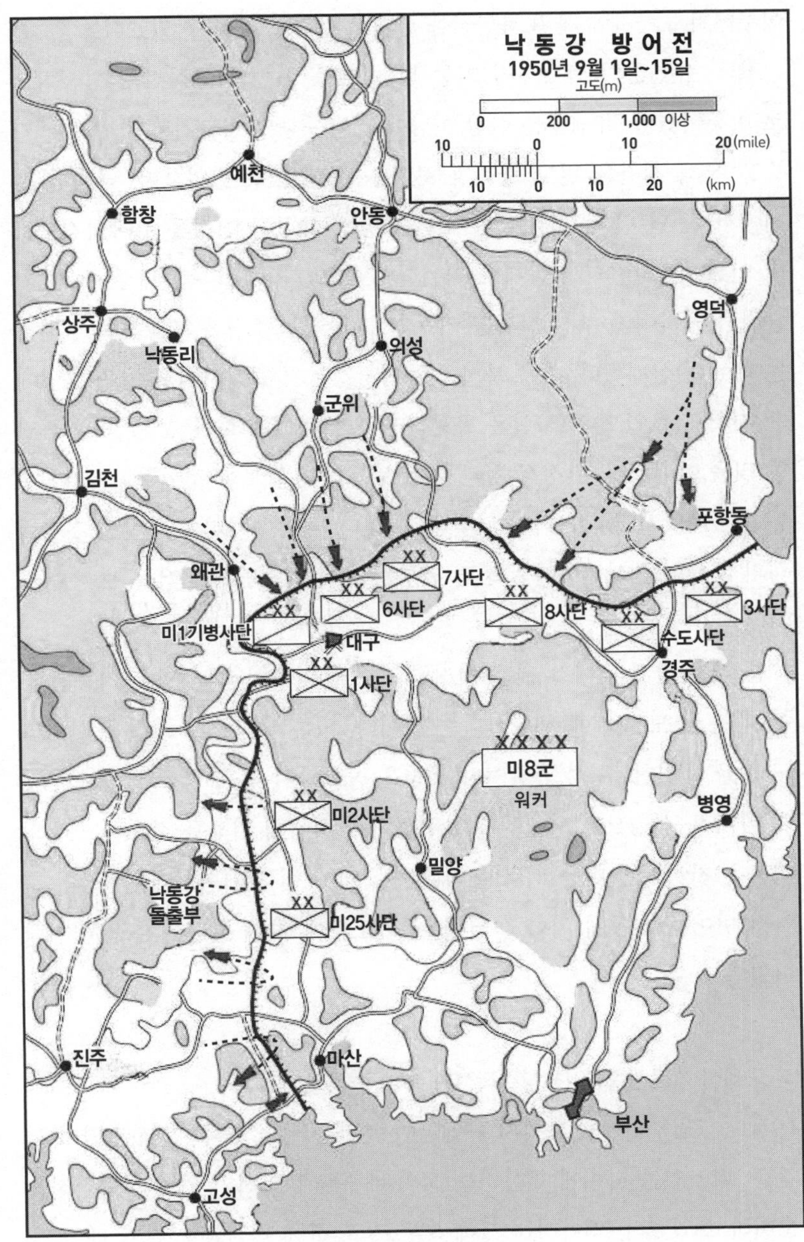
낙동강 방어전
1950년 9월 1일~15일
고도(m)
0
200
1,000 이상
10
0
10
20(mile)
10
0
10
20
(km)
예천
함창
안동
영덕
상주
낙동리
의성
군위
김천
포항동
왜관
7사단
6사단
8사단
3사단
미1기병사단
대구
수도사단
경주
1사단
미8군
워커
미2사단
병영
밀양
낙동강
돌출부
미25사단
진주
마산
부산
고성

〈그림 9-1〉 낙동강 방어선

이루어지자 수세에 몰린 북한군을 상대로 반격에 나설 수 있었다.[622]

결국, 유엔군의 축차적인 기동 및 방어를 통한 지연작전은 성공적으로 이루어졌다. 유엔군은 한강 이남에서 낙동강에 이르기까지 방어적 기동을 통해 시간을 벌고 병력과 화력을 보강할 수 있었으며, 낙동강 전선에서 한 달 반 동안 치열한 교전을 통해 북한군 전력을 고착시킴으로써 인천상륙작전의 성공에도 기여할 수 있었다. 한편, 북한군은 초전 기습에 성공하여 눈부신 성과를 거두었으나 국군 주력을 포착하여 섬멸하는 데에는 실패했다. 비록 북한군은 압록강까지 진격하여 통일을 눈앞에 둔 것처럼 보였으나, 사실은 유엔군을 밀어내기만 했을 뿐 주력을 섬멸한 것은 아니었다. 결정적 성과 없이 부동산만 확보한 것이다. 그러나 부동산은 빼앗기더라도 다시 되찾을 수 있다. 클라우제비츠가 말한 것처럼 적의 군사력을 섬멸하지 못하면 전투는 계속될 수밖에 없음을 보여준 것이다.

한 가지 짚고 넘어갈 것은 이러한 유엔군의 축차적 방어가 '기동전략'이 아닌 '소모전략'에 해당한다는 것이다. 비록 후방으로 기동을 하더라도 적을 유인한 후 적 측방이나 후방을 공략하여 적 주력을 섬멸하는 것이 아니라, 선형으로 방어진지를 편성하여 적에게 피해를 강요하고 적의 진출을 지연시킨 다음 뒤로 물러나는 것이기 때문이다. 즉, 유엔군의 축차적 방어는 기동에 의한 섬멸이 아닌 소모에 의한 섬멸을 추구한 전략이었다.

(4) 공세적 기동전략: 인천상륙작전과 북한군 섬멸

1950년 7월부터 9월 초까지 유엔군이 북한군의 공격을 지연시키면서 시간을 벌고 있는 사이에 맥아더는 적의 배후를 강타하기 위한 상륙작전을 준비하고 있었다. 맥아더는 그해 6월 29일 한국 전선을 시찰할 때 적을

---

622 육군사관학교, 『한국전쟁사』, p. 163.

수원에 고착시키면서 인천에 상륙을 감행하는 작전계획을 구상한 바 있다. 그는 이것을 '블루 하트Blue Heart' 계획으로 명명하고 7월 22일 상륙작전을 개시하려 했으나 전쟁 상황이 극도로 악화되자 취소할 수밖에 없었다. 비록 '블루 하트' 작전은 중단되었으나 그의 상륙작전 구상은 계속 발전되어 인천에 상륙하는 '100-B 계획', 군산에 상륙하는 '100-C 계획', 그리고 주문진에 상륙하는 '100-D 계획'이 마련되었다. 결국 맥아더는 인천에 상륙하는 '100-B 계획'을 채택했고, 9월 15일을 D데이로 하는 '크로마이트Chromite 작전계획'이 수립되었다.[623]

인천상륙작전은 해상기동에 의한 섬멸전략이었다. 적의 주력이 낙동강 방어선을 돌파하기 위해 집중하고 있는 사이에 적의 저항이 약한 후방 지역에 상륙하여 적의 병참선과 퇴로를 차단하고 적을 격멸하는 작전이었다. 인천상륙은 9월 15일 2시에 시작되어 2단계로 실시되었다. 제1단계는 월미도 점령이었고, 제2단계는 인천 해안의 교두보를 확보하는 것이었다. 상륙시간은 만조기를 고려하여 제1단계 월미도 점령은 오전 6시 30분에, 제2단계 인천상륙은 오후 5시 30분에 시작되었다. 상륙작전은 별다른 저항 없이 성공적으로 이루어져 유엔군은 인천과 영등포를 거쳐 9월 28일 서울을 탈환할 수 있었다.

인천상륙작전의 성공으로 한국전쟁의 전황은 순식간에 뒤집어졌다. 북한군 지도부는 압록강 방어선에 투입된 병사들에게 인천상륙작전 사실을 알리지 않은 채 최후까지 분전을 시도했으나, 9월 20일 낙동강 전선에서 시작된 유엔군의 총반격에 밀려 후퇴하지 않을 수 없었다. 북한군은 와해되어 남한의 산악지대에 숨어들어가 유격대가 되거나 포로가 되었으며, 소수만이 38선을 넘어 북으로 갈 수 있었다. 인천상륙작전의 성공은 적의 저항의지와 능력을 일거에 와해시키고 그동안 후퇴를 거듭하면서 악전고투했던 국군 및 유엔군의 사기를 고양시키는 계기로 작용했다. 이제 유엔

623 육군사관학교, 『한국전쟁사』, pp. 199-200.

군은 한반도에서 작전의 주도권을 완전히 장악하여 최종적인 전쟁의 승리를 향해 북한 지역으로 진격할 수 있게 되었다.

인천상륙작전의 성공으로 유엔군은 인적·물적·시간적 손실을 최소화하면서 반격에 나설 수 있었다. 인천상륙작전이 없었다면 낙동강 전선에서 소모적인 전투가 지속되어 전쟁의 주도권을 장악할 때까지 많은 피해가 발생했을 것이다. 비록 유엔군이 승기를 잡고 총반격에 나섰더라도 북한군은 북으로 물러나면서 축차적으로 낙동강선, 금강선, 천안-장호원선, 한강선, 그리고 38선 등 적어도 5개의 지연진지를 구축하여 한 달 이상을 버틸 수 있었을 것이다. 이 경우 아군 병력은 약 10만 명 이상의 손실을 입을 것으로 예상되었으며, 또 이러한 소모적인 작전이 성공할 것이라는 보장도 확실하지 않았다.

서울을 수복한 유엔군은 미 정부의 결정에 따라 38선을 돌파하고 압록강을 향해 진격했다. 10월 19일에는 평양을 탈환하고 북한 내각본부와 인민위원회 등의 건물에 태극기를 게양했다. 10월 26일에는 유엔군 주력이 청천강을 넘어 운산과 희천 일대에 도달했으며, 6사단 7연대 수색소대가 선두로 압록강에 도달하여 강가 언덕에 태극기를 세웠다. 북한군이 와해된 상황에서 유엔군은 별다른 저항을 받지 않은 채 북한 지역을 장악하기 위해 빠르게 북상했다.

문제는 유엔군이 어디까지 올라갈 것인가에 있었다. 맥아더는 미 합참의 9월 27일자 훈령에 입각하여 10월 2일 '작전명령 2호'를 내려 유엔군은 '정주-군우리-영원-함흥-흥남' 선까지만 진격하고 그 이북은 한국군이 진출하도록 했다. 이른바 '맥아더 라인MacArthur Line'을 설정한 것으로 중국과 소련을 자극하지 않기 위한 조치였다. 그러나 맥아더는 10월 17일 '작전명령 4호'를 하달하여 유엔군의 진출선을 '선천-고인동-평원-풍산-성진'을 연하는 선까지 북으로 끌어 올렸다. '신 맥아더 라인'으로 불리는 이 선은 한중 국경으로부터 48~64km 남쪽에 위치하고 있었다. 그런데 맥아더는 10월 24일 다시 명령을 하달하여 한중 국경 이남에서의 모든

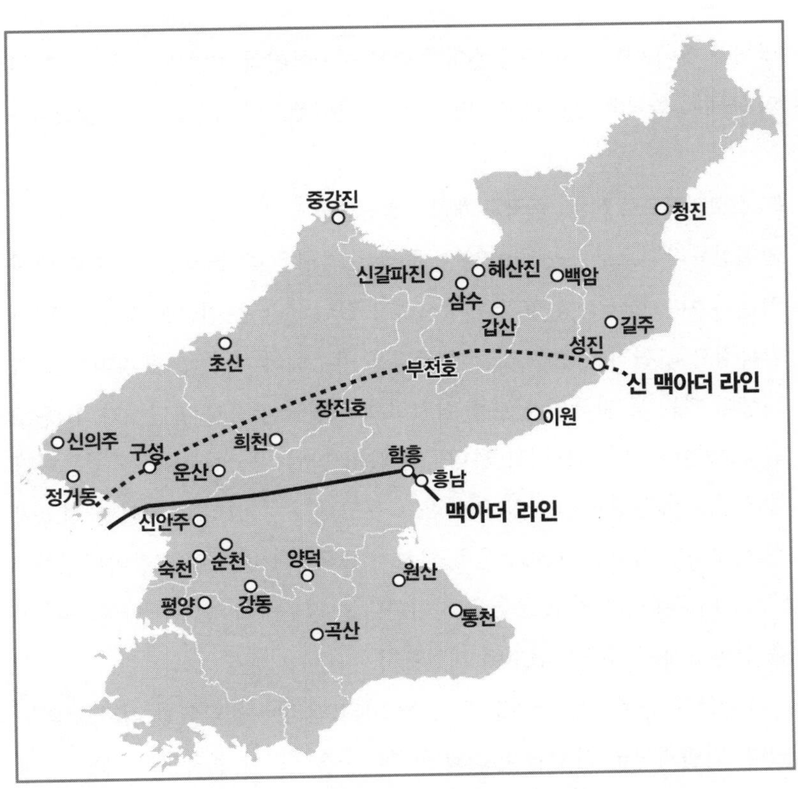

〈그림 9-2〉 맥아더 라인 및 신 맥아더 라인

작전 제한을 없애버리고 유엔군이나 한국군 모두 가용한 전력을 투입하여 신속하게 국경까지 밀고 올라가도록 했다.

이에 대해 미 합참은 맥아더에게 유엔군의 북진 제한선을 없앤 이유를 물었다. 맥아더는 한국군 단독으로 국경 지역을 확보할 능력이 없다는 점, 합참의 '9·27 훈령'은 국경 지역에 대한 유엔군의 투입이 정치적으로 바람직하지 않다고 한 것일 뿐 이를 금지하지 않고 있다는 점, 9월 30일자로 마셜 국방장관이 보낸 서한에 의하면 38선 이북으로 진격함에 있어 전술적으로나 전략적으로 구애받지 말라고 했다는 점, 그리고 이번 조치에 대해 대통령과 웨이크섬Wake Island 회담—10월 15일 중국군 개입 가능성을 논의한 회담—에서 모두 합의했다는 점을 들어 자신의 결정이 상부의 지침을 벗어난 것이 아니라고 주장했다.[624] 합참은 맥아더의 설명에도 불구하고 그의 조치가 합참의 훈령을 벗어난 것으로 판단했으나 제동은 걸지 않았다.

(5) 소모전략으로 전환: 중국군 개입과 휴전협상

인천상륙작전으로 유엔군이 승기를 잡은 전쟁은 중국군의 개입으로 다시 역전되었다. 한국전쟁 상황을 주시하고 있던 중국은 미군이 38선을 넘어 압록강으로 진격할 경우 미군과 국경을 마주해야 하고 만주 지역이 공격 대상이 되는 등 자국의 안보를 심각하게 위협할 것으로 판단했다. 10월 2일 저우언라이는 인도대사 파니카를 불러 만일 미국이 38선을 넘는다면 중국은 한국전쟁에 개입할 것이라고 경고했다.[625] 그리고 이러한 경고에도 불구하고 유엔군이 38선을 돌파하자 중국은 10월 19일 '항미원조抗美援朝', 즉 미국에 대항하고 북한을 지원한다는 명분하에 '인민지원군人民志願軍'을 한반도에 투입하여 전쟁에 개입했다.

중국군은 유엔군을 상대로 치른 두 번의 전역에서 혁혁한 전과를 거두었다. 인민지원군 사령관 펑더화이彭德懷는 유엔군이 중국군의 개입 사실을 인지하지 못한 채 청천강을 넘어 압록강을 향해 진격해오자 적 퇴로를 차단하는 과감한 기동전략을 구상했다. 11월 1일 시작된 1차 전역에서 중국군은 2개 집단군이 청천강 이북의 유엔군을 정면에서 견제하는 사이에 1개 집단군으로 하여금 청천강 남안으로 기동하여 적의 퇴로를 끊고 포위하는 작전을 실시했다. 그러나 이 작전은 청천강 이남으로 기동하는 집단군이 개천 일대에서 유엔군의 화력에 의해 저지되어 완전한 포위망을 형성하는 데에는 실패했다. 그리고 청천강 이북의 유엔군이 안주를 통해 청천강 이남으로 철수하면서 1차 전역은 종료되었다.

---

624 육군사관학교, 『한국전쟁사』, p. 280.

625 "Zhou Enlai Talk with Indian Ambassador K.M. Panikkar, Oct. 3, 1950", Sergei N. Goncharov et al., *Uncertain Partners: Stalin, Mao, and the Korean War*(Stanford: Stanford University Press, 1993), p. 276. 정확한 시간은 3일 새벽 1시였다.

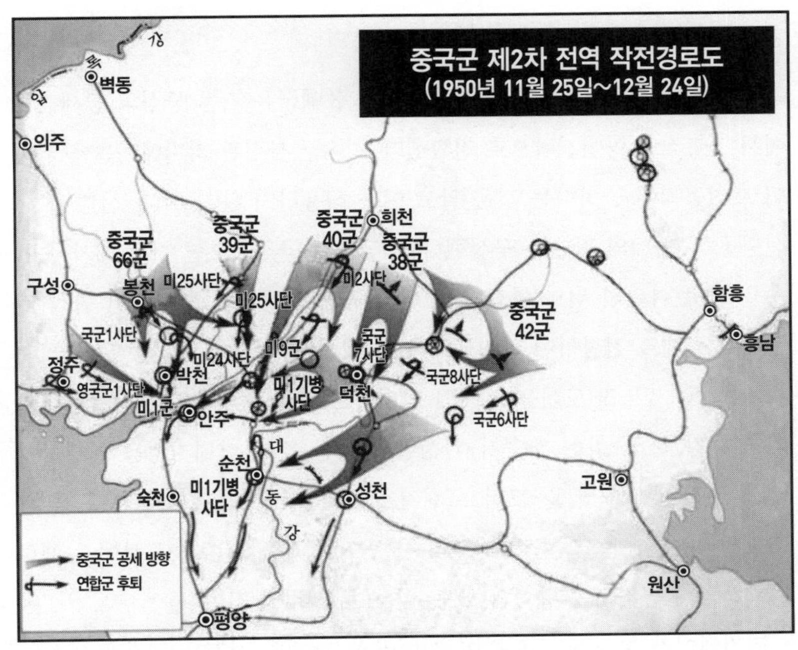

〈그림 9-3〉 중국군 제2차 전역(서부전선)

청천강 남안에서 전열을 정비한 유엔군이 다시 북진에 나서자 펑더화이는 보다 대담한 작전을 구상했다. 11월 25일 시작된 2차 전역에서 중국군은 4개 집단군이 유엔군을 정면에서 견제하는 동안 2개 집단군이 각각 청천강 이남과 숙천-순천을 연하는 선으로 기동하기 시작했다. 2개의 포위망을 형성하여 유엔군을 포위하고 섬멸하고자 한 것이다. 이번에도 중국군은 유엔군의 화력에 의해 저지되어 완전한 포위망을 형성하는 데에는 실패했지만, 다급히 포위망을 벗어나기 위해 철수하는 유엔군에 많은 피해를 강요하며 평양을 탈환하고 38선까지 진격할 수 있었다.

이로써 중국군은 전쟁에 개입한 지 한 달 반 만에 압록강 근처에 도달했던 유엔군을 38선까지 몰아냈다. 만일 이 두 전역 가운데 한 번만 포위망을 제대로 형성했더라면 중국군은 유엔군에 섬멸적 타격을 가하고 정치적 협상을 강요할 수 있었을 것이다. 펑더화이가 구상한 두 차례 전역은 비록 유엔군 주력을 섬멸하는 데에는 실패했지만 기동전략의 진수를 보여준 사례였다.

중국군의 개입으로 전황이 불리해지자 유엔군은 기동 중심의 공세전략에서 소모적인 방어전략으로 전환했다. 미 8군 사령관 리지웨이는 중국군이 포위공격에 능하다는 것을 알고 이를 허용하지 않기 위해 '선형방어-선형공격' 형태의 작전을 구상했다. 중국군이 공격해오면 전 부대가 손에 손을 잡고 나란히 뒤로 빠졌다가, 적의 공격이 한계에 도달하면 다시 전 부대가 공세로 전환하여 반격을 가하는 것이다. 이러한 작전을 위해 리지웨이는 36·37·38도선을 일종의 작전선으로 활용했다. 또한 38선 이북의 임진강 하구-화천 저수지-간성을 연하는 주요 감제지형을 연결하여 '캔자스 라인Kansas Line'을, 그리고 '캔자스 라인'으로부터 20마일 북쪽에 '와이오밍 라인Wyoming Line'을 설정했다.[626] 주어진 선을 기준으로 하여 일제히 방어하거나 공격하는 방식의 소모전략으로 선회한 것이다.

리지웨이가 구상한 '선형방어-선형공격' 형태의 작전은 효과를 거두었다. 유엔군은 중국군에 돌파를 허용하지 않고 적의 공세를 무산시켰으며, 1951년 5월 중국군의 5차 공세에서는 무질서하게 퇴각하는 적을 상대로 반격에 나서 전과를 확대할 기회를 얻을 수 있었다. 그럼에도 불구하고 유엔군은 '캔자스 라인'을 확보하고는 거기서 멈춘 채 더 이상 올라가지 않았다. 1951년 초부터 휴전협상 가능성을 모색하고 있던 미 합참이 유엔군으로 하여금 '캔자스 라인'을 강화하여 이를 주 방어선으로 삼도록 했기 때문이다. 다만 미 합참은 당시 폭 20마일의 비무장지대DMZ를 설치하기 위해 쌍방이 각각 10마일씩 후퇴해야 할 것으로 예상했고, 주 저항선 전방에 폭 10마일의 전초기지를 설치해야 했으므로 '캔자스 라인' 이북으로 20마일을 더 확보하도록 했다. 유엔군은 6월 초순에 철의 삼각지대에 대한 공세를 가하여 6월 중순경 20마일 북쪽에 위치한 '와이오밍 라인'을 확보했다.[627]

---

626 육군사관학교, 『한국전쟁사』, pp. 376-377.

627 앞의 책, p. 391.

이후로 전쟁은 휴전협상이 진행됨에 따라 교착상태에 빠졌다. 그리고 양측은 휴전 이후 각자 방어에 유리한 고지를 차지하기 위해 고지쟁탈전을 벌였다. 1951년 11월 26일 휴전협상에서 임진강구-판문점-옹공리-산명리-금곡-금성북방고지-송정-가마우골-노루목-신잡리-사비리-신대리-산덕리-남강을 연결하는 선이 임시 휴전선으로 결정되었지만 이후에도 주요 고지를 놓고 뺏고 빼앗기는 쟁탈전이 지속되었다.

요약하면, 전쟁을 수행하는 과정에서 국군의 군사전략은 제대로 이행되지 않았다. 전격전을 추구하는 북한의 기동전략에 대해 전방진지를 고수하는 소모적인 선형방어전략으로 맞섰으나, 전차로 무장한 적의 돌파를 저지하고 돌파한 적에 역습을 가하기에는 역부족이었다. 국군이 방어에 실패하면서 전쟁은 유엔 결의하에 참전한 유엔군의 주도하에 수행되었다. 유엔군은 초기에 북한군의 공격을 저지하고 반격의 기회를 잡기 위해 '축차적 지연전략'을 추구하다가, 북한군을 압록강 선에서 저지한 후에는 인천상륙작전 및 북한 지역 진격을 통해 적을 격멸하는 '전격적 기동전략'으로 전환했다. 그리고 중국군이 개입한 이후에는 미 정부의 휴전 방침에 따라 38선 부근에서 방어선을 확보하기 위한 '소모전략'을 추구했다. 이와 같은 군사전략은 미국정부가 한국전쟁에서 지향했던 정치적 목적이 변화함에 따라 바뀌었던 것으로 이해할 수 있다.

4. 삼위일체의 전쟁대비

가. 정부의 역할

(1) 정치적 목적의 혼란 : 북한위협 대비 소홀

한국 정부는 북한의 군사도발 가능성에 대비하여 정치적 목적을 분명히 해야 했다. 그럼으로써 군으로 하여금 그러한 목적을 달성하는 데 기여할 군사전략을 입안하고 군사력을 건설하도록 해야 했다. 또한 정부가 추구하는 정치적 목적을 국민들과 함께 공유하여 공감대를 형성하고 전쟁대비에 필요한 국민들의 지원과 참여를 이끌어내야 했다. 이는 해방 후 민족이 분단된 상황에서 국가안보를 위해 정부가 가장 먼저 다루어야 할 긴요한 과업이었다.

그러나 정부는 전쟁에서 추구해야 할 정치적 목적을 명확히 제시하지 못했다. 남북이 분단된 현실에서 북한의 군사적 위협이 증가하고 있었음에도 불구하고, 북한과 평화적 관계를 협상할 것인지, 북한의 내부 붕괴를 유도할 것인지, 북한이 도발할 경우 반격에 나서 통일할 것인지, 아니면 먼저 공격에 나서 무력으로 통일할 것인지를 분명히 하지 않았다. 아마도 당시에 한국 정부가 추구할 수 있는 가장 합리적인 정치적 목적은 방어태세를 굳게 갖춘 후, 북한이 도발할 때 반격에 나서 통일을 추구하는 방안이었을 것이다. 그런데 이승만을 비롯한 지도자들은 평화통일, 북한 붕괴에 의한 통일, 심지어 북벌에 의한 무력통일을 주장하면서 정치적 목적을 흐렸으며, 정작 북한의 무력도발 가능성을 심각하게 고려하지 않음으로써 '반격에 의한 통일' 가능성을 스스로 외면하고 있었다.

정부의 불명확한 정치적 목적은 군사전략을 마련하고 군사력을 건설하는 데 혼란을 초래했다. 북한의 붕괴를 기다리기 위해 최소한의 방어력을 확보할 것인지, 북한의 공격을 막아내기에 충분한 방어력을 갖출 것인지, 아니면 북한을 공격할 수 있는 공세적 전력을 갖출 것인지에 대한 방향을 잡을 수 없었다. 정부는 1949년 38선 충돌이 본격화되기 전까지 북한의 군사적 위협은 안중에 없었으며, 심지어 군사력을 건설하는 데 있어서도 국내 소요를 진압하는 데 역점을 두고 있었다.

1948년 11월 2일 이승만은 무초 대사에게 서한을 보내 한국군 건설을 위한 미국의 지원을 요청했는데, 여기에서 그는 한국군의 군사력 증강이 북한의 공격에 대비하기 위해서라기보다는 국내 소요를 진압하기 위해서 필요함을 언급하고 있다.

지금은 국방군으로 복무하고 있는 이전의 경비대원 5만 명은 수적으로 전혀 불충분합니다. 최근 남부 지방에서 일어났던 소요와 유사한 공산주의자들의 소요가 이번 겨울과 내년 초봄 사이에 여러 도시에서 일어날 것이라는 소문과 보고가 널리 유포되어 있습니다. 정부군은 평화와 질서를 지키기에 충분하지만 추가로 5만 명이 확보된다면, 사기를 높여 반란세력에 의한 어떤 성가신 시도도 예방하는 효과를 거둘 수 있을 것입니다. … 한국 군대가 이북의 공산군에 비해 수적으로 불리하다는 인식이 남한 인민들 사이에 불안감을 낳고 그러한 불안감이 자연스럽게 남과 북의 공산주의 파괴분자들을 고무하고 있습니다.[628]

1948년 한 해 좌익세력의 폭동과 파괴행위가 극에 달했음을 고려한다면 국내 소요를 진압해야 할 필요성에 대해서는 충분히 공감할 수 있다. 그럼에도 불구하고, 군사력 건설의 이유를 국가안보 차원에서의 정치적 목적과 연계시키지 않고 내부 소요에 대비하기 위한 것으로 언급한 것은 납득하기 어렵다. 한국이 군사력 건설을 치안유지와 연계했음은 1948년 9월 17일 마셜의 언급과 1949년 4월 2일 이범석 국무총리의 연설 등에서도 드러나고 있다.[629]

1949년 6월 말 미군의 철수와 38선에서의 군사적 충돌이 지속되는 상황에서 국군은 비로소 북한의 위협에 대한 인식을 달리하기 시작했다. 10월 20일 국방장관 신성모는 미 육군참모총장 콜린스Lawton Collins에게 군사원조를 요청하는 서한을 보내 소련이 북한에 기존 3개 사단과 1개 독립사

---

628 "The Special Representative in Korea(Muccio) to the Secretary of State", *FRUS, 1948, The Far East and Australasia, Volum VI*, pp. 1320-1321.

629 마셜은 경비대의 예상되는 임무로 정치투쟁이나 혼란이 조장되는 조건하에서도 국내 질서, 국경 순찰 유지, 북으로부터의 침공에 대해서는 최소한 저항하는 시늉이라도 내는 것 등을 언급했다. 이범석은 "국내 치안의 현상에 감(鑑)하여 정부에서는 정예국군을 조직편성하고 국방급 치안에 필요한 시책을 촉진"하고 있음을 밝혔다. "The Secretary of State to the Secretary of the Army (Royal)", *FRUS, 1948, The Far East and Australasia, Volum VI*, pp. 1302-1303; "이범석 국무총리, 국회에서 시정방침을 연설", 《시정월보》, 제3호(1949년 4월 2일), pp. 4-10.

단 외에 추가로 6개 보병사단에 대한 장비와 무기를 제공하고, 20대의 정찰기, 100대의 전투기, 30대의 경폭격기를 제공할 것임을 지적하고, 북한은 내년 2월 말까지 게릴라 공격을 가한 후 3월 1일경에 남침을 개시할 것이라고 언급했다.[630] 육군본부도 1949년 12월 27일 정보국의 '종합정보보고서'에 따라 북한군의 전면적인 공격 가능성에 대비한 작전계획을 수립한 것도 북한의 군사적 위협을 심각하게 인식했음을 보여준다.

그러나 한국 정부가 1949년 하반기에 비로소 북한의 군사적 위협을 인식하기 시작한 것은 역으로 그 이전까지 정부와 군이 북한의 공격 가능성에 관심을 두지 않고 있었음을 방증하는 것이다. 그리고 그때서야 부랴부랴 군사력 건설에 나선 것은 이미 북한이 소련의 지원을 받아 감당하기 어려운 정도의 군사력을 갖추어가는 상황에서 뒷북을 친 것에 불과했다.

한국 정부의 애매한 정치적 목적은 설상가상으로 미국의 오해를 불러일으켜 한국군에 대한 군사적 지원을 가로막았다. 이승만이 '북진통일론'을 제기하자 미국은 한국 정부가 국내적으로 반공의식을 강화하고 국민의 결속을 다질 목적으로 북벌에 나설 것을 우려하여 군사원조를 꺼려한 것이다. 1949년 3월 22일 미국은 NSC-8/2에서 주한미군을 철수하는 대신 한국군 6만 5,000명을 기준으로 하여 원조액을 설정했다. 이에 이승만과 신성모는 10만 군대를 목표로 하고 있었으므로 지원 규모를 늘려주도록 거듭 요청했으나 번번이 거절당했다. 심지어 주한미군이 철수할 때 미국 정부는 한국군에게 이월할 무기목록에서 전차와 항공기를 제외시키고 소화기와 소구경 대포만을 포함하도록 했다.[631] 이러한 상황에서 한국군의 규모는 1950년 초에 10만 명에 도달했으나 각종 장비와 무기가 부족하여 무장을 제대로 갖출 수 없었다.[632] 한국전쟁이 발발한 당일 무초 대

---

630 군사편찬연구소, 『건군사』, pp. 423-424.

631 남정옥, 『6·25전쟁시 대한민국 정부의 전쟁지도』, pp. 55-56.

632 군사편찬연구소, 『건군사』, p. 279.

사를 만난 이승만은 가장 먼저 국군에 소총과 탄약이 부족하니 지원해달라는 요청을 했는데, 이는 국군의 형편없는 무장 실태를 가감없이 드러낸 것이었다.

결국, 정부가 국내적 혼란을 대처하는 데에만 몰두하면서 북한의 전면적 도발 가능성을 염두에 두지 않은 것은 정책적 실패로 볼 수밖에 없다. 애초에 정부는 북한의 군사적 위협에 대한 진지한 고민이 없었으며, 그 결과 전쟁에서 추구할 정치적 목적을 분명히 하지 못함으로써 군사적 대비를 소홀히 하게 되었다. 전쟁 기간 동안 많은 용사들의 육탄돌격은 그들의 영웅담 이전에 정부와 군 지도자들의 전쟁대비 실패에 따라 치러야 했던 처절한 희생이었다.

(2) 전쟁에 대한 국민의 관심 유도 실패

한국 정부는 국민들로 하여금 전쟁의 심각성을 인식하여 정부의 전쟁준비에 호응하도록 유도하는 데 실패했다. 여기에도 마찬가지로 정부가 전쟁의 목적을 제대로 설정하지 못한 탓이 크다. 북한과의 전쟁에서 정부가 추구하는 정치적 목적이 무엇이고, 그것을 달성하는 데 군사적으로 어떠한 능력이 모자라고, 이를 극복하기 위해 국민들이 감당해야 할 비용이 무엇인지를 명확하게 제시하지 못했다. 더구나 정부는 국민들에게 정직하지 않았다. 당장 북한의 공격에 대비한 준비가 미흡하여 방어조차 어려운 상황이므로 국민들이 나서서 군에 입대하고 필요한 군비를 늘려야 한다는 얘기를 하지 않았다. 대신 북한이 곧 무너질 것이라든가 우리가 당장 북진하면 통일할 수 있다며 군사적으로 안고 있는 심각한 문제를 알리려 하지 않았다. 정부와 군이 모두 완벽하게 잘하고 있으니 국민들은 전혀 신경을 쓸 필요가 없다고만 했다.

북한이 전면적 공격에 나서기 한 달 반 전인 1950년 5월 10일 신성모 국방장관은 기자회견에서 다음과 같이 언급했다.

… 괴뢰군은 군사력 강화에 급급하고 있다. 금년에 3만의 신병을 모집하는 동시에 상당 숫자에 달하는 항공력과 기갑부대를 증강하였다. … 괴뢰군은 38선 일대에 병력을 집중하고 있다. … 그러나 북한괴뢰군의 여사如斯한(이 같은) 동향에도 불구하고 국민은 국군의 실력을 신뢰하고 동요 없이 마음의 태세를 갖추기 바란다. 과거 6개월 동안 괴뢰군은 남한 상륙을 부절히 기도하였으나 육해를 통한 국군의 태세는 완벽이다.

(문) 괴뢰군이 전면적으로 남침해올 경우도 생각할 수 있는가?

(답) 물론 있다고 생각하고 준비하고 있다.

(문) 괴뢰군이 침공해 올 때 이북으로 반격해 넘어갈 수는 없는가?

(답) 만약 이런 사태가 일어난다고 하면 한쪽에 10만씩 20만 병력이 전쟁상태로 들어가고 또 이 상태는 종국終局을 보기 전에는 아무도 중지시킬 수도 없다. 우리는 십분의 실력을 가졌으나 대통령의 뜻을 받들어 시기를 바라고 자중하고 있는 것이다.[633]

신성모 국방장관은 북한의 전면적 공격 가능성에 대해 부인하지 않았다. 뒤늦게나마 전쟁 가능성을 인지하게 된 것이다. 그런데 그는 이전과 마찬가지로 국군이 완벽한 태세를 갖추고 있고 북한 지역으로 반격할 수 있는 충분한 실력을 갖추고 있다고 자신했다.

이처럼 정부로부터 안전하다는 말만 들은 국민들은 국방의 현실과 문제점을 정확히 인식하지 못한 채 전쟁의 문제에 관심을 기울이지 않게 되

---

633 "신성모 국무총리서리, 북한의 38선 병력집중을 경고하고 국군의 완벽 방비태세를 자신", 《연합신문》, 1950년 5월 10일.

었다. 만일 정부가 처음부터 솔직하게 군사대비의 부족함을 실토하고 국민들의 경각심을 불러일으켰다면, 국민들의 지지를 얻어 군사력을 건설하고 징집제를 시행하는 등 대비태세를 강화할 수 있었을 것이다.

이렇게 볼 때 해방 후 한국 정부는 전쟁에서 추구해야 할 정치적 목적을 보다 명확히 해야 했다. 북진통일은 하나의 정치적 슬로건이라 하더라도 보다 현실적인 목적으로 '방어 후 반격' 혹은 반격이 아예 불가능했다면 '방어'만이라도 명확하게 규정하여 어디까지 내주고 어디까지 확보할 것인지에 대한 구상을 구체화해야 했다. 그리고 그에 필요한 군사력을 건설하기 위해 국민들에게 있는 그대로 부족한 부분을 고백하고 호응을 얻어야 했다. 북한의 내부 붕괴 혹은 북진통일이라는 근거 없는 자신감은 정부 스스로는 물론, 군과 국민들로 하여금 허상을 갖게 하고 자기기만에 빠지도록 하여 전쟁대비를 소홀하게 한 원인으로 작용했다.

나. 군의 역할: 전쟁승리 역량 부족

(1) 군사전략의 문제

군의 기본 임무는 전쟁에서 승리하는 것이다. 그리고 전쟁에서 승리하기 위해 평소에 군사력을 강화하고 훈련을 통해 대비태세를 유지해야 한다. 그런데 군은 항상 상대보다 강한 군사력을 가질 수 있는 것은 아니다. 병력과 무기 면에서 적보다 열세한 상황에서 전쟁을 수행할 수도 있다. 이 경우 군은 싸움의 방식을 달리하여 적을 제압할 수 있어야 한다. 그것이 곧 군사전략이다.

그러나 국군의 군사전략에는 여러 가지 측면에서 허점을 발견할 수 있다. 첫째는 정치적 목적과의 연계성이다. 한국 정부가 추구한 전쟁목적이 무엇이었는지 모호했지만 대체로 정치 및 군 지도자들은 전쟁이 발발할 경우 1일 이내 평양을, 3일 이내 압록강까지 장악할 수 있다는 자신감을 피력해왔다. 이는 전쟁의 정치적 목적이 반격을 통해 통일을 이루는 것이었음을 의미한다. 그러나 1950년 초 육군본부가 마련한 작전계획은 다음에서 보는 바와 같이 수세적 방어전략으로 '방어 후 반격'과 같은 공세적 전략이 아니었다.

> 국군 방어계획은 적의 주공主攻이 철원-의정부-서울 축선에 지향될 것으로 판단하고, 의정부 지구에 방어 중점을 두고 방어지대를 편성하였다. 방어 목표는 이 지역으로 공격해오는 적의 주공을 진지 전방에서 격파하여 38도선을 확보하는 것이었다.
>
> 38도선 확보를 위한 국군 방어계획의 기본개념은 다음 세 가지로 구분하여 계획하였다. 첫째, 옹진 지구의 육군 부대는 적의 공격 시 인천으로 철수하는 것이었다. 둘째, 개성 지구의 육군 부대는 적의 공격을 받으면 지연전을 실시하면서 설정된 임진강 남안의 방어선으로 철수하고, 다른 부대는 계속 지연전을 실시하도록 계획하였다. 셋째, 후방 지역 예비사단은 적의 공격 시 역습부대로 운용되도록 계획하였다. 후방 지역 경계는 경찰과 청년방위대 등으로 후방경계부대를 편성하여 관할 지역 내의 해·공군 부대와 협조하여 후방지역 작전을 수행하도록 계획하였다.
>
> 만약 38도선에서 적의 공격을 저지하지 못할 경우 남한 지역의 큰 강들을 이용하여 지연전遲延戰을 전개한다는 계획을 수립하였다. 지연전은 최초 한강漢江 이남으로 전략적인 철수작전을 수행하면서 한강선漢江線, 대전선大田線, 낙동강선洛東江線에서 축차적인 지연전을 전개하도록 계획하였다.[634]

634 남정옥, 『6·25전쟁시 대한민국 정부의 전쟁지도』, pp. 59-60.

여기에서 군은 38선 확보를 전쟁의 목적으로 설정하고 있다. 이는 정부가 추구하는 정치적 목적이 단순히 북한의 공격을 '방어'하는 것이었는지, 아니면 북한의 남침을 기회로 하여 민족의 '통일'을 달성하려는 것이었는지 혼란스럽게 한다. 만일 정치지도자들이 수시로 언급했던 것처럼 정치적 목적이 통일을 달성하는 것이었다면 국군의 군사전략은 그러한 정치적 의도를 제대로 담지 못한 반쪽짜리 전략이 아닐 수 없다.

둘째는 38선 방어에 주력함으로써 축차적 방어의 이점을 포기했다는 것이다. 북한군보다 전력이 열세한 국군이 전방 지역을 고수하여 조기에 결전을 추구하는 것은 바람직하지 않다. 초전에 국군 주력이 와해될 경우 이후 전쟁을 수행할 수 없게 될 것이기 때문이다. 따라서 국군의 군사전략은 비록 38선에서 적을 저지하더라도 적이 전방진지를 돌파하기 전에 과감하게 뒤로 물러나 한강선에서 결전에 임해야 했다. 물론, 육군본부의 작전계획은 한강 이남에서 축차적 지연전을 전개하도록 되어 있었다. 그러나 문제는 북한군과의 결전이 사실상 한강선이 아닌 38선과 임진강선에서 계획되었기 때문에 적의 충격력을 흡수하지 못하고 돌파를 당할 수 있으며, 후방에서 동원된 예비사단을 전방 방어에 투입함으로써 축차적 방어에 필요한 전투력이 조기에 소진될 수 있다는 것이었다.

군사전략은 정치적 결정에 영향을 받지 않을 수 없다. 그러나 때로 군사전략은 정치적 판단에 의해 망가지기도 한다. 정부는 국민들을 안심시키고 정부의 권위를 높이기 위해 3일 이내 압록강을 장악할 수 있다는 허황된 장담을 했다. 그리고 막상 전쟁이 발발하자 지도자들은 군사작전의 효율성보다는 자신들이 했던 무책임한 약속을 지키기 위해 무리하게 전쟁을 지휘했다. 이승만의 수도 서울 사수 발언과 신성모의 의정부 사수 결정이 그러한 예이다. 이 과정에서 서울을 내주고 한강에 방어선을 구축하자는 김홍일의 주장은 무시되었다. 그리고 그러한 무모한 결정으로 인해 국군의 전투력은 조기에 와해되었고, 이후 유엔군이 증원되었음에도 불구하고 낙동강선까지 맥없이 밀려나야 했다.

(2) 국군의 지휘능력 및 전투수행 능력의 한계

한국군에 전쟁을 지휘할 수 있는 전략적 식견을 가진 군사지도자는 많지 않았다. 초전에 서울을 사수하기 위해 의정부 방어선을 고집하며 후방 예비사단을 축차적으로 투입하여 전력의 와해를 초래했던 국방장관 신성모와 육군참모총장 채병덕의 리더십은 대표적으로 실패한 사례이다. 반면 김홍일은 일찍이 서울을 포기하고 한강방어선을 구축할 것을 주장하고, 서울 방어가 실패하자 와해된 병력을 수습하여 한강 방어선에서 지연작전을 수행함으로써 그나마 전략적 혜안을 가진 장군임을 입증했다.

전쟁 기간 동안 한국군 지휘관들은 수많은 전투에서 죽음을 무릅쓰고 용감히 싸웠지만 미국 측에서 보는 이들의 능력은 그리 탁월하지 않았다. 1951년 5월 6일 무초 대사가 미 국무장관에게 보낸 비망록에는 미 장성들이 한국군의 리더십 문제를 제기하는 내용을 담고 있다. 이 비망록에서 무초는 밴플리트James Alward Van Fleet 장군이 정일권 참모총장에게 보낸 편지의 내용을 적고 있는데, 여기에서 밴플리트는 6사단의 "극도로 불만족스러운 지휘와 주요 장비 품목의 엄청난 손실"에 대해 비판적으로 지적하고 있다. 비망록의 내용은 다음과 같다.

> 남한의 우선적 문제는 군 내의 유능한 리더십을 확보하는 것이다. 한국군은 국방장관으로부터 아래에 이르기까지 유능한 리더십을 갖추지 못했으며, 이는 주요 부대의 반복되는 전투 실패로 분명하게 드러나고 있다. 리더십은 군사 영역에서 대통령의 주요하고 기본적인 책임이다. 우리가 경쟁력 있는 리더십을 얻을 때까지는 한국 부대의 더 나은 전투수행을 기대할 이유는 거의 없으며 유엔 동지들 사이에서 현재 존재하는 것보다 더 높은 신뢰를 기대하기도 힘들다.
>
> 유능한 리더십이 확보되고 그 가치가 드러날 때까지 추가 병력을 위해 무기와 장비를 제공한다는 미국의 언급이 없어야 한다. 이미 무장한 병

력이 정당화 없이 주요 장비 품목을 계속해서 포기하는 상황에서 그러한 조치(무기와 장비의 제공)는 매우 긴요한 장비를 범죄적으로 낭비하는 행위가 될 것이다.

당장의 문제는 리더십과 훈련, 그리고 모국과 사랑하는 사람들을 위해 싸우려는 더 큰 욕구가 부족하다는 것이다. 그들이 스스로의 유능함과 가치를 보여준다면 그때에야 전투력을 제고하기 위해 8군의 건의에 따라 (무기와 장비 제공이) 고려될 수 있을 것이다. 그러나 현재 벌어지는 전투에서 가치가 드러나기 전까지는 안 된다.[635]

이는 중국군이 4월 공세에 나섰을 때 제6사단이 중국군 2개 사단의 공격을 받아 퇴로가 차단되고 통신이 두절된 상황에서 우전방의 제2연대와 예비인 제7연대가 차량과 장비를 포기한 채 철수함에 따라 김화와 화천 지역을 방어하던 미 제9군단의 방어체제가 와해된 상황을 언급한 것이다.[636] 사실 중국군은 유엔군과 교전하면서 전투력이 강한 미군보다 상대적으로 약한 한국군을 집중적으로 공격했기 때문에 이러한 상황은 충분히 벌어질 수 있었다. 다만, 밴플리트는 한국군이 "국방장관으로부터 아래에 이르기까지 유능한 리더십을 갖추지 못했"음을 지적하고 있다. 또한 그가 "당장의 문제는 리더십과… 모국과 사랑하는 사람들을 위해 싸우려는 더 큰 욕구가 부족하다"고 언급한 것은 한국군 리더십의 문제와 함께 군의 전투의지가 높지 않았음을 보여준다. 심지어 밴플리트는 한국군이 이러한 무능함을 극복하고 전투력을 발휘할 수 있을 때까지 미 8군이 건의한 무기와 장비를 제공하지 않겠다는 내용도 담고 있다.

무초 대사도 한국군의 리더십 문제를 제기하고 있다. 그는 1951년 5월

635 "The Ambassador in Korea(Muccio) to the Secretary of State," *FRUS, 1951. Vol. VII*. Korea and China, Part 1, pp. 419-420.

636 박동찬 편저, 『한권으로 읽는 6·25전쟁』, pp. 374-375.

26일 국무장관에게 보낸 전문에서 다음과 같이 적고 있다.

> 한국인 개개인은 의심할 여지 없이 훌륭한 군인이지만, 한국군의 주요한 취약점은 모든 장교 수준에서 리더십에 있다. 훈련을 받은 하급장교들은 지난 7월~8월에 대부분 손실되었으며 유능한 장교의 대체가 손실을 메우지 못하고 있다. 리더십이 부재한 상황이다보니 동료 한국인을 불신하는 한국인들의 특성이 나타나 전원 돌진하라고 해도 아무도 돌진하지 않고 있다. … 병력들은 종종 상하이 방식으로 징집되어 진정한 애국심 또는 이념적 확신을 갖지 않고 있다. 리더십의 문제에 더해 설상가상으로 병력들은 무관심하고, 지쳐 있으며, 싸울 의욕을 갖고 있지 않다. … 리더십은 군대뿐 아니라 정부부처의 모든 수준에서 요구되고 있다.[637]

먼저 그는 하급제대 장교들의 자질에 문제가 있어 마구잡이로 모집된 병사들을 제대로 통제하지 못하고 있으며, 이들이 애국심이나 전투의지를 갖고 있지 않아 전장에서 돌격명령을 내려도 듣지 않고 있음을 지적하고 있다. 그리고 이러한 리더십의 문제는 하급제대뿐 아니라 상위제대 및 정부부처에까지 만연되어 있다고 평가했다.

심지어 미 대통령 트루먼도 한국군의 리더십에 대한 불만을 표출했다. 이승만이 1951년 3월 26일 한국군에 대한 훈련과 무장을 지원해주도록 요청하는 편지를 보내자, 그는 6월 5일 이에 대한 답신에서 이승만의 요청을 주의 깊게 검토했다며 다음과 같이 언급했다.

> 유엔군사령부는 한국 정부가 한국의 젊은이들을 무장하고 훈련하며 장

637 "The Ambassador in Korea(Muccio) to the Secretary of State", *FRUS, 1951. Vol. VII*. Korea and China, Part 1, pp. 463~465.

비를 갖출 수 있도록 지원하는 노력을 계속하여 한국이 적의 침공에 대해 효과적으로 싸우고 적의 공격으로부터 방어할 수 있도록 할 것입니다. 다만, 한국군의 군사력을 증강하기 위한 프로그램은 훈련되고 유능한 리더십이 있어야 가능할 것입니다. 그러한 리더십 없이는 새로 부대를 창설하더라도 노련한 적을 감당해낼 수 없을 것입니다. 이는 최근 전투에서 한국군이 명백하게 취약한 분야임이 드러났습니다. 그러므로 본인이 확신하는 것은 즉각적으로 그러한 리더십을 단시간 내에 개발하는 데 노력을 집중하여 한국군의 전투력을 증강할 수 있는 토대를 다져야 한다는 것입니다.[638]

여기에서 트루먼은 실력 있는 지휘관 없이는 군사력을 증강해도 소용이 없다고 신랄하게 꼬집고 있다. 트루먼이 한국군의 리더십 부재를 언급한 '최근 전투recent combat'는 현리 전투로 보인다. 1951년 5월 16일부터 22일까지 강원도 인제군 현리에서 치러진 전투에서 국군 제3군단은 중국군에 의해 후방이 차단되자 군단장을 비롯한 지휘관 대부분이 전장에서 이탈하면서 부대가 와해되는 수준의 참패를 당했다.

물론, 한국군에는 일선에서 투혼을 발휘한 김홍일, 김종오, 김석원, 장도영, 손원일, 김신, 백선엽, 채명신, 그리고 육탄으로 맞선 용사들을 비롯해 많은 전쟁영웅들이 있었다. 그러나 전쟁을 수행하기 위해서는 전장에서의 용맹성도 중요하지만 최고 지휘부에서 혜안을 가지고 전쟁과 전략을 이끌 수 있는 지도자가 필요하다. 아쉽게도 해방 후 한국군은 그러한 군사적 천재를 갖지 못했다.

---

638 "President Truman to the President of the Republic of Korea(Rhee)", *FRUS, 1951. Vol. VII. Korea and China, Part* Ⅰ, p. 503.

(3) 작전지휘권 이양

한국전쟁이 발발한 직후 한국군에 대한 '작전지휘권'을, 전쟁이 끝나면서 '작전통제권'을 유엔군사령관에게 이양한 것은 한국군 스스로 지휘능력이 미흡함을 인정한 것으로 볼 수 있다. 1950년 7월 14일 이승만 대통령은 서한을 보내 한국군에 대한 '일체의 지휘권all command authority'을 맥아더 유엔군사령관에게 이양했다. 그는 다음과 같이 언급했다.

> 대한민국을 위한 국제연합의 공동 군사노력에 있어 한국 내 또는 한국 근해에서 작전 중인 국제연합의 모든 군부는 귀하의 통솔하에 있으며, 또한 귀하는 그 최고사령관으로 임명되어 있음에 감鑑하여 본인은 현 작전 상태가 지속되는 동안 일체의 지휘권을 이양하게 된 것을 기쁘게 여기는 바이오니, 여사한 지휘권은 귀하 자신 또는 귀하가 한국 내 또는 한국 근해 내에서 행사하도록 위임한 기타 사령관이 행사하여야 할 것입니다….[639]

이에 대해 7월 15일 맥아더는 '작전지휘권' 위임을 수락하겠다는 의사를 무초 주한 미국대사를 통해 다음과 같이 회신했다.

> 현 적대상태가 계속되는 동안 대한민국 육·해·공군의 작전지휘권operational command을 위임한 7월 15일부 귀하의 서신에 관한 맥아더 원수의 다음과 같은 회신을 전달함을 본관은 영광으로 생각합니다.[640]

이승만은 맥아더에게 '지휘권'을 이양한다고 했으나 맥아더는 '작전지

639 "국제연합 미국대표 오스틴씨가 유엔사무총장에게 전달한 공한(1950. 7. 25)", 이기택 편저, 『현대국제정치: 자료선집』, p. 380.

640 "주한 미대사를 통하여 이 대통령에게 보낸 맥아더 원수의 회한", 이기택 편저, 『현대국제정치: 자료선집』, p. 380; 군사편찬위원회, 『국방조약집』 제1집(서울: 군사편찬위원회, 1981).

휘권'이라는 용어를 사용함으로써 한국군에 대한 지휘의 영역을 '작전' 분야로 한정했다. 지휘권이란 "지휘관이 계급과 직책에 의해서 예하부대에 합법적으로 행사하는 권한"으로서 여기에는 군대의 운용, 편성, 지시, 협조 및 통제, 나아가 부하 개개인의 건강, 복지, 사기 및 군기에 대한 책임도 포함이 된다. 반면 '작전지휘권'이란 "작전임무 수행을 위해 지휘관이 예하부대에 행사하는 권한"으로 여기에는 행정 및 군수에 대한 책임 및 권한은 포함되지 않는다.[641] 이승만은 '지휘권'의 정의를 잘 알지 못한 채 이 용어를 사용했지만 맥아더가 이를 바로잡아 '작전지휘권'이라는 용어로 바로잡은 것이다.

이승만이 국군에 대한 작전지휘권을 맥아더에게 이양한 것은 국가의 생존이 위태로운 상황에서 작전의 효율성을 제고하기 위한 조치였음에 분명하다. 그럼에도 불구하고 작전지휘권을 이양한 것은 한국군이 스스로 전쟁수행을 경험하고 전략적 식견을 키울 수 있는 기회를 가로막았다. 작전지휘권이 이양된 후 전쟁은 미군에 의해 수행되었기 때문에 한국군은 주로 전술적 차원의 전투에만 참여했을 뿐, 보다 상위의 차원에서 전략과 작전을 기획하고 전쟁에 대한 안목을 높일 수 있는 기회를 갖지 못했다.

휴전 직후인 1953년 8월 3일 이승만과 미 국무장관 덜레스는 유엔군사령부가 한국의 방위를 책임지는 동안 한국군을 유엔사의 '작전통제 operational control'하에 둔다는 공동성명을 발표했다. 작전통제권이란 "작전계획이나 작전명령 상에 명시된 특정 과업을 수행하기 위하여 지휘관에게 위임된 권한"으로서 이는 지정된 부대에 임무와 과업을 부여하거나 부대를 전개하고 재할당하는 것으로 여기에는 행정 및 군수, 군기, 내부편성, 부대훈련 등에 관한 책임 및 권한은 포함되지 않는다.[642] 이로써 전쟁 기

---

641 합동참모본부, 『합동·연합작전 군사용어사전』(서울: 합동참모본부, 2010), pp. 275, 368.

642 앞의 책, p. 275.

간 동안 유엔군사령관이 행사했던 '작전지휘권'은 '작전통제권'으로 바뀌게 되었다. 한국군에 대한 유엔군사령관의 작전통제권은 1954년 11월 17일 체결된 "한국에 대한 군사 및 경제원조에 관한 합의의사록"에 의해 공식문서화되었고, 1978년 한미연합군사령부Combined Forces Command가 창설될 때까지 지속되었다.

한국군의 작전통제권 이양은 북한군의 위협이 지속되는 상황에서 전쟁을 억제하고 한국의 안보를 확고히 하기 위한 결정이었다. 미국으로 하여금 한반도 안보에 간여하고 유사시 군사적 개입을 담보하는 제도적 장치라는 의미도 있었다. 그러나 이는 군의 역할에서 중요한 군사대비와 전쟁수행의 많은 영역을 미군에 의존하게 함으로써 한국군 스스로 이러한 역량을 갖추는 데 제약을 준 것도 사실이다.

다. 국민의 역할: 전쟁열정의 한계

전쟁이 발발하기 전 국민들은 전쟁에 대한 열정을 가지고 있었는가? 전쟁기간 중 국민방위군으로 68여 만 명이 소집에 응한 것은 전쟁열정이 높았음을 보여준다. 그러나 다음에서 보는 바와 같이 병역제 시행에서의 어려움이나 학도의용군 및 소년지원병의 참전 사례를 볼 때 일반 국민들이 전쟁에 적극 호응했다고 보기는 어려울 것 같다.

(1) 징병제 시행의 곡절

근대 민족국가의 가장 큰 특징은 국가방위를 위해 국민개병제, 즉 징병제를 병역제도로 채택한 것이다. 국민들이 가진 주권의식과 애국심을 바탕으로 국가를 지키기 위해 목숨을 바치겠다는 각오로 자발적으로 병역을 수행하게 된 것이다. 한국 정부도 마찬가지로 국민개병제를 표방했다. 그러나 한국에서는 국민개병제를 시행할 수 없었을뿐더러, 이에 대한 국민들의 참여도는 전쟁 이전에는 물론 이후에도 그다지 높지 않았다.

대한민국 정부가 출범하면서 병역제도는 국민개병제를 근간으로 했다.

1948년 7월 17일 제정된 헌법 제30조에는 "모든 국민은 법률의 정하는 바에 의하여 국토방위의 의무를 진다"고 하여 모든 국민에게 병역의 의무를 부과했다. 1948년 11월 30일 제정된 '국군조직법' 제2조는 "대한민국의 국적을 가진 자는 법률의 정하는 바에 의하여 국군에 복무할 의무가 있다"고 규정했다. 그러나 군대의 규모나 국민들의 정서 등 징병제를 시행할 여건이 미흡했기 때문에 정부는 1949년 1월 20일 병역법을 제정하기 전까지 임시로 대통령령 제52호 '병역임시조치령'을 공포하여 "국군편입은 지원에 의한 의용병제로써 한다"고 하여 지원병제를 시행했다.

그러나 이 시기 시행되었던 지원병제는 국민들로부터 큰 호응을 얻지 못하고 있었다. 1948년 11월 박종화는 "남행록"에서 한국 군대의 현실을 다음과 같이 현지 장교의 발언을 통해 적고 있다.

> 우리 일행은 고개를 숙여 막연히 그(작전참모 이李 대위)의 말을 경청했다. 조리 있는 말이었다. 우리들의 의사와 부합되는 점이 많았다. 청년 장교는 열을 띠어 또 한번 부르짖는다. "또 한 가지 긴급한 일은 국군의 재편성이올시다. 지금 군인의 질은 얕습니다. 미군정 아래 국방경비대라는 명칭으로 면면 촌촌에 돌아다니며 군수나 면장이나 구장區長에게 애걸하다시피 해서 뽑아온 사람들이올시다. 이런 망국적인 현상이 있습니까. '너는 집안에서 아무것도 할 것 없으니 거기나 가보아' 하고 보낸 청년들이 국방군이올시다. 군인은 국가의 간성이올시다. 이제는 대한민국이 뚜렷이 건국되었습니다. 이 나라의 흥망성쇄의 한 부면을 맡은 중책 있는 군인의 질이 이래서야 쓰겠습니까? 학식과 지력과 훈육의 수준 높은 군인을 많이 포섭해서 하루바삐 징병제를 실시해서 이 난국을 타개해서 나가야 할 것입니다."[643]

---

643 박종화, "남행록", 《동아일보》, 1948년 11월 20일.

당시 먹고 살기가 어려웠던 현실에서 국민들은 생업을 제쳐놓고 병역을 맡는 것이 큰 부담이었을 것이다. 결국 군은 기피의 대상이었으며, 갈 데 없어 군에 온 장병들로 구성된 군대의 수준은 상당히 낮았음을 알 수 있다.

한국의 징병제는 1949년 8월 6일 '병역법'을 제정하면서 처음 도입되었다. 병역법에서 만 20세로부터 40세까지 모든 남성 국민을 대상으로 병역에 복무할 의무를 부과하고, 이듬해 2월 1일 '병역법시행령'을 공포하여 이를 시행하려 한 것이다. 그러나 병역법을 통한 징병은 시범적으로 시행하던 중 한국전쟁이 발발하여 본격적으로 실시되지 못했다. 전쟁 중 부족한 병역자원을 충원하기 위해 정부는 1950년 12월 21일 '국민방위군설치법'을 공포하여 본격적으로 징병을 시행할 수 있었다. 국민방위군 소집은 만 17세에서 40세의 장정들을 제2국민병에 편입시켜 예비병력을 확충하고자 한 것이었다.

그러나 이는 '국민방위군사건'으로 인해 시행착오를 겪고 곧 폐지되었다. 1950년 12월 말부터 소집된 68여만 명의 국민방위군은 1951년 1·4 후퇴로 서울을 빼앗기자 경상도와 제주도에 설치된 교육대로 이동하라는 명령을 받았다. 그러나 이들은 교통수단이 없어 도보로 이동해야 했으며, 혹한 상황에서 이동하는 도중에 음식과 피복을 제대로 보급받지 못해 사상자가 속출했다. 100여 일 동안 전체의 40%인 27만여 명이 굶주림과 동상 등으로 낙오, 도주, 행방불명, 또는 사망한 것이다.[644] 조사 결과 국민방위군의 고급 지휘관 및 장교들이 대규모 예산을 횡령하고 착복한 사실이 밝혀져 군법회의에 회부되었고, 국회는 1951년 4월 30일 국민방위군

644 국민방위군 소집인원에 대해서는 의견이 분분하다. 다만 국회정기회의속기록에는 "도중 낙오자 수는 무려 27만 2,743명에 달하며 전 후송 장정의 약 40%에 해당하고 있는 것입니다"라고 기록되어 있다. 총 인원은 68만 명이 되는 셈이다. 국회사무처, 『국회정기회의속기록』, 제10회, 제75호, 1951년 5월 7일.

해체를 결의했다.[645]

국민방위군 설치가 무산되자 국회는 5월 25일 병역법을 개정하여 공포했다. 전시에 군을 증강해야 한다는 요구에 따라 징병제를 시행하기 위한 법률적 근거를 다시 정비한 것이다. 이때 개정된 병역법은 국민방위군과 같은 예비군이 아닌 상비군을 충원하기 위해 국민개병제를 본격적으로 도입했다는 점에서 의미가 크다. 이전까지 지원병으로 병력을 충당하던 것을 전 국민을 대상으로 병역의 의무를 부과한 것은 한국이 처음으로 민족주의에 기반한 근대적 병역제도를 시행했다는 의미를 갖는다.

1951년 5월 25일 개정된 병역법이 공포되었지만 제도상의 허점으로 인해 청년들로 하여금 적극적으로 병역의 의무에 응하도록 유도하는 데 한계가 있었다. 1949년 8월 병역법 공포 이후 이승만은 병역법 제40조 제1항에 명시된 학생들의 징집 연기 규정에 따라 1950년 2월 28일 '재학자징집연기잠정령'을 대통령령으로 제정한 바 있다. 국립대학교, 6년제 중학교, 사범학교 및 고급중학교, 초등 또는 중등학교 교원양성소에 재학하는 자의 징집을 연기할 수 있도록 한 것이다.[646] 이에 따라 학생들은 전쟁 중에도 징집을 연기할 수 있었다. 또한 당시의 '병역법시행령'은 연소자를 우선으로 징집하도록 규정했기 때문에 졸업 후 일정 연령까지 버티면 징집을 완전히 면제받을 수 있었다. 1952년 5월 기준으로 약 11만 명의 학생들이 징집연기대상자로 분류되었는데, 이는 1952년 7월 당시 정부에서 추산한 입대가능자수가 약 18만 명이었던 것을 감안한다면 징집연기자의 규모는 상당했다.[647] 거의 3분의 2에 달하는 입영대상 학생들이 국가가 전쟁 중임에도 입영을 회피한 것이다.

---

645 "국민방위군 사건 국회 진상보고 내용", 《경향신문》, 1951년 5월 7일.

646 법령, 대통령령 제283호, 1950년 2월 28일 제정.

647 《동아일보》, 1952년 10월 21일; 국무회의록, 1952년 7월 10일, p. 229.

(2) 학도의용군과 소년지원병

학도의용군 및 소년지원병들은 병역법상 징집을 연기할 수 있었음에도 자원하여 참전했다. 한국전쟁이 발발한 직후 병무행정이 마비되고 징집이 중단된 상태에서 싸울 병력은 턱없이 모자랐다. 이러한 상황에서 학생들이 자발적으로 나선 것이다.

학도의용군 및 소년지원병의 뿌리는 학도호국단이었다. 학도호국단은 학생들의 신체단련과 정신연마를 통해 단결심과 애국심을 고양하기 위해 1948년 12월 초 중학교 이상의 각급 학교에 조직되었다. 학도호국단 활동에는 군사훈련이 포함되어 각급 학교에서는 배속된 장교들에 의해 기초적인 훈련이 실시되었다. 비록 창단 후 7개월 만에 전쟁을 맞이하여 비록 훈련기간은 짧았지만 여기에서 배운 군사적 경험은 전장에서 유용하게 활용되었을 것이다.

서울이 함락되자 피난길에 나선 서울시내 각급 학교의 학도호국단 간부 200여 명은 6월 29일 수원에서 '비상학도대'를 조직했다. 이들은 국방부 정훈국장 명의의 신분증을 받고 3개 소대로 편성되어 일부는 한강 방어선 전투에 참여했다. 7월 초에는 정부를 따라 대전에 내려온 학생들 700명이 '의용학도대'를 조직하여 학도병 모집, 보도선전 등의 임무를 수행했다. 이 두 학도대는 대구에서 합류하여 7월 19일 '대한학도의용대'로 통합했으며, 이후 부산으로 이동하여 7월 26일 그곳에서 조직된 학도의용대를 흡수하게 되었다.[648]

전쟁 당시 학도의용군의 대부분은 '대한학도의용대'를 거쳐 군에 입대했는데 이들은 국군 10개 사단과 예하부대에 배속되어 낙동강, 다부동, 기계, 안강, 영천, 포항, 창녕 등 최후의 교두보에서 군번도 계급도 없이 참전했다. 학도의용군은 1951년 2월 28일 이승만의 학교 복귀령으로 해산될 때까지 2만 7,700명이 전투에 참가했고, 27만여 명이 후방에서 선무

---

648 군사편찬연구소, 『6·25전쟁 학도의용군 연구』, pp. 49-58.

공작 임무를 수행했다.[649] 이 가운데 학도의용군을 주축으로 조직된 독립 제1유격대대는 9월 14일 동해안 포항 장사동 해안에서 상륙작전을 수행함으로써 인천상륙작전 지역을 기만하는 데 기여했다.[650] 이때 투입된 학도의용군 772명 가운데 640명은 9월 20일 구출작전에서 구조되어 복귀할 수 있었으나 나머지는 전사 또는 북한군에 포로로 잡혔다.[651]

이외에도 1950년 7월 17일 '전국학련구국대'가 전국학련 간부 출신들로 조직되어 후방의 민심수습과 치안확보에 주안을 두고 활동했다. 이들은 9월 4일 대구에서 내무부의 협조를 받아 500여 명으로 구성된 '대한학도경찰대'로 개편되었으며, 이후 지리산 공비토벌작전에 참가하여 전과를 올렸다. 또한 일본에서는 재일교포 학도병 54명과 애국청년 25명 등 총 641명의 자원자가 국군과 미군에 편입되어 9월 13일부터 전선에 투입되었다.[652]

학도의용군 외에 나이 어린 소년지원병도 참전했다. 이들은 만 17세 이하의 자원입대한 소년들로 징집대상 연령이 아니었음에도 지원 입대하여 전쟁에 투입되었다. 그 수는 대략 3,000~3,500명으로 추산되나, 포항, 안강, 영천, 다부동, 낙동강 전투에 투입되었다가 군번을 부여받기 전에 전사한 경우가 많아 정확한 수를 알 수 없다. 전선에 배치된 소년병들은 말이 지원병이지 거의가 병사라고도 할 수 없었다. 격전이 시작되기 전에는 그나마 군복을 지급받고 1~2주간 훈련을 받고 전선에 투입되었으나, 8월 이후 격전이 벌어지고 나서는 훈련도 받지 못한 채 교모와 교복 차림으로 전선에 나가는 경우가 비일비재했다. 전쟁 기간 동안 소년지원병들은 전투에 직접 참전하여 공로를 세우기도 했지만, 무엇보다도 이들의 참전은 다른 부대원들에게 큰 용기와 자극을 준 효과가 컸다. 소년지원병들은 대부분

649 군사편찬연구소, 『6·25전쟁 학도의용군 연구』, pp. 55-57

650 앞의 책, pp. 136-167.

651 앞의 책, pp. 162-163.

652 앞의 책, pp. 58-59, 61

훈련을 제대로 받지 못한 상태에서 곧바로 전선에 투입되었기 때문에 희생이 매우 큰 편이었다. 연도별 소년지원병들의 희생자 수는 1950년 635명, 1951년 1,131명, 1952년 357명, 1953년 341명이었고, 특히 1950년 9월에서 1951년 1월 사이 전사한 수가 1,000여 명을 상회했다.[653]

결국, 정부가 학도의용군과 소년지원병을 조직하고 참전시킨 것은 그만큼 징집자원이 부족했다는 것으로, 일반 국민들이 전쟁에 적극적으로 뛰어들지 않았음을 의미한다. 미 육군의 한 보고서에 의하면 1951년 1월에 만 17세에서 40세에 이르는 징집 대상자 가운데 신체가 건강한 남자들의 수는 이미 복무하고 있는 수를 제외하고 약 104만 9,000명에 달했다.[654] 그럼에도 불구하고 2만 8,000여 명의 학도의용군과 수 미상의 소년지원병을 운용할 수밖에 없었던 것은 병역의 대상이 되었던 많은 국민들이 징집에 응하지 않고 있었음을 의미한다. 일각에서는 학도의용군을 조선시대의 '의병'에 비유하며 애국정신을 높이 사기도 한다. 그러나 이는 어디까지나 정부가 정규군을 건설하는 데 실패한 무능의 산물이며, 싸워야 할 국민들이 적극적으로 전쟁에 참여하지 않음으로써 생긴 수치스런 결과물로 볼 수밖에 없다.

5. 소결론

왜 한국은 동족상잔의 비극이었던 한국전쟁을 당해야 했는가? 왜 한국은 북한의 침공을 막지 못하고, 국가생존의 문제를 국제사회의 지원에 의존해야 했는가? 북한의 남침이 어차피 막을 수 없는 것이었다면, 왜 한국은

---

653 "소년지원병", 행정안전부 국가기록원, http://www.archives.go.kr/next/search/listSubjectDescription.do?id=008600&pageFlag= (검색일 : 2019. 6. 8).

654 "한국군의 모병과 증강안에 대한 미 육군의 보고(1951. 4. 12)", 『자료대한민국사 제21권』, 국사편찬위원회, 한국사 데이터베이스.

국가방위를 위해 스스로 더 나은 대비를 할 수는 없었는가? 한국전쟁은 북한의 침략을 물리치고 자유민주주의 체제를 수호한 전쟁으로 인식되고 있다. 그러나 한국전쟁은 지도자들이 전쟁에 대해 무지하고 대비에 실패함으로써 야기된 또 하나의 민족적 수난이었다.

해방 후 한국의 지도자들은 전쟁의 본질에 대해 진지하게 사유하지 않았다. 근대적 관점에서 전쟁이 무엇인지에 대한 생각이 없었을 뿐 아니라, 민족통일을 위해 북한이 만지작거렸던 혁명전쟁에 대한 이해도 부족했다. 비록 지도자들은 북한의 붕괴나 북벌을 통한 통일에 환상을 갖고 있었지만, 정작 북한이 혁명적 관점에서 전쟁을 일으킬 가능성에 대해서는 관심을 두지 않았다. 오히려 군사력도 제대로 갖추지 못한 상태에서 언제든 북한 지역으로 치고 올라갈 수 있다는 근거 없는 자신감으로 일관했다. 이러한 가운데 한국은 내부 폭동과 38선에서의 국지적 도발에 대응하는 데 치중했지만, 이러한 소요와 도발들이 북한이 준비하고 있는 혁명전쟁의 전조였음을 인식하지 못했다. 북한의 남침으로 한국전쟁이 발발하게 된 원인은 김일성의 혁명적 동기에 있었지만, 이를 미리 간파하고 막지 못한 책임은 전쟁에 대한 사유가 빈곤했던 한국의 지도자들에게 있었다.

전쟁이 발발하기 이전에 한국 정부가 전쟁에서 추구하고자 했던 정치적 목적은 분명하지 않았다. 지도자들은 평화통일로부터 북한 내부 봉기에 의한 통일, 북한이 도발할 경우 반격에 의한 통일, 그리고 북진통일에 이르기까지 다양한 통일방안을 제시했으나 일관성을 갖지 못했다. 그리고 전쟁이 발발하고 유엔의 군사개입이 결정되자 이승만은 '반격에 의한 북진통일'을 정치적 목적으로 제시했지만, 이는 한국군이 스스로 달성할 수 있는 목표가 아니었다. 한국전쟁에서 정치적 목적은 전적으로 전쟁을 주도하는 미국 정부의 의지에 달려 있었다. 미국은 인천상륙작전을 계기로 사실상 한반도 통일을 달성하기로 결정했으나, 중국군이 개입하고 나서는 전쟁이 확대될 것을 우려하여 '전쟁 이전의 현상'을 회복하는 선에서 전쟁을 마무리하고자 했다. 한국은 '반격에 의한 통일'을 달성하고자 미국의 호의에 의지했지만, 국제정치적 현실은 한국의 통일을 위해 기꺼이 전쟁을 확대할 정도로 호의적이지 않았다.

한국군은 북한과 전쟁을 수행할 수 있는 군사전략을 제대로 마련하지 못했다. 북한이 추구한 혁명전쟁에 대해 무지했고 정치적 목적이 모호한 상황에서 어떻게 준비하고 싸워야 할지를 몰랐던 것이다. 실제로 정부가 수시로 언급했던 정치적 목적과 육군에서 입안한 군사전략에는 상당한 괴리가 있었다. 정부가 추구하는 바가 대체로 북한이 도발할 경우 반격에 나서 통일을 달성하려 했던 반면, 군사전략은 '반격'이나 '통일'이 아닌 '방어'에 초점이 맞춰져 있었다. 그리고 그러한 방어계획도 사실상 북한의 공격을 저지할 수 있는 군사력이 뒷받침되지 않은 상황에서 실효성을 가질 수 없었다. 비록 한국은 유엔군의 도움을 받아 낙동강 전선에서, 인천상륙작전에서, 북진 작전에서, 그리고 중국군과의 다섯 차례 전역에서 적과 싸우고 휴전선을 확보할 수 있었지만, 이 과정에서 한국의 군사전략은 없었다. 한국전쟁은 미국이 전쟁을 기획하고 작전을 주도했다는 점에서 한국의 전쟁이 아닌 미국의 전쟁이었다.

한국전쟁은 당연히 정부와 군, 그리고 국민이 일체가 되어 대비했어야 함에도 그렇지 못했다. 먼저 정부는 북한의 혁명전쟁 가능성보다 내부 치안을 유지하는 데 주안을 둠으로써 군으로 하여금 북한의 군사위협에 우선적으로 대비하도록 하지 않았다. 그러다 보니 군에서는 한국이 당면한 전쟁의 양상을 명확하게 식별하지 못했고, 효율적으로 전쟁을 대비하거나 전쟁을 수행할 수 있는 체제를 구비하지도 못했다. 적을 효과적으로 제압할 수 있는 작전을 계획하고 지휘할 수 있는 천재적 리더십을 가진 군 지휘관을 선별하여 활용하지도 못했다. 이러한 가운데 정부는 오히려 군의 태세가 완벽하다고 홍보함으로써 국민들로 하여금 전쟁에 대한 경각심을 갖도록 하지 못했다. 전쟁 이전과 전쟁 기간 동안 국민들은 징병에 적극적으로 응하지 않았는데, 이는 전쟁에 대한 열정이 그다지 높지 않았음을 보여준다.

이렇게 볼 때 한국전쟁은 한민족이 이전의 역사에서 경험한 뼈아픈 전쟁 경험을 되풀이한 사례가 아닐 수 없다. 비록 한국은 해방을 맞아 근대적 정부를 수립했음에도 불구하고 전쟁에 대한 진중한 사고를 결여하고 준비를 갖추지 못함으로써 또 한 번의 비극적 전쟁을 치러야 했다. 한국전쟁은 지도부의 잘못된 전쟁인식과 안이한 전쟁대비로 인해 국민들이 값비싼 희생을 치렀다는 점에서는 과거 임진왜란이나 병자호란과 다를 바가 없는 전쟁이었다.

제10장

한국전쟁 이후의 군사사상

이 장에서는 한국전쟁 이후 현재까지의 군사사상을 분석한다. 전쟁이 끝난 이후 한국은 미국과의 동맹을 바탕으로 한반도 상황을 안정적으로 관리하면서 근대화에 나설 수 있었다. 정치적으로 자유민주주의의 발전을 이루었으며, 경제적으로 GDP(국내총생산) 규모 세계 10위권, 그리고 군사적으로는 국방비 지출 세계 10위 이내의 중견국가로 성장했다. 그러나 이처럼 모든 분야에서의 비약적인 발전에도 불구하고, 한국은 유독 전쟁의 문제에 있어서는 근대적 사고를 발전시키지 못했다. 여기에는 민족 간의 참화를 낳은 한국전쟁의 영향이 컸다. 이 전쟁으로 한국인들은 전쟁에 대한 혐오감을 갖게 되었고, 전쟁을 국익추구를 위한 정책수단으로 간주하기보다는 어떻게든 억제 또는 회피해야 할 대상으로 인식하게 되었다. 근대 서구의 현실주의적 전쟁관을 접하고 배우지만 이것이 한국전쟁의 기억에 의해 왜곡된 형태로 투영되고 있는 것이다.

1. 전쟁의 본질 인식

가. 전쟁혐오의 전쟁관: 한국전쟁의 후유증

한국전쟁 이후 한국인들은 어떠한 전쟁관을 갖게 되었는가? 그것은 전통적인 유교적 전쟁관인가, 근대 서구의 현실주의적 전쟁관인가, 아니면 극단적인 혁명적 전쟁관인가? 한국인들은 전쟁을 나쁜 것으로 보고 혐오하는가, 국익 확보를 위한 정상적인 정치행위로 간주하는가, 아니면 전쟁을 없애기 위해 반드시 필요한 정당한 행위로 보는가?

한국전쟁 이후 한국은 자유민주주의 체제하에서 경제발전을 도모하는 가운데 근대화의 경로에 들어서게 되었다. 이 과정에서 한국은 미국을 비롯한 서구 국가들과 교류하면서 정식으로 근대적 전쟁관을 접할 수 있었다. 유교에서 바라보는 전쟁혐오 인식을 벗고 국가이익을 위해 정상적으로 군사력을 사용할 수 있다는 현실주의적 전쟁관을 수용할 기회를 맞이한 것이다. 그러나 한국은 '북한과의 전쟁'에 몰두해야 했다. 북한이 대남혁명 노선을 포기하지 않고 크고 작은 군사적 도발을 야기하며 안보를 위협하는 상황에서 한국은 전쟁의 문제를 일반적인 전쟁이 아닌 '북한과의 전쟁'이라는 지엽적인 관점에서 바라보게 되었다.

그리고 북한과의 전쟁에 대한 우려는 과거 한국전쟁의 참혹한 기억을 불러냈다. 한국전쟁은 남북한 모두에 회복할 수 없는 상처를 남겼다. 한국군의 경우 전사 13만 8천여 명, 부상 45만여 명, 실종 및 포로 약 3만 3천명 등 62만여 명의 피해를 입었으며, 북한군은 사료에 따라 다르지만 대략 65만 내지 80만 명의 손실을 입은 것으로 추정된다. 민간인 피해도 커서 남한의 경우 사망 및 학살, 부상, 납치 및 행방불명자가 250만에 달했으며, 북한의 경우 150만 명의 피해를 입은 것으로 추정된다. 이 외에도 이재민 370만 명, 전쟁미망인 30만 명, 전쟁고아 10만 명, 이산가족 1,000만 명이 발생하는 등 사회적 손실도 컸다. 당시 남북한 인구 3,000만 명 가운데 절반이 넘는 1,800만 명이 전쟁으로 인해 직접 피해를 입은

것이다.[655]

한국전쟁에 대한 아픈 기억은 한국인들로 하여금 전쟁에 대한 거부감을 갖도록 했다. 물론, 역사를 볼 때 모든 전쟁이 국민들에게 전쟁에 대한 혐오감을 가져다준 것은 아니다. 보불전쟁에 패배한 프랑스가 독일을 상대로 설욕을 다짐하고 군사력을 증강했듯이, 그리고 제1차 세계대전에서 패한 독일이 치욕을 씻기 위해 히틀러를 세워 제2차 세계대전을 야기했듯이 전쟁은 침략국가에 대한 보복의지를 불러일으켜 또 다른 전쟁을 낳기도 한다. 그러나 이는 국가들 간의 전쟁에 해당하는 것으로 국내 혁명전쟁 혹은 내전의 경우에는 다르다. 내전은 같은 민족들 간의 전쟁이다. 이념적으로 이해를 달리하는 두 집단이 끝을 보아야 끝나는 절대적 형태의 싸움이다. 이미 한국전쟁에서 경험한 바와 같이 같은 민족 간에 살육과 참화, 그리고 증오를 가져오는 재앙적인 전쟁이다.

이러한 가운데 한국인들의 마음속에는 전쟁을 기피하는 인식이 자리잡게 되었다. 이념적 적대감을 가진 북한은 대남무력투쟁을 정당화하지만, 그러한 적대적 동기를 갖지 않은 한국인들은 전쟁을 용인할 수 없다. 혁명사상으로 무장한 북한은 민족해방이라는 이름으로 동족에 총을 겨눌 수 있으나, 그러한 혁명적 동기를 갖지 않은 한국인들은 무력 사용을 배척할 수밖에 없다. 북한이 또다시 침공해온다면 싸우지 않을 수 없겠지만 한국인들은 한반도에 또다시 전쟁의 참화가 재연되어서는 안 된다고 생각한다. 북한과의 전쟁은 결코 바람직하지 않으며 다시 일어나서는 안 된다는 인식이 지배하고 있는 것이다.

한국인들이 가진 전쟁기피 인식은 북한의 도발에 소극적으로 대응하는 데서 드러나고 있다. 전쟁이 끝난 후 북한은 1950년대 풍세면 무장간첩사건, KNA(창랑호) 납북, 1960년대 진주 무장공비 침투, 해군 당포함

655 박균열, "광복, 건국, 그리고 6·25", 『안보적 관점에서 본 한국 현대사』(서울: 오름, 2009), pp. 111-112.

격침, 1·21 사태, 푸에블로호 납치, 울진·삼척 무장공비 침투, EC-121기 격추, 대한항공 YS-11기 납북, 1970년대 해군 방송선 I-2 피납, 해경 863경비함 격침, 박정희 저격 미수, 판문점 도끼만행, 1980년대 아웅산 묘소 폭탄테러, 1990년대 임진강 무장공비 침투, 강릉 무장공비 침투, 제1연평해전, 2000년대 제2연평해전, 대청해전, 2010년대 천안함 피격, 연평도 포격, DMZ 목함지뢰 사건 등 숱한 도발을 야기했다. 이외에 무수히 반복된 간첩사건, 무장공비, 간첩선 침투, 폭탄테러, 전방지역 습격 등을 포함하면 북한의 도발은 거의 일상화된 것이었다. 이처럼 북한은 한국의 영토를 침범하여 수많은 군사도발을 거듭해왔음에도 한국은 매번 수세적으로 대응했을 뿐 군사적으로 보복하거나 반격을 가한 적이 없다.

심지어 한국군은 재래식 전력에서 우위를 점유하고 있음에도 불구하고 2010년 북한의 천안함 폭침과 연평도 도발에 대해 과감하게 반격을 가하지 않았다. 천안함 폭침의 경우 사건 발생 당시 도발의 주체를 알 수 없었기 때문에 즉각적인 군사행동이 불가능했음은 이해할 수 있다. 그러나 이후 사건을 조사한 결과 북한의 도발임이 밝혀졌음에도 불구하고 한국은 군사행동을 취하지 않았다. 당시 정부는 5·24조치를 발표하여 남북관계를 전면적으로 단절하고 북한이 추후에 다시 도발할 경우 도발원점은 물론 지휘부와 지원세력까지 타격할 것을 경고했는데, 이는 과거와 마찬가지로 무기력한 모습을 또다시 드러낸 것이었다. 북한의 연평도 포격에 대해서도 마찬가지였다. 5·24조치에서 처절한 보복을 공개적으로 다짐한 지 6개월 후 북한이 연평도에 포격을 가했지만 이에 단호하게 대응하지 못한 것이다. 우리 주민들이 수 시간 동안 포격을 받고 있는 상황에서는 당연히 공군 전투기를 동원하여 적 영토를 공격했어야 했다. 그런데 정부는 오히려 "확전은 안 된다"는 일종의 가이드라인을 내림으로써 군의 적극적인 보복을 제지했다.

이와 같이 현대의 역사에서 한국이 북한의 도발에 매번 당하면서도 어정쩡하게 대응한 것은 결국 한국전쟁에서 얻은 일종의 '전쟁 트라우마'가 작용한 것으로밖에는 설명할 수 없다. 즉, 한국은 부지불식간에 전쟁을 회피해야 한다고 생각하기 때문에 북한의 국지도발이 전면전으로 확대될 것을 우려하여 군사력 사용을 극도로 자제하는 것이다.[656] 결국 한국인은 근대 서구의 현실주의적 전쟁관에 공감하면서도 실제로는 무력 사용에 대한 강한 거부감을 갖고 있다는 측면에서 아직 전근대적 전쟁인식을 벗어나지 못한 것으로 볼 수 있다.

나. 반혁명으로서의 전쟁인식

한국전쟁 이후 북한은 줄곧 남한을 무력으로 통일하려는 혁명전쟁을 추구해왔다. 반면 한국은 통일을 지향했지만 그것은 반드시 무력통일이 아닌 평화적 통일이어야 했다. 북한이 침공할 경우 이를 방어하고 반격에 나서 무력으로 통일할 수는 있어도, 먼저 북한을 공격하여 통일하는 방안은 상정할 수 없었다. 따라서 한국은 북한의 대남 혁명전쟁을 거부하는 '반혁명'의 관점에서 전쟁을 바라보게 되었다. 북한의 전쟁에 대해 한국은 반전쟁을, 북한의 공격에 대해 한국은 방어를, 그리고 북한의 대남 혁명에 대해 반혁명으로 대응한 것이다.

(1) 북한의 전쟁인식: 대남 혁명전쟁

북한의 대남혁명전략은 시기별로 변화해왔다. 첫 번째는 1945년 12월

---

656 최창현의 연구에 의하면 "어떤 상황에서는 정의를 실현하기 위해 전쟁이 필요하다는 주장에 대하여 어떻게 생각하느냐"의 설문에 한국인 75.8%, 북한 주민 31.5%, 중국인 31.9%, 대만인 57%이 반대한다고 답변했다. 한국인이 전쟁을 혐오하는 인식이 북한 주민에 비해 44.3%, 중국인에 비해 43.9%, 대만인에 비해 18.8%가 높다는 것을 알 수 있다. 최창현, "남북한과 양안의 애국심과 사회자본력 비교", 『대만연구』, 제11호(2017. 12), p. 105. 여기에서 북한 주민은 탈북민을 대상으로 한 것이다. 국가별 응답 결과는 다음 표와 같다.

구분	남한	북한	중국	대만
동의	19.4%	55.4%	36.1%	34.7%
반대	75.8%	31.5%	31.9%	57.0%
무응답	4.6%	-	13.2%	0.8%
모름	0.2%	13.0%	18.8%	7.5%

17일 김일성이 내건 '민주기지론'이다. 북한 지역을 먼저 사회주의 이념으로 무장한 민주기지로 만들어 이를 토대로 전 한반도를 공산화한다는 개념이다. 한국전쟁은 이러한 혁명기지전략을 실행하는 결정적 수단이었다. 한국전쟁이 끝난 후에도 김일성은 1955년 4월 "우리 혁명의 원천지인 북반부의 민주기지를 정치·경제·군사적으로 더욱 강화하여 민주기지를… 우리나라의 통일 독립을 쟁취할 결정적 역량으로 전변시켜야 할 것"이라고 하여 여전히 민주기지론이 유효함을 밝힌 바 있다.[657]

두 번째는 1960년대 '남조선혁명론'이다. 남한의 노동자와 농민 등 근로 인민들이 주체가 되어 남한 내 혁명을 수행한 후, 남한의 반정부적 '민주주의 역량'과 북한의 사회주의 역량이 합작하여 통일을 이루는 것이다. 이때 남한혁명은 '북반부 혁명기지'의 강력한 지원을 받지만 기본적으로 남조선 인민들의 혁명역량의 성장과 그들의 결정적인 투쟁에 의해 승리한다는 개념이다. 상대적으로 한국 사회 내에서 자생적 혁명역량을 강화하는 데 주안을 둔 것이다.

이에 따라 1964년 3월 간첩 김종태는 한국 내에 지하정당인 통일혁명당을 결성하고 북한으로부터 "남조선 혁명은 남조선 인민의 힘으로 완수할 수 있도록 혁명기반을 구축하라"는 지령을 받아 반정부 투쟁에 나섰다. 그는 베트남의 '베트남민족해방전선'—남베트남 내 공산당 무장투쟁 조직으로 '베트콩'의 정식명칭—을 모방한 '조선민족해방통일전선'을 결성하기 위해 국내외 조직과 접촉하는 한편, 통일혁명당 산하의 학생운동 조직을 동원하여 1967년 국회의원 선거 및 대통령선거에 대한 반대투쟁, 그리고 미국 부통령 험프리Hubert H. Humphrey, Jr. 방한 반대투쟁, 사토 에이사쿠佐藤栄作 일본 수상 방한 반대투쟁 등을 전개했다. 이 시기에 발생한 무장게릴라부대의 '청와대 기습'이나 '울진삼척지구 침투사건'은 이 시기 북한이 남한 내 혁명운동을 지원하기 위한 방편에서 감행한 군사적 도발이었

---

657 "민주기지론", WiKiDOK, http://ko.nkinfo.wikidok.net/dok/민주기지론(검색일: 2019. 6. 12).

다. 그러나 지하당 건설을 통한 남조선혁명 구상은 1968년 8월 통일혁명당 관련자 158명이 검거되면서 좌절되었다.[658]

세 번째는 1970년대 '민족해방 인민민주주의혁명론'이다. 김일성은 1970년 11월 제5차 당대회에서 1960년대의 '남조선혁명론'을 더욱 구체화한 '민족해방 인민민주주의혁명' 전략을 채택했다. 이는 남한의 혁명세력이 주체가 되어 남조선혁명을 수행해야 한다는 것으로, 우선 남한에서 민족해방 인민민주주의혁명을 수행한 다음 사회주의 혁명을 완성한다는 '단계적 혁명론'이다. 이를 위해 북한은 한국 사회 내부에 지하당 조직을 확대하고 다양한 형태의 통일전선을 형성하여 폭동 등 사회혼란을 조장하고 남한 내 인민혁명을 유도하고자 했다.[659] 북한은 1960년대 후반 실패한 통일혁명당에 이어 1970년대 남조선민족해방전선, 1980년대 한국민족민주전선, 1990년대 조선노동당 중부지역당 등 남한 내 지하당을 구축하여 반정부활동을 전개했다.[660]

현재에도 '민족해방 인민민주주의혁명론'은 북한의 대남혁명을 위한 개념으로 여전히 유효하다. 2010년 9월 개정된 조선노동당 규약 전문에는 다음과 같이 대남혁명전략에 관한 내용을 명시하고 있다.

> 조선로동당은 위대한 수령 김일성 동지께서 개척하신 주체혁명 위업의 승리를 위하여 투쟁한다.
>
> 조선로동당의 당면 목적은 공화국 북반부에서 사회주의 강성대국을 건설하며 전국적 범위에서 민족해방민주주의 혁명의 과업을 수행하는 데

---

658 "남조선 혁명", WiKiDOK, http://ko.nkinfo.wikidok.net/dok/남조선%20혁명(검색일: 2019. 6. 12); "통혁당(가칭) 간첩사건 진상",《중앙일보》, 1968년 8월 24일.

659 통일부, 『2017 통일문제 이해』(서울: 통일교육원, 2016), p. 148.

660 "민족해방 인민민주주의혁명", WiKiDOK, http://ko.nkinfo.wikidok.net/dok/민족해방%20인민민주주의혁명(검색일: 2019. 6. 12).

있으며 최종 목적은 온 사회를 주체사상화하여 인민대중의 자주성을 완전히 실현하는 데 있다.

조선로동당은 남조선에서 미제의 침략무력을 몰아내고 온갖 외세의 지배와 간섭을 끝장내며 일본 군국주의의 재침책동을 짓부시며 사회의 민주화와 생존의 권리를 위한 남조선인민들의 투쟁을 적극 지지성원하며 우리 민족끼리 힘을 합쳐 자주, 평화통일, 민족대단결의 원칙에서 조국을 통일하고 나라와 민족의 통일적 발전을 이룩하기 위하여 투쟁한다.[661]

여기서 말하는 '민족해방민주주의 혁명'은 대남혁명, 즉 남한을 겨냥한 '남조선혁명'을 일컫는다. 이때 '민족해방'은 주한미군을 철수하도록 하여 남한을 '미 제국주의'로부터 해방시키는 것을 의미한다. 또한 '민주주의 혁명'은 남한의 자유민주정권을 봉건적·반동적 정권으로 규정하여 타도하고, 북한이 주장하는 '민주정권', 즉 용공 또는 연북정권을 수립하는 것을 의미한다.[662] 즉, '민족해방민주주의 혁명'에서 핵심 과업 두 가지는 주한미군 철수와 남한 정권의 전복이다. 이를 위해 북한은 남한 내 친북세력을 확대하고 정치·조직·사상 등에서 반정부 성향을 강화한 다음, 혁명 여건이 성숙되는 결정적 시기에 남한 내 민중봉기와 군사적 공격을 병행하여 '남조선혁명'을 완수하려 하고 있다.[663]

이러한 북한의 대남혁명은 비록 남한 내 민중봉기에 의존하지만 궁극적으로 무력을 사용하여 통일하는 것으로 완성된다. 과거 북베트남이 미군 철수 후 남베트남을 공격하여 통일했던 것처럼, 주한미군이 철수하고

---

661 "조선로동당규약", 2010년 9월 28일.

662 통일부, 『2017 통일문제 이해』, p. 67.

663 허종호, 『주체사상에 기초한 남조선 혁명과 조국통일 리론』(평양 : 사회과학출판사, 1975), pp. 246-270.; 통일부, 『2017 통일문제 이해』(서울: 통일교육원, 2016), p. 68에서 재인용.

남한 내 친북세력이 강화되어 여건이 조성되면 북한은 남한 내 극심한 사회혼란을 조성한 다음 무력으로 통일을 달성하려는 것이다.

(2) 한국의 전쟁인식: 반혁명전쟁

북한의 대남 혁명전쟁에 대한 한국의 반혁명전쟁은 북한의 한국 사회 침투를 저지하고 무력통일을 거부하는 것이었다. 북한이 '민족해방민주주의 혁명'을 추구하지 못하도록 사회안정을 유지하고 전쟁을 억제하며, 만일 전쟁이 발발할 경우 북한의 전쟁 승리를 거부한다는 측면에서 '반혁명전쟁'이라고 할 수 있다.

한국의 반혁명전쟁은 반공주의를 기반으로 했다. 사실 한반도에서 반공주의는 공산주의 사상이 소개된 1920년대부터 등장한 것으로, 처음에는 공산주의 이론에 대한 논리적 비판을 가하는 담론적 성격이 강했다. 주로 우파 또는 민족 진영의 입장을 대변하여 공산주의가 민족해방보다 계급해방을 내세우고 한국의 독립이 아닌 소련에의 종속을 가져올 것이라는 비판적 시각을 담고 있었다. 그러나 해방 후 남북이 분단되고 냉전이 고착화되면서 반공주의는 국가의 정통성과 체제를 수호하는 차원에서 국가가 주도하는 이데올로기적 성격을 띠기 시작했다. 그리고 한국전쟁은 북한 공산정권의 호전성과 침략성을 드러냄으로써 한국 내에서 반공주의를 확대하고 심화하는 계기가 되었다.

한국전쟁 이후 한국의 반공주의는 박정희의 집권 이후 더욱 강화되었다. 1961년 5월 16일 군사혁명위원회 의장 장도영 명의로 발표된 혁명공약 제1조는 "반공을 국시國是의 제1의義로 삼고 지금까지 형식적이고 구호에만 그친 반공체제를 재정비 강화할 것"이라고 되어 있다. 박정희는 '반공'의 기조하에 전 국민을 사상적으로 결속시켜 한국 사회 내에 공산주의의 침투를 저지하고 자유민주주의 체제를 수호하고자 했다. 1964년 9월 7일 그는 국회에서 가진 연설에서 다음과 같이 말했다.

호전적인 중공세력을 배경으로 하는 북한괴뢰는 대한민국의 민주건설을 파괴하기 위해서 우리 국가사회 안의 '진정한 자유'의 후면에 부수되는 여러 갈래의 허점을 최대한으로 역이용하여 간접침략에 의한 사회교란을 집요하게 시도하며 또 이를 계속하고 있는 것입니다.

국방에 있어서는 미국을 위시한 자유우방과의 집단안전보장체제를 강화하고 장비의 현대화와 관리의 합리화 및 철저한 정신무장 강화를 비롯한 교육훈련 및 지원역량의 확보로써 전력을 증강하는 한편… 국지적 침략전의 위험성에 대비하기 위하여 일단 유사시에는 언제라도 이에 즉응할 수 있는 군사 및 경제동원체제의 확립과 아울러 민방위 및 복원체제를 망라한 총동원태세를 평시에 갖출 수 있도록 국민반공태세의 실질적 강화에 주력할 것입니다.[664]

여기에서 박정희는 북한의 한국 사회 교란 행위와 국지적 침략 가능성을 지적하고, 이에 대비하기 위해 군의 동원태세를 확립하고 국민들의 반공태세를 강화해야 한다고 주장했다.

1960년대 말 북한이 대남 국지도발을 본격화하자 박정희는 이를 전면전 가능성과 연계하여 경계했다. 1·21사태를 계기로 향토예비군을 창설한 박정희는 1968년 4월 1일 향토예비군 창설 기념식에서 다음과 같이 언급했다.

(북한은) 전면전의 준비로서 유격전을 획책하고 근 2만 명의 이르는 이른바 특공대를 조직하고 있는 것입니다. 바로 이른바 얼마 전에 서울에 침입했던 무장공비는, 이들 중의 일당인 것입니다. 이러한 무장공비를

---

664 "1965년도 예산안과 1964년도 제1회 추경예산안 제출에 즈음한 시정연설문(1964. 9. 7)", 『박정희대통령연설문집 제1집: 정치·외교』, 대통령공보비서관실.

집단적으로 남한에 침투시켜 조야 요인의 암살, 군 및 산업 시설의 파괴, 양민 학살, 허위 모략 선전 등으로 정치적·경제적 또는 사회적 불안과 치안의 혼란을 조성하고 그 틈을 타서 6·25와 같은 침략을 노리고자 하고 있는 것입니다.[665]

이 연설에서 박정희는 북한이 1·21사태와 같이 무장공비 침투를 통한 암살, 파괴, 선전 등으로 사회불안을 조성하는 것은 한국전쟁과 같은 전면전을 야기하려는 데 있다고 보았다. 한국전쟁 발발 이전에 남한 내 반정부 폭동을 조장하고 38선에서 군사적 충돌을 야기했던 상황과 유사하다고 판단한 것이다. 향토예비군 창설은 이처럼 사회혼란을 조성하려는 북한의 전략에 대응하기 위한 조치였다.

이렇게 볼 때 한국의 전쟁인식은 북한이 추구하는 대남 혁명전쟁에 대응하기 위한 '반혁명전쟁'이라는 관점에서 이해할 수 있다. 대체적으로 무장공비 침투, 국지도발, 반정부 지하조직 결성 등 사회혼란을 획책하는 북한의 도발에 대해 반공주의를 강화하고, 향토방위체계를 정비했으며, 북한의 국지적 도발이 전면전으로 확대될 가능성에 대비해 국방력 및 군사대비태세를 강화했다. 이는 이승만 정권에서 내부 치안유지에만 주력한 채 북한의 전면전 도발 대비에 소홀했던 것과 대비된다. 즉, 한국전쟁 이후 한국은 북한의 '혁명전쟁'을 비로소 제대로 이해함으로써, 북한의 도발행위가 사회혼란을 조성하는 데 그치지 않고 궁극적으로 전면적인 전쟁으로 이어질 수 있다고 인식한 것이다.

다. 반혁명전쟁 인식의 확대: 베트남전 파병

한국군의 베트남전 참전은 한반도에서 치러지고 있는 반혁명전쟁의 연장선상에서 이루어졌다. 박정희는 한국과 마찬가지로 민족이 분단되고 이

---

665 "향토예비군설립", 박정희 대통령 연설 음성원고, 대통령기록관.

념적으로 대치하고 있는 베트남이 공산화될 경우 국제공산주의의 특성상 다음 차례는 한국이 될 것으로 생각했다. 아시아에서 도미노처럼 밀려오는 공산주의를 차단하기 위해서는 베트남이 공산화되는 것을 막아야 했다. 즉, 베트남 파병은 한반도에서의 반공투쟁을 아시아에서의 반공투쟁으로, 한반도에서의 반혁명전쟁을 아시아에서의 반혁명전쟁으로 확대한 것이었다.

한국군의 베트남 파병 의사는 1961년 6월 30일 주미 대사로 임명된 정일권이 케네디 대통령에게 신임장을 제청한 후 가진 면담에서 처음으로 전달되었다. 그는 케네디에게 한국은 미국과 한국전쟁에서 같이 싸운 공동운명체이므로 언제든 베트남 전선에 참여할 수 있다는 의사를 전달했다.[666] 7월 26일 박정희는 케네디에게 서한을 보내 베트남에 군대를 보낼 수 있다고 언급한 데 이어,[667] 11월 14일 미국을 방문하여 가진 케네디와의 첫 만남에서 다음과 같이 공식적으로 파병 의사를 밝혔다.

> 동남아시아, 특히 베트남과 관련해 한국은 확고한 반공국가로서 극동의 안보에 기여하기 위해 최선을 다할 것입니다. 북베트남은 잘 훈련된 게릴라부대를 가지고 있습니다. 한국은 그 같은 유형의 전쟁에 잘 훈련된 100만 명의 인력을 보유하고 있습니다. 이들은 정규부대에서 훈련받았고 지금은 전역해 있습니다. 미국의 승인과 지원이 이루어진다면 한국은 베트남에 한국군을 보낼 수 있으며, 만약 정규군의 파병이 바람직하지 않다면 지원병을 모집해 보낼 수도 있을 것입니다. … 대통령께서도 본인의 제안을 군사 관계자들과 검토하게 하신 후 그 결과를 알려

---

666 Memorandum of Conversation, June 30, 1961, "Presentation of Letters by Korean Ambassador", 군사편찬연구소, 베트남관련자료철 제1권(원자료 소장처: JFK Library).

667 Telegram from Park Regarding President's Statement on Berlin, July 26, 1961, 군사편찬연구소, 베트남관련자료철 제1권.

주시기 바랍니다.[668]

미국은 박정희의 제안에도 불구하고 한국군의 베트남 파병에 유보적이었다. 남베트남의 상황이 군사적으로 개입할 만큼 심각하지 않다고 판단했기 때문이다.

그러나 베트남 내 상황은 곧 돌변하기 시작했다. 1963년 11월 응오 딘 지엠Ngo Dinh Diem 남베트남 대통령이 살해되고 베트콩의 무장폭동이 심각해지자 군대를 투입하지 않고서는 남베트남 정부의 통치력을 유지할 수 없게 되었다. 1964년 4월 23일 존슨Lyndon Johnson 대통령은 '더 많은 부대more flags'를 표방하며 남베트남에 대한 지원을 호소했고, 5월 9일에는 한국을 포함한 25개 우방국에 서한을 보내 남베트남에 파병을 요청했다.[669] 남베트남 정부도 1964년 7월 15일 군사적 지원을 요청하는 서한을 한국 정부에 보내왔다.

한국은 1964년 9월부터 1973년 8월까지 7년 동안 베트남전에 참전했다. 1964년 9월 1차로 130명의 이동외과병원과 10명의 태권도 교관단을 파병했고, 1965년 2월 2차로 약 2,000명 규모의 건설지원단인 비둘기부대를 파병했다. 이들은 비전투부대였다. 1965년 4월 미국이 전투부대의 파병을 요청하자 한국은 그해 10월 3차로 제2해병여단인 청룡부대 4,200여 명을 캄란Cam Ranh 만에, 수도사단인 맹호부대 1만 4,000여 명을 퀴논Qui Nhon에 파병했다. 1966년 3월에는 추가 파병이 결정되어 4차로 수도사단 1개 연대와 제9사단 백마부대를 파병했고, 1967년 7월에는 5차로 해병 및 지원부대로 구성된 2,963명을 추가로 파병했다. 1968년부터 1972년까지 베트남에 주둔한 한국군 병력은 약 5만 명에 달했다.[670] 미국

---

668 Memorandum of Conversation, Washington, D.C., November 14, 1961, "U.S.-Korean Relations", *FRUS, 1961-1963, Vol. XXII*, Northeast Asia, p. 536.

669 군사편찬연구소, 『한미동맹 60년사』(서울: 군사편찬연구소, 2013), p. 93.

670 앞의 책, pp. 95-96.

은 베트남전이 장기화되면서 추가 파병을 요청했으나, 한국정부는 이미 파병 병력이 5만에 이른 데다가 청와대 기습사건과 같은 북한의 대남도발, 베트남 정세 악화, 미국 내 반전여론 등을 고려하여 더 이상의 파병은 하지 않았다.

한국의 베트남 파병은 아시아 공산혁명을 저지하기 위한 '반혁명전쟁'의 성격을 갖는다. 1965년 2월 9일 제2차 베트남 파병 환송식에서 박정희는 남베트남으로부터 군사지원 요청을 받고 이를 검토한 결과 "우리의 국가안전을 공고히" 하고 "자유우방의 결속된 반공노력에 크게 기여"하기 위해 요청을 받아들이기로 했다고 언급했다. 그리고 베트남 파병의 이유를 다음과 같이 부연하여 설명했다.

> 첫째로, 이것이 전자유아세아집단안전보장에의 도의적 책임의 일환이라는 판단과, 둘째로는, 만약에 월남이 공산화하는 경우에는 아세아 지역 전체에 미칠 공산 위협의 증대는 필연적인 사실이므로 월남을 지원하는 것은 바로 우리의 간접적인 국토방위가 된다는 확신, 그리고 셋째로는, 과거 6·25공산침략을 당했을 때 미국을 비롯한 16개국 자유우방의 지원을 받아 위기일발에서 조국의 운명을 구출한 우리의 입장에서는 다른 우방이 공산침략의 희생이 되는 것을 피안의 화재처럼 방관할 수 없다는 공동운명의식과 정의감에 입각한 우리의 대의명분인 것입니다.[671]

여기에서 그는 베트남이 공산화될 경우 아시아 전체가 공산주의의 위협을 받게 될 것이고, 그렇게 되면 한반도에도 영향을 미칠 것이므로 우리의 국토방위를 위해 참전이 불가피하다고 밝혔다. 또한 박정희는 1965

671 "월남파병환송 국민대회 환송사(1965년 2월 9일)", 『박정희대통령연설문집 제2집』, 2월편, 대통령비서실.

년 10월 12일 처음으로 전투부대로서 베트남에 파병되는 맹호부대의 환송식에서도 "월남전선과 우리의 휴전선이 직결되어 있다"고 함으로써, 베트남에서의 반공전선이 한반도에서 북한 공산주의의 위협에 대처하는 것과 연계되어 있음을 분명히 했다.[672] 이는 베트남의 상황을 한국의 운명과 연계한 것으로, 정부가 북한의 위협에 대처하는 '반혁명'의 관점을 아시아 지역으로 확대했음을 알 수 있다.

이러한 박정희의 인식은 해방 이후 한국전쟁이 발발하기 전 중국의 공산화와 한반도 상황을 별개로 본 당시 지도자들의 인식과 다른 것이다. 이승만을 비롯한 지도자들은 1949년 중국이 막 공산화된 상황에서 이것이 한국의 안보에 별다른 영향을 주지 않는다고 판단했다. 반면, 박정희는 베트남의 상황이 한국의 안보와 긴밀하게 연계되어 있다고 인식했다. 실제로 김일성은 북베트남의 혁명전략을 모방하여 1·21사태와 같이 무장공비를 본격적으로 침투시켜 한국 사회의 혼란을 조성하려 했으며, 1975년 북베트남이 남베트남을 침공하여 무력으로 통일한 시기에 중국을 방문해 마오쩌둥에게 한반도 무력통일에 대한 의욕을 드러내기도 했다.[673] 박정희가 베트남전 상황을 한반도 안보상황과 연계하여 대비한 것은 그의 전쟁인식이 이승만보다 한 수 위였거나, 혹은 한국전쟁을 당한 과거 경험으로부터 학습효과를 보았던 것으로 이해할 수 있다.

다만, 한국의 베트남 파병은 '대외 무력투사'라는 관점에서 한국인들에게 근대적 전쟁인식을 심어줄 수 있는 기회였음에도 불구하고 파병 후 한국의 군사사상에까지 큰 영향을 줄 수 없었다. 그것은 베트남 전쟁이 '실패한 전쟁'이었고, 또 베트남 국민들에 상처를 준 전쟁이었기 때문에 한국인들은 이러한 기억을 되살리고 싶지 않았기 때문이다. 또한 한국인들의 정서에는 여

---

672 "맹호부대 환송식 유시(1965년 10월 12일)", 『박정희대통령연설문집 제2집』, 10월편, 대통령비서실.

673 이정헌, "김일성, 1975년 마오쩌둥 만나 한반도 무력 통일 의욕", 《중앙일보》, 2016년 9월 1일. 마오쩌둥은 미국과 관계를 개선하고 있었기 때문에 김일성의 남침 의사에 동의하지 않았다.

전히 전쟁에 대한 거부감이 컸던 탓에 베트남 파병만으로 전쟁을 정상적인 정치행위로 간주하고 근대적 전쟁인식을 수용하는 데에는 한계가 있었다.

라. 한국군의 해외파병: 탈근대적 전쟁인식?

한국군은 베트남전 파병 이후 1990년대부터 국제평화를 위해 유엔이 주도하는 평화유지활동PKO, Peace Keeping Operaiton 및 다국적군평화활동Multinational Force Peace Operation에 참여함으로써 국제적 대의를 위한 전쟁을 수행했다.[674] 1991년 1월 걸프전, 1993년 7월 소말리아, 1994년 8월 서부 사하라, 1995년 10월 앙골라, 1999년 10월 동티모르, 2001년 아프가니스탄, 2003년 이라크, 2007년 레바논, 2009년 3월 소말리아, 2010년 7월 아프가니스탄, 그리고 2013년 3월 남수단에 PKO 및 다국적군 파병을 실시했다.

한국군의 해외파병은 국가안보의 차원을 넘어 국제평화에 기여하기 위해 군사력을 사용한 것으로, 한편으로 무력 사용에 대한 혐오 인식을 넘어선다는 측면에서 근대적 전쟁인식을 반영한 것으로 볼 수 있다. 그러나 다른 한편으로는 냉전 이후 국가 중심의 전통적 전쟁이 아닌 비국가 행위자에 의한 새로운 전쟁에 참여했다는 점에서 '탈근대적post-modern 전쟁'에 대한 인식을 갖기 시작한 것으로 볼 수 있다. 즉, 근대 서구의 전쟁은 전통적 위협으로부터 국가안보를 확보하는 데 반해, PKO와 다국적군 파병은 새로운 형태의 위협으로부터 국제안보를 지키기 위한 것으로 전쟁의 성격이 다르다. 그러한 사례로는 아프가니스탄과 이라크에서의 분란전, 아프리카 지역에서의 내전과 종족갈등, 알카에다al Qaeda를 비롯한 극단주의 세력에 의한 테러리즘, 이슬람국가IS, Islamic State의 신정국가 건설 시도 등을 들 수 있다. 학자들은 이러한 전쟁의 양상을 기존의 프레임으로 이해할 수 없다고 보고 신내전, 뉴테러리즘, 분란전, 새로운 전쟁, 제4세대전쟁 등

---

674 PKO와 다국적군평화활동은 유엔평화활동(Peace Operation)의 일환으로 이루어진다. PKO는 분쟁 당사국의 동의하에 유엔이 주도하여 평화유지군이나 정전감시단을 파견하는 것이고, 다국적군 평화활동은 유엔의 승인하에 지역기구나 특정 국가가 주도하는 활동을 말한다.

다양한 용어로 정의하고 있다.

탈근대적 전쟁은 이전의 근대적 전쟁과 적어도 네 가지 측면에서 차이가 있다. 첫째로 민족국가라는 관점에서 근대적 전쟁은 민족주의 의식을 기저에 깔고 있다. 그러나 탈냉전기 이후 나타나고 있는 새로운 전쟁은 민족보다는 종교, 신념, 종족을 주요 이념으로 한다. 둘째로 정치적 관점에서 근대적 전쟁은 국가가 추구하는 목적을 달성하려는 합목적성을 전제로 하지만, 새로운 전쟁은 반서구적 가치, 신정 수립, 타 종족 말살과 같은 맹목적인 성격을 갖고 있다. 셋째로 사회적 측면에서 서구의 전쟁은 사회여론과 국민의 합의를 중시하며 사회적 제도를 보호하기 위한 전쟁이지만, 새로운 전쟁은 사회여론을 조작하고 왜곡하며 기존의 사회제도를 파괴하는 성향이 있다. 넷째로 군사적 관점에서 서구의 전쟁은 군사적 차원의 전략을 중시하지만 새로운 전쟁에서는 군사와 비군사를 결합한 '하이브리드 전략'을 추구한다는 점에서 다르다.

한국은 국제평화활동을 통해 대외적으로 무력을 투사하고 사용했지만 그 기저에는 여전히 전쟁혐오 인식이 작용했다. 1990년대 이후 한국군의 해외파병임무는 모두가 전투임무가 아닌 의료지원, 수송지원, 그리고 공병지원 등 비전투 임무에 한정되었다. 2003년 9월 이라크에 파병한 3,000여 명 규모의 자이툰부대에 특수부대 및 해병대 등 전투요원이 포함되었으나, 이는 자체 경계를 위한 것일 뿐 반군을 상대로 전투임무를 수행하는 것은 아니었다. 이러한 점은 비록 한국군이 한반도 안보 상황을 우선 고려하여 전투부대 투입을 제한할 수밖에 없었다 하더라도, 전투로 인한 사상자 발생을 우려했다는 측면에서 여전히 전쟁에 대한 혐오감이 짙게 깔린 것으로 볼 수 있다. 특히 아프간에 파병된 다산부대와 동의부대가 샘물교회사건으로 인해 2007년 11월 철수한 것은 전쟁에 대한 한국인들의 인식이 강고하지 못하고 외부로부터의 충격에 취약하다는 점을 보여준다.

요약하면, 현대 한국인들은 냉전기로부터 탈냉전기, 그리고 뉴밀레니엄이라는 시대적 전환기를 맞아 반혁명전쟁으로부터 탈근대적 전쟁에 이르기까지 다양한 전쟁인식을 갖게 되었다. 그렇지만 한국전쟁 이후 70여 년 동안 북한과 군사적으로 대치하고 있는 상황에서 한국인들의 마음속에는 북한의 혁명전쟁을 거부하는 '반혁명' 전쟁인식이 훨씬 우세하게 작용하고 있다. 그리고 이러한 전쟁인식은 같은 민족과의 전쟁을 어떻게든 방지하고 회피해야 한다는 것으로 적과 싸우는 전쟁이 아니라 전쟁을 해선 안 된다는 '반전쟁' 인식에 가까운 것이었다. 즉, 한국인들은 전쟁을 혐오한다는 측면에서 여전히 전통적으로 가졌던 유교적 전쟁관을 벗어나지 못하고 있다. 나아가 '동족 간의 전쟁'뿐 아니라 '전쟁' 그 자체에 대해서도 부정적인 인식을 가짐으로써 전쟁을 국가정책 수단으로 인정하는 근대적 전쟁관을 온전하게 받아들이지 못하고 있다. 이렇게 볼 때 한국인들의 전쟁인식은 근대적 전쟁인식이 한국전쟁에 대한 기억에 의해 편향되고 있다는 측면에서 '왜곡된 현실주의'로 규정할 수 있다.

2. 전쟁의 정치적 목적

가. 국가방위에서 반격에 의한 통일로

한국전쟁 이후 전쟁에 대비하여 한국 정부가 추구했던 정치적 목적은 크게 세 가지로 구분해볼 수 있다. 그것은 첫째로 선제적으로 북한을 공격하여 통일을 달성하는 북진통일, 둘째로 북한의 공격으로부터 국토를 방위하는 것, 그리고 셋째로 북한이 침공해올 경우 이를 방어한 후 반격에 나서 통일을 이루는 반격에 의한 통일이다. 이 세 가지 가운데 북진통일은 초기에 이승만에 의해 제기된 것으로, 한국군의 능력이나 미국의 의지를 볼 때 현실성을 결여한 것이었다. 따라서 한국 정부가 실제 의도했던 정치적 목적으로는 북한의 공격을 방어하는 것, 혹은 적이 공격해오면 반격에 의해 통일을 달성하는 것이었다. 이러한 정치적 목적은 다음에서 보는 것처럼 시기를 달리하면서 변화했다.

먼저 1950년대 이승만은 한국전쟁의 연장선상에서 북진통일 주장을 지속적으로 제기했다. 그는 1954년 6월 25일 한국전쟁 발발 4주년 기념식에서 인도차이나와 한반도에서 자유국가들이 함께 침략국가를 소탕하여 세계의 안전을 달성하자고 연합국들에게 요청했다.[675] 이러한 주장은 1954년 7월 4일 이승만이 미국 의회에서 행한 연설에서 보다 대담하게 제시되었다. 이 연설에서 그는 1954년 4월 제네바 회담에서 유엔 감시하의 자유선거에 입각한 한국통일 방식을 다루었으나 공산주의자들의 반대로 성과 없이 끝났음을 들어 휴전의 종결을 선언할 시기가 도래했다고 주장했다. 그는 소련이 세계정복을 기도하고 있는 상황에서 시간이 많지 않기 때문에 지금 행동을 개시해야 한다면서, 한국은 150만의 군을 보유하고 있고 대만이 63만의 병력을 제공할 수 있으므로 미국은 지상군 투입 없이 해·공군을 동원하여 중국에 반격을 가할 수 있다고 보았다. 그리고 중국 본토가 자유 진영의 편으로 환원되면 한국 및 인도차이나의 전쟁은 자동적으로 승리하고 세력균형은 소련에 극히 불리하게 기울어져 전쟁을 하지 못할 것이라고 주장했다.[676] 이승만은 1959년 6월 6일 현충일을 맞아 특별성명을 발표하면서도 "한국을 통일하는 유일한 길은 무력행사뿐"이라고 하며 북진통일론을 제기했다.[677]

북진통일론에 기반한 공산주의 타도는 한국전쟁의 연장선상에서 이승만이 내세운 통일정책의 기조였다. 그러나 그러한 실력을 갖추지 못한 상황에서 이승만의 북진 주장은 사실상 외교적 '수사'의 성격이 강했다. 반공의 의지를 과시함으로써 한미동맹을 공고하게 유지하려 하는 한편, 한국군의 북진을 만류하기 위해서라도 미군이 한반도에서 떠나지 못하도록

---

675 이승만, "새 기운과 용맹으로 영구한 세계평화 이룩하자, 6·25사변 제4주년 기념사, 1954년 6월 25일", 『대통령 이승만 박사 담화집 2』(서울: 공보처, 1956).

676 이승만, "상하 양원 합동의회에서의 연설, 1954년 7월 4일", 『방미이승만대통령연설집』(서울: 국방부, 1954).

677 이승만, "자력통일의지 표명", 국토통일원 편, 『남북대화 사료집 1권』(서울: 중앙정보부, 1978), p.198.

하려는 의도가 작용한 것이다.[678] 또한 북진통일 주장은 국내 정치적으로 국민들을 하나로 단합시켜 반공태세를 강화하고 정부에 대한 지지를 확보하는 효과도 있었다. 한국전쟁을 체험한 국민들은 북진통일 구호의 실현 가능성 여부와는 상관없이 정서적으로 이에 호응했기 때문이다.[679]

그러나 이승만이 하야하고 박정희 정권이 들어선 이후 북진통일 주장은 더 이상 제기되지 않았다. 대신 정부가 추구한 정치적 목적은 북한의 공격으로부터 국토를 방위하는 것 혹은 적의 공격을 방어한 후 반격에 나서 통일을 달성하는 것이었다. 즉, 단순한 방어냐 아니면 공세로 이전하여 통일을 달성하느냐의 문제로 전환된 것이다. 이는 한국군의 군사적 역량과 미국의 반격 의지에 달린 것으로, 한국 정부는 대략 1970년대까지 국토방위를 중심으로 전쟁에 대비했으나 1980년대부터는 반격에 의한 통일을 추구하는 것으로 그 목표를 확대할 수 있었다.

우선 박정희는 경제적 근대화에 주력했기 때문에 전쟁이 발발할 경우 통일을 달성하기보다 국가를 방위하는 데 주안을 두었다. 즉, 이 시기에는 북한의 전면적 공격을 방어하는 데 주력했을 뿐 방어 후 반격을 가하고 통일을 달성하는 방안을 심각하게 고려하지 않았다. 물론, 박정희는 1968년 국군의 날 훈시에서 '반격에 의한 통일' 가능성을 시사하기도 했다. 그는 이 훈시에서 "1·21사태 이후 북한괴뢰 집단은 소위 '무력에 의한 70년의 적화통일'을 계속 공언하고 휴전선 전역에 걸친 도발행위와 무장공비의 침투, 간첩의 밀파를 끈덕지게 계속"하고 있다고 지적하며, 북한이 도발할 경우 반격하겠다는 의도를 다음과 같이 밝혔다.

> 만일에 '제2의 6·25'와 같은 전면 기습공격을 시도해온다면, 일각의 지체도 없이 즉각 반격을 가하여 그의 의도를 좌절시키는 동시에, 대망하

---

678 남광규, "이승만 정부의 통일정책 내용과 평가", 『통일전략』, 제12권 2호(2012년 4월), p. 154.

679 유영옥·방희정, "역대 정부의 주요 통일정책과 북한의 반응", 경기대 논문집 42호(서울: 경기대, 1998), p.181.

던 국토 통일의 기회를 포착하여, 분단국가의 비운을 일거에 청산하고 해결해버리겠다는 굳은 결의와 대비가 있어야 하겠습니다.[680]

그러나 이것으로 그가 반격에 의한 통일을 염두에 둔 것으로 보기는 어렵다. 그것은 1960년대에 매년 작성되었던 국방부의 '국방기본시책'을 보면 알 수 있다. 당시 국방기본시책은 북한의 군사적 위협에 대응하기 위해 미국과의 군사적 유대에 의한 집단안전보장체제의 강화, 군현대화에 의한 방위력 향상, 북한의 간첩침투 대비, 베트남 파병 등에 두고 있었으며, 특히 국가경제발전을 위해 군이 국토건설과 대민사업을 지원하는 내용을 담고 있었다. 전면전에 대비하기보다는 국지도발 대비 및 베트남전 파병, 그리고 국가경제발전을 지원하는 데 주안을 둔 것이다.[681]

1970년대에도 마찬가지로 정부는 통일보다는 국가방위에 주안을 두고 전쟁의 문제를 다루었다. 1973년 국방기본시책을 보면 수도권 방위와 대공방위 및 해안봉쇄 능력 증강으로 임전태세 강화, 대비정규전 능력과 대공심리전 활동을 강화하여 북한의 대남 적화통일 야욕을 분쇄, 정신무장 강화, 합리적 인사관리와 엄정한 군기 유지, 초급간부 자질 향상 및 실전위주 훈련으로 군의 정예화 등을 담고 있다. 전반적으로 방어적 태세를 강화하는 데 주력하고 있음을 알 수 있다. 물론, 여기에는 "전략군 부대를 증·창설하고 전략기동 예비부대를 증강하여 전략능력의 종심을 증가"한다는 내용이 있지만, 이는 방어적 종심을 확보하고 증원능력을 강화하는 것으로 적지를 향해 전략적 기동을 수행하는 것은 아니었다.[682]

한국 정부가 전쟁이 발발할 경우 '반격에 의한 통일'을 정치적 목적으로 설정한 것은 1980년대였다. 이 시기 군의 군사전략은 북한이 전쟁을

---

680 "국군의 날 유시(건군 제20주년 기념)", 1968년 10월 1일, 『박정희대통령연설문집 제5집』, 10월편, 대통령비서실.

681 국방군사연구소, 『국방정책변천사 1945-1994』(서울: 국방군사연구소, 1995), pp. 128-137.

682 앞의 책, p. 197.

도발할 경우 공세적 방어 개념에 의해 수도권의 안전을 확보하고 가능한 한 즉각적인 반격으로 전쟁도발 주도세력을 분쇄하며, 국토통일의 전기를 조성해야 한다고 되어 있다.[683] 북한의 군사력을 섬멸하고 북한 지역을 수복하여 통일을 달성하려는 의지를 반영한 것이다. 그리고 이러한 북진 의지는 1990년대 말에 보다 구체적으로 발전되었다. 1998년 12월 언론의 보도에 의하면 한미연합군은 '작계 5027-98'을 작성하면서 이전까지 방어에 초점을 맞춘 작전계획을 공세적으로 바꾸어 기존에 청천강-원산선까지 진격하게 되어 있던 계획을 압록강까지 진격하는 것으로 수정했다.[684] 이는 냉전이 종식된 후 국제정치적 변화와 북한의 체제 위기, 그리고 한국군의 군사적 역량을 종합적으로 고려하여 통일이라는 목적을 보다 명확히 한 것으로 볼 수 있다.

다만, 한국이 '반격에 의한 통일'을 이루기 위해서는 미국의 의지가 중요하다. 미국은 한국전쟁에서 중국군이 개입하자 확전을 우려하여 휴전협상에 나선 바 있다. 마찬가지로 북한이 전쟁을 도발하여 중국군이 다시 개입할 움직임을 보이거나 개입할 경우 미국이 중국과의 군사적 충돌을 각오하면서까지 북진에 나서기는 어려울 것이다. 많은 사람들이 전쟁이 발발하면 통일의 기회가 될 수 있다고 믿지만 말처럼 쉽지 않을 수 있다.

나. 국익 확보: 베트남전 파병 사례

한국의 베트남전 파병은 국가 근대화라는 측면에서 국가이익을 확보하기 위한 결정이었다. 파병을 계기로 한국은 미국으로부터 군사력 증강 및 경제발전에 필요한 지원을 획득할 수 있었으며, 베트남전 특수를 이용한 기업진출 및 외화수입을 통해 국내 경기를 활성화할 수 있었다. 즉, 베트남전 참전은 반혁명 전선을 아시아로 확대한 것 외에 국가이익을 확보하기

---

683 국방군사연구소, 『국방정책변천사 1945-1994』, p. 248.

684 이정훈, "작전계획 5027, 북한 소멸로 계획 수정", 《시사저널》, 1998년 12월 24일.

위해 무력을 투사했다는 의미를 갖는다.

1960년대 초 한국은 경제적으로 어려움에 처했다. 1953년부터 1960년까지 미국은 한국 GDP의 40%를 웃도는 17억 달러의 경제원조를 제공했으나, 1950년 말부터 미국 국내 경기 침체로 대외원조를 삭감하기 시작했다. 1960년부터 원조액이 감소하자 1962년 시작될 경제개발 5개년 계획을 준비하고 있던 박정희 정부는 당황하지 않을 수 없었다. 1961년 11월 박정희는 워싱턴을 방문하여 미 국무장관 러스크와 가진 회담에서 다음과 같이 언급했다.

> 공산침략의 가능성 때문에 한국은 60만 군대를 유지하면서 동시에 경제를 발전시켜야 하는 조건에 놓여 있습니다. 1960년부터 미국의 한국군 유지비 원조 액수가 감소함으로써 한국의 부담이 늘었습니다. 한국 정부는 '경제개발 5개년 계획'을 준비하고 있습니다. 한국의 군사비 부담 증가로 경제개발에 큰 짐이 되고 있으니 '5개년 계획' 기간이 끝날 때까지 한국군에 대한 원조 수준을 1959년 수준으로 유지해주시기 바랍니다. … '5개년 계획'이 내년부터 시행되는데 우리는 해외투자 차관을 유치하려고 노력하고 있습니다. 우리 정부는 귀측에 대해 특별 경제안정 기금으로 1억 달러의 차관과 7,000만 달러의 경제개발 차관 및 800만 달러의 기술원조를 요청합니다. 이 액수가 많다고 생각하시겠지만 강력한 반공군대와 60만 대군을 유지하기 위해 반드시 필요한 돈입니다.[685]

그러나 이러한 요청은 받아들여지지 않았고 한국의 경제 상황은 더욱 악화되어갔다. 1962년부터 시작한 제1차 경제개발 5개년 계획을 위해 투

---

685 *FRUS, 1961-1963, Vol. XXII*, Northeast Asia, p. 530; 이동원, 『대통령을 그리며』(서울: 고려원, 1993), pp. 105-110.

자에 나서자 경상수지 적자는 1963년 1억 4,000만 달러에서 1965년에는 2억 4,000만 달러로 증가했다.[686] 1965년 12월 정부는 일본과 대일청구권 협정이 발효되어 확보한 자금 8억 달러로 숨을 돌릴 수 있었으나 그 효과는 지속될 수 없었다.[687] 이러한 상황을 타개하기 위해 한국 정부는 베트남 파병을 대안으로 모색했다.

한국의 베트남전 참전 결정은 미국으로부터 군사적·경제적 지원을 확보하는 계기가 되었다. 1966년 3월 4일 주한 미국대사 브라운Winthrop G. Brown은 한국 외무부장관 이동원에게 '브라운 각서Brown Memo-randum'로 알려진 서한을 보내와 한국에 대한 군사원조와 경제원조에 관한 16개 항을 약속했다. 군사적 측면에서 미국은 한국군의 현대화를 위해 수년 동안 상당량의 장비를 지원하고 베트남에 파견되는 병력에 필요한 장비를 제공하며, 이외에 한국군의 대간첩 활동 능력 지원, 병기창 시설 확장 지원, 한국 공군에 C-54 수송기 4대 제공 등을 약속했다. 또한 경제적으로는 1965년 5월 제공하기로 한 1억 5,000만 달러의 차관에 더하여 한국의 경제발전을 돕기 위한 추가 원조차관을 제공할 것, 파병 병력의 유지비용을 미국이 부담할 것, 베트남 보급물자를 가능한 한 한국에서 구매할 것, 그리고 한국의 수출 진흥을 위한 기술협력을 강화한다는 내용이 포함되었다.[688]

이를 통해 한국은 경제발전에 필요한 외화를 획득하고 국내 경기를 활성화할 수 있었다. 파병 장병과 노동자들이 받은 급여와 수당, 그리고 기업들이 벌어들인 수익 총액은 약 7.5억 달러에 달했는데, 이는 일본으로부터 받은 청구금과 함께 한국의 경제구조를 수입대체산업에서 수출 중

---

686 배영목, "대일청구권자금", 국가기록원, http://www.archives.go.kr/next/search/listSubjectDescription.do?id=006162(검색일: 2019. 6. 12). 대일 청구권 자금의 규모는 무상자금이 3억 달러, 유상재정자금이 2억 달러, 기타 상업차관이 3억 달러 이상이었다.

687 채명신, 『채명신 회고록: 베트남 전쟁과 나』(서울: 팔복원, 2006), pp. 492-493.

688 국방군사연구소, 『월남파병과 국가발전』(서울: 국방군사연구소, 1996), pp. 197-198.

심으로 전환하는 데 긴요한 자산으로 활용되었다.[689] 더욱이 한국은 1960년대에 선진국의 자본을 유치하거나 교역을 늘리기가 쉽지 않았으나, 베트남 파병 이후 미국과 국제기구들이 보다 많은 차관을 제공했고 해외 수출의 길도 열리기 시작했다.

그 결과 한국의 GDP는 제1차 경제개발계획 기간인 1962년부터 1966년까지 연평균 8.3% 증가했으며, 제2차 경제개발계획 기간에는 연평균 10%가 증가했다. 1964년 한국의 GNP(1인당 국민총생산)는 103달러였으나 한국군 철수가 완료된 1974년에는 다섯 배가 넘는 541달러로 향상되었다. 이처럼 한국은 베트남전 참전으로 경제발전의 토대를 구축했는데, 이는 역사상 처음으로 한민족이 전쟁을 통해 경제적 이익을 획득한 사례였다.

다. 유엔평화활동의 목적: 명분과 도의

한국인들은 유엔평화활동에 참여하면서 무엇을 얻었는가? 명분인가, 실리인가? 국가적 지위인가, 국가의 이익인가? 지금까지의 논의를 보면 탈냉전기에 이루어진 한국의 해외파병은 주로 국제적 공의라는 명분과 한국의 국제사회 기여라는 도의가 크게 작용했다. 그러나 비록 도의적 명분을 무시할 수는 없지만, 궁극적으로 파병은 한국의 국가이익에 부합한 방향으로 이루어져야 한다.

한국은 전쟁의 폐허 위에서 국제사회의 도움을 받아 가난을 극복하고 세계 10위권의 경제 강국으로 발전했다. 2009년에는 경제협력개발기구OECD 개발위원회DAC의 24번째 회원국에 가입하여 공적원조ODA를 제공하기 시작했다. 그동안 도움을 받던 나라에서 도움을 주는 나라로 자리매김한 것이다. 이와 병행하여 한국 정부는 북한과 대치하고 있는 특수한 안보환경에도 불구하고 국제적 위상에 걸맞게 세계평화를 위한 노력을 지

689 최동주, "베트남 파병이 한국경제의 성장과정에 미친 영향 연구", 『동남아시아 연구』, 제11호(2001년), p. 212.

속하고 있다. 한국은 다음 〈표 10-1〉에서 보는 바와 같이 유엔 PKO 및 다국적군 파병을 통해 국제평화활동에 적극 동참하고 있다.

〈표 10-1〉 탈냉전기 한국군의 PKO 및 다국적군 파병

파병국가	부대	병력 (연인원/명)	최초 파병	파병 종료	비고
이라크	국군의료지원단	154	1991년 1월	1991년 4월	다국적군
	공군수송단	160	1991년 2월	1991년 4월	PKO
소말리아	상록수부대	616	1993년 7월	1994년 3월	PKO
서부사하라	국군의료지원단	542	1994년 8월	2006년 5월	PKO
앙골라	상록수부대	600	1995년 10월	1996년 2월	
동티모르	상록수부대	3,238	1999년 10월	3002년 10월	다국적군 → PKO 전환
아프가니스탄	해성 · 동의 · 청마 · 다산부대	3,379	2001년 12월	2007년 11월	다국적군
이라크	서희 · 제마부대	1,141	2003년 4월	2004년 9월	다국적군
	자이툰 · 다이만부대	19,032	2004년 9월	2008년 12월	
레바논	동명부대	6,000 (*)	2007년 7월	현재	PKO
소말리아	청해부대	6,000 (*)	2009년 3월	현재	다국적군
아이티	단비부대	1,425	2010년 2월	2012년 12월	PKO
남수단	한빛부대	2,600 (*)	2013년 3월	현재	PKO

출처: 국방부 웹사이트, "세계 속의 한국군: 한국군 해외파견 약사(1991년 이후)"
(*): 1회 파병인원 및 교대주기를 기준으로 계산한 추정치

우선 유엔 PKO 참여는 국제평화를 증진하고 한국의 위상과 국격을 높이는 데 기여했다. 또한 한국군의 실전 경험을 축적하고 군사외교의 영역을 확대하여 국가 이미지를 향상시키는 효과도 거두었다. 우선 PKO 파병으로는 1993년부터 소말리아에 250여 명의 공병부대, 서부사하라에 20명의 의료진, 앙골라에 204명의 공병부대, 동티모르에 444명의 보병부대, 2007년에는 레바논에 350명 규모의 '동명부대', 2010년에는 아이티에 240명 규모의 공병부대, 그리고 2013년에는 남수단에 280여 명 규모의 공병부대를 파견했다. 이들은 정상적인 정부의 통치력이 작동하지 않는

열악한 상황에서 관개수로 보수, 경찰서 재건, 심정개발 및 급수지원, 의료지원, 학교건설 및 교육지원, 방직공장 가동, 농기구 정비, 난민보호 등 인도적 지원 임무를 수행했다. 이들의 활동은 지역주민들로부터 큰 호응을 얻어 동티모르 상록수부대의 경우 '다국적군의 왕'이라는 명성을 얻었다.[690]

다음으로 다국적군 파병으로는 1991년 걸프전 기간 동안 이라크에 154명의 국군의료지원단과 160명의 공군 수송단을 파병했으며, 2001년에는 아프가니스탄에 의료지원단인 동의부대, 해군 수송지원단인 해성부대, 공군 수송지원단인 청마부대, 그리고 공병부대인 다산부대를 파병했다. 2003년에는 이라크에 300명 규모의 건설공병지원단인 서희부대와 의료지원단인 제마부대를, 2004년에는 3,000명 규모의 평화재건부대인 자이툰부대를 파병했다. 그리고 2009년에는 소말리아 인근 아덴만 해역에 4,500톤급 구축함 청해부대를 파병했다. 이들은 의료지원, 수송지원, 건설 및 재건, 해상호송 및 대해적작전을 수행했으며, 자이툰부대의 경우에는 이라크 아르빌Arbil에서 새마을운동 시범사업을 통해 지역경제 발전에 기여함으로써 현지인들로부터 '신이 내린 최고의 선물'이라는 찬사를 받기도 했다.[691]

이처럼 한국군의 유엔평화활동 참여는 국제평화를 유지하고 국제질서를 유지하는 데 기여함으로써 한국의 국격을 높인 것이 사실이다. 전후 한국이 미국과 유엔 등 국제적 지원에 힘입어 고난을 극복하고 국제사회의 핵심 일원으로 성장했음을 감안할 때 인류의 보편적 가치인 인권, 평화, 그리고 자유민주주의를 수호하기 위해 유엔평화활동에 참여하는 것은 당연하다.

그러나 한국의 귀중한 군사력을 도의적 관점에서만 운용하는 것은 자산의 낭비가 아닐 수 없다. 보다 현실적인 측면에서 해외파병을 어떻게 국가이익과 연계할 것인지에 대한 고민이 필요하다. 물론, 지금도 파병을

---

690 윤지원, "탈냉전시기 한국군의 파병과 국제기여", 조성환 외, 『대한민국의 국방사』, 대한민국역사박물관, 연구용역최종보고서, 2016년 11월, pp. 77-81.

691 앞의 문헌, pp. 82-85.

통해 군은 군사작전 경험 획득, 군수지원 능력 향상, 우방국과의 정보교류 및 국방 네트워크 확대, 변화하는 전쟁 패러다임에의 적응, 자국민 보호 등의 이익을 얻고 있는 것이 사실이다. 그러나 이러한 이익은 지극히 부수적인 것으로 보다 국가 차원에서의 전략적 이익을 확보할 수 있어야 한다. 지금까지 파병국가 및 현지 주민들로부터 얻은 긍정적인 평가를 기반으로 하여 무역협력, 시장개척, 자원획득, 군수물자 수출, 군사기지 건설 그리고 정치적 영향력 등 실질적인 국익으로 이어질 수 있도록 국방·외교 차원에서의 노력이 이루어져야 한다.

3. 전쟁수행전략

가. 간접전략

(1) 동맹전략

한국전쟁 이후 한국 안보의 핵심 축은 한미동맹이었다. 한국은 미국과의 동맹에 의지하여 북한의 전쟁도발을 억제하고 한반도 평화를 유지할 수 있었다. 그러나 동맹을 선택하고 관계를 발전시키는 것은 쉬운 일이 아니다. 한민족의 역사를 보더라도 왜란 이후 조선은 명나라와 동맹전략을 추구했으나 청나라에 두 차례 호란을 당했고, 구한말 청나라와 동맹을 추구했으나 일본의 침탈을 막지 못했으며, 임시정부 시기에는 중국과 연대했음에도 전폭적인 지원을 얻는 데 실패했다. 해방 후에도 한국 정부는 미국과의 연대를 모색했으나 한반도의 가치를 평가절하한 미국으로부터 거절을 당했다. 그러나 미국은 중소동맹 체결과 한국전쟁 발발을 계기로 한국의 가치를 재평가하지 않을 수 없었으며, 종전 직후 한미동맹을 체결하여 한반도의 평화와 안정을 유지하는 주요 행위자로 남게 되었다. 이 과정에서 이승만이 반공포로 석방이나 북진통일 주장으로 미 정부를 압박하여 '한미상호방위조약'을 체결한 것은 현대 한국의 동맹전략에 새로운 이정표를 세웠다는 점에서 큰 성과로 볼 수 있다.

냉전이 심화되고 북한의 위협이 상존하는 가운데 한국 정부는 국가안보의 문제를 절대적으로 미국에 의존하게 되었다. 1964년 1월 1일 박정희는 연두교서에서 다음과 같이 언급했다.

> 정부는 대공국방정책에 있어서 자유우방 특히 미국과의 군사적 유대를 공고히 하여, 집단안전보장체제를 가일층 강화하고 군의 현대화로써 평시 방위력의 향상에 최선을 다하여 무엇보다도 먼저 북한괴뢰에 우월하는 군사력의 유지로 국민이 안심하고 생업에 종사할 수 있도록 할 것입니다.[692]

이처럼 한미동맹을 중시하는 입장은 비단 박정희뿐 아니라 이후 대통령 및 고위 지도자들의 언급에서도 쉽게 확인할 수 있다. 한국이 베트남전쟁에 파병하여 미국과 반공 연합전선을 구축하고 혈맹의 관계를 다진 것은 의심할 여지 없이 한미동맹을 더욱 공고하게 만든 계기로 작용했다.

그러나 한미동맹조약은 한국이 적으로부터 공격을 당할 경우 자동개입을 보장한 것이 아니기 때문에 그 자체로 허점을 안고 있었다. 한미상호방위조약을 보면 제2조에서 "당사국 중 어느 1국의 정치적 독립 또는 안전이 외부로부터의 무력공격에 의하여 위협을 받고 있다고 어느 당사국이든지 인정할 때에는 언제든지 당사국은 서로 협의한다"고 되어 있으며, 제3조에는 "공통한 위험에 대처하기 위하여 각자의 헌법상의 수속에 따라 행동"한다고 되어 있다.[693] 즉, 전쟁이 발발할 경우 미군의 자동개입을 보장한 것이 아니다. 이에 비해 북한과 중국 간의 동맹조약은 훨씬 공고하다. '조중우호협력상호원조조약' 제2조에는 "체결국 가운데 한쪽이 몇

---

692 "1964년 대통령 연두교서(1964. 1. 1)," 『박정희대통령연설문집 제1집 : 정치 · 외교』, 대통령공보비서관실.

693 "대한민국과 미합중국간의 상호방위조약", 1953년 10월 1일.

몇 동맹국의 침략을 받을 경우 전쟁 상태로 바뀌는 즉시 군사적 원조를 제공해야 한다"고 하여 자동개입을 명시하고 있기 때문이다.[694]

이러한 측면에서 한미동맹의 핵심은 한국에 주둔하는 미군일 수밖에 없다. 만일 주한미군이 없다면 북한이 공격하더라도 대규모의 미군이 참전하지 못할 수도 있고, 참전하더라도 미 의회를 통과해야 하기 때문이 본토에서 한반도로 전개하기까지 시간이 지체될 수 있다. 그러나 주한미군이 존재할 경우 미국은 자동으로 개입하지 않을 수 없다. 즉, 한반도에 주둔하는 미군이 일종의 '인계철선'의 역할을 하는 것이다. 한국전쟁 직후 정부가 한국군에 대한 작전통제권을 유엔군사령관 및 한미연합군사령관에 이양하여 주한미군을 한반도에 잡아두고 줄곧 주한미군의 철수를 반대해온 것은 한국의 군사적 능력이 취약한 상황에서 확실한 안전장치를 마련하기 위한 불가피한 조치였다.

주한미군 문제와 관련하여 한미동맹에는 여러 차례의 굴곡이 있었다. 미국의 대외정책 변화와 한국 내 정치변동에 따라 한반도 안보상황에 대한 평가가 엇갈렸고, 이에 따라 주한미군 일부가 철수하게 된 것이다. 한국전쟁 직후 미군이 대거 철수하면서 한반도에는 미 제7사단과 제2사단 병력을 중심으로 약 6만 4,000명 규모가 주둔하게 되었다. 1969년 7월 25일 아시아 순방에 앞서 닉슨Richard Nixon 대통령은 기자회견에서 아시아 국가들은 자립하여 국내 안보와 국방 문제를 스스로 해결해야 한다는 '닉슨 독트린'을 발표했다. 이에 따라 미국은 한국 정부와 국민들의 반대에도 불구하고 1971년 6월 말까지 제7사단을 중심으로 1만 8,000명을 철수시켰다. 1977년 대통령에 취임한 카터Jimmy Carter는 향후 4~5년에 걸친 주한미 지상군의 점진적 철수방침을 세웠으나 한국뿐 아니라 미 의회의 반대에 직면하여 3,400명만 철수하게 되었다. 이후 미소 냉전의 종식으로 화

---

694 "중화인민공화국과 조선민주주의 인민공화국 간의 우호, 협조 및 호상 원조에 관한 조약", 1961년 7월 11일.

해 분위기가 조성되자 미 부시George H. W. Bush 행정부는 1990년부터 2000년까지 3단계에 걸쳐 주한미군을 철수시키는 방안을 마련하여 제1단계로 1992년 말까지 육군 5,000명과 공군 1,987명을 철수시켰다. 그러나 1993년 1월 북한핵위기가 발생하자 철수는 중단되었고, 1995년 클린턴Bill Clinton 행정부는 '미 동아시아-태평양지역 안보전략U.S. Security Strategy for the East Asia-Pacific Region' 보고서에서 추가 철수를 백지화시켰다.[695]

그럼에도 불구하고 한미동맹은 꾸준히 발전되어왔다. 한미 양국은 1·21사태와 푸에블로호 납치사건 등으로 안보협의의 필요성이 대두함에 따라 1968년 4월 17일 하와이에서 열린 정상회담에서 '한미 연례국방각료회의'를 개최하기로 합의했다. 그리고 이 회의체는 1971년부터 '한미 안보협의회의Security Consultative Meeting'로 명칭을 변경하여 지금까지 양국 국방장관 간 안보 현안을 논의하는 협의체로 기능하고 있다. 1978년 연합군사령부가 창설됨에 따라 양국 합참의장 간에 '군사위원회회의Military Committee Meeting'를 개설하여 매년 개최함으로써 양국 간의 군사 현안에 대해 논의하고 공동의 전략을 모색해오고 있다. 21세기에 오면서 한미동맹은 군사적 영역에 머물지 않고 정치, 외교, 경제, 사회적 영역으로 확대되면서 포괄적 전략동맹으로 발전하고 있다.

지난 70여 년 동안 한미동맹은 효과적으로 작동되어왔다. 미국은 한반도의 전쟁을 억제함으로써 아·태지역을 안정적으로 관리할 수 있었으며, 한국은 미국의 도움을 받아 정치외교적으로나 경제적으로 중견국가로 성장할 수 있었다. 한미동맹은 한민족의 역사를 통틀어 동맹전략에서 성공을 거둔 보기 드문 사례로 평가할 수 있다.

---

695 3단계 철수 방안은 제1단계(1990~1992년)로 육·공군 6,987명(육군 5,000, 공군 1,987명) 감축, 제2단계(1993~1995년)로 미 2사단 2개 여단, 7공군 1개 전투비행단 규모로 재편, 제3단계(1996년 이후) 감축은 한반도 상황과 미군의 지역 역할에 따라 결정하되 최소 규모의 미군이 장기 체류하는 것으로 되어 있었다. 1995년 보고서에서는 한반도 주한미군 3만 7,000명을 포함하여 동아시아 지역에 10만 명의 미군을 주둔시키는 것을 명시했다. Department of Defense, *U.S. Security Strategy for the East Asia-Pacific Region*, February 1995.

(2) 북한의 계책: 주한미군 철수 유도

한미동맹의 핵심이 주한미군이라면 역으로 북한의 전략목표는 한반도에서 주한미군을 철수시키는 것이 된다. 클라우제비츠는 동맹관계를 일종의 '거래business'라고 봄으로써 동맹의 견고성에 대해 회의적이지만, 전쟁이 발발할 경우 제3국 또는 동맹의 참전은 전쟁의 흐름을 바꿀 수 있다고 본다. 그에 의하면 적의 동맹국이 전쟁에 뛰어드는 순간 공략해야 할 중심은 '적의 군대'에서 '동맹국의 군대'로 전환된다. 이는 한국전쟁 이후의 상황에서도 그대로 적용된다. 미군이 참전하기 전까지 북한군은 한국군의 주력을 섬멸하고자 했으나 미군이 참전하자 그 대상은 미군으로 전환되었다. 그리고 한미동맹이 체결된 이후 북한이 공략해야 할 대상은 주한미군이 되었다. 미군이 한반도에 주둔하는 한 북한의 대남 무력혁명은 사실상 불가능하기 때문에 북한은 한국전쟁 이후부터 끊임없이 주한미군의 철수와 한미동맹의 파기를 요구해왔다.

한국전쟁이 끝난 직후부터 북한은 평화협정 체결 문제와 연계하여 주한미군 철수를 유도하려 했다. 1954년 제네바 회담에서 북한의 외상이었던 남일은 "외국 군대의 철거와 남북조선의 군대를 축소함에 관한 제 대책의 실천을 감독하기 위한 위원회" 조직을 창설하자고 제안하고, 이를 통해 남북 간 전쟁상태를 평화상태로 전환하자고 주장했다. 남북한 간의 군사적 긴장을 완화하고 군비를 축소하는 조건으로 미군철수를 거론한 것이다. 1962년 10월 23일 김일성은 최고인민회의 제3기 제1차 회의 연설에서 "미국 군대를 철거시키고 남북이 서로 상대방을 공격하지 않을 데 대한 평화협정을 체결하며 남북조선의 군대를 각각 10만 또는 그 이하로 축소"할 것을 제의했다.[696] 마찬가지로 남북한 간의 불가침을 보장하기 위한 '평화협정'을 체결하는 조건으로 주한미군의 철수를 요구한 것이다. 이

---

696 김덕주, "한반도 평화협정의 특수성과 주요 쟁점", 『주요국제문제분석』, IFANS, 2018-19 (2018. 6. 7), p. 10.

러한 가운데 1968년 북한이 미국을 상대로 도발한 푸에블로호 납치사건과 EC-121 격추사건은 베트남 전쟁에 염증을 느끼고 있던 미국으로 하여금 북한과 평화협정을 체결하도록 압박하려는 의도하에 이루어진 것으로 볼 수 있다.

1970년대 들어서도 북한은 주한미군 철수를 집요하게 요구했다. 국제적인 데탕트 분위기 속에서 1971년 남북적십자회담이 열리고 이듬해인 1972년 '7·4 공동성명'이 발표되자, 1973년 최고인민회의 제5기 제2차 회의에서 정무원 총리 김일은 다음과 같이 발언했다.

> 남북 사이의 긴장상태를 완화하고 군사적 대치상태를 해소하기 위한 대책으로서 무력증강과 군비경쟁을 그만두며 미군을 포함한 모든 외국군대를 철거시키며 북과 남의 군대를 각각 10만 또는 그 아래로 줄이고 군비를 대폭 축소하며 외국으로부터의 일체 무기와 작전장비 및 군수 물자의 반입을 중지하며 이상의 문제들을 해결하며 북과 남 사이에 서로 무력행사를 하지 않을 데 대하여 담보하는 평화협정을 체결해야 한다.[697]

남북 간의 군사적 긴장을 완화하고 군비경쟁을 중단할 수 있는 방안으로 남한에서 미군이 철수하고 한국은 미국이 제공하는 무기와 장비를 반입하지 말 것을 요구한 것이다. 그리고 1974년 3월 25일 북한 최고인민회의는 미 의회에 서한을 보내 미군의 철수를 조건으로 불가침 조약을 체결하자고 제의했다. 이러한 연장선상에서 1974년 8월 도끼만행 사건은 미군이 베트남에서 철수했듯이 한반도에서도 철수할 것을 압박하기 위한 의도적 도발로 볼 수 있다.

---

697 김덕주, "한반도 평화협정의 특수성과 주요 쟁점", 『주요국제문제분석』, IFANS, 2018-19 (2018. 6. 7), p. 10.

이후에도 북한의 주한미군 철수 요구는 계속되었다. 1984년 1월 10일 북한은 중앙인민위원회 및 최고인민회의 공동명의로 한국 국회와 미국 의회에 각각 편지를 보내 남북 불가침 공동선언 및 평화협정의 동시 체결을 제안했다. 그리고 1990년대 초 북한의 핵문제가 본격적으로 대두된 이후에는 '선先 평화체제, 후後 핵포기'를 주장하며 비핵화의 조건으로 먼저 평화협정을 체결할 것을 요구했다. 1994년 4월 28일 외교부 성명, 1994년 6월 3일 김영남 외교부장이 부트로스 갈리Boutros Boutros-Ghali 유엔 사무총장에게 보낸 서한, 1996년 2월 22일 북한 외교부 성명, 1999년 8월 5일 제네바에서 개최된 제6차 4자회담, 2000년 9월 18일 제주에서 열린 남북장성급회담, 그리고 2005년 7월 외무성 담화 등이 그러한 사례이다.[698]

2005년 9월 19일 북한의 비핵화를 위한 6자회담에서 당사국들은 북한이 비핵화를 이행하는 대신 한반도의 항구적 평화체제 구축을 위한 협상을 추진하는 데 합의했다. 그리고 2007년 2·13합의에서 이를 재차 확인했다. 북한이 원하는 평화체제 논의가 드디어 가시화된 것이다. 그러나 이후로 북한의 비핵화 문제가 좌초되면서 평화체제 구축 문제는 다시 원점으로 돌아가게 되었다.

여전히 북한은 평화협정 체결을 통해 주한미군의 한반도 축출 및 한미동맹 와해를 실현하려는 전략에 변화가 없다. 북한은 향후 남북관계 개선 및 북미협상 과정에서 이를 주요 의제로 제기할 것이며, 지난 70년 동안 그러했던 것처럼 때로 평화공세를 때로 군사적 도발을 병행할 것이다. 과거 그들의 행태로 볼 때 북한이 고집하는 '평화협정' 체결 요구는 진정한 평화를 의도하는 것이 아니라 주한미군 철수를 유도하기 위한 '위장평화' 계책으로 보아야 한다.

---

698 문성규, "북, 평화협정체결 주장 어떻게 달라졌나", 《연합뉴스》, 2007년 7월 13일.

(3) 한국의 계책: 국력 압도를 통한 평화통일

한국전쟁 이후 전쟁위협에 대비한 한국의 전략은 일차적으로 한미동맹을 중심으로 군사대비태세를 강화하는 것이었다. 북한의 군사적 위협에 군사적 대비로 맞선 것이다. 그런데 한국은 이외에 국가전략 수준에서 '조국 근대화'를 추진하여 경제적으로나 체제 면에서 북한을 압도하고자 했다. 박정희는 1966년 1월 18일 새해 연두교서를 발표하면서 "조국 근대화를 남북통일을 위한 중간목표로 삼고 있다"고 언급하고, 경제발전을 통해 자유민주주의의 우월성을 입증하고 북한과의 체제 경쟁에서 승리해야 한다고 강조했다.[699] 이는 북한의 대남혁명 위협에 대해 군사적으로 대응하는 한편, 비군사적 영역에서 체제우위를 달성하여 적을 굴복시킨다는 측면에서 계책을 활용한 간접전략으로 볼 수 있다.

이러한 전략은 앞에서 살펴본 '반혁명', 즉 북한의 혁명을 거부하면서, 동시에 국력을 배양하여 공산주의에 승리하고 통일을 실현하는 것이었다. 민족적 과제인 통일의 문제에 있어서 무력을 사용하는 직접전략이 아닌 경제적 우위와 이념적 우월성을 입증하여 북한 스스로 굴복하지 않을 수 없도록 만드는 것이다. 1964년 12월 박정희는 독일을 방문하고 나서 느꼈던 소감을 다음과 같이 피력했다.

> 한국과 독일은 하나의 단일민족국가이기 때문에 반드시 하나의 한국, 하나의 독일로 다시 통일되어야 된다는 원칙에 합의하였고, 양국의 통일은 평화적인 방법에 의해서 이루어져야 하며 이를 위해서는 무엇보다도 경제적인 부강으로 인한 자유와 번영이 선결과제라는 점에도 완전히 견해를 같이했다.[700]

여기에서 그는 남과 북은 평화적으로 통일되어야 하며, 이를 위해서는

---

699 "조국 근대화로 통일 달성[박대통령 연두교서]", 《중앙일보》, 1966년 1월 18일.

700 "방독소감(1964년)", 『박정희대통령연설문집 제1집: 정치 · 외교』, 대통령공보비서관실.

'경제적 부강'과 '자유와 번영'이 우선적으로 달성되어야 함을 강조했다. 남북통일은 절박한 민족적 과제이지만 무력통일이 아닌 체제경쟁에 의한 평화적 통일이 되어야 한다고 보았다.

1970년 9월 박정희는 북한의 국지도발 위협이 고조되고 있던 상황에서도 경제발전과 국력 배양의 중요성을 다음과 같이 밝혔다.

> 최근 북괴의 대남 침투의 방법과 양상이 달라지고 있을 뿐 아니라, 그 수에 있어서도 급격히 증가하고 있습니다. 앞으로 이러한 도발행위는 더욱 노골화될 것이 분명합니다. 북괴는 소위 '전 인민의 무장화', '전 국토의 요새화'를 이미 실현하였다고 호언하고 있으며, 재침의 구실과 기회를 엿보기에 혈안이 되고 있는 것입니다.
>
> 따라서, 북괴가 이와 같은 모든 도발행위와 침략행위를 중지하고 무력 내지 폭력 혁명에 의한 적화통일 기도를 포기하지 않는 한, 평화통일 기반 조성을 위한 우리의 노력은 매우 어려운 처지에 놓여 있습니다.
>
> 이러한 국내외 정세하에서 밖으로는 격변하는 국제정세에 능동적으로 대처하고, 안으로는 우리의 자주국방력을 가일층 강화하여 북괴의 어떠한 도발행위도 이를 분쇄하여 이 바탕 위에 우리의 경제를 더욱 성장 발전시키고, 우리의 국력을 더욱 배양해나가야 하겠습니다. 이 길만이 우리가 염원하는 조국 근대화와 국토의 통일을 성취할 수 있는 길이기 때문입니다.[701]

그는 북한의 도발행위와 침략행위가 증가하고 있어 평화통일의 기반을

---

701 "1971년도 예산안 제출에 즈음한 시정 연설(1970. 9. 2)", 『박정희대통령연설문집 제7집』, 9월편, 대통령비서실.

조성하기 위한 노력이 난관에 처해 있음을 지적하면서도, 경제를 더욱 발전시키고 국력을 배양하는 것이 통일을 성취할 수 있는 길임을 강조했다.

7·4공동성명으로 남북 간의 대화가 이루어지고 평화통일에 대한 기대감이 조성되고 있던 1972년 9월 2일 박정희는 시정연설에서 다음과 같이 언급했다.

> 우리가 분단된 조국을 민주적인 방식으로 평화통일해야 한다는 원칙에는 아무런 변화도 없으며 이를 계속 관철해나갈 것입니다. … 그러기 위해 우리는 안으로는 국력을 배양하여 자유민주주의 체제의 우월성을 견지하고, 밖으로는 국제적인 여건을 우리에게 유리하게 조성해나가는 것이 곧 통일 정책을 구체적으로 전개해나가는 첫길인 것입니다.[702]

> 우리는 앞으로 이 두 갈래의 남북대화를 성실하고 끈기있게 추진하여 조국의 평화통일을 바라는 민족의 염원을 달성하기 위해 최선을 다할 것입니다. 그리고 이러한 통일 노력을 굳게 뒷받침하기 위해 국민이 한 덩어리가 되어 모든 분야에서 국력 배양에 힘쓰고 민주 체제가 공산 체제보다 훨씬 우월하다는 것을 명확히 과시하여야겠으며….[703]

여기에서도 그는 평화통일의 원칙을 재확인하고, 국력을 배양하여 자유민주주의 체제가 공산 체제보다 훨씬 우월하다는 것을 과시할 경우 통일을 위한 국제적 여건도 조성할 수 있다고 보았다.

이러한 전략을 통해 한국은 1974년부터 1인당 국민소득에서 북한을 추월했으며, 1980년대 말부터 동유럽 국가들이 민주화되고 소련이 붕괴하면서 체제 경쟁에서도 승리하게 되었다. 냉전이 종식된 1990년대 북한

---

702 "1973년 예산안 제출에 즈음한 시정 연설문(1972. 9. 2)", 『박정희대통령연설문집 제9집』, 9월편.

703 앞의 문헌, 『박정희대통령연설문집 제9집』, 9월편.

은 이념적 토대를 상실하고 경제적 어려움에 봉착하여 체제 위기를 맞게 되었다. 이후 북한이 흡수통일을 우려하여 핵개발에 나서고 최근 비핵화의 조건으로 '체제안전 보장'을 요구하는 것은 그동안 한국의 대북한 간접전략이 성공적으로 이루어졌음을 방증하는 것이다.

나. 직접전략

(1) 한미연합방위전략: 소모적 형태의 방어전략

1953년 10월 1일 체결된 한미상호방위조약은 한반도에서 전쟁을 억제하고 평화를 유지해온 근간이었다. 북한이 1950년대 이후 수많은 국지도발을 야기했음에도 불구하고 한국전쟁과 같은 전면적 공격에 나서지 못했던 것은 한반도에 미군이 주둔하고 한미동맹이 공고하게 작동했기 때문이었다.

그렇다면 만일 전쟁이 발발했다면 한미연합군은 전쟁을 효율적으로 수행할 수 있었을 것인가? 한미연합군의 군사전략은 한국이 추구하는 정치적 목적을 달성하는 데 기여할 수 있었을 것인가? 북한이 전면전을 도발했다면 즉각 반격에 나서 북한 지역을 회복하고 통일을 달성할 수 있었을 것인가? 한미 양국의 연합방위체계는 비록 북한의 전면전 도발을 억제하는 데 기여했지만, 전쟁이 발발할 경우 정치적 목적, 즉 '반격에 의한 통일'을 달성하는 데에는 다음과 같이 한계가 있음을 지적하지 않을 수 없다.

첫째, 한미연합군의 군사전략은 기동전략이 아닌 소모 중심의 전략으로서 결정적 승리를 달성하기 어렵다. 전면전이 발발할 경우 한미연합군은 서울 북방에서 적의 공격을 저지한 후 조기에 공세로 전환하여 반격을 가하고 북으로 진격하여 통일을 달성한다는 전략을 갖고 있다. 초전에 적 전투력 발휘의 핵심이 되는 적의 전쟁지도부, 지휘통제체계, 군수산업시설, 전략무기시설 등 핵심적인 표적을 타격하여 북한군의 전쟁수행체제를 마비시킨 다음, 견고한 방어진지를 이용하여 공격에 나선 적 군사력을 격퇴하고 격멸한다. 그리고 후방에서 증원된 전략기동군단이 북한 지역으로 치고 올라가 평양을 점령하고 북진하는 것이다. 이는 궁극적으로 적의 군사력을 격멸하고 와해시킨다는 점에서 섬멸전략으로 볼 수 있다.

그러나 이러한 섬멸전략은 전격적인 기동이 아닌 소모적인 방식으로 이루어진다. 물론, 한미연합군의 작전에는 북한 지역으로의 '기동'이 포함된다. 그러나 부대가 기동한다고 해서 그것만으로 기동전략이 되는 것은 아니다. 기동전략이란 기동으로 단순히 적을 밀어내려는 것이 아니라 적 군사력을 일거에 격멸 또는 와해시키려는 의도를 가질 때 비로소 성립할 수 있다. 아군이 방어할 때 공격해오는 적을 유인하여 유리한 지역에서 격멸하거나, 아군이 공격할 때에는 적의 후방을 차단하고 전방의 적 주력을 와해시키는 것이 그것이다. 그런데 한미연합군의 기동은 '선형방어-선형공격'의 형태로 이루어진다. 따라서 적의 공격을 저지하고 적을 밀어낼 수는 있지만 결정적 성과를 거두기는 어려워 보인다. 비록 일부 부대가 치고 올라간다고 하지만, 그것이 단시간 내에 전격적으로 이루어지지 않는 이상 적을 포위하고 섬멸하기는 쉽지 않아 보인다.

한미연합군이 북한의 공격에 대해 소모적인 전략으로 대응하는 것은 한국전쟁의 경험에서 비롯된 것이다. 낙동강 전투 이후 유엔군은 인천상륙작전과 같은 과감한 기동전략을 추구했으나, 10월 19일 압록강을 건너 개입한 중국군의 기동전략, 즉 '후방기동-포위-섬멸' 중심의 작전에 의해 청천강 이북에서 서울 북방으로, 그리고 중국군의 제3차 공세에서는 평택까지 밀리게 되었다. 이후 미 8군사령관 리지웨이 장군은 중국군에 포위를 당하지 않기 위해 철저하게 선형방어 및 선형공격 중심의 전략으로 전환했다.[704] 즉, 그는 위험이 큰 기동전략보다는 희생이 크더라도 안전하게 현상을 유지할 수 있는 소모전략을 택한 것이다. 그리고 이러한 전략은 중국과 휴전협상을 모색하기 위해 결정적 승리가 필요하지 않았던 당시 상황에서 효과를 볼 수 있었다. 한국전쟁 이후 한미연합군이 소모전략

---

704 박창희, 『현대 중국 전략의 기원: 중국혁명전쟁부터 한국전쟁 개입까지』, pp. 360-364.

을 고집한 것은 과거 중국군의 기동전략에 대한 트라우마와 함께 한국전쟁에서 리지웨이가 사용했던 선형공격 및 선형공격 형태의 작전에 익숙해져 있기 때문으로 볼 수 있다.

둘째, 한미연합군의 작전 목적이 적 격멸보다 적 지역을 확보하는 데 주안을 두고 있기 때문에 결정적 승리를 달성하기 어렵다. 클라우제비츠에 의하면 전쟁에서 진정한 중심은 '지역'보다는 '적 군대'이다. 지역은 한 번 잃어버리더라도 다시 되찾을 수 있지만, 병력은 한번 죽어버리면 다시 살릴 수 없기 때문이다. 따라서 그는 "아군의 군대를 보존하거나 적의 군대를 파괴하는 것은 영토를 내주거나 확보하는 것보다 항상 중요하다"고 했다.[705] 중국군이나 북한군의 경우 클라우제비츠의 주장을 그대로 받아들여 모든 작전은 절대적으로 '유생역량 말살', 즉 적 군사력을 섬멸하는 데 목적을 두고 있다.

그러나 한미연합군은 유난히 지역을 확보하는 데 집착하고 있다. 예를 들어, 북한 지역으로 진격할 때 평양-원산 선, 청천강-함흥 선, 압록강-두만강 선 등 단계별로 일정한 지역을 목표로 설정하여 이를 확보하는 작전을 구상하고 있다. 군단급 이하 전술제대의 작전 목적도 적 부대를 격멸하기보다 중요 지형을 확보하는 데 주안을 두고 있다. 적의 군대를 섬멸하기보다 부동산을 확보하는 데 치중하는 것이다. 이러한 전략으로는 전쟁을 수행하는 동안 적 군사력을 북쪽으로 밀어올릴 수는 있어도, 적 군대를 섬멸하여 결정적인 성과를 거두고 전쟁을 승리로 이끄는 데에는 효과적이지 않다. 그리고 살아남은 적 군대는 전열을 정비하여 다시 싸울 것이므로 전쟁은 지연될 수밖에 없다.

한미연합군이 지역확보에 집착하는 것도 한국전쟁의 기억에서 비롯된 것으로 볼 수 있다. 한국전쟁은 비록 3년을 끌었지만 진정한 의미에서의 전쟁은 처음 1년 동안 수행되었을 뿐이다. 그리고 1951년 6월부터 약 2

---

705 Carl Von Clausewitz, *On War*, pp. 484-485.

년 동안은 고지쟁탈전을 중심으로 유리한 지역을 차지하기 위한 지루한 전투가 지속되었다. 이 기간 동안 한국군의 뇌리에는 전쟁은 곧 고지쟁탈전이라는 인식이 깊게 새겨졌고, 이는 지역을 확보하는 것이 중요하다는 인식을 한국군의 뇌리에 심어주게 되었다.[706] 물론, 작전을 수행하면서 유리한 지형을 확보하는 것은 중요하다. 그러나 아무리 중요한 지형이라도 그것을 확보하는 것이 궁극적으로 적 전투력을 격멸하는 것과 연계되지 않으면 아무런 의미를 가질 수 없다.

한미연합군이 가진 소모적인 전략과 지역확보 위주의 전략은 한국의 정치적 목적인 통일을 달성하는 데 두 가지 측면에서 저해요인으로 작용할 수 있다. 하나는 전쟁이 지연되어 중국의 개입을 초래할 수 있다는 것이다. 전쟁이 소모적으로 흘러 전격적인 승리를 거두지 못하고 지연된다면 중국은 시간적 여유를 가지고 군사적으로 개입할 수 있다. 이 경우 미국은 확전을 방지하기 위해 중국군과의 충돌을 피하려 할 것이며, 북한지역으로의 진격은 중단될 수 있다. 다른 하나는 전쟁이 지연되는 만큼 아군과 북한군의 피해는 커질 수밖에 없으며, 이는 한민족 간의 적대감을 고조시켜 전후 민족 화합을 저해할 소지가 있다. 이 경우 북한 주민들은 군사작전이 종료되고 북한 지역을 안정화시키는 단계에서 한미연합군을 상대로 저항에 나서 통일 과정을 방해할 수 있다.

리델 하트는 정치지도자들이 전쟁을 수행할 때 승리 그 자체보다도 전쟁 이후의 더 나은 평화를 고려해야 한다고 주장했다. 한반도 전쟁은 군사작전으로 끝나는 전쟁이 아니라 전후에 통일이라는 민족적 과업을 추진해야 하는 만큼, 가급적 서로의 피해를 최소화할 필요가 있다. 이는 한국의 군사전략이 보다 신속하고 결정적으로 승리를 쟁취할 수 있도록 소모에 의한 섬멸이 아닌 기동에 의한 섬멸을 추구해야 하는 이유가 된다.

---

706 김희상, 『생동하는 군을 위하여』, pp. 350-351.

(2) 북한의 국지도발 대비: 소극적 대응의 한계

북한은 한국전쟁이 끝난 후 셀 수 없이 많은 도발을 야기했다. 북한은 무장공비의 지상 및 해상 침투, 어선 납북, 해군 함정 격침, NLL 침범 및 공격, 비무장지대에서의 정전협정 위반 등 다양한 형태로 도발했다. 가장 빈도가 높았던 1960년대에 북한은 2,605명을 남파하여 933회를 도발했고 이 가운데 794명이 사살되고 511명이 체포 및 검거되었다.[707] 1970년대에는 409건의 도발을 일으켜 201명이 사살되고 64명이 생포되었다.[708] 이후에도 북한은 1983년 미얀마 아웅산 테러 사건, 1987년 KAL기 폭파사건, 1996년 강릉 무장공비 침투사건, 2002년 연평해전, 2010년 천안함 피격 및 연평도 포격사건, 그리고 2015년 목함지뢰 사건 등을 도발해왔다.

북한의 도발에 대해 한국군은 효과적으로 대응했는가? 한국군은 왜 한 번도 북한에 대해 도발을 일으킨 적이 없는가? 심지어 한국은 왜 북한의 도발에 대해 보복다운 보복을 해본 적이 없는가? 북한이 국지적 도발을 멈추지 않고 있는 것은 우리의 대응에 문제가 있었기 때문이 아닌가?

상대적으로 약한 국가의 선제적 공격은 그러한 공격이 전면적인 전쟁으로 확대되지 않을 것이라는 믿음하에 이루어진다. 과거 역사를 보더라도 1950년 10월 중국이 한국전쟁에 개입한 것은 한반도에서의 전쟁이 중국 본토로 확대되지 않을 것이라고 판단했기 때문에 가능했다. 1969년 중국이 국경분쟁을 빚고 있던 우수리 강의 전바오다오珍寶島에서 소련군에게 선제공격을 가한 것도 그러한 공격이 전면전으로 발전하지 않을 것으로 생각했기 때문에 가능했다. 마찬가지로 북한도 그들의 국지도발이 전면전으로 비화되지 않을 것이라는 믿음하에 국지도발을 자행해왔다. 한미연합군으로부터 보복타격을 받을지언정 전면전으로 치닫지 않을 것이

---

707 군사편찬연구소, 『국방사건사 제1집』(서울: 군사편찬연구소, 2012), p. 84.

708 앞의 책, p. 257.

라는 판단하에 일정한 수준의 군사적 긴장을 고조시켜 자신들이 원하는 정치적 목적을 달성하고자 한 것이다. 즉, 북한의 도발은 "제한된 목적하에 이루어진 제한된 군사행동"이었다.[709]

그런데 북한은 수많은 군사도발을 야기했음에도 불구하고 그들 스스로도 각오했던 보복타격을 전혀 받지 않았다. 북한의 도발에 대해 한국과 미국은 무대응으로 일관하거나 대응하더라도 침범당한 남한 영토에서 대응했을 뿐 북한 지역을 침범하거나 타격하지 않았다. 그리고 이러한 수세적 대응은 역효과를 가져와 북한의 대남 도발을 오히려 부추기는 결과를 가져왔다. 북한이 위기를 고조시킬 때마다 한국과 미국은 전면전으로 비화할 가능성을 우려하여 군사행동을 자제했고, 이러한 한미의 약점을 파악한 북한은 더 대담한 도발로 나왔다. 심지어 북한은 협상 테이블에서 당당했고, 한미는 북한에 책임을 묻기는커녕 마치 평화를 구걸하는 듯한 모습을 보였다.

이와 관련한 몇 가지 사례를 보면 다음과 같다. 먼저 1968년 1·21사태는 북한이 124부대 병력 31명을 청와대에 침투시켜 대통령을 제거하려다 미수에 그친 사건이었다. 이에 대해 박정희는 즉시 군사적 보복을 결심했다. 그는 공군에 비밀임무를 부여하여 북한의 124군 부대를 타격할 준비를 갖추도록 했다. 공군에서는 F-86 세이버Sabre 전투기 8대를 준비하여 미군 몰래 타격하고 복귀할 계획을 세웠다. 그러나 이 임무는 곧바로 취소되었다. 북한과의 군사적 충돌을 원하지 않았던 미국은 이 정보를 입수하자 박정희에게 타격을 취소하도록 압력을 가했으며, 대신 한국군의 대침투작전 능력을 강화할 수 있도록 2억 2,000만 달러의 군사원조를 제공하여 박정희의 불만을 무마시켰다.[710] 미국이 전쟁을 우려하여 북한의

---

709 Thazha V. Paul, *Asymmetric Conflicts: War Initiation by Weaker Powers*(Cambridge: Cambridge University Press, 1994), pp. 11-14.

710 권성근, "박 전 대통령, 1·21사태 이틀 후 공군에 북한 124군부대 보복 지시했다", 『주간조선』, 2131호, 2010년 11월 15일; 군사편찬연구소, 『국방사건사 제1집』, p. 176.

도발에 대한 한국의 보복공격을 제지한 것이다.

1·21사태가 발생한 지 이틀 뒤인 1월 23일에는 동해 원산항 인근 공해상에서 정찰임무를 수행하던 미 정보수집함 푸에블로Pueblo호가 북한의 MiG-21 전투기 2대와 4척의 군함에 의해 승무원 83명과 함께 원산항으로 납치되는 사건이 발생했다. 한국은 1·21사태와 푸에블로호 사건이 한국 사회를 교란시킨 후 전면적 공격을 감행하려는 북한의 의도에서 비롯된 것으로 평가하고, 단호한 조치를 취하지 않으면 더 큰 도발을 자행할 것으로 보았다. 그러나 미국의 대응은 유약했다. 처음에 미 정부는 북한에 군사적 보복을 가하는 방안을 모색했으나, 승무원의 안전과 송환을 고려하여 외교적 해결을 시도하지 않을 수 없었다. 미국은 북한의 요구대로 한국 정부를 배제한 채 단독으로 협상에 나서 11개월 동안 끌려 다녔다. 그리고 1968년 12월 23일 "북한이 준비한 '사과문'에 서명하더라도 미 정부의 입장 및 사실과는 다르다"는 모순적인 성명을 발표한 후 북한이 작성한 사과문에 서명하고 인질을 돌려받았다.[711]

당시 국방장관이었던 김성은은 미국의 무기력한 협상태도에 대해 다음과 같이 불만을 토로했다.

> 미국은 북한의 요구대로 우리 정부를 무시한 채 판문점에서 비밀회담에 나섰다. 더욱이 북한은 폭력을 휘두르고도 회담 당사자라고 버티며 미국을 손바닥 위에 올려놓고 우롱했다. 그러면서 북한은 대한민국 정부를 얼마나 경멸했겠는가?
>
> 미국은 북한 공비들이 미군 관할 지역을 뚫고 침투했음에도 불구하고, 과오 시인이나 사과는커녕 어떤 언급조차 하지 않았다. 맹방이라는 미국은 한국 대통령의 생명까지 위협한 사태는 모른 척하고 자국

711 군사편찬연구소, 『국방사건사 제1집』, pp. 162-166.

민의 생명에만 매달렸다. 더구나 살인마들을 협상 대상이라고 앞에다 앉혀놓고 굴욕적인 태도를 보인다면 우리 정부의 자존심은 어떻게 되겠는가?[712]

미국의 협상을 두고 《타임즈Times》는 "기만적이고 부정직한 짓"이라고 혹평했고, 한국 언론에서도 "응징 대신 별 볼일 없는 북한 공산주의와 비밀협상을 한 것"이라는 비판적 평가를 내놓았다.[713]

1968년 10월 30일부터 3차례에 걸쳐 북한의 무장공비 120명이 울진·삼척 지역에 침투하여 12월 28일까지 약 2개월 동안 게릴라전을 벌이며 민간인을 학살하는 사건이 발생했다. 이에 대해 한국 정부가 취한 조치는 군사정전위원회를 통해 비난한 것과 반공태세를 강화한 것, 그리고 한반도 긴장을 완화시키려는 미국으로부터 군사원조를 추가로 받아내는 것이었다.

1974년 8·18 도끼만행 사건에서도 유사한 모습이 재현되었다. 북한의 명백한 도발에도 불구하고 미국은 한국군과 함께 대규모 무력시위를 통해 북한으로부터 유감표명을 받아내는 데 만족해야 했다. 김일성은 처음부터 미국의 전쟁의도가 없음을 알고 있었기 때문에 한미의 무력시위에도 두려움을 느끼지 않았다. 만일 미국이 북한에 대한 강력한 응징의지와 함께 무력시위를 실제 전쟁위협으로 인식하도록 했다면, 김일성은 구체적인 사과와 재발방지 약속, 그리고 관련자 처벌이라는 조치를 취하지 않을 수 없었을 것이다. 북한은 김일성의 유감표명만으로 미국의 보복도 보상 요구도 받지 않았고, 단순히 미루나무를 절단하도록 함으로써 이전 상황으로 돌아갈 수 있었다.[714]

---

712 군사편찬연구소, 『국방사건사 제1집』, p. 172.

713 앞의 책, p. 184.

714 앞의 책, p. 327.

이후에도 북한은 수많은 도발을 자행했지만 한국의 대응은 매번 무기력했다. 1983년 10월 9일 아웅산 묘역 테러는 한국 정부 부총리, 장관 및 차관, 청와대 비서진을 포함한 최고위층 인사들을 제거하고 국가를 혼란에 빠뜨릴 목적으로 제3국에서 저지른 테러였다. 그럼에도 불구하고 전두환은 미국의 입장을 받아들여 보복공격을 주장하는 군을 진정시켜 사태를 덮었다. 1987년 11월 29일 대한항공 858편 폭파 사건이 발생했을 때에도 정부는 유엔안보리와 국제민간항공기구ICAO 등 국제기구를 상대로 대북 규탄성명을 요구하고, 이듬해 올림픽에 대비하여 대테러경계를 강화하는 선에서 사태를 마무리했다. 2015년 8월 4일 목함지뢰 사건은 남북이 포격을 주고 받는 가운데 각각 최고의 경계태세와 '준전시상태'를 선포하여 군사적으로 대치한 사건이었다. 남북은 고위급 회담에 나서 8월 25일 긴장완화에 합의했는데, 북한은 지뢰도발에 대해 '유감'을 표명하고 한국은 확성기 방송을 중단하며 마무리되었다. 이번에도 북한은 애매한 말 한 마디로 도발의 책임을 모면하고 아무 일도 없었다는 듯 이전 상황으로 돌아갈 수 있었다.

이렇게 볼 때 한국이 북한에 대해 응징을 가하지 못한 것은 주로 확전을 우려한 미국의 제지와 압력 때문이었다. 그러나 적의 제한된 도발에 대한 제한된 보복은 의지의 문제이다. 아무리 미국이 단호하게 반대하더라도 적어도 몇 번은 강력한 보복에 나섰어야 했다. 심지어 2010년 11월 연평도에서 국민들이 포격을 받고 있는 상황에서 적 포병을 상대로, 그것도 적보다 절반도 안 되는 양의 포탄사격으로 대응한 것은 납득하기 어렵다. 이러한 소극적 대응은 결국 한국인들의 마음속에 배어 있는 전쟁에 대한 혐오감과 지도자들이 가진 군사력 사용에 대한 거부감이 작용했기 때문이며, 그러한 정도가 적의 도발에 대해 무감각하고 군사력을 사용할 줄 모르는 지경에 이른 것으로 볼 수 있다. 아마도 한국의 정치 및 군사지도자들은 군사적 보복에 따른 더 큰 도발을 우려하여 소극적으로 대응했을 것이다. 그러나 그 결과 북한은 한국을 만만하게 보고 필요할 때에는 아무런 보복도 받지 않고 언제든 때릴 수 있는, 그리고 협상에서 큰 소리를 치는 이상한 상황을 만들어버렸다. 그리고 어느새 한국은 북한에서 후계자가 되기 위해, 혹은 충성경쟁을 위해 통과의례로 때리는 '동네 북'이 되어버렸다.

우리는 북한의 국지도발로 많은 생명을 잃었다. 지금의 평화를 위해 그러한 정도의 희생은 불가피했다고 생각할 수 있다. 그러나 북한의 군사도발에 대해 '일전불사一戰不辭'의 강한 의지를 가지고 단호하게 대응했더라면, 북한의 도발을 진작 차단하고 귀중한 생명을 아낄 수 있었을 것이다. 그리고 현재의 평화는 더 공고해졌을 것이다. 북한의 국지도발을 반복하게 하는 것은 다름 아닌 한국이 갖고 있는 무력 사용에 대한 혐오감 내지 두려움이기 때문이다.

(3) 또 하나의 전쟁수행전략: 베트남전 대분란전 전략

한국군은 베트남 파병을 통해 비전통적 전쟁인 '분란전'에 대한 경험을 쌓을 수 있었다. 베트남전은 중국혁명전쟁에 이어 치러진 또하나의 혁명전쟁이었으며, 이는 전쟁수행 측면에서 탈냉전기에 회자되고 있는 '분란전' 혹은 '제4세대 전쟁'의 전형이었다. 이러한 전쟁은 전통적으로 적의 군대를 섬멸하는 전략이 아니라 적의 의지를 약화시키는 '고갈전략'을 추구한다. 한국군은 이미 한국전쟁에서 북한의 배합전에 대응하면서 게릴라전을 경험한 적이 있었지만, 이는 어디까지나 정규전의 한 부분이었을 뿐 비정규전이 주요한 작전 형태인 분란전을 수행한 것은 베트남전이 처음이었다.

그리피스Samuel B. Griffith는 분란전을 추구하는 적에 대해 승리하기 위한 전략으로 탐지location, 고립isolation, 근절eradication의 세 가지 단계적 조치를 제시했다.[715] 우선 탐지는 적을 식별하는 것이다. 다양한 정보획득 노력을 통

---

715 Samuel B. Griffith, *On Guerrilla Warfare*, pp. 32-33.

해 적의 은신처, 조직원, 보급원 등을 파악하는 것이다. 다음으로 고립은 적을 대중들로부터 차단시키는 것이다. 물리적으로는 통금시간 설정, 출입금지구역 설정, 안전한 곳으로 주민 이주, 그리고 군사력의 현지 주둔 등과 같은 조치를 통해 차단시킬 수 있으며, 정치적으로는 대중들의 불만을 해소해주고 민심을 돌려 적을 고립시킬 수 있다. 마지막으로 근절은 적을 물리적으로 제거하는 것이다. 여기에는 군사작전을 통해 적을 섬멸하는 방법도 있지만, 사면을 약속하거나 보상을 제공하여 적의 투항을 유도할 수도 있다.

주월 한국군 사령관 채명신 장군은 그리피스의 책을 읽었는지 모르지만 베트남전에서 이러한 전략을 토대로 독자적인 전략과 전술을 개발하여 혁혁한 전과를 거두었다. 베트남에 도착한 그는 미군이 게릴라전에 초점을 맞추지 않은 채 정규전 형태인 '탐색과 격멸search & destroy' 형태의 작전을 전개하고 있음을 깨달았다. 그는 미군이 잘못된 전략으로 베트남전을 수행하고 있기 때문에 중부 베트남의 곡창지대인 빈딩Binh Dinh 성 고보이Go Boi 평야의 베트남 촌락 하나도 완전히 평정하지 못하고 있다고 보았다. 그는 한국전쟁 기간 동안 북한 지역에서 경험한 게릴라전 방식을 응용하여 독창적인 전략·전술로 베트콩을 제압하고자 했다.[716]

먼저 채명신은 게릴라전의 특성을 분석했다. 그는 게릴라전이 대개 약자가 강자를 상대로 하는 싸움으로 적은 의식주의 기본 문제도 제대로 해결하지 못한 상태에서 오직 정신적·육체적 고통을 극복하며 싸운다고 보았다. 그리고 그는 이처럼 힘겨운 전쟁에서 게릴라들을 끝까지 지탱하고 인내력을 갖게 하며 용기와 분발을 북돋아주는 요소로 일곱 가지를 꼽았다. 그것은 첫째로 숭고한 투쟁목표 설정, 둘째로 외부로부터의 정치·외교·군사적 지원 제공, 셋째로 지역 주민들로부터의 전폭적인 지원과 협력, 넷째로 재편성 및 휴식을 위한 성역 이용 가능, 다섯째로 적이 쉽게 접

---

716 채명신, 『채명신 회고록: 베트남 전쟁과 나』, pp. 146-157.

근하거나 공격할 수 없는 천연적인 요새지대, 여섯째로 게릴라전을 지휘하는 카리스마와 함께 부하들로부터 존경을 받는 지도자, 일곱째로 타도해야 할 정부의 약한 지지기반이다.[717] 이러한 요소들이 제공될수록 게릴라들은 유리한 여건에서 힘을 얻어 반정부투쟁을 전개할 수 있다.

채명신은 이러한 특성을 고려하여 게릴라를 공략할 전략으로 '물과 물고기의 분리', 즉 지역 주민들과 베트콩을 분리시키고자 했다. 마오쩌둥이 홍군을 물고기로, 인민대중을 물로 비유하여 '물과 물고기' 간의 불가분의 관계를 강조했듯이, 채명신은 역으로 이 둘을 떼어놓음으로써 물고기를 고사시키려 한 것이다. 그는 물의 역할을 하는 주민들을 회유하기 위해 "100명의 베트콩을 놓치는 한이 있더도 한 명의 양민을 보호하라"는 원칙을 내세웠다. 주민들에게 의료지원을 제공하고 농사일을 지원하며, 학교, 도로, 불교사원 등을 보수해줌으로써 그들이 한국군을 신뢰하고 의지하게 만들었다. 그리고 주민들로 하여금 베트콩에 등을 돌리고 이들이 생산하는 식량과 물자가 베트콩들에게 지원되지 않도록 했다.[718] 이를 통해 한국군은 정신적으로나 물질적으로 베트콩들을 주민들로부터 고립시킬 수 있었다.

이러한 전략을 이행하기 위해 채명신은 '중대전술기지'라는 독창적인 전술을 고안하여 적용했다. 당시 베트남에 파병된 맹호사단은 대개 대대 단위로 주둔지를 설정하여 교육훈련 및 전투임무를 수행하고 있었으나, 채명신은 대대를 중대 단위로 나누어 임무를 수행하도록 했다. 그는 대대 단위로 부대가 집결되어 있을 경우 민간인들과 접촉이 뜸해지기 때문에 첩보수집도 어렵고 '물과 물고기의 분리'를 추구할 수도 없다고 보았다. 베트콩이 민간인 속에 숨어 있고 민간인은 베트콩 속에서 생활하는 실상을 고려할 때 가능한 한 작은 규모의 부대가 책임지역에 퍼져 민간인 속

---

717 채명신, 『채명신 회고록: 베트남 전쟁과 나』, pp. 172-173.

718 앞의 책, pp. 178-179.

의 베트콩을 솎아내야 했다. 그리고 베트콩을 솎아내기 위해서는 더 가깝게, 더 자주, 밤낮을 구분하지 않고 민간인을 통제할 수 있어야 했다. 그렇다고 소대 단위로 분산되면 오히려 베트콩의 기습 목표가 될 수 있었다. 그래서 채명신은 중대 단위로 전술기지를 운용하는 것이 적절하다고 판단했다.

실제로 중대전술기지에 의한 대분란전은 큰 효과를 거두었다. 베트콩들은 그들이 점령한 마을이나 지역을 방어하기 위해 주민들을 인질 혹은 방패로 삼았다. 미군이 베트콩이 있는 마을에 항공폭격이나 포격을 가하면 베트콩들은 지하 동굴에 숨어버리고 민간인들만 희생을 당했다. 그러면 베트콩들은 처참하게 죽은 주민들의 사진을 유포하여 선전자료로 활용하고 반정부 정서와 반미감정을 부추겼다. 이러한 상황을 파악한 채명신은 베트콩이 은신한 적의 마을이나 지역을 직접 공격하지 않았다. 대신 마을을 포위한 채 수일 동안 투항을 권고하면서 끈질긴 인내와 정신력의 싸움을 이어나갔다. 이때 마을에 먹을 것이 떨어지면 "노약자와 어린이, 병약자를 내보내라"고 방송을 거듭하여 마을 내에 동요를 일으켰다. 어린이와 노약자가 밖으로 나오면 이들에 충분한 급식과 치료를 제공하고 건강이 회복되면 다시 마을로 복귀시켜 다른 주민들을 데리고 나오도록 했다. 이 과정에서 주민들은 한국군의 친절과 성의 있는 치료에 고마움을 갖게 되었고 베트콩들의 선전이 거짓임을 폭로했다. 이렇게 하나의 마을을 장악하는 데에는 일주일 또는 그 이상의 시일이 소요되었으나, 점차 경험이 축적되면서 다른 베트콩 마을을 공략할 때에는 훨씬 더 용이하고 시간도 단축시킬 수 있다.[719]

채명신은 대게릴라전을 "지역 주민의 협력을 얻어 베트콩을 섬멸하는 것"으로 보고 "군사작전과 함께 심리전 및 대민지원을 병행하는 작전"으로 정의했다. 이에 따라 한국군의 베트남전은 "30%의 전투와 70%의 대민지

---

719 채명신, 『채명신 회고록: 베트남 전쟁과 나』, pp. 187-189.

원 및 심리전"으로 수행되었다. 그는 중대전술기지를 건설하고 중대 단위로 이러한 작전을 수행함으로써 책임지역 내 양민과 베트콩을 분리시켰고, 주민들의 협력을 얻어 베트콩을 섬멸하고 지역을 평정할 수 있었다.

채명신은 한민족 역사에서 보기 드문 군사적 천재였다. 그는 전혀 생소한 작전환경과 전혀 다른 양상으로 치러지는 전쟁에서 누구도 알려주지 않았던 대분란전 전략을 직접 고안하여 성공적으로 전쟁을 수행했다. 그는 박정희의 유신개헌에 반대하다가 중장으로 예편을 당했는데, 만일 군의 최고 지도자가 되었더라면 한국군의 군사적 사고에 획기적인 발전을 이루었을 것이다. "나를 파월장병이 묻혀 있는 묘역에 묻어달라"는 유언에 따라 그는 장군임에도 불구하고 사상 최초로 국립묘지의 사병묘역에 안장되었다.

4. 삼위일체의 전쟁대비

가. 정부의 역할: 국방건설과 국민의식 제고

정부의 역할은 전쟁에 대비한 정치적 목적을 명확하게 제시하고 군과 국민으로 하여금 이에 대비하도록 하는 것이다. 한국 정부의 정치적 목적은 앞에서 살펴본 대로 적이 도발할 경우 이를 방어하고 반격에 나서 통일을 달성하는 것이었다. 이를 위해 정부는 두 가지에 역점을 두었는데, 하나는 군의 역량을 강화하기 위해 자주국방을 추진하는 것이고, 다른 하나는 국민들에게 전쟁열정을 불어넣기 위해 반공교육을 강화하는 것이었다.

(1) 자주국방 건설

한국 정부는 일찍부터 국가정책의 우선순위를 경제발전에 두었기 때문에 국방력을 강화하기가 쉽지 않았다. 미국의 군사원조에 의지하여 점진적으로 군사력을 개선해나갔을 뿐 자주국방은 엄두도 내지 못했다. 그러나

1960년대 말부터 상황이 변화했다. 닉슨 독트린과 주한미군 철수, 미국의 군원이관—미국이 지원하던 군수물자를 한국이 자체 부담하도록 하는 것—방침 등으로 한국은 자체 군사력 증강에 나서지 않을 수 없게 된 것이다.

한국군의 전력증강은 '율곡사업'으로 시작되었다.[720] 제1차 율곡사업은 1974부터 1981년까지 3조 1,402억 원을 투자하여 주요 전력을 증강하고 방위산업을 육성하는 데 주안을 두었다. 이 시기에는 M-1 및 카빈 소총을 M-16 소총으로 바꾸고, 고속정(PKM) 건조, 노후장비 교체, UH-1H 및 500MD 헬기, F-4 팬텀Phantom 전투기를 구매하는 등의 성과를 거두었으나, 투자가 분산되고 무기체계 선정상의 문제로 운영유지비가 급증하는 착오가 발생했다. 또한 사업이 종료된 후 한국의 전력 수준은 북한에 비해 1973년의 50.8%에서 1981년에 54.2%로, 8년 동안에 불과 3.4%의 격차를 줄이는 데 그쳤다.[721]

제2차 율곡사업은 1982년부터 1986년까지 5조 3,280억 원을 투자하여 지난 사업에서 미진했던 '방위전력 보완 및 전력의 질적 향상'에 목표를 두고 추진되었다. 이 시기에는 한국형 전차·자주포·장갑차의 개발, 호위함 및 초계함 등 주요 전투함정 건조, F-5 전투기 기술도입 및 생산 등의 성과를 거두었다. 유도탄 및 전자전 능력을 향상시키기 위한 노력도 경주되었다. 그럼에도 불구하고 1986년 말 한국군 전력은 북한군 대비 60.4%의 수준에 그친 것으로 평가되었다.[722]

제3차 율곡사업은 1987년부터 1992년까지 추진할 계획이었다. 그러나 추진 과정에서 걸프전에 따른 전쟁양상의 변화, 주한미군 감축, 한중

---

720 제1차 율곡사업은 1980년까지 7개년 계획으로 추진하다가 1년을 연장하여 1981년에 완료했다. 그 후 제2차 율곡사업이 1982년부터 1986년까지 실시되었으며, 제3차 율곡사업은 1987년에 시작하여 1992년을 목표로 했으나 '전력정비사업'으로 명칭을 바꾸고 3년을 연장하여 1995년에 완료되었다. 그리고 이후 전력정비사업은 1996년부터 1999년까지 '방위력개선사업'으로 바뀌어 추진되다가 2000년부터는 '전력투자사업'으로, 2006년도부터는 다시 '방위력개선사업'으로 추진되었다. 양영조, "율곡사업", 한민족문화대백과사전.

721 이미숙, "한국 국방정책의 변천 연구: 국방목표를 중심으로", 『군사』, 제95호(2015년 6월), p. 110.

722 앞의 문헌, pp. 118, 120.

수교 및 한러수교, 그리고 남북한 군비통제 움직임 등 국내외 정세변화에 따라 사업방향을 재설정하고 시기를 3년 연장하여 1995년까지 추진되었다. 한반도에서 전면전보다는 국지분쟁의 가능성이 높아지고 있다는 판단하에 대북 방위전력보다는 미래의 불확실한 위협에 대비한 고도정밀무기체계 중심의 독자적인 전력을 개발하는 데 주안을 두었다.[723] 이 시기에는 33조 1,470억 원을 투입하여 K-1 전차·K-200 장갑차·K-55 자주포 생산, 잠수함 건조, UH-60 헬기 도입, 그리고 KF-16 전투기를 생산하는 등의 성과를 이루었다. 다만 1992년 말 이 사업이 종료되었을 때 한국군의 전력은 북한군 대비 71%의 수준에 그쳐 독자적 대북 억제전력은 여전히 미흡한 것으로 평가되었다.[724]

1996년에는 율곡사업을 '방위력개선사업'으로 명칭을 변경하여 1999년까지 전력증강을 추진했다. 이 시기에는 '방위전력 향상과 미래형 전력기반 조성'이라는 목표 아래 대북한 억제 전력의 보강과 자주적 방위능력 확보에 필요한 핵심 전력을 구비하는 데 주안을 두었다. 이를 위해 국방부는 '국방과학기술 현대화'를 국방정책 중점 과제로 설정하고 무기체계의 국내 연구개발에 주력했다. 국방비가 감소되는 상황에서도 전력투자비를 증액하여 21조 2,167억 원을 방위력 개선에 투자한 결과 현존 및 미래 위협에 대비할 수 있는 첨단전력으로 대구경다련장포, K-9 자주포, 단거리 대공유도무기, 214급 잠수함, KDX-II/III 구축함, 무인정찰기, 기본·고등훈련기, 방공유도무기, 전술 C4I체계, K-1A1 전차, 군 위성통신체계 등을 구비할 수 있었다.[725]

2000년 이후 방위력개선사업은 선진국의 '군사혁신RMA' 추세를 반영하여 정보화된 전력을 구비하는 데 주안을 두고 추진되었다. 이는 탐지체계,

---

723 이미숙, "한국 국방정책의 변천 연구: 국방목표를 중심으로", 『군사』, 제95호(2015년 6월), pp. 118, 120.

724 앞의 문헌, p. 120.

725 앞의 문헌, pp. 129-130.

타격체계, 그리고 지휘통제체계를 네트워크화하여 실시간에 정보를 공유하고 실시간에 타격할 수 있는 통합된 전투체계를 갖추는 것이 핵심이었다. 탐지체계로는 군 위성통신, 금강 및 백두정찰기, 공중조기경보통제기, 유무인 정찰기 등을 갖추었다. 타격체계로는 현무, 천궁, 해궁 등의 미사일 및 요격미사일을 개발했다. 그리고 지휘통제체계로는 육·해·공군 C4I 체계와 연동하여 합참을 중심으로 운용하는 합동지휘통제체계KJCCS를 구비하게 되었다.

이와 같이 한국의 전력증강은 3차에 걸친 율곡사업 시기까지는 대체로 월남 패망의 교훈 등을 고려한 '최소한의 방위전력 확보'에 중점을 두었으나, 1990년대 후반 방위력개선사업을 전개하면서부터는 대북 전력의 질적 우위를 보장하면서 점진적으로 주변국 위협에 대비한 군사력 건설로 전환했다.[726] 한국이 현존 위협뿐 아니라 미래 위협에 대비한 첨단 핵심 전력을 중심으로 전력을 증강한 것은 북한에 대한 군사적 자신감을 반영한 것으로 볼 수 있다. 글로벌파이어파워GFP가 발표한 '2019년 세계 군사력 순위'에서 한국이 미국, 러시아, 중국, 인도, 프랑스, 그리고 일본에 이어 7위를 차지한 것은 방위력 개선이 성공적으로 진행되고 있음을 보여준다.[727]

(2) 국민의 반공의식 제고

해방정국과 한국전쟁을 거치면서 이미 보편적 이념으로 자리를 잡은 반공주의는 박정희 시기에 더욱 강화되었다. 박정희는 5·16군사정변을 성공시킨 후 내건 혁명공약 제1조에서 반공을 국시로 규정하고 공산주의가 침투하지 못하도록 전 국민들에게 반공교육을 강화했다. 1963년부터 중학교에서는 '승공통일의 길'을 국정교과서로 보급했으며 고등학교에서는

726 양영조, "율곡사업", 『한국민족문화대백과사전』, 한국학중앙연구원.

727 조영빈, "2019년 일본 군사력, 한국 제치고 세계 6위", 《한국일보》, 2019년 3월 6일.

'자유수호의 길'을 교육하도록 했다. 1968년 일련의 무장공비 침투사건은 반공교육을 더욱 강화하는 계기가 되어 고등학교와 대학교에서는 1969년부터 교련과목을 개설했다. 남학생들은 국가방위에 참여할 수 있는 기본 군사교육을 이수했고, 여학생들은 전시에 대비한 구급법과 간호법을 배웠다.[728] 이외에도 반공교육은 공산주의의 실체를 알리기 위해 반공포스터, 반공글짓기, 반공표어, 반공웅변 등 다양한 실습을 통해 광범위하게 전개되었다.[729]

한국 사회가 민주화되면서 반공反共은 점차 지공知共으로 바뀌게 되었다. 김영삼 정부 시기 '반공교육'은 '통일안보교육'으로 바뀌고, 김대중 시기에는 다시 '통일교육'으로 변화되었다. 그러나 계속되는 북한 도발은 국민들의 반공인식을 쉽게 바꿀 수 없었다. 대한항공 폭파 사건과 강릉 무장공비 침투사건, 연평해전, 서해교전, 천안함 피격, 연평도 포격, 그리고 북한의 핵실험 등으로 인해 국민들은 여전히 공산주의에 대한 혐오감과 거부감을 갖게 되었다.

이러한 가운데 반공주의에 대한 비판도 제기되었다. '반공법'이나 '국가보안법'의 경우 공산주의 체제나 북한 체제를 직접적으로 옹호하지 않았더라도 '찬양', '고무', '동조'의 조항을 통해 포괄적인 처벌이 가능했기 때문에 악용될 소지가 있었다. 일각에서는 우리 사회의 철두철미한 반공의식이 북한을 전면적으로 부정하거나 비하하는 시각을 형성하여 오히려 북한이라는 상대를 정확하게 인식하는 데 장애가 된다는 비판도 제기했다.[730] 또한 반공교육이 민족 간의 적대감을 불러일으켜 남북 간의 화해와 협력을 저해하고 통일을 멀어지게 한다는 주장도 있었다.[731]

그러나 한국의 반공주의는 국민들로 하여금 북한의 전쟁위협에 대해

---

728 한만길, "유신체제 반공교육의 실상과 영향", 『역사비평』(199년 2월), p. 336.

729 앞의 문헌, p. 340.

730 앞의 문헌, p. 346.

731 김순배, "반공교육이 애국인 줄 알고 가르쳤지", 《한겨레》, 2004년 9월 7일.

경각심을 갖도록 했다는 의미가 있다. 북한의 호전성과 전쟁 가능성은 한국전쟁 이후 지속적으로 야기한 무수한 도발만 보더라도 알 수 있다. 어쩌면 한국은 김일성이 의도했듯이 제2의 베트남이 될 수도 있었다. 1960년대 말과 1970년대 초반에 부쩍 증가한 북한의 도발로 미군이 철수하거나 남한 사회에 극심한 혼란이 초래되었더라면 북한은—1975년 김일성이 마오쩌둥에게 남침 의사를 밝혔듯이—베트남과 같이 대남혁명에 나서 또다시 군사적 모험을 감행했을 수 있다. 반공주의는 비록 시행 과정에서 다소의 과오가 있었다 하더라도, 한국이 처한 특수한 안보상황에서 국민들로 하여금 높은 전쟁열정을 갖게 하는 이념적 토대를 제공했다는 데 의미가 있다.

나. 군의 역할: 전문성과 독자성 확보

(1) 전문성과 독자성의 제약 ①: 군의 정치화

군은 정치적 중립을 유지하면서 전문성과 독자성을 확보해야 한다. 전문성이란 전쟁을 승리로 이끌 수 있는 군사적 식견과 역량을 말한다. 독자성이란 군이 외부의 간섭을 받지 않고 군사적 전문성을 발휘할 수 있도록 하는 것을 말한다. 군이 전문성을 가지고 독자성을 보장받을 수 있을 때 전쟁을 대비하는 본연의 역할에 전념할 수 있음은 두말할 나위가 없다. 그러나 한국의 지도자들은 그들의 필요에 따라 군을 정치에 끌어들임으로써 군의 독자성을 침해했다. 그리고 군은 자의든 타의든 정치에 간여하게 됨으로써 군사적 전문성을 키우는 데 소홀하게 되었다.

이승만 정권 초기부터 군은 정치적 중립에서 자유로울 수 없었다. 김구가 육군 소위 안두희에 의해 암살된 사건은 군부가 명령을 내리고 사후처리를 주도함으로써 정치에 개입한 사례로 볼 수 있다.[732] 또한 1952년 7월 4일 개헌도 마찬가지로 이승만이 재집권을 위해 부산시를 포함한 경

---

732 오제연, "김구암살사건", 『한국민족문화대백과사전』, 한국학중앙연구원.

남 및 전남북 일대에 비상계엄을 선포하여 이루어진 것으로, 비록 타의에 의한 것이었지만 군이 정치에 개입한 사례로 볼 수 있다. 이외에도 헌병 총사령부가 반공포로 석방에 반대한 조병옥에게 테러를 가한 사건, 이승만과 대립관계에 있던 김성주를 살해한 사건, 그리고 부정선거에 군을 동원한 것도 군이 정치에 개입한 사례였다.[733]

박정희는 집권 초기 직업주의 성향의 군 간부를 충원하여 군의 정치적 중립을 유지하고자 했다. 그러나 1970년대 야당 지도자들의 정치적 도전과 국민들의 지속된 민주화 요구로 정권이 위기에 직면하자 군을 정치적으로 활용하기 시작했다. 1971년 대학생들이 교련과목 철폐를 요구하며 시위에 나서자 위수령을 발동하여 군을 투입했으며, 1972년 '10월 유신'을 선포할 때에도 비상계엄령을 선포하고 군을 동원했다. 1974년 대통령 긴급조치 위반자를 심판하기 위해 비상군법회의를 설치한 것과 1979년 부마 민주항쟁 시기에 계엄령과 위수령을 내려 군을 투입한 것도 마찬가지였다. 또한 그는 자신의 정치권력을 강화하고자 군 출신 인사들을 정계와 정부기구에 포진하여 국회와 정당의 기능을 약화시키기도 했다.[734]

5공과 6공 시기에도 군은 정치로부터 자유로울 수 없었다. 전두환은 하나회 파벌을 중용하여 국가와 군의 권력을 장악하고 군부통치를 유지했다.[735] 하나회는 단순히 친목을 도모하는 성격을 넘어 박정희 시대에는 친위 사조직으로, 12·12사태 이후에는 5공과 6공의 통치 실체로 전면에 부상했다.[736] 하나회는 1980년부터 1992년까지 2명의 대통령, 5명의 안기부장, 4명의 경호실장을 배출했으며, 이 시기 역대 육군참모총장 5명 전

---

733 양병기, "한국 민군관계의 역사적 전개와 교훈", 『국제정치논총』, 제37호 제2권(1998년 2월), pp. 312-313.

734 앞의 문헌, pp. 316-318.

735 앞의 문헌, pp. 324-325.

736 조현연, "한국 민주주의와 군부독점의 해체 과정 연구", 『동향과 전망』, 제69호(2007년 2월), pp. 56-57.

원, 보안사령관 10명 전원, 수도방위사령관 8명 전원이 하나회 출신이었다. 이들은 전역 후에도 정부와 기업, 사회 각계로 진출하여 막강한 영향력을 행사했다. 노태우는 군부독재라는 이미지에서 벗어나고자 박준규, 김윤환, 박철언, 문희갑 등 민간정치인들을 중용했으나, 여전히 핵심 요직에는 하나회 회원 가운데 9·9 인맥—9사단장 및 9공수여단장 출신—이 포진하고 있었다.[737]

김영삼은 군부통치의 주역이었던 하나회 출신을 군에서 배제시키고 전두환과 노태우를 군사반란 및 내란죄로 법정에 세움으로써 군의 직업주의를 바로잡고 문민우위의 민군관계를 확립하고자 했다.[738] 그는 1993년 3월 5일 육군사관학교 제49기 임관식 연설에서 "올바른 길을 걸어온 대다수 군인에게 당연히 돌아가야 할 영예가 상처를 입었던 불행한 시절이 있었습니다. 나는 이 잘못된 것을 다시 제자리에 돌려놓아야 한다고 믿습니다"라고 언급했다. 그리고 본격적으로 하나회 숙청작업을 실시했다. 제도적으로 군의 위상을 바로 세우기 위해 보안부대의 기능 약화, 군사교육제도의 개혁, 민간 경찰청 강화, 비리에 연루된 정치지향적 군부 엘리트 구속 등의 조치를 취했다.

김영삼 정부의 군 숙정작업 및 문민통치 개혁에 대해 하나회 및 정치군인들은 저항하지 않았다. 이는 1980년대 후반 청문회를 거치는 과정에서 군의 위신과 명예가 실추되고 그에 대한 책임이 정치군인들에게 있었다는 자성 때문이었을 것이다.[739] 1993년 10월 1일 국군의 날 기념식에서 군은 '신한국군 원년'을 선언했는데, 이는 과거에 군이 정치권력과 결탁하여 국민의 군대가 되지 못했다는 자기반성이자 전문직업주의로 회귀하는 전환점으로 볼 수 있다.

---

737 조현연, "한국 민주주의와 군부독점의 해체 과정 연구", pp. 57, 66.

738 양병기, "한국 민군관계의 역사적 전개와 교훈", p. 325.

739 조현연, "한국 민주주의와 군부독점의 해체 과정 연구", pp. 69-70.

이렇게 볼 때 과거 국가지도자들은 '정치-군사 카르텔'을 형성하여 군을 통치 과정에 지속적으로 개입시켜왔고, 사적으로나 제도화된 형태로 군을 정치에 이용했다. 이로 인해 군 지도자들은 군사적 혜안을 가진 인재들보다는 정치귀족들로 채워졌으며, 군의 전문성과 독자성은 훼손될 수밖에 없었다. 그리고 이는 현재의 한국군이 전쟁과 군사 문제에 대한 본질적 사유가 결핍되고 전략적·작전적 마인드가 부족하게 된 원인으로 볼 수 있다.

(2) 전문성과 독자성 제약 ②: 작전통제권의 문제

한국군에 대한 작전통제권 문제는 앞에서 살펴본 대로 한국전쟁으로 거슬러 올라간다. 북한군의 기습남침으로 한국군이 대전 이남까지 후퇴하자 이승만은 1950년 7월 16일 맥아더에게 한국군에 대한 '작전지휘권'을 이양했고, 1954년 11월 17일 체결한 '한미합의의사록'에서 한국군을 유엔군사령관의 '작전통제'하에 두는 것으로 합의했다. 한국전쟁 당시 이양된 '작전지휘권'을 '작전통제권'으로 전환한 것이다.

한국군에 대한 작전통제권 문제는 1978년 한미연합군사령부가 창설되면서 큰 변화가 있었다. 한미연합군사령부가 창설된 배경은 첫째로 한국의 방위역량이 향상되면서 한국군의 지휘권한을 어느 정도 인정할 필요성이 대두되었고, 둘째로 유엔군의 탈유엔화, 즉 중국의 유엔 가입으로 공산권 국가들이 유엔군사령부 해체를 요구하는 상황에서 유엔사는 정전체제를 유지하기 위한 정전업무만 전담하고 한국 방위를 담당할 별도의 사령부를 설치할 필요가 있었다.[740] 그리고 더욱 중요한 배경은 바로 카터의 주한미군 철수 계획이었다. 이는 한미연합군사령부 창설의 직접적인 요인이 되는 것으로, 미군이 철수할 경우 한국군이 전쟁을 지휘할 수 있는 역량을 배양하고자 한미의 연합지휘체계를 기반으로 한 공동의 사령부를 창설한 것이다.

---

740 군사편찬연구소, 『한미동맹 60년사』, pp. 159-160.

1978년 11월 7일 한미연합군사령부가 창설되면서 한국군에 대한 작전통제권은 기존의 유엔군사령관으로부터 한미연합군사령관으로 전환되었다. 한미연합군사령관은 미군 장성이지만 한미 공동의 사령관이므로 한국군에 대한 작전통제권은 한미가 공동으로 행사하는 체계로 바뀐 것이다. 이전에 유엔군사령관이 미 합참의장으로부터 전략지시를 받아 한국군을 작전통제했다면, 이제 연합군사령관은 한미군사위원회MCM로부터 전략지시를 받아 한국군을 작전통제하게 되었다.[741]

1990년대에 작전통제권은 탈냉전기의 변화된 안보환경과 한국의 국력신장을 계기로 다시 한 번 변화를 겪게 되었다. 1994년 12월 1일부로 평시 한국군에 대한 작전통제권을 한국 합참에 이양한 것이다. 이에 따르면 정전 시 한국군에 대한 작전통제 권한은 한국 합참의장이, 전시 작전통제권은 한미연합사령관이 갖도록 했으며, 평시에서 전시로 전환하는 시기를 DEFCON-Ⅲ가 발령되는 시점으로 정했다.[742] 평시 작전통제권 전환은 한국이 1950년 7월 이후 44년 만에 자국군의 작전을 통제한다는 측면에서 자주국방의 새로운 전기를 마련했다는 의미를 갖는다.

21세기에 들어오면서 미국은 9·11테러 이후 새롭게 등장한 테러리즘과 대량살상무기WMD 확산 등의 위협에 대응하기 위해 군사변환을 추구하면서 해외주둔 미군을 재배치하고 주한미군을 조정하고자 했다. 이러한 상황에서 노무현 정부는 전시 작전통제권을 한국군으로 전환하기로 결심하고 미측과 협의를 시작했다. 2006년 9월 16일 한미 정상회담에서 양국은 전시 작전통제권을 전환한다는 기본 원칙에 동의했고, 2007년 2월 23일 한미 국방장관회담에서 2012년 4월 17일에 전시 작전통제권을 전환하기로 합의했다.[743]

---

741 군사편찬연구소, 『한미동맹 60년사』, p. 166.

742 앞의 책, p. 167.

743 앞의 책, p. 278.

그러나 북한 핵문제로 한반도 안보상황이 악화되면서 전시 작전통제권 전환은 계획대로 이행되지 못했다. 2010년 6월 26일 한미 양국 정상은 한반도 상황의 안정적 관리와 안보에 대한 국민적 우려를 해소하기 위해 전시 작전통제권 전환 시기를 2015년 12월 1일로 조정했다. 그럼에도 불구하고 북한 핵 및 WMD 위협이 현실화되자 한국군의 초기대응 능력이 문제가 되었다. 이에 한미 양국은 2014년 10월 제46차 SCM에서 한국의 군사능력과 안보환경이 안정화되는 시기에 전작권 전환을 추진하기로 함으로써 '조건에 기초한 전작권 추진'에 합의했다. 그리고 2015년 11월 제47차 SCM에서 이를 승인함으로써 전환 시기를 다시 2020년 중반으로 미루었다.[744]

이와 같이 볼 때 한국전쟁을 계기로 유엔군사령관에게 이양했던 한국군에 대한 작전통제 권한은 이후 연합사령관을 거쳐 이제 한국군으로 전환되는 과정에 있다. 지금까지 한국군이 작전통제권을 갖지 않은 것은 한반도 안보상황과 한국군의 능력을 고려한 불가피한 선택이었음에 분명하다. 그러나 그동안 한국은 자국의 군사력을 단독으로 지휘하지 못함에 따라 한반도 전쟁을 미군에 의존하면서 전략적 사고를 발전시키는 데 소홀함이 있었던 것도 사실이다. 따라서 한국군은 전작권 전환을 단순히 '작전'의 수준에서 다루어선 안 되며, 전쟁기획, 군사전략 입안, 전쟁 및 작전수행, 나아가 전쟁의 본질 인식 및 정치-군사관계와 같은 정치·전략적 수준에서의 군사적 사고를 새롭게 정립하는 기회로 만들어야 한다.

(3) 베트남 전쟁에서 한국군의 독자적 지휘권 행사

베트남 전쟁에서 한국군은 독자적인 지휘권을 가지고 작전을 수행했다. 다수의 국가가 전쟁을 수행할 경우 통상적으로 작전의 효율성을 위해 지휘권한을 단일 국가 혹은 단일 지휘관에 부여한다. 노르망디Normandy 상륙

---

744 국방부, 『2016 국방백서』(서울: 국방부, 2016), p. 132.

작전에서 아이젠하워Dwight D. Eisenhower가 연합군 총사령관으로서 작전을 지휘했던 것이 대표적인 사례이다. 그럼에도 불구하고 채명신은 베트남에서 한국군이 미군의 지휘하에 들어가야 할 명분이 없다고 판단하고 박정희와 미군 지휘부를 설득함으로써 단독으로 지휘권을 행사할 수 있었다.

박정희는 베트남 파병을 결정하면서 주한 미 대사 브라운Winthrop G. Brown에게 한국군을 미군 사령관의 작전지휘하에 두어야 한다고 말했다. 미 정부와 군 고위층에서도 미군이 한국군의 작전을 지휘하는 것을 당연하게 생각하고 있었다. 그러나 채명신은 미군의 지휘를 받아야 한다는 데 동의하지 않았다. 그는 베트남에서 한국군이 미군의 작전지휘하에 들어간다면 일각에서 '청부전쟁' 또는 미국의 '용병'이라는 비난을 면할 길이 없다고 생각했다. 베트남 파병이 베트남공화국, 즉 남베트남 정부의 요청에 의해 이루어진 만큼 주권국가로서 미군의 지휘를 받는 것은 이러한 비난을 더욱 부채질할 것으로 보았다.

또한 채명신은 작전지휘권을 포기할 경우 한국군의 희생이 커질 것을 우려했다. 그는 박정희와 면담하면서 다음과 같이 말했다.

> 만약 한국군이 미군 지휘하에서 작전을 한다면 미군들이 힘든 곳, 어려운 국면에 한국군을 투입할 것은 뻔한 일입니다. 매우 어려운 전쟁, 불확실한 전장에서 계속되는 패전으로 많은 희생자가 생긴다면 어떻게 하시겠습니까? 국민에게 뭐라고 하시겠습니까? 아마 비판자들은 미국의 청부전쟁에 말려들어 저 꼴이 되었다고 정치공세로 나오지 않겠습니까?[745]

이러한 언급은 미군에 대한 불신이라기보다는 미군이 베트남전에서 수행하고 있는 전략·전술에 대한 불신이 깔려 있는 것으로, 잘못된 미군의

---

745 채명신, 『채명신 회고록: 베트남 전쟁과 나』, pp. 54-55.

작전에 끌려들어 불필요한 희생을 강요당하지 않겠다는 의지로 볼 수 있다. 이에 대해 박정희는 채명신의 주장에 동의하고 한국군에 대한 작전지휘권의 문제를 채명신에게 일임하기로 했다.

베트남에 도착한 채명신은 주월미군사령부에 한국군이 독자적 지휘권을 가져야 한다는 입장을 전달했다. 그는 미측에 "한국전쟁에서와 같이 유엔군사령부가 편성되거나 유럽에서의 NATO와 같이 연합사령부가 편성되어 있다면 배속이든 작전권 이양이든 문제되지 않지만, 베트남에는 그러한 사령부가 없이 미군 사령부가 존재할 뿐이므로 한국군이 작전지휘권을 이양하는 것은 바람직하지 않다"고 주장했다. 그러나 미군 측의 생각은 달랐다. 주월미군사령관 웨스트 모어랜드William C. Westmoreland 장군과 참모장 라슨Stanly R. Larson 장군은 한국군 작전통제권이 마땅히 미군에 예속되어야 한다며 양보하지 않았다. 예하 지휘관들도 한국군에 대한 작전지휘권이 인정되지 않으면 같이 작전을 하지 않겠다고 항의했다.[746]

채명신은 미군 지휘관회의에 참석하여 자신의 주장을 밝혔다. 우선 그는 베트남전이 군사적인 면보다 정치적인 성격의 전쟁이라는 점, 그리고 이 전쟁은 민주국가들도 냉담하고 공산 진영 국가들은 미국을 비롯한 참전국가들을 중상모략하고 있다는 점을 지적했다. 그리고 만일 한국군이 미군의 지휘를 받게 된다면 한국군은 자유베트남을 공산침략으로부터 구출하기 위해 나섰음에도 불구하고 미국의 청부전쟁에 용병으로 참전한 것으로 선전될 것이고, 그렇게 되면 한국군의 참전 명분이 약화될 뿐 아니라 국민들의 지지도 약화될 것이라고 주장했다. 따라서 한국군의 독자적인 지휘권 보장은 한국 국민과 한국군의 명예와 사기를 고양시키고 청부전쟁 및 용병 운운하는 공산측의 모략선전을 봉쇄함으로써 한미 양국에 공동의 이익을 가져다줄 것이라고 주장했다. 그러면서 그는 한국전쟁에서 훌륭히 싸운 미국의 혈맹 전우들을 많이 알고 있는데 이제 베트남

746 채명신, 『채명신 회고록: 베트남 전쟁과 나』, pp. 150-151.

전선에서 공동의 적인 공산주의자들과 싸우게 되어 영광이며, 미군과 공동의 목표 달성을 위해 협조할 것임을 밝혔다. 이 자리에서 미군 지휘관들은 채명신의 의견에 공감을 표하고 한국군이 단독으로 작전지휘권을 행사하는 데 동의했다.[747]

베트남 전쟁에서 채명신이 보여준 소신은 한국군의 군사적 사고가 항상 미군에 종속된 것만은 아니었음을 보여준다. 베트남전에서 한국군의 독자적인 작전지휘권 행사는 일방적이고 의존적이었던 한미군사관계를 처음으로 대등하게 이끌었다는 의미를 갖는다.[748] 또한 채명신의 성공적인 작전수행은 작전지휘권이 분리되더라도 긴밀한 상호협조하에 작전의 효율성을 기할 수 있음을 보여주었다.

다. 국민의 역할: 전쟁열정 제공

현대 시기 한국 국민들이 전쟁에 대해 가졌던 열정은 대체적으로 높았다고 보는 것이 타당할 것이다. 1960년대와 1970년대 국민들은 철저한 반공교육을 통해 북한에 대해 적개심을 갖고 있었으며, 전쟁이 일어나면 목숨을 걸고 싸워야 한다는 의식을 가졌을 것이다. 더욱이 북한이 무장공비 남파 등 빈번한 군사도발을 야기하는 상황에서 국민들은 전쟁에 대해 높은 경각심을 갖지 않을 수 없었을 것이다.

그럼에도 불구하고 국민들의 전쟁열정을 제약하는 요인들이 있었다. 첫째는 병역의 형평성 문제로 인해 군복무에 대한 불만을 낳은 것이다. 한국전쟁 후 국민개병제를 근간으로 한 병역제도가 정착되면서 모든 국민들은 병역의 의무를 부담하게 되었다. 이러한 병역제도가 국민들로부터 지지를 받고 성공적으로 시행되기 위해서는 누구든 예외를 두지 않고 공정성을 유지하는 것이 중요하다. 그런데 1970년대에는 오늘날의 대체복

---

747 채명신, 『채명신 회고록: 베트남 전쟁과 나』, pp. 154-163.

748 군사편찬연구소, 『베트남 전쟁과 한국군』(서울: 군사편찬연구소, 2004), p. 180.

무에 해당하는 병역의무의 특례제도가 양산되었다. 1970년 8월 7일 중화학공업정책의 원활한 추진을 위해 '한국과학원법'과 그 시행령을 개정하여 일정한 자격을 갖춘 대상자로 하여금 현역복무를 면제받는 대신 국가가 지정하는 전문 분야에 종사할 수 있도록 했다. 1973년 3월에는 '병역의무 특례규제에 관한 법률'과 시행령을 제정하여 산업발전에 기여할 수 있는 특수한 기술을 소지하고 있거나 연구기관에 종사하는 병역의무자에 대해서는 해당 분야에서 일정 기간을 종사할 경우 현역복무를 마친 것으로 인정해주었다. 1980년대에도 특례규제에 대한 법률을 제정하여 농촌지도요원, 자연계 교원, 특수전문요원 등을 대상으로 병역특례가 부여되었다. 결국 이러한 특례제도는 1980년대 병역의무에 대한 경시풍조와 병역기피 의식을 확산시키고 대규모 병무비리로 이어졌으며, 특히 1981년 5월 '예비역사관제도'는 고위층 자제를 위한 특례라는 비판과 함께 병역의무 형평성에 논란을 야기했다.[749]

둘째는 한반도 안보상황의 변화로 인해 국민들의 참전의지가 약화되고 있다는 것이다. 국민들의 참전의지를 정확하게 파악하기는 어렵다. 동일한 여론조사기관이 매년 동일한 대상을 상대로 일관성 있게 조사한 자료가 없기 때문이다. 그럼에도 불구하고 가용한 여론조사 결과를 취합해보면 최근 25년 동안 젊은 층의 참전의지는 점차 약화되고 있음을 알 수 있다.

우선 1995년 6월 코리아리서치가 20대와 30대 남성을 대상으로 한 조사에서 "전쟁발발 시 총을 들고 직접 전투에 참가하겠느냐"는 질문에 대해 80.1%가 긍정적인 응답을 했다. 상당히 높은 비율의 젊은이들이 참전할 의사를 밝힌 것이다.[750] 그러나 이 수치는 약 10년 후인 2004년 11월 한길리서치가 대학생 1,000명을 대상으로 한 의식조사에서 57.3%, 2005년 5월 한길리서치가 서울 지역 대학생 716명을 대상으로 실시한 조사에

---

749 나태종, "한국의 병역제도 발전과정 연구", 『군사』, 제84호(2012년 9월), pp. 307-309.

750 "학생 45.5% 전쟁나도 군지원 안해", 《연합뉴스》, 2005년 5월 29일.

서는 53.1%로 떨어졌다.[751] 그로부터 다시 10년 후인 2014년 12월 윈 갤럽 인터내셔널이 조사한 바에 의하면 18~24세 연령층이 47%, 25~34세 연령층이 43%로 다시 떨어졌다.[752] 그리고 2019년 6월 자유민주연구원과 국회자유포럼이 실시한 조사에서는 참전의지를 밝힌 20대가 40.2%, 30대가 47.8%였다.[753]

이렇게 볼 때 국민들이 갖고 있는 참전의지는 지난 25년 동안 지속적으로 낮아진 것으로 볼 수 있다. 그 원인으로는 한국이 국력이나 군사력 면에서 북한을 압도하면서 전쟁 가능성에 대한 경각심이 낮아졌기 때문일 수 있다. 남북관계의 개선과 북한에 대한 인식의 변화도 하나의 원인일 수 있다. 또한 반공교육이 과거와 달리 이완되어 새로운 세대가 느끼는 북한에 대한 위협인식이 약화된 탓일 수도 있다. 분명한 것은 북한의 위협이 여전히 존재하는 상황에서 국민들의 전쟁열정이 점차 약화되고 있다는 사실이다.

5. 소결론

한국인은 전쟁을 어떻게 생각하고 있는가? 현재 한국인들은 전통적인 유교적 전쟁관이나 임시정부 시기 혁명적 전쟁관을 벗어나 근대의 현실주의적 전쟁관을 견지하고 있는가? 한국인들이 갖고 있는 전쟁인식은 한민족의 전통적 전쟁관을 어떻게 계승하고 있으며 근대적 관점에서 어떻게 발전시키고 있는가?

---

751 "학생 45.5% 전쟁나도 군지원 안해", 《연합뉴스》, 2005년 5월 29일.

752 "전쟁 나면 참전… 한국 42% vs 중국 71%", 《조선일보》, 2016년 4월 8일.

753 정충신, "한반도 전쟁 나면 참전 20·30대 44%뿐", 《문화일보》, 2019년 6월 21일. 다만, 2015년 국민안전처의 조사에서는 참전의사를 밝힌 20대와 30대의 비율이 75%로 매우 높게 나타났으나, 이는 다른 여론조사의 흐름과 다르다고 판단하여 제외했다.

현대에 와서도 한국인들의 전쟁관은 아직도 클라우제비츠의 전쟁관을 수용하지 못하고 있다. 한국전쟁을 겪으면서 한국인들은 전쟁을 결코 해서는 안 되는 것, 어떻게든 막아야 하는 것으로 인식하고 있다. 이러한 인식은 전쟁을 '정치적 수단'으로 언제든 사용할 수 있다고 보는 서구의 근대적 전쟁관과 거리가 먼 것이며, 마오쩌둥의 혁명전쟁과 같은 '정당한 전쟁론'과는 더더욱 거리가 멀다. 여전히 한국인에게 전쟁은 국가정책의 유용한 수단이라기보다는 억제되고 회피해야 할, 그리고 전쟁이 발발할 경우 어쩔 수 없이 싸워야 하는 '필요악'인 것이다. 이러한 측면에서 한국인들은 한국전쟁에 대한 끔찍한 기억으로 인해 '왜곡된 현실주의'라는 편향된 전쟁인식을 갖고 있다고 할 수 있다.

현대에 한국이 전쟁에서 추구하는 정치적 목적은 지극히 소극적이다. 북한의 공격으로부터 생존을 모색하고 주변국의 잠재적 위협으로부터 영토 등 주권을 수호하는 데 그치고 있다. 필요할 경우 적극적으로 무력을 사용하고 정부의 의지를 강요하여 국가이익을 확보하려는 모습이 보이지 않는다. 북한이 수많은 국지도발을 야기했음에도 소극적으로 대응한 것이나, 북한을 상대로 한 번도 먼저 군사행동을 취하지 않은 것은 한국이 아예 군사력을 사용할 의지가 없어 보인다. 정부는 전쟁이 발발할 경우 북한의 공격을 방어하고 반격으로 전환하여 통일을 달성한다는 비교적 적극적 목적을 갖고 있으나, 이러한 목적이 실제 정부가 추구하는 것인지, 또 달성할 수 있는 것인지 분명하지 않다. 한국이 현재 보유하고 있는 군사력으로 무엇을 해야 할 것인지에 대한 보다 근본적인 질문을 제기하지 않을 수 없다.

한국의 전쟁수행전략은 한미동맹을 중심으로 북한의 전쟁도발을 억제하고 방지한다는 측면에서 성공적인 것으로 평가할 수 있다. 다만, 북한의 전면전 도발에 대비한 군사전략은 선형방어 및 선형공격 방식의 소모적인 전략으로 결정적 승리를 거두기 어려울 수 있다. 이는 한국전쟁 당시 리지웨이의 전략과 고지쟁탈전에 대한 기억이 반영된 것으로 근대 서구의 전략적 관점이나 현대전 양상을 고려할 때 바람직하지 않아 보인다. 조기에 적 군사력을 격멸 또는 와해시키지 못하면 전쟁은 지연될 수밖에 없고, 이 경우 중국군이 개입하여 한국정부가 목표로 한 반격에 의한 통일은 좌절될 수 있다. 이제라도 전쟁에서 정부가 추구하는 정치적 목적을 달성할 수 있도록 효과적인 전략방안을 다각적으로 모색할 필요가 있다.

한국의 전쟁대비는 전쟁의 주체인 정부, 군, 그리고 국민이 일체된 가운데 비교적 성공적으로 이루어진 것으로 볼 수 있다. 역대 정부가 자주국방 노력을 경주하여 세계 7위의 군사력을 갖추고 국민들의 반공의식을 제고하여 전쟁에 대한 경각심을 높인 것은 지난 한민족의 역사를 통틀어 매우 성공한 사례로 볼 수 있다. 다만, 군은 정치에 개입하거나 정치권력에 휘둘리지 않고 전문성과 독자성을 확보하고, 나아가 전쟁에 대한 고유의 인식과 신념, 그리고 소신을 갖추어야 한다. 국민들은 과거 반공교육과 같이 국가가 주입하는 전쟁열정이 아니라 성숙한 민족주의 의식에서 발로하는 자발적인 전쟁열정을 가져야 할 것이다. 우리 민족의 전쟁역사에 대한 성찰을 통해 자유민주적 가치를 스스로 받아들이고 이를 자발적으로 수호할 수 있는 의식을 견지해야 한다.

이렇게 볼 때 현대 한국은 모든 분야에서 근대화를 이루었지만 유독 군사 분야에서는 전근대적 수준에 머물러 있음을 알 수 있다. 한국이 군사적 사고를 발전시키기 위해서는 '한국전쟁의 망령'에서 벗어나야 한다. 전쟁과 군사에 대한 문제를 한반도에 고착시키거나 가두지 말고 국가생존과 이익, 그리고 번영이라는 관점에서 보다 근본적으로 사유해야 한다. 즉, 전쟁이 무엇이고 전쟁을 통해 무엇을 얻을 수 있는지, 왜 군사력을 건설해야 하는지, 그리고 그것을 어떻게 사용할 것인지에 대한 진지한 사유가 필요하다. 그럼으로써 '왜곡된 현실주의'라는 군사적 사고를 바로잡아야 한다.

제5부

●

한국적 군사사상 모색

제11장

한국의 군사사상 발전: 전통과 근대성의 조화

이 장에서는 한국의 군사사상이 안고 있는 문제점을 전통과 근대성이라는 관점에서 고찰하고 앞으로 우리의 군사사상이 발전해나가야 할 방향을 제시한다. 한민족은 삼국시대부터 조선시대에 이르기까지 수많은 전쟁을 치르며 시대별로 고유한 군사적 사고를 형성했다. 그러나 구한말과 임시정부 시기에 지도자들은 이를 비판적으로 고찰하지 않음으로써 발전적으로 계승할 수 없었다. 전통적인 군사적 사고와 단절된 것이다. 또한 현재 한국의 군사사상은 해방 이후로 서구의 근대적인 군사사상을 수용하고 있으나 한국전쟁의 트라우마로 인해 제대로 반영되지 못하고 있다. 근대성을 왜곡하게 된 것이다. 그 결과, 우리는 전통적 군사사상과 서구의 근대적 군사사상을 접목시켜 현재 실정에 맞는 우리 고유의 군사사상으로 만들지 못하고 있다. 한국의 군사사상을 발전시키기 위해서는 우리 민족의 군사적 전통을 발전적으로 계승하고 서구의 근대성을 정확하게 이해하여 이 둘을 조화시키는 노력이 필요하다. 다음 〈표 11-1〉는 앞에서 분석한 한민족의 군사사상을 시대별로 정리한 것이다.

〈표 11-1〉 한민족의 시기별 군사사상 구분

<table>
<tr><th colspan="2">구분</th><th>군사사상 유형</th><th>내용</th></tr>
<tr><td rowspan="3">고대</td><td>삼국시대</td><td>유교적 현실주의</td><td>• 현실주의적 요소가 지배
– 삼국 간 전쟁의 일상화
– 중국 및 이민족의 침입
• 그러나 현실주의적 요소가 유요주의에 의해 제약됨</td></tr>
<tr><td>고려시대</td><td>제한적 현실주의</td><td>• 현실주의적 요소가 지배
– 북진정책 추진
– 중국 및 이민족 침입
• 그러나 현실주의적 요소가 북진의 의지, 종교, 영토인식, 유교주의 등에 의해 제약됨</td></tr>
<tr><td>조선시대</td><td>교조적 유교주의</td><td>• 유교적 요소가 절대적으로 지배</td></tr>
<tr><td rowspan="2">근대</td><td>구한말</td><td>반근대적 · 퇴행적 전쟁인식</td><td>• 근대 전쟁에 대한 인식 부재
• 백성들의 반제국주의 혁명 진압
* 정부의 동학혁명, 의병운동 진압
• 일본의 침략전쟁 호응
* 청일전쟁 및 러일전쟁에서 일본 지원</td></tr>
<tr><td>임시정부 시기</td><td>왜곡된 혁명주의</td><td>• 혁명적 요소가 지배
* 반봉건 및 반제국주의적 요소
• 그러나 혁명전쟁으로서의 독립전쟁을 잘못 이해
– 극한투쟁의 독립전쟁을 도덕적으로 접근
– 유교적 전쟁인식 작용</td></tr>
<tr><td>현대</td><td>한국전쟁 이후</td><td>왜곡된 현실주의</td><td>• 현실주의적 요소에 기반
• 그러나 현실주의적 요소가 한국전쟁에 대한 기억으로 편향되어 전근대적 모습으로 투영</td></tr>
</table>

1. 전통과의 단절 문제

가. 한민족의 전통적 군사사상

한민족의 전통적인 군사사상은 무엇인가? 앞의 논의에서 삼국시대의 군사사상을 '유교적 현실주의', 고려시대의 군사사상을 '제한적 현실주의', 그리고 조선시대의 군사사상을 '교조적 유교주의'로 규정한 바 있다. 대체적으로 현실주의적 성격과 유교주의적 성격이 혼합된 가운데 점차 유교적 성향을 강화해간 것으로 볼 수 있다.

전통 시기 한민족의 역사에서 전쟁은 예외적 요소가 아닌 일상적인 요소였다. 삼국 상호 간의 숱한 전쟁, 말갈·거란·여진·왜·흉노 등 북방 이민족의 약탈과 침공, 한나라·수나라·당나라·요나라·몽골·일본·청나라 등 주변 강대국의 침공, 그리고 고구려의 만주정벌·고구려의 북진정책과 여진정벌·조선의 대마도 정벌 및 여진정벌을 비롯해 한반도에서 전쟁은 끊이지 않고 지속되었다. 따라서 한민족은 전쟁의 문제를 현실주의적 관점에서 진지하게 사유하지 않을 수 없었다. 그럼에도 불구하고 그러한 현실주의적 전쟁인식은 일찍이 삼국시대부터 유교의 영향에 의해 제약을 받지 않을 수 없었으며, 조선시대에 이르러서는 교조화된 유교적 신념이 전쟁인식을 지배하게 되었다.

유교주의가 한민족의 군사사상에 미친 폐해는 컸다. 손자가 말한 대로 전쟁은 국가의 생존과 흥망을 결정한다. 진중하게 다루어야 할 국가의 대사大事이다. 그러나 유교의 영향을 받은 선조들은 무력 사용을 혐오하여 전쟁을 비정상적이고 일탈적인 것으로 간주했다. 전쟁은 어쩔 수 없는 경우 최후의 수단으로, 그것도 적의 잘못된 행동을 응징하고 교화시키기 위해 제한적으로 이루어져야 한다고 생각했다. 이러한 전쟁인식은 조선시대에 오면서 더욱 강화되어 전쟁을 국가의 안위보다 중화세계의 질서를 수호하는, 국가생존보다 대의명분을 추구하는, 그리고 국가이익보다 군자의 도리를 지키는 방편으로 인식하게 되었다.

이러한 유교적 전쟁인식으로 인해 한민족은 강대국으로 부상할 수 없었다. 인접국가와 부족을 정복하여 영토와 재산을 빼앗고, 이들을 합병하여 국가권력을 확대하는 팽창주의적 전쟁을 추구하지 않은 것이다. 삼국의 경우 유교적 영향이 비교적 덜했음에도 불구하고 국력이 강화된 전성기에 어느 국가도 통일전쟁에 나서지 않았다. 실제로 삼국통일은 신라가 의도한 것이 아니라 당나라의 한반도 원정에 따라 얻어진 부수적 산물에 지나지 않았다. 고려도 초기부터 고구려의 옛 영토를 수복하기 위해 북진정책을 추구했지만 끝내 영토회복은 한반도 이내로 제한되었다. 조선은 대마도 정벌과 여진정벌에 나섰으나 이러한 전쟁도 마찬가지로 한반도를 넘어서 적의 재산을 빼앗고 영토를 확장하는 침략전쟁은 아니었다. 오히려 조선은 유교에 함몰된 나머지 대의명분을 지키기 위해 국가생존을 포기하면서까지 청나라와 전쟁에 나서기도 했다. 이러한 가운데 한민족은 전통 시기 약 2천년의 기간 동안 만주를 지배하고 중원을 넘보려는 의도를 갖지 않았고 또 그러한 기회를 잡을 수도 없었다.

전통 시기 한민족의 전쟁수행은 그다지 뛰어나지 못했다. 유교적 전쟁인식으로 인해 전쟁의 범위와 수준이 제한된 상황에서 전격적인 군사력 사용이나 결정적 승리를 거둔 사례가 많지 않다. 삼국시대의 전쟁은 통일을 추구한 것이 아니라 요충지를 점령하거나 적의 침략을 응징하는 데 목적을 두었기 때문에 대부분 성을 중심으로 공격과 방어를 거듭하는 소모적 전략으로 일관했다. 고려의 경우에는 예외적으로 거란과의 전쟁에서 견벽고수의 소모전략으로 적에게 섬멸적인 타격을 가하고 윤관의 여진정벌에서 기동전략으로 승리한 사례가 있다. 다만, 몽골과의 전쟁에서는 해도입보를 통한 고갈전략으로 맞섰으나 백성들의 일방적인 희생을 강요했던 탓에 정치적으로나 군사적으로 무의미한 전쟁이 되고 말았다. 조선의 경우 대마도 정벌에서의 작전 실패, 여진정벌에서 기대했던 결정적 성과의 무산, 왜란에서 신립의 탄금대 전투 패배, 그리고 호란에서는 제대로 싸워보지도 못하고 항복함으로써 전쟁수행의 한계를 드러냈다.

이와 관련하여 한민족의 전쟁역사에는 뛰어난 용병술로 전격적인 승리를 거둔 군사적 천재가 많지 않았다. 유교의 영향으로 인해 무인을 천시하는 풍조가 만연한 가운데 대부분의 전쟁이 제한된 목적을 가졌기 때문에 군사적 혜안을 가진 장수나 전략가를 필요로 하지 않았다. 통일이나 합병을 추구하는 팽창주의적 전쟁이 아니라 적의 침공을 방어하거나 일부 영토 확장 등 제한적인 전쟁을 수행하는 상황에서 명장이 기량을 발휘하고 영웅이 탄생할 기회는 주어지지 않았다. 설사 훌륭한 장수가 있더라도 조정에서는 이들을 활용할 줄 몰랐다. 역사적으로 광개토대왕, 을지문덕, 강감찬, 이성계, 이순신 등의 전쟁영웅들이 있었지만 이들이 수행한 전쟁은—광개토대왕을 제외하면—요동이나 만주를 정벌하여 대외적으로 국력을 떨친 것이 아니라 주로 적의 외침을 막아내는 데 그쳐야 했다.

전통 시기 한민족의 전쟁대비는 여느 왕조와 마찬가지로 왕을 중심으로 이루어졌다. 강력한 군주가 등장하여 조정과 군대를 장악하고 백성들의 전쟁열정을 자극했을 때에는 국력을 신장시키고 대외정벌에 나설 수 있었다. 전성기에 삼국이 추구했던 영토확장, 고려의 북진정책과 여진정벌, 그리고 세종 대의 대마도 정벌과 여진정벌이 그러한 사례이다. 그러나 왕의 권력이 약화될 경우에는 붕당의 대립을 가져오고 국론이 분열되었을 뿐 아니라, 군대가 와해되고 백성들의 민심이 이반하여 적의 침략에 속수무책으로 당해야 했다. 삼국시대 백제와 고구려의 멸망, 고려시대 무신정권기 몽골의 침공, 그리고 조선시대 왜란과 호란이 그러한 사례이다. 국가를 경영하는 군주의 통치력에 의해 국가의 흥망성쇠가 결정된 것이다.

이렇게 볼 때 한민족의 군사사상은 현실주의보다는 유교적 군사사상에 경도되었음을 알 수 있다. 물론, 우리는 유교적 군사사상 자체를 비하하거나 폄훼할 수는 없다. 어차피 손자도 유교의 영향을 받은 가운데 군사적 사고를 정립하고 오나라를 패자의 지위에 올려놓은 바 있다. 다만 한민족의 전통적 군사사상은 이러한 유교적 사고를 조선의 현실에 부합하도록 선택적으로 수용하고 정립한 것이 아니라, 유교에 함몰되고 그 안에 갇혀 심하게 변질된 것이었다. 때로 국가의 생존보다도 대의명분을 우선으로 하면서 백성들의 고통을 외면한 채 군신의 안위를 도모하기 위해 치렀던 무리한 전쟁은 아무리 유교적 관점이라 하더라도 공자와 손자에게 결코 허용될 수 없는 전쟁이었다. 즉, 전통 시기에 한민족이 가졌던 군사사상은 '유교주의'를 반영했다고 하지만 엄밀하게 말하면 그것은 '변질된 유교주의'에 지나지 않았다.

나. 전통과의 단절

한민족의 전통적 군사사상은 근대 시기에 오면서 계승되지 못하고 단절되었다. 여기에서 '계승'이란 전통을 그대로 생각 없이 물려받는 것이 아니다. 계승이란 전통적인 군사적 사고를 비판적으로 고찰하여 이를 선택적으로 이어받는 것이다. 따라서 전통을 그대로 물려받더라도 성찰이 없다면 '계승'으로 볼 수 없다. 전통적 사고를 전혀 물려받지 않더라도 전통에 대한 성찰을 거친다면 '계승'으로 볼 수 있다. 어차피 새로운 시대에는 새로운 사상이 요구되는 만큼, 이전의 군사사상이 적실하지 않다고 판단되면 굳이 그것을 답습할 필요는 없다. 즉, 여기에서 '단절'이란 전통적 군사사상에 대한 '비판적 고찰' 또는 '성찰'을 결여했음을 의미한다.

전통에 대한 성찰은 새로운 군사사상을 정립하는 데 반드시 거쳐야 하는 과정이다. 예를 들어 전통적 군사사상을 A, 서구의 군사사상을 B, 그리고 새로운 한국의 군사사상을 C라 하자. 시대가 바뀌어 전쟁에 대한 인식이 변화한 근대 시기에 한민족은 B라는 서구의 군사사상을 접하게 되었다. 이때 A라는 전통적 군사사상을 성찰하지 않으면 다음과 같은 두 가지 가운데 하나의 오류에 빠질 수 있다. 하나는 A에 대한 비판적 고찰이 이루어지지 않을 경우 B가 가진 적실성을 깨닫지 못하고 이를 무조건 배척하는 잘못을 저지를 수 있다. 그리고 그 결과 더 이상 적합하지 않은 A에만 고착될 수 있다. 구한말 서구의 군사적 사고를 외면했던 한민족이 그러한 예이다. 다른 하나는 A를 비판적으로 돌아보지 않을 경우 비록 B를 수용하더라도 이를 현실에 맞게 적용한 C를 만들 수 없다는 것이다. 이 경우 A에서 무엇을 배제해야 하고 B에서 무엇을 받아들여야 하는지를 알 수 없게 된다. 일제 강점기 반제국주의 혁명전쟁을 왜곡한 임시정부가 그러한 예이다. 즉, A에 대한 성찰은 B를 적합하게 수용하여 C를 만들 수 있는 하나의 출발점 또는 근거를 제공하는 것으로, A가 비록 C에 반영되지 않더라도 B를 정확히 이해하여 C를 만드는 논리적 사고의 과정에 포함되어야 한다.

그러면 근대 시기 새로운 군사적 사고를 정립하면서 한민족은 전통적 군사사상을 비판적으로 성찰했는가? 구한말 조선은 처음으로 문호를 개방하여 서구로부터 신문물을 받아들이기 시작했다. 임시정부 시기에는 공화정에 입각한 근대적 정부를 수립하여 서구 국가들과 접촉하게 되었다. 따라서 이 시기에 한민족은 전쟁에 대한 근대적 인식을 가지고 군사적 사고를 새롭게 정립해야 했다. 당시 제국주의로 물든 시대적 상황을 고려한다면 반드시 그래야만 했다. 그러나 구한말과 임시정부 시기 한국의 지도자들은 전통적 군사사상을 비판적으로 고찰하지 않은 채 서구의 사고를 무조건 배척하거나 제대로 이해하지 못한 채 답습했고, 그 결과 현실에 부합하지 않은 어정쩡한 군사적 사고를 갖게 되었다.

먼저 구한말 선조들은 유교적 군사사상을 비판적으로 돌아보지 않았다. 오히려 근대 서구의 군사적 사고를 배척하고 '변질된 유교사상'에 고착됨으로써 전쟁인식을 새롭게 하기는커녕 전쟁에 대한 사유 자체를 할 수 없었다. 그래서 제국주의 시대에 서구 열강들이 약소국을 침략하여 식민지로 만들고 정치·경제·군사적으로 지배할 수 있음을 인식하지 못했다. 일본이 청나라 및 러시아와 전쟁을 벌여 자신들의 목을 죄어오고 있음에도 이러한 전쟁이 갖는 의미를 깨닫지 못했다. 그 결과 선조들은 과거 전통적인 전쟁인식이 안고 있는 모순을 파악하지 못했다. 전쟁은 더 이상 혐오의 대상이 아니라 마주해야 할 운명이라는 인식, 덕으로 적을 굴복시킬 수 없으며 군사력만이 국가생존을 지키는 유일한 수단이라는 인식을 갖지 못했다. 심지어 일제를 상대로 '반제국주의' 혁명에 나선 백성들의 봉기를 진압함으로써 오히려 '반근대적이고 퇴행적인' 전쟁인식을 드러냈다.

한국의 전통적인 군사적 사고에 대한 비판적 성찰이 전혀 없지는 않았다. 앞에서 언급했던 것처럼 1907년 3월 구자욱이 주장한 '무비론'을 다시 보면 다음과 같다.

국가에 내우와 외홍이 있어서 그 동기動機를 예측할 수 없는 경우에 이를 막아낼 수 있는 강력이 없다면, 그 나라가 비록 문명하더라도 패망을 면하기 어려움은 이세理世의 당연한 바다. … 아아! 한 번 생각하고 궁구窮究해보라. 우리나라는 어떤 원인에 따라 어떤 결과를 취했는가? 원래 완전한 무비가 없을 뿐만 아니라, 승평昇平한 날이 오래 지속됨에 문예에만 종사해서 국민의 무기무습武氣武習을 천시하고 억제하여 마침내 허약하기가 무상하고 치욕이 막심한 금일의 상황을 만들어낸 것이니, 비록 후회한들 어찌 미칠 것이며 탄식한들 무엇 하겠는가?[754]

이처럼 전통에 대한 성찰이 대원군 시기에 이루어졌더라면 아마도 선조들은 일본처럼 근대화된 군사력 건설에 나섰을 수 있었을 것이다. 새로운 시대에 전통적 요소가 더 이상 부합하지 않음을 깨닫고 서구의 근대적 사고와 제도를 받아들여 군사대비에 나설 수 있었을 것이다. 그러나 구한말 조선과 대한제국의 지배층은 서양문물을 배척하는 가운데 '변질된 유교주의'를 고수함으로써 전통에 대한 성찰에 나서지도, 새로운 군사적 사고를 모색하지도 않았다.

임시정부 시기에도 마찬가지로 전통적 군사사상에 대한 성찰은 결여되었다. 임시정부 지도자들은 독립전쟁을 '반봉건 및 반제국주의 전쟁'으로 규정했다는 점에서 근대적 전쟁인식을 갖고 있었다. 혁명적 관점에서 독립전쟁을 이해한 것이다. 그러나 실제로 그 이면에는 전쟁을 혐오하고 무력 사용을 배척하는 도덕적·윤리적 인식이 짙게 깔려 있었다. 임시정부 시기 내내 군사력 건설에 소홀하면서 외교적 활동에 주력한 것이나, 무력보다 인의·자비·사랑의 문화를 제일로 내세운 김구의 인식이 그것이다. 더욱이 지도자들은 세계평화론의 관점에서 탈민족주의적 성향마저 보였는데, 이는 '치국'보다는 '평천하'라는 관점에서 전쟁을 바라본 것으로 여전히 유교적 전쟁인식에서 벗어나지 못하고 있었음을 보여준다. 임시정

754 具滋旭, "武備論", 『太極學報』, 제8호(1907년 3월).

부 지도자들은 '왜곡된 혁명주의', 즉 반제국주의 혁명이라는 가장 극단적인 형태의 전쟁을 수행하고 있었음에도 불구하고, 도덕적이고 이상적인 관점에서 독립전쟁을 바라보고 있었다. 전통에 대한 성찰을 결여했기 때문에 새로운 형태의 전쟁인 혁명전쟁을 이해할 수 없었고, 결국 혁명전쟁으로서의 독립전쟁이 무엇인지 깨닫지 못했다.

이처럼 임시정부 지도자들은 독립전쟁을 도덕적·윤리적 관점에서 접근했기 때문에 전쟁의 방향을 제대로 잡지 못했다. 임시정부는 일제를 상대로 '최후 승리'를 얻고자 외교와 전쟁을 병행한다고 했지만, 실제로는 독립군이 주도하는 '전쟁'이 아닌 연합국에 의지하는 '외교'에 의존했다. 유교의 가르침대로 무력 사용을 배척하면서 국제적 공의에 의지하려 한 것이다. 이 같은 임시정부의 방침은 많은 독립단체들이 등을 돌려 독자적으로 투쟁하게 되고, 임시정부는 전쟁이 끝날 때까지 변변한 군사력을 보유하지 못하는 결과를 가져왔다. 그렇다고 임시정부가 외교적으로 승리를 거둔 것도 아니었다. 임시정부는 파리강화회담과 워싱턴 군축회의에 보낸 편지에서 일본의 국제법 위반과 침략의 부당성을 지적하고 한국 독립의 당위성을 호소했으나 받아들여지지 않았다. 이는 마치 도덕과 정의로 국제적 공의에 호소하여 일제를 굴복시키려 했다는 점에서 유교적 전쟁의 망령을 떠올리게 한다. 독립전쟁을 '군사적 투쟁', 그것도 적을 타도해야 하는 절대적 형태의 전쟁으로 보지 않고 외교적 도의를 무기로 해결하고자 했던 것이다.

임시정부는 독립전쟁을 수행할 전략도 갖지 못했다. 항일전쟁이 지구전이 되어야 한다는 생각은 갖고 있었지만, 그러한 지구전을 어떻게 이끌어 나갈 것인지에 대한 전략을 구체적으로 발전시키지 못했다. 따라서 대부분의 항일전쟁은 소규모 무장투쟁과 테러공작 등 전투 수준에서만 이루어졌을 뿐, 전략적 차원에서 의미 있는 성과를 거두지 못했다. 1940년 광복군을 창설했지만 일제의 군대와 한 번도 전투를 치러보지 못한 채 광복을 맞게 되었다. 만일 임시정부가 전통적 군사사상을 돌아보았더라면 분명히 우리 선조들이 주변의 강대국들의 침공에 맞서 싸웠던 '고갈전략'을 발견하고 응용할 수 있었을 것이다. 조금 더 가까운 사례로 동학세력과 의병세력이 왜 일본군과 싸워 패했는지를 고민했다면, 이를 반면교사 삼아 아마도 마오쩌둥의 지구전 개념과 유사한 전략으로 발전시킬 수 있었을 것이다. 무엇보다도 구한말 태동했던 '한국적 인민전쟁'의 가능성을 발전시키지 못하고 사장시킨 것은 임시정부의 전략적 실책이라 하지 않을 수 없다.

임시정부는 혁명전쟁에서 중심이 되는 국민의 역할을 인식하는 데에도 실패했다. 임시정부는 독립전쟁을 수행하는 데 중국과 러시아에 거주하는 동포들의 지원과 참여가 절실하다고 인식했다. 역사적으로 국난에 처했을 때마다 백성들이 보여준 저항정신과 의병정신을 되살리려 했다. 그러나 임시정부가 동포들의 전쟁열정을 북돋기 위해서는 이들을 상대로 정부의 역할을 먼저 보여주어야 했다. 과거 왕이 백성들에게 선정을 베풀어 전쟁에 동참하도록 유도했던 것과 마찬가지로 임시정부는 동포들에게 가까이 가서 이들을 돕고 이들이 겪고 있는 어려움을 같이 나누어야 했다. 그러나 임시정부는 지리적으로나 정서적으로 거리를 두면서 마오쩌둥이 그의 인민들에게 했던 것과 달리 동포들 사이에 뛰어들지 않았다. 독립전쟁을 수행하는 정부의 노력을 선전하는 활동도 활발하게 전개하지 않았다. 아마도 임시정부 지도자들은 동포들에게 다가가 이들의 삶을 위해 봉사하기보다는 과거 선비들이 가졌던 체통을 지키려 했을 수 있다. 근대 전쟁에서 동포들의 역할이 중요하다는 것을 알고는 있었지만 이들을 국가의 주인으로 대우하기보다는 한낱 통치의 대상으로 바라보았을 수도 있다. 이러한 측면에서 구한말 동학혁명과 의병운동에서 뿌려졌던 '한국적 민족주의'의 맹아를 싹틔우지 못한 것은 임시정부의 또 다른 전략적 실패로 볼 수 있다.

결국 임시정부 시기 지도자들은 일제를 상대로 독립전쟁이라는 혁명적 전쟁을 수행하면서 확실한 군사적 사고를 갖지 못했다. 혁명전쟁에 대한 명확한 인식, 이러한 전쟁에서 지향해야 할 정치적 목적, 독립전쟁을 승리로 이끌 수 있는 전략, 그리고 동포들의 전쟁열정을 자극하기 위한 방책을 갖지도, 제시하지도 못했다. 이는 근대적 혁명전쟁을 수행하기 위해 군사적 사고의 전환이 필요한 시점에서 전통에 대한 통렬한 반성을 결여했기 때문에 새로운 형태의 전쟁에 부합한 군사적 사고를 모색하지 못했던 것으로 볼 수 있다.

2. 근대성의 왜곡 문제

현재 한국의 군사사상은 서구의 근대적 군사사상을 제대로 수용하고 있는가? 물론 서구의 군사적 사고가 한국의 군사적 현실에 부합한 것은 아닐 수 있다. 그럼에도 불구하고 근대 서구의 현실주의적 군사사상은 나폴레옹 전쟁 이후 동서양을 막론하고 전쟁과 군사에 관한 사고의 전형paradigm으로 인정받고 있다. 클라우제비츠부터 몰트케, 슐리펜, 풀러J. F. C. Fuller, 구데리안, 리델 하트 등 많은 전략가들이 가졌던 전쟁과 전략에 관한 사유는 근현대 군사사상의 주류를 형성하고 있다. 서구 국가들은 물론, 한반도 주변의 국가들도 이를 바탕으로 자국의 군사적 사고를 발전시키고 있다.

우리도 마찬가지로 한국전쟁 이후 근대화의 경로에 들어서면서 서구의 군사적 사고를 수용하고 있으며, 이를 토대로 전쟁과 군사의 문제를 고민하고 있다. 다만, 우리는 다음과 같이 서구의 군사사상을 제대로 이해하지 못한 채 이를 왜곡하여 받아들임으로써 주변국들이 갖고 있는 근대적인 군사적 사고를 따라잡지 못하고 있다.

우선 한국인들은 전쟁의 본질에 대해 잘못된 인식을 갖고 있다. 한국인들은 클라우제비츠의 전쟁관에 대해 잘 알고 있다. 전쟁은 정치적 목적을 달성하기 위한 수단으로서 필요할 경우에는 언제든 무력을 사용할 수 있다고 생각하고 있다. 전쟁을 국가정책 이행을 위한 정상적인 행위로 간주하는 것이다. 그러나 현실에서는 그렇지 않다. 한국인들은 동족상잔의 비극이었던 한국전쟁을 통해 전쟁은 참혹한 것이고 결코 일어나서는 안 된다는 인식을 갖게 되었다. 한국전쟁 이후 북한의 군사적 위협으로 전쟁에 대한 불안감과 강박감이 지속되면서 한국인들의 머릿속에는 은연중에 전쟁을 혐오하는 인식이 자리 잡게 되었다. 그 결과 한국인들에게 전쟁은 반드시 억제되어야 하고 막아야 하는 대상일 뿐, 정치적 목적을 달성하기 위해 사용할 수 있는 유용한 정책수단으로 받아들여지지 않고 있다. 한국전쟁에 대한 기억이 전쟁의 본질에 대한 근대적 인식을 전근대적 인식으로 편향시키고 있는 것이다.

한국정부가 전쟁에서 추구하고자 하는 정치적 목적도 서구의 군사적 사고에 부합하지 않는다. 단순히 국가생존을 지키려는 소극적 목적을 추구할 뿐 국가이익을 확보하려는 적극적 목적을 갖지 못하고 있기 때문이다. 한국은 베트남 파병을 제외하고 국익을 위해 한 번도 전쟁을 한 적이 없다. 국익이 아니더라도 뭔가 다른 적극적인 목적을 가지고 군사적 도발을 한 번도 야기한 적이 없다. 심지어 북한이 무수한 도발을 감행했음에도 불구하고 제대로 된 보복을 한 번도 가한 적이 없다. 국가정책에서 필요한 뭔가의 목적을 달성하는 데 굳이 군사력을 사용하려고 하지 않는다. 전쟁 혹은 무력 사용을 통해 얻으려는 정치적 목적이 사실상 '생존' 또는 '방어' 외에는 없는 것으로 보인다. 지극히 유교적인 군사적 사고에 갇혀 있는 모습이다.

북한과의 전쟁에서 추구하는 목적도 소극적인 것은 마찬가지이다. 한국은 적의 혁명을 거부하는 '반혁명'의 입장에서 적이 도발할 경우 '반격에 의한 통일'을 추구하고 있으나, 사실상 '통일'에 대한 의지는 커 보이지 않는다. 전쟁이 발발할 경우 중국과 미국이 취할 입장, 그리고 인명손실을 줄여야 하는 한국의 처지를 고려한다면 북진에 의한 통일보다는 오히려 또 다른 휴전의 가능성이 높아 보인다. 비록 '반격에 의한 통일'을 내세우고 있으나 과거 이승만의 '북진통일론'과 같이 공허한 수사에 불과할 수도 있다. 임시정부 시기 '독립전쟁'을 수행한다고 하면서 정작 '전쟁'보다는 '외교'에 치중했던 사례와 유사할 수도 있다. 전쟁에서 추구하는 정치적 목적을 분명히 제시하는 것은 매우 중요하다. 정치적 목적이 분명하다는 것은 단순히 그것이 무엇이라고 말하는 것이 아니라, 그러한 의지와 능력까지 고려한 것이어야 한다. 한국이 전쟁을 준비하면서 과연 '통일'을 추구하는 것인지, 아니면 '억제'에 주안을 두다가 적이 도발하면 적당히 방어하고 전쟁을 마무리하려는 것인지를 분명히 할 필요가 있다.

한국의 전쟁수행전략도 지금 우리가 내세우는 '통일'이라는 정치적 목적을 달성할 수 있을지 미지수이다. 우선 간접전략 측면에서 한국은 한미동맹을 기반으로 한 대북 우위의 군사력을 유지함으로써 북한의 전쟁위협에 대응하고 있다. 그러나 막상 전쟁이 발발할 경우 미국이 한국 정부와 정치적·전략적 목적을 공유하여 북진을 할 것인가에 대해서는 의문의 여지가 있다. 당장 중국이 개입한다고 위협하거나 실제로 개입할 경우 전쟁은 우리가 원하는 대로 전개되지 않을 수 있다. 우리는 미국이 한반도 통일을 목표로 전쟁을 수행할 것이라고 생각하지만 그것은 우리의 희망사항일 수 있다. 그렇다면 혹시 우리는 동맹의 문제를 현실적 '이해'와 '이익'이 아닌 유교적 '도의'와 '의리'라는 도덕적 관점에서 마땅히 그렇게 해줄 것이라고 착각하고 있는 것은 아닌지 돌아볼 필요가 있다. 한미동맹이 유사시 한반도 통일을 목표로 한다면 그러한 통일은 더 이상 '수사'가 아니라 양국 공동의 의지와 전략, 그리고 '플랜'으로 구체화되어야 한다.

또한 한국의 군사전략도 유사시 '통일'을 달성하는 데 적합한 것으로 보이지 않는다. 현재의 군사전략은 서구의 근대적인 군사적 사고를 충실하게 담지 않은 것일 수 있다. 서구의 경우 클라우제비츠의 적 군사력 섬멸, 구데리안의 전격전, 그리고 리델 하트의 간접접근전략에서 볼 수 있듯이 부동산에 집착하지 않고 적의 심리적·물리적 교란을 통해 적 군대를 일거에 섬멸하는 데 주안을 두고 있다. 특히 구데리안과 리델 하트의 전략은 제1차 세계대전에서 너무 많은 사상자가 발생한 데 대한 반성에서 나온 것으로 전쟁피해를 줄이기 위한 전략적 처방을 제시한 것이었다. 그러나 앞에서 살펴본 대로 한국의 군사전략은 여전히 제1차 세계대전에서의 선형방어 및 선형공격 방식의 소모전략을 답습하고 있다. 이 경우 많은 사상자가 발생하고 전쟁이 지연됨으로써 정부가 추구하는 한반도 통일은 요원해질 수 있다.

한국은 북한과의 전쟁에 대비하여 비교적 삼위가 일체된 가운데 전쟁을 준비해온 것으로 평가할 수 있다. 정부와 군, 그리고 국민이 서로 균형을 이루는 가운데 각자의 역할을 담당한 것이다. 다만, 군은 때로 자의에 의해 혹은 타의에 의해 정치에 간여함으로써 정치적 중립성을 유지하지 못했으며, 이는 군사적 전문성을 키우는 데 소홀하게 되는 결과를 가져왔다. 또한 국민들의 전쟁열정은 한국전쟁 이후 줄곧 높은 수준에서 유지되고 있지만, 이는 국가주도의 반공교육에 의한 것이었다는 점에서 한계가 있다. 이러한 열정은 국민들의 성숙한 시민의식과 자발적인 민족주의 의식에서 발로해야만 진정한 근대적 전쟁열정으로 간주될 수 있을 것이다.

결국 한국의 군사적 사고는 한국전쟁에 대한 기억과 영향으로 인해 근대성을 왜곡한 것으로 볼 수 있다. 전쟁을 정치적 수단으로 간주하면서도 실제로는 정치적 수단으로 인정하지 않고 있으며, 전쟁에서 추구하는 정치적 목적은 국가생존이나 방어와 같은 소극적 목적에 그치고 있다. 전쟁수행전략은 통일에 부합한 기동전략이 아닌 현상을 유지하는 데 적합한 소모전략을 취하고 있으며, 전쟁대비에 있어서도 군의 전문성과 국민들의 자발성에 한계를 보이고 있다. 비록 한국인들은 근대 서구의 군사적 사고를 받아들인다고 하지만, 많은 부분이 편향되어 근대성을 왜곡하고 있음을 알 수 있다.

3. '한국적 현실주의 군사사상' 모색

현재 한국의 군사사상은 한민족의 전통과 단절되어 있다는 점에서 '사생아'의 모습을, 그리고 서구의 근대성을 왜곡하고 있다는 점에서 '기형아'의 모습을 하고 있다. 전통과 근대, 그리고 한국적 요소와 서구적 요소가 유기적으로 결합되지 못하고 뒤섞여 있어 그것이 무엇인지 딱히 규정하기가 어렵다. 그렇다고 여기에서 한국이 가져야 할 새로운 군사사상을 완성하여 제시하기는 어렵다. 이 작업은 학계에서 많은 연구와 치열한 논의를 거쳐 이루어져야 할 어려운 과제가 아닐 수 없다. 다만, 필자는 지금까지의 논의를 취합하여 한국의 군사사상이 지향해야 할 방향을 '한국적 현실주의 군사사상'으로 설정하여 다음과 같이 제시하고자 한다. 여기에서 '한국적'이란 한국이 당면하고 있는 현실을 반영한 것으로 북한의 현재적 위협과 주변국의 잠재적 위협을 동시에 고려해야 한다는 것을 의미한다. '현실주의 군사사상'이란 유교적 군사사상의 굴레에서 벗어나 서구의 근대적 군사적 사고에 바탕을 두어야 한다는 것을 의미한다.

가. 전쟁의 본질 인식: 수단적 전쟁관 수용

한국인이 갖고 있는 전쟁인식은 겉으로 현실주의적인 것 같지만 동시에 유교적 성향도 짙게 깔려 있다. 전통적인 것도 아니고 근대적인 것도 아닌 모호한 인식에 머물고 있다. 앞으로 우리가 당면한 전쟁이 과거 중화세계의 전쟁으로 회귀하거나 탈민족적·탈근대적 전쟁으로 그 양상을 달리하지 않을 것이라고 가정한다면, 한국인의 전쟁인식은 전통적인 유교적 전쟁관에서 탈피하여 서구의 현실주의적 전쟁관으로 전환되어야 한다.

이를 위해서는 '수단적 전쟁론'을 적극적으로 수용해야 한다. 우리는 이전부터 클라우제비츠의 전쟁론을 잘 이해하고 있으며 그가 주장한 "정치적 수단으로서의 전쟁"이라는 정의에 공감하고 있다. 그러나 실제로는 북한과의 전쟁에 대한 거부감으로 인해 전쟁을 합당한 수단으로 받아들이

지 못하고 있다. 동족상잔의 비극에 대한 우려가 우리의 전쟁인식을 좌우하고 있는 것이다. 그러나 이는 '꼬리가 몸통을 흔드는wag the dog' 경우와 같다. 전쟁은 북한뿐 아니라 주변국이나 세계 어느 국가를 대상으로든 발발할 수 있다. 따라서 전쟁은 일반적인 의미의 '전쟁' 그 자체로 받아들여져야 하며, 북한의 도발로 인한 전쟁은 그러한 일반적인 전쟁의 곁가지로 이해되어야 한다. 비록 같은 민족 간의 전쟁은 어떻게든 막아야 하겠지만 그렇다고 전쟁 그 자체를 혐오하거나 거부해서는 안 된다.

이와 관련하여 한국은 북한과 주변국이 가진 전쟁인식에 주목할 필요가 있다. 북한은 전쟁의 스펙트럼 가운데 가장 극단적 형태의 현실주의라 할 수 있는 '혁명적 전쟁인식'을 갖고 있다. 한국과 같은 군사적 전통을 가졌지만 유교의 영향을 완전히 탈피하여—심지어 동족에 대해서도—군사력 사용을 정당화하고 있다. 중국은 마오쩌둥 시기 뿌리 깊은 유교적 전쟁인식을 청산하고 혁명적 전쟁인식을 갖게 되었다. 그리고 국가수립 이후에는 혁명적 동기를 완화하면서 현실주의적 전쟁인식으로 전환했다. 일본은 일찍이 서구의 현실주의적 전쟁관을 가장 잘 이해하고 이를 국가정책에 반영하여 제국주의 전쟁에 나선 국가였다. 비록 지금은 평화헌법에 가려 잘 드러나지 않지만 그 이면에는 군사력을 중시하는 현실주의적 전쟁인식이 확고하게 자리잡고 있다. 이처럼 주변국은 이미 유교적 전쟁관을 탈피하여 근대 서구의 현실주의적 전쟁관을 바탕으로 보다 극단적 형태의 전쟁을 수행한 경험이 있으며, 북한은 여전히 그러한 전쟁을 추구하고 있다. 우리가 전쟁혐오 인식을 벗어나야 하는 이유이다.

한국은 북한과의 전쟁에 대해서도 인식의 전환이 필요하다. 북한과의 전쟁은 이념과 체제를 달리하는 두 실체가 서로를 근절하기 위해 싸우는 혁명전쟁이다. 어느 한쪽이 소멸되지 않으면 끝날 수 없는 절대적 형태의 전쟁이다. 이러한 전쟁은 역사적으로 평화적 통일보다 무력충돌 혹은 한쪽의 붕괴에 의해 끝난 사례가 훨씬 많았다. 그렇다면 우리는 북한과의 전쟁을 혐오하여 회피해서는 안 된다. 오히려 통일을 달성하는 '정당한 전쟁'이라고 생각하고 단호히 맞서야 한다. 우리가 먼저 북한과 전쟁을 하자는 것이 아니다. 적이 도발하면 기꺼이 싸울 수 있어야 한다는 것이다. 이러한 인식이 확고하게 갖춰지지 않으면 북한의 도발이 되었든 북한 급변사태가 되었든 기회가 오더라도 통일을 달성하기 어렵다.

결국, 한국인의 전쟁인식에 내재된 전쟁혐오 성향은 전쟁을 정치적 목적 달성의 정상적인 수단으로 인식하지 않음으로써 국제정치적으로 정당한 국가주권 보호 및 이익을 추구하기 위해 요구되는 효과적인 군사력 운용을 저해할 수 있다. 당장 한국이 직면하고 있는 북한과의 전쟁 문제를 똑바로 직시하고 대응하는 데에도 부정적으로 작용할 수 있다. 따라서 한국인들은 클라우제비츠가 정의한 수단적 전쟁관을 수용하여 보다 근대적인 전쟁인식을 가져야 한다.

나. 전쟁의 정치적 목적: 적극적 목적 추구

한국이 전쟁에서 추구할 정치적 목적은 국가이성의 논리에 충실하여 국가이익을 확보하는 것으로 귀결되어야 한다. 현재 한국이 추구하는 정치적 목적은 더 이상 전통 시기에서처럼 도의적이고 대의명분을 중시하는 유교적 성격은 아니다. 그렇다고 군사력을 주도적으로 활용하여 의지를 과시하고 무력을 시위함으로써 우리의 권익을 적극적으로 확보하려는 것도 아니다. 현재 한국이 지향하는 정치적 목적은 국가생존의 문제에 급급하여 제한적이고 소극적인 수준에 머물러 있는 바, 국익을 확대하고 국가위상을 제고할 수 있도록 보다 적극적인 목적을 지향할 필요가 있다.

한반도 통일은 한국이 전쟁에서 추구해야 할 가장 중요한 정치적 목적이다. 이와 관련하여 한국은 북한과의 전쟁에 수세적으로 대응하는 '반혁명'에서 우리가 주도하는 '대북혁명'으로 그 성격을 전환할 필요가 있다. 현재 한국의 전쟁목적은 '반혁명'의 관점에서 북한의 전면전 도발을 억제하되, 적이 도발하면 방어 후 반격에 나서 통일을 달성하는 것으로 되어 있다. '억제-방어-반격-통일'이라는 순차적 흐름을 따라 전쟁을 수행하는 것이다. 이는 잘못된 것이 아니다. 문제는 전쟁이 발발할 경우 과연 반격에 나서 통일을 달성할 의지가 뒷받침되고 있느냐는 것이다. 만일 북한이 전면전을 도발한다면 정부는 억제와 방어에 머물러선 안 되며 반드시 반격과 통일로 나아가야 한다. 전쟁의 목적을 '통일'로 하여 북한이 도발할 경우 반드시 반격에 나서 '대북혁명'으로 연결시켜야 한다. 막연하게 구호로서의 '반격에 의한 통일'이 되어선 안 된다. 실제로 반격하여 통일할 수밖에 없다는 논리와 당위성, 그리고 그러한 의지를 정치적 목적에 담아야 한다.

한국은 주변국에 대해서도 보다 적극적인 목적을 추구할 수 있어야 한다. 한미동맹이 유지되는 한 중국, 러시아, 그리고 일본이 한국을 상대로 대규모 전쟁을 도발할 가능성은 낮은 것이 사실이다. 그러나 한미동맹을 통해 주변국의 모든 위협을 대비할 수 있는 것은 아니다. 예를 들어, 중국과의 이어도 분쟁은 사실상 EEZ[Exclusive Economic Zone](배타적 경제수역) 획정에 관련된 '관할권'의 문제로 한국의 영토를 방어하기로 되어 있는 한미동맹조약의 범주를 벗어날 수 있다. 또한 일본이 독도를 문제 삼아 군사적 도발을 감행할 경우 미국은 한국의 편에 서기 어려울 것이다. 결국 주변국과의 국지적 분쟁이 발발할 경우 한국은 독자적으로 대응하지 않을 수 없다.

이 경우 한국이 추구해야 할 정치적 목적은 적의 공격을 거부하여 우리 영토를 수호하는 것으로 상당히 소극적일 수 있다. 통일 후 중국군이 국경 지역을 침범하더라도 이를 격퇴할 뿐 한만 국경을 넘어 중국의 영토를 장악하기는 어려워 보인다. 1979년 3월 중국이 중월전쟁을 일으켰을 때 베트남이 중국군을 맞아 자국 영토에서 싸웠을 뿐 국경을 넘지 못한 것과 마찬가지이다. 중국이 자국이 주장하는 EEZ를 관철하기 위해 이어도 구조물을 파괴하고 관할권을 주장할 경우 한국이 할 수 있는 조치는 중국 해군을 쫓아내는 데 그칠 수 있다. 일본이 독도를 점령하더라도 교전을 통해 이들을 격퇴하는 데 그칠 수 있다. 이러한 상황에 대해 정부가 정치적 목적을 분명하게 설정하지 않는다면 그마저도 장담하기 어려울는지 모른다.

왜 우리는 보다 적극적인 정치적 목적을 가질 수 없는가? 왜 우리는 주변국이 도발할 경우 그들의 영토를 타격하고 점령하는 등 보다 공세적 행동에 나설 수 없는가? 왜 우리는 우리의 국익을 위해 그들의 주권과 권익을 위협할 수 없는가? 이에 대해서는 국가전략적 차원에서 더 많은 고민이 필요하다고 본다.

이에 부가하여 한국은 유엔평화활동에 참여하여 많은 성과를 거두고 있다. 다만, 이러한 활동은 국제평화에 기여한다는 도의적 관점에서 이루어지고 있는 바, 이를 국익과 연계할 수 있는 노력이 이루어져야 한다. 지금까지 파병국가 및 현지 주민들로부터 얻은 긍정적인 평가를 기반으로 하여 무역협력, 시장개척, 자원획득, 군수물자 수출, 군사기지 건설, 그리고 정치적 영향력 등 실질적인 국익으로 이어질 수 있도록 국방·외교 차원에서의 노력이 병행되어야 할 것이다. 이를 위해서는 우리 군의 해외 군사활동이 우리의 안보·외교·경제활동과 어떻게 상호작용하여 시너지 효과를 극대화할 수 있을 것인지에 대한 보다 근본적인 고찰이 이루어져야 한다.

다. 전쟁수행전략: 간접전략과 직접전략을 아우르는 총체적 접근

전쟁수행전략은 비군사적 방책인 간접전략과 군사적 방책인 직접전략을 동시에 고려해야 한다. 한국의 전략은 한민족이 경험한 다양한 전략·전술을 토대로 얼마든지 발전시킬 수 있다. 선조들은 예로부터 간접전략으로 동맹을 형성하고 계책을 활용했으며, 직접전략으로는 견벽고수의 강력한 방어진지를 이용한 소모전략, 이일대로 방식의 방어적 기동전략과 기병을 활용한 공세적 기동전략, 그리고 청야입보를 통한 고갈전략 등을 활용했다. 이러한 전략은 현대 전쟁에서도 다양한 형태로 응용되고 적용될 수 있다는 점에서 전통 시기 한민족의 전쟁역사는 오늘날에도 유용한 전략의 보고寶庫라 할 수 있다.

한민족의 역사에서 동맹은 국가생존에 직결된 문제였다. 과거 역사가 주는 교훈은 동맹은 이념이나 도의의 문제가 아니라 역학관계의 문제라는 것이다. 기존 동맹국이 아직 강한 힘을 갖고 있을 경우 새로운 강대국을 견제할 수 있다고 판단되면 기존 동맹국과 함께 균형을 추구해야 한다. 반면 기존 동맹국이 쇠퇴하여 새로운 강대국을 견제할 수 없다면 새로운 강대국에 편승해야 한다. 한국전쟁 이후로 한국은 미국과의 동맹을 통해 북한과 중국―냉전기 소련 포함―의 위협을 상대로 균형전략을 추구해왔다. 다만, 21세기 중국의 강대국 부상과 미국의 대중 견제로 미중 간의 패권경쟁이 가열되면서 한국은 균형과 편승 가운데 선택의 기로에 설 수 있다. 다양한 요소를 고려해야 하겠지만 가장 중요한 것은 강대국들 간의 역학관계가 되어야 한다. 미국의 패권이 건재하고 중국을 견제할 정도로 강하다면 미국과의 동맹을 통한 대중 견제는 지속되어야 한다. 일각에서는 미국과 중국의 사이에서 중립을 지켜야 한다는 주장도 있으나, 어설픈 중립은 오히려 외교적 고립을 자초하거나 주변 강대국을 적국으로 만드는 최악의 상황을 만들 수 있다.

한국은 계책을 보다 적극적으로 활용할 필요가 있다. 공산국가들은 군사적 차원보다도 정치사회적 차원에서 혁명을 추구하기 때문에 자국 및 상대국 대중을 상대로 한 술수에 능하다. 북한은 대남혁명전략의 일환으로 한국 사회에 혼란을 조성하기 위해 지하조직을 침투시켜 반정부 활동을 전개하는 등 눈에 보이지 않는 전략을 추구하고 있다. 중국은 정보를 조작하고 왜곡하여 상대 국가의 지도자와 국민들로 하여금 스스로 불리한 정책결정을 내리도록 유도하는 '3전三戰', 즉 법률전, 심리전, 여론전을 전개하고 있다. 그런데 한국은 유교의 가르침에 충실한 군자의 전통을 갖고 있어 유난히 적을 속이는 계책에 약하다. 외교적으로나 군사적으로 상대국과 교섭하면서 국제법과 규범에 충실할 뿐 상대의 뒤통수를 치는 법이 없다. 그러나 국제정치와 전쟁에서 상대국을 기만하고 곤경에 빠뜨리게 하는 계책은 반드시 필요하다. 북한이 대남 사회혼란을 조성하려 한다면 한국은 역으로 북한 주민들이 반정권 봉기에 나서도록 유도해야 한다. 중국과 러시아 등 주변국에 대해서도 이익이 상충되는 사안에 대해서는 약속을 파기하고 속일 수 있어야 한다.

직접전략으로서 한국의 군사전략은 소모적 방식에서 벗어나 기동을 통한 섬멸에 주안을 두어야 한다. 사실 기동전략은 동서양을 막론하고 역사적으로 그 가치를 인정받아왔다. 동양에서는 손자가 우직지계의 기동과 '피실격허避實擊虛' 등의 개념으로 이러한 전략을 높이 평가했으며, 서구에서는 제1차 세계대전 이후 많은 전략가들이 기동전략을 마비전, 섬멸전, 간접접근전략, 전격전, 공지전투 등 효과적인 전쟁수행 방안으로 발전시켰다. 마찬가지로 한국은 북한과의 전쟁에 대비하여 소모가 아닌 전격적인 기동으로 결정적 승리를 달성할 수 있는 군사전략을 발전시켜야 한다. 지, 해, 공, 우주, 사이버의 5차원 영역에서의 군사교리와 혁명적인 군사기술을 조합할 경우 수많은 유형의 군사전략 개념이 도출될 수 있는 만큼, 이에 대한 연구와 논의가 이루어져야 할 것이다. 그리고 이러한 전략 개념은 비단 북한의 위협뿐 아니라, 이어도와 독도 등의 문제를 놓고 주변국과의 군사적 분쟁이 발생하는 상황에도 대비해야 할 것이다.

라. 삼위일체의 전쟁대비: 근대성 제고

한국의 전쟁대비는 이미 근대적 사고를 반영하고 있다. 과거에는 군주가 중심이 되어 전쟁에 대비했고 구한말과 임시정부 시기에는 세 주체가 따로 놀았다면, 현재는 정부, 군, 국민이 일체가 되어 전쟁에 대비하고 있다. 그럼에도 불구하고 한국이 근대성을 바탕으로 보다 효율적으로 전쟁에 대비하기 위해서는 다음과 같은 문제를 해소해야 할 것이다.

먼저 정부는 전쟁의 문제를 신중하게 다루어야 한다. 전쟁의 요체는 싸워서 승리하는 데 있다. 물론, 정부는 승리하는 것이 중요한 게 아니라 전쟁을 막아야 한다. 그러나 전쟁에서 승리할 수 없다면 전쟁을 막을 수 없다. 따라서 정부는 전쟁이 무엇인지에 대한 근본적 사유를 바탕으로, 우리가 싸워야 할 전쟁이 어떠한 양상의 전쟁인지, 그러한 전쟁에서 어떠한 정치적 목적을 추구해야 하는지, 그것을 달성하기 위해 어떻게 싸워야 하는지, 그리고 전쟁에서 승리하기 위해 어떻게 준비해야 하는지를 알아야 한다. 그리고 이를 통해 군으로 하여금 전쟁에 대비하여 군사력을 건설하고 운용할 수 있는 능력을 갖추도록 해야 하며, 국민들에게는 전쟁에 대한 열정을 갖도록 해야 한다. 이러한 관점에서 정치지도자들은 전쟁과 군사를 이해하고 군사적 사고를 확고히 해야 한다.

군은 전문성과 독자성을 확보하는 가운데 전쟁에서 승리할 수 있는 역량을 구비해야 한다. 전문성이란 전쟁을 승리로 이끌 수 있는 군사적 식견과 역량을 말한다. 싸워 이길 수 있는 군사전략을 입안하고 창조적 능력을 발휘하여 전쟁을 수행해야 한다. 독자성이란 군이 외부의 간섭을 받지 않고 군사적 전문성을 발휘할 수 있도록 하는 것을 말한다. 정치에 군을 끌어들이거나 정치에 군이 간여하지 않는 가운데 군은 부여된 본연의 임무에 전념해야 한다. 이 두 가지가 보장될 때 군사적 효율성이 발휘될 수 있음은 두말할 나위가 없다. 다만, 역사적으로 전쟁의 승리는 일선에서 싸우는 병사들의 분전보다 전쟁을 지휘하는 군사지도자에 의해 결정되었다. 전투보다 전쟁에서 승리하기 위해서는 용맹한 군인보다 혜안을 갖춘 군 지휘관, 즉 손자의 '선전자善戰者' 혹은 클라우제비츠의 '군사적 천재'를 양성하고 등용해야 할 것이다.

마지막으로 국민은 주입된 열정이 아닌 자발적 전쟁열정을 가져야 한다. 전쟁을 가능하게 하는 것은 다름 아닌 국민들이 갖는 전쟁열정이다. 그리고 이것이 가능한 이유는 개인의 희생과 고통보다 국가의 생존과 이익을, 그리고 현재의 고난보다 후손의 안전과 번영이 더 중요하다고 생각하기 때문이다. 이것이 바로 민족주의 의식이다. 국가는 우리의 것이고 국가를 지켜야 하는 것도 우리라는 공동체적 신념이 작용하는 것이다. 어찌 보면 전쟁에 대해 국민들이 갖는 '맹목적'이고 '원초적'인 열정이 없다면 그토록 야만적이고 처참한 살육행위를 시작조차 할 수 없을 것이다. 지금까지 한국 국민들이 국가에 의해 주입된 반공주의나 애국심에 의해 열정을 가졌다면, 앞으로는 성숙한 시민의식에서 발로한 반공주의와 애국심으로 무장할 때 전쟁열정은 더욱 높아지게 될 것이다. 이를 위해서는 자라나는 세대를 대상으로 자유민주주의 이념의 우월성과 공산주의 이념의 허구성, 그리고 무엇보다도 한민족의 전쟁역사에 대한 교육이 지속적으로 이루어져야 한다.

지금까지의 논의를 종합하면, '한국적 현실주의 군사사상'은 다음과 같이 요약할 수 있다. 첫째, 전쟁의 본질에 대한 인식을 새롭게 하는 것이다. 전쟁에 대한 인식의 변화가 없이는 근대적인 군사적 사고를 갖기 어렵다. 전쟁을 혐오하는 전통적 사고에서 벗어나 클라우제비츠가 주장한 '수단적 전쟁관'을 적극 수용해야 한다. 둘째, 정부는 전쟁에서 보다 적극적인 목적을 추구해야 한다. 지금까지 국가생존이라는 방어적이고 소극적인 목적에 더하여, 구호가 아닌 실체로서의 통일, 적이 우리 영토를 노릴 때 우리도 공략할 수 있는 적의 영토, 그리고 국제공의를 넘어 국익을 확보할 수 있는 해외파병 등이 그러한 목적이 될 수 있다. 셋째, 전쟁수행전략으로는 간접전략과 직접전략을 아우르는 총체적인 접근을 취하는 것이다. 동맹전략으로는 한미동맹을 중심으로 한 균형전략을 지속하는 가운데, 외교적으로나 군사적으로 적을 속이고 기만할 수 있는 계책을 적극 활용해야 한다. 또한 군사전략으로는 미래 전쟁양상과 기술발전 등을 고려하여 기동을 중심으로 한 독창적인 전략을 만들어내야 한다. 마지막으로 정부, 군, 그리고 국민이 일체가 되어 전쟁을 대비하는 것이다. 정부는 전쟁의 문제를 신중하게 접근하여 정치적 목적을 분명히 제시해야 하고, 군은 전문성과 독자성을 확보하여 이러한 목적을 달성할 수 있는 역량을 구비해야 한다. 그리고 국민은 민족주의 의식을 바탕으로 전쟁을 두려워하지 않고 기꺼이 참여할 수 있는 열정을 가져야 한다.

제12장

결론

한국이 근대적 군사사상을 정립하는 것은 향후 강대국으로 부상하기 위해 반드시 필요한 조건이다. 과거 수난의 역사가 증명하듯이 전쟁과 군사에 관한 문제를 끊임없이 사유하지 않고서는 전쟁을 대비할 수 없다. 대외적으로 국가이익을 확보하는 것은 고사하고 국가생존마저 위태롭게 할 수 있다. 전쟁이 정치적 수단이라는 인식, 적극적인 정치적 목적, 그러한 목적을 달성할 수 있는 전략, 그리고 삼위일체된 전쟁대비를 갖출 때 비로소 전쟁을 주권 상실의 비극이 아닌 국력 신장의 기회로 활용할 수 있을 것이다. 이때 군사사상은 국가가 추구하는 정치적 목적과 결부하여 전쟁에 대한 흔들림 없는 인식과 신념을 제공함으로써 강대국 부상의 길로 인도할 수 있다.

한국의 전쟁역사를 돌이켜보면 아쉬운 순간들이 많았다. 삼국이 조기에 통일되었더라면 한민족은 일찍이 만주 지역으로 진출하여 영토를 확대하고 대륙을 넘볼 수 있었을 것이다. 고려가 거란의 3차 침공에서 거둔 승리를 토대로 전과를 확대하여 한반도 내 여진을 토벌하고 만주로 진출했더라면, 그리고 윤관이 9성을 축조한 후 반항하는 완안부 여진을 상대로 방어할 것이 아니라 전쟁을 확대하여 두만강 너머의 연해주 지역으로 진출했더라면, 진작 우리 민족의 영토를 한반도 너머로 확장할 수 있었을 것이다. 조선이 대마도를 원정할 때 무력으로 왜구를 완전히 굴복시킬 수 있었더라면 대마도를 직접 통치하고 조선의 영토로 만들 수 있었을 것이다. 김종서가 6진을 개척한 후 연해주 지역으로 진출하지 않은 것도 아쉽다. 구한말 조선이 근대화를 통해 일본과 같은 제국주의적 팽창에 나섰더라면, 임시정부가 군사력을 갖추어 중국 및 미국과 항일연합전선을 구축하고 정부 승인을 받았더라면, 그리고 한국전쟁에서 북진통일을 달성할 수 있었더라면 현재 한국의 위상과 역량은 크게 달라졌을 것이다.

그러면 우리는 왜 이러한 기회를 잡지 못했는가? 여기에는 중국의 왕조 교체나 북방 이민족의 흥망 등 대외적 요인과 붕당정치와 같은 내부적 갈등이 발목을 잡았을 수 있다. 구한말 일본이 노골적으로 제국주의 침탈에 나선 상황에서 이미 기운이 쇠진한 조선과 대한제국이 근대화의 동력을 살리기에는 엄연한 한계가 있었을 수 있다. 그러나 이러한 대내외적 요인들로 인해 한민족의 대외정책이 제약을 받았다고 단정하기에는 무리가 있다. 어차피 어느 시대이건 국가정책을 추진하는 데에는 대내외적 요인들이 장애물로 작용하지 않을 수 없다. 따라서 그러한 정책의 성공과 실패를 가르는 진정한 요인은 왕과 지도자들이 지도력을 발휘하여 이러한 도전 요인들을 어떻게 극복하느냐에 있다. 강대국 부상의 문제는 주어진 여건의 유리함이나 불리함이 아니라 그러한 여건을 만들고 헤쳐나갈 수 있는 주체의 '의지'에 달린 것이다. 결국 한민족은 역사적으로 전쟁을 터부시하는 유교의 영향을 받아 강대국으로 부상하려는 '의지'가 부족했던 것으로 볼 수 있다.

과거 강대국 부상의 논리를 제시한 지정학 이론가들이 있었다. 머핸은 해양사상가로서 "제해권을 장악하는 국가가 해양을 지배하고, 해양을 지배하는 국가가 세계를 지배할 수 있다"고 주장했다. 영국은 머핸이 주장한 이론에 부합한 전형적인 국가였으며, 미국, 일본, 독일은 머핸의 이론에 따라 해군력을 증강하고 해양으로 진출하여 강대국으로 부상할 수 있었다. 매킨더Halford Mackinder는 대륙 중심의 지정학자로서 "세계의 심장부

heartland를 장악한 국가가 유라시아를 지배하고, 유라시아를 지배하는 국가가 세계를 지배한다"고 주장했다. 영국은 매킨더의 주장에 따라 독일과 러시아를 견제했고, 독일과 러시아는 서로 유라시아의 심장부를 차지하기 위해 전쟁을 치렀다. 스파이크맨Nicholas J. Spykman은 해양 중심의 지정학자로서 "주변부rimland를 장악한 국가가 유라시아를 지배하고, 유라시아를 지배하는 국가가 세계의 운명을 손아귀에 넣을 수 있다"고 주장했다. 이에 따라 미국은 냉전기 해양을 통해 유라시아 주변부를 장악함으로써 공산주의의 팽창을 저지하고 패권을 강화할 수 있었다.

그런데 이 지정학자들이 말하는 제해권 장악, 심장부 장악, 그리고 주변부 장악은 우선 군사력이 갖춰지지 않으면 불가능하다. 제해권을 장악하기 위해서는 대규모의 해군력 건설이 불가피하다. 영국, 미국, 일본이 그랬던 것처럼 국가의 팽창에 따른 무력투사능력을 구비하기 위해 항모를 비롯한 대형 함정, 그리고 이를 보호할 수 있는 항공력을 보유해야 한다. 심장부를 장악하기 위해서도 전면전쟁을 수행하는 데 필요한 대규모 군사력을 구비해야 한다. 그러나 군사력에 앞서 중요한 것은 '의지'이다. 강대국 부상에 대한 비전을 가지고 그러한 비전을 실현하고자 하는 지도자와 국민들의 강력한 '의지'가 뒷받침되지 않고서는 그와 같은 대규모의 군사력 건설도, 많은 인명손실을 감수할 수 있는 군사력 사용도 불가능하다.

일찍이 머핸은 1892년 미 해군전쟁대학Naval War College 학생들에게 강연하면서 "미국은 현재 해군을 증강하고 있는데, 앞으로 우리는 그것으로 무엇을 해야 하는가?"라는 질문을 던졌다.[755] 미국이 해군력을 건설하는 이유에 대해 본질적인 문제를 제기한 것이다. 물론, 이에 대한 머핸의 해답은 명확하다. 미국이 강한 해군력으로 제해권을 장악하고 해양을 지배함으로써 강대국이 되어야 한다는 것이다. 그런데, 여기에서 머핸이 제

---

755 Philip A. Crowl, "Alfred Thayer Mahan: The Naval Historian", Peter Paret, ed., *Makers of Modern Strategy: from Machiavelli to the Nulcear Age*(Princeton: Princeton University Press, 1986), p. 477.

기했던 "무엇을 해야 하는가"라는 질문은 엄밀하게 '군사력 운용'에 한정된 것이 아니다. 오히려 그것은 군사력 사용에 대한 '의지'에 관한 것으로 보아야 한다. 즉, 미국이 해군력을 운용하여 제해권을 장악하고 강대국으로 부상하려는 '의지'가 있는지를 물은 것이다. 실제로 미국은 대외팽창의 '의지'를 가졌기 때문에 1890년대 서태평양으로 진출하여 영향력을 확대하고 새로운 강대국으로 부상할 수 있었다.

그렇다면 강대국 부상의 문제는 그러한 '의지'를 담은 군사사상의 문제로 귀결된다. 군사사상이 전쟁과 관련한 인식 및 신념체계라면, 그러한 전쟁을 통해 국가가 목표하는 바는 그들의 군사사상에 의해 지배를 받게 된다. 유교적 군사사상을 가진 국가는 도덕적이고 도의적 관점에서 전쟁을 바라볼 것이며, 현실주의적 군사사상을 가진 국가는 국가이익을 확보하기 위해서, 그리고 혁명적 군사사상을 가진 국가는 상대를 절멸시키기 위해서 전쟁을 준비하고 수행할 것이다. 따라서 강대국이 되고자 하는 국가라면 적극적이고 팽창적 '의지'를 담은 군사사상을 가져야 할 것이다.

그러면 우리는 어떠한 군사적 사고를 가져야 하는가? 머핸이 롤 모델로 삼았던 영국, 매킨더를 추종했던 독일, 그리고 스파이크맨을 따랐던 미국처럼 전쟁을 불사하며 핵심 지대를 확보하고 강대국을 향한 길로 나설 수 있는가? 우리는 중국, 일본, 러시아 등 주변 강대국과 전쟁을 불사하고 제해권, 심장부, 혹은 주변부를 장악할 수 있는가? 더욱이 향후 미중 패권경쟁이 심화되고 인도-태평양연대와 중러연대가 충돌하는 상황에서 우리가 스스로 나서 전략적 공간을 확대하고 국력을 떨칠 수 있는가? 이는 아마도 먼 훗날에나 가능한 시나리오가 아닐 수 없다.

그렇다면 우리의 전략은 분명하다. 그것은 우리가 지정학적 핵심 지대를 장악하지는 못하더라도 다음과 같은 정치적 목적을 추구함으로써 그러한 여건을 만들어가는 것이다. 첫째로 강대국들의 패권경쟁 과정에서 최소한 희생되지 않는 것이다. 적어도 명청 대결 과정에서 당했던 호란이나 구한말 열강들의 영향력 확대 경쟁 과정에서 무대응으로 일관하다가 멸망했던 역사를 되풀이하지 않아야 한다. 둘째로 강대국들의 경쟁 속에서 얻을 수 있는 이익을 공유하고 얻어내는 것이다. 패권경쟁 과정에서 균형과 편승전략, 계책의 활용, 그리고 군사적 방책을 강구하여 한반도 평화와 지역안정, 그리고 통일의 문제를 유리하게 이끌어야 한다. 셋째로 패권국과 함께 제해권, 심장부, 주변부를 장악하여 국익을 극대화하고 번영을 추구하는 것이다. 비록 우리가 단독으로 할 수 없다면 강대국과 함께 지정학적 핵심 지대를 장악하여 국익을 확대하고 국가지위를 고양시킬 수 있다.

역사가 되풀이되듯이 기회는 반드시 올 수 있다. 최근 지역정세는 북한 핵문제, 대만 문제, 동중국해와 남중국해 영토분쟁, 신중상주의적neo-mercantile 국제정치경제체제의 등장으로 인해 급속히 불안정해지고 있다. 우리는 평화와 안정을 바라지만 전쟁과 분쟁의 가능성은 언제든 도사리고 있다. 그러한 위기가 조성된다면 이를 기회로 활용할 수 있어야 한다. 지역 내에서 전쟁 혹은 분쟁이 발발할 경우 우리의 안보, 주권, 이권, 영토, 그리고 통일을 위해 필요하다면 기꺼이 싸울 수 있어야 한다. 비단 전쟁 또는 분쟁이 아니더라도 능동적으로 안보를 수호하고 권익을 확보하기 위해 군사력을 활용할 수 있어야 한다. 우리가 전쟁에 대비한다면 그 결과는 '더 나은 평화' 아니면 영광이 될 것이다. 전쟁에 대비하지 않는다면 그 결과는 전쟁 패배 아니면 굴욕이 될 것이다. 군사적 사고를 확고히 하고 역량을 강화해나갈 때 한반도 통일은 물론, 대외적으로 국력을 떨치고 강대국으로 부상할 수 있는 기회를 잡을 수 있을 것이다.

| 참고문헌 |

〔1차 자료〕

《경향신문》.

『고려사』.

『고려사절요』.

『국방조약집』, 군사편찬위원회.

《국제신문》.

『국조보감』.

『국회정기회의속기록』, 국회사무처.

『근대한국 국제정치관 자료집 제1권: 개항 · 대한제국기』, 서울대학교출판문화원.

『금계집』.

『남북대화 사료집 1권』, 중앙정보부.

『대동야승』.

『대통령 이승만 박사 담화집』, 공보처.

『대통령 이승만 박사 담화집 2』, 공보처.

『대한민국 임시정부 공보』, 국사편찬위원회 한국사 데이터베이스.

『대한민국임시정부 법령집』, 국가보훈처.

『대한민국임시정부 자료집 1: 헌법 · 공보』, 국사편찬위원회 한국사 데이터베이스.

『대한민국임시정부자료집 6: 임시의정원 V』, 국사편찬위원회, 한국사 데이터베이스.

『대한민국임시정부자료집 9: 군무부』, 국사편찬위원회 한국사 데이터베이스.
『대한민국 임시정부 자료집 16: 외무부』, 국사편찬위원회 한국사 데이터베이스.
『대한민국 임시정부 자료집 26: 미국의 인식』, 국사편찬위원회 한국사 데이터베이스.
『대한민국 임시정부 자료집 33: 한국독립당 Ⅰ』, 국사편찬위원회 한국사 데이터베이스.
『대한민국임시정부자료집 39: 중국보도기사 Ⅰ』, 국사편찬위원회 한국사 데이터베이스.
《대한학보》.
《독립신문》.
『동국이상국집』.
『동사강목』.
《동아일보》.
『박정희대통령연설문집 제1집: 정치 · 외교』, 대통령공보비서관실.
『박정희대통령연설문집 제2집』, 대통령비서실.
『박정희대통령연설문집 제5집』, 대통령비서실.
『박정희대통령연설문집 제7집』, 대통령비서실.
『삼국사기』.
『삼봉집』.
『서애선생문집』.
《서울신문》.
『성호사설』.
『승정원일기』.
《신한민보》.
《연합신문》.
『자료대한민국사 제21권』, 국사편찬위원회, 한국사 데이터베이스.
『조선왕조실록』.
《조선일보》.
《조선중앙일보》.

『징비록』.

『한국문제에 관한 UN결의문(1947-1976)』, 중앙정보부.

『해동명장전기』.

『해동제국기』.

『홍재전서』.

U.S. Department of State, *Foreign Relations of the United States, 1948, The Far East and Australasia, Volum VI*.

U.S. Department of State, *Foreign Relations of the United States, 1949, The Far East and Australia, Vol. Ⅶ, Part 2*.

U.S. Department of State, *Foreign Relations of the United States, 1950, Korea, Vol. Ⅶ*.

U.S. Department of State, *Foreign Relations of the United States, 1951. Vol. VII. Korea and China, Part 1*.

U.S. Department of State, *Foreign Relations of the United States, 1961-1963, Vol. XXII, Northeast Asia*.

National Security Council Report, NSC 81/1.

〔국문〕

公子, 김형찬 역, 『論語』(서울: 홍익출판사, 1999).

공보처, "용기와 신념과 천우로 만난을 극복, 1950년을 희망으로 환영", 『주보』, 1950년 1월 1일.

공보처, 『대통령 이승만 박사 담화집 제1집』(서울: 공보처, 1953).

______, 『대통령 이승만 박사 담화집 2』(서울: 공보처, 1956).

______, 『대통령 이승만 박사 담화집 3』(서울: 공보처, 1959).

具滋旭, "武備論", 『太極學報』, 제8호(1907년 3월).

국가보훈처, 『대한민국임시정부의 외교활동』(서울: 국가보훈처, 1993).

국방군사연구소, 『국방정책변천사 1945-1994』(서울: 국방군사연구소, 1995).

______, 『월남파병과 국가발전』(서울: 국방군사연구소, 1996).

국방부, 『2016 국방백서』(서울: 국방부, 2016).

______, 『한국전쟁사』 제1권(개정판).

국사편찬위원회, 『한국사 48: 임시정부의 수립과 독립전쟁』(과천: 국사편찬위원회, 2001).

군사편찬연구소, 『국방사건사 제1집』(서울: 군사편찬연구소, 2012).

______, 『국조정토록』,

______, 『건군사』(서울: 군사편찬연구소, 2002).

______, 『베트남 전쟁과 한국군』(서울: 군사편찬연구소, 2004).

______, 『한권으로 읽는 역대병요 · 동국전란사』(서울: 군사편찬연구소, 2003).

______, 『한미동맹 60년사』(서울: 군사편찬연구소, 2013).

군사편찬위원회, 『국방조약집』 제1집(서울: 군사편찬위원회, 1981).

______, 『한국전쟁사 Ⅰ: 해방과 건군』(서울: 전사편찬위원회, 1967).

______, 『풍천유향』(서울: 군사편찬위원회, 1990).

국회사무처, "제2회 국회정기의사속기록", 제24호, 1949년 2월 7일.

김구, 『백범일지』(서울: 나남출판, 2007).

김대중, "최충헌정권의 군사적 기반", 『군사』, 제47호(2002년 12월).

김덕주, "한반도 평화협정의 특수성과 주요 쟁점", 『주요국제문제분석』, IFANS, 2018-19(2018. 6. 7).

김삼웅 편, 『사료로 보는 20세기 한국사: 활빈당 선언에서 전노항소 심판결까지』(서울: 가람기획, 1997).

김순배, "반공교육이 애국인 줄 알고 가르쳤지", 《한겨레》, 2004년 9월 7일.

김재철, "조선시대 군사사상과 군사전략의 평가 및 시사점", 『서석사회과학논총』, 제2집 2호(2009년).

김재철, "한민족의 군사사상과 흥망성쇠의 교훈", 『동북아연구』, Vol. 22, No. 2 (2007년).

김정기, "인간과 국가관을 통해 본 동서양 군사사상의 흐름", 『군사연구』, 제121집.

김정식, "군사이론과 국방제도: 도덕경에 나타난 군사사상", 『군사논단』, 제1호 (1994년).

김종두, "한국적 군사사상과 리더십", 『군사논단』, 제45호(2006년 봄).

김종수, "고려 태조대 6위 설치와 군제 운영", 『군사』, 제88호(2013년 9월).

김홍, 『한국의 군제사』(서울: 학연문화사, 2001).

김홍일, 『국방개론』(서울: 고려서적주식회사, 1949).

김희상, 『생동하는 군을 위하여』(서울: 전광, 1993).

나태종, "한국의 병역제도 발전과정 연구", 『군사』, 제84호(2012년 9월).

남광규, "이승만 정부의 통일정책 내용과 평가", 『통일전략』, 제12권 2호(2012년 4월).

남정옥, 『6·25전쟁시 대한민국 정부의 전쟁지도』(서울: 군사편찬연구소, 2015).

노영구, "한국 군사사상사 연구의 흐름과 근세 군사사상의 일례: 15세기 군사사상가 양성지를 중심으로", 『군사학연구』, 통권 제7호(2009년).

김삼웅 편, 『사료로 보는 20세기 한국사: 활빈당 선언에서 전노항소 심판결까지』(서울: 가람기획, 1997).

류성룡, "난후잡록 72, 용병(용병)", 오세진 외 역해, 『징비록』(서울: 홍익출판사, 2015).

______, 김시덕 역해, 『징비록』(파주: 아카넷, 2013).

마이클 한델, 박창희 역, 『클라우제비츠, 손자 & 조미니』(서울: 평단문화사, 2000).

맹자(孟子), 박경환 역, 『맹자』(서울: 홍익출판사, 2008).

민진, 『한국의 군사조직』(서울: 대영문화사, 2017).

박균열, "광복, 건국, 그리고 6·25," 『안보적 관점에서 본 한국 현대사』(서울: 오름, 2009).

______, "다산 정약용의 실학과 현대적 시사점", 『민족사상』, 제9권 제2호(2015년).

박동찬 편저, 『한권으로 읽는 6·25전쟁』(서울: 군사편찬연구소, 2016).

박영규, 『조선왕조실록』(서울: 웅진지식하우스, 2009).

박은봉, 『한국사 100장면』(서울: 가람기획, 1993).

박은숙, 『갑신정변 연구』(서울: 역사비평사, 2005).

박종화, "남행록", 《동아일보》, 1948년 11월 20일.

박창희, 『군사전략론: 국가대전략과 작전술의 원천』(서울: 플래닛미디어, 2013).

______, 『중국의 전략문화: 전통과 근대성의 모순』(파주: 한울, 2015).

______, 『현대 중국 전략의 기원: 중국혁명전쟁부터 한국전쟁 개입까지』(서울: 플래닛미디어, 2011).

백기인, "조선 말기의 군사 근대화와 근대 군사사상," 『군사논단』, 제66호(2011년 여름).

______, 『한국 군사사상 연구』(서울: 군사편찬연구소, 2016).

______, 『한국근대 군사사상사 연구』(서울: 국방부 군사편찬연구소, 2012).

백기인 · 심헌용, 『독립군과 광복군 그리고 국군』(서울: 군사편찬연구소, 2017).

변태섭, 『한국사통론』(서울: 삼영사, 1996).

蕭公權 저, 최명 · 손문호 역, 『中國政治思想史』(서울: 서울대학교출판부, 2004).

서인한, 『한국고대 군사전략』(서울: 군사편찬연구소, 2006).

성종호, 『군사적으로 본 한국역사』(서울: 육군대학, 1980).

손자, 박창희 해설, 『손자병법: 군사전략 관점에서 본 손자의 군사사상』(서울: 플래닛미디어, 2017).

신용하, "갑신혁신정강", 한국민족문화대백과사전, 한국학중앙연구원.

심헌용, 『국조정토록』(서울: 군사편찬연구소, 2009).

안주섭 외, 『영토한국사』(서울: 소나무, 2006).

양병기, "한국 민군관계의 역사적 전개와 교훈", 『국제정치논총』, 제37호 제2권(1998년 2월).

양영조, "이승만 북진통일론의 오해와 진실", 『미래한국』, 2012년 1월 4일.

오영섭, "한밀 13도창의대장 이인영의 생애와 활동", 『한국독립운동사연구』, 제19집(2002년 12월).

온창일 외, 『군사사상사』(서울: 황금알, 2008).

와다 하루끼, 서동만 역, 『한국전쟁』(서울: 창작과비평사, 1999).

유영옥 · 방희정, "역대 정부의 주요 통일정책과 북한의 반응", 경기대 논문집 42호(서울: 경기대, 1998).

육군군사연구소, 『한국군사사 1: 고대 Ⅰ』(서울: 경인문화사, 2012).

______, 『한국군사사 2: 고대 Ⅱ』(서울: 경인문화사, 2012).

______, 『한국군사사 3: 고려 Ⅰ』(서울: 경인문화사, 2012).

______, 『한국군사사 4: 고려 Ⅱ』(서울: 경인문화사, 2012).

______, 『한국군사사 5: 조선전기 Ⅰ』(서울: 경인문화사, 2012).

______, 『한국군사사 6: 조선전기 Ⅱ』(서울: 경인문화사, 2012).

______, 『한국군사사 7: 조선후기 Ⅰ』(서울: 경인문화사, 2012).

______, 『한국군사사 8: 조선후기 Ⅱ』(서울: 경인문화사, 2012).

______, 『한국군사사 9: 근현대 Ⅰ』(서울: 경인문화사, 2012).

______, 『한국군사사 10: 근현대 Ⅱ』(서울: 경인문화사, 2012).

______, 『한국군사사 12: 군사사상』(서울: 경인문화사, 2012).

______, 『한국군사사 13: 군사통신 · 무기』(서울: 경인문화사, 2012).

육군사관학교, 『한민족의 역사』(서울: 일조각, 1983).

______, 『한국전쟁사』(서울: 일신사, 1984).

육군본부, 『한국군사사상』(서울: 육군본부, 1992).

윤경진, "고려 대몽항쟁기 남도지역의 해도입보와 계수관", 『군사』 第89호(2013년 12월).

윤지원, "탈냉전시기 한국군의 파병과 국제기여", 조성환 외, 『대한민국의 국방사』, 대한민국역사박물관, 연구용역최종보고서, 2016년 11월.

이강언 외, 『최신군사용어사전』(서울: 양서각, 2012).

이기택 편저, 『현대국제정치: 자료선집』(서울: 일신사, 1986).

이규원, 『이승만 정부의 국방체제 형성과 변화에 관한 연구』, 국방대학교 박사학위논문, 2011년 6월.

이규철, "1419년 대마도 정벌의 의도와 성과", 『역사와 현실』, 제74호(2009년 12월).

이동원, 『대통령을 그리며』(서울: 고려원, 1993).

이미숙, "한국 국방정책의 변천 연구: 국방목표를 중심으로", 『군사』, 제95호(2015년 6월).

이석호 외, "군사학 학문체계 정립과 군사학 교육 발전방향", 2005년 국방대학교 교수부 교육학술연구과제.

이성환, "고종의 외교정책과 러일전쟁", 『일본문화연구』, 제35집(2010년).

이승만, "상하 양원 합동의회에서의 연설, 1954년 7월 4일", 『방미이승만대통령연설집』(서울: 국방부, 1954).

E. H. 카, 김택현 역, 『역사란 무엇인가』(서울: 까치, 1977).

이정신, "강동 6주와 윤관의 9성을 통해 본 고려의 대외정책", 『군사』, 제48호(2003년 4월).

이정훈, "작전계획 5027, 북한 소멸로 계획 수정", 『시사저널』, 1998년 12월 24일.

이호재, 『한국인의 국제정치관: 개항후 100년의 외교논쟁과 반성』(서울: 법문사, 1994).

장석규, “한말 의병운동의 성격연구: 의병과 사회제계층과의 관계를 중심으로”, 『군사』, 제8권(1984년 6월).

장인성 외, 『근대한국 국제정치관 자료집 제1권: 개항 · 대한제국기』(서울: 서울대학교출판문화원, 2012).

장학근, 『삼국통일의 군사전략』(서울: 국방부군사편찬연구소, 2002).

______, 『조선시대 군사전략』(서울: 군사편찬연구소, 2006).

전경숙, “고려 성종대 거란의 침략과 군사제도 개편”, 『군사』, 제91호(2014년 6월).

전쟁기념사업회, 『현대사 속의 국군: 군의 정통성』(서울: 대경문화사 1990).

“전쟁 나면 참전… 한국 42% vs 중국 71%”, 《조선일보》, 2016년 4월 8일.

전호수, 『한국 군사인물연구: 조선편 Ⅰ』(서울: 군사편찬연구소, 2011).

______, 『한국 군사인물연구: 조선편 Ⅱ』(서울: 군사편찬연구소, 2013).

정충신, “한반도 전쟁 나면 참전 20 · 30대 44%뿐”, 《문화일보》, 2019년 6월 21일.

정해은, 『고려시대 군사전략』(서울: 군사편찬연구소, 2006).

______, 『한국 전통병서의 이해』(서울 : 군사편찬연구소, 2004).

조영빈, “2019년 일본 군사력, 한국 제치고 세계 6위”, 《한국일보》, 2019년 3월 6일.

조용대, “소앙 조용은의 삼균주의 정치사상”, 이재석 외, 『한국정치사상사』(서울: 집문당, 2002).

조재곤, “대한제국기 군사정책과 군사기구의 운영”, 『역사와 현실』, 제19권(1996).

조현연, “한국 민주주의와 군부독점의 해체 과정 연구”, 『동향과 전망』, 제69호(2007년 2월).

中國國防大學, 박종원 · 김종운 역, 『中國戰略論』(서울: 팔복원, 2001).

진석용, “군사사상의 학문적 고찰”, 『군사학연구』, 제7호 (2006년 12월).

채명신, 『채명신 회고록: 베트남 전쟁과 나』(서울: 팔복원, 2006).

체스타 탄, 민두기 역, 『中國現代政治思想史』(서울: 지식산업사, 1977).

최동주, “베트남 파병이 한국경제의 성장과정에 미친 영향 연구”, 『동남아시아연구』, 제11호(2001년).

최창현, “남북한과 양안의 애국심과 사회자본력 비교”, 『대만연구』, 제11호(2017. 12).

최희재, “1874-5년 해방 · 육방논의의 성격”, 『동양사학연구』, 제22권(1985).

통일부, 『2017 통일문제 이해』(서울: 통일교육원, 2016).

"학생 45.5% 전쟁나도 군지원 안해,"《연합뉴스》, 2005년 5월 29일.

한영우, 『왕조의 설계자 정도전』(파주: 지식산업사, 2014).

한국정신문화연구원, 『대한민국임시정부 외교사』(성남: 한국정신문화연구원, 1992).

한만길, "유신체제 반공교육의 실상과 영향", 『역사비평』(1997년 2월).

합동참모본부, 『합동·연합작전 군사용어사전』(서울: 합동참모본부, 2010).

허태구, "병자호란 이해의 새로운 시각과 전망: 호란기 척화론의 성격과 그에 대한 맥락적 이해", 『규장각』, 제47호(2015년 12월).

현광호, 『대한제국의 대외정책』(서울: 신서원, 2002).

《황성신문》, 1901년 8월 26일.

《황성신문》, 광무 7년 3월 18일.

홍순권, "한말 일본군의 의병 진압과 의병 전술의 변화 과정", 『한국독립운동사연구』, 제45집(2013년).

[영문]

Booth, Ken, "The Evolution of Strategic Thinking," John Baylis et al., *Contemporary Strategy Ⅰ: Theoris and Concepts*(New York: Holmes & Meier, 1987).

Brodie, Bernard, *Strategy in the Missile Age*(Princeton: Princeton University Press, 1959).

Ch'ing, Yeh, *Inside Mao Tse-tung Thought: An Analysis Bluprint of His Actions*, trans. and ed. Stephen Pan et al.(New York: Exposition Press, 1975).

Clausewitz, Carl von, *On War*, edited and translated by Michael Howard and Peter Paret(Princeton: Princeton University Press, 1984).

Dellios, Rosita, *Modern Chinese Defense Strategy: Present Developments, Future Directions*(New York: St. Martin's Press, 1990).

Evera, Stephen van, *Causes of War: Power and the Roots of Conflict*(Ithaca: Cornell University Press, 1999).

Fukuyama, Francis, *The End of History and the Last Man*(London: Penguin Books, 1992).

Gat, Azar, *A History of Military Thought: From the Enlightenment to the Cold War*(Oxford: Oxford University Press, 2001).

Goncharov, Sergie N., John W. Lewis and Xue Litai, *Uncertain Partners: Stalin, Mao, and the Korean War*(Stanford: Stanford University Press, 1993).

Griffith, Samuel B., *The Chinese People's Liberation Army*(New York: McGrow-Hill Book Co., 1967)

Handel, Michael I., *Masters of War: Classical Strategic Thought*(London: Frank Cass, 2001).

Howard, Michael, "The Influence of Clausewitz", in Carl von Clausewitz, *On War*, Michael Howard and Peter Paret, eds. and trans.(Princeton: Princeton University Press, 1984),

Korea Institute of Military History, *The Korean War, Vol. 2*(Seoul: KIMH, 1998).

Mao Tse-tung, "On Coalition Government", *Selected Works of Mao Tse-tung, Vol. 3*(Peking: Foreign Languages Press, 1967).

______, "On Protracted War", *Selected Works of Mao Tse-tung, Vol. 2*(Peking: Foreign Languages Press, 1967)

______, "Problems of Strategy in China's Revolutionary War", *Selected Works of Mao Tse-tung, Vol. 1*(Peking: Foreign Languages Press, 1967).

______, "Problems of Strategy in Guerrilla War Against Japan", *Selected Works of Mao Tse-tung, Vol. 2*(Peking: Foreign Languages Press, 1967).

The Ministry of National Defense, *The History of the United Nations Forces in the Korean War*(Seoul: The War History Compilation Committee, 1975).

Lenin, V. I., "War and Revolution", *Collected Works, Vol. 24*, tran. Bernard Issacs, from Internet "marxists.org 1999".

Lider, Julian, *Military Theory: Concept, Structure, Problems*(Hants: Gower, 1983).

Sokolovskii, V. D., ed., *Soviet Military Strategy*(Englewood Cliffs: Prentice-Hall, Inc., 1963).

Strassler, Robert B., *The Landmark Thucydides: A Comprehensive Guide to the Peloponnesian War*(New York: The Free Press, 1996).

Paul, Thazha V., *Asymmetric Conflicts: War Initiation by Weaker Powers*

(Cambridge: Cambridge University Press, 1994),

Vigor, P. H. , *The Soviet View of War, Peace and Neutrality*(London: Routledge & Kegan Paul, 1975).

| 찾아보기 |

ㄱ

ㄷ

ㄹ

ㅁ

ㅂ

ㅅ

ㅈ

ㅌ

ㅍ

한국의 군사사상

Korean Military Thoughts

전통의 단절과 근대성의 왜곡

초판 1쇄 인쇄 | 2020년 2월 7일
초판 1쇄 발행 | 2020년 2월 14일

지은이 | 박창희
펴낸이 | 김세영

펴낸곳 | 도서출판 플래닛미디어
주소 | 04029 서울시 마포구 잔다리로 71 아내뜨빌딩 502호
전화 | 02-3143-3366
팩스 | 02-3143-3360
블로그 | http://blog.naver.com/planetmedia7
이메일 | webmaster@planetmedia.co.kr
출판등록 | 2005년 9월 12일 제313-2005-000197호

ISBN | 979-11-87822-39-4 93390